Zum Nachdenken: Unser Sonnensystem

Axel M. Quetz

Stefan Völker

Zum Nachdenken: Unser Sonnensystem

Astronomische Aufgaben
aus 35 Jahren Sterne und Weltraum

Axel M. Quetz
Redaktion Sterne und Weltraum und
Max-Planck-Institut für Astronomie
Heidelberg, Deutschland

Stefan Völker
Physikalisch-Astronomische Fakultät,
Friedrich-Schiller-Universität Jena
Jena, Deutschland

Ergänzendes Material zu diesem Buch finden Sie auf http://extras.springer.com.

ISBN 978-3-662-55147-9   ISBN 978-3-662-55148-6 (eBook)
https://doi.org/10.1007/978-3-662-55148-6

Die Deutsche Nationalbibliothek verzeichnet diese Publikation in der Deutschen Nationalbibliografie; detaillierte bibliografische Daten sind im Internet über http://dnb.d-nb.de abrufbar.

Springer Spektrum
© Springer-Verlag GmbH Deutschland 2017

Planung: Dr. Lisa Edelhäuser
Einbandabbildung: NASA/SDO

Gedruckt auf säurefreiem und chlorfrei gebleichtem Papier.

Springer Spektrum ist Teil von Springer Nature
Die eingetragene Gesellschaft ist Springer-Verlag GmbH Germany
Die Anschrift der Gesellschaft ist: Heidelberger Platz 3, 14197 Berlin, Germany

Für unsere Familien

Wie alles begann

» „Unsere Knobelspalte wurde erstmals im Februar 1963 eingerichtet und erfreute sich zehn Jahre lang lebhafter Resonanz bei zahlreichen Lesern. Im November 1972 wurde sie „vorübergehend" eingestellt: Das damals implizierte Versprechen wollen wir jetzt, nach wiederum beinahe zehn Jahren, einlösen und die Spalte von neuem eröffnen. Wir werden hier monatlich eine Aufgabe aus der Astronomie stellen und im übernächsten Heft die Lösung zusammen mit den Namen derjenigen veröffentlichen, die bis Ende des Erscheinungsmonats der Redaktion korrekte Antworten zuschicken."

Mit dieser Einleitung im Doppelheft 6–7/1981, S. 258, durch Dr. Jakob Staude, der wenig später mit Heft 10/1991 die Chefredaktion übernahm, begann die nun seit dem Jahr 1981 ununterbrochene Fortsetzung der Rubrik „Zum Nachdenken" mit astronomischen Aufgaben in der monatlich erscheinenden Zeitschrift *Sterne und Weltraum (SuW)*.

Dr. Karl Schaifers (1921–2009), Observator an der Landessternwarte Heidelberg Königstuhl (LSW), war der erste Chefredakteur der Zeitschrift, 20 Jahre lang. Er gilt als Erfinder der Rubrik. Unter seiner Leitung ersann Dr. Gerhard Klare, damals ebenfalls Astronom an der LSW, zehn Jahre lang zwischen 1963 und 1972 astronomische Aufgaben, die den geneigten Leser dazu einluden, sich mit einem eng abgesteckten Thema etwas intensiver zu beschäftigen. Dann gab es eine Pause bis zum Jahr 1981, in denen die Rubrik ruhte.

Im jenem Jahr 1981 begann Axel M. Quetz (◧ Abb. 1) im Max-Planck-Institut für Astronomie (MPIA) seine Diplomarbeit, gerade zu der Zeit, als die Chefredaktion von Karl Schaifers zu Jakob Staude, Astronom am MPIA, wechselte. Quetz Vorschlag, die Rubrik wiederzubeleben, fiel bei Staude auf fruchtbaren Boden. So erschien in der Doppelausgabe 6–7/1981 zum ersten Mal wieder eine Aufgabe „Zum Nachdenken". Mittlerweile sind 35 Jahre vergangen, in denen die Rubrik monatlich eine neue Ausgabe erlebte und mittlerweile jeweils zwischen 150 und 170 Lösungseingänge verzeichnen kann. Aus Umfrageerhebungen ist bekannt, dass die Rubrik bei mehr als 30 Prozent der rund 50 000 Leser Beachtung findet, auch wenn diese Vielzahl von Personen keine ausgearbeitete Lösung einsendet.

Die Zeitschrift *Sterne und Weltraum* hat das erklärte Ziel, „im Sinne der Volksbildung zu wirken und den Leser sowohl über die heutige Weltraumforschung zuverlässig zu unterrichten als ihm auch die für ein wahres Verständnis ihrer Ergebnisse erforderlichen Grundlagen zu vermitteln …", wie es die Gründungsherausgeber Prof. Hans Elsässer (1929–2003), Dr. Rudolf Kühn (1926–1963) und Dr. Karl Schaifers in der ersten Ausgabe der Zeitschrift 1/1962 formulierten, und die Rubrik „Zum Nachdenken" ist ein Teil dieses Versprechens an die Leser. Genau jene im Jahr 1962 formulierte Motivation beseelt heute alle Kolleginnen und Kollegen im Haus der Astronomie (HdA) auf dem Campus des MPIA, das seine Existenz zu einem nicht geringen Teil auch der Zeitschrift *Sterne und Weltraum* verdankt. Das HdA ist eine direkte Folge der Bildungslawine, die mit *SuW* einen

◘ Abb. 1 Angeregt durch Andrei R. Serban, einen Löser der Aufgabe 30 „Sonnenstand in Greenwich" und dem Foto aus ◘ Abb. 5.20 aus dem Jahr 1982, entstand diese Aufnahme von Axel M. Quetz im Jahr 2003

sichtbaren Anfang nahm. Hier residiert auch die Redaktion der Zeitschrift, und hier entstehen unter der Leitung von PD Dr. Olaf Fischer auch die astronomischen Unterrichtseinheiten von WIS!, dem Projekt „Wissenschaft in die Schulen". Für audiovisuelle Kanäle erstellt Dr. Klaus Jäger (MPIA) für *Sterne und Weltraum* seit dem Jahr 2013 die „AstroViews", Filme von 10 bis 20 Minuten Länge zu einem astronomischen Thema, oft mit aktuellem Bezug.

Durch Vermittlung von Jakob Staude und Prof. Dr. Karl-Heinz Lotze (Friedrich-Schiller Universität Jena) erhielt dieses Buch kompetente Unterstützung durch Dr. Stefan Völker, Universität Jena, der seine Expertise bei der Zusammenstellung und Aufarbeitung der bis zu 35 Jahre alten Aufgaben einbringt (◘ Abb. 2).

Vorwort

Als Autor der Aufgaben in „Zum Nachdenken" habe ich von den Chefredakteuren immer volle Unterstützung erlebt. Ein Vierteljahrhundert lang durch Dr. Jakob Staude und nun auch schon wieder im neunten Jahr durch den jetzigen Chefredakteur, Dr. Uwe Reichert. Beiden möchte ich dafür meinen allerherzlichsten Dank aussprechen. Ohne die beiden gäbe es diese Aufgabensammlung nicht und in der Folge auch nicht dieses Buch. Genauso verhält es sich mit meinem Co-Autor, Dr. Stefan Völker. Ohne ihn und seine Vermittlung durch Prof. Karl-Heinz Lotze hätte sich dieses Werk nicht realisieren lassen. Ich danke beiden sehr herzlich!

Das Arbeiten im Umfeld des Max-Planck-Instituts für Astronomie ist äußerst befruchtend. Insbesondere auch deswegen, weil der Gründungsdirektor des MPIA, Prof. Hans Elsässer, auch Mitgründer von *SuW* war und diese vorteilhafte Situation in seiner Nachfolge durch die Direktoren Prof. Thomas Henning, Mitherausgeber von *SuW*, und Prof. Hans-Walter Rix immer noch existiert.

An dieser Stelle möchte ich Dank sagen bei meinen Kollegen, die eigene Aufgaben zur Rubrik „Zum Nachdenken" beigetragen haben: Dr. Ulrich Bastian (Astronomisches Rechen-Institut des Zentrums für Astronomie der Universität Heidelberg, ZAH), Dr. Ulrich Klaas (MPIA), Dr. Gerhard Klare (Landessternwarte Königstuhl des ZAH) und Dr. Martin Burgdorf, jetzt am Meteorologischen Institut der Universität Hamburg, Dr. Jochen Eislöffel, nun an der Thüringer Landessternwarte Tautenburg, Prof. Harry Hühnermann, ehemals Universität Marburg, sowie Prof. Hans-Ulrich Keller, ehemaliger Leiter des Planetariums Stuttgart, und Dr. Bernd Loibl, lange Jahre Leiter des Planetariums Wolfsburg. Mein Dank gilt auch dem Buchautor Dr. Volker Kasten, Mathematiker an der Universität Hannover, dem Buchautor Dr. Wolfgang Steinicke, Leiter der VdS-Fachgruppe „Geschichte der Astronomie", sowie den Lesern Dr. Joachim Karweil (1913–1997) und Martin Deye.

Ein herzliches Danke sende ich an Dr. Michael Sarcander (Planetarium Mannheim), der während seiner Zeit am MPIA wertvoller Ratgeber war.

Im Lauf der Zeit haben mehr als 2300 Leser Lösungen eingesandt. Ihre Ausdauer und ihr Einfallsreichtum waren mir Ansporn und Belohnung. Immer wieder erreichten die SuW-Redaktion Ausarbeitungen, die an Originalität nicht zu überbieten waren und großes Staunen hervorriefen. Nicht wenige der Löserinnen und Löser sind der Rubrik über viele, viele Jahre hinweg treu geblieben. Ihnen allen: ganz herzlichen Dank!

Einige der Aufgaben entstanden nur deswegen, weil Bildautoren ein Foto übersandten und eine Frage damit verknüpften. In der Folge wurde daraus ein „Zum Nachdenken". Vielen Dank!

Über lange Jahre lang half meine Frau Gudrun bei der Erfassung der eingegangenen Lösungen, hierfür sage ich ihr herzlichen Dank. Besonders erwähnen möchte ich auch meinen Redaktionskollegen Dr. Martin Neumann, der mir bei vielen Fragen ein wertvoller und kompetenter Diskussionspartner war.

Es ist mir ein tiefes Bedürfnis, auch jene Personen zu erwähnen, die an der frühen Weichenstellung meines Werdegangs mitgewirkt haben. Mein Interesse an der

Astronomie wurde durch meinen Großvater Fritz Theodor Peter (1905–1974) geweckt und durch meine Eltern Karlheinz (1922–1999) und Ingeborg E. M. Quetsch (1930–2013) gefördert. Ihnen verdanke ich mein Studium. Das Interesse an Mathematik und Physik förderten meine Lehrer am Max-Planck-Gymnasium Rüsselsheim, StD Robert Christoph (1935–2011) und OStR Manfred Ossig (*1935). Erste astronomische Grundlagen vermittelte mir OStR Karl Benz (*1938, damals Lehrer am Rüsselsheimer Immanuel-Kant-Gymnasium), dessen Werk der Amateurastronom (damals Germanistikstudent) Klaus Freiburg (*1947) fortsetzte. Dank Ihnen allen!

Axel M. Quetz

Ich bin 1986 geboren. In diesem Jahr erschien bereits die sechste Runde „Zum Nachdenken". Seitdem sind mehr als 400 weitere Aufgaben gestellt und gelöst worden – das ist ein wahrlich großer Schatz an astronomischen Aufgaben. Mein Doktorvater Karl-Heinz Lotze kam zu Beginn meiner Zeit als Doktorand mit der Idee zu mir, diese Aufgaben in Zusammenarbeit mit *Sterne und Weltraum* als Sammlung aufzubereiten und als Buch herauszugeben. Er beschrieb mir dies etwa so: „Das sind wirklich schöne Aufgaben, da muss man nachdenken und lernt etwas über die Sache. Man setzt nicht bloß Zahlen in Formeln ein"[1]. Schnell war ich für das Projekt Feuer und Flamme, und dennoch hat es bis zur Realisierung dieses Buches einige Zeit gedauert, denn „mal eben schnell nebenbei", wie ich anfangs dachte, lassen sich Hunderte Aufgaben nicht überarbeiten.

Überarbeiten ist vielleicht der falsche Begriff – man sollte besser von einem „update" der Aufgaben sprechen –, denn in der Zeit seit deren erster Veröffentlichung ist zum Teil einiges passiert, und natürlich ist der Kenntnisstand der astronomischen Forschung heute ein anderer als 1981. Zwei Beispiele: Der erste Exoplanet um einen sonnenähnlichen Stern wurde im Jahr 1995 entdeckt, 2017 wissen wir bereits von Tausenden. 1988 starteten zwei sowjetische Raumsonden in Richtung des Marsmondes Phobos. Die Aufgabe 66 „Phobos-Springer" im ▶ Abschn. 3.2 wurde ursprünglich im September 1988 gestellt – war also hochaktuell. Sie behandelt die Anziehungskräfte auf einen Körper auf der Oberfläche von Phobos. Man konnte in der Redaktion von SuW natürlich nicht wissen, dass der Kontakt zu beiden Sonden nur wenig später verloren gehen und die Missionen niemals ihr Ziel erreichen sollten.

Teil des „updates" ist auch die nochmalige Durchsicht aller an die Redaktion von *SuW* gesandten Lösungen – ein ebenso aufwendiger wie interessanter Zeitvertreib. Ich möchte an dieser Stelle allen Lösern der Aufgaben meinen Respekt aussprechen. Über die Jahre haben Sie Erstaunliches geleistet. Ich bin immer wieder verblüfft über die Akribie auf der einen Seite und die Prägnanz auf der anderen Seite, mit der die Lösungen ausgearbeitet wurden, und das oft über viele Jahre hinweg.

Stefan Völker

---

[1] Natürlich muss man am Ende der Überlegungen trotzdem fast immer Zahlen in Formeln einsetzen – aber eben nicht nur!

Zu den Autoren

Axel M. Quetz (*1956) studierte an der Universität Heidelberg Physik und Astronomie mit dem Abschluss Diplomphysiker. Unmittelbar danach, 1984, engagierte ihn Hans Elsässer in seiner Funktion als Direktor des MPIA als wissenschaftliches Mitglied am Institut und ein Jahr später in seiner Funktion als Herausgeber von *SuW* für die Redaktion der Zeitschrift. Schon während des Studiums legte AMQ die Rubrik „Zum Nachdenken" im Jahr 1981 unter dem neuen Chefredakteur Jakob Staude neu auf und sorgt noch heute jeden Monat als Autor für eine neue Ausgabe.

Stefan Völker (*1986) studierte an der Friedrich-Schiller-Universität (FSU) Jena Physik, Chemie und Astronomie für das Lehramt am Gymnasium. Nach dem Studium arbeitete er als wissenschaftlicher Mitarbeiter in der Arbeitsgruppe Fachdidaktik der Physik und Astronomie der FSU und promovierte dort 2015 mit einem astronomiedidaktischen Thema. In naher Zukunft wird er seinen Vorbereitungsdienst für das Lehramt an einem Thüringer Gymnasium absolvieren.

◻ **Abb. 2** Beim ersten Zusammentreffen der beiden Autoren entstand dieses Foto von Axel M. Quetz (*links*) und Stefan Völker.

Erläuterungen zum Buch

Die Aufgaben aus „Zum Nachdenken" richten sich nicht an einen speziellen Adressatenkreis, wie z. B. Schüler, Lehrer oder Studenten. Vielmehr sollen alle Astronomiebegeisterten unsere „Knobeleien austüfteln" (siehe auch ◨ Abb. 3). Wir werden die Aufgaben auf drei Bücher aufteilen und uns dabei, beginnend mit unserem Sonnensystem, von innen nach außen arbeiten. So folgen in den nächsten beiden Bänden beispielsweise die Themen Sterne und Exoplaneten und danach auch größere Strukturen wie Galaxien und letztlich das Universum selbst.

Der erste Band enthält die Kapitel „Die Erde und der Himmel", „Die Sonne – unser Stern am Himmel", „Die Planeten" und „Kleinkörper". Zu Beginn jedes Kapitels präsentieren wir Ihnen in der Rubrik „Auf einen Blick" Daten und Fakten zu den entsprechenden Themen.

Alle Aufgaben beginnen mit einem umfangreichen Einleitungstext, der zunächst den astronomischen Kontext absteckt und Hintergrundinformationen liefert. Gerne können Sie von hieraus zunächst eigene Recherchen zum Thema anstellen, bevor Sie die eigentliche Aufgabe lösen. Diese ist dann fast immer in mehrere Teilaufgaben gegliedert, wobei wir etwas aufwendigere Aufgabenteile für Sie als Expertenaufgabe (EA) gekennzeichnet haben.

Im Gegensatz zu den Übungsaufgaben in astronomischen Lehrbüchern, welche in der Regel genau den (und nur den) im zugehörigen Kapitel beschriebenen Sachverhalt üben und vertiefen sollen, verlangen die nachfolgenden Aufgaben häufig Wissen aus mehreren Teilgebieten der Astronomie und Physik. Deshalb finden Sie an vielen Stellen *„Hinweise"*, die Ihnen die Bearbeitung erleichtern sollen. Genauso verhält es sich mit den Beiträgen in der Rubrik „Nice-to-know", die in der Regel etwas umfangreicher als die Hinweise sind.

Direkte und indirekte Beobachtungsgrößen, wie z. B. die Helligkeit und der daraus abgeleitete Durchmesser eines Kleinkörpers im Sonnensystem, sind fast ausschließlich ohne das – natürlich zugehörige – Fehlerintervall angegeben, und

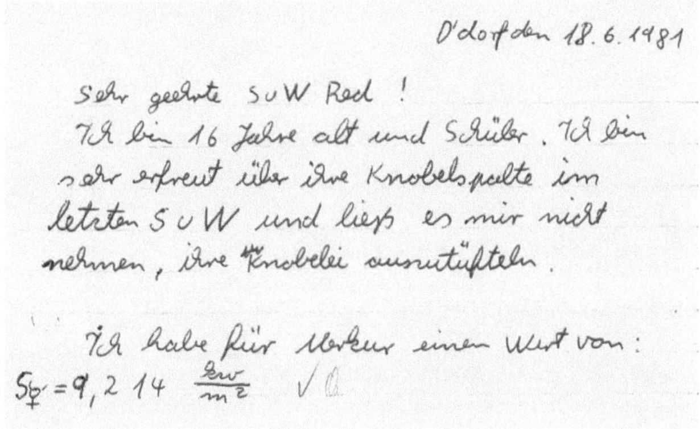

◨ Abb. 3 Ein Ausschnitt aus der ersten Lösung, welche die Redaktion im Juni 1981 erreichte.

eine ausführliche Fehlerrechnung ist kein fester Bestandteil der Aufgaben. Denken Sie daran, wenn Sie Ihre Ergebnisse ausrechnen und entsprechend runden. Dennoch sollten Sie es vermeiden, wenn immer möglich, Zwischenergebnisse explizit auszurechnen, zu runden und mit diesen Werten Ihre Berechnungen fortzusetzen.

In der zweiten Hälfte dieses Buches ab ▶ Kap. 5 finden Sie ausführliche Lösungen der Aufgaben. Es handelt sich dabei oft nur um eine Lösungsvariante unter vielen. Seien Sie nicht verunsichert, wenn Ihr Lösungsweg nicht zu 100 % mit dem hier abgedruckten übereinstimmt. Die eingesandten Lösungen (zum Teil bis 150 pro Aufgabe, siehe auch ◨ Abb. 4) sind, nicht nur in Bezug auf den Lösungsweg, so vielfältig wie ihre Schöpfer. Während manche die gesamte Lösung auf eine Postkarte quetschen, erörtern andere den Sachverhalt über mehrere bis ein Dutzend Seiten. Diese sind dann entweder handgeschrieben – einfach nur hingekritzelt oder kalligrafisch beeindruckend akkurat – oder maschinell erstellt, zu Beginn natürlich mit der Schreibmaschine, neuere mit dem Computer. Das Briefpapier verrät dabei einiges über die Besitzer: Schüler, Juristen, Zahnärzte, Brauereimeister, … aus Deutschland, Österreich und der Schweiz. Aber auch aus fernen Ländern erreichen die SuW-Redaktion hin und wieder Einsendungen.

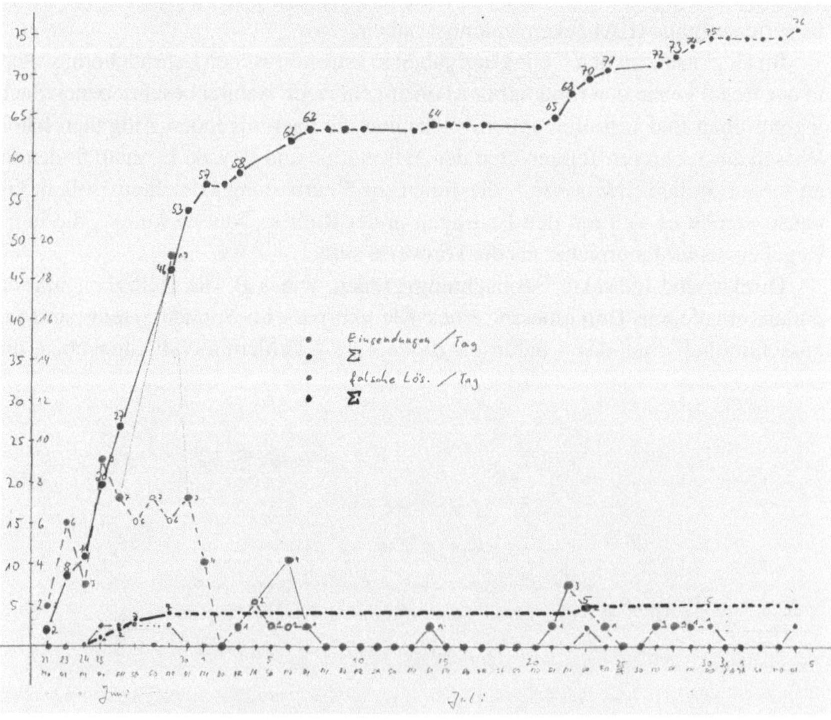

◨ **Abb. 4** In dieser Grafik erfasste Axel M. Quetz in den Sommermonaten 1981 die Anzahl der Einsendungen (richtige und falsche) zur ersten Aufgabe „Zum Nachdenken". Es beteiligten sich auf Anhieb 76 Astronomiebegeisterte. Sie finden diese Aufgabe hier im Buch mit der Nummer A 65 im ▶ Abschn. 3.1

Die eingesandten Lösungen werden seit 1981 gesammelt, korrigiert und aufbewahrt und sind jetzt Teil unserer Aufarbeitung der Aufgaben. Auszüge aus den Lösungen, die uns beim Durchstöbern zum Schmunzeln brachten, haben wir in dieses Buch aufgenommen. Übrigens findet sich unter den Einsendern „von früher" der ein oder andere heutige Professor für Astronomie, der als Schüler oder Student ebenfalls über die Aufgaben nachgedacht hat. Es bleibt abzuwarten, welcher aktuell jugendliche Löser in Zukunft zum Berufsastronomen wird.

Die folgenden Anmerkungen sollen die Verwendung des Buches vereinfachen und einige zwar weitverbreitete, aber dennoch erwähnenswürdige Eigenheiten aufzeigen:

- Eine Übersicht der wichtigsten physikalischen und astronomischen Konstanten finden Sie auf der Innenseite des Einbands bzw. im Anhang A auf S. 366. Sie sind zum Teil auch direkt bei den Aufgaben abgedruckt, dann in der benötigten Genauigkeit.
- Variablen sind kursiv gesetzt, Operatoren, Zahlen und Einheiten gerade – angelehnt an DIN 1313 ([2]).
- Die Verwendung des Multiplikationszeichens handhaben wir unterschiedlich. Wenn es verzichtbar schien, haben wir es weggelassen.
- Einheiten, und gelegentlich auch Formelteile, sind oft als Aufzählungen arrangiert, wobei die betreffenden Dimensionen als Exponent auftauchen, bei Denominatoren mit negativem Vorzeichen. Geschwindigkeitsangaben z. B. erscheinen häufig als „$\mathrm{km\,s^{-1}}$".
- Fast alle Grafiken sind für dieses Buch überarbeitet, viele neu erstellt worden.
- Zur Lösung einiger Aufgaben müssen Sie in den zugehörigen Abbildungen Messungen durchführen, z. B. den linearen Durchmesser der Sonne bestimmen. Diese Messungen können Sie direkt im Buch machen. Sie finden die Abbildungen aber auch zum Ausdrucken als PDF-Datei im Internet unter http://www.springer.com/9783662551479. Sie wurden für eine höhere Messgenauigkeit auf DIN A4 vergrößert, wobei der zugehörige Skalenfaktor relativ zum Buch in den PDF-Dateien mit angeben ist. Die online verfügbaren Abbildungen sind am Ende der Bildunterschrift durch das Symbol $\boxed{\text{www}}$ gekennzeichnet.

Was bedeutet die Eule?

In einem Brief an *Sterne und Weltraum* stellte der Leser Jan-Benedict Glaw die Frage nach der Bedeutung des Logos für die Rubrik „Zum Nachdenken" (siehe *SuW* 5/2010, S. 9). Hier die Antwort der Redaktion:

Es handelt sich um die Rückseite einer Silbermünze, und zwar die einer griechischen Tetradrachme. Solche Münzen im Wert von vier (griechisch tetra) Drachmen entstanden um das Jahr 430 v. Chr. in Athen. Die weise Eule ist das Begleittier der Göttin Athene. Zu ihren Ehren gab es im alten Athen eine Unzahl an Eulenbildern und Eulenstatuen. Daher rührt der Spruch „Eulen nach Athen tragen" als Synonym für eine unnütze Handlung. Als Vogel der Weisheit war die Eulen-

---

[2] Deutsches Institut für Normung e. V. (Hrsg.): DIN Taschenbuch 22. Einheiten und Begriffe für physikalische Größen. Beuth Verlag GmbH; 8. Auflage, März 1999. ISBN-13: 978-3410144632.

◘ Abb. 5   Die Eule ist das Logo der Rubrik „Zum Nachdenken"

Tetradrachme seit dem Januar-Heft 1986 das geeignete Sinnbild für die Rubrik „Zum Nachdenken" in *Sterne und Weltraum*, ausgedacht vom damaligen Chefredakteur Jakob Staude. Im Zuge eines Layoutwechsels im Jahr 2001 verschwand die Eule aus der Rubrik, um mit dem damals erneuerten Layout in Heft 5/2008 wieder Einzug zu halten.

Vorschlag für den Start

Da die einzelnen Aufgaben nicht systematisch aufeinander aufbauen, besteht keine Notwendigkeit, das Buch von vorne nach hinten durchzuarbeiten. Vielleicht wollen Sie stattdessen den folgenden Empfehlungen folgen: Stellvertretend für all die anderen sei hier auf ein paar Aufgaben hingewiesen, die eine besondere Entstehungsgeschichte hatten oder einfach nur interessante Inhalte berühren.

Aufgabe	Nummer
Jenseits von Pluto: 1992 QB1	88
Machos und Socos	105, 106, 107
Zerreißprobe	110
Seebeben	4
Die schwarze Wolke	19, 20
Klippen auf Miranda	79

Inhaltsverzeichnis

Aufgaben

Lösungen

Aufgaben

Die Erde und der Himmel

© Springer-Verlag GmbH Deutschland 2017
A. M. Quetz, S. Völker, *Zum Nachdenken: Unser Sonnensystem*, https://doi.org/10.1007/978-3-662-55148-6_1

Aus der Erdumlaufbahn zeigt sich die dünne Atmosphäre unseres Heimatplaneten besonders deutlich. Von Bord der Internationalen Raumstation ISS aus gesehen geht die Sonne alle 90 Minuten auf und unter – genauso wie der Mond. Quelle: NASA

Auf einen Blick – die Erde

Unsere kosmische Heimat ist ein weitgehend glutflüssiger, 12 756 km großer Felskörper. Wir leben auf der dünnen Kruste, deren Dicke im Mittel nur rund drei Promille des Erdradius beträgt. Die Energie, die den Erdkern seit seiner Entstehung auf der Temperatur von rund 6000 Kelvin hält, kommt vermutlich zum größten Teil aus der Freisetzung gravitativer Bindungsenergie und aus dem Zerfall radioaktiver Elemente, hauptsächlich Uran.

Unsere Erde rotiert um die eigene Achse, und das nicht, wie man meinen könnte, in exakt 24 Stunden, sondern in $23^h 56^m 04,1^s$. Dies lässt sich leicht anhand der Fixsterne nachmessen. Die Rotationsachse ist dabei gegen die Senkrechte auf die Ekliptikebene, in der die Erde um die Sonne kreist, um $23,73°$ geneigt. Dieser Tatsache verdanken wir die Jahreszeiten auf der Erde und nicht etwa der schwankenden Entfernung zwischen Erde und Sonne auf der geringfügig elliptischen Umlaufbahn der Erde um die Sonne. Als Folge der Drehung um die eigene Achse dreht sich die scheinbare Himmelskugel mit all ihren Sternen (scheinbar) über uns hinweg. Die Bahn eines Himmelskörpers über dem Horizont wird als Tagbogen bezeichnet, ganz gleich, ob sich der Stern tatsächlich bei Tag oder bei Nacht über dem Horizont befindet.

Die Erde ist umhüllt von der – mit einigen hundert Kilometern Dicke – vergleichsweise dünnen Atmosphäre, deren Hauptbestandteile Stickstoff ($\approx 78\,\%$), Sauerstoff ($\approx 21\,\%$) und das Edelgas Argon ($\approx 1\,\%$) sind. Dennoch schützt sie uns verlässlich vor energiereicher Strahlung der Sonne und zahlreichen Kleinkörpern, die auf ihrem Kollisionskurs mit der Erde in ihr als Meteore größtenteils verglühen. Für die Menschheit ist sie also ein Segen, für den Astronomen aber gleichzeitig ein Fluch, denn die Atmosphäre ist nur in ganz bestimmten Wellenlängenbereichen für Strahlung durchlässig und verhindert damit bodengebundenes Beobachten in großen Teilen des elektromagnetischen Spektrums. Aber auch in den durchlässigen Wellenlängenbereichen stellt sie die Beobachter vor komplexe Herausforderungen, da durch Luftunruhen das Bild etwa eines Sterns auf dem Detektor zum Seeing-Scheibchen verschmiert. So begrenzt bei großen Teleskopen die Atmosphäre die Auflösung und nicht die Beugung. Moderne Großteleskope gleichen die Luftunruhen mit Hilfe der adaptiven Optik aber fast perfekt aus.

Der Mond dominiert den irdischen Himmel. Wahrscheinlich aus einer Kollision der Proto-Erde mit einem marsgroßen Körper entstanden, begleitet er uns im mittleren Abstand $r_{EM} = 384\,400$ km. Er zeigt uns dabei bis auf kleine Abweichungen – Libration genannt – stets die gleiche Seite, denn seine Rotationsperiode entspricht seiner Umlaufperiode. Diese so genannte gebundene Rotation ist eine Folge der Gezeitenkräfte, die beide Körper aufeinander ausüben. Auch auf der Erde können wir die Folgen der Gezeitenkräfte in Form von Ebbe und Flut erleben.

Da der Mond keine mit der Erde vergleichbare Atmosphäre besitzt, ist er den anfliegenden Kleinkörpern schutzlos ausgesetzt. Die Folge sehen wir anhand seiner mit Kratern übersäten Oberfläche.

Wichtige Daten zur Erde und zum Mond

- Radius $R_E = 6378$ km und $R_M = 1738$ km
- Masse $M_E = 5{,}974 \cdot 10^{24}$ kg und $M_M = 7{,}348 \cdot 10^{22}$ kg
- Albedo $A_E = 0{,}367$ und $A_M = 0{,}12$

- Rotationsperiode $\qquad d = 23^{\mathrm{h}}56^{\mathrm{m}}04,1^{\mathrm{s}}$ und $P_{\mathrm{M}} = 27{,}322\,\text{Tage}$
- Neigung der Rotationsachse $\quad i_{\mathrm{E}} = 23{,}73°$ und $i_{\mathrm{M}} = 6{,}68°$

1.1 Die Erde und ihre Atmosphäre

Aufgabe 1 – Die expandierende Erde (Von Joachim Karweil)

Seit langem streitet man darüber, ob sich der Erdkörper ausdehnt oder nicht. Dieses Problem ist im Zusammenhang mit der Entstehung unseres Planetensystems zu betrachten. Erklärt man die Bildung dieses Systems nach James Jeans (1877–1946) durch den gravitativen Zusammenbruch einer Gaswolke, die überschüssige potenzielle Energie enthält, so sind Planeten und Monde energetisch ausgeglichen und expandieren nicht. Genau dies entspricht dem heutigen Verständnis der Entstehung von Planetensystemen.

Man kann aber auch von einer Ursonne mit überschüssiger potenzieller Energie und damit zu hoher Dichte ausgehen, die beim Durchlaufen des T-Tauri-Stadiums in explosiver Form nicht nur Gas- und Staubwolken auswirft, sondern auch große Trümmer in Form von Planeten und Monden. In diesem Fall sind die Planeten und Monde energetisch nicht ausgeglichen. Ihre potenzielle Energie, und damit ihre Dichte, ist viel zu groß, so dass sie unter Wärmeverbrauch expandieren. Die dazu notwendige Wärme wird ihnen aus radioaktiven Zerfallsprozessen zugeführt, die sich in ihrem Innern abspielen. Die Expansion beeinflusst daher auch die thermische Entwicklung der Planeten und Monde.

Hinweis auf eine Expansion der Erde ist die Verteilung von Land und Meer: Man kann die Kontinente gedanklich zusammenschieben. Sie passen ganz gut aneinander, und man kann dann weiter spekulativ annehmen, dass sie die Urerde einst lückenlos bedeckt haben. Die Expansion hätte danach die starre kontinentale Kruste auseinandergerissen und die Kontinente voneinander getrennt. Sie darf nicht mit der Wegener'schen Drift der Kontinente verwechselt werden. Unter der Annahme dieser Expansion jedoch sollen nun einige Überlegungen angestellt werden.

? **A 1.1**

Berechnen Sie den Radius R_0 der Urerde, wenn diese lückenlos von den Landmassen bedeckt war! Die Kontinente bedecken eine Fläche $F = 1{,}5 \cdot 10^{14}\,\text{m}^2$.

? **A 1.2**

Berechnen Sie die Dichte ρ_0 der Urerde mit der damaligen wie heutigen Masse $M_{\mathrm{E}} = 5{,}974 \cdot 10^{24}\,\text{kg}$!

? **A 1.3**

Berechnen Sie die Länge eines Tages auf der Urerde!

Hinweis: Gehen Sie hierzu von der Konstanz des Drehimpulses L aus. Für eine Kugel homogener Dichte gilt $L = \frac{2}{5} M R^2 \omega$. Darin ist R der heutige Erdradius mit $R_{\mathrm{E}} = 6{,}378 \cdot 10^6\,\text{m}$ und $\omega = 2\,\pi/P$ die Rotationsfrequenz der Erde mit P als Tageslänge. Vernachlässigen Sie die Dichtezunahme mit der Tiefe (sie verkleinert den Faktor $2/5$).

 **A 1.4**

Berechnen Sie die Größe der heutigen Erdbeschleunigung g_1 bei dem Erdradius R_E sowie den Wert der Erdbeschleunigung g_0 auf der Urerde mit dem Radius R_0 aus Aufgabe 1.1!

A 1.5

Ein Mensch bestimmt seine heutige Masse m_1 auf einer Badezimmerwaage (Federwaage) zu 70 kg. Im Traum befindet er sich mit ebendieser Waage auf der Urerde.

Berechnen Sie, welche (falsche – weil diesmal nicht richtig geeichte) Masse m_0 die Waage in diesem Fall anzeigen würde!

A 1.6

Rein theoretisch sollte sich der Erdradius jährlich um $\Delta R = 0{,}3$ mm vergrößern. Berechnen Sie die dazugehörige Abnahme Δg der Erdbeschleunigung!

Hinweis: Da Taschenrechner für diese Aufgabe zu ungenau sind, beziehen Sie die Radienvergrößerung auf eine Million Jahre und teilen Sie das Ergebnis wieder durch diesen Wert.

EA 1.7

Mit der Expansion verringert sich die Gravitationsenergie. Wegen des Virialsatzes ist die Änderung der inneren Energie nur halb so groß wie die Änderung der Gravitationsenergie.

Berechnen Sie die Höhe der Änderung der inneren Energie pro Sekunde, wenn sich der Erdradius jährlich um $\Delta R = 0{,}3$ mm vergrößert! Vergleichen Sie das Ergebnis mit dem natürlichen Wärmestrom zur Erdoberfläche von $0{,}059$ W/m²! Beachten Sie auch hier den Hinweis aus Aufgabe 1.6.

Aufgabe 2 – Erdmagnetfeld

Neben unserer Erde weisen die meisten der anderen Planeten unseres Sonnensystems ein Magnetfeld auf. Darüber hinaus erbrachten Messungen mit Hilfe der Jupitersonde Galileo die Erkenntnis, dass auch Io und Ganymed ein von einem internen, sich selbst erhaltenden Dynamo angetriebenes Magnetfeld besitzen.

Drei Ingredienzien sind für einen planetaren Dynamo erforderlich: (1) ein hinreichend großes Volumen elektrisch leitfähigen Materials, (2) eine Energiequelle, die das fluide Material in Bewegung hält, sowie (3) die Rotation des Körpers zur Ausrichtung der resultierenden Materieströmungen.

An der Erdoberfläche beobachten wir ein starkes Magnetfeld, das an den Polen $B_P = 60\,\mu$T erreicht (Haak 2006). Den Erddynamo kann man sich vereinfacht als Leiterschleife im Erdinneren vorstellen, durch die ein das Magnetfeld erzeugender Strom I fließt (vgl. ◘ Abb. 1.1). In der Tat enthält die Erde eine gut leitende Region – den geschmolzenen Erdkern –, dessen Radius $R_S = 3500$ km beträgt.

A 2.1

In Abwesenheit einer internen Energiequelle könnte das Magnetfeld der Erde nur kurze Zeit bestehen. Es würde ohmsch zerfallen innerhalb einer Zeit von der Größenordnung

$$\tau_{Ohm} = \mu_0\,\sigma\,R_S^2\,, \qquad\qquad (1.1)$$

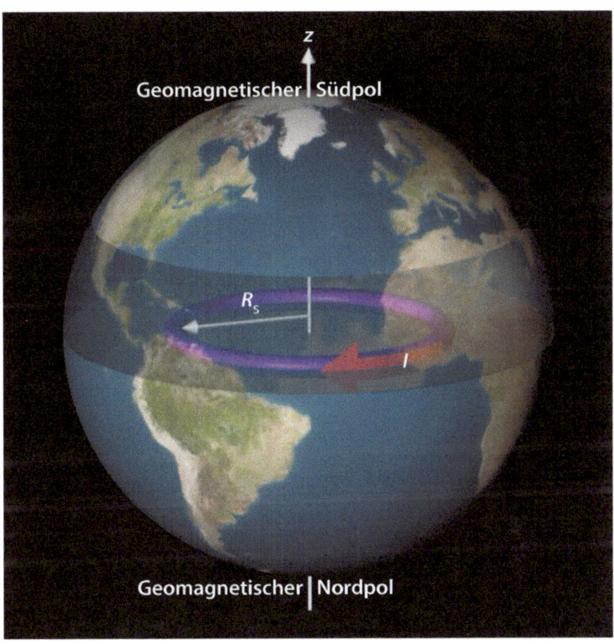

▢ Abb. 1.1 Der Erddynamo lässt sich gut durch eine geschlossene Leiterschleife beschreiben.

wobei die Leitfähigkeit des Materials bei $\sigma = 400\,\mathrm{kS/m}$ ($1\,\mathrm{S} = 1\,\mathrm{Siemens} = 1\,\Omega^{-1}$) liegt und μ_0 die Permeabilität des Vakuums $\mu_0 = 1{,}256 \cdot 10^{-6}\,\mathrm{V\,s\,A^{-1}\,m^{-1}}$ ist.

Berechnen Sie die Zerfallszeit des Magnetfeldes!

? A 2.2

Aus dem Studium alter Gesteine ist hingegen bekannt, dass die Erde schon seit mindestens drei Milliarden Jahren ein Magnetfeld besitzt. Somit muss eine Energiequelle existieren, die den internen Dynamo der Erde am Laufen hält.

Eine vom Strom I_L durchflossene Leiterschleife mit Radius R_L erzeugt im Zentrum der Schleife ein Magnetfeld der Stärke

$$B_\mathrm{C} = \frac{\mu_0\, I_\mathrm{L}}{2\, R_\mathrm{L}}\,. \tag{1.2}$$

Senkrecht zur Ebene der Leiterschleife besitzt das Magnetfeld die von der Entfernung z zu dieser Ebene abhängige Feldstärke

$$B_\mathrm{z} = \frac{B_\mathrm{C}}{\left[1 + (z/R_\mathrm{L})^2\right]^{3/2}}\,. \tag{1.3}$$

Berechnen Sie a) die Stromstärke I_L, welche die an den Erdpolen beobachtete Feldstärke B_P verursacht, und b) die Magnetfeldstärke B_C im Zentrum der Leiterschleife, wenn $R_\mathrm{L} = R_\mathrm{S}$.

 **A 2.3**

Berechnen Sie die Energiedichte ε_P des irdischen Magnetfeldes an den Polen mit Hilfe von

$$\varepsilon_P = \frac{1}{2}\,\mu_0^{-1}\,B_P^2 \tag{1.4}$$

und vergleichen Sie diese mit der Energiedichte des galaktischen Magnetfeldes $\varepsilon_M = 0{,}62\,\mathrm{eV/cm}^3$ ($1\,\mathrm{eV} = 1{,}602 \cdot 10^{-19}\,\mathrm{J}$)!

Aufgabe 3 – C-14-Anomalie in den Jahren 774 und 775

Am Ende des 8. Jahrhunderts fand ein mysteriöses Himmelsereignis statt, das zwar von den Menschen weitestgehend unbemerkt blieb, denn es fehlen schriftliche Aufzeichnungen, dessen Auswirkungen wir aber noch heute messen können. Untersuchungen der Konzentration von radioaktivem Kohlenstoff-14 (C-14) in den Baumringen besonders alter Exemplare der Japanischen Zeder oder in antarktischen Eisbohrkernen zeigen für diesen Zeitraum eine besonders hohe C-14-Konzentration (vgl. ◨ Abb. 1.2 und Nice-to-know 1 auf S. 8 zu dieser Aufgabe).

Japanische Wissenschaftler (Miyake 2012) führen dies auf einen sprunghaften und merklichen Anstieg der kosmischen Strahlung in der Nähe der Erde zurück. Der Grund hierfür ist nicht eindeutig bekannt. Als Ursache für den Energieeintrag in die Erdatmosphäre zur Produktion des C-14 kommen verschiedene astronomische Ereignisse in Betracht: ein Superflare von unserer Sonne, ein Gammastrahlenblitz (siehe auch Hambaryan 2012) und eine Supernova-Explosion (vgl. Nice-to-know 10 auf S. 96). Die Möglichkeit einer „erdnahen" Supernova soll hier rechnerisch näher untersucht werden.

Nice-to-know 1

Altersbestimmung mit der C-14-Methode

Kohlenstoff-14 (C-14) ist ein radioaktives Isotop mit einer Halbwertszeit von 5730 Jahren. Es wird in der oberen Atmosphäre ständig neu gebildet, wenn energiereiche Teilchen aus dem All auf Luftmoleküle treffen und dabei Neutronen freisetzen. Dieser Vorgang wird Spallation genannt. In einer Kernreaktion (Neutroneneinfang) reagieren die Neutronen mit Stickstoffatomen (N-14) der Luft und es entsteht unter Abspaltung eines Protons C-14. Die Sonne ist ein Hauptlieferant geladener kosmischer Partikel und für die Bildung des radioaktiven Kohlenstoffs ebenso verantwortlich wie andere kosmische Quellen, etwa Supernova-Explosionen oder Pulsare. Die Radiokarbonmethode beruht darauf, dass der Anteil des C-14-Isotops in lebenden Organismen auf Grund der beständigen Nahrungsaufnahme konstant bleibt, in abgestorbenen Tieren und Pflanzen jedoch durch den radioaktiven Zerfall des C-14 exponentiell abnimmt.

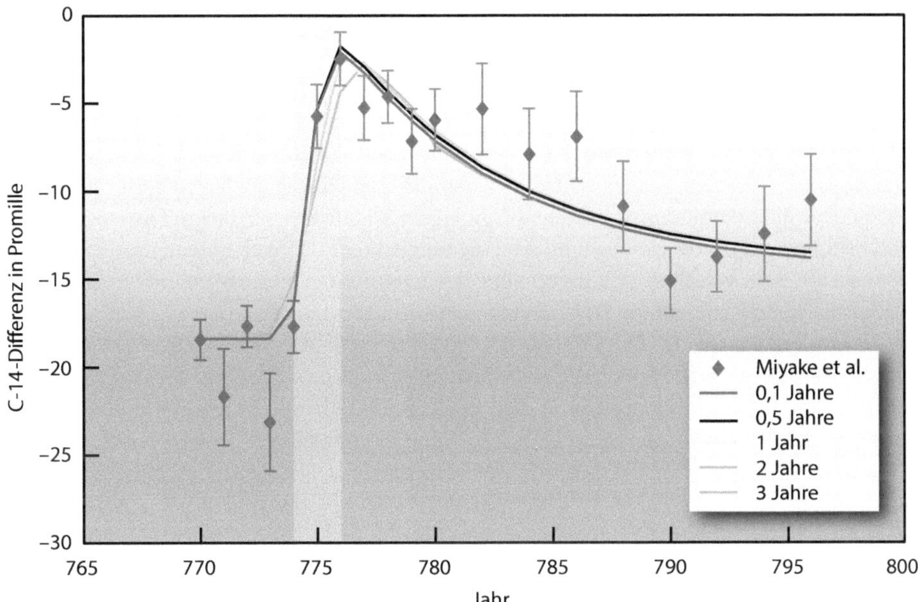

▣ Abb. 1.2 C-14-Messungen in Baumringen der Japanischen Zeder zeigen einen abrupten Anstieg dieses Isotops in den Jahren 774/775 an (*rote Punkte* mit Fehlerbalken). Gegenüber dem langjährigen Durchschnitt bei −18 Promille relativ zum weltweiten Mittelwert stieg die Konzentration innerhalb kurzer Zeit um 15 Promille an. Die *durchgezogenen Linien* sind Modellrechnungen zum Einfluss kosmischer Strahlung über verschiedene Zeitspannen zwischen 0,1 und 3 Jahren. Die besten Übereinstimmungen mit den Messwerten ergeben sich für Eintragsdauern unterhalb von einem Jahr. Quelle: Fusa Miyake, Solar-Terrestrial Environment Laboratory, Nagoya University, Japan/*SuW*-Grafik

❓ A 3.1

Aus der Konzentration in den Zedern leiteten die Forscher für eine $\Delta t = 1$ Jahr andauernde Bestrahlung der Erde eine erforderliche C-14-Produktionsrate von $p = 19$ C-14-Atomen/$(\text{cm}^2\,\text{s})$ ab.

Berechnen Sie die Zahl N_{C14} der entstandenen C-14-Atome, wenn die Querschnittsfläche der Erde in Δt permanent bestrahlt wurde!

❓ A 3.2

Berechnen Sie, welche Gesamtenergie für die Erzeugung von N_{C14} erforderlich war, wenn die Produktionseffizienz $\eta = 1,2 \cdot 10^9$ C-14-Atome/J beträgt!

❓ A 3.3

Zur Entstehung des C-14 ist ein energiereicher Strahlungseinfall im Gammabereich erforderlich.

a) Berechnen Sie, wie groß die von einer Supernova in diesem Bereich abgestrahlte Energie E_{SN} gewesen sein müsste, wenn sie sich wie die historischen Supernovae SN 1006 und SN 1054 in rund $d_{\text{SN}} = 2\,\text{kpc}$ Distanz befände!

b) Normale Supernovae emittieren im Gammabereich rund $E_\gamma = 3 \cdot 10^{42}\,\text{J}$.
   Berechnen Sie, welche Distanz d_{C14} daraus für eine Supernova folgt, die für die Produktion der C-14-Atome verantwortlich sein könnte!

Aufgabe 4 – Seebeben

Am 26. Dezember 2004, 0:58:53 Uhr UT, ereignete sich ein Erdbeben der seismischen Magnitude $M_\mathrm{W} = 9{,}0$, dessen Epizentrum in etwa 10 km Tiefe und 80 km südwestlich der Küste von Indonesien lag (GFZ Potsdam 2004, Geological Survey 2004). Durch das unterseeische Beben wurde ein Tsunami induziert, dessen zerstörerische Gewalt auch weit entfernte Küstenregionen quer über den Indischen Ozean bis hin nach Südafrika in 7800 km Distanz erreichte. Die schrecklichen Folgen des Tsunami sind niemandem auf der Welt entgangen.

Bei dem Beben verschob sich innerhalb der kurzen Zeit $\Delta t = 1$ Minute über eine Länge von etwa $L = 100$ km entlang des Sundagrabens die Indische Kontinentalplatte um bis zu 20 m unter die Birmaplatte. Letztere wurde dabei um etwa $\Delta h = 5$ m angehoben. Die Lage der Nachbeben zeigt, dass sich die aufgebauten Spannungen über eine Gesamtstrecke von 1200 km entladen haben. Dabei wurde eine große Energiemenge freigesetzt und an den darüber liegenden Wasserkörper übertragen. Der Sundagraben besitzt Tiefen zwischen 5000 m und bis zu 7500 m.

❓ A 4.1

Schätzen Sie den Potenzialgewinn E_p des verschobenen Wasserkörpers ab, der zu dem desaströsen Tsunami führte. Nehmen Sie dafür an, dass das Wasservolumen die Länge L, die mittlere vertikale Ausdehnung $T = 6$ km und die Breite $B = 10$ km besessen habe. Die Wasserdichte sei $\rho = 10^3\,\mathrm{kg/m^3}$.

❓ A 4.2

Im Gegensatz zu gewöhnlichen Wasserwellen, wie man sie in Gewässern ständig beobachten kann und die auf Grund ihrer Dispersionseigenschaften auseinander laufen und somit verschwinden, handelt es sich bei Tsunamis um solitonische Wasserwellen, die nur im Flachwasser auftreten können. Bei diesen ist die Wellenlänge größer als die Wassertiefe, und sie laufen nicht auseinander. In manchen Eigenschaften ähneln diese solitonischen Wellen eher einem Teilchen als einer Welle, und sie spielen in vielen Gebieten der modernen Physik eine Rolle, insbesondere etwa in der Elementarteilchenphysik.

Zeigen Sie, dass der Tsunami des Seebebens vom 26. Dezember 2004 eine Flachwasserwelle war und es sich bei ihm somit um eine solitonische Welle handelte! Bei Flachwasserwellen ist das Verhältnis von Wassertiefe zu Wellenlänge kleiner als Eins. Nehmen Sie als Wellenlänge λ dieses Tsunami $\lambda = 175$ km an.

❓ A 4.3

Der Indische Ozean bildet für die Tsunamis ein Flachwasserbecken, und dies bedeutet physikalisch, dass bei Tsunamis der gesamte Wasserkörper des Ozeans von seiner Oberfläche bis zum Meeresgrund mitschwingt. Daher wird die Ausbreitung von Tsunamis auch durch unterseeische Gebirge und andere topografische Unebenheiten beeinflusst.

a) Berechnen Sie die Fortpflanzungsgeschwindigkeit v des Tsunami aus seiner Wellenlänge λ und Periode P

$$v = \lambda / P \,! \tag{1.5}$$

In Aceh, der nördlichsten Provinz von Sumatra, wurden jeweils 15 Minuten Abstand zwischen der ersten, zweiten und dritten Welle beobachtet: $P = 15$ min. Welche Geschwindigkeit hatte der Tsunami vor Sumatra?

b) Eine weitere Möglichkeit, die Geschwindigkeit u der Welle – präziser: die Phasengeschwindigkeit – zu bestimmen, ergibt sich aus

$$u = \sqrt{g\,T}\,. \tag{1.6}$$

Dabei ist $g = 10\,\mathrm{m/s}^2$ die Erdbeschleunigung.
Berechnen Sie die Geschwindigkeit u mit Hilfe von (1.6)!

❓ A 4.4

Durch die enorme Massenverlagerung beim Beben hat sich die (siderische) Tageslänge $d_{\mathrm{alt}} = 86\,164{,}091\,\mathrm{s}$ der Erde um $\Delta d = 2{,}68\,\mu\mathrm{s}$ verkürzt.

a) Berechnen Sie unter der Annahme, dass das Trägheitsmoment der Erde $I = \kappa\,M_\oplus\,R_\oplus^2$, ($\kappa = 0{,}3306$) durch das Beben unverändert blieb (was natürlich nicht sein kann), die Zunahme der Rotationsenergie $E_{\mathrm{rot}} = \frac{1}{2}\,I\,\omega^2$ der Erde.
Verwenden Sie $M_\oplus\,R_\oplus^2 = 2{,}431 \cdot 10^{38}\,\mathrm{kg\,m}^2$.

b) Berechnen Sie unter der Annahme, dass die Rotationsenergie der Erde unverändert blieb und etwa Gezeitenreibung durch den Mond keine Rolle spielte und auch der Radius keine Änderung erfahren hat, die relative Änderung des Formfaktors κ!

❓ EA 4.5

Eine weitere Folge des Bebens war die Verlagerung der Erdachse um etwa $s_{\mathrm{P}} = 2{,}5\,\mathrm{cm}$, was jedoch keine erkennbare Wirkung haben wird, da die Erdpole ohnehin eine veränderliche Bahn von ca. zehn Metern Radius beschreiben.

Schätzen Sie die zur Verkippung der Achse erforderliche Energie ab! Nehmen Sie dafür an, dass die Erde über den Zeitraum Δt des Bebens mit konstanter Winkelgeschwindigkeit um eine äquatoriale Achse – Formfaktor $\kappa_{\ddot{\mathrm{a}}} = 0{,}3295$ – gekippt wurde.

Aufgabe 5 – Die Hill-Sphäre der Erde

Im Gravitationsfeld von Sonne und Erde gibt es fünf ausgezeichnete Orte, an denen sich Gravitationskraft und Fliehkraft für einen Testkörper gerade aufheben: die fünf Lagrange-Punkte L_1 bis L_5. L_2 liegt außerhalb der Erdbahn und rotiert mit der gleichen Winkelgeschwindigkeit um die Sonne wie die Erde auf deren Verbindungslinie (L_2 ist ein günstiger Ort für Weltraumteleskope; dort bzw. in Umlaufbahnen um L_2 befinden sich u. a. WMAP, Gaia und Herschel).

Innerhalb der Hill-Sphäre überwiegt die Erdanziehung auf einen kleinen Körper die störende Gravitationskraft der Sonne. Den Radius der Hill-Sphäre beschreibt dabei die Distanz zwischen Erde und L_2. Für einen Körper der Masse m in der Umlaufbahn eines massereicheren Körpers der Masse M vermittelt (1.7) den Radius r_H der Hill-Sphäre um den kleineren Körper

$$r_\mathrm{H} = a \cdot \sqrt[3]{\frac{m}{3\,M}}\,. \tag{1.7}$$

Dabei umkreist der kleine den größeren mit der großen Bahnhalbachse a.

? A 5.1

Berechnen Sie die Hill-Sphären von a) Erde und b) Mond und diskutieren Sie, c) ob der Mond die Erde innerhalb deren Hill-Sphäre umläuft!

? EA 5.2

Leiten Sie (1.7) her!

Hinweise: Setzen Sie Gravitationskraft $F_\mathrm{G} = G\,m\,M/a^2$ und Fliehkraft $F_\mathrm{F} = m\,\omega^2\,a$ gleich und berechnen Sie so die Winkelgeschwindigkeit ω des Planeten.

Die Zentrifugalbeschleunigung b eines kleinen Testkörpers am Ort von L_2 ist dann $b = \omega^2\,(a + r_\mathrm{H})$. Andererseits beschleunigen Zentralgestirn und Planet den Testkörper mit $b_\mathrm{SE} = G\,M/(a + r_\mathrm{H})^2 + G\,m/r_\mathrm{H}^2$. Setzen Sie b und b_SE gleich. Unter Berücksichtigung von $a \gg r_\mathrm{H}$ folgt schließlich (1.7).

Aufgabe 6 – Der Kurs der Titanic
(Von Bernd Loibl)

Vom Fastnet-Leuchtfeuer (Breite $\varphi_\mathrm{F} = 51{,}3°\,\mathrm{N}$, Länge $\lambda_\mathrm{F} = 9{,}5°\,\mathrm{W}$) an der südirischen Küste fuhr die Titanic auf einem Großkreisbogen zum Corner (Breite $\varphi_\mathrm{C} = 42°\,\mathrm{N}$, Länge $\lambda_\mathrm{C} = 47°\,\mathrm{W}$) mitten im Atlantik und von dort auf einem weiteren Großkreisbogen in Richtung Nantucket-Leuchtfeuer (Breite $\varphi_\mathrm{N} = 41°\,\mathrm{N}$, Länge $\lambda_\mathrm{N} = 70°\,\mathrm{W}$), 30 Meilen vor der Küste von Massachusetts bei Cape Cod.

Als Kapitän Smith diese Route der Titanic festlegte, musste er die folgenden Aufgaben lösen. Dabei halfen dem Kapitän wahrscheinlich seine Kenntnisse als Amateurastronom (nicht ganz zweifelsfrei verbürgt), als er feststellte, dass man die Formeln für die Umrechnung vom Äquatorsystem in das Horizontsystem ((1.34) bis (1.38) auf S. 42 in ▶ Abschn. 1.3) anwenden konnte. Er war verblüfft festzustellen, dass allein der Seitenkosinussatz der sphärischen Trigonometrie ausreichte, um alle Aufgaben zu lösen.

? A 6.1

Berechnen Sie die Anzahl der Seemeilen vom Leuchtfeuer bis zur Corner!

Hinweis: Auf der Erdkugel ist die Länge der Seemeile festgelegt als die Länge des Kreisbogens eines Großkreises, welcher einer Bogenminute entspricht.

? A 6.2

Berechnen Sie die Anzahl der Seemeilen vom Corner bis nach Nantucket!

? A 6.3

Berechnen Sie, a) wie viele Seemeilen der Weg über den Corner länger ist als der kürzestmögliche Weg und b) wie viel zusätzliche Zeit dadurch bei 22 kn Geschwindigkeit mehr eingerechnet werden musste!

Hinweis: 1 Knoten = 1 kn = 1 Seemeile/h, 1 Seemeile = 1,852 km.

? A 6.4

Beim Fahren auf einem Großkreis muss der Kurs kontinuierlich geändert werden. Daher musste Kapitän Smith zusätzliche Berechnungen anstellen.

Berechnen Sie, unter welchem Kurs die Titanic abfahren musste!

Hinweis: Als Kurs bezeichnet man den Winkel zwischen Bewegungs- und Bezugsrichtung (Norden). Der Kurs wird von N über O, S und W gezählt.

? A 6.5

Berechnen Sie, um welchen Betrag der Kurs am Corner geändert werden musste!

Aufgabe 7 – Fernsicht
(Von Gerhard Klare)

In dem preisgekrönten Roman *Selbs Betrug* von Bernhard Schlink treffen sich zwei der handelnden Personen auf der Terrasse des Gasthauses „Schöne Aussicht" auf dem Dilsberg. Die von einer mittelalterlichen Wehrmauer umschlossene kleine Ortschaft liegt auf der Spitze eines fast perfekten Bergkegels in einer Schleife des Neckars zwischen Neckargemünd und Neckarsteinach, nur wenige Kilometer östlich von Heidelberg.

Zwischen den beiden entwickelt sich das folgende Gespräch: „. . . Schauen Sie!" Er zeigte nach Süden. Dort geht der Dilsberg sanft in die weichen Hügel des Kleinen Odenwaldes über. Die Aussicht ist schön, das Gasthaus, auf dessen Terrasse wir saßen, trägt seinen Namen zu Recht. „Nein", sagte er, „Sie müssen höher schauen". „Sind das . . . " Ich konnte es nicht glauben. „Ja, es sind die Alpen. Mönch, Eiger, Jungfrau, Montblanc – von den anderen kenne ich die Namen nicht. Es gibt ein paar Tage im Jahr, an denen man sie sieht . . . Ich wohne seit sechs Jahren hier oben und sehe sie heute zum zweiten Mal."

Über dem Horizont war der Himmel von tiefem Blau. Dort, wo er heller wurde, hatte ein feiner, weißer Pinsel die Kette der Gipfel gemalt. Rechts und links verloren sie sich im Dunst. Darüber wölbte sich der klare Frühsommerhimmel, ein normaler Rhein-Neckar-Himmel, der nichts von dem Wunder verriet, das er am Südhang des Dilsbergs enthüllte. „Vielleicht sind wir die einzigen, die es sehen." Außer uns war niemand auf der Terrasse.

Die Schilderung verblüfft, und man fragt unweigerlich nach dem Wahrheitsgehalt dieser Roman-Passage: Steckt dichterische Freiheit oder sorgfältige lokale Recherche dahinter? Die geografischen Koordinaten von Dilsberg lauten $\varphi_{\mathrm{Di}} = +49{,}41°$, $\lambda_{\mathrm{Di}} = 8{,}85°$ (östl. Länge), die Höhe über N. N. ist $h_{\mathrm{Di}} = 300\,\mathrm{m}$. Die geografischen Koordinaten der Jungfrau sind $\varphi_{\mathrm{Ju}} = +46{,}53°$, $\lambda_{\mathrm{Di}} = 7{,}96°$ (östl. Länge), die Höhe über N. N. ist $h_{\mathrm{Di}} = 4160\,\mathrm{m}$. Der Erdradius misst $R_{\mathrm{E}} = 6378\,\mathrm{km}$.

? A 7.1

Berechnen Sie, wie weit die beiden Orte (Dilsberg und das Bergmassiv des Berner Oberlandes) auf dem Großkreis a) in Grad und b) in Kilometer voneinander entfernt sind!

Hinweis: Die gesuchte Entfernung (Seite a in ◩ Abb. 1.3d) folgt aus dem Seitenkosinussatz der sphärischen Trigonometrie, wobei $b = 90° - \varphi_{\mathrm{Di}}$, $c = 90° - \varphi_{\mathrm{Ju}}$ und $\alpha = \lambda_{\mathrm{Di}} - \lambda_{\mathrm{Ju}}$ gilt.

? A 7.2

Berechnen Sie die Richtung (Azimut[1]), in welcher die Sichtlinie Dilsberg-Jungfrau verläuft!

Hinweis: Um den Azimut A zu finden, verwenden Sie den Sinussatz der sphärischen Trigonometrie.

---

[1] In dieser Aufgabe wird das Azimut von N über O und S nach W gezählt. Dies entspricht der Zählweise auf einer Kompassrose. In der Astronomie wird das Azimut dagegen üblicherweise von Süden aus gemessen.

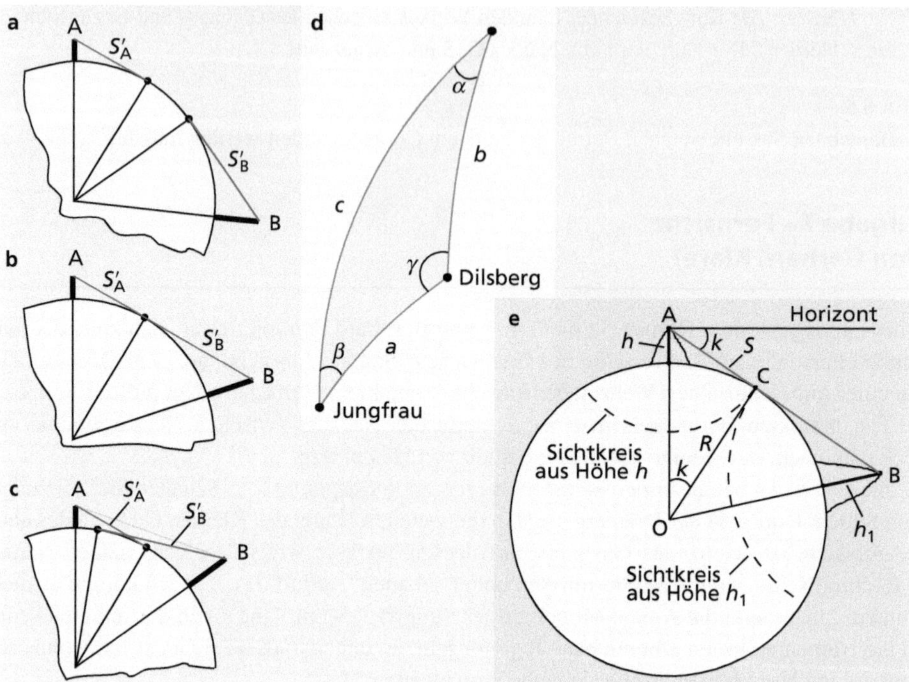

Abb. 1.3 **a, b, c**: Bedingung für gegenseitige Sichtbarkeit der Erhebungen A und B; **d**: Sphärisches Dreieck (NP = Nordpol); **e**: Kimmtiefe k und Sichtweite S. h und h_1 sind die Höhen der Erhebungen A und B.

A 7.3

Berechnen Sie die Mindesthöhe eines Berges (h_1 in ▣ Abb. 1.3e) am Ort der Jungfrau, damit er vom Dilsberg aus gerade am Horizont auftaucht!

Rechnen Sie zunächst rein geometrisch, also ohne Berücksichtigung der terrestrischen Strahlenbrechung (siehe dazu die geometrische Sichtweite S bzw. Kimmtiefe k)!

Hinweise: Bedingung für gegenseitige Sichtbarkeit der Erhebungen A und B in ▣ Abb. 1.3 (S'_A, S'_B: wirkliche Sichtweiten; $\overline{AB}$: Länge der Strecke von A nach B):

- ▣ Abb. 1.3a: $S'_A + S'_B < \overline{AB} \rightarrow$ kein Sichtkontakt möglich,
- ▣ Abb. 1.3b: $S'_A + S'_B = \overline{AB} \rightarrow$ die Gipfelpunkte erscheinen an beiden Horizonten,
- ▣ Abb. 1.3c: $S'_A + S'_B > \overline{AB} \rightarrow$ direkter Sichtkontakt von Gipfel zu Gipfel,

Bestimmen Sie für Dilsberg zunächst die geometrische Kimmtiefe k bzw. die geometrische Sichtweite $S = \overline{AC}$ (siehe ▣ Abb. 1.3e) nach den Gleichungen

$$k = 1{,}93' \sqrt{h/\mathrm{m}} \tag{1.8}$$

$$S = \sqrt{h\,(2\,R + h)}\,. \tag{1.9}$$

A 7.4

Wiederholen Sie die Rechnung aus A 7.3 unter Einbeziehung des Einflusses der erdnahen atmosphärischen Schichten und bestimmen Sie die wirklichen Sichtweiten (S' in km) und Kimmtiefen k' von den Höhen 300 m bzw. 4160 m aus!

Diskutieren Sie mit diesen Ergebnissen nun die der gesamten Aufgabe zu Grunde liegende Frage, ob die Alpen vom Dilsberg aus zu sehen sind!

Hinweis: Unter der Einwirkung der Refraktion werden horizontnahe Strahlen merklich gebrochen. Dadurch wird die Kimmtiefe um etwa 7 % verkleinert, die Sichtweiten gegenüber dem geometrischen Fall (ohne Atmosphäre) jedoch vergrößert. Ein horizontnaher Strahl wird im Mittel je Kilometer um 2,5″ von der geraden Richtung abgelenkt. Die korrigierten Ausdrücke lauten daher

$$k' = 1{,}78'\,\sqrt{h/\mathrm{m}} \tag{1.10}$$

$$S' = 2{,}08\,\mathrm{km} \cdot 1{,}852\sqrt{h/\mathrm{m}} \tag{1.11}$$

für die wirkliche Sichtweite.

❓ A 7.5

Bestimmen Sie den Blickwinkel (Sichtbarkeit vorausgesetzt), unter welchem die Bergkette „Eiger-Mönch-Jungfrau" den beiden Beobachtern auf dem Dilsberg erscheint! Das Bergmassiv hat eine Längsausdehnung von etwa 6 km und erstreckt sich von NO nach SW (Azimut $< 40°$, von N über O gezählt).

Aufgabe 8 – Atmosphärische Refraktion

Den Effekt kennt jeder: Stehen Mond und Sonne nahe am Horizont, so erscheinen sie dem Beobachter stark gerötet und abgeplattet. Zu Grunde liegendes Phänomen jener Abplattung ist die Refraktion. Wie jedes physikalische Medium besitzt auch die Erdatmosphäre einen Brechungsindex. Treffen nun Lichtstrahlen von außerhalb schräg auf die Luftschicht, erfahren sie eine gewisse, wenn auch kleine Richtungsänderung: Das Licht wird gebrochen (lat. refrangere). Erreicht es den Beobachter dagegen aus Richtung Zenit, wurde es nicht abgelenkt – die Refraktion verschwindet in dieser Richtung. Zum Horizont hin nimmt sie dagegen zu. Über diese Zunahme sind ausführliche Theorien erarbeitet worden: Bis etwa 75° Zenitdistanz hängt der Betrag der Refraktion praktisch nicht von der Schichtung der Atmosphäre ab (Dichte, Temperatur). Wenn ein ausgedehntes Objekt nahe dem Horizont steht, werden oberer und unterer Rand verschieden stark abgelenkt, da sie unterschiedliche Zenitdistanzen ausweisen: Man spricht von differenzieller Refraktion.

Einen hinreichend genauen Näherungsausdruck, der zudem recht einfache Gestalt annimmt, gewinnt man aus der Annahme, dass die irdische Atmosphäre bei konstanter Dichte bis zu einer gewissen oberen Grenze reicht und die Lichtstrahlen nach einer einzigen Brechung den Beobachter erreichen. Nach dem Snellius'schen Brechungsgesetz gilt nämlich

$$\frac{\sin z_*}{\sin z_{\mathrm{obs}}} = n, \tag{1.12}$$

wobei z_* die wahre und z_{obs} die beobachtete Zenitdistanz z. B. eines Sterns und n der Brechungsindex der Erdatmosphäre ist. Für 0 °C und 1 bar ist $n = 1{,}000293$. Nach einigen Umformungen, unter Berücksichtigung von $\cos R \approx 1$ und $\sin R \approx R$ für kleine R, ergibt sich für die Refraktion $R = z_* - z_{\mathrm{obs}}$ die Gleichung

$$R = (n-1)\tan z_{\mathrm{obs}}. \tag{1.13}$$

Die Refraktion ist hier im Bogenmaß gegeben.

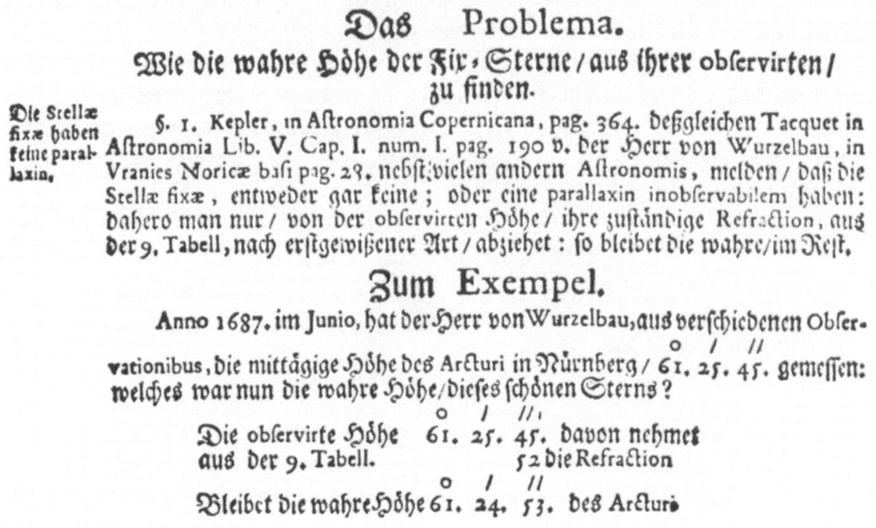

$$\mathfrak{Das\quad Problema.}$$

Wie die wahre Höhe der Fix-Sterne/aus ihrer observirten/ zu finden.

Die Stellæ fixæ haben keine parallaxin.

§. 1. Kepler, in Astronomia Copernicana, pag. 364. deßgleichen Tacquet in Astronomia Lib. V. Cap. I. num. I. pag. 190 v. der Herr von Wurzelbau, in Vranies Noricæ basi pag. 28. nebst vielen andern Astronomis, melden/ daß die Stellæ fixæ, entweder gar keine; oder eine parallaxin inobservabilem haben: dahero man nur/ von der observirten Höhe/ ihre zuständige Refraction, aus der 9. Tabell, nach erstgewißener Art/ abziehet: so bleibet die wahre/im Rest.

Zum Exempel.

Anno 1687. im Junio, hat der Herr von Wurzelbau, aus verschiedenen Observationibus, die mittägige Höhe des Arcturi in Nürnberg/ 61. 25. 45. gemessen: welches war nun die wahre Höhe/dieses schönen Sterns?

Die observirte Höhe   61. 25. 45. davon nehmet
aus der 9. Tabell.   52 die Refraction

Bleibet die wahre Höhe 61. 24. 53. des Arcturi

Abb. 1.4   Ausschnitt einer historischen Arbeit (Rost 1718) zur Refraktion aus dem Jahre 1718.

A 8.1

Leiten Sie (1.13) mit Hilfe der gegebenen Näherungen aus dem Brechungsgesetz, (1.12), ab!

A 8.2

Berechnen Sie die Refraktion R und die tatsächliche Höhe von α Bootis (Arkturus) für das in Abb. 1.4 gegebene Beispiel und vergleichen Sie das Ergebnis mit dem des Herrn von Wurzelbau!

A 8.3

Berechnen Sie die geografische Breite φ, an der Herr von Wurzelbau (siehe Abb. 1.4) seine Beobachtungen durchführte!

Die genaue Position des Arkturus am Himmel ist $\alpha_{2000} = 14^{\mathrm{h}}15^{\mathrm{m}}39{,}7^{\mathrm{s}}$ und $\delta_{2000} = +19°10'56{,}7''$. Unter Berücksichtigung der Präzession erhält man $\alpha_{1687,5} = 14^{\mathrm{h}}01^{\mathrm{m}}08^{\mathrm{s}}$ und $\delta_{1687,5} = +20°42'43''$.

Aufgabe 9 – Licht und Schatten

Das Institut für Meteorologie der Freien Universität Berlin veröffentlicht die tägliche Berliner Wetterkarte. Der Wetterbericht vom 3. August 1993 lautet: „Die Kaltfront des mit seinem Zentrum über Schottland liegenden Tiefdruckgebietes „C" hat das nordwestliche Deutschland erreicht und verlagert sich rasch weiter nach Osten, während sie über Frankreich weitgehend stationär bleibt …" An diesem Tag gelang Sven Kohle eine bemerkenswerte Aufnahme, die als Vorlage für Abb. 1.5 diente und dieser Aufgabe zu Grunde liegt.

Die Aufnahme entstand auf der Feste Rheinfels, der Ruine einer hessisch-katzenelnbogischen Festung, ehemals mit hohem Berchfrit, am linken Rheinufer bei St. Goar, auf halbem

❑ Abb. 1.5 Der Schatten eines Kondensstreifens fällt auf eine darunter liegende Wolkendecke. Gleichzeitig ist ein schöner Sonnenhalo zu sehen. Die Aufnahme stammt von Sven Kohle www

Weg zwischen Koblenz und Bingen. Die um 13:22 Uhr MESZ belichtete Aufnahme zeigt im Vordergrund Überreste der Burg, einen Sonnenhalo und einen Kondensstreifen in großer Höhe sowie dessen Schatten auf einer dünnen Wolkenlage. Letztere stammt womöglich von der Wolkenfront, die wahrscheinlich die Grenze zur anrückenden Kaltfront markiert, und könnte durch Höhenwinde von der Wolkenfront abgetrieben worden sein.

❓ A 9.1

Bestimmen Sie die Höhe der dünnen Wolkendecke, die als Projektionsschirm den Schatten des Kondensstreifens zeigt! Gehen Sie davon aus, dass der in nord-südlicher Richtung fliegende Jet eine Höhe von etwa 12 km besaß. Der Maßstab des Bildes ergibt sich aus dem

Halos und Sonnenhalo

Halos sind ganz allgemein optische Erscheinungen der Atmosphäre. Sie entstehen durch Reflexion und Brechung von Licht an Eiskristallen zumeist in großer Höhe. Im engeren Sinn versteht man unter einem Halo einen Ring um eine Lichtquelle. Ist diese Lichtquelle unsere Sonne, so spricht man von einem Sonnenhalo. Bei ähnlichen Bedingungen während der Nacht kann auch der Mond als Lichtquelle ein Halo um sich haben.

Bedingt durch die geometrische Struktur der Eiskristalle und der Brechung des Lichts ist der so genannte 22°-Ring – ein Lichtring mit einem Radius von 22° um das leuchtende Objekt – die häufigste Halo-Art.

Durchmesser des Sonnenhalos, vorausgesetzt, es handelt sich um diejenige Sorte von Halos, die am häufigsten vorkommt (siehe auch Nice-to-know 2 zu dieser Aufgabe auf S. 18).

❓ A 9.2

Genaues Ausmessen des Schattens zeigt, dass sich der mittlere Winkelabstand zum Kondensstreifen von unten nach oben vergrößert. Außerdem wird der Schatten nach oben zu immer breiter.

Diskutieren Sie, welche Ursachen diesen Beobachtungen zu Grunde liegen können!

Aufgabe 10 – Anthropogener Treibhauseffekt

Mit einiger Sicherheit kann heute behauptet werden, dass gewisse von uns Menschen in die Atmosphäre eingebrachte Gase auf die mittlere Temperatur der Oberfläche einen erhöhenden Einfluss ausüben. Im Oktober 2005 wurde der 23. Tropische Sturm „Beta" zum Hurrikan hochgestuft – der 13. in diesem Jahr. Die vorgesehene Menge an Namen für Tropische Stürme ging mit „Wilma" zur Neige – Rekord! Es wurde weitergezählt mit „Alpha" und „Beta".

Insbesondere Kohlenstoffdioxid, CO_2, und Methan, CH_4, sind als „Klimakiller" bekannt geworden. Seit der Industrialisierung hat etwa die CO_2-Konzentration der Atmosphäre von 280 ppm auf 375 ppm zugenommen (Stand: 2005). Im Jahr 2017 war sie bereits auf 405 ppm angestiegen. Im Folgenden soll die durch eine CO_2-Zunahme bedingte Temperaturerhöhung abgeschätzt werden.

❓ A 10.1

Solarkonstante S nennt man den durch die Sonnenstrahlung gelieferten Energiefluss außerhalb der Erdatmosphäre: $S = 1370\,\mathrm{W/m^2}$ (vgl. auch die Aufgaben 46 und 65). Die Erde sammelt dies mit ihrer Querschnittsfläche $F_Q = \pi R^2$ auf, wobei ihr durch das Rückstrahlvermögen, die Albedo, der Anteil $A = 0{,}3$ entgeht, und strahlt nach Erreichen einer Gleichgewichtstemperatur T_E über ihre gesamte Oberfläche $F_O = 4\pi R^2$ die Energie $E(T_E)$ gemäß dem Stefan-Boltzmann'schen Strahlungsgesetz ab

$$E(T_E) = F_O\, \sigma\, T_E^4 \,. \tag{1.14}$$

Berechnen Sie die Gleichgewichtstemperatur in Abwesenheit von durch die Atmosphäre verursachten Komplikationen!

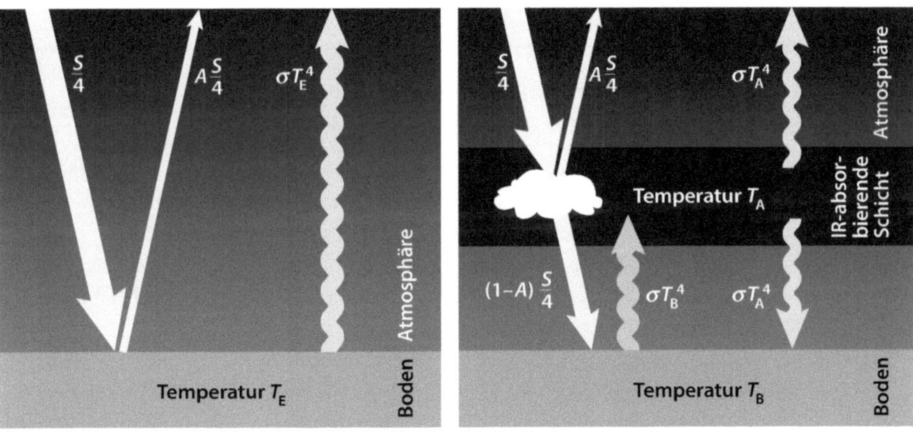

◻ Abb. 1.6 Strahlungsbilanz der Erde ohne (*links*) und mit absorbierender Atmosphärenschicht (*rechts*).

Hinweis: Die Erde emittiert nur ein Viertel des Betrags G als Wärmestrahlung, den sie aus der Sonnenstrahlung erhält. Der Strahlungsfluss am Boden ist deshalb

$$G = \sigma\, T_{\mathrm{E}}^4 = \frac{(1 - A)}{4}\, S\,. \tag{1.15}$$

? A 10.2

Berechnen Sie in einem etwas verbesserten Atmosphärenmodell (◻ Abb. 1.6 rechts) die Temperatur T_{B} des Erdbodens!

Hinweise: Stellen Sie die Bilanzgleichungen für die IR-absorbierende Schicht und für den Erdboden auf. Die in ◻ Abb. 1.6 eingetragenen Größen bezeichnen die relevanten Strahlungsflüsse.

Die Temperaturdifferenz der beiden Modelle veranschaulicht den Treibhauseffekt. Die mittlere Bodentemperatur T_{m} liegt zurzeit in Wahrheit bei $T_{\mathrm{m}} = 288\,\mathrm{K} = 15\,°\mathrm{C}$.

? EA 10.3

Nach Svante Arrhenius (Veröffentlichung: 9.1.1901) gilt für den Zusammenhang zwischen der Erhöhung der CO_2-Konzentration K und dem auch Solarantrieb genannten Strahlungsfluss G

$$\mathrm{d}G \approx \Delta G = \alpha \ln\left(\frac{K}{K_0}\right), \tag{1.16}$$

mit dem spezifischen Antrieb $\alpha = 5{,}35\,\mathrm{W/m^2}$ für CO_2.

Leiten Sie aus $G = \sigma\, T_{\mathrm{m}}^4$ mittels der Ableitung $\mathrm{d}G/\mathrm{d}T$ einen Ausdruck für die Temperaturerhöhung $\Delta T \approx \mathrm{d}T$ her und berechnen Sie diese für eine Verdopplung der CO_2-Konzentration $K/K_0 = 2$!

1.2   Gefahren aus dem All

Aufgabe 11 – Ein Komet stürzt auf die Erde

Käme ein Komet auf seinem Weg durch unser Sonnensystem der Erde zu nahe, so würde er sicherlich erheblichen Schaden anrichten. Der Sinn dieser Aufgabe soll aber nicht darin bestehen, diesen Schaden abzuschätzen, sondern vielmehr auszurechnen, unter welchen (vereinfachten) Bedingungen solch ein Aufschlag zustande kommen könnte. Als Vereinfachung sei angenommen, dass sich der Komet der Erde auf einer Geraden nähert. In Wirklichkeit bewegt er sich auf einer Ellipsen-, Parabel- oder Hyperbelbahn um die Sonne.

Unter dieser Voraussetzung stellt ◘ Abb. 1.7 eine klare Beschreibung dar: Der Komet nähert sich mit der Geschwindigkeit v_∞, wenn er dem beschleunigenden Einfluss der Erdgravitation noch nicht unterliegt, unserem Planeten. Von einer durch den Erdmittelpunkt gehenden, zu seiner unbeeinflussten Bahn parallelen Geraden hat er den Abstand S, auch Impaktparameter genannt. Der größte Abstand, der den Kometen gerade noch zum Aufschlagen zwingt, liegt vor, wenn dieser die Erdoberfläche tangential trifft. Jedes größere S würde eine Kollision „verhindern". R_E ist der Erdradius und sei angenommen zu $R_E = 6378\,\text{km}$. Am Ort des Aufschlags (Erdatmosphäre vernachlässigt) ist die Geschwindigkeit des Kometen auf v_R angewachsen.

? A 11.1

Leiten Sie eine Formel für den im Einleitungstext definierten Abstand S bei tangentialem Aufschlag her!

Hinweis: Unter Ausnutzung des Drehimpulserhaltungssatzes lässt sich eine Beziehung zwischen v_R und S aufstellen. Mit dem Energieerhaltungssatz schließlich kann die Aufschlaggeschwindigkeit v_R als Funktion von R_E, M_E und v_∞ aufgeschrieben werden. Der in der (noch zu berechnenden) Wurzel auftauchende Ausdruck $2\,G\,M\,R^{-1}$ trägt den Namen „Fluchtgeschwindigkeit": $2\,G\,M\,R^{-1} = v_0^2$. Für die Erde gilt $v_0 = 11{,}2\,\text{km/s}$.

? A 11.2

Berechnen Sie den Impaktparameter S, wenn v_∞ die Werte 1, 10 und 100 km/s annimmt! Geben Sie die Ergebnisse als Vielfache des Erdradius an!

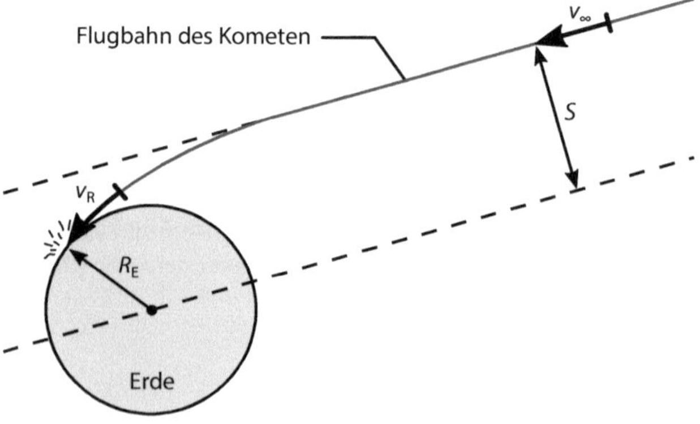

◘ **Abb. 1.7** Die Flugbahn des Kometen ist charakterisiert durch den Impaktparameter S.

Aufgabe 12 – Der Bolide vom 23. September 1986, Teil 1

Am 23. September 1986 zwischen 6^h30^m und 6^h33^m Uhr MEZ, jeweils $\pm 2^m$, erregte in Mitteleuropa ein zunächst ungeklärtes Phänomen große Aufmerksamkeit. Augenzeugen berichteten von einem grell grünlich leuchtenden Objekt, das in wenigen Sekunden von Osten kommend den Himmel überquerte und im Westen verschwand. Während des Flugs hatten sich wohl mehrere Teile abgelöst, die dem Hauptobjekt in geringem Abstand folgten. Allen Aussagen gemein war, dass das Objekt parallel zum Horizont flog. Einigen Stimmen zufolge sei es wesentlich heller gewesen als der Vollmond. Da es sowohl in Hamburg als auch in Nürnberg gesichtet wurde, muss es in großer Höhe geflogen sein.

Als Erklärung kommt nur ein Bolide in Frage, also ein relativ großer Meteoroid, der die Erdatmosphäre durchquerte. Solche Boliden zeigen Lichtausbrüche, manchmal Funkenschauer und Teilungen, und hinterlassen gelegentlich leuchtende Schweife, die sich minutenlang halten können. Bei einem Durchmesser von etwa zehn Zentimetern sind sie bereits so hell wie der Vollmond. Man weiß, dass etwa 99 % der abgegebenen Energie als Wärme dissipiert wird und nur 1 % als Anregungsenergie für das Leuchten sorgt. Noch viel weniger dient zum Ionisieren der Luft. Trotzdem ist der Ionisationsschlauch mit Radargeräten sehr gut zu beobachten.

? A 12.1

Aus der Helligkeit eines solchen seltenen Ereignisses lässt sich mit der empirischen Formel

$$R = 10^{(0{,}3-0{,}113\,m/\mathrm{mag})}\,\mathrm{mm} \tag{1.17}$$

auf die Größe des Boliden schließen. Dabei ist R der Radius des Meteoriten und m die Helligkeit.

Berechnen Sie den Durchmesser D_B und die Masse M_B des Boliden, wenn die Helligkeit auf $m_\mathrm{B} = -16\,\mathrm{mag}$ geschätzt wurde und wenn es sich um einen Eisenmeteoriten mit der Dichte $\rho_\mathrm{B} = 7{,}8\,\mathrm{g/cm^3}$ handelte!

? A 12.2

Eine vertrauenswürdige Beobachtung aus Pforzheim (PF) besagt, dass die Lichterscheinung in nördlicher Richtung etwa $\pi = 12°$ über dem Horizont beobachtet wurde. Eine ebensolche aus Heidelberg schätzt etwa $15°$. Eine dritte stammt aus Dortmund (DO), sie beschreibt das Objekt etwa $\delta = 60°$ über dem Südhorizont.

Berechnen Sie unter Berücksichtigung der Erdkrümmung die Höhe h_0 des Boliden mit den beiden Elevationswinkeln δ und π (vgl. ◘ Abb. 1.8)! Die Entfernung zwischen Pforzheim und Dortmund betrage $D = 350\,\mathrm{km}$, und der Erdradius R_E ist 6378 km.

? A 12.3

Um zu entscheiden, ob der Körper in der Erdatmosphäre so stark abgebremst wurde, dass er zu Boden fiel, muss einiges über seine Geschwindigkeit nachgedacht werden.

Berechnen Sie unter der Voraussetzung, dass unser Bolide aus dem Unendlichen mit der Startgeschwindigkeit Null in Richtung Sonne fällt, seine Geschwindigkeit am Ort der Erde

◘ Abb. 1.8 Zur Erläuterung der Symbole in Aufgabe 12.2

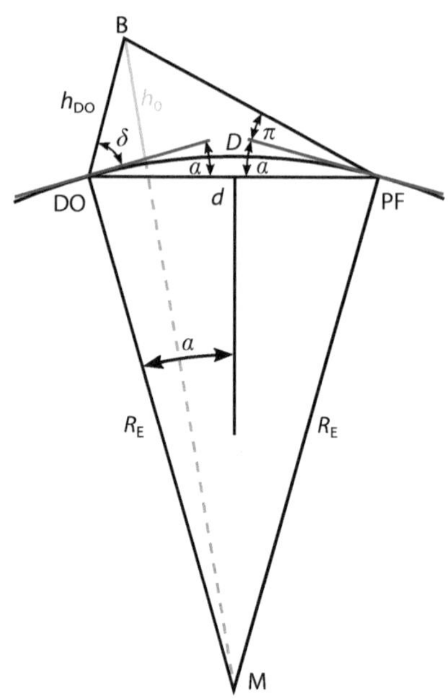

a) mit der Methode Umsetzung vom Gravitationspotenzial in kinetische Energie und

b) durch Grenzübergang zwischen Ellipse und Parabel. Die Perihel- und Aphelgeschwindig-
    keiten der Ellipse sind

$$v_P = \sqrt{\frac{G\,M_\odot}{a}}\,\sqrt{\frac{1+e}{1-e}} \tag{1.18}$$

und

$$v_A = \sqrt{\frac{G\,M_\odot}{a}}\,\sqrt{\frac{1-e}{1+e}} \tag{1.19}$$

mit der Gravitationskonstanten G, der Sonnenmasse $M_\odot = 1{,}989 \cdot 10^{30}\,\mathrm{kg}$, der großen
Bahnhalbachse a und der numerischen Exzentrizität e!

Der Zusammenhang zwischen a und e lautet $e = 1 - r_P/a$ mit der Periheldistanz r_p.

c) Diskutieren Sie, warum beide Methoden dasselbe Ergebnis liefern!

Aufgabe 13 – Der Bolide vom 23. September 1986, Teil 2

Aus dem Datum und der Uhrzeit aller in Aufgabe 12 genannten Beobachtungen folgt, dass
Zentraleuropa zusammen mit der Erdachse in die Bewegungsrichtung der Erde auf ihrem
Lauf um die Sonne zeigte (vgl. **◘** Abb. 1.9).

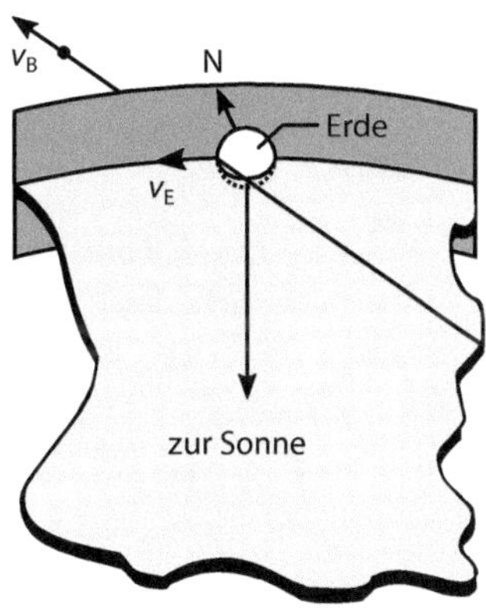

☐ **Abb. 1.9** Die Bahnen der Erde und des Boliden. Ein Teil der Erdbahnebene ist von der kurvigen Linie umrissen, und senkrecht darauf steht der die Erdbahn schneidende dunklere Bereich. In dieser Ebene liegt auch die Erdachse, markiert durch den Nordpol N.

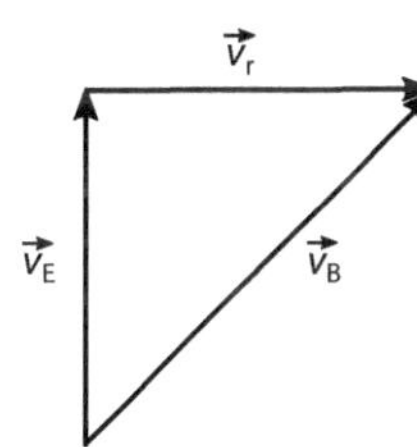

☐ **Abb. 1.10** Darstellung der Geschwindigkeitsvektoren. Alle drei liegen näherungsweise in der Erdbahnebene

? **A 13.1**

a) Berechnen Sie die Relativgeschwindigkeit v_r (vgl. ☐ Abb. 1.10) des Boliden in der Erdatmosphäre!

b) Berechnen Sie die Zeit, welche vonnöten wäre, um die Entfernung Frankfurt-Paris, 573 km, mit v_r zu bewältigen!

? **A 13.2**

Beim Durchqueren der Atmosphäre stößt der Körper gegen alle Gasmoleküle, die auf seinem Weg liegen. Berechnen Sie die Anzahl und die Gesamtmasse dieser Teilchen

a) bei Einfall in die Atmosphäre mit minimaler Höhe h_0,

b) bei $h_0 \pm 10\,\text{km}$ und

c) bei tangentialem Sturz!

Hinweise: Zunächst ist die barometrische Höhenformel gegeben: Alle 5,5 km zunehmender Höhe halbiert sich der Luftdruck und damit über das Boyle-Mariotte'sche Gesetz ($p\,V = \text{const.}$) auch die Dichte

$$\rho\,(h) = \rho_0 \cdot \exp\left(-\frac{m\,g}{k\,T}\,h\right). \tag{1.20}$$

Dabei ist $\rho_0 = 1{,}310 \cdot 10^{-3}\,\text{g}\,\text{cm}^{-3}$ die Gasdichte am Boden, $m = 29\,\text{g}\,\text{mol}^{-1}\,N_A^{-1}$ die Masse der Gasteilchen (im Wesentlichen N_2), $N_A = 6{,}022 \cdot 10^{23}\,\text{mol}^{-1}$ die Avogadro-Konstante, $k = 1{,}381 \cdot 10^{-23}\,\text{J}\,\text{K}^{-1}$ die Boltzmann'sche Konstante und T die absolute Temperatur, angenommen zu $-40\,°\text{C} = 233\,\text{K}$.

Dann muss man alle Teilchen über den gesamten Weg durch die Atmosphäre zusammenzählen

$$M_g = F_q\, \rho_0\, l. \tag{1.21}$$

F_q ist die Querschnittsfläche des als kugelförmig angenommenen Boliden und l die Äquivalentlänge des Weges, den der Bolide am Boden zurücklegen müsste, um die gleiche Anzahl Teilchen zu stoßen,

$$l = 2 \int\limits_{x=0}^{x=\infty} \exp\left(-\frac{m\,g}{k\,T}\,h\right) \mathrm{d}x. \tag{1.22}$$

Der Zusammenhang zwischen h und x ist dadurch bestimmt, dass die niedrigste Höhe des Boliden gleich h_0 sei. Es gilt für h_0 aus Aufgabe 12.2: $l(h_0) = 10{,}5\,\text{m}$. Zehn Kilometer höher und tiefer gilt: $l(h_0 - 10\,\text{km}) = 45{,}6\,\text{m}$ und $l(h_0 + 10\,\text{km}) = 2{,}4\,\text{m}$. Würde der Bolide tangential zum Boden fallen, so wäre $l = 8\,\text{km}$.

❓ EA 13.3

Leiten Sie den Zusammenhang zwischen h und x her und lösen Sie das Integral aus (1.22) numerisch!

❓ A 13.4

Berechnen Sie den Impulsverlust Δp eines Körpers der Masse M, der einen ruhenden Körper der Masse m mit der Geschwindigkeit v zentral und elastisch stößt, für den Fall, dass $M \gg m$ (Bolide, N_2-Molekül) erfüllt ist!

❓ A 13.5

Berechnen Sie den Geschwindigkeitsverlust des Boliden, ebenfalls für die Fälle a) bis c) aus Aufgabe 13.2, und diskutieren Sie, ob der Bolide jeweils die Erdatmosphäre wieder verlassen kann!

❓ EA 13.6

Aus welchen Beobachtungsdaten lässt sich auf die Identität der Vektorenebene mit der Erdbahnebene schließen?

Aufgabe 14 – Artensterben

Das Aussterben vieler Tier- und Pflanzenarten im Laufe der Erdgeschichte ist durch zahlreiche paläozoologische und paläobotanische Funde nachgewiesen. Für die Ursachen hierzu gibt es viele Modelle, die fast alle drastische Klimaveränderungen verantwortlich machen.

Sollten die Klimaänderungen, wie von manchen gefordert, tatsächlich durch ein astronomisches Ereignis verursacht worden sein, so kämen nach derzeitigem Wissen mehrere Ursachen in Frage:

- Durch die Pendelbewegung der Sonne bei ihrem Umlauf um das galaktische Zentrum über und unter die galaktische Ebene könnte sie mit dem gesamten Sonnensystem Wolken interstellarer Materie durchqueren, die durch Störungen der Oort'schen Wolke Körper ins Systeminnere lenken und somit den Einschlag eines großen Körpers verursachen oder gar die Solarkonstante beeinflussen.

- Der exzentrische Umlauf eines hypothetischen Sonnenbegleiters, seit längerem Nemesis genannt, könnte ebensolche Körper aus der Oort'schen Wolke ins Innere des Sonnensystems katapultieren.
- Auch Planet X – manchmal wie (römisch) zehn, manchmal wie x gesprochen – würde himmelsmechanische Störungen auf eine transplutonische Wolke ausüben.
- Eine vierte diskutierte Ursache wären die Explosionen nahegelegener Supernovae. Allerdings besteht dabei kaum eine Möglichkeit periodischer Einflussnahme, wie es manche Geologen zu erkennen glauben, etwa durch Hitzewellen oder Strahlenschäden.

Wenn tatsächlich ein großer Körper auf die Erde stürzt, was in der Erdgeschichte seine Spuren hinterlässt (Nördlinger Ries, Barringer-Krater etc.), so hat das fatale Folgen. Die gesamte kinetische Energie wird auf der Erde deponiert und bringt z. B. eine große Menge Staub in die hohe Atmosphäre.

? A 14.1

Berechnen Sie die kinetische Energie eines Körpers mit dem Durchmesser $d = 10\,\mathrm{km}$, der mittleren Dichte $\bar{\rho} = 2\,\mathrm{g\,cm^{-3}}$ und der Relativgeschwindigkeit $v = 70\,\mathrm{km\,s^{-1}}$, was einem Sturz aus dem Unendlichen (Oort'sche Wolke) entgegen der Erdrevolution entspricht!

? A 14.2

Berechnen Sie andererseits die freigesetzte Energie einer Fusionswaffe der Äquivalentsprengkraft von 20 Mt TNT! Eine Tonne jenes Trinitrotoluols setzt $E = 4{,}2 \cdot 10^9\,\mathrm{J}$ frei. Eine solche Explosion bei Zündung oberhalb der Erdoberfläche erzeugt einen ca. 100 m tiefen und 1 km durchmessenden Krater, und über (ausreichend) Wasser gezündet, würden 1 Million $\mathrm{m^3}$ davon verdampfen. Die Leuchtdauer der Explosion ist größer als 100 Sekunden.

? A 14.3

Bestimmen Sie die Anzahl 20-Mt-Atombomben-Explosionen, die erforderlich wäre, um die in Aufgabe 14.1 berechnete Energie aufzuwiegen, und welche Fläche dann bei gleichmäßiger Verteilung für eine Bombe anfallen würde!

Aufgabe 15 – Nördlingen, Steinheim und Amöneburg

■ Abb. 1.11 zeigt die Bevölkerung des inneren Sonnensystems mit potenziell gefährlichen Körpern (rote Kreise). In den folgenden Aufgaben sollen die Größen der für das Nördlinger Ries und das Steinheimer Becken verantwortlichen Körper bestimmt werden – sowie für das Amöneburger Becken, für den Fall, dass es sich um eine Impaktstruktur handelt. Die zu solchen Körpern gehörigen Einschlagsraten werden ebenfalls betrachtet.

? A 15.1

Berechnen Sie mit Hilfe der von Eugene Shoemaker und Kollegen (Shoemaker et al. 1979) angegebenen Beziehung zwischen Kraterdurchmesser D und Einschlagsenergie W in Kilotonnen-TNT-Äquivalent

$$D = 0{,}074\,\kappa\,W^{1/3{,}4}\,\mathrm{km} \qquad (1.23)$$

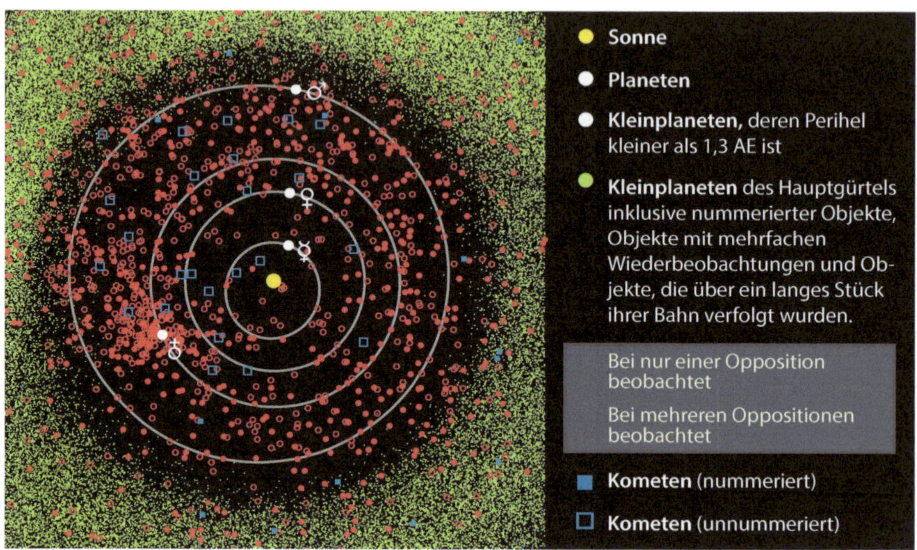

▣ Abb. 1.11   Das innere Sonnensytem: vier Planeten, ein paar Kometen und zahllose Asteroiden. (Quelle: Gareth V. Williams, Minor Planet Center, Cambridge, MA, USA/SuW-Grafik)

a) die Sprengkraft in Megatonnen-TNT-Äquivalent, vergleichen Sie diese mit der größten je durchgeführten Wasserstoffbombenexplosion 1961 auf Nowaja Semlja mit einer Sprengkraft von 60 Megatonnen-TNT-Äquivalent und berechnen Sie b) die Durchmesser ϕ der Impaktoren. Dabei gilt für den Kollapsfaktor κ:

$$\kappa = \begin{cases} 1 & \text{für } D \lesssim 3\,\text{km} \\ 1{,}3 & \text{für } D \gtrsim 3\,\text{km} . \end{cases} \tag{1.24}$$

Außerdem ist $W = E/\text{kt}_{\text{TNT}}$, $1\,\text{kt}_{\text{TNT}} = 4{,}185 \cdot 10^{12}\,\text{J}$, $E = \frac{1}{2}\,m\,v^2$ die Einschlagsenergie des Impaktors der Masse m, der Geschwindigkeit $v = 20\,\text{km/s}$, des Radius R und der Dichte $\rho = 2{,}5\,\text{g/cm}^3$.

Die Durchmesser der drei Strukturen Nördlinger Ries, Steinheimer Becken und Amöneburger Becken betragen etwa $D_{\text{NR}} = 24\,\text{km}$, $D_{\text{SB}} = 3{,}8\,\text{km}$ und $D_{\text{AB}} = 13\,\text{km}$.

? A 15.2

Schätzen Sie die Einschlagrate für Körper, die Krater der 10-km-Klasse hinterlassen, grob ab! Nutzen Sie hierfür die von Shoemaker (Shoemaker et al. 1983) angegebene Rate $\sigma = 1{,}2 \ldots 2{,}2 \cdot 10^{-14}\,\text{km}^{-2}\,\text{a}^{-1}$.

Aufgabe 16 – Ida, Dionysus und das Nördlinger Ries (Von Ulrich Bastian)

Schon seit meiner Schülerzeit habe ich mich darüber gewundert, dass die Schwäbische Alb zwei Löcher hat: das Nördlinger Ries und, nur 40 km davon entfernt, das kleinere Steinhei-

⬤ Abb. 1.12 Die Satellitenaufnahme zeigt eine Region um das Nördlinger Ries mit 22 km × 24 km Größe und den kreisrunden, 2,1 km großen Kessel des kleineren Steinheimer Beckens.

mer Becken. Beide sind alte Meteoritenkrater, und ich dachte schon immer, dass ihre enge Nachbarschaft und die Ähnlichkeit ihres Alters kein Zufall sein können (siehe ⬤ Abb. 1.12).

Das Zerbrechen eines Kleinplaneten oder Kometen beim Eintritt in die Erdatmosphäre kommt als Ursache des Doppelkraters nicht in Frage. Für das Ries war ein Körper von größenordnungsmäßig ein bis zwei Kilometern Durchmesser nötig, der das bisschen Luftwiderstand vor dem Einschlag praktisch nicht gespürt hätte. Außerdem würde eine Abspaltung kaum zu einer Entfernung von ca. 40 km führen können. So bleibt als plausible Erklärung nur die Vermutung eines Doppelplanetoiden.

Bis Anfang der 1990er-Jahre musste dies als wilde Spekulation bezeichnet werden. Inzwischen sind aber Planetoiden mit Monden zweifelsfrei nachgewiesen worden, und für etliche Kleinplaneten gibt es starke Hinweise auf eine Doppelnatur (vgl. auch Aufgabe 93). Sichere Fälle sind z. B. Ida mit ihrem Mond Dactylus, der 1993 von der Raumsonde Galileo aus der Nähe fotografiert wurde, und Dionysus, dessen Mond sich erdgebundenen Beobachtern durch periodische Verfinsterungen oder Bedeckungen seines Mutterplaneten verriet. Mittlerweile sind bis zum Erscheinen dieses Bandes mehr als 300 Asteroiden mit Mond bekannt. Im Folgenden soll der Frage nachgegangen werden, ob das Steinheimer Becken von einem Mond des Rieskörpers verursacht worden sein kann.

? A 16.1

Ein Planetoid bindet einen Mond nur bis zu einer gewissen Maximalentfernung gravitativ an sich. Die Grenze wird ganz grob bei der Distanz erreicht, bei der die Anziehungskraft des Planetoiden nur noch genauso stark ist wie die von der Sonne, dem massereichsten Körper im Sonnensystem, ausgeübte Gezeitenkraft.

Berechnen Sie diese Entfernung im Fall des Rieskörpers und diskutieren Sie, ob das Steinheimer Becken demnach von einem Mond stammen könnte!

Hinweis: Die Gleichung für die Gezeitenkraft findet sich, indem man die Änderung der Gravitationskraft

$$F_{\mathrm{G}} = \frac{G\,M\,m}{r^2} \tag{1.25}$$

über eine kleine Distanz $\mathrm{d}r$ (hier: Bahnradius des hypothetischen Mondes um seinen Mutterplanetoiden) berechnet. G ist die Gravitationskonstante, M ist die Masse des anziehenden Körpers, m die Masse des angezogenen Körpers und r dessen Entfernung. Die Gleichung lautet

$$F_{\mathrm{gez}} = \mathrm{d}r\,\frac{2\,G\,M\,m}{r^3}\,. \tag{1.26}$$

Verwenden Sie als Zahlenwerte: $r = 150 \cdot 10^6\,\mathrm{km}$, Radius des Rieskörpers $R = 0{,}7\,\mathrm{km} =$ 1 Millionstel des Sonnenradius und Dichte des Rieskörpers $\rho = 2{,}8\,\mathrm{g/cm}^3$, was der doppelten mittleren Dichte der Sonne entspricht. Das ergibt eine besonders einfache Rechnung.

❓ A 16.2

Nun gibt es im Planetensystem nicht nur die Sonne, sondern auch die Planeten, die einen Doppelplanetoiden gravitativ stören und dadurch trennen können. Wenn der Rieskörper jemals einem der Planeten zu nahe gekommen wäre, dann hätte er seinen Mond schon vor dem Zusammenstoß mit der Erde verloren.

Berechnen Sie, wie nahe der Rieskörper der Erde vor seinem Zusammenstoß maximal gekommen sein kann!

Hinweis: Wiederum soll nur die Größenordnung der „sicheren" Entfernung von der Erde ausgerechnet werden, indem man nach der Gleichheit von Anziehungskraft und Gezeitenkraft fragt, wobei Letztere dieses Mal von der Erde statt von der Sonne herrührt. Um die Rechnung zu vereinfachen, wählen Sie als Radius und Dichte der Erde $R_{\mathrm{E}} \approx 7000\,\mathrm{km}$ und $\rho_{\mathrm{E}} = 5{,}6\,\mathrm{g/cm}^3$. Verwenden Sie als Bahnradius des Rieskörpermondes $40\,\mathrm{km}$, d. h. die Entfernung des Steinheimer Beckens vom Rieskrater.

Aufgabe 17 – Armageddon

Der hebräische Name desjenigen mythischen Ortes, der in der Bibel unter den Offenbarungen des Johannes (16,16) zu finden ist, heißt Armageddon. Dort versammeln die bösen Geister die Könige der gesamten Erde für einen großen Krieg. Nach heutiger Bedeutung steht Armageddon (Harmagedon) für eine (auch politische) Katastrophe.

Der Tagespresserummel im Frühjahr 1998 um die mögliche Kollision des Kleinplaneten 1997 XF11 (◻ Abb. 1.13) mit der Erde bereitete ungeplant den Boden für den Mitte Mai desselben Jahres in den Kinos angelaufenen Film „Deep Impact" (◻ Abb. 1.14 links), bei dem der Menschheit ein Kometenfragment zu schaffen macht. Nur wenig später, Mitte Juli 1988, kam dann schon der nächste Katastrophenthriller mit astronomischem Bezug in die Kinos: „Armageddon" (◻ Abb. 1.14 rechts). Wiederum tricktechnisch sehr überzeugend muss die Erde in diesem Film vor einem Asteroiden der 500-km-Klasse gerettet werden. In den folgenden Aufgaben sollen Ihnen einige Aspekte solcher Bedrohungen vor Augen geführt werden.

Abb. 1.13 Kleinplanet 1997 XF11 zu fünf Zeitpunkten (University of Washington, Astrophysical Research Consortium, Apache Point Observatory).

A 17.1

Ein Asteroid der Pallas-/Vesta-Klasse mit dem Radius $R_A = 250\,\text{km}$, der Dichte $\rho_A = 4{,}3\,\text{g/cm}^3$ und der Masse m_A sei auf Kollisionskurs mit der Erde.

Berechnen Sie die kinetische Energie $E_{kin} = \frac{1}{2}\,m_A\,v^2$, welche der Körper bei der Relativgeschwindigkeit $v = 20\,\text{km/s}$ mit sich führt!

A 17.2

Nehmen Sie an, dass die gesamte kinetische Energie des Kleinplaneten beim Aufprall in den Aushub von Krustenmaterie der Gesamtmasse M flösse, und berechnen Sie, wie groß dann der resultierende Krater wäre!

Nehmen Sie zusätzlich an, dass der Krater die Form eines flachen Zylinders habe, wobei Tiefe T und Radius R im Verhältnis 1:3 stehen sollen. Die Aushubarbeit H ist dabei durch $H = M\,g\,T$ definiert (Erdbeschleunigung $g = 10\,\text{m/s}^2$).

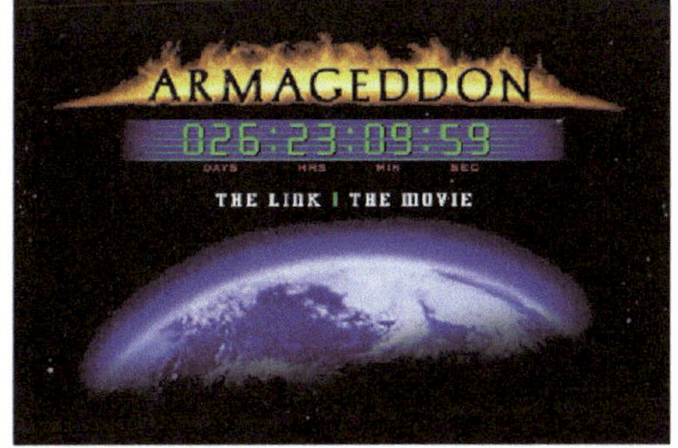

Abb. 1.14 *Links*: Der Einschlag eines mehrere Kilometer großen Kometenfragments ziert das Kinoplakat von „Deep Impakt". *Rechts*: Im Film „Armageddon" wird die Erde durch die Kollision mit einem 500-km-Asteroiden bedroht (Kinoplakate).

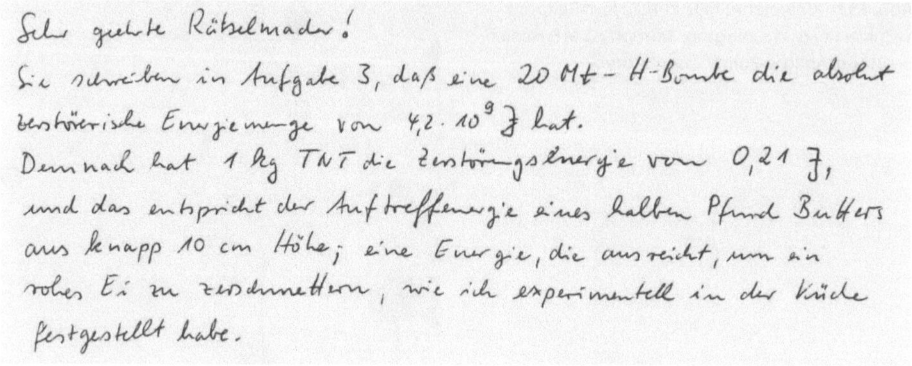

Sehr geehrte Rätselmacher!

Sie schreiben in Aufgabe 3, daß eine 20 Mt - H-Bombe die absolut zerstörerische Energiemenge von $4,2 \cdot 10^9$ J hat.

Demnach hat 1 kg TNT die Zerstörungsenergie von 0,21 J, und das entspricht der Auftreffenergie eines halben Pfund Butters aus knapp 10 cm Höhe; eine Energie, die ausreicht, um ein rohes Ei zu zerschmettern, wie ich experimentell in der Küche festgestellt habe.

◘ Abb. 1.15 In der ursprünglich gedruckten Aufgabe war ein Druckfehler enthalten: Der Hinweis „pro Tonne" fehlte. Natürlich blieb das, wie diese Einsendung zeigt, den Lesern nicht verborgen.

? A 17.3

Berechnen Sie, wie vielen 20-Mt-Wasserstoff-Bomben, die jeweils die absolut zerstörerische Energiemenge $E_\mathrm{H} = 4,2 \cdot 10^9$ J/t entfalten, die eingebrachte Energie entspricht (siehe ◘ Abb. 1.15)!

Aufgabe 18 – Leonidensturm

Alle Voraussagen über den Zeitpunkt des Maximums und die maximale Fallrate – die Zenithal hourly rate (ZHR) – des vom im 33-Jahre-Rhythmus wiederkehrenden Kometen Tempel-Tuttle herrührenden Leoniden-Sternschnuppenschwarms waren 1998 in der Presse ohne die in den messenden Wissenschaften üblichen Fehlergrenzen abgedruckt worden. Als dann das Maximum mit einer Rate in der Größenordnung von immer noch beeindruckenden 1000 Schnuppen pro Stunde etwa 16 bis 17 Stunden früher eintrat, wurden die Astronomen einen Tag später bezichtigt, sie hätten sich verrechnet. In der Tat sind sie von der Größe der Abweichung überrascht worden.

Erfahrene Beobachter wussten es jedoch besser und hatten sich bereits eine Nacht zuvor auf die Lauer gelegt – und wurden ob ihrer Umsicht belohnt. Eine größere Gruppe mit 15 Teilnehmern reiste zum Gornergrat und berichtete über das E-Mail-Diskussionsforum der Nürnberger Amateurastronomen (NAA) enthusiastisch von vielen hundert Schnuppen und sehr hellen Boliden mit einem Maximum gegen 6 Uhr MEZ.

Auch unser Kollege Martin Neumann wollte seine Chancen auf den angekündigten Sternschnuppensturm wahren und machte sich mit der letzten Straßenbahn auf, um einen lichtfreien Ort im Heidelberger Süden anzusteuern. Auf dem Weg dorthin stieß ein PKW mit der geschätzten Masse $m = 2\,\mathrm{t}$ mit der Bahn zusammen und verzögerte die Weiterfahrt um eine gute halbe Stunde. Angesichts des Zeitpunktes des Leonidenmaximums war dies jedoch für unseren Kollegen keine Katastrophe.

? **A 18.1**

Die mit der Relativgeschwindigkeit $v = 71\,\text{km/s}$ auf die Erde treffenden Schwarmteilchen des Leonidensturms weisen eine Flächendichte $\sigma = 30\,\text{km}^{-2}$ und eine mittlere Masse $\overline{m} = 100\,\mu\text{g} \ldots 1\,\text{mg}$ auf.

Berechnen Sie, welche Masse m_L die Erde demnach bei der Durchquerung des Leonidensturms insgesamt aufsammelte und vergleichen Sie diese mit dem oben geschilderten Unglücks-PKW!

? **A 18.2**

Berechnen Sie, wie groß dabei der auf die Erde übertragene Impuls ist, und vergleichen Sie diesen wieder mit dem Auto-gegen-Straßenbahn-Ereignis!

Nehmen Sie die Masse der Bahn als sehr groß gegenüber derjenigen des PKWs an und verwenden Sie $v_\text{PKW} = 50\,\text{km/h}$ als Relativgeschwindigkeit im letzten Moment vor dem Aufprall!

? **A 18.3**

Berechnen Sie die Menge der übertragenen kinetischen Energien! Betrachten Sie wieder die Leoniden und den PKW!

Aufgabe 19 – Die Schwarze Wolke, Teil 1

1957 erschien unter dem Titel *The Black Cloud* ein Sciencefiction-Roman, den der 1915 geborene britische Astrophysiker Fred Hoyle (1915–2001) geschrieben hatte. Der später geadelte Cambridge-Professor war damals schon eine bekannte Größe. Als Vertreter der Steady-State-Theorie (SST) verdanken wir ihm auch die Eisennadel-Theorie mit einer alternativen Erklärung der isotropen 2,7-K-Strahlung zur Rettung der SST.

Der Roman schildert das Nahen einer großen Dunkelwolke, die schließlich der Erde das Sonnenlicht nimmt, und präsentiert weitere überraschende Dinge, die aus Rücksicht auf Lesewillige hier nicht erwähnt werden.

Bereits ein Jahr nach Veröffentlichung des Buches produzierte und sendete der Südwestfunk (SWF, im Jahr 1998 im Südwestrundfunk (SWR) aufgegangen) eine auf zwei Teile angelegte deutschsprachige Hörspielfassung mit insgesamt mehr als zwei Stunden Dauer des auch heute immer noch lesenswerten Romans. Die Bearbeitung von Hubert von Bechtolsheim und Ernst von Khuon sprachen neben Hans Söhnker und Hans Christian Blech weitere bekannte Schauspieler wie Kurt Lieck und Charles Regnier.

An einer frühen Stelle des Hörspiels diskutieren in der Bibliothek des Mt.-Wilson-Observatoriums mehrere Astronomen und weitere eingeladene Wissenschaftler. Dr. Herrick, Direktor des Observatoriums, präsentiert zwei Dias neuer Aufnahmen derjenigen Himmelsregion, in der die Wolke entdeckt wurde. Dr. Marlowe hatte sie ihm am Morgen übergeben, nachdem er sie seinerseits von einem Studenten erhalten hatte, der an einem Supernova-Suchprogramm arbeitete.

Herrick: „Bill, schieben Sie die Platten hin und her, damit wir wenigstens einen flüchtigen Vergleich anstellen können."

Rogers: „Das ist ja phantastisch! Es sieht so aus, als wäre die Wolke von einem ganzen Ring oszillierender Sterne umgeben. Aber wie ist denn das möglich?"

Bill Barnett: „Wenn wir von der Annahme ausgehen, dass beim Fotografieren kein Fehler unterlaufen ist, dann ist nur eine Erklärung möglich: ..."

❓ A 19.1

Beschreiben Sie diese eine mögliche Erklärung!

Hinweis: Auf der Aufnahme jüngeren Datums sind weniger Sterne zu sehen.

„... Wie viel Zeit liegt zwischen den beiden Aufnahmen?"

Geoff Marlowe: „Etwas weniger als ein Monat."

Das Zentrum der Wolke, so wird konstatiert, hat sich praktisch nicht bewegt, auch nicht auf einer Aufnahme, die schon zwanzig Jahre alt ist. (...)

Dave Weichart: „Es sieht aus, als nähere sich die Wolke dem Sonnensystem wie ein Geschoss dem Ziel."

Marlowe: „Sie meinen also tatsächlich, Dave, es besteht keine Chance, dass die Wolke das Sonnensystem verfehlt, oder sagen wir, knapp verfehlt?"

Dave Weichart: „Aus dem uns bekannten Sachverhalt müssen wir schließen, dass es zu einem Volltreffer kommt – genau mitten ins Ziel. Bedenken Sie, dass der Durchmesser der Wolke schon jetzt $2\frac{1}{2}^\circ$ beträgt. (...)

Direktor: „Als Nächstes müssen wir die Geschwindigkeit messen, mit der die Wolke sich auf uns zubewegt."

Dave Weichart: „Entschuldigen Sie, aber ich verstehe nicht, wofür Sie die Geschwindigkeit der Wolke brauchen. Sie können doch sofort berechnen, wie lange es dauern wird, bis die Wolke uns erreicht. Lassen Sie mich's mal an der Tafel versuchen. Können Sie abschätzen, um wie viel größer die Wolke auf der zweiten Aufnahme ist, Mr. Marlowe?"

„Ja, ich würde sagen, um etwa fünf Prozent. Es mag etwas mehr oder etwas weniger sein, aber ungefähr dürfte es stimmen."

❓ A 19.2

Der schneller denkende Dave Weichart skizziert nun an der Tafel eine kurze Rechnung, die zeigt, dass er Recht hat und man aus den spärlichen Angaben tatsächlich den Zeitpunkt des Eintreffens der Wolke bestimmen kann.

Wiederholen Sie seine Berechnungen und bestimmen Sie so den Zeitpunkt des Eintreffens der Wolke!

Aufgabe 20 – Die Schwarze Wolke, Teil 2

In Aufgabe 19 „Die schwarze Wolke" diskutierten in der Bibliothek des Mount-Wilson-Observatoriums mehrere Astronomen und weitere eingeladene Wissenschaftler über das Herannahen einer großen Wolke aus dem interstellaren Raum.

Wenige Tage später, nachdem Dr. Herrick in Washington die Lage vorgetragen hatte, fand in dessen Büro in Pasadena mit den Herren Marlowe, Weichart und Barnett eine Besprechung statt. Kurz nach deren Ende erhielt Herrick ein Telegramm, das der Astronomer Royal und Prof. Kingsley aus Cambridge, England, abgeschickt hatten. Denen war es gelungen, aus

Bahnstörungen an den äußeren Planeten Masse, Geschwindigkeit und Entfernung der Wolke abzuleiten.

Dr. Marlowe: „Meine Güte! Hier haben wir's."

Dr. Herrick: „Lesen Sie doch!" „Aus England, vom Astronomer Royal, in Greenwich: ‚Erbitten Mitteilung, ob ungewöhnliches Objekt, R.A. $5^\mathrm{h}46^\mathrm{m}$ existiert. Dekl.: $-30°12'$. Masse des Objekts: $\frac{2}{3}$ Jupiter, Geschwindigkeit: $70\,\mathrm{km/s}$, direkt Richtung Erde. Heliozentrische Distanz: 21,3 AE.' Alles, was wir wissen wollen (...): Entfernung, Geschwindigkeit, Masse."

Herrick: „Und wir haben, was sie wissen wollen." (...) Herrick, bereits im Gehen: „Ziemlich ernst, was?"

Marlowe: „Ich hatte schon so eine dunkle Vorahnung, als ich zum ersten Mal Knut Jensens Aufnahme sah. Aber ich dachte nicht, dass es so schlimm steht."

? A 20.1

Die Daten der britischen Astronomen gestatten es, eine unabhängige Berechnung der Zeit bis zum Eintreffen der Wolke vorzunehmen. Berechnen Sie das Ergebnis von Herrick und Marlowe!

? A 20.2

Berechnen Sie aus dem Winkeldurchmesser ($2\frac{1}{2}^{\circ}$) und der Entfernung der Wolke deren tatsächliche Größe!

? A 20.3

Berechnen Sie die mittlere Dichte der Wolke!

? A 20.4

Diskutieren Sie, warum Geoff Marlowe befürchtet, dass es „so schlimm" um die Erde steht! Berechnen Sie dazu die visuelle Extinktion, die die Wolke verursachen wird, wenn sie sich um die Sonne legt.

Berechnen Sie die Extinktion für verschiedene Teilchenradien a) $a = 5 \cdot 10^{-7}\,\mathrm{cm}$, b) $a = 5 \cdot 10^{-5}\,\mathrm{cm}$, c) $a = 1\,\mathrm{cm}$ und d) $a = 1\,\mathrm{m}$, wenn die Teilchendichte $\rho_\mathrm{T} = 1\,\mathrm{g/cm^3}$ beträgt.

Hinweis: Die Astrophysik kennt folgende Gleichung zur Ermittlung der Extinktion:

$$A_\lambda = 1{,}086\,\pi\,a^2\,Q_\mathrm{ext}(\lambda)\,\bar{N}_\mathrm{T}\,r. \tag{1.27}$$

Dabei ist a der Radius der Teilchen, aus denen die Wolke besteht, Q_ext ein Wirkungsfaktor, der beschreibt, ob zusätzlich zur von den Teilchen verursachten geometrischen Abschattung auch Beugungseffekte eine Rolle spielen ($Q_\mathrm{ext} = 2$, wenn $a \gg \lambda$, sonst ist $Q_\mathrm{ext} = 1$), $\bar{N}_\mathrm{T}$ die mittlere Anzahldichte der Teilchen und r die Länge des Sehstrahls. Letzterer sei gleich dem halben Wolkendurchmesser.

Aufgabe 21 – Streifschuss

Erdnahe Asteroiden kreuzen ständig die Erdbahn, aber Objekte mit einem Kilometer Durchmesser kollidieren im Mittel nur alle 600 000 Jahre mit der Erde. Diese Zahl folgt aus einer Studie des DLR (Deutsches Zentrum für Luft- und Raumfahrt) aus dem Jahr 2003. Hierfür

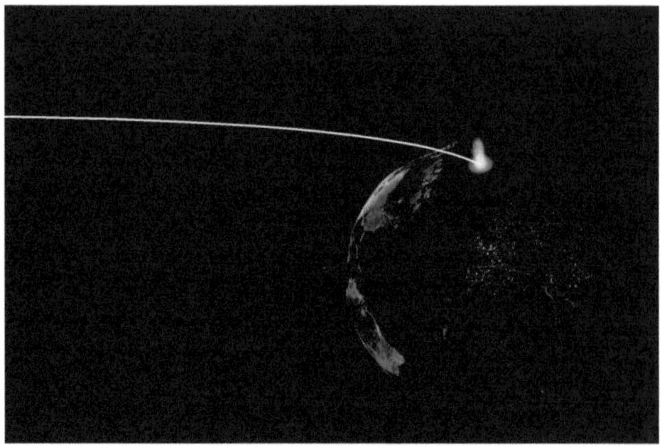

Abb. 1.16 Ein Asteroid trifft die Erde in der Arktis – ein Streifschuss.

wurde mit Hilfe der Keck-Teleskope auf Hawaii die Albedo – das Reflexionsvermögen – einiger erdnaher Asteroiden genau vermessen. Zusammen mit den Ergebnissen von Suchprogrammen wie LINEAR (Lincoln Near-Earth Asteroid Research), welche Anzahl und Helligkeit der erdnahen Asteroiden erfassen, lässt sich nun auch deren Durchmesser ableiten.

Stellen Sie sich für die folgenden Aufgaben vor, ein kilometergroßer Körper ($D = 1\,\mathrm{km}$) der mittleren Dichte $\rho = 2{,}5\,\mathrm{g/cm^3}$ träfe die Erde in der Arktis. Da die meisten Asteroiden die Sonne in der Ebene der Ekliptik umkreisen, träfen sie deswegen aus statistischen Gründen eher die mittleren Breiten unseres Planeten. Somit könnte ein Einschlag in der Arktis oder in der Antarktis gleichsam als Streifschuss (vgl. ▪ Abb. 1.16) bezeichnet werden.

❓ A 21.1

Nehmen Sie an, der Erdbahnkreuzer besitze zur Erde die Relativgeschwindigkeit $\Delta v = 30\,\mathrm{km/s}$ und deponiere seine gesamte Einschlagsenergie $E_{\mathrm{kin}} = \frac{1}{2}\,m\,v^2$ im nordpolaren Eis, welches dadurch erwärmt werde. Laut einer Arbeit aus dem Jahr 2000 (Elert 2000) ist der größte Teil des nordpolaren Eises auf Grönland lokalisiert und besitzt ein Volumen von etwa $V = 2{,}6 \cdot 10^6\,\mathrm{km^3}$.

Berechnen Sie unter der Annahme, die mittlere Temperatur des grönländischen Eispanzers betrage $\vartheta = -15°$, wie viel Eis durch den Energieeintrag des Einschlags des Kleinplaneten geschmolzen werden könnte!

Hinweis: Zur Erwärmung von Wassereis müssen pro Grad Celsius und je Gramm 0,5 Kalorien aufgewendet werden. In heute gebräuchlichen Einheiten beträgt die spezifische Wärmekapazität des Eises: $c_{\mathrm{Eis}} = 2093\,\mathrm{J\,kg^{-1}\,K^{-1}}$. Zum Schmelzen des Eises wird weitere Energie benötigt. Die spezifische Schmelzwärme des Eises ist: $q_{\mathrm{S,Eis}} = 3{,}34 \cdot 10^5\,\mathrm{J\,kg^{-1}}$.

❓ A 21.2

Schätzen Sie ab, um welchen Betrag der Meeresspiegel unseres Planeten steigen würde, wenn man das in Aufgabe 21.1 bestimmte Wasservolumen gleichmäßig auf die Oberfläche der Ozeane verteilt (siehe auch ▪ Abb. 1.17)! Nehmen Sie an, dass rund 75 Prozent der gesamten Erdoberfläche von Wasser bedeckt sind.

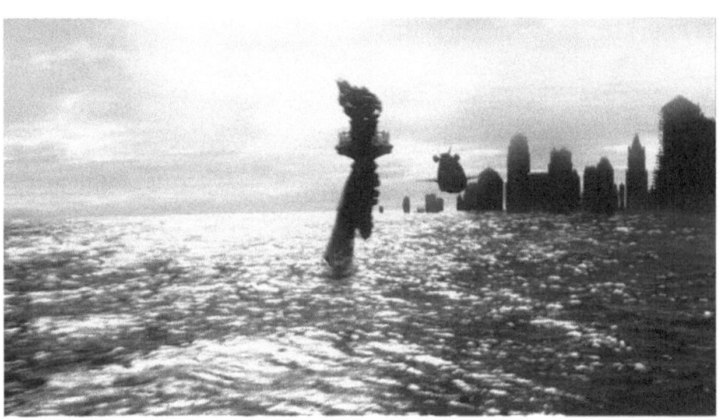

Abb. 1.17 Das Szenenfoto des Sciencefiction-Films „A.I. Künstliche Intelligenz" von Steven Spielberg, Warner Bros., 2001, zeigt ein zukünftiges New York, das mitten im Ozean zu liegen scheint. Im Vordergrund die Freiheitsstatue, wobei nur deren Fackel aus dem Wasser ragt.

Aufgabe 22 – Präzedenzfall 2008 TC$_3$

Astronomen aller Welt – Profis wie Amateuren – bot sich am 7. Oktober 2008 eine einmalige Möglichkeit: Ein nur 19 Stunden zuvor entdeckter kleiner Asteroid würde auf der Erde einschlagen, und man wusste im Voraus, wann und wo.

Am Morgen des 6. Oktober 2008 entdeckten Mitarbeiter des Catalina-Sky-Survey-Programms der Universität von Arizona in Tuscon den kleinen Asteroiden. Schnell war klar, dass sich dieser auf Kollisionskurs mit der Erde befand. Zahlreiche Astronomen beobachteten sofort das Objekt mit der rasch erteilten Katalognummer 2008 TC$_3$, das letzte Mal nur 57 Minuten, bevor es die obere Atmosphäre erreichte. Aus 570 einzelnen Beobachtungen konnte der Absturzzeitpunkt auf wenige Minuten und der Absturzort auf einige Quadratkilometer genau vorhergesagt werden.

Die Astronomen hatten gut gemessen und genau gerechnet: Eine Infraschall-Anlage im mehr als tausend Kilometer entfernten Kenia, die zur Überwachung der Atmosphäre eingesetzt wird und eventuelle heimlich durchgeführte Atomwaffentests aufspüren soll, registrierte exakt um 4:45:45 Uhr MESZ den Eintritt des kosmischen Geschosses. Dennoch gibt es leider kaum verwertbare Bilder, denn der Absturzort befindet sich in einem der am dünnsten besiedelten Gebiete Afrikas (vgl. **Abb. 1.18).

2008 TC$_3$ hatte eine absolute Helligkeit von $H = 30{,}4\,\mathrm{mag}$. Spektren, die mit dem 4,2-Meter-William-Herschel-Teleskop auf La Palma gewonnen wurden, weisen 2008 TC$_3$ als Asteroid von Typ C oder M aus. Typ-C-Asteroiden (kohlenstoffartige) besitzen eine Albedo zwischen $A_1 = 0{,}03$ und $A_2 = 0{,}1$, ihre mittlere Dichte liegt bei $\rho_C = 1{,}4\,\mathrm{g/cm^3}$. Der Typ M (Nickel-Eisen-Oberfläche) besitzt eine Albedo zwischen A_2 und $A_3 = 0{,}18$. Er weist mittlere Dichten um $\rho_M = 2{,}2\,\mathrm{g/cm^3}$ auf.

? A 22.1

Der Zusammenhang zwischen dem Durchmesser D des Asteroiden, seiner Albedo A und seiner absoluten Helligkeit H ist

$$D = \frac{1}{\sqrt{A}} \cdot 10^{-H/5\,\mathrm{mag}} \cdot 1329\,\mathrm{km}\,. \tag{1.28}$$

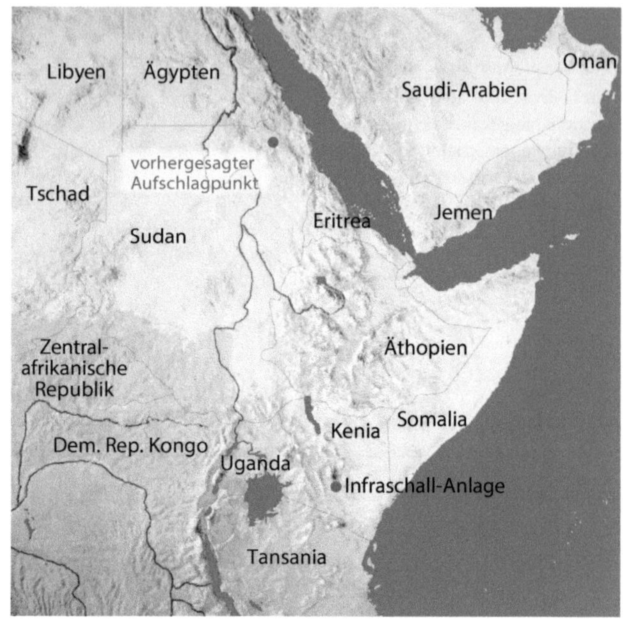

Abb. 1.18 Wie wenige Stunden zuvor vorhergesagt, verglühte der Mini-Asteroid 2008 TC$_3$ am 7. Oktober um 4:46 Uhr MESZ über dem nördlichen Sudan in der Atmosphäre. Eine Infraschall-Anlage in Kenia, die der Überwachung des umfassenden Atomteststoppvertrages dient, registrierte die Stoßwelle, die der kosmische Eindringling hervorrief. Quelle: TerraForma/SuW-Grafik

Berechnen Sie für die drei angegebenen Albedogrenzwerte $A_{1,2,3}$ und die beiden Dichten $\rho_{C,M}$ a) die drei zugehörigen Durchmesser $D_{1,2,3}$ sowie b) die vier zugehörigen Eckwerte $m_{1C,2C,2M,3M}$ für die Masse von 2008 TC$_3$!

❓ A 22.2

Berechnen Sie, welche kinetische Energie der kleine Asteroid besaß! Verwenden Sie die vier Massen aus Aufgabe 22.1 sowie die Einschlaggeschwindigkeit $v_E = 12{,}8\,\text{km/s}$!

❓ EA 22.3

Laut Zirkular des Minor Planet Center (MPEC 2008-T50) befand sich 2008 TC$_3$ zum Zeitpunkt $t_1 = 2008$ Oktober 6,5 in der Distanz $d_1 = 0{,}00246\,\text{AE}$, zum Zeitpunkt $t_2 = 2008$ Oktober 6,7 in der Distanz $d_2 = 0{,}00171\,\text{AE}$.
a) Berechnen Sie die mittlere Geschwindigkeit des Körpers in diesem Zeitraum!
b) Berechnen Sie die aus den gegebenen Daten folgende Einschlaggeschwindigkeit $v_{E,MPC}$ und vergleichen Sie diese mit dem in Aufgabe 22.2 angegebenen Wert!

❓ A 22.4

Die Physiker der US-Regierung benennen die aus der mit Satelliten verfolgten Lichterscheinung des in der Atmosphäre abgebremsten Miniasteroiden abgeleitete Energie äquivalent zu 0,9 bis 1 Kilotonne TNT. Aus Infraschalldaten folgen sogar 1,1 bis 2,1 kt TNT (1 kt TNT entspricht der Energie $4{,}184 \cdot 10^{12}\,\text{J}$).

Vergleichen Sie diese Angaben mit dem Ergebnis von Aufgabe 22.2!

Aufgabe 23 – Krater Kamil

2010 waren auf der Erde 175 eindeutig nachgewiesene Einschlagkrater bekannt. Die meisten von ihnen sind sehr alt und lassen sich nur mit Hilfe ausgeklügelter geologischer Messverfahren nachweisen, da die beständige Erosion durch Wind und Wetter die meisten Einschlagsspuren weitgehend getilgt hat.

Dank der Arbeit italienischer Wissenschaftler verlängerte im Jahr 2010 der Krater Kamil diese Liste (Folco 2010). Kamil wurde erstmals von Vincenzo de Michele auf Satellitenbildern der afrikanischen Sahara via Google Earth entdeckt. Das Besondere ist, dass es sich bei Kamil um einen frischen Einschlagkrater handelt, der vor weniger als 5000 Jahren entstand. Der Durchmesser des Kraterwalls beträgt $D_{\mathrm{tr}} = 45\,\mathrm{m}$ (vgl. ◼ Abb. 1.19). Der Durchmesser D_{tc} auf dem Niveau des Geländes vor dem Einschlag ist um den Faktor 1,25 kleiner.

Bei einer Expedition im Februar 2010 fanden die Forscher rund 1,7 Tonnen Nickel-Eisen-Meteoritenbruchstücke mit Massen von zehn Gramm bis hin zu einem einzelnen Brocken von rund 83 Kilogramm. Die Dichte der gefundenen Fragmente liegt bei $\rho_{\mathrm{i}} = 8\,\mathrm{g/cm}^3$, diejenige des in der Kreidezeit entstandenen Sandsteins der ägyptischen Wüstenregion etwa bei $\rho_{\mathrm{t}} = 3\,\mathrm{g/cm}^3$. Die Größe des bei seinem Durchtritt durch die Erdatmosphäre nahezu unverändert gebliebenen Körpers betrug $L = 1,3\,\mathrm{m}$. Für die letzten $100\,\mathrm{km}$ benötigte er knapp zehn Sekunden.

? A 23.1

Berechnen Sie die Einschlagsgeschwindigkeit $v_i = v(z = 0)$! Beachten Sie, dass die Geschwindigkeit des mit $v_0 = 18\,\mathrm{km/s}$ in die Erdatmosphäre eintretenden Körpers mit sinkender Höhe z gemäß

$$v(z) = v_0 \exp\left(-\frac{3\,C_{\mathrm{D}}\,H}{4\,\rho_i\,L\,\sin\theta}\,\rho(z)\right) \tag{1.29}$$

abnimmt und nehmen Sie einen Einfallswinkel $\theta = 45°$ an. In (1.29) ist $C_{\mathrm{D}} = 2$ der Reibungskoeffizient und $H = 8\,\mathrm{km}$ die Skalenhöhe der Atmosphäre. Die Atmosphärendichte am Erdboden sei $\rho_0 = \rho(z = 0) = 1\,\mathrm{kg/m}^3$.

? A 23.2

Berechnen Sie, welcher Teil q der ursprünglich vorhandenen kinetischen Energie $E_{\mathrm{kin}} = \frac{1}{2}\,m\,v_0^2$ des Körpers während der Abbremsung in der Erdatmosphäre durch Reibung verloren geht!

? A 23.3

Überprüfen Sie mit Hilfe der empirisch bestimmten Gleichung

$$D_{\mathrm{tc}} = 1{,}161 \left(\frac{\rho_{\mathrm{i}}}{\rho_{\mathrm{t}}}\right)^{1/3} \underline{L}^{0{,}78}\,\underline{v}_{\mathrm{i}}^{0{,}44}\,\underline{g}^{-0{,}22}\,S^{1/3}\,\mathrm{m} \tag{1.30}$$

die Kratergröße D_{tr}! Darin bedeuten die Abkürzungen: $\underline{L} = L/\mathrm{m}$, $\underline{v}_{\mathrm{i}} = v_{\mathrm{i}}/(\mathrm{m/s})$, $\underline{g} = g/(\mathrm{m/s}^2)$ und $S = \sin\theta$. Die Fallbeschleunigung an der Erdoberfläche ist $g = 9{,}81\,\mathrm{m/s}^2$.

■ **Abb. 1.19**   Ein Blick vom Ringwall des 45 Meter großen Kamil-Kraters zeigt Geophysiker bei der Vermessung des Kraterbodens. Dieser ist von einer bis zu sechs Meter dicken Schicht durch Wind hineingewehten Sands bedeckt. Quelle: Museo Nazionale dell'Antartide Università di Siena

A 23.4

Berechnen Sie, welche Kratergröße der Körper auf dem Mond geschlagen hätte! Verwenden Sie die gleiche Targetdichte ρ_t und die Fallbeschleunigung $g_M = 1{,}62\,\mathrm{m\,s^{-2}}$ der Mondoberfläche.

Aufgabe 24 – Tycho, Chicxulub und Ries

Auf der Erde lassen sich heute knapp 180 Einschlagkrater nachweisen. Von rund zwei Dritteln lässt sich das Alter geologisch datieren. Auf der Basis dieser Daten kann man versuchen, durch statistische Verfahren z. B. eine Periodizität der Einschlaghäufigkeit zu finden. In einem nächsten Schritt kann man dann prüfen, ob sich ein Zusammenhang zu anderen Datensätzen, wie zum Beispiel der zeitlichen Abfolge von Massenextinktionen (vgl. auch Aufgabe A 14), herstellen lässt.

Ersteres untersuchte Coryn Bailer-Jones (Bailer-Jones 2011) mit Hilfe der Bayes'schen Statistik. In seine Untersuchungen flossen alle irdischen Krater bekannten Entstehungsdatums ein. Dazu zählen auch das Nördlinger Ries und der Chicxulub-Krater auf der Halbinsel Yucatán vor 65 Millionen Jahren. Eine einfache periodische Variation der Einschlagwahrscheinlichkeit lässt sich laut Jones ausschließen. In den Daten lässt sich eher der Trend einer stetigen Zunahme finden. Aber kein Grund zur Sorge: Ob dieser Trend real oder Folge eines Auswahleffekts ist, muss erst noch geklärt werden.

? A 24.1

a) Leiten Sie einen Ausdruck für die minimale Einschlaggeschwindigkeit $v_{\min}$ her, die ein Impaktor bei Erde und Mond besitzen kann, und berechnen Sie diese für beide!

Hinweis: Unter der Annahme, dass der Impaktor im Unendlichen die Anfangsgeschwindigkeit $v_0 = 0$ hat und nur durch die Gravitation des jeweiligen Körpers beschleunigt wird, folgt die minimale Einschlaggeschwindigkeit aus der Anwendung des Energiesatzes $E_{\text{ges}|\text{Einschlag}} = E_{\text{ges}|\infty}$ mit $E_{\text{ges}} = E_{\text{kin}} + E_{\text{pot}}$, $E_{\text{kin}} = 1/2\, m\, v^2$ und $E_{\text{pot}} = -G\, m\, M/R$. Die Radien und Massen von Erde und Mond sind: $R_{\text{E}} = 6378\,\text{km}$, $R_{\text{M}} = 1738\,\text{km}$, $M_{\text{E}} = 5{,}974 \cdot 10^{24}\,\text{kg}$, $M_{\text{M}} = 7{,}348 \cdot 10^{22}\,\text{kg}$.

b) Welcher Name wurde für $v_{\min}$ geprägt?

? A 24.2

Nehmen Sie an, dass die jeweiligen Impaktoren zusätzlich zu $v_{\min}$ aus Aufgabe 24.1 eine Anfangsgeschwindigkeit von $10\,\text{km/s}$ besaßen, und berechnen Sie ihre Größe d!

Als Messwerte stehen Ihnen die Kraterdurchmesser von Tycho, Chicxulub und Ries zur Verfügung: $D_{\text{T}} = 86{,}2\,\text{km}$, $D_{\text{C}} = 180\,\text{km}$ und $D_{\text{R}} = 24\,\text{km}$. Nehmen Sie für die Impaktoren eine mittlere Dichte $\rho = 3\,\text{g/cm}^3$ an.

Hinweise:

— Impaktoren der Energie E_{kin} schlagen auf der Erde einen Krater der Größe

$$D_{\text{E}} = 0{,}074\,\kappa\, W^{1/3{,}4}\,\text{km}\,. \tag{1.31}$$

Dabei ist κ ein Korrekturfaktor. Für Krater größer als $3\,\text{km}$ gilt: $\kappa = 1{,}3$. Die dimensionslose Einschlagenergie ist $W = E_{\text{kin}}/\text{kt}_{\text{TNT}}$, wobei eine Kilotonne TNT (kt_{TNT}) der Energie $4{,}184 \cdot 10^{12}\,\text{J}$ entspricht.

— Die Impaktoren, die den Chicxulub-Krater und den Mondkrater Tycho schufen, stammen wahrscheinlich vom selben Mutterkörper ab wie der Asteroid (298) Baptistina.

— Die Größe von Kratern auf dem Mond lässt sich mit Hilfe der Skalierung $D_{\text{M}}/D_{\text{E}} = (g_{\text{E}}/g_{\text{M}})^{1/6}$ bestimmen. Darin bezeichnet g die Schwerebeschleunigung $g = G\, M/R^2$.

Aufgabe 25 – Das doppelte Inferno: der Warburton-Einschlag

Der Einschlag eines großen Doppelkörpers vor mindestens 300 Millionen Jahren auf den australischen Kontinent ist nicht ganz unumstritten für die Existenz des Warburton-Beckens verantwortlich. Es besteht aus zwei Teilen, dem westlichen, mindestens $d_{\text{w}} = 200\,\text{km}$ großen Becken, und dem elliptischen östlichen mit $a_{\text{o}} \times b_{\text{o}} = 220\,\text{km} \times 195\,\text{km}$. Zusammengefasst hat das Warburton-Becken eine elliptische Größe von rund $a_{\text{WB}} \times b_{\text{WB}} = 450\,\text{km} \times 300\,\text{km}$ (vgl. ◘ Abb. 1.20).

Trotz der enormen Größe war das Warburton-Becken keinesfalls leicht zu finden, denn es befindet sich unter mehreren Kilometern Sediment begraben. Wissenschaftler um Andrew Glikson von der Australian National University fanden bei Bohrungen im Rahmen geothermaler Forschung zufällig charakteristische verglaste Gesteinsproben, die auf die Existenz eines Einschlagkraters hindeuten (Glikson 2015).

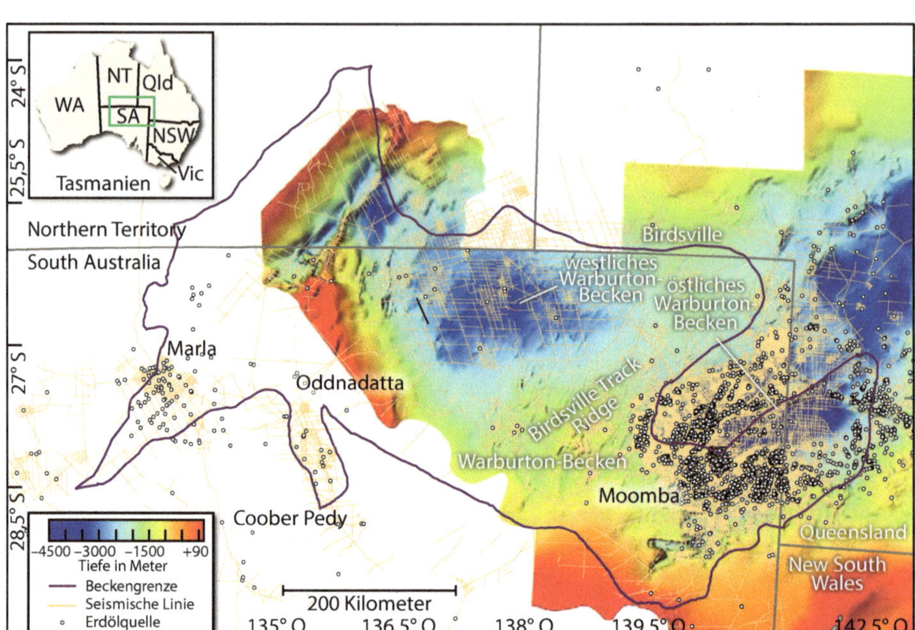

■ **Abb. 1.20** Das östliche und das westliche Warburton-Becken in Australien liefern Hinweise auf einen Asteroideneinschlag, der sich wahrscheinlich vor 300 bis 600 Millionen Jahren ereignet hat. Dabei ist der Himmelskörper vor dem Einschlag in zwei rund zehn Kilometer große Teile zerbrochen. Die beiden Senken sind durch die so genannte „Birdsville Track Ridge" voneinander getrennt. Die farbige Hinterlegung zeigt die Tiefe der unteren Grenze der Sedimentfüllung. Quelle: A. Y. Glikson, Australian National University, Tectonophysics/*SuW*-Grafik

? A 25.1

Berechnen Sie, a) welchen äquivalenten Durchmesser d_o ein kreisförmiger Krater mit der gleichen Fläche wie das östliche Warburton-Becken hätte, und b) welchen äquivalenten Durchmesser d_WB das komplette Warburton-Becken hätte!

? A 25.2

Berechnen Sie, wie groß die Impaktordurchmesser D_i für die drei Kratergrößen d_w, d_o und d_WB sind!

Erkenntnisse über den Zusammenhang von Kratergröße und Impaktor kommen aus verschiedenen Quellen. Neben theoretischen Ansätzen gibt es Erfahrungen aus Nuklearwaffentests und Beschussexperimenten. Nach einem so genannten Pi-Gruppen-Skalierungsverfahren lässt sich die finale Kratergröße D_final durch folgende (vereinfachte) Gleichung ermitteln:

$$D_\mathrm{final} = 0{,}406\,\mathrm{m} \left(\frac{D_\pi}{\mathrm{m}} \right)^{1,18} . \tag{1.32}$$

Dabei ist die Hilfsgröße D_π gegeben durch

$$D_\pi = D_\mathrm{scale}\, c_\mathrm{d}\, F r_\mathrm{inv}^{-\beta} . \tag{1.33}$$

Darin ist $D_{\text{scale}} = (m_i/\rho_t)^{1/3}$ eine für Impaktor und Targetdichte charakteristische Länge, $c_d = 1,6$ ein Skalierungsfaktor und $Fr_{\text{inv}} = 1,61\, g_t\, D_i/v_i^2$ ist die invertierte, nach William Froude benannte Froude-Zahl. Sie stellt einen Zusammenhang her zwischen Trägheits- und Schwerekräften, wenn der Impakt als hydrodynamisches Ereignis aufgefasst wird. Der Faktor $\beta = 0,22$ beschreibt den Einfluss der Froude-Zahl auf den Kraterdurchmesser. Die Masse des Impaktors ist $m_i = (4\pi/3)\,\rho_i\,r_i^3$, die Dichten von Impaktor und Targetgestein sind $\rho_i = \rho_t = 3000\,\text{kg/m}^3$, die Schwerebeschleunigung an der Erdoberfläche ist $g_t = 9,81\,\text{m/s}^2$ und die Geschwindigkeit des Einschlags ist $v_i = 17\,\text{km/s}$.

1.3 Tagbögen

Aufgabe 26 – Dämmerung
(Von Martin Burgdorf)

Da das Sonnenlicht in der oberen Atmosphäre gestreut wird, gibt es keinen schlagartigen Übergang zwischen Tag und Nacht, wie er etwa auf dem Mond stattfindet. Nach Sonnenuntergang lässt sich deshalb eine Reihe von Dämmerungserscheinungen beobachten. Die hellsten Sterne werden am Abend gegen Ende der bürgerlichen Dämmerung sichtbar, wenn die Sonne $6°$ unter dem Horizont steht. Kurz danach verschwindet der leuchtende Dämmerungsbogen. Ist die Sonne $18°$ unter den Horizont gesunken, so ist das Ende der astronomischen Dämmerung erreicht, und kein weiteres Sonnenlicht stört mehr die Beobachtung. Die zeitliche Dauer der Dämmerung hängt von der geografischen Breite des Beobachtungsorts und der Jahreszeit ab.

A 26.1

Berechnen Sie den Stundenwinkel, also die seit dem Meridiandurchgang der Sonne vergangene Zeit a) im Moment des Sonnenuntergangs und b) am Ende der bürgerlichen Dämmerung jeweils am 21. Juni, 23. September und 22. Dezember 1990 für Karlsruhe ($\varphi_{\text{KA}} = 49°$ nördliche Breite)!

Verwenden Sie hierfür die in ◘ Tab. 1.1 gegebenen Deklinationswerte der Sonne. Für die Zenitdistanz z lässt sich folgende Gleichung aufstellen (vgl. ◘ Abb. 1.22):

$$\cos z = \sin \varphi\, \sin \delta + \cos \varphi\, \cos \delta\, \cos \tau \tag{1.39}$$

Beachten Sie, dass die Sonne auf Grund der Refraktion erst bei einer Zenitdistanz $z = 90°50'$ vollständig untergegangen ist!

◘ **Tabelle 1.1** Deklination der Sonne

Datum	Deklination $\delta_\odot$
21.06.	$+23°26'39''$
23.09.	$0°10'47''$
22.12.	$-23°26'22''$

Transformationsgleichungen Äquator- und Horizontsystem

Das Horizontsystem mit den Koordinaten Höhe h und Azimut a und das ruhende Äquatorsystem mit den Koordinaten Deklination δ und Stundenwinkel τ sind zwei wichtige astronomische Koordinatensysteme (vgl. ◘ Abb. 1.21), denn sie spielen in der Beobachtungspraxis und bei der Beschreibung der täglichen Bahnen der Gestirne eine entscheidende Rolle. Sie lassen sich mit Hilfe von fünf Transformationsgleichungen (1.34) bis (1.38) ineinander umrechnen:

$$\cos\delta\,\sin\tau = \cos h\,\sin a \tag{1.34}$$

$$\cos\delta\,\cos\tau = \sin h\,\cos\varphi + \cos h\,\cos a\,\sin\varphi \tag{1.35}$$

$$\sin\delta = -\cos h\,\cos a\,\cos\varphi + \sin h\,\sin\varphi \tag{1.36}$$

$$\cos h\,\cos a = \cos\delta\,\cos\tau\,\sin\varphi - \sin\delta\,\cos\varphi \tag{1.37}$$

$$\sin h = \cos\delta\,\cos\tau\,\cos\varphi + \sin\delta\,\sin\varphi \tag{1.38}$$

Diese Gleichungen können mit Hilfe der sphärischen Trigonometrie aus dem in ◘ Abb. 1.21 dargestellten astronomischen Dreieck ($\triangle P_N GZ$) oder durch Drehung zweier Kugelkoordinatensysteme gegeneinander (vgl. ◘ Abb. 1.21, rechts) abgeleitet werden. Eine ausführliche Herleitung findet man z. B. in (Pfau et al. 2011, S. 11–16).

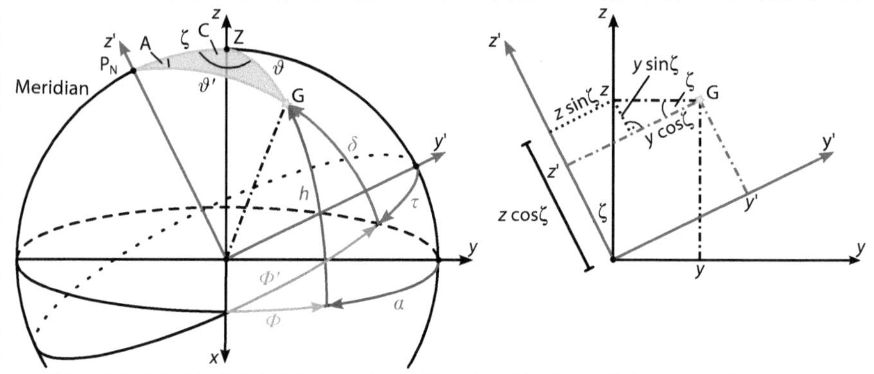

◘ **Abb. 1.21** *Links*: Horizont- und Äquatorsystem. *Rechts*: Drehung des gestrichenen Koordinatensystems um den Winkel ζ (nach Pfau et al. 2011).

? A 26.2

Diskutieren Sie, an welchem Tag der Faktor, mit dem die Dauer der bürgerlichen Dämmerung multipliziert werden muss, um die Dauer der astronomischen Dämmerung zu erhalten, seinen größten Wert annimmt!

? EA 26.3

Berechnen Sie den Winkel u, unter dem die scheinbare Bahn der Sonne im Westen an den drei gegebenen Tagen den Horizont schneidet (vgl. ◘ Abb. 1.23)! Vernachlässigen Sie hierbei die Refraktion in Horizontnähe.

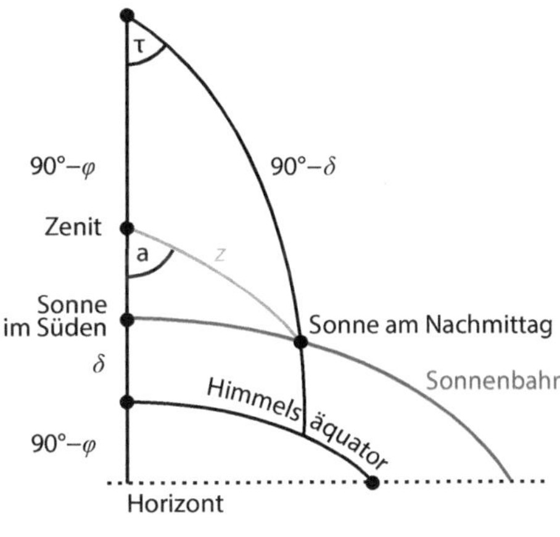

Abb. 1.22 Himmelsäquator und Sonnenbahn im Horizontsystem. Dargestellt ist auch die Zenitdistanz für eine Position am Nachmittag.

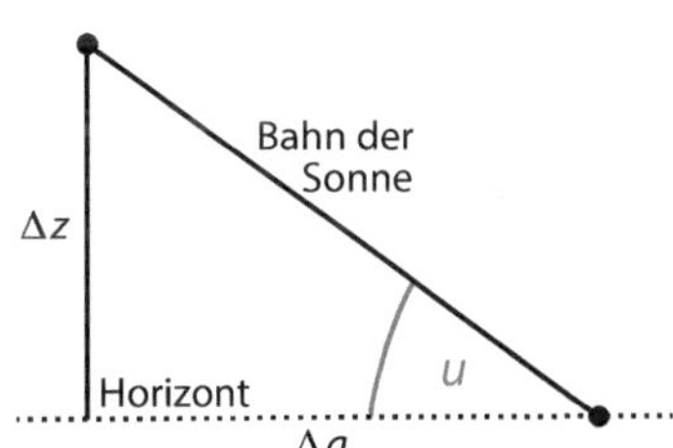

Abb. 1.23 Untergangswinkel u der Sonne.

Hinweise: Bilden Sie das Differenzial $\frac{dz}{da} = \tan u$ (siehe ■ Abb. 1.23). Stellen Sie dazu z und a als Funktion des Stundenwinkels τ dar, wobei Rektaszension $\alpha_\odot$ und Deklination $\delta_\odot$ in erster Näherung konstant sind. Stundenwinkel τ und Rektaszension sind über $\tau = \theta - \alpha$ miteinander verknüpft, wobei θ die Ortssternzeit darstellt. Das Differenzial $\frac{dz}{da}$ lässt sich mit Hilfe der Kettenregel schreiben als

$$\frac{dz}{da} = \frac{dz}{d\tau}\frac{d\tau}{da} = \frac{dz}{d\tau}\left(\frac{da}{d\tau}\right)^{-1}, \tag{1.40}$$

wobei die Ableitungen $\frac{dz}{d\tau}$ und $\frac{da}{d\tau}$ durch implizites Ableiten von (1.39) und

$$\sin z \, \sin a = \cos \delta \, \sin \tau \tag{1.41}$$

folgen. (1.41) erhält man mit Hilfe des Sinussatzes aus ■ Abb. 1.22.

Aufgabe 27 – Sonnenaufgang im September

■ Abb. 1.24 zeigt das wunderschöne Komposit zweier Sonnenaufgangsfotos. Die Aufnahmen entstanden an der Paul-Baumann-Sternwarte, Klein-Winternheim bei Mainz (geografische Breite $\varphi = 49{,}938°$), jeweils kurz nach Sonnenaufgang.

In den folgenden Aufgaben soll anhand dieses Bildes die Wanderung des Sonnenaufgangspunktes (Morgenweite) entlang des Horizonts betrachtet werden.

Vorbereitung: Bei der Erstellung des Komposits hat der Bildautor Friedrich W. Gerber (1932–2014), Mitentdecker der Kometen 1964 L1 (Tomita-Gerber-Honda) und 1967 M1

◧ Abb. 1.24   Am 21. September 1998 entstand die Aufnahme mit der *linken* Sonne, einen Tag später die mit der *rechten*. Innerhalb eines Tages wandert der Aufgangspunkt der Sonne, die so genannte Morgenweite, um etwa einen Sonnendurchmesser nach Süden. Foto: Friedrich W. Gerber [www]

(Mitchell-Jones-Gerber), darauf geachtet, dass die Oberkanten der beiden Sonnenscheiben übereinstimmen. Zur rechten Sonne gehört der obere Horizont, zur linken der untere. Zur genaueren Auswertung schieben Sie, z. B. per Kopie auf Folie oder grafisch, die rechte Sonne zusammen mit ihrem Horizont an die Stelle, die die beiden Horizonte zur Deckung bringt.

A 27.1

Berechnen Sie, um welchen Winkel γ sich am Aufnahmeort und -zeitpunkt die Ekliptik während des Herbstäquinoktiums gegen den Horizont erhob, wenn die Schiefe der Ekliptik zu diesem Zeitpunkt $\varepsilon = 23{,}439°$ betrug!

Betrachten Sie dafür mit hinreichender Genauigkeit das Datum der beiden Aufnahmen als mit dem des Herbstäquinoktiums identisch.

A 27.2

Berechnen Sie die Änderung des Azimuts Δa_t (t für Theorie) zwischen den beiden Aufnahmen, wenn die Sonne entlang der Ekliptik um $\Delta\lambda = 0{,}98°$ gewandert ist! Die Deklinationskreise sind auf der ◧ Abb. 1.25 um den Winkel $\beta = 41{,}46°$ gegen den Horizont geneigt.

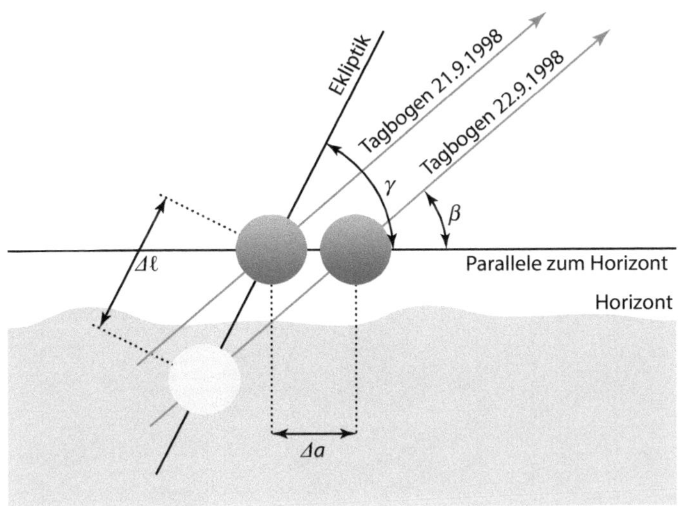

◨ **Abb. 1.25** Kurz vor dem Herbstäquinoktium geht die Sonne an zwei aufeinanderfolgenden Tagen im Osten auf. Ihrer jährlichen Bahn auf der Ekliptik folgend, bewegt sie sich im Laufe eines Tages fast parallel entlang ihres Deklinationskreises, tagsüber also entlang des Tagbogens.

A 27.3

Bestimmen Sie durch Ausmessen von ◨ Abb. 1.24 die Größe der Änderung des Azimuts Δa_g (g für gemessen)! Der Durchmesser der Sonne betrug zum Zeitpunkt der beiden Aufnahmen $d_\odot = 0{,}531°$.

Hinweis: Schieben Sie die rechte Sonne entlang ihres Tagbogens so zurecht, dass ihre Oberkante vom (idealen) Horizont gleich weit entfernt ist wie die der linken Sonne.

Aufgabe 28 – Sonnenuntergang

◨ Abb. 1.26 zeigt eine Fotografie des fast vollen Mondes kurz nach seinem Aufgang am Osthimmel. Die Aufnahme ist am 24. Juli 1983 um 16:30 Uhr UT im Moment des Sonnenuntergangs entstanden. Links unterhalb des Mondes erkennt man in Horizontnähe den Schattenwurf des Gamsbergs, eines südlich vom Äquator gelegenen Tafelbergs, auf dem sich eine Beobachtungsstation des Max-Planck-Instituts für Astronomie befand. Seit dem Jahr 2010 betreibt die „Internationale Amateur-Sternwarte" dort ein 71-cm-Teleskop. In dieser Aufgabe sollen Sie die geografische Breite des Aufnahmeortes ermitteln.

A 28.1

Überlegen Sie sich zunächst die Position der Sonne und bestimmen Sie aus deren parallaktischen Position ($\alpha_\odot = 8^\mathrm{h}13^\mathrm{m}46^\mathrm{s}$, $\delta_\odot = +19°53'27''$) diejenige des Schattenpunkts (α_S, δ_S), der die Position der Aufnahmekamera widerspiegelt! Der Kamerastandort befindet sich knapp links neben dem deutlich sichtbaren, von der südlichen abfallenden Böschung verursachten Knickpunkt.

◘ Abb. 1.26   Mondaufgang am Osthimmel, aufgenommen am Gamsberg (Namibia). Bild: MPIA www

? A 28.2

Berechnen Sie den Schnittwinkel φ' des durch den Schattenpunkt laufenden Deklinationskreises mit dem Horizont

$$\tan\varphi' = \tan\tau\,\sin\delta\,. \tag{1.42}$$

Dieser entspricht im Prinzip dem Untergangswinkel u eines Gestirns der Deklination δ. Der zugehörige Stundenwinkel ist $\tau = 6^{\mathrm{h}}33^{\mathrm{m}}$.

? A 28.3

Bestimmen Sie den Positionswinkel p des Mondes relativ zum Schattenpunkt (siehe ◘ Abb. 1.27). Verwenden Sie dazu die Gleichung

$$\tan p = \frac{\delta_{\mathrm{S}} - \delta_{\mathbb{C}}}{(\alpha_{\mathrm{S}} - \alpha_{\mathbb{C}})\,\cos\delta_{\mathrm{S}}}\,, \tag{1.43}$$

die nur für kleine Distanzen zwischen den betrachteten Objekten ausreichende Genauigkeit bietet. Der Mond steht bei $\alpha_{\mathbb{C}} = 20^{\mathrm{h}}05^{\mathrm{m}}11^{\mathrm{s}}$ und $\delta_{\mathbb{C}} = -23°10'18''$.

? A 28.4

Bestimmen Sie die geografische Breite des Beobachtungsstandortes! Ermitteln sie hierzu den noch fehlenden Positionswinkel p_{H} des Mondes relativ zum Schattenpunkt im Horizontsystem direkt aus ◘ Abb. 1.26! Mit Hilfe von ◘ Abb. 1.27 folgt

$$p_{\mathrm{H}} = 90° - |\varphi| + p \tag{1.44}$$

und daraus sofort das gesuchte Ergebnis.

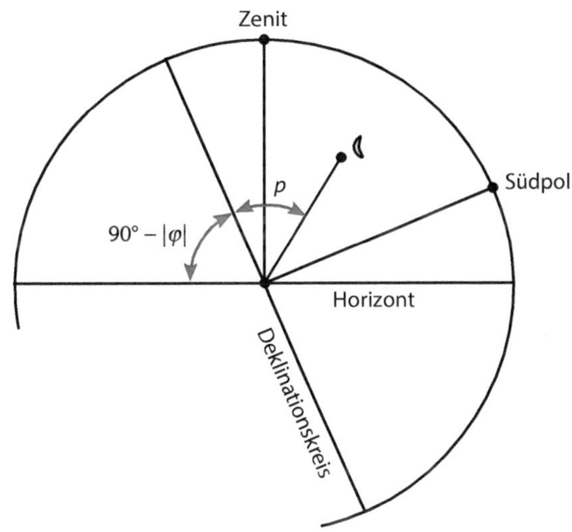

◻ Abb. 1.27 Schattenpunkt und Mondposition am Osthorizont des Gamsbergs. Seine geografische Breite steht zwischen Betragsstrichen, weil hier südliche Breiten durch ein negatives Vorzeichen dargestellt werden sollen.

Vernachlässigt ist dabei, dass der betrachtete Deklinationskreis unter dem oben berechneten Winkel φ' und eben nicht unter $90° - \varphi$ die Horizontlinie schneidet. Diskutieren Sie, welchen Einfluss diese Ungenauigkeit auf das Ergebnis bewirkt!

Aufgabe 29 – Sonne in Luleå

Dieser Aufgabe liegt das Farbbild aus ◻ Abb. 1.28 zu Grunde. Es zeigt die Bewegung der Sonne in den Abendstunden des 8. Juli 1976 in Luleå, Schweden. Das von Arno Langkavel der Redaktion von *Sterne und Weltraum* zugesandte Kleinbilddia ist eine Kopie des Originals und dürfte etwas farbverfälscht sein.

? A 29.1
Bestimmen Sie die Zeitabstände, in denen die einzelnen Belichtungen erfolgt sind (Angabe auf ganze Minuten gerundet)!

? A 29.2
Berechnen Sie die Brennweite des Aufnahmeobjektivs, wenn die Sonnenscheibchen auf dem Kleinbilddia (Format 24 mm × 36 mm) einen Durchmesser von 4 mm haben (Angabe in 100 mm, gerundet)!

? A 29.3
Diskutieren Sie, ob man am Aufnahmetag in Luleå die Mitternachtssonne sehen konnte, oder ob sie unter dem Horizont verschwand (geografische Breite von Luleå: $\varphi_L = 65{,}6°$, Deklination der Sonne: $\delta_\odot = 22{,}4°$)!

? A 29.4
Beschreiben Sie, welches Phänomen in Horizontnähe auf der Aufnahme gut verfolgt werden kann!

◨ **Abb. 1.28**   Abendstimmung im schwedischen Luleå (Mehrfachbelichtung), eingefangen von Arno Langkavel aus Löningen am 8. Juli 1976 ⎡ www ⎤

Hinweis: Weitere Daten für Interessierte: Zeitpunkt der ersten Belichtung: 21^h19^m Uhr MEZ, geografische Länge von Luleå: $\lambda_\mathrm{L} = 22{,}2°$.

Aufgabe 30 – Der Sonnenstand in Greenwich (Von Bernd Loibl)

Zwei Amateurastronominnen treffen sich zufällig bei der Besichtigung der alten Sternwarte in Greenwich und bewundern gemeinsam den Nullmeridian, der in Greenwich als Metallleiste im Boden markiert ist (siehe ◨ Abb. 5.20 im ▶ Abschn. 5.3 und ◨ Abb. 1 im Vorwort).

„In Greenwich müsste man sein Fernröhrle stehen haben", sagt die eine (wir wollen sie Marion nennen). „Hier ist die Uhrzeit gleich der Weltzeit. – Und eine Längenkorrektur für die Einstellung von Koordinaten gibt es auch nicht, weil man ja direkt auf dem Zeitzonenmeridian steht."

„Da hast du recht", stimmt die andere zu (sie möge Petra heißen). „Aber hundert Kilometer weiter nördlich oder südlich wäre es mir noch lieber, wegen der Himmelsaufhellung durch London."

„Ja, ja natürlich", murmelt Marion und philosophiert weiter über Standortvorteile: „Auf dem Zeitzonenmeridian stimmt doch wenigstens, was manchmal so einfach in Schulbüchern steht: Am Mittag um zwölf steht die Sonne genau im Süden."

Hier widerspricht Petra energisch, und nach kurzer Diskussion einigen sie sich darauf, dass dieser Widerspruch berechtigt war.

? **A 30.1**

Beschreiben Sie, wie Petra argumentiert haben könnte!

Nach einiger Zeit zieht Petra einen Kalender für Sternfreunde aus ihrer Tasche, wirft einen Blick hinein und verkündet: „Du, das kommt noch besser! Heute, am 14. Juni, ist die Zeitgleichung zufällig gerade plusminus null. Das heißt, in Greenwich stimmt heute ein weiterer Satz, der immer so in Schulbüchern steht: ‚Am Mittag um 12 Uhr steht die Sonne genau im Süden und am Abend um 18 Uhr genau im Westen.'"

Jetzt überlegt auch Marion einen Augenblick und erwidert dann: „Um 12 Uhr steht sie zwar genau im Süden, aber im Westen steht sie nicht um 18 Uhr, sondern schätzungsweise eine Stunde früher."

Petra lacht zunächst ungläubig. Nach kurzer Diskussion einigen sich die beiden jedoch darauf, dass Marion recht hatte.

? **A 30.2**

Beschreiben Sie, wie Marion argumentiert haben könnte!

? **EA 30.3**

Berechnen Sie, um wie viel Uhr die Sonne am 14. Juni in Greenwich ($\varphi = 51°29'$) genau im Westen steht! Die Deklination der Sonne betrug an diesem Tag $\delta_\odot = 23°17'$, die Zeitgleichung hatte den Wert $\pm\, 0\,\mathrm{min}$.

? **EA 30.4**

Berechnen Sie a) wann, b) bei welchem Untergangsazimut die Sonne an diesem Tag in Greenwich tatsächlich untergeht und c) die zugehörige Abendweite der Sonne!

Aufgabe 31 – Ekliptik am Horizont

Tagtäglich rotiert der gestirnte Himmel schräg um unseren Horizont. Das führt dazu, dass in verschiedenen Jahreszeiten unterschiedliche Himmelsregionen sichtbar werden. Auch die Ausrichtung der Ekliptik und damit des Zodiakallichts (vgl. Nice-to-know 4 auf S. 49) an der scheinbaren Himmelskugel ist von der Jahreszeit abhängig.

? **A 31.1**

Ermitteln Sie (z. B. mit einer drehbaren Sternkarte) die Bedingung, welche erfüllt sein muss, damit die Ekliptik am steilsten über den Horizont aufragt!

Nice-to-know 4

Zodiakallicht

Zodiakallicht, auch Tierkreislicht genannt, ist eine schwache kegelförmige Leuchterscheinung entlang der Ekliptik. Dabei handelt es sich um Sonnenlicht, das an Staubteilchen in der Erdbahnebene gestreut wird. Es kann bei dunklem Nachthimmel kurz nach Sonnenuntergang oder kurz vor Sonnenaufgang beobachtet werden.

 **A 31.2**

Berechnen Sie mit der ermittelten Bedingung aus A 31.1 die Größe des Schnittwinkels zwischen Horizont und Ekliptik, wenn die Schiefe der Ekliptik $\varepsilon = 23{,}5°$ und die geografische Breite des Beobachters $\varphi = 50°$ betragen!

A 31.3

Diskutieren Sie, zu welcher Jahreszeit sich demnach das Zodiakallicht abends am günstigsten beobachten lässt!

Aufgabe 32 – Das unfreiwillige Survival-Training der W. Mathilda (Von Bernd Loibl)

Ob es reiner Zufall war oder einen mythologischen Hintergrund hatte, ist bis heute ungeklärt geblieben. Tatsache jedenfalls ist, dass der bekannten australischen Anthropologin W. Mathilda (von ihren Kollegen häufig als „waltzing" Mathilda geneckt) auf ihrer letzten Forschungsreise durch das Innere des fünften Kontinents genau in der Nacht zum 1. April eines nicht näher bekannten Jahres Uhr und Navigationssatellitenempfänger abhanden kamen. Die Spuren im Sand deuteten zwar auf ein neugieriges Känguru hin, aber auch Fußspuren von Aborigines, mit denen sie tags zuvor gesprochen hatte, kamen ihr sehr verdächtig vor. Nach 13-tägigem erfolglosem Umherirren beschloss sie eine Ortsbestimmung durch Gestirnsbeobachtungen durchzuführen. Alles, was sie dazu benötigte, fand sie in ihrem „Emergency Kit": eine Sanduhr und ein Himmelsjahrbuch. Eine glückliche Fügung des Schicksals wollte es, dass an diesem 15. April eine Mondfinsternis stattfand. W. M. jubelte: Damit war sie gerettet! Ihre Strategie war klar wie der australische Wüstenhimmel: Aus der Mittagshöhe der Sonne und ihrer Deklination, die sie dem Himmelsjahrbuch zu entnehmen gedachte, wollte sie die Breite ableiten, und die Länge aus der Differenz von Ortszeit und Weltzeit zum Ende der Finsternis bestimmen. Die Weltzeit dieses Ereignisses stand auch im Himmelsjahr, also musste sie nur noch die zugehörige Ortszeit ermitteln.

Zu diesem Zweck rammte W. M. am Vormittag, als die Sonne halbhoch am Himmel stand, entschlossen einen Stab genau senkrecht in den Wüstenboden und notierte sich die Länge des Schattens, den der nun 301 mm lange Stab auf eine zuvor geebnete Fläche warf. Gleichzeitig begann sie, ihre Sanduhr in Betrieb zu setzen, von der sie wusste, dass diese eine Durchrieselzeit von genau zehn Minuten besaß. Als sich um die Mittagszeit der Schatten des Stabes nicht weiter verkürzte, ermittelte W. M. die Schattenlänge zu 198 mm. Mit Bleistift, Millimeterpapier und Winkelmesser bestimmte sie anschließend die Mittagshöhe der Sonne. Dem Himmelsjahr entnahm sie, dass die Sonne $9°40'$ nördlich des Himmelsäquators stand.

In den Sand zeichnete sie eine Figur, die den Schnitt durch die Himmelskugel entlang des Ortsmeridians darstellte, und trug die Linien der Koordinatensysteme des Horizonts, des Himmelsäquators und den Richtungsstrahl zur Sonne ein. Die Sorgenfalten ihrer sonnengegerbten Stirn glätteten sich etwas, denn mit der geografischen Breite, die sie nun aus ihrer Zeichnung ableiten konnte, war schon die erste Hälfte ihrer Standortbestimmung erledigt.

Da W. M. in der Einöde der australischen Wüste durch nichts, aber auch gar nichts abgelenkt wurde, vergaß sie auch nicht ein einziges Mal die jeweils abgelaufene Sanduhr umzudrehen und einen Merkstrich in den Sand zu ziehen. Sie wartete geduldig auf den Zeitpunkt am Nachmittag, an dem der Schatten des Stabes exakt die gleiche Länge hatte wie am Vormittag. Dieses Ereignis fand gleichzeitig mit dem Fallen des letzten Sandkorns durch die Verengung des Uhrglases statt. W. M. notierte, dass bis zu diesem Zeitpunkt der Sand 36-mal durch die Uhr gelaufen war.

Die Nacht brach herein. Für die Schönheit der partiellen Mondfinsternis in der klaren Wüstenluft hatte W. M. dieses Mal keine Zeit. In äußerster Anspannung erwartete sie den Austritt des Mondes aus dem Kernschatten, der im astronomischen Jahrbuch *Himmelsjahr* für 13:55 Uhr MEZ angekündigt war. Als der Vollmond gerade wieder rund war, war auch der Sand im Uhrglas vollständig durchgelaufen. W. M. zählte die Kerben im Sand zusammen und stellte fest, dass seit Beginn ihrer Zeitmessung am Vormittag die Sanduhr bis zum Ende der Finsternis 77-mal durchgelaufen war. Zur Auswertung fertigte W. M. eine zweite Zeichnung im Wüstensand an, bei der die Ebene des Himmelsäquators mit der Zeichenfläche zusammenfiel und bei der sie damit senkrecht in Richtung der Erdrotationsachse blickte. Flugs zeichnete sie die Richtungsstrahlen vom Mittelpunkt zu den Positionen der Sonne am Vor- und Nachmittag (als die Schatten des Stabes gleich lang waren) und zum Zeitpunkt des Kernschattenaustritts ein und las daraus die Ortszeit des Endes der Finsternis ab. Als sie die Länge schließlich ermittelt hatte und ihren Standort in ihre topografische Karte eintrug, stieß sie einen Seufzer der Erleichterung aus. Sie raffte ihre Ausrüstung schnell zusammen, startete ihren Geländewagen und fuhr los. Die Himmelsrichtungen hatte sie sich im Laufe des Tages aus den unterschiedlichen Richtungen des Stabschattens gemerkt. Wie von ihr erwartet, tauchten nach gar nicht so langer Fahrt im Scheinwerferkegel die Ortsschilder ihres Ziels auf.

? A 32.1

Bestimmen Sie den Standort (φ, λ), welchen W. Mathilda durch ihre Beobachtungen erhalten hatte!

? A 32.2

Bestimmen Sie den Namen des Ortes in W. Mathildas unmittelbarer Nähe!

? A 32.3

Bestimmen Sie, in welche Richtung und wie viele Kilometer W. Mathilda fahren musste!

Erst später erfuhr W. M., dass es einen Unterschied zwischen wahrer und mittlerer Zeit gibt. Sie hatte aber Glück gehabt, denn am 15. April stimmen beiden Zeiten stets überein. Im November hätte die Abweichung zwischen wahrer und mittlerer Zeit einen Fehler von rund 400 km in der Längenbestimmung verursacht.

Auch wenn in der Realität wohl nur schwer zu erreichen, unterstellen wir W. Mathilda alle Messungen in der angegebenen Genauigkeit ausgeführt zu haben.

Aufgabe 33 – Wo war der Ozeanologe? (Von Ulrich Bastian)

Es ist schon ein paar Jahre her, da ergab sich beim abendlichen Monatstreffen des Astroklubs Kleinplittersbach das folgende Gespräch.

Einer von uns, ein wohlhabender Rentner, war gerade von seiner letzten Sonnenfinsternistour aus dem Westpazifik zurückgekehrt. Er schwärmte von Korona und Protuberanzen und beklagte die sanften Bewegungen des Schiffs während der Totalität, durch die jegliche langbrennweitige Fotografie leider vereitelt wurde.

„Du, ich war heute früh auch noch auf dem Schiff, aber mir hat's nix ausgemacht", erzählte daraufhin unser langjähriger Vorsitzender, ein Ozeanologe. „Ich hab' sozusagen das Nachspiel Deiner Finsternis gesehen. Es war heute früh so extrem klar, dass ich mit dem Feldstecher den gut zwei Tage alten Mond als schmale Sichel direkt aus dem Meerwasser aufgehen sehen konnte. Und knapp eine Stunde später ging dann gleißend hell die Sonne auf. Sie stand übrigens zu der Zeit nicht nur fast genau auf dem aufsteigenden Knoten der Mondbahn, sondern auch fast genau auf dem Himmelsäquator. Naja, zwei Stunden später waren wir allerdings schon im Hafen. Ich bin dann gleich zum Flugzeug und heim nach Frankfurt geflogen, wo ich am frühen Nachmittag ankam. So kommt's, dass ich heute Abend schon hier bin."

„Diese Geschichte glaub' ich Dir nicht", warf jetzt der Kassierer ein. „Erstens kann der zwei Tage alte Mond nicht vor der Sonne aufgehen, und zweitens … "

„Halt! Erst denken, dann reden", unterbrach ihn der Ozeanologe. „Natürlich kann er vor der Sonne aufgehen."

„… und zweitens kannst Du aus dieser Geschichte sogar herausfinden, wo unser Vorsitzender in den letzten paar Wochen mit seinem Schiff geforscht hat", ergänzte der Pazifik-Tourist. „Du musst dabei nur außer der Sache mit dem Mond auch noch die kurze Flugzeit bedenken."

„Ein andermal vielleicht", brummte der Kassier und wandte sich wieder den Jupiteraufnahmen seines Sitznachbarn zu.

❓ A 33.1
Diskutieren Sie, unter welchen Bedingungen der gut zwei Tage alte Mond eher als die Sonne aufgehen kann! Qualitative Aussagen oder eine Skizze eines Teils der Himmelskugel mit Sonne, Mond und Horizont sind als Lösung ausreichend.

❓ A 33.2
Bestimmen Sie den Aufenthaltsort des Ozeanologen am frühen Morgen! Es ist nicht nach einem bestimmten Ort gefragt, sondern nur nach einer geografischen Region, z. B. Mittelamerika, Oberschwaben, Polen, Südatlantik oder Antarktis.

❓ A 33.3
Diskutieren Sie, zu welcher Jahreszeit die Finsternis stattfand!

Aufgabe 34 – Belichtungszeiten, geostationäre Satelliten, ein Flugzeug und Halley

Wolfgang Fitzek aus Bad Karlshafen hat die Aufnahme aus ◨ Abb. 1.29 an die Redaktion von *SuW* geschickt. Die hellsten Sterne umreißen den Bauch des südlichen Fisches. Östlich von ϑ (siehe ◨ Abb. 1.30) und κ verläuft eine Flugzeugspur. Der westliche Scheinwerfer tangiert den Halleyschen Kometen, links unterhalb von ϑ.

❓ A 34.1
Bestimmen Sie a) wie lang die Strichspuraufnahme der ◨ Abb. 1.29 belichtet ist (vgl. auch Nice-to-know 5 zu dieser Aufgabe auf S. 55) und b) welche Geschwindigkeit das Flugzeug mindestens hatte, wenn es in 10 km Höhe flog!

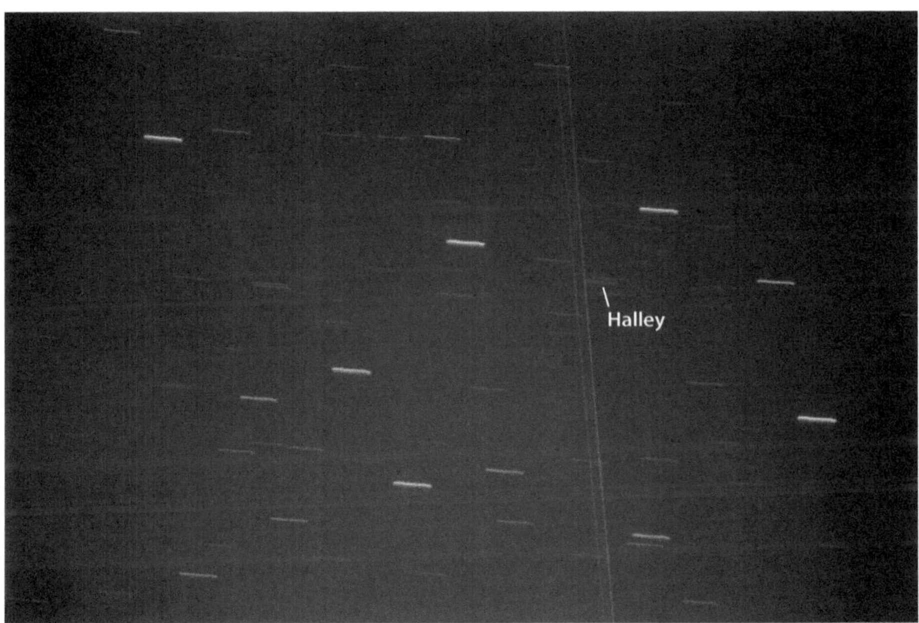

◘ Abb. 1.29 Am 12. Dezember 1985 gegen 18^h30^m Uhr MEZ fotografierte Wolfgang Fitzek mit einem 135-mm-Teleobjektiv auf 21-DIN-Farbdiafilm das Sternbild Südliche Fische. In der *rechten Bildmitte* kreuzt die Spur eines Flugzeugscheinwerfers die Strichspur des Halleyschen Kometen www

◘ Abb. 1.30 Einige Sterne im Sternbild Fische (lateinisch: Pisces) bilden ein charakteristisches Sechseck.

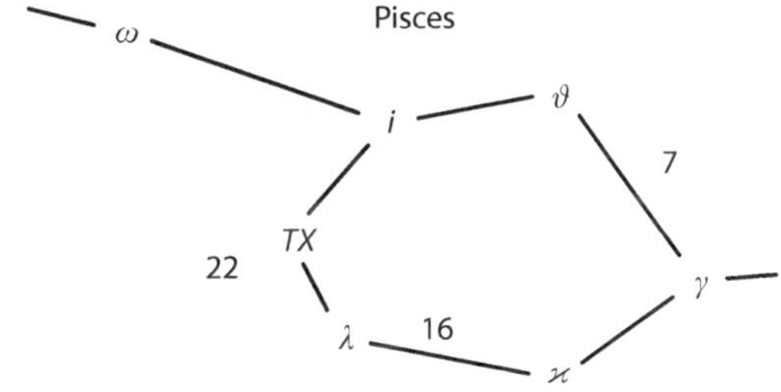

Hinweis: Verwenden Sie die Sternkoordinaten aus ◘ Tab. 1.2, die Winkelgeschwindigkeit der Erde $\omega_E = 15{,}041'/\mathrm{min}$ und die geografische Breite $\varphi_{\mathrm{Kamera}} = 50°$ des Kamerastandorts.

Die zweite Strichspuraufnahme stammt von Paul D. Maley. Sie beweist, dass die Ablichtung geosynchroner Satelliten (vgl. auch Nice-to-know 6 zu dieser Aufgabe auf S. 56) leicht möglich ist. Es handelt sich um A: Galaxy 3 bei $\lambda = 266{,}2°$, B: Satellite Business System SBS-3 bei $\lambda = 265{,}2°$, C: American Telephone & Telegraph Co. Telstar 3A bei $\lambda = 264{,}2°$, D: SBS-2 bei $\lambda = 263{,}2°$, E: Hughes/Western Union Westar 4 bei $\lambda = 261{,}2°$, F: SBS-1 bei $\lambda = 261{,}2°$ und G: SBS-4 bei $\lambda = 259{,}2°$.

◨ **Tabelle 1.2**   Äquatoriale Koordinaten der hellsten Sterne im Sternbild Fische

Stern	Rektaszension α	Deklination δ
ϑ	$23^\mathrm{h}25{,}4^\mathrm{m}$	$+6°06'$
κ	$23^\mathrm{h}24{,}4^\mathrm{m}$	$+0°59'$
ω	$23^\mathrm{h}56{,}7^\mathrm{m}$	$+6°35'$
TX	$23^\mathrm{h}43{,}8^\mathrm{m}$	$+3°13'$
γ	$23^\mathrm{h}14{,}6^\mathrm{m}$	$+3°01'$

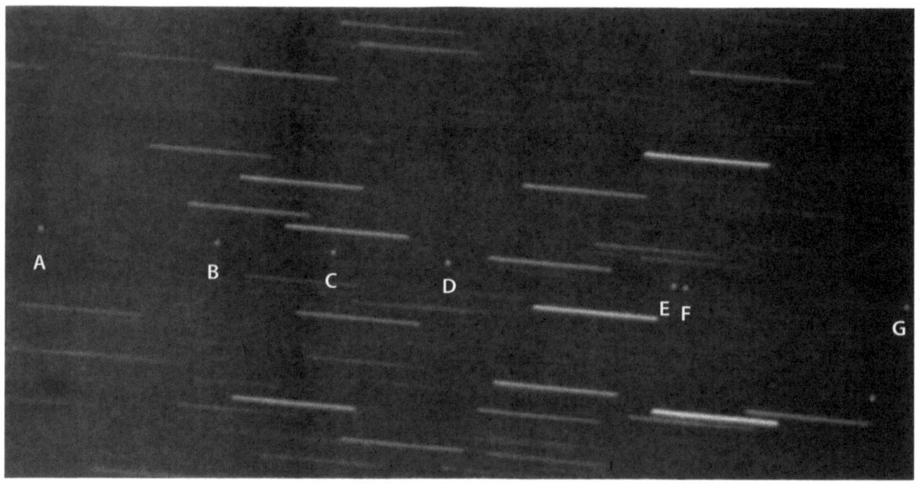

◨ **Abb. 1.31**   Sieben geostationäre Satelliten über Brazos Bend, Texas, in der Nähe von Houston ($\varphi = 29°45'$ N, $\lambda = 264°35'$ E), aufgenommen von Paul D. Maley gegen Ende 1985 [www]

❓ A 34.2

Berechnen Sie a) welche Deklination die geostationären Satelliten in ◨ Abb. 1.30 von Brazos Bend aus betrachtet haben und b) welche Belichtungszeit für diese Aufnahme verwendet wurde!

❓ EA 34.3

Identifizieren Sie mit Hilfe der Zeitinformation und der Lösung von 34.2a) die in ◨ Abb. 1.30 gezeigte Himmelsregion.

Hinweis: Verwenden Sie als Hilfsmittel z. B. eine drehbare Sternkarte und oder einen Himmelsatlas.

Strichspuraufnahmen

Infolge der Erdrotation dreht sich die Himmelskugel scheinbar einmal pro Tag um einen Beobachter auf der Erde herum. Fotografiert man den Himmel über einen längeren Zeitraum Δt, z. B. mehrere Minuten hinweg, führt diese Drehung dazu, dass die Sterne zu Strichspuren verschmieren (vgl. ◖ Abb. 1.29, ◖ Abb. 1.31 und ◖ Abb. 4.29). Während man in der analogen Fotografie durch Verwendung eines unempfindlichen Films diese langen Belichtungszeiten realisieren konnte, entstehen Strichspuren im Zeitalter der digitalen Fotografie häufig durch die Überlagerung mehrerer aufeinanderfolgender Einzelaufnahmen kürzerer Belichtungszeit am Computer.

Einzig der Polarstern, der sich fast perfekt in Verlängerung der Erdachse befindet, scheint auf solchen Aufnahmen stillzustehen. Misst man die Winkelausdehnung α einer Strichspur vom Polarstern ausgehend, kann man die Belichtungszeit Δt leicht aus der Verhältnisgleichung

$$\frac{\alpha}{360°} = \frac{\Delta t}{P_{\mathrm{E}}} \tag{1.45}$$

bestimmen (vgl. ◖ Abb. 1.32). Zeigt die Strichspuraufnahme einen Himmelsausschnitt, in dem der Polarstern nicht sichtbar ist, so hängt die Länge α' der Strichspur neben der Belichtungszeit auch von der Deklination δ des Sterns gemäß

$$\alpha' = \omega_{\mathrm{E}} \cos\delta \, \Delta t \tag{1.46}$$

ab. Darin ist $\omega_{\mathrm{E}} = 2\,\pi/P_{\mathrm{E}}$, mit der Rotationsdauer der Erde $P_{\mathrm{E}} = 23^{\mathrm{h}}56^{\mathrm{m}}04{,}1^{\mathrm{s}}$ und α' ist im Bogenmaß angegeben.

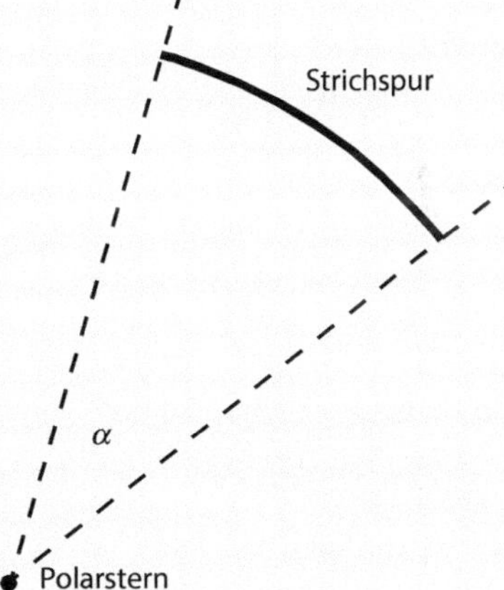

◖ **Abb. 1.32** Die Grafik zeigt eine Strichspur der Länge α um den Polarstern. Mit (1.45) kann die Belichtungszeit der Aufnahme bestimmt werden.

Nice-to-know 6

Geostationäre Satelliten

Geostationäre Satelliten befinden sind in einer Umlaufbahn, deren Umlaufperiode gleich der Rotationsperiode P_E der Erde ist. Dadurch befindet sich ein solcher Satellit unter Idealbedingungen immer über demselben Ort der Erdoberfläche. Der Radius r_gs des geostationären Orbits hängt nur von der Erdmasse M_E und von P_E ab. Setzt man die auf S. 4 zu Beginn dieses Kapitels gegebenen Werte in

$$r_\mathrm{gs} = \sqrt[3]{\frac{G\,M_\mathrm{E}}{4\pi^2}\,P_\mathrm{E}^2} \qquad\qquad (1.47)$$

ein, so folgt $r_\mathrm{gs} = 42{,}16 \cdot 10^7$ m, einer Höhe von $35{,}78 \cdot 10^3$ km $\approx 5{,}6\,R_\mathrm{E}$ über der Erdoberfläche am Äquator entsprechend.

1.4   Der Mond

Aufgabe 35 – Mondphasen
(Von Hans-Ulrich Keller)

Beantworten Sie alle nachfolgenden Fragen und Aussagen zum Thema Mondphasen mit „ja" oder „nein"!

? A 35.1

Nach Mitternacht ging endlich über dem Neusiedlersee der Vollmond auf . . . !

? A 35.2

Im Winter beschreibt der Vollmond in Mitteleuropa seinen größten Tagbogen über dem Horizont.

? A 35.3

In Kapstadt steht im Juni der Vollmond um Mitternacht (Ortszeit) tief im Norden.

? A 35.4

Eine Expedition berichtet vom Nordpol: „Im Juli des Jahres X erlebten wir auf dem Nordpol den Aufgang der tiefroten Vollmondscheibe . . . "

? A 35.5

Klein-Erna musste früh ins Bett. In der Abenddämmerung erkannte sie aus dem Fenster ihrer Dachkammer die schmale Sichel des abnehmenden Mondes.

? A 35.6

Als wir den Panama-Kanal durchfuhren, sahen wir morgens am Osthimmel vor Sonnenaufgang die liegende Sichel des abnehmenden Mondes. Sie sah aus wie ein Kahn . . .

? A 35.7

Es geschah in der dunklen Neumondnacht zum Ostersonntag des Jahres X …

? A 35.8

Im Dezember beschreibt der Neumond in Neuseeland seinen größten Tagbogen am Firmament.

? A 35.9

Im Frühjahr kann von Mitteleuropa aus die schmale Sichel des jungen Mondes besonders bald nach Neumond gesehen werden.

? A 35.10

Die schmale Sichel des abnehmenden Mondes ist von Sydney aus im Herbst am günstigsten bis nahe an den Neumondtermin zu beobachten.

? A 35.11

Wenn der zunehmende Halbmond für einen Beobachter am Nordpol seine größte Höhe über dem Horizont erreicht hat, dann bleibt er für einen Beobachter am Südpol unsichtbar.

? A 35.12

Wenn der Mond über Mitteleuropa im Ersten Viertel steht, so sehen ihn die Bewohner Argentiniens in der Phase „Letztes Viertel".

? A 35.13

Bei Vollmond ist die voll beleuchtete Erdhälfte dem Mond zugekehrt.

? A 35.14

Astronauten einer Forschungsstation auf dem Mond berichten, dass es 14 Tage dauert vom Aufgang der Erde im Osten bis zu ihrem Untergang im Westen.

Aufgabe 36 – Mond und Stromboli

Die vier Aufnahmen in ◨ Abb. 1.33 zeigen je einen Ausbruch des aktiven Vulkans Stromboli auf der gleichnamigen Insel im Mittelmeer nördlich von Sizilien.

Der Vulkan ragt rund 950 m über die Meeresoberfläche. Der Ausbruchsort liegt in rund 850 m Höhe.

Anhand der Mondbewegung sollen Sie die Zeiten zwischen den vier gezeigten Ausbrüchen des Vulkans ermitteln. Durch Vergleich der Geländeformationen mit der Mondposition lässt sich der Winkel, um den der Mond weitergewandert ist, abschätzen.

? A 36.1

Berechnen Sie die Winkelgeschwindigkeit des Mondes relativ zum Fotografen an jenem 2.9.1984, wenn der siderische Monat eine Länge von 27,321662 Tagen hatte und die siderische Tageslänge $23^{\text{h}}56^{\text{m}}4{,}091^{\text{s}}$ betrug!

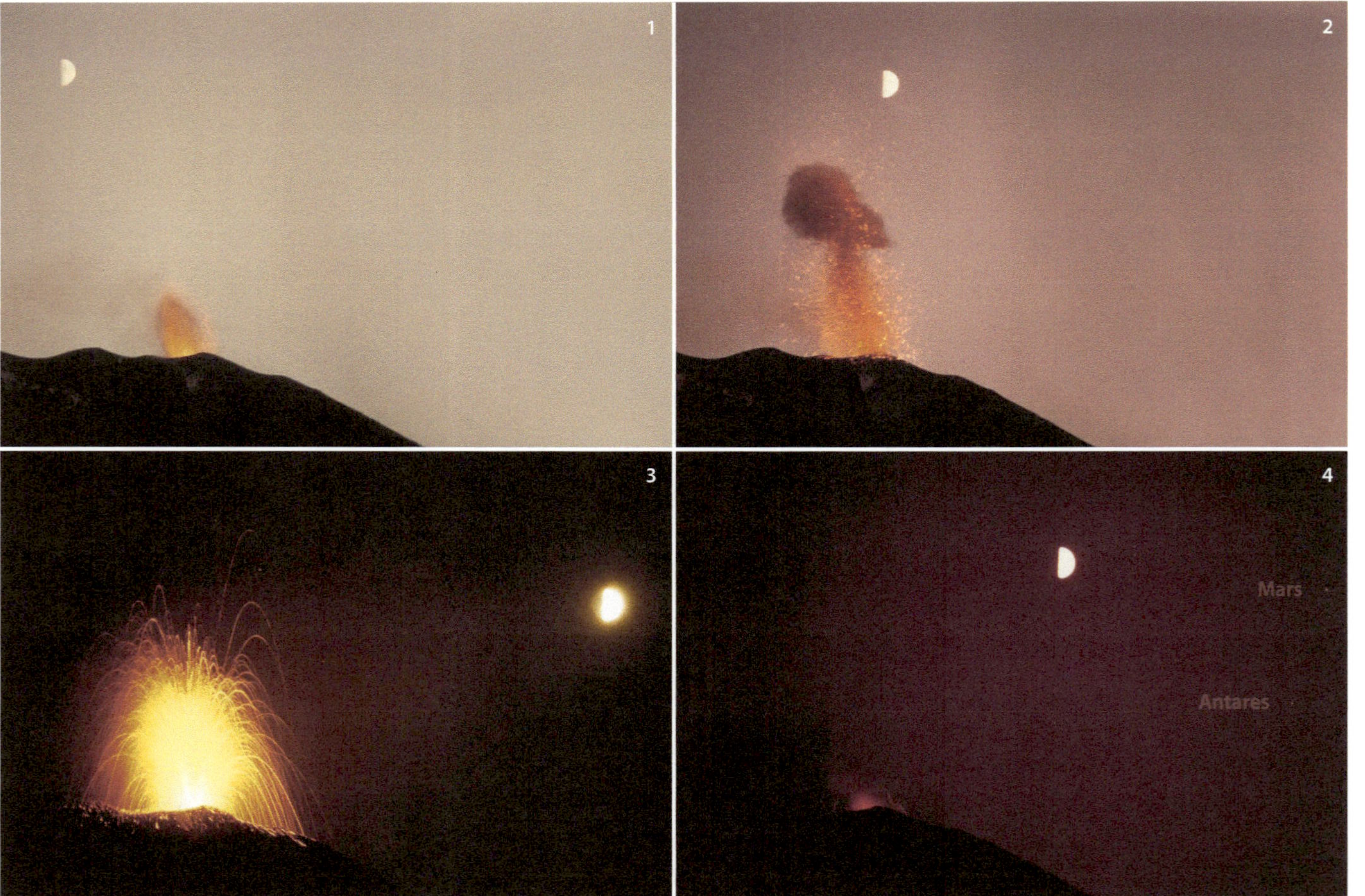

◼ **Abb. 1.33** Alle vier Aufnahmen zeigen den Mond und je einen Stromboliausbruch am 2. September 1984 mit Mars (0 mag, *oben*) und Antares α Sco (~ 1 mag, *unten*). Die Aufnahmen stammen von Peter Stöver www

? A 36.2

Bestimmen Sie den zeitlichen Abstand der vier Ausbrüche des Stromboli anhand der Aufnahmen aus ◻ Abb. 1.33!

Aufgabe 37 – Der mauretanische Mond
(Von Harry Hühnermann)

>> Als Gott den Mond erschuf,
gab er ihm folgenden Beruf:
Beim Zu- sowohl wie beim Abnehmen
sich deutschen Lesern zu bequemen,
ein α formierend und ein $\mathfrak{z}$,
daß keiner groß zu denken hätt.
Befolgend dies wird der Trabant
ein völlig deutscher Gegenstand.
Christian Morgenstern

Dieser schöne Merkvers für Astronomieanfänger ist natürlich auf der südlichen Halbkugel nicht gültig, und er nützt auch nichts, wenn der Mond in den Tropen wie auf der Flagge von Mauretanien (◻ Abb. 1.34 und ◻ Abb. 1.35) mit seiner Rundung genau zum Horizont herunterzeigt. Aber gilt der Spruch wirklich unter allen Umständen für Deutschland?

? A 37.1

Berechnen Sie, bis zu welchem nördlichen Breitenkreis φ man den zunehmenden Mond gelegentlich, wie auf der Fahne von Mauretanien gezeigt, sehen kann und wann dies der Fall ist. Um eine ausreichend gute Sichtbarkeit zu gewährleisten, soll die Mondsichel mindestens 6° über, die Sonne 6° unter dem Horizont stehen.

Hinweis: Die Lage der Mondsichel hängt nicht nur von φ, sondern unter anderem auch von der Neigung der Ekliptik gegen den Himmeläquator ($\varepsilon = 23{,}45°$), der Neigung der Mondbahn gegen die Ekliptik (5,12°), der Länge des Jahres und der des Monats ab.

◻ **Abb. 1.34** Die Flagge von Mauretanien.

◘ Abb. 1.35   Nur 28^h20^m nach Neumond entstand dieses Bild der schmalen Mondsichel am 5. März 1992. Die Aufnahme stammt von B. J. Mayr.

Aufgabe 38 – Der Mond und das Erdperihel (Von Ulrich Bastian)

Der Schwerpunkt des Erde-Mond-Systems bewegt sich (abgesehen von den Störungen durch die Planeten) auf einer Ellipse mit der großen Halbachse $a = 149{,}6 \cdot 10^6$ km und der Exzentrizität $e = 0{,}0167$. Wegen der Exzentrizität schwankt die Entfernung dieses Punktes von der Sonne im Laufe eines Jahres zwischen $a\,(1+e)$ und $a\,(1-e)$, führt also eine Schwingung mit der (halben) Amplitude $a\,e$ aus. In guter Näherung kann diese als Sinusschwingung betrachtet werden. In den Extrempunkten, also im Perihel und im Aphel, ist die radiale Geschwindigkeit des Erde-Mond-Schwerpunkts gleich Null und seine radiale Nettobeschleunigung (Anziehungskraft der Sonne minus Zentrifugalkraft der Erde) gleich

$$b = a\,e\,4\,\pi^2/P^2, \tag{1.48}$$

wobei P die Umlaufperiode der Erde, also $365{,}256$ Tage ist. Sie sollen hier in einfacher Weise abschätzen, wie weit die Anziehungskraft des Mondes den sonnennächsten Punkt der Erdbahn verschieben kann.

? A 38.1

Berechnen Sie die radiale Nettobeschleunigung des Erde-Mond-Schwerpunkts in $\mathrm{m\,s^{-2}}$ und in Vielfachen der Erdbeschleunigung $g = 9{,}81\ \mathrm{m\,s^{-2}}$!

? A 38.2

Die monatliche Bewegung der Erde um den Erde-Mond-Schwerpunkt überlagert sich dessen jährlicher Ellipsenbewegung. Deshalb erreicht die Erde den sonnennächsten Punkt ihrer tatsächlichen Bahn nicht im Perihel des Schwerpunkts, sondern dann, wenn die Summe beider Bewegungen in radialer Richtung gleich Null wird.

Berechnen Sie die Geschwindigkeit der Erdbewegung um den Erde-Mond-Schwerpunkt! Nehmen Sie dafür die Mondbahn als Kreis mit dem Radius 384 000 km an. Die Periode beträgt 27,322 Tage.

Hinweis: Entsprechend dem Massenverhältnis Erde/Mond ist die Geschwindigkeit der Erde um den Schwerpunkt nur $\frac{1}{81}$ derjenigen des Mondes.

A 38.3

Nehmen Sie an, dass das Erde–Mond–System das Perihel gerade bei Halbmond erreichte. In diesem Fall ist die volle monatliche Bahngeschwindigkeit der Erde (die in Aufgabe 38.2 berechnet wurde) auf die Sonne gerichtet. Der sonnennächste Punkt der Erdbewegung tritt deshalb nicht in diesem Augenblick ein, sondern später bzw. früher.

Diskutieren Sie, in welcher Mondphase eine Verfrühung, und in welcher eine Verspätung eintritt!

A 38.4

Berechnen Sie den Betrag der Verfrühung bzw. Verspätung aus Aufgabe 38.3 in Einheiten von Tagen!

Hinweis: Der Betrag der Verfrühung bzw. Verspätung wird durch das Verhältnis der in Aufgabe 38.2 berechneten Geschwindigkeit zu der in Aufgabe 38.1 berechneten Beschleunigung (= Änderung der Geschwindigkeit) bestimmt.

EA 38.5

Leiten Sie (1.48) her, indem Sie die erwähnte jährliche Sinusschwingung mit Amplitude $a\,e$ als gegeben voraussetzen!

EA 38.6

In Aufgabe 38.4 wird die maximale Verschiebung des sonnennächsten Punktes unter der Annahme einer kreisförmigen Mondbahn berechnet.

Berechnen Sie die tatsächliche Größe der maximalen Verschiebung, wenn die Mondbahn eine Exzentrizität $e = 0{,}055$ besitzt!

Aufgabe 39 – Gezeitenreibung, Teil 1

Durch die sich schnell unter dem Mond hinwegdrehende Erde werden die beiden Gezeiten-berge in Drehrichtung mitgeschleift und eilen dem Mond somit etwas voraus (vgl. ◙ Abb. 1.36). Der Mond wiederum zerrt nun an den Bergen und bewirkt dadurch eine Abbremsung der Erdrotation. Durch diese abbremsende Wirkung des Gezeiteneffektes, der nach neueren Erkenntnissen hauptsächlich durch die irdischen Ozeane, nicht jedoch durch den Erdmantel mit seiner verschwindend kleinen Phasenverschiebung verursacht wird, verliert die Erde Ro-tationsenergie.

Dies führt dazu, dass die Tageslänge in früheren Zeiten kürzer war als heute, und in fer-ner Zukunft Erde und Mond beiderseits eine gebundene Rotation ausführen werden. Da die vermittelnde Kraft zwischen den Gezeitenbäuchen und dem Mond von dessen Entfernung und auch dem Phasenwinkel abhängt, Letzterer wiederum von der Monddistanz, ändert sich über große Zeiträume hinweg die Bremsrate. Erschwerend kommen die sich gemäß der Weg-ner'schen Kontinentaldrift ständig ändernden Größen und Formen der Weltmeere hinzu. In

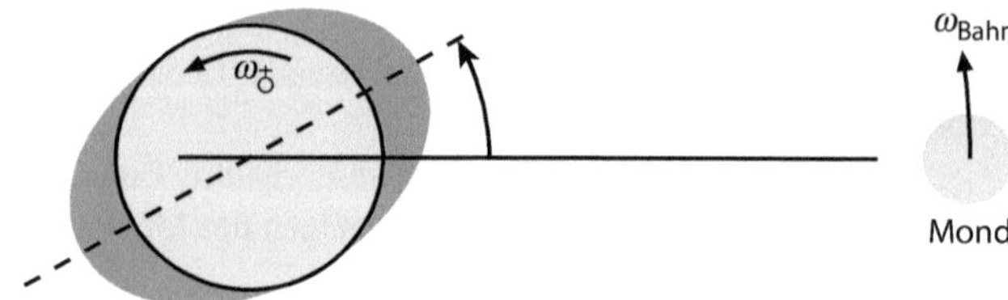

☐ **Abb. 1.36**   Die Kopplung zwischen Gezeitenbergen und Mond sorgt für den Drehimpulstransfer. Die Gezeitenberge sind in dieser Darstellung im Vergleich zum Erdradius extrem vergrößert gezeichnet.

aufwendigen Modellrechnungen hierzu und durch die paläontologische Entdeckung täglicher Wachstumsraten fossiler Korallen zeigte sich, dass die Gezeitenreibung vor 500 Millionen Jahren cum grano salis etwa gleich groß gewesen sein muss wie heute.

In unserer Zeit beträgt die resultierende Zunahme τ der Tageslänge etwa 2,1 Millisekunden pro Jahrhundert ($\tau = 2{,}1\,\text{ms}/100\,\text{a}$).

❓ A 39.1

Berechnen Sie aus dem gegenwärtigen Wert der Tageslängenabnahme die Abnahme der Rotationsenergie der Erde $\dot{E}_{\text{rot},\oplus}$! Verwenden Sie die Gleichung

$$E_{\text{rot},\oplus} = \frac{1}{2}\, I_{\oplus}\, \omega_{\oplus}^2 \,. \tag{1.49}$$

Dabei sind $I_{\oplus} = 8{,}12 \cdot 10^{37}\,\text{kg}\,\text{m}^2$ das zeitlich konstante Trägheitsmoment, $\omega_{\oplus} = 2\,\pi/P_{\oplus}$ die siderische Rotationsfrequenz und $P_{\oplus} = 86\,164\,\text{s}$ die zugehörige siderische Rotationsdauer der Erde.

❓ EA 39.2

Berechnen Sie die Länge eines Tages, wenn in ferner Zeit Erde und Mond in gebundener Rotation umeinander kreisen!

Hinweise: Bestimmen Sie zunächst den gemäß dem Drehimpulserhaltungssatz erhaltenen Gesamtdrehimpuls

$$J_{\text{ges}} = J_{\oplus} + J_{\text{Bahn}} \tag{1.50}$$

des Erde-Mond-Systems. Der in der Erdrotation steckende Drehimpuls ist

$$J_{\oplus} = I_{\oplus}\, \omega_{\oplus} \,, \tag{1.51}$$

jener in den Bahnbewegungen von Erde und Mond um den gemeinsamen Schwerpunkt ist

$$J_{\text{Bahn}} = G^{2/3}\, \mu\, m^{5/3}\, \omega_{\text{Bahn}}^{-1/3} \,. \tag{1.52}$$

Darin sind G die Gravitationskonstante, $\mu = m_{\oplus} m_{\mathbb{C}}/m^2$ die reduzierte Systemmasse, mit der Erdmasse $m_{\oplus} = 5{,}976 \cdot 10^{24}\,\text{kg}$, der Mondmasse $m_{\mathbb{C}} = 7{,}350 \cdot 10^{22}\,\text{kg}$ und $m = m_{\oplus} + m_{\mathbb{C}}$ ihrer Massensumme, sowie der Revolutionsfrequenz der beiden Körper umeinander ω_{Bahn}. Die zu ω_{Bahn} gehörige siderische Umlaufperiode ist $P_{\text{Bahn}} = 27{,}32166140\,\text{d}$ ($1\,\text{d} = 86\,400\,\text{s}$).

Leiten Sie nun aus (1.50) unter Verwendung von $\omega_{\oplus} = \omega_{\text{Bahn}} = \Omega$ eine Gleichung vierten Grades ab, aus der die finale Systemfrequenz Ω folgt. Die erhaltene Gleichung kann grafisch oder analytisch gelöst werden. Beachten Sie, dass von den vier Lösungen der Gleichung zwei komplex konjugiert, die beiden anderen reell sind. Nur eine von diesen Letzteren ist astrophysikalisch sinnvoll.

❓ A 39.3

Berechnen Sie den finalen Bahnradius $r_{\max}$ des Mondes mit Hilfe des dritten Kepler'schen Gesetzes

$$r^3 = G\, m \left(\frac{P_{\mathrm{Bahn}}}{2\,\pi} \right)^2 . \tag{1.53}$$

❓ EA 39.4

Berechnen Sie, wann der in Aufgabe 39.3 bestimmte Abstand zwischen Erde und Mond eintreten wird, und vergleichen Sie diese Zeitdauer mit der Restbrenndauer der Sonne von vielleicht fünf Milliarden Jahren!

Hinweis: Für den mit der Zeit wachsenden Bahnradius des Mondes erhält man die Gleichung

$$\dot{r} = 2\,k_1\, G^{-1/2}\, \mu^{-1}\, m^{-3/2}\, r^{-\alpha+1/2} . \tag{1.54}$$

Darin ist α von der eingangs beschriebenen Kopplung der Flutberge zum Mond abhängig und kann hier mit dem Wert 6 angesetzt werden. Integrieren Sie (1.54) derart, dass als Ergebnis $\rho = r/r_0$ als Funktion der Zeit herauskommt. Dabei ist $r(t = t_0 = 0 = \text{heute}) = r_0 = 384\,400\,\mathrm{km}$.

Aufgabe 40 – Gezeitenreibung, Teil 2

Aufgabe 39 behandelt einige Aspekte des Drehimpulsübertrags im Erde-Mond-System. In der Expertenaufgabe 39.4 wird das Verhalten in Richtung der positiven Zeitachse betrachtet. Im Folgenden soll nun aufbauend auf den Ergebnissen von Aufgabe 39.4 u. a. auch das Verhalten in Richtung der negativen Zeitachse analysiert werden.

❓ A 40.1

In früheren Zeiten war der Mond der Erde sehr nahe. Als Körper im eigentlichen Sinne kann er der Erde nicht näher gekommen sein als höchstens bis zur Roche-Grenze, innerhalb derer er zerrissen würde.

Bestimmen Sie den Roche-Radius r_{R} der Erde!

Hinweis: Denken Sie sich den Mond in zwei gleich große Massen zerlegt, deren Massenzentren den Abstand $\Delta r = R_{\mathbb{C}}$ besitzen. Die auf die beiden Massenzentren wirkende Gezeitenkraft F_{gez} im Potenzialfeld der Erde ist dann

$$F_{\mathrm{gez}} = \frac{2\,G\,M_{\oplus}\,M_{\mathbb{C}}\,\Delta r}{r^3} , \tag{1.55}$$

wobei r den Mondbahnradius bezeichnet. Die beiden Mondhälften ziehen sich mit der Gravitationskraft F_{grav} an

$$F_{\mathrm{grav}} = \frac{G\,\left(M_{\mathbb{C}}/2\right)^2}{\Delta r^2} . \tag{1.56}$$

Nun ergibt sich der Roche-Radius $r = r_R$ aus $F_{\text{gez}} = F_{\text{grav}}$, wenn die Massen durch die Dichten der Körper ersetzt werden: $M_i = \frac{4\pi}{3} R_i^3 \rho_i$, mit $i = \delta$, $\mathbb{C}$ und $\rho_\delta = 5{,}518\,\text{g/cm}^3$, sowie $\rho_{\mathbb{C}} = 3{,}341\,\text{g/cm}^3$. Stellen Sie eine Gleichung auf, in der r_R auf den Erdradius normiert ist. Als Faktor vor der dritten Wurzel findet man eine 2. Die präzise Rechnung von Édouard Albert Roche zeigt, dass dieser Faktor 2,45 lauten muss.

❓ A 40.2

(5.189) aus der Lösung der Expertenaufgabe 39.4

$$\rho(t) = (k_5\,t + k_3)^{1/(\alpha + 1/2)}$$

beschreibt die zeitliche Änderung des Erde-Mond-Abstandes. In dieser Gleichung sind $\rho(t) = r(t)/r_0$, $k_3 = 1$, $k_5 = (\alpha + 1/2)\,\dot{r}\,r_0^{-1}$ mit $\dot{r} = 3{,}89\,\text{cm/a}$ und $\alpha = 6$.

a) Berechnen Sie mit Hilfe dieser Gleichung, wann der Mond zur Erde gerade den Abstand des Roche-Radius gehabt haben müsste!

b) Falls der Mond der Erde jemals so nahe war, dann keinesfalls in den letzten 4,5 Milliarden Jahren. Diskutieren Sie, welche Implikationen sich aus diesem geologischen Befund ableiten lassen!

❓ A 40.3

a) Berechnen Sie den Anteil des Gesamtdrehimpulses, der i) heute, ii) im finalen Zustand und iii) zur Zeit, als sich der Mond in Roche-Entfernung von der Erde befand, jeweils in J_δ, J_{Bahn} und $J_{\mathbb{C}}$ steckte!
   Hinweis: Es gilt die Beziehung $J_{\mathbb{C}} = I_{\mathbb{C}}\,\omega_{\text{Bahn}}$ mit $I_{\mathbb{C}} = 8{,}798 \cdot 10^{34}\,\text{kg m}^2$.

b) Diskutieren Sie, warum der Eigendrehimpuls des Mondes in Aufgabe 39.2 bei der Berechnung des Gesamtdrehimpulses unberücksichtigt bleiben durfte!

c) Berechnen Sie, als Nebenergebnis von b), die Tageslänge zu dieser frühen Zeit!

❓ A 40.4

Die Abbremsung der Erdrotation kann durch Ereignisse in geschichtlichen Zeiträumen überprüft werden. Sonnenfinsternisbeobachtungen sind gegenüber unkorrigierten Rückrechnungen um Dutzende Längengrade $\Delta\varphi = \dot{\omega}_\delta\,\Delta t^2$ verschoben.

Berechnen Sie $\Delta\varphi$ für die Sonnenfinsternis vom 14. Januar 484! Dabei gibt Δt die Zeitdifferenz zu heute, hier exemplarisch Juli 1998, an.

Aufgabe 41 – Sturz

Die Dynamik des Sonnensystems wird durch das Newton'sche Gravitationgesetz

$$\vec{F}_G = -G\,\frac{m\,M}{r^2}\,\frac{\vec{r}}{r} \tag{1.57}$$

bestimmt. Demnach ziehen sich zwei Körper der Massen m und M an, wobei die Anziehungskraft proportional zum Inversen des Abstandsquadrats ist und entlang der Verbindungslinie der Körper wirkt. So weit ist das klar – aber warum bewegen sich die beiden Körper dann, als Resultat dieser Kraft, nicht beschleunigt aufeinander zu?

Die Antwort auf diese Frage ist der im System enthaltene Drehimpuls. Bezieht man diesen in die himmelsmechanischen Überlegungen mit ein, so erhält man die drei Kegelschnitte Ellipse, Parabel und Hyperbel als mögliche Bahnen der Körper. Die Energie entscheidet über die Art und der Drehimpuls über die genaue Form des Kegelschnitts. Für elliptische Bahnen z. B. gilt

$$a = G\,\frac{m\,M}{2\,|E|} \tag{1.58}$$

und

$$e = \sqrt{1 - \frac{2\,|E|\,L^2}{G^2\,m^3\,M^2}} \tag{1.59}$$

für die große Halbachse und die Exzentrizität der Ellipse. In (1.58) und (1.59) ist E die Gesamtenergie und L der Drehimpuls. Für $L \to 0$ folgt aus (1.59) $e \to 1$ der Spezialfall einer entarteten Ellipse, d. h. die beiden Körper stürzen im freien Fall aufeinander zu.

? A 41.1

Vom Mond werde ein Körper entgegengesetzt zur Flugrichtung abgeschossen, der nach „Verlassen" des Mondschwerefeldes eine Endgeschwindigkeit von 1023 m/s relativ zum Mond habe.

Diskutieren Sie, was mit dem Körper geschieht, und berechnen Sie, wie lange der Prozess dauert!

? A 41.2

Wiederholen Sie Ihre Berechnungen auch für einen Körper, der unter gleichen Bedingungen von der Erde startet und eine Endgeschwindigkeit von 29,8 km/s erreicht!

Hinweis: Verwenden Sie das 3. Kepler'sche Gesetz sowie folgende Daten und Bezeichnungen: Umlaufzeit des Mondes $P_\mathrm{M} = 27,3\,\mathrm{d}$, Radius der Mondbahn $a_\mathrm{M} = 3,84 \cdot 10^8$ m, Umlaufzeit der Erde $P_\mathrm{E} = 365,25\,\mathrm{d}$, Radius der Erdbahn $R_\mathrm{E} = 1,496 \cdot 10^{11}$ m.

Aufgabe 42 – Einschläge auf dem Mond verursachen Schrammen

Auf unserem Mond zeigen sich schon dem bloßen Auge helle und dunkle Gebiete, die mit etwas Fantasie ein Gesicht auf der Mondscheibe bilden. Dabei stellt das Mare Imbrium, das Regenmeer, das linke Auge dar. Dieses mit 1250 Kilometer Durchmesser größte Einschlagbecken auf der Mondvorderseite entstand vor etwa vier Milliarden Jahren durch den Impakt eines Asteroiden. Rund um das Mare Imbrium lassen sich unter geeigneten Bedingungen, insbesondere bei extrem flachem Lichteinfall durch die Sonne, lange Furchen oder Schrammen erkennen, die radial vom Zentrum des Regenmeers ausgehen (vgl. ◼ Abb. 1.37).

Die Krater- und Furchenbildung wurde 2016 von Peter Schulz et al. durch Beschussversuche von Metallplatten mit Hochgeschwindigkeitsprojektilen und mit Hilfe von Computermodellierungen näher untersucht (Schulz 2016). Dabei stellte sich heraus, dass die Furchen nicht allein durch Auswurfmaterial, das an der Mondkruste entlang schrammte, entstanden sind. Auch Teile des Impaktors werden, in dem Moment, wenn der Impaktor die Mondoberfläche gerade berührt, sehr schnell und unter sehr flachem Winkel relativ zur Mondoberfläche weggeschleudert und können dann Furchen ausheben.

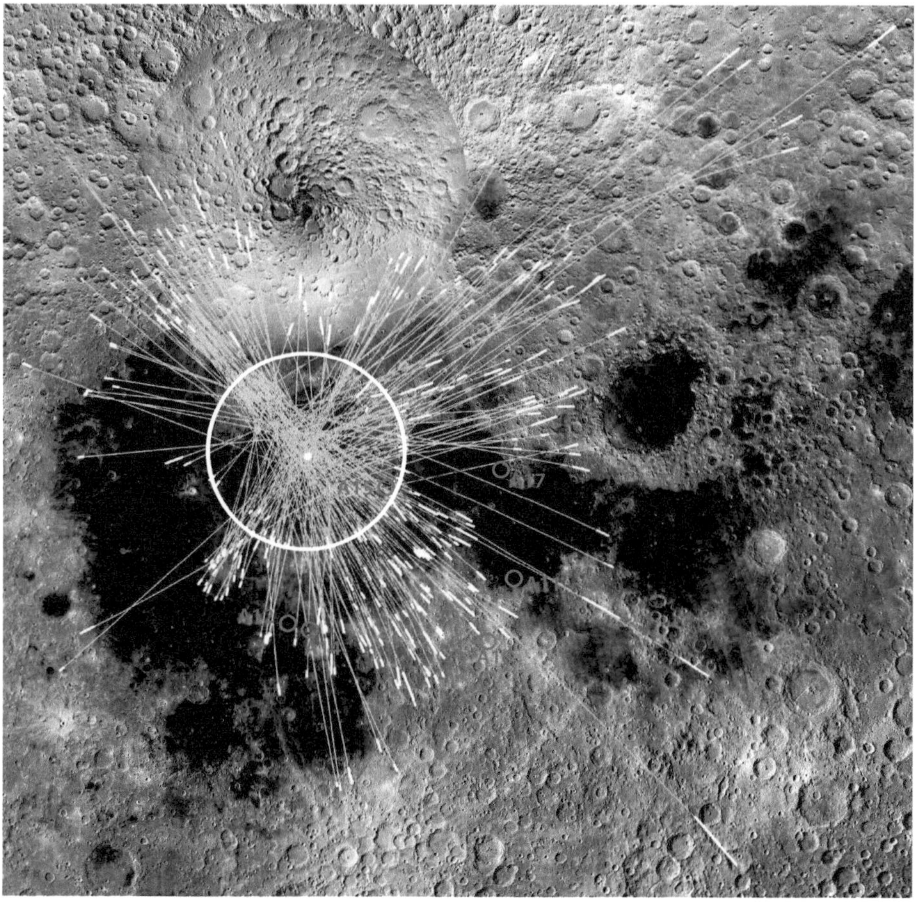

Abb. 1.37 Auf den hier *grün* eingezeichneten Wegen wurde beim Einschlag, der das Mare Imbrium schuf, Material ausgeworfen, das die Mondoberfläche mit Schrammen überzog. Ein Teil des Materials könnte vom Impaktor, also dem einschlagenden Körper selbst, stammen und nicht nur, wie bislang angenommen, aus dem Gestein der Mondkruste. Die Schrammen lassen sich mit Teleskopen bei sehr flachem Einfall des Sonnenlichts auch von der Erde aus erkennen. Die Bezeichnungen „*A 11*" bis „*A 17*" geben die Landeplätze der sechs erfolgreichen Apollo-Missionen in den Jahren 1969 bis 1972 an. Die Mondkarte wurde aus Daten des Lunar Reconnaissance Orbiter der NASA erstellt. Quelle: P. Schulz, Brown University, Rhode Island/*SuW*-Grafik

Ein weiteres sehr interessantes Detail der Untersuchungen von Schulz ist, dass beim Einschlag sogar rund zwei Prozent des Impaktormaterials auf derart hohe Geschwindigkeiten beschleunigt wurden, dass sie das Schwerefeld des Erde-Mond-Systems verließen und zurück in den interplanetaren Raum flogen.

A 42.1

Berechnen Sie die Fluchtgeschwindigkeit v_{esc} des Mondes! Seine Masse ist $M_{\mathbb{C}} = 7{,}349 \cdot 10^{22}$ kg, sein Radius am Äquator ist $R_{\mathbb{C}} = 1738{,}1$ km.

? A 42.2

Berechnen Sie a) die Geschwindigkeit v_0 auf dem niedrigsten denkbaren Orbit um den Mond, also in der Höhe null mit Radius $r = R_{\mathbb{C}}$, und b) wie viel Zeit auf dieser Umlaufbahn bis zur gegenüberliegenden Mondseite verstreicht!

? A 42.3

Bei nicht zu großen Auswurfgeschwindigkeiten und Fallweiten lässt sich das Schwerefeld des Mondes als nicht punktsymmetrisch, sondern als flach betrachten. Dann ergibt sich die Fallweite d des beim Impakt weggeschleuderten Materials zu

$$d = (v^2/g_{\mathbb{C}}) \sin 2\vartheta . \tag{1.60}$$

Darin ist $g_{\mathbb{C}} = G\, M_{\mathbb{C}}/R_{\mathbb{C}}^2$ die Fallbeschleunigung des Mondes, ϑ ist der Auswurfwinkel zur Horizontalen und v ist die Auswurfgeschwindigkeit.

Berechnen Sie, wie weit Gesteinsbrocken fallen, die mit $v = 100\,\mathrm{m/s}$ unter $\vartheta_1 = 10°$ beziehungsweise $\vartheta_2 = 20°$ ausgeworfen werden!

? EA 42.4

Bei großen Auswurfgeschwindigkeiten legen die Ejekta große Entfernungen zurück. Ihre Bahnen sind dann Abschnitte einer Kepler-Ellipse, in deren einem Brennpunkt der Massenschwerpunkt des Mondes liegt.

Berechnen Sie mit Hilfe der Polargleichung $r = p/(1 + e\,\cos\varphi)$ (vgl. auch Nice-to-know 8 auf S. 77 in ▶ Abschn. 2.1) und der Vis-Viva-Gleichung $v^2 = G\,M\,(2/r - 1/a)$ die Flugweite für $v = 2\,\mathrm{km/s}$ und $\vartheta_\mathrm{K} = 10°$!

Aufgabe 43 – Lunar Laser Ranging

Nur wenige Meter vom berühmten Fußabdruck von Edwin E. Aldrin, genannt „Buzz", entfernt, installierte eben jener einen Retroreflektor, mit dem von der Erde kommendes Licht zu dieser zurückgeworfen wird (vgl. ◨ Abb. 1.38). Dieser Retroreflektor besteht aus 10×10 in Frankreich hergestellten, jeweils 3,8 cm großen Retrospiegeln.

Sendet man von der Erde aus ein hinreichend intensives und hinreichend gebündeltes Lichtsignal zur Landestelle von Apollo 11, so erreicht den Sender nach kurzer Zeit das reflektierte Signal. Mehrere Observatorien messen seitdem regelmäßig die Laufzeit der Signale und können die Distanz zum Mond mittlerweile mit Millimetergenauigkeit bestimmen. Durch ein Teleskop abgestrahlte Laserpulse erfüllen die genannten Kriterien. Weitere Retroreflektoren wurden bei Apollo 14 und 15 sowie auf dem Deckel des ehemals mobilen sowjetischen Lunochod 2 (ebenfalls mit französischen Spiegeln) positioniert.

Eine dieser Messkampagnen wird am *Apache Point Observatory* durchgeführt, das auch durch den *Sloan Digital Sky Survey* bekannt ist, an dem sich u. a. auch das Max-Planck-Institut für Astronomie beteiligt.

◨ **Abb. 1.38** Am Tag der ersten bemannten Mondlandung, dem 21. Juli 1969, schaut Edwin E. Aldrin zurück zur Landefähre Adler, kurz nachdem er das Seismometer (*unten*) und den Laser Ranging Retroreflektor aufgebaut hat (hinter der Sendeantenne des Seismometers). Bild: NASA, AS11-40-5948

❓ A 43.1

a) Berechnen Sie die Laufzeit Δt eines Laserpulses von der Erde zum Mond und zurück! Die Lichtgeschwindigkeit ist $c = 299\,792\,458$ m/s, der mittlere Abstand Erde–Mond beträgt $r = 384\,400$ km.

b) Schätzen Sie die Größenordnung der Verringerung der Laufzeit ab, daraus resultierend, dass Laser und Reflektor nicht im Zentrum von Erde und Mond stationiert sind! Der Erdradius beträgt $R_\mathrm{E} = 6378$ km, der Mondradius $R_\mathrm{M} = 1738$ km. Nehmen Sie an, dass beide Orte auf der Verbindungslinie Erde–Mond sich einander zugewandt sind.

? A 43.2

APOLLO, die **A**pache **P**oint **O**bservatory Lunar **L**aser-ranging **O**peration, sendet Laserpulse mit $\tau = 115\,\text{ps}$ (FWHM[2]) Dauer zum Mond, deren Intensitätsmaxima etwa auf 25 ps genau bestimmt werden können. Der hoch kollimierte Laserpuls erleidet eine Divergenz von nur $\delta_L = 1''$. Leider verursachen die Retroreflektoren mit $\delta_R = 7''$ eine größere Divergenz.

Berechnen Sie a) welche Ausmaße – Durchmesser D_M und Dicke d – die Photonenscheibe am Ort des Retroreflektors hat und b) welchen Durchmesser D_E der reflektierte Laserpuls auf der Erde erreicht!

? A 43.3

Berechnen Sie die Anzahl der Photonen, die sich in einem Laserpuls der Energie $E = 115\,\text{mJ}$ befinden! Die Wellenlänge des grünen Laserlichts beträgt $\lambda = 532\,\text{nm}$.

? A 43.4

Berechnen Sie die Anzahl der Photonen, die pro Laserpuls das 3,5-m-Teleskop auf dem Apache Point erreichen!

---

[2] FWHM = full width at half maximum bezeichnet die Breite eines verschmierten Signals in der halben Höhe des Maximums.

Die Sonne – unser Stern am Himmel

Die Aufnahme des NASA-Satelliten Solar Dynamics Observatory vom 20. Dezember 2014 zeigt unsere Sonne im extremen ultravioletten Licht (EUV). Es stammt vom heißen Plasma der unteren Korona. Helle, aktive Regionen kontrastieren mit dunklen Gebieten, den so genannten koronalen Löchern. Quelle: NASA/SDO

Auf einen Blick – unsere Sonne

Als Zentralgestirn hat die Sonne eine besondere Bedeutung für uns Menschen. Sie ist der weitaus hellste Körper am Himmel (siehe Aufgaben 44 und 46). Mit großem Abstand erst folgt unser Mond. Sie ist auch das größte Objekt im Sonnensystem. Ihr Durchmesser bleibt während des größten Teils des normalen Fusionsbrennens auf der so genannten Hauptreihe im Hertzsprung-Russell-Diagramm (siehe Band 2) unverändert. Sie ist klein im Vergleich zu Hauptreihensternen großer Masse wie Alkione (8-facher Sonnendurchmesser) in den Plejaden und Capella (11 $D_\odot$) im Sternbild Fuhrmann. Sie erscheint winzig im Vergleich zu Deneb (100 bis 200 $D_\odot$), einem Stern vom Typ Leuchtkräftiger Blauer Veränderlicher (LBV) im Sternbild Schwan, und dem Veränderlichen Mira (300 bis 400 $D_\odot$) im Sternbild Walfisch. Der Vergleich mit einem Roten Überriesen wie Beteigeuze schließlich (1000 bis 1200 $D_\odot$), dem Schulterstern des Himmelsjägers Orion, macht die Bezeichnung Zwergstern für unsere Sonne verständlich.

Während im Inneren der Sonne wegen des großen Drucks der darauf lastenden Materie die Fusion von Wasserstoff zu Helium möglich ist und eine Temperatur von rund 15,6 Millionen Kelvin herrscht, hat die Photosphäre, die sichtbare Oberfläche der Sonne, eine Temperatur von „nur" rund 5800 K (etwa 5500 °C) (siehe Aufgaben 45, 51 und 52). Oberhalb der Photosphäre liegt die Chromosphäre, in der Temperaturen bis 35 000 K vorkommen. Materie mit solchen Temperaturen ist ionisiert. Dieser Zustand wird Plasma genannt. Solches Plasma fließt in den Sonnenprotuberanzen entlang von starken Magnetfeldlinien des solaren Magnetfelds, das über einem Sonnenfleckenpaar geschlossene Bögen aufbaut (siehe Aufgaben 53, 50).

Wichtige Daten zur Sonne

- Radius $R_\odot = 6{,}96342 \cdot 10^5$ km
- Masse $M_\odot = 1{,}989 \cdot 10^{30}$ kg
- Temperatur $T_\odot = 5778$ K
- Leuchtkraft $L_\odot = 3{,}846 \cdot 10^{26}$ W
- Spektraltyp   G2 V
- Absolute Helligkeit $M_\odot = 4{,}83$ mag
- Scheinbare Helligkeit $m_\odot = -26{,}74$ mag

2.1   Das Licht der Sonne

Aufgabe 44 – Wie hell ist die Sonne?

Das hellste Objekt am Tageshimmel ist unsere Sonne, von der Erde etwa 150 000 000 km entfernt. Ihr scheinbarer Durchmesser von ca. 32′ sorgt im Zusammenspiel mit dem ähnlich groß erscheinenden Mond gelegentlich für jene spektakulär anzusehenden Sonnenfinsternisse, die manchmal ringförmig und manchmal total ausfallen. Die Helligkeit der Sonne im für das Auge sichtbaren Licht wird im Einheitensystem der Astronomen zu $m_\odot = -26{,}74$ mag angegeben. Das spektrale Helligkeitsmaximum unserer Sonne liegt ebenso wie bei allen anderen G2V-Sternen im grünen Teil des elektromagnetischen Spektrums bei 500 nm, einer Temperatur von etwa 5770 K entsprechend. Auf Grund der Entwicklungsgeschichte der Menschheit ist die spektrale Empfindlichkeit des Auges an das Strahlungsmaximum der Sonne optimal angepasst – schließlich sind wir unter ihrem Schein groß geworden.

? A 44.1

Berechnen Sie die maximale Entfernung, aus welcher man die Sonne noch mit bloßem Auge entdecken könnte! Das durchschnittliche Auge soll dabei gerade noch Sternchen der sechsten Größe ($m_G = 6\,\text{mag}$) wahrnehmen können. Geben Sie das Ergebnis sowohl in Parsec ($1\,\text{pc} = 1\,\text{AE}/\tan 1''$) als auch in Lichtjahren ($1\,\text{Lj} = 63\,241\,\text{AE}$) an!

? A 44.2

Berechnen Sie die Helligkeit unserer Sonne in der Entfernung 10 pc! Wie wird diese Helligkeit genannt?

Aufgabe 45 – Sonnenlicht

Die Sonne befindet sich in einem Gleichgewichtszustand. Der zu ihrem Zentrum hin gerichteten Schwerkraft wirken der Gasdruck und der Strahlungsdruck entgegen. Nach innen hin nehmen beide zu, wobei Letzterer bei unserer Sonne jedoch eine untergeordnete Rolle spielt. Er resultiert aus Fusionsprozessen, in denen Materie in Energie umgewandelt wird. Im Abstand der Erde von der Sonne, der Astronomischen Einheit AE ($1\,\text{AE} = 149{,}6 \cdot 10^6\,\text{km}$), empfängt man von diesem Fusionsofen die Solarkonstante $S = 1{,}367\,\text{kW/m}^2$ genannte Leistungsdichte.

? A 45.1

Berechnen Sie die Gesamtleistung, auch Leuchtkraft $L_\odot$ genannt, welche die Sonne demnach erbringt!

? A 45.2

Bestimmen Sie den Anteil des Sonnenlichts, der auf die gesamte Erde fällt (der Erdradius ist $R_E = 6378\,\text{km}$)!

? A 45.3

Gemäß der Äquivalenz von Masse und Energie, von Albert Einstein in einer Arbeit im Jahre 1905 veröffentlicht, gilt auch für Lichtteilchen, den Photonen, mit der Energie $E = h\,\nu$:

$$E = m\,c^2. \tag{2.1}$$

Dabei ist m das Massenäquivalent der Photonenenergie und $c = 300\,000\,\text{km/s}$ die Lichtgeschwindigkeit. Berechnen Sie das Massenäquivalent m_E, welches demnach in jeder Sekunde auf die Erde trifft!

? A 45.4

Im Umkehrschluss lässt sich sofort berechnen, wie viel Materie m_S die Sonne in jeder Sekunde in Energie umwandelt.

a) Bestimmen Sie die Menge m_S in Kilogramm!

b) Die Effizienz, mit der im Sonneninneren Wasserstoff in Helium umgesetzt wird, ist glücklicherweise nicht allzu hoch. Sie beträgt nämlich nur etwa $\eta = 1\,\%$.
Berechnen Sie die Masse m_1, die demnach in jeder Sekunde in den Fusionsprozess einbezogen ist!

? A 45.5

Im Hertzsprung-Russell-Diagramm (vgl. Nice-to-know 7 auf S. 75 zu dieser Aufgabe) beginnen sich Sterne von der Hauptreihe wegzuentwickeln, wenn in ihrem Inneren etwa zehn Prozent der Gesamtmasse in Helium fusioniert sind. Bei konstanter Leuchtkraft entspricht dies dann auch etwa einem Zehntel der Lebensdauer des Sterns.

Berechnen Sie die Brenndauer, für die unsere Sonne mit ihrer Masse von $m_\odot = 2 \cdot 10^{30}$ kg die gegenwärtige Strahlungsleistung reichlich stabil aufrechterhalten kann!

Aufgabe 46 – Solarkonstante

Die Solarkonstante S ist die Strahlungsenergie der Sonne, die beim mittleren Sonnenabstand von einer Astronomischen Einheit und senkrechtem Strahlungseinfall pro Sekunde und pro Quadratmeter auf die Erdatmosphäre einfällt. Ihr Mittelwert beträgt 1367 Joule pro Sekunde und Quadratmeter beziehungsweise 1367 Watt pro Quadratmeter. Mit der mittleren Distanz Erde–Sonne $r_{AE} = 1\,AE = 149{,}6$ Millionen km – einer Astronomische Einheit – kann direkt die Leuchtkraft $L_\odot$ der Sonne berechnet werden, sie beträgt $L_\odot = 3{,}84 \cdot 10^{26}$ W (vgl. Aufgabe 45).

In älteren Lehrbüchern wird der Wert der Solarkonstanten häufig so veranschaulicht: Die Sonne wirft an jedem wolkenlosen Sommertag ein Brikett auf jeden Quadratmeter der Erde. Heute haben Besitzer von Solaranlagen durch eingespartes Heizöl oder die Einspeisevergütung für Solarstrom eine Vorstellung von der Leistung des solaren Energiestroms.

? A 46.1

Verblüffenderweise gehorcht die Energieabstrahlung der Sonne und der Sterne überhaupt derjenigen eines so genannten Schwarzen Körpers. Das Stefan-Boltzmann'sche Gesetz beschreibt für solche Körper den Zusammenhang zwischen ihrer Leuchtkraft und ihrer Oberflächentemperatur:

$$L_\odot = \sigma \, T_\odot^4 \, F_\odot \,. \tag{2.2}$$

Dabei ist $\sigma = 5{,}67 \cdot 10^{-8}$ W m^{-2} K^{-4} die Stefan-Boltzmann'sche Strahlungskonstante und $F_\odot$ ist die Oberfläche der Sonne. Der Sonnenradius beträgt $R_\odot = 696\,000$ km.

Berechnen Sie aus der Sonnenleuchtkraft die Oberflächentemperatur der Sonne!

? A 46.2

Im Perihel der Erdbahn, dem sonnennächsten Punkt der Umlaufbahn, beträgt die Sonnendistanz nur $r_P = 147{,}1 \cdot 10^6$ km, im Aphel dagegen sogar $r_A = 152{,}1 \cdot 10^6$ km.

Berechnen Sie den Einfluss der Abstandsänderung auf die Leistungsdichte! Drücken Sie Ihr Ergebnis in beiden Fällen als prozentuale Erhöhung in Bezug auf die Solarkonstante aus.

Das Hertzsprung-Russell-Diagramm

Das Hertzsprung-Russell-Diagramm (HRD) verknüpft Beobachtungsgrößen von Sternen (wie absolute Helligkeit und Spektralklasse) oder ihre physikalischen Zustandsgrößen (wie Leuchtkraft und Oberflächentemperatur) miteinander (vgl. ◻ Abb. 2.1).

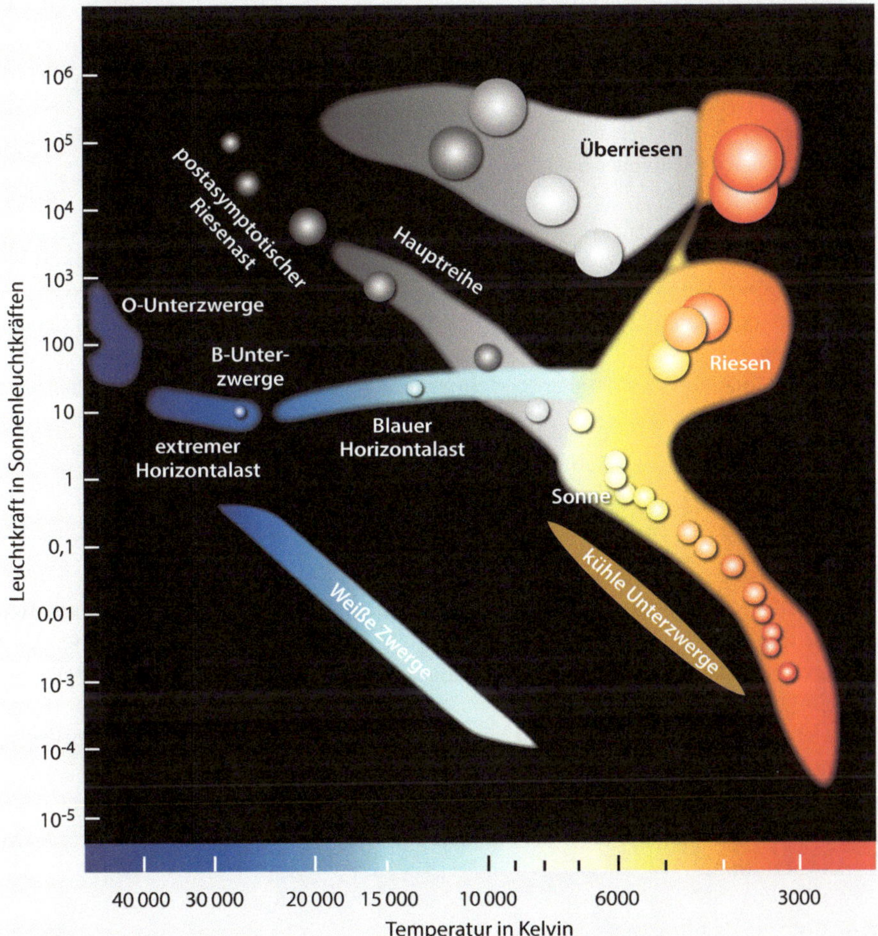

◻ **Abb. 2.1** Die Grafik zeigt ein so genanntes physikalisches Hertzsprung-Russell-Diagramm, bei dem die Leuchtkraft der Sterne in Vielfachen der Sonnenleuchtkraft auf der Ordinatenachse aufgetragen ist. Die Abszissenachse zeigt die Temperatur der Sterne, wobei man beachten muss, dass diese im Diagramm von rechts nach links zunimmt. Die Verteilung der Sterne im Diagramm ist nicht gleichmäßig; bestimmte Gebiete wie z. B. die Hauptreihe sind durch sehr viele Sterne bevölkert. Quelle: Sterne und Weltraum

Jeder Stern wird im HRD als Punkt repräsentiert. Die meisten Sterne kommen auf einem breiten Band, der Hauptreihe, zu liegen. Im Zuge ihrer Entwicklung durchlaufen die Sterne jedoch verschiedene Bereiche des Diagramms, je nach Masse kann ein Stern sich z. B. nach seiner Hauptreihenphase durch das Gebiet der Riesen zu einem Weißen Zwerg entwickeln.

Aus der modernen Astrophysik ist das HRD nicht mehr wegzudenken, denn aus ihm lassen sich vielfältige Aussagen über die darin enthaltenen Sterne ableiten. Zum Beispiel kann aus dem HRD eines Sternhaufens dessen Alter bestimmt werden. Sterne, Sternentwicklung und damit unabdingbar das HRD sind Themen eines zukünftigen dritten Bandes der Aufgabensammlung.

A 46.3

Ein Braunkohlebrikett hat den Heizwert $H_\mathrm{B} = 6{,}0\,\mathrm{kWh/kg}$. Die Masse m_B eines solchen Briketts beträgt ein Kilogramm.

Berechnen Sie die Leistungsdichte L_B eines Briketts pro Tag und Quadratmeter und vergleichen Sie diese mit der Solarkonstanten!

A 46.4

Im Leerlauf benötigt ein Auto etwa einen Liter ($= 1\,\mathrm{L}$) Sprit pro Stunde. Der Heizwert von Benzin liegt bei $H_\mathrm{S} = 45\,\mathrm{MJ/kg}$ und seine Dichte beträgt $\rho_\mathrm{S} = 0{,}8\,\mathrm{kg/L}$.

Vergleichen Sie die in einem Liter Benzin steckende Verbrennungsenergie mit der an einem guten Tag mit zwölf Stunden Sonnenscheindauer bei einem Wirkungsgrad von 30 Prozent aufgesammelten Energiemenge einer einen Quadratmeter großen Solarzellenpaneele!

Aufgabe 47 – Merkurs Solarkonstante

Unsere Erde beschert ihren Bewohnern Jahreszeiten, die im Wesentlichen von der Schieflage der Rotationsachse gegenüber der Umlaufbahn um die Sonne herrühren. Dabei ist von Bedeutung, unter welchem Winkel das Sonnenlicht auf die Oberfläche trifft. Der sich über das Jahr hinweg ändernde Abstand zu unserem Zentralgestirn übt dagegen nur einen vergleichsweise kleinen Einfluss aus.

Ganz anders verhält es sich bei dem sonnennächsten Planeten Merkur, dessen große Bahnhalbachse $a_{\☿} = 0{,}3871\,\mathrm{AE}$ und seine Bahnexzentrizität $e_{\☿} = 0{,}2056$ betragen. Zwar steht Merkurs Rotationsachse mit einer Neigung von nur 0,01 Grad nahezu senkrecht auf der Ebene seiner Umlaufs, die exzentrische Bahn beschert ihm aber dahingegen eine stark veränderliche Sonneneinstrahlung.

A 47.1

Berechnen Sie Merkurs Periheldistanz $q_{\☿}$ und Apheldistanz $Q_{\☿}$ (vgl. Nice-to-know 8 zu dieser Aufgabe auf S. 77)!

A 47.2

Berechnen Sie die Winkelausdehnung δ der Sonne am Merkurhimmel bei Durchlaufen dessen Perihels und vergleichen Sie diese mit dem Vollmond ($0{,}5°$)!

A 47.3

Vergleichen Sie die Intensität des Sonnenlichts auf Merkur zwischen Perihel und Aphel! Berechnen Sie dazu das Verhältnis f der Intensitäten zwischen sonnennächstem und -fernstem Punkt!

Himmelskörper auf Kegelschnitten

Wenn sich zwei Himmelskörper unter ihrer gegenseitigen Anziehung umrunden, ohne dabei durch andere Körper gestört zu werden, spricht man von einer Zweikörperbewegung. Diese Situation ist im Kosmos – wenigstens in erster Näherung – häufig gegeben: Denken Sie nur an die Systeme Sonne – Planet, Planet – Mond, Erde – Erdsatellit oder auch an Doppelsterne. In einem Zweikörpersystem umläuft der Begleiter seinen Zentralkörper auf einem Kegelschnitt (vgl. ◼ Abb. 2.2), wobei die Zentralmasse in einem Brennpunkt steht (*1. Keplersches Gesetz*).

Es gelten für Ellipsen mit der großen Halbachse a und der numerischen Exzentrizität e ($0 \leq e < 1$) folgende fundamentalen Beziehungen:

- Kleine Halbachse $b = a\sqrt{1 - e^2}$
- Lineare Exzentrizität $\varepsilon = e\,a$
- Periapsisdistanz $q = a\,(1 - e)$
- Apoapsisdistanz $Q = a\,(1 + e)$
- Abstand r zwischen Begleiter K und Zentralmasse $r(\vartheta) = \frac{p}{1 + e\cos\vartheta}$ mit dem Halbparameter $p = a\,(1 - e^2)$ und der exzentrischen Anomalie ϑ
- Flächeninhalt der Ellipse $A = \pi\,a\,b$.

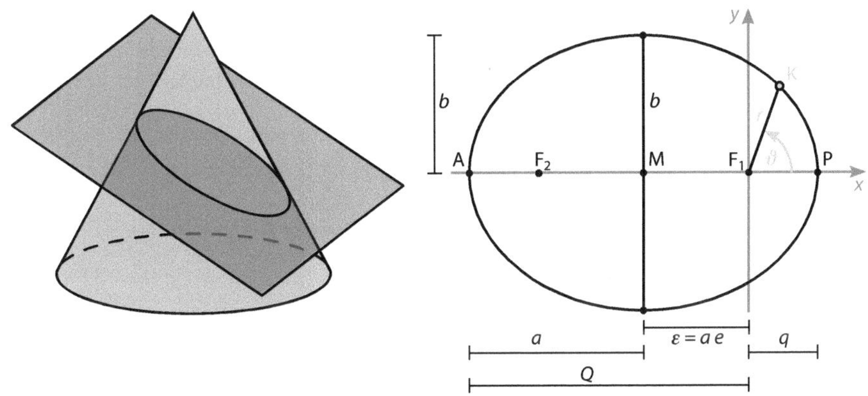

◼ **Abb. 2.2** *Links*: In einem Zweikörpersystem sind die Bahnen der Himmelskörper Kegelschnitte: Ellipsen, Parabeln oder Hyperbeln, wobei nur Ellipsen geschlossene Kurven darstellen. *Rechts*: elliptische Umlaufbahn mit der Zentralmasse im rechten Ellipsenbrennpunkt F_1 sowie die Kenngrößen (Gestaltelemente) des Orbits.

? **A 47.4**

Berechnen Sie die Solarkonstante von Merkur für die drei Sonnendistanzen $q_☿$, $a_☿$ und $Q_☿$!

Hinweis: Als Solarkonstante wird die oberhalb der Erdatmosphäre eintreffende Leistungsdichte des Sonnenlichts bezeichnet: $S = 1{,}37\,\mathrm{kW/m^2}$ (vgl. auch Aufgabe 46).

Aufgabe 48 – Strahlungsgleichgewicht im Erdorbit

Das Gefühl warmer Sonnenstrahlen auf der Haut gehört sicherlich zu den schönsten Seiten eines sonnigen Frühlingstages. Aber nicht nur uns Menschen wärmt die Sonne, auch die Erde selbst sowie alle anderen Planeten des Sonnensystems empfangen und remittieren elektromagnetische Strahlung – sie befinden sich im Strahlungsgleichgewicht mit der Sonne. Welche mittlere Temperatur ein Planet dabei annimmt, hängt von der Entfernung des Planeten zur Sonne und deren Leuchtkraft, also der pro Sekunde abgegebenen Energie, ab. Mit Hilfe der Gleichgewichtstemperatur lässt sich die habitable Zone einer Sonne eingrenzen, also diejenige Zone, in der menschliches Leben auf einem erdähnlichen Planeten gedeihen kann.

? **A 48.1**

Bestimmen Sie die mittlere Temperatur eines kugelförmigen Körpers, welcher in der Entfernung der Erde die Sonne umkreist! Nehmen Sie an, dass dieser sich dabei im Strahlungsgleichgewicht befindet und als idealer Schwarzer Körper betrachtet werden kann.

Hinweis: Die pro Fläche abgestrahlte Leistung eines Schwarzen Körpers F ist nach dem Stefan-Boltzmann'schen Strahlungsgesetz gegeben durch $F = \sigma T^4$; dabei ist die Strahlungskonstante $\sigma = 5{,}670 \cdot 10^{-8}\,\mathrm{W\,m^{-2}\,K^{-4}}$ und T die absolute Temperatur. Unter der Voraussetzung des Strahlungsgleichgewichts $P_\mathrm{A} = P_\mathrm{E}$ (mit P_A der absorbierten und P_E der emittierten Leistung) lässt sich die gesuchte Temperatur ermitteln. Nehmen Sie die Solarkonstante $S = 1{,}37\,\mathrm{kW/m^2}$ der Sonne als bekannt an.

Aufgabe 49 – Wo steht die Sonne?

In unseren Träumen reisen wir manchmal zu entfernten Orten, die wir vielleicht schon einmal besucht haben. Lassen Sie uns diesmal einen Ort wählen, den keines Menschen Auge aus der Nähe sah. Lassen Sie uns gemeinsam zu Barnards Pfeilstern reisen. Barnards Pfeilstern ist ein leuchtschwacher Roter Zwerg im Sternbild Schlangenträger bei den Koordinaten $\alpha = 17^\mathrm{h}55^\mathrm{m}$, $\delta = +4°33'$, mit einer visuellen Helligkeit $m_\mathrm{V} = 9{,}54\,\mathrm{mag}$. Er steht in der Entfernung, die der Parallaxe $\pi = 0{,}552''$ entspricht. Seinen Namen verdankt er Edward Emerson Barnard (1857–1923), der ihn entdeckte, und seiner hohen Eigenbewegung $\mu = 10{,}31''/\mathrm{a}$.

Wo, so wird man sich dort angekommen alsbald fragen, wo steht eigentlich unsere Sonne, und damit auch die Erde, die sie in nur 150 Millionen km Abstand umkreist und deren Bewohnern sie mit der Helligkeit $m_\mathrm{V,\odot} = -26{,}8\,\mathrm{mag}$ scheint?

? **A 49.1**

Diskutieren Sie, in welchem Sternbild die Sonne von Barnards Pfeilstern aus betrachtet steht!

? **A 49.2**

Berechnen Sie die scheinbare Helligkeit, welche die Sonne von Barnards Pfeilstern aus betrachtet besitzt!

? A 49.3

Skizzieren Sie die hellsten Sterne des sich auf diese Weise ergebenden Sternbilds und deuten Sie mit Hilfe des Durchmessers d der einzuzeichnenden Sternscheibchen deren Helligkeiten m an! Verwenden Sie als Näherung die Beziehung

$$d = \left(-2\frac{m}{\text{mag}} + 7\right)\text{mm}. \tag{2.3}$$

? A 49.4

Berechnen Sie die scheinbare Helligkeit von Barnards Pfeilstern, wenn wir diesen im Abstand von 1 AE umkreisen würden!

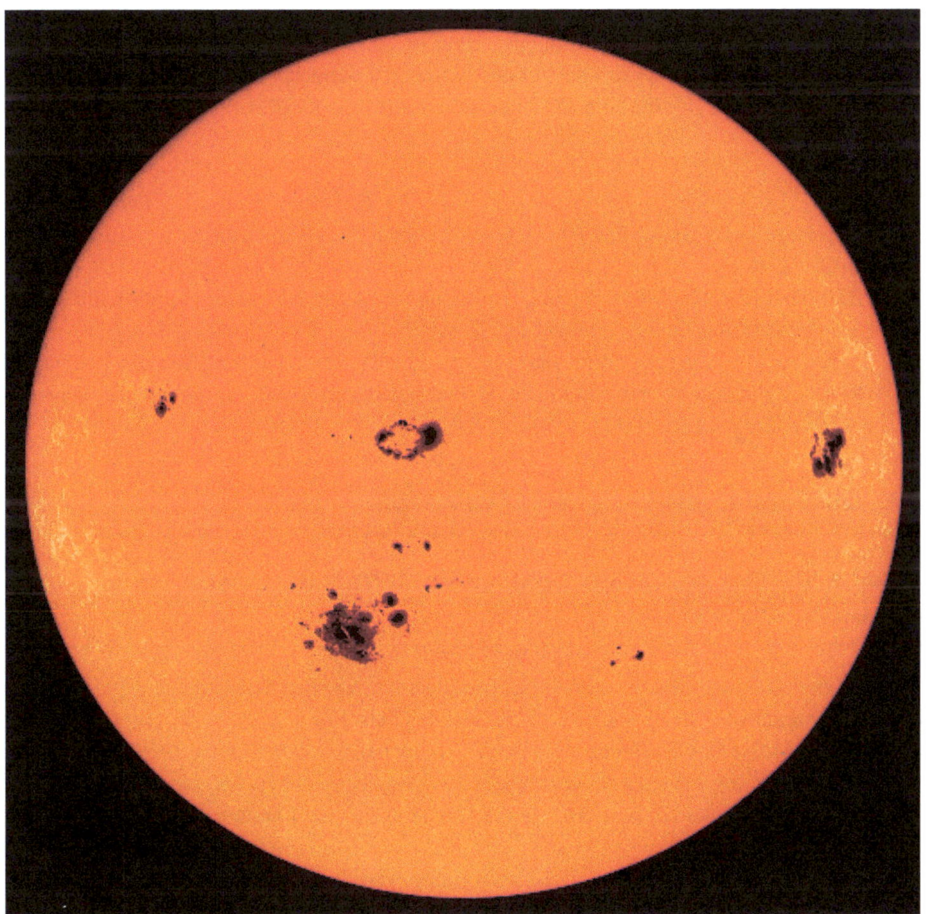

◨ Abb. 2.3 Die Sonne mit drei großen Flecken am 28.10.2003, 1:36 Uhr UT. Aufnahme mit dem Michelson Doppler Imager (MDI) an Bord des Sonnenobservatoriums SOHO der ESA/NASA. ⬚ www

Aufgabe 50 – Sonnenfleck

Nur selten lässt sich mit dem bloßen Auge ein Sonnenfleck wahrnehmen. Doch Mitte/Ende Oktober des Jahres 2003 verzierte sich unser Zentralgestirn gleich mit drei solcher großen Flecken. Man konnte sie entweder durch eine Sonnenfinsternisbrille tagsüber oder aber sogar ohne jedes Hilfsmittel bei Auf- und Untergang der Sonnenscheibe direkt erkennen. In solch großen Sonnenflecken sinkt die Temperatur von $T_{\text{eff}} = 5780\,\text{K}$ für die normale Sonnenoberfläche auf $T_{\text{U}} = 3700\,\text{K}$ ab (U für Umbra). Dadurch verringert sich die Gesamtemission der Sonne.

A 50.1

Der Gesamtstrahlungsstrom F eines Schwarzen Körpers – die Sonnenoberfläche verhält sich fast wie ein idealer Schwarzer Körper – lässt sich mit Hilfe des Stefan-Boltzmann'schen Strahlungsgesetzes $F = \sigma\,T^4$ ermitteln. Dabei ist die Strahlungskonstante $\sigma = 5{,}67 \cdot 10^{-8}\,\text{W}\,\text{m}^{-2}\,\text{K}^{-4}$ und T die Temperatur des strahlenden Gebietes.

Berechnen Sie F für die normale Sonnenoberfläche und für die Umbra der Sonnenflecke!

A 50.2

Die Gesamtleuchtkraft $L_\odot$ der Sonne ist $L = 4\,\pi\,R_\odot^2\,F$. Verteilt man $L_\odot$ gleichmäßig über die Kugeloberfläche mit Radius $R = 1\,\text{AE}$, erhält man die Solarkonstante $S = 1367\,\text{W}/\text{m}^2$ am Ort der Erde.

a) Berechnen Sie die Größe der Solarkonstanten S' unter der Annahme, dass die gesamte Sonnenoberfläche nur die Temperatur T_{U} hätte!

b) Schätzen Sie großzügig den Anteil q der dunklen Areale in der Sonnenaufnahme aus ◘ Abb. 2.3 relativ zur Sonnenscheibe ab und berechnen Sie S'' für die mit drei Sonnenflecken verzierte Sonne!

2.2 Die Sonne – ein komplexer Fusionsofen

Aufgabe 51 – Das Leuchtkraft-Masse-Verhältnis der Sonne (Von Ulrich Bastian)

Die pro Zeiteinheit von einem physikalischen System erzeugte und/oder abgegebene Energiemenge bezeichnen Physiker als die Leistung des betreffenden Systems. Der Quotient aus Leistung und Masse des Systems, der für die Wirtschaftlichkeit technischer Energiequellen von großer Bedeutung ist, wird als spezifische Leistung bezeichnet. Dieselben physikalischen Größen werden aus historischen Gründen in der Astronomie Leuchtkraft bzw. Leuchtkraft-Masse-Verhältnis genannt.

Kern dieser Aufgabe ist das Leuchtkraft-Masse-Verhältnis der Sonne und vergleichende Abschätzungen mit der spezifischen Leistung einiger irdischer Energiequellen: einer Kernexplosion, einer Sprengstoffexplosion, eines Kernkraftwerks, eines fahrenden Autos, einer brennenden Kerze, eines lebenden Menschen und schließlich eines vor sich hin rostenden Autos.

? A 51.1

Geben Sie vor Beginn der Rechnungen einen Tipp ab, wo die Sonne innerhalb dieser Reihe von Energiequellen einzuordnen ist!

? A 51.2

Berechnen Sie aus der auf der Erde gemessenen Solarkonstanten von ca. 2 Kalorien pro Quadratzentimeter und Minute zuerst die Leuchtkraft der Sonne in Watt und dann aus der bekannten Sonnenmasse von $2 \cdot 10^{30}$ kg das Leuchtkraft-Masse-Verhältnis in der Einheit Watt/kg (1 Kalorie entspricht 4,19 J)!

Hinweis: Die Solarkonstante S gibt die auf der Erde pro Quadratmeter und Sekunde senkrecht einfallende Sonnenenergie an. Dieselbe Energiemenge durchströmt jeden einzelnen Quadratmeter einer gedachten Kugel um die Sonne mit einem Radius von $150 \cdot 10^6$ km ($= 1$ Astronomische Einheit).

? A 51.3

Berechnen Sie aus der folgenden losen Sammlung von Zahlenangaben die Leuchtkraft-Masse-Verhältnisse der oben aufgezählten irdischen Energiequellen!

- Die Kettenreaktion einer Atombombenexplosion dauert größenordnungsmäßig eine Mikrosekunde.
- Bei einer vollständigen Spaltung von einem Kilogramm ^{235}U wird die fantastische Energiemenge $2,3 \cdot 10^7$ kWh (Kilowattstunden) frei. Eine „besonders effektive" Atombombe spaltet bei der Explosion ca. 1 Prozent des enthaltenen Urans. Annahme: Die Masse des spaltbaren Urans soll die Hälfte der Bombenmasse sein.
- Eine kleinere Sprengstoffexplosion dauert rund 0,1 ms. Eine Kilotonne TNT, die Einheit, in der die Sprengkraft von Kernwaffen immer angegeben wird, liefert ziemlich genau 10^6 kWh.
- Ein typisches Kernkraftwerk wiegt etwa 100 000 t (das eigentliche Kraftwerk) und liefert etwa 1 GW (elektrisch, die gesamte Energieerzeugung ist wegen der unvermeidlichen Abwärme höher).
- Ein durchschnittliches Auto wiegt 800 kg und erzeugt eine mechanische Leistung von 60 PS (1 PS $= 0,75$ kW).
- Die Verbrennungswärme von Paraffin beträgt ca. 10 Megakalorien pro Kilogramm. Eine typische Kerze sei in einer Stunde niedergebrannt.
- Wie allgemein bekannt, nimmt der Mensch pro Tag Nahrung mit einem physiologischen Brennwert von etwa 2000 Kilokalorien zu sich. Diese Energiemenge gibt er auch als Wärme ab. Der Durchschnittsbürger möge 60 kg wiegen.
- Schließlich erzeugt auch ein rostendes Auto Energie – in Form der Oxidationswärme von metallischem Eisen. Angenommen, die Eisenteile seien in 50 Jahren vollständig in Rost überführt. Pro Mol Rost werden dabei rund 10 000 kJ frei. Ein Mol Rost ist ca. 200 g schwer und besteht etwa zur Hälfte aus dem Eisen des Autos.

? A 51.4

Zeichnen Sie die gefundenen Leuchtkraft-Masse-Verhältnisse aus den Teilaufgaben 51.2 und 51.3 entlang einer Achse mit logarithmischem Maßstab ein!

◘ Abb. 2.4 Schema des Bethe-Weizsäcker-Zyklus. Beginnend mit dem Protoneneinfang des $^{12}_{6}$C-Kernes entsteht schließlich über verschiedene Zwischenkerne ein α-Teilchen (He-Kern).

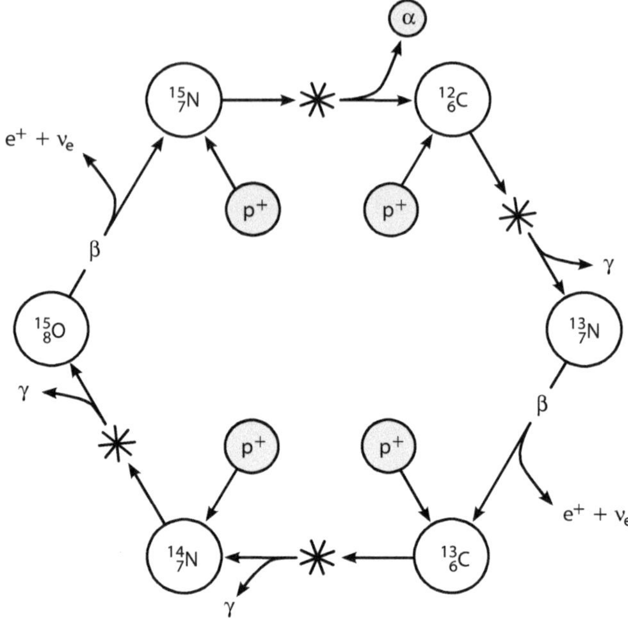

Aufgabe 52 – Bethe-Weizsäcker-Zyklus und Energie der Sonne

Die Sonne produziert einen Teil ihrer Strahlungsenergie nach der Theorie von Hans Bethe und Carl Friedrich von Weizsäcker durch einen Kernfusionsprozess, bei dem letztendlich vier Protonen p$^+$ mit einem Atomgewicht von 1,008 u zu einem Heliumkern α mit 4,004 u verschmolzen werden (vgl. ◘ Abb. 2.4). Die Massendifferenz steht gemäß der Masse-Energie-Äquivalenz $E = m\,c^2$ als Strahlungsenergie zur Verfügung. Die gesamte Strahlungsleistung der Sonne, ihre Leuchtkraft, beträgt $L_\odot = 3{,}846 \cdot 10^{26}\,\mathrm{W}$.

? A 52.1

Berechnen Sie unter der Annahme, dass die Sonne ihre Energie ausschließlich durch den Bethe-Weizsäcker-Zyklus gewinnt, die Anzahl der He-Kerne, die pro Sekunde erzeugt werden müssen, um die Energieabgabe der Sonne zu erklären!

? A 52.2

Berechnen Sie, ausgehend von der Leuchtkraft der Sonne, nach welcher Zeit Δt die Sonne ein Promille (1 ‰) ihrer Masse in Energie umgesetzt hat, und vergleichen Sie diese Zeit mit dem Alter der Sonne $\tau_\odot \approx 5 \cdot 10^9$ Jahre.

Anmerkung: Der Bethe-Weizsäcker-Zyklus spielt in der Sonne und in sonnenähnlichen Sternen nur eine untergeordnete Rolle. Der größte Teil der Sonnenenergie stammt aus der Proton-Proton-Reaktion. Dieses Verhältnis ändert sich bei massereicheren Sternen zugunsten des Bethe-Weizsäcker-Zyklus.

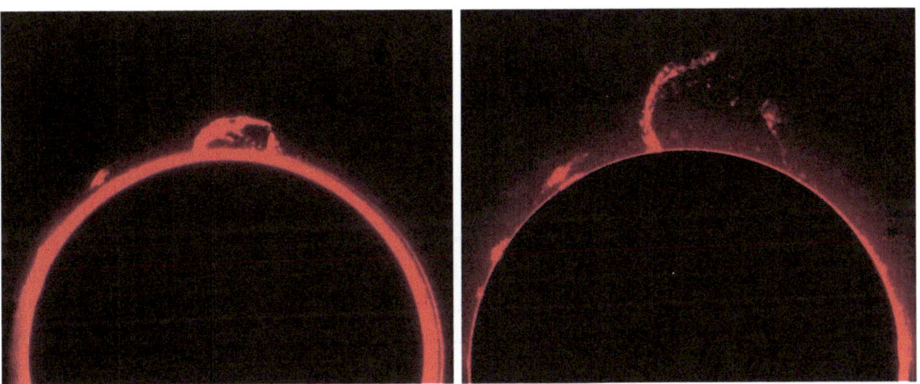

◘ Abb. 2.5 Eruptive Sonnenprotuberanz. *Links*: aufgenommen am 17.08.1989, 18:03 Uhr MESZ. *Rechts*: dieselbe Eruption um 18:15 Uhr MESZ. Aufnahmen: Lutz Laepple www

Aufgabe 53 – Eruptive Sonnenprotuberanz

Sonnenprotuberanzen entstehen entlang starker Magnetfelder zwischen zwei Sonnenflecken unterschiedlicher Polarität. Ist das Feld statisch, beobachtet man stationäre Protuberanzen, die das ionisierte Gas in einer gewissen Höhe über dem sichtbaren Sonnenrand festhält. Wenn sich diesem Phänomen jedoch eine Dynamik überlagert, kann es geschehen, dass die Materie von der Sonne weggeschleudert wird. In diesem Fall beobachtet man eine Sonneneruption, eine eruptive Protuberanz. Die ◘ Abb. 2.5 links und rechts zeigen jeweils die Aufnahme einer eruptiven Sonnenprotuberanz vom 17. August 1989 zu zwei verschiedenen Zeitpunkten. Das erste Bild entstand um 18:03 Uhr MESZ, das zweite um 18:15 Uhr MESZ.

? **A 53.1**

Berechnen Sie die Höhe h der Protuberanz in den beiden Bildern aus ◘ Abb. 2.5 bei bekanntem Sonnendurchmesser $D_\odot = 1{,}4 \cdot 10^6$ km! Vergleichen Sie die Höhe mit dem Mondbahnradius $R = 384\,400$ km!

? **A 53.2**

Ermitteln Sie mit dem Ergebnis von Aufgabe 53.1 die Durchschnittsgeschwindigkeit $\bar{v}$ des Eruptionsvorgangs!

? **A 53.3**

Die Ergebnisse der Aufgaben 53.1 und 53.2 unterliegen gewissen Annahmen. Nennen Sie diese! Diskutieren Sie, in welcher Weise die Ergebnisse dadurch beeinflusst werden!

Aufgabe 54 – Tachokline und Gezeitenkraft

Der Kern unserer Sonne ist ein Fusionsofen, in dem eine große Menge an Energie freigesetzt wird. Deren Transport bis zur Oberfläche geschieht zunächst per Strahlung, weiter außen durch Konvektion. Die Übergangszone zwischen beiden Regimen, genannt Tachokline, steht im Verdacht, auf Störungen empfindlich zu reagieren, und kommt als Motor für die Aktivität der Sonne in Betracht. Ist die Tachokline nämlich nicht sphärisch, sondern elliptisch, so müsste sie auf die von den Planeten ausgeübte Gezeitenkraft reagieren.

Es sei angemerkt, dass dieser Ansatz nicht von allen Astronomen unterstützt wird, sondern auch auf harsche Kritik trifft.

? A 54.1

Leiten Sie die auf eine kleine Masse μ in der Sonne wirksame Gezeitenkraft ΔF her, die von einem Planeten der Masse m auf seiner Bahn im Abstand r von der Sonne ausgeht. Dabei sei $\Delta F = F_r - F_{r+\Delta r}$ die Differenz der auf den Sonnenmittelpunkt (F_r) und den Ort der kleinen Masse ($F_{r+\Delta r}$) wirkenden Gravitationskräfte. Die Gravitationskräfte bei den Abständen r und $r + \Delta r$ sind jeweils $F_r = G \, \mu \, \frac{m}{r^2}$ und $F_{r+\Delta r} = G \, \mu \, \frac{m}{(r+\Delta r)^2}$.

Hinweis: Nach dem Bilden eines gemeinsamen Nenners lassen sich durch geschicktes Ausklammern Teilterme der Form $\Delta r / r$ bilden. Diese haben wegen $\Delta r \ll r$ die Eigenschaft, zu verschwinden.

? A 54.2

Leiten Sie unter Berücksichtigung der Definition für die Kraft $F = \mu \, a$ die auf die kleine Masse μ wirkende Störbeschleunigung a her!

? A 54.3

Die Tachokline umgibt die Strahlungstransportzone der Sonne und hat den Radius $d = 0{,}69 \, R_\odot$.

Bestimmen Sie mit $\Delta r = d$ für die Planeten Merkur bis Saturn
a) die Störbeschleunigungen a_i und
b) deren Summe a_Σ.

Die Massen sind $m_i = (0{,}33; \, 4{,}87; \, 5{,}97; \, 0{,}64; \, 1899; \, 569) \cdot 10^{24}$ kg und die Bahnradien sind $r_i = (0{,}38; \, 0{,}72; \, 1{,}0; \, 1{,}52; \, 5{,}2; \, 9{,}58)$ AE, wobei $i = \mathrm{\Fontauri}$, ♀, ☿, ♂, ♃, ♄ für die Planeten steht.

Aufgabe 55 – Eigenschwingungen der Sonne

In den Jahren 1961/1962 wurde mit der Entdeckung der 5-Minuten-Oszillation durch Robert B. Leighton (1919–1997) und seine Doktoranden Noyes und Simon (Leighton et al. 1962) bekannt, dass die Sonnenoberfläche auf kleinen Skalen oszilliert. Dies blieb zunächst aber unverstanden. Erst im Laufe der folgenden Jahre begann sich herauszukristallisieren, dass unsere Sonne ein Resonator für Schallwellen ist, in dem stehende Wellen mit Millionen Frequenzen existieren. Diese stehenden Wellen lassen sich an der Sonnenoberfläche nachweisen, indem man die Radialgeschwindigkeit flächenhaft und zeitaufgelöst misst. Die schwingenden Regionen heben und senken sich, wobei typische Geschwindigkeiten zwischen 10 cm/s und 500 m/s nachweisbar sind, je nachdem, ob die Schwingungen mehr oder weniger in Phase sind oder sich gegenphasig überlagern. Die Schwingungsfrequenzen liegen im Bereich $\omega_1 = 1 \, \mathrm{mHz}$ bis $\omega_2 = 10 \, \mathrm{mHz}$.

Die 5-Minuten-Oszillation ist die Überlagerung jener Millionen stehender Wellen, und unsere Sonne kann als sphärisch symmetrische Orgelpfeife betrachtet werden, die mehrere zehn Millionen Obertöne aufweist.

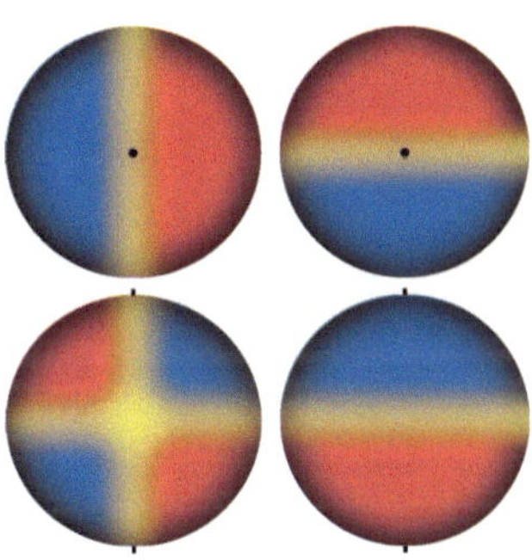

◻ Abb. 2.6   Die Sonne mit dem Schwingungsmuster $l, m = \{2, 1\}$. Die kurzen Striche und die schwarzen Punkte symbolisieren die Rotationsachse.

A 55.1

Berechnen Sie den Periodenbereich, welcher den Schwingungsfrequenzen ω_1 bis ω_2 der Sonnenoszillationen entspricht!

A 55.2

Die Schwingungsmodi werden mit drei Parametern charakterisiert: l, m und n. Der erste, l, ist die Gesamtzahl der Knotenlinien auf der Oberfläche. Der zweite, m, zählt die großkreisförmigen Knotenlinien durch die Pole auf der Oberfläche, und n, der dritte, benennt die Zahl der Knoten von der Sonnenoberfläche bis zum Sonnenkern.

Skizzieren Sie gemäß dem Beispiel in ◻ Abb. 2.6 für die Fälle $l, m = \{0, 0\}$, $\{1, 0\}$, $\{1, 1\}$, $\{2, 0\}$, $\{2, 1\}$, $\{2, 2\}$ sowie $\{3, 0\}$, $\{3, 1\}$, $\{3, 2\}$, $\{3, 3\}$ die Schwingungsmuster der Sonne!

Hinweis: Beachten Sie dabei, dass in einigen Fällen die Rotation des Sonnenkörpers dem Betrachter unterschiedliche Aspekte zeigen kann. Diese verschiedenen Aspekte sollen ebenfalls gezeigt werden.

A 55.3

Bestimmen Sie die drei Parameter l, m und n für die in ◻ Abb. 2.7 gezeigte Eigenschwingung der Sonne!

◻ Abb. 2.7   Die Sonne schwingt wie eine sphärische Orgelpfeife. Die farbigen Bereiche kennzeichnen stehende Wellen. In den *blauen* und *roten Bereichen* hebt und senkt sich die Sonnenoberfläche periodisch um mehrere Kilometer. In den *gelben Bereichen* kommt die Schwingung zur Ruhe. Quelle: Markus Roth, Kiepenheuer-Institut für Sonnenphysik $\boxed{\text{www}}$

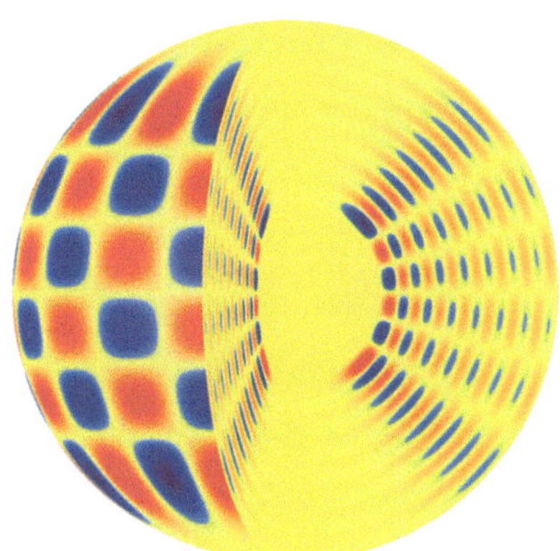

Die Planeten

© Springer-Verlag GmbH Deutschland 2017
A. M. Quetz, S. Völker, *Zum Nachdenken: Unser Sonnensystem*, https://doi.org/10.1007/978-3-662-55148-6_3

Die Planeten Merkur, Venus, Erde, Mars (*oben v. l. n. r.*), Jupiter, Saturn, Uranus und Neptun (*v. o. n. u.*) sind hier im gleichen Maßstab abgebildet. Quelle: NASA

Auf einen Blick – die Planeten

In den letzten Jahrzehnten hat die Erforschung der Planeten enorme Fortschritte gemacht. War bis in die 1960er-Jahre nur die Analyse ihres Lichts mit bodengebundenen Teleskopen möglich, so sind mittlerweile jeder Planet, zwei Zwergplaneten, viele Monde, Asteroiden und Kometenkerne vor Ort von dorthin entsendeten Raumsonden erforscht worden. Manche nur im Vorbeiflug, zum Beispiel die Planeten Uranus und Neptun, der Zwergplanet Pluto, die Asteroiden (2867) Šteins und (21) Lutetia und der Kern des Halley'schen Kometen. Andere Ziele wurden aus der jeweiligen Umlaufbahn erkundet, zum Beispiel die Planeten Jupiter und Saturn und der Asteroid Eros. Auf einigen Himmelskörpern erfolgte sogar eine Landung mit der Möglichkeit von In-situ-Messungen. Dazu zählen der Erdmond, die Planeten Venus und Mars, der Saturnmond Titan, die Kleinplaneten (433) Eros und (25143) Itokawa sowie der Kern des Kometen Tschurjumow-Gerassimenko. Ein Himmelskörper wurde testweise sogar beschossen: Die NASA-Raumsonde Deep Impact flog zum Kometen Tempel 1 und warf dort bei ihrem Vorbeiflug im Jahr 2005 einen Impaktor mit der Masse 372 kg ab, der dort einen Krater schlug.

Dabei „wissen" wir erst seit 2006, was ein Planet eigentlich ist, denn auf der 26. Generalversammlung der Internationalen Astronomischen Union (IAU) wurde der Planetenbegriff neu gefasst. Gleichzeitig verlor Pluto seinen Planetenstatus und Generationen von Schülern, die den Spruch „**M**ein **V**ater **E**rklärt **M**ir **J**eden **S**onntag **U**nsere **N**eun **P**laneten" auswendig gelernt hatten, mussten fortan umlernen. Die Planetendefinition der IAU lautet im originalen englischen Wortlaut: „*A ‚planet' is a celestial body that (a) is in orbit around the Sun, (b) has sufficient mass for its self-gravity to overcome rigid body forces so that it assumes a hydrostatic equilibrium (nearly round) shape, and (c) has cleared the neighbourhood around its orbit*" (IAU 2006), oder auf deutsch: „*Ein ‚Planet' ist ein Körper, welcher (a) die Sonne umkreist, (b) eine ausreichende Masse besitzt, um sich im hydrostatischen Gleichgewicht (nahezu runde Form) zu befinden, und (c) seine Bahn von anderen Körpern befreit hat.*"

Dem Rechnung tragend, eignet sich als neuer Spruch: „**M**ein **V**ater **E**rklärt **M**ir **J**eden **S**onntag **U**nseren **N**achthimmel."

Die acht Planeten lassen sich in erdähnlich bzw. terrestrische und jupiterartige Planeten einteilen. Zur ersten Gruppe gehören Merkur, Erde, Venus und Mars; zur zweiten Jupiter, Saturn, Uranus und Neptun. Die Radien und Massen der erdähnlichen Planeten sind im Vergleich zu denen der jupiterartigen klein, die mittleren Dichten allerdings hoch. Die jupiterartigen haben deutlich geringere mittlere Dichten, was zusammen mit den großen Massen und den beiden Hauptbestandteilen Wasserstoff und Helium den Begriff der „Gasriesen" begründet.

Alle Planeten befinden sich im Strahlungsgleichgewicht, d. h., sie strahlen gerade so viel Energie ab, wie sie in Form von Strahlung von der Sonne erhalten. Auf Grund des quadratischen Abstandsgesetzes für Strahlung ist dies aber für Merkur deutlich mehr als beispielsweise für Neptun, und folglich ist auch die Gleichgewichtstemperatur auf dem innersten Planeten am höchsten. Auf Merkur herrscht im Mittel eine Temperatur von $\approx +170\,°\mathrm{C}$ und auf Neptun $\approx -201\,°\mathrm{C}$. Während es für Leben auf Merkur zu heiß und auf Neptun zu kalt ist, stellen sich im Bereich der Erd- bis hin zur Marsbahn Gleichgewichtstemperaturen ein, bei denen Wasser flüssig ist. Man nennt diesen Bereich, in dem flüssiges Wasser existieren kann, die habitable Zone des Sterns.

Während die terrestrischen Planeten keine (Merkur und Venus), einen (Erde) oder zwei (Mars) Monde besitzen, sind Trabanten um die Gasriesen umso häufiger. Saturn und Jupiter beispielsweise besitzen je über 60 Monde, von denen die vier Galilei'schen Monde Io, Europa, Ganymed und Kallisto von Jupiter natürlich die bekanntesten sind.

Physische und Bahndaten zu den Planeten, Mond und Pluto

Planet	Radius R/km	Masse m/kg	Bahnradius	Bahnperiode
Merkur	2439,7	$3{,}302 \cdot 10^{23}$	0,3871 AE	87,969 d
Venus	6051,8	$4{,}869 \cdot 10^{24}$	0,723 AE	224,701 d
Erde	6378,2	$5{,}974 \cdot 10^{24}$	1 AE	365,256 d
Mars	3396,2	$6{,}419 \cdot 10^{23}$	1,524 AE	686,980 d
Jupiter	71 492	$1{,}899 \cdot 10^{27}$	5,203 AE	11,862 a
Saturn	60 268	$5{,}685 \cdot 10^{26}$	9,582 AE	29,457 a
Uranus	25 559	$8{,}683 \cdot 10^{25}$	19,201 AE	84,011 a
Neptun	24 764	$1{,}0243 \cdot 10^{26}$	30,047 AE	164,79 a
Mond	1738	$7{,}349 \cdot 10^{22}$	384 400 km	27,3217 d
Pluto	1187	$1{,}25 \cdot 10^{22}$	39,482 AE	247,94 a

3.1　Entfernungen, Planeten und ihre Atmosphären

Aufgabe 56 – Astronomische Einheit

Die moderne Bestimmung der Entfernungen im Sonnensystem durch die Festlegung der Astronomischen Einheit (AE) mit Hilfe der Laufzeitmessungen von Radiosignalen ist eng mit der Kenntnis der Lichtgeschwindigkeit verknüpft.

Einen ersten, noch unsicheren Wert fand der Däne Olaus Rømer im Jahre 1676 durch die Beobachtung von Jupitermond-Verfinsterungen. Der Wert war zwar noch etwa 25 % zu klein, stellte für damalige Verhältnisse aber eine recht gute Näherung dar (vgl. auch Aufgabe 57). Im Jahr 1981 war die Unsicherheit des Wertes der Lichtgeschwindigkeit kleiner als 0,0001 %. Das entspricht etwa der Geschwindigkeit des Schalls in der Erdatmosphäre! Seit der 17. Generalkonferenz für Maß und Gewicht im Jahre 1983 ist die Lichtgeschwindigkeit nicht mehr länger das Ergebnis einer Messung, sondern per Definition auf exakt 299 792 458 m/s festgelegt.

Mit dem modernen Wert der Lichtgeschwindigkeit ist es recht einfach, die Durchmesser der Planeten zu bestimmen: Man misst am Fernrohr den Winkeldurchmesser des Planeten und

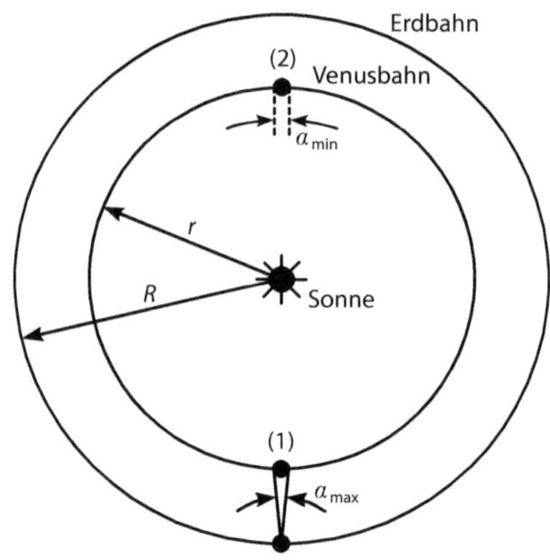

◨ **Abb. 3.1** (*1*) Venus in unterer Konjunktion mit maximalem Winkeldurchmesser $\alpha_{\max}$; (*2*) Venus in oberer Konjunktion mit $\alpha_{\min}$.

aus der Laufzeit eines Radarimpulses seine Entfernung. Schon lässt sich der Durchmesser berechnen.

In dieser Aufgabe soll der umgekehrte Weg beschritten werden, mit dem jeder Amateurastronom die Astronomische Einheit selbst bestimmen kann: Die Venus hat einen Durchmesser von 12 200 km. Ihr minimaler Winkeldurchmesser wird mit dem Teleskop zu $\alpha_{\min} = 10''$, ihr maximaler Winkeldurchmesser zu $\alpha_{\max} = 67''$ gemessen (vgl. ◨ Abb. 3.1).

 **A 56.1**

Berechnen Sie die Radien von Erd- und Venusbahn! Nehmen Sie für beide Planeten kreisförmige Bahnen an.

Aufgabe 57 – Auf den Spuren von Olaf Römer

Der dänische Astronom Olaf Römer (1644–1710) arbeitete am Observatorium zu Paris und studierte dort die Bewegungen der Jupitermonde. Im Jahre 1675 bemerkte er, dass die Intervalle zwischen zwei aufeinanderfolgenden Mondverfinsterungen, wenn also ein Mond in den Jupiterschatten eintauchte, regelmäßig dann kleiner wurden, wenn Jupiter und Erde sich einander näherten. Der umgekehrte Fall trat ein, wenn sich die beiden Planeten voneinander entfernten.

Dies, so folgerte er, ließ sich vollständig durch die Annahme erklären, dass sich das Licht mit einer wenn auch sehr großen, so doch endlichen Geschwindigkeit durch den Raum bewegt. Dann nimmt nämlich die Zeit, die das Licht von einem Jupitermond zur Erde benötigt, gleichmäßig mit schrumpfender Entfernung von der Erde ab. Die Zeit zwischen zwei Verfinsterungen erscheint dem Beobachter auf der Erde dann verkürzt. Römer ermittelte eine Zeitspanne von $\Delta t = 16,5$ Minuten für das lichtschnelle Durchqueren des Erdbahndurchmessers.

Drei Jahre zuvor, also 1672, gelang Giovanni Domenico Cassini und Jean Richer erstmalig eine Bestimmung der Sonnenparallaxe zu $p = 9,5''$. Die Sonnenparallaxe ist der Winkel, unter dem der Erdradius von der Sonne aus erscheint. Weitere zwei Jahre vorher, um 1670, konnte der Erdradius von Jean Picard mit wenigen Metern Ungenauigkeit zu $R_E \approx 6378\,\text{km}$ gemessen werden.

? A 57.1

Berechnen Sie mit Hilfe des Erdradius und der Sonnenparallaxe die Länge der Astronomischen Einheit (AE)!

? A 57.2

Bestimmen Sie ebenso wie Olaf Römer aus der Laufzeitmessung und der Kenntnis der AE aus Teilaufgabe 57.1 die Lichtgeschwindigkeit c und vergleichen Sie diese abschließend mit dem heutigen Wert von 299 792 458 m/s!

Aufgabe 58 – Merkurtransit

In Abständen zwischen 3 und 13 Jahren lässt sich von der Erde aus beobachten, wie der innerste Planet Merkur vor der Sonnenscheibe vorüberzieht. Dies ist nur dann der Fall, wenn sich Erde und Merkur auf ihrem Weg um die Sonne zur richtigen Zeit auf der Knotenlinie der Merkurbahn und beide auf der gleichen Seite der Sonne befinden. Nur dann kommt es zu einem so genannten Merkurtransit. Noch seltener lässt sich das Schauspiel eines Venustransits verfolgen, und zum Zeitpunkt, da diese Aufgabe ursprünglich gestellt wurde, dürfte kein lebender Mensch je einen gesehen haben. Dies änderte sich am 8. Juni 2004, als nach 122 Jahren wieder einmal ein Venustransit stattfand.

In dieser Aufgabe soll mit der abgedruckten Kompositaufnahme von Trace, die den Transit des Merkur aus dem Jahr 2003 zeigt, eine Variante der Bestimmung der Astronomischen Einheit durchgeführt werden.

Der mit Hilfe einer von einem speziellen Jumbojet aus knapp 12 km Höhe abgeworfenen Pegasus-Rakete in den Orbit beförderte Satellit Trace befindet sich in einer schwach elliptischen sonnensynchronen Erdumlaufbahn von etwa $h = 625\,\text{km}$ Höhe. Sonnensynchron bedeutet, dass seine Bahnebene immer senkrecht auf dem Radiusvektor Erde – Sonne steht und er die Sonne somit ständig im Blickfeld hat.

? A 58.1

Bestimmen Sie mit Hilfe der ◨ Abb. 3.2 die Amplitude $\delta/2$ des durch die Bahn von TRACE versursachten Wobbelns der Merkurbahn vor der Sonne! Der Sonnendurchmesser betrug zu diesem Zeitpunkt $D_\odot = 31'42{,}2''$.

? A 58.2

a) Bestimmen Sie die Distanz Erde – Sonne $a_\oplus$ zum Zeitpunkt des Merkurtransits!

b) Auf ihrer elliptischen Umlaufbahn war die Erde knapp neun Promille weiter von der Sonne entfernt als im Mittel. Dieser Mittelwert wird als Astronomische Einheit AE bezeichnet. Berechnen Sie die Astronomische Einheit!

   Hinweis: Informationen zur Bestimmung der Astronomischen Einheit finden Sie im Nice-to-know 9 zu dieser Aufgabe auf S. 93. Die Umlaufzeiten der Erde und des Merkurs um die Sonne sind $P_\oplus = 365{,}256\,\text{d}$ und $P_\mercury = 87{,}969\,\text{d}$.

c) Berechnen Sie den Bahnradius $a_\mercury$ von Merkur!

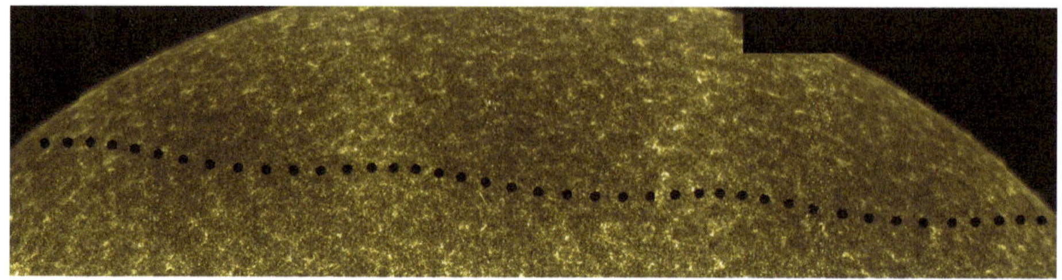

◘ Abb. 3.2 Den Merkurtransit am 7. Mai 2003 beobachtete das Teleskop an Bord von TRACE, dem Transition Region and Coronal Explorer, bei einer Wellenlänge von 160 nm. Das Komposit zeigt eine Serie von Bildern, die im mittleren Abstand von etwa 450 s aufgenommen wurden. Bild: NASA

❓ EA 58.3

Bestimmen Sie mit Hilfe von ◘ Abb. 3.2 die Umlaufperiode $P_☿$ des Merkurs!

❓ EA 58.4

Berechnen Sie mit Hilfe des Gravitationsgesetzes die Umlaufsperiode P_{TRACE} von Trace und vergleichen Sie diese mit den Angaben zur ◘ Abb. 3.2 ($M_⊕ = 5{,}974 \cdot 10^{24}$ kg).

Aufgabe 59 – Die Zukunft der Erdbahn – Massenverlust und Drehimpulserhaltung

Die Sonne bestimmt als Energielieferant das Leben auf der Erde in weitem Rahmen. Durch ihre Schwerkraft legt sie auch den Radius der Umlaufbahn der Erde fest. Dass unsere Sonne kein statischer Körper ist, erkennt man schon beim Betrachten ihrer sichtbaren Oberfläche. Dort zeigen sich die teilweise schon mit dem bloßen Auge erkennbaren dunklen Sonnenflecken und – bei näherem Studium mit Teleskophilfe – feinere Strukturen wie etwa die Granulen.

All diese Erscheinungen sind Folge des Energieerzeugungsprozesses, der im Sonnenkern abläuft und bei dem seit etwa $t = 4{,}6$ Milliarden Jahren Wasserstoff zu Helium fusioniert. Die Sonne verliert dabei ständig an Masse, die in Form von Licht abgestrahlt wird.

❓ A 59.1

Berechnen Sie den Massenverlust der Sonne, welche diese bisher durch die Fusion ihres Brennstoffs erlitten hat!

Hinweis: Der Massenverlust entspricht der freigesetzten Energie gemäß Einsteins berühmter Gleichung $E = m\,c^2$. Die Leuchtkraft der Sonne ist $L_☉ = 3{,}846 \cdot 10^{26}$ W.

❓ A 59.2

Schätzen Sie den durch Sonnenwind verursachten Massenverlust ab, wenn über das gesamte Alter der Sonne folgende konstante Bedingungen herrschten:

- Am Ort der Erde haben die Sonnenwindteilchen die mittlere Geschwindigkeit $v = 500\,\text{km/s}$.
- Ihre mittlere Dichte sei $\rho = 5 \cdot 10^6$ Protononen/m³, die Protonenmasse ist $m_{\text{P}} = 1{,}673 \cdot 10^{-27}$ kg.
- Der Sonnenwind werde isotrop ausgesandt.

Die Bestimmung der Astronomischen Einheit nach Edmond Halley

Edmond Halley, ein Zeitgenosse Isaac Newtons, erkannte, dass die gleichzeitigen Beobachtungen eines Venustransits von verschiedenen Orten der Erde aus die Bestimmung einer für die Vermessung des Kosmos fundamentalen Größe gestatten: die Astronomische Einheit (AE). Sie bezeichnet die mittlere Distanz der Erde zur Sonne.

Zur Bestimmung der AE argumentierte Halley wie folgt: Von zwei verschiedenen Orten der Erde aus gesehen zieht Venus auf unterschiedlichen scheinbaren Bahnen A und B vor der Sonne vorüber, welche parallel zueinander im Abstand D verlaufen (◼ Abb. 3.3, Teil a). Dieser Abstand erscheint von der Erde aus unter dem Winkel δ (◼ Abb. 3.3, Teil b). Vereinfachend wird angenommen, dass sich die Beobachter am Nord- bzw. Südpol der Erde befinden, d. h., dass sie genau einen Erddurchmesser d voneinander entfernt sind. Von der Sonne aus gesehen erscheint der Erddurchmesser unter dem Winkel ρ (◼ Abb. 3.3, Teil c). Die eigentliche Aufgabe besteht nun darin, ρ zu ermitteln, denn hieraus folgt zusammen mit dem bekannten Durchmesser der Erde die Astronomische Einheit s zu

$$s = \frac{d}{\tan \rho} \, . \tag{3.1}$$

Von der Erde aus messen lässt sich jedoch nur der Winkel δ. Mit Hilfe des dritten Kepler'schen Gesetzes kann man die beiden Winkel aber über

$$\rho = \delta \left[\left(\frac{P_\oplus}{P_\varphi} \right)^{2/3} - 1 \right] \tag{3.2}$$

miteinander in Verbindung bringen und so letztlich die Astronomische Einheit bestimmen.

Diese Überlegungen mögen das Prinzip verdeutlichen, doch in der Praxis sind die Rechnungen erheblich komplizierter, da sich die beiden Beobachter nicht an den Polen der Erde befinden. Ein derartiger Versuch hätte auch keinen Sinn, da sich Venustransits nur im Juni und im Dezember ereignen, wobei der Süd- bzw. der Nordpol der Erde im Dunkeln liegen.

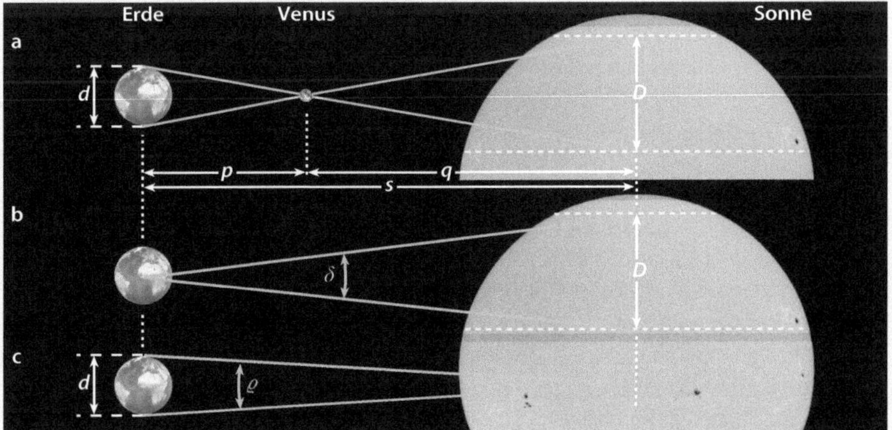

◼ **Abb. 3.3** Die geometrischen Verhältnisse während der gleichzeitigen Beobachtung eines Venustransits vom Nord- und Südpol der Erde aus. Die Beobachter sehen Venus auf den *gestrichelt eingezeichneten* Bahnen A bzw. B vor der Sonne vorüberziehen.

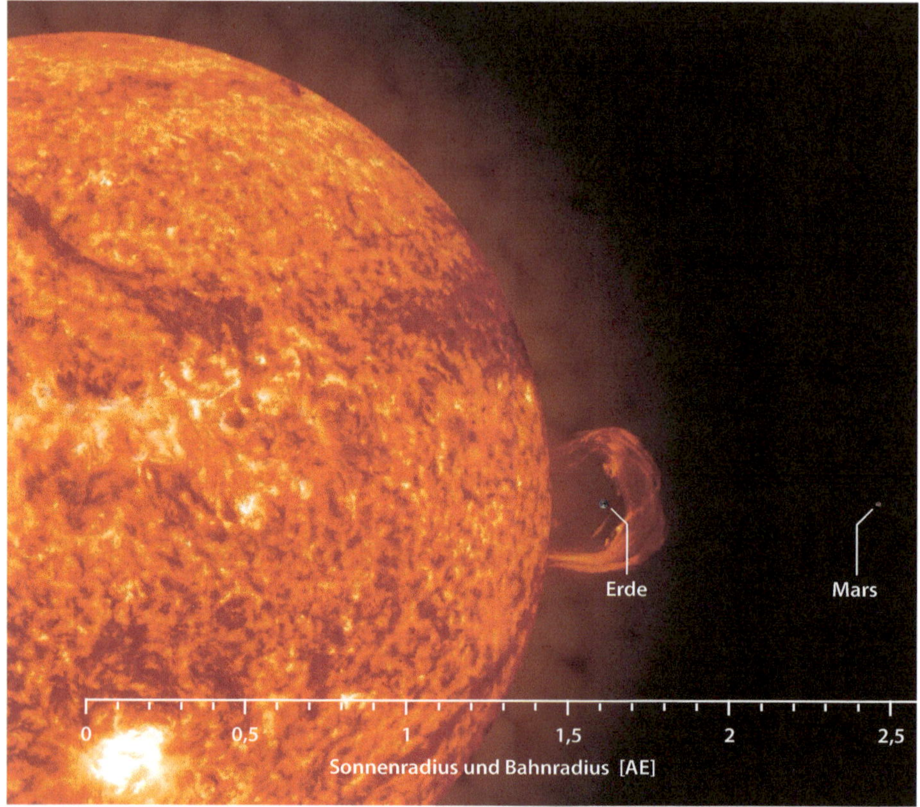

◼ **Abb. 3.4**   Nach weiteren Milliarden Jahren ihrer Lebensdauer wird sich die Sonne zum Roten Riesen entwickeln. Ihr Durchmesser wächst dann deutlich über die heutige Umlaufbahn der Erde hinaus. Quelle: SOHO/*SuW*-Grafik

Hinweis: $f = v\,\rho$ ist die Flussdichte der Teilchen und $\dot{m}_{\mathrm{SW}} = F\,f$ ist die durch Sonnenwind verursachte Massenverlustrate. $F = 4\,\pi\,r^2$ ist die Oberfläche der Kugel mit Erdbahnradius $r = a = 1{,}496 \cdot 10^{11}$ m.

❓ A 59.3

In etwa sieben Milliarden Jahren wird die Sonne in ihre Rote-Riesen-Phase eintreten (vgl. ◼ Abb. 3.4) und dabei (modellabhängig) etwa ein Drittel ihrer Masse verloren haben.

Berechnen Sie mit Hilfe des Drehimpulserhaltungssatzes den Radius der zukünftigen Erdbahn. Die Erde besitzt den Bahndrehimpuls $L = a\,p = $ konstant. Dabei bezeichnet a die große Bahnhalbachse und $p = m\,v$ den Impuls; m ist die Masse der Erde und $v = \sqrt{G\,M/a}$ ihre Bahngeschwindigkeit.

Hinweis: Während die Erdmasse als konstant angesehen werden kann, muss sich die große Bahnhalbachse auf die niedrigere Sonnenmasse einstellen.

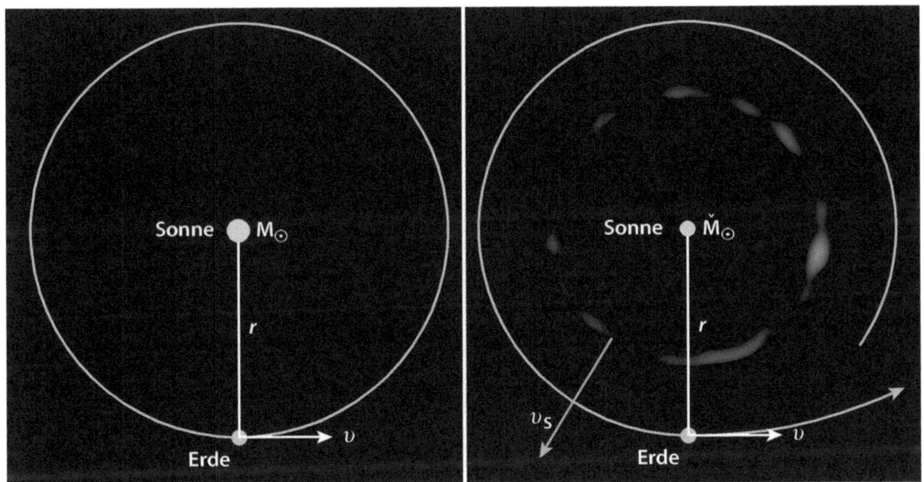

■ **Abb. 3.5** *Links*: Die Erde bewegt sich mit der Bahngeschwindigkeit v um die Sonne. *Rechts*: Nachdem die abgesprengte Materie die Erdbahn passiert hat, kann die nun leichtere Sonne der Masse $\check{M}_\odot$ die Erde nicht mehr auf der Kreisbahn halten.

Aufgabe 60 – Die Zukunft der Erdbahn 2

In Aufgabe 59 wird betrachtet, welchen Durchmesser die Erdbahn annehmen wird, wenn die Sonne allmächlich ihre Masse verliert. In dieser Aufgabe soll dagegen untersucht werden, was mit der Erdbahn geschähe, wenn die Sonne bei einer Explosion eine große Menge Materie auf einen Schlag verlöre.

Solche Umstände treten bei einer Supernova-Explosion (vgl. Nice-to-know 10 zu dieser Aufgabe auf S. 96) auf, von der unsere Sonne allerdings verschont bleiben wird. Bei solchen Supernova-Explosionen gelangt ein großer Teil der Sternmaterie in kurzer Zeit in große Entfernung zum Stern. Es lässt sich zeigen, dass bei einer zentralsymmetrischen Materieverteilung nur derjenige Teil für die vom Planeten verspürte Gravitation eine Rolle spielt, der sich innerhalb des Bahnradius befindet. Die Wirkung der Materie außerhalb der Bahn hebt sich vollständig auf.

? **A 60.1**

Berechnen Sie die Bahngeschwindigkeit v der Erde (vgl. ■ Abb. 3.5 links)!

Hinweis: Setzen Sie dazu die zwischen Erde und Sonne herrschende Gravitationskraft gleich der Radialkraft der Kreisbewegung. Die Gravitationskraft lautet

$$F_G = G\,\frac{m\,M_\odot}{r^2} \qquad (3.3)$$

und die Radialkraft

$$F_R = m\,\omega^2\,r\,. \qquad (3.4)$$

Supernova-Explosion

Hat ein massereicher Stern seinen Kernbrennstoff aufgebraucht, gerät er aus dem Gleichgewicht. Es besteht zwischen der Gravitation, die ihn versucht zusammenzuziehen, und dem Strahlungsdruck, der dies verhindert. Letzterer versiegt mit dem Erlöschen der Kernfusion, der Energiequelle des Sterns. Dann aber schnurrt der Stern zusammen, wobei eine große Menge potenzieller Energie freigesetzt wird. Sie ist die Triebfeder der nachfolgenden Explosion, die den Stern zerreißt und ihm eine letzte Phase großer Helligkeit schenkt. Die Helligkeit ist derart groß, dass eine einzelne Supernova über viele Tage und Wochen hinweg seine ganze Galaxie überstrahlt, in der die Explosion auftritt. Im zweiten Band befassen sich mehrere Aufgaben ausführlicher mit diesem Thema.

Dabei ist G die Gravitationskonstante, m die Masse der Erde, $M_\odot$ die Sonnenmasse, $r = 1$ AE der Abstand Erde–Sonne und die Kreisfrequenz $\omega = v/r$. Die Gleichung zur Bestimmung der Bahngeschwindigkeit der Erde hat die Form $v = f(G, M_\odot, r)$.

A 60.2

Die bei einer Supernova-Explosion vom Stern abgesprengte Materie besitzt typische Geschwindigkeiten von $v_S = 10\,000$ km/s.

Berechnen Sie – um ein Gefühl zu entwickeln, wie schnell die abgesprengte Materie die Erdbahn hinter sich lässt – a) die Zeit bis zum Erreichen der Erdbahn und b) die Zeit bis zum Kuipergürtel bei $r_K = 40$ AE!

A 60.3

Berechnen Sie die Fluchtgeschwindigkeit eines Körpers aus dem Sonnensystem von der Erdbahn aus!

Hinweis: Betrachten Sie dazu die Gesamtenergie aus kinetischer und potenzieller Energie, einmal im Abstand r sowie für $r \to \infty$, und leiten Sie daraus die Formel zur Berechnung der Fluchtgeschwindigkeit ab!

A 60.4

Nehmen Sie an, dass die Zentralmasse nach der Passage der abgeworfenen Hülle nur noch $\check{M}_\odot$ beträgt, wobei $\check{M}_\odot < M_\odot$ gilt, und leiten Sie mittels Ihrer Ergebnisse aus den Aufgaben 60.1 und 60.3 diejenige Masse $\check{M}_\odot$ ab, bei der die Erde gerade die Fluchtgeschwindigkeit besitzt!

Aufgabe 61 – Synodische Umlaufzeiten der Planeten (Von Wolfgang Steinicke)

Die synodische Umlaufzeit ist die geringstmögliche Zeitspanne, die ein Planet benötigt, um in die gleiche Stellung zur Sonne zu gelangen, wenn sich der Beobachter auf der Erde befindet. Für die inneren Planeten ist dies zum Beispiel die Zeit zwischen zwei aufeinanderfolgenden unteren Konjunktionen (Planet zwischen Sonne und Erde) und für die äußeren die Zeit zwischen zwei aufeinanderfolgenden Oppositionen (Erde zwischen Sonne und Planet).

? A 61.1

Leiten Sie eine Formel zur Berechnung der synodischen Umlaufzeit $T_{\text{syn,P}}$ aus der Differenz der Winkelgeschwindigkeiten $\Delta\omega$ zwischen Erde (ω_{E}) und Planet (ω_{P}) her, sowohl für die inneren als auch für die äußeren Planeten!

Dabei sei $T_{\text{sid,P}}$ die siderische Umlaufzeit des Planeten und $T_{\text{E}} = 1\,\text{a}$ die Umlaufperiode der Erde.

? A 61.2

Die Zeit zwischen Marsoppositionen betrage $T_{\text{syn,}\male} = 2{,}135\,\text{a}$. Berechnen Sie daraus und mit der Hilfe des 3. Kepler'schen Gesetzes in der Form

$$\left(\frac{r_{\text{P}}}{\text{AE}}\right)^3 \bigg/ \left(\frac{T_{\text{sid,P}}}{\text{a}}\right)^2 = 1 \tag{3.5}$$

die Halbachse $r_{\male}$ der Marsbahn!

? A 61.3

Zeigen Sie, dass sich die synodische Umlaufzeit eines äußeren Planeten mit wachsendem Abstand r_{P} von der Sonne dem Grenzwert $T_{\text{syn,}\infty} = 1\,\text{a}$ nähert!

Aufgabe 62 – Valles Marineris

Am 14. November 1971 schwenkte die US-amerikanische Raumsonde Mariner 9 in ihre Umlaufbahn um den Mars ein, auf dem zunächst noch einen Monat lang ein Sandsturm tobte, der den gesamten Planeten verhüllte. In der Folge gelangen Mariner 9 jedoch mehrere tausend Aufnahmen der gesamten Marsoberfläche. Eine der vielen Überraschungen war die Entdeckung eines gewaltigen Grabensystems vom 4800 km Länge, bis zu dreimal 200 km Breite und gut und gerne 5 km Tiefe, in dem man den Grand Canyon der Erde problemlos unzählige Mal verstecken könnte. Zu Ehren dieser Raumsonde, die zu einer Serie von zehn Raumfahrzeugen gehört, die zwischen 1962 und 1973 zu Merkur, Venus und Mars starteten, wurde dieses größte Canyonsystem des bekannten Sonnensystems „Valles Marineris" getauft. Es erstreckt sich etwa 5° südlich des Marsäquators von 95° bis 50° West.

Nehmen Sie für die folgende Überlegung an, dass es in vergangenen Zeiten tatsächlich viel Oberflächenwasser auf dem Mars gegeben hat und des Weiteren, dass die gesamten Valles Marineris durch Erosion geschaffen worden sind, wobei man sich gut vorstellen kann, dass das westlich davon gelegene Noctis Labyrinthus als Sammelsystem für das erodierend wirkende Wasser fungierte. Im Osten setzen sich die Erosionen in die nach Norden hin abzweigenden Fluttäler Capri Chasma und Eos Chasma fort, um dann über Chryse Planitia in den vermuteten Ozean zu münden (vgl. auch ◨ Abb. 3.6).

? A 62.1

Schätzen Sie unter der Annahme, dass das gesamte erodierte Material gleichmäßig über die ein Viertel der Marsoberfläche bedeckende Ozeanfläche verteilt sei, die mittlere Höhe der Sedimente (vgl. auch ◨ Abb. 3.7)! Verwenden Sie als mittlere Breite der Valles Marineris 300 km und als Marsradius 3395 km.

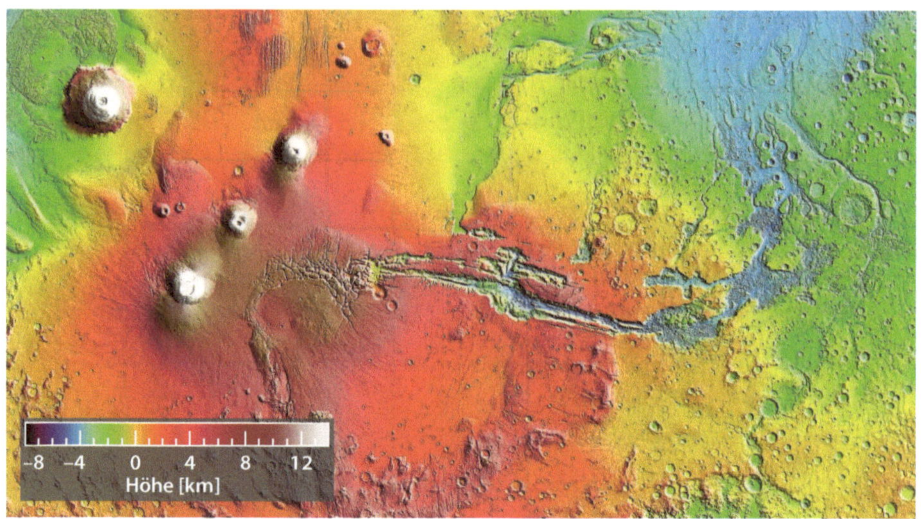

▣ Abb. 3.6 Topografische Karte der Valles-Marineris-Region mit den vier bekannten Vulkanen www

▣ Abb. 3.7 Diese topologische Ansicht des Mars westlich von Olympus Mons zeigt einen großen Teil des möglichen Ozeanbereichs www

Aufgabe 63 – Masse des Jupiter

Seit die Voyager-Sonden 1979 und 1980 den Jupiter passiert haben, kennt man nunmehr 15 Monde[1], die ihn umkreisen. Der zweitinnerste, Io, war die Überraschung Nummer eins: Die Sonden beobachteten mehrere tätige Vulkane. Der Bahnradius von Io beträgt nur 421 800 km

---

[1] Über 35 Jahre später sind es 67 Monde, davon 50 bestätigt und 17 nicht bestätigt (NASA 2016).

(etwas mehr als beim Erdmond). Das „nur" steht hier deshalb, weil die Masse des Jupiter viel größer ist als die der Erde.

Dies ist auch gleichzeitig der Grund für den Vulkanismus: Die Gezeitenkräfte, die Jupiter auf die Oberfläche von Io ausübt, heben diese um nahezu 100 Meter (Erde: wenige cm). Dadurch entsteht im Innern große Hitze.

? A 63.1

Berechnen Sie die Masse von Jupiter ($m_{\jupiter}$), wenn der Bahnradius von Io (r_{Io}) und die Umlaufzeit $P_{\mathrm{IO}} = 1{,}769$ Tage bekannt sind! Vernachlässigen Sie die Masse von Io!

Aufgabe 64 – Saturndistanz am 9./10. Juni 1899 (Von Gerhard Klare)

Beim Stöbern in einer alten Mappe mit verstaubten Bauplänen für die Kuppelgebäude der Landessternwarte auf dem Königstuhl fand Gerhard Klare Anfang 2000 ein vergilbtes, posterähnliches Blatt, auf dem in kalligrafischer Schrift eine einfache Methode zur experimentellen Bestimmung der Entfernung Erde – Saturn für den 9./10. Juni 1899, fast genau zu Saturns Opposition, beschrieben ist (◘ Abb. 3.8). Vermutlich hat sich Max Wolf diese Aufgabe für seine Studenten ausgedacht – vor über 100 Jahren! Das Blatt trägt die Überschrift „Bestimmung der Saturnentfernung mit dem Stereokomparator", eine Vorrichtung, die heutzutage unter der Bezeichnung Blinkkomparator bekannt ist.

Die beiden dazu benötigten fotografischen Aufnahmen des Sternfeldes im Ophiuchus um den Planeten Saturn sind am 9. und 10. Juni 1899 mit fast genau 24 Stunden Zeitabstand belichtet worden, und zwar mit dem Wolfschen Doppelastrografen, denn dies war zu jener Zeit das einzige in Heidelberg verfügbare fotografische Teleskop (◘ Abb. 3.9).

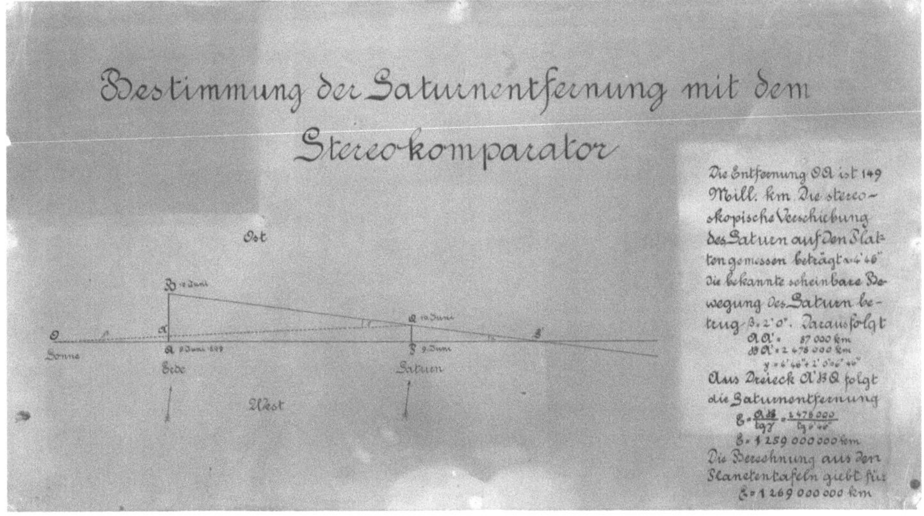

◘ **Abb. 3.8**   Poster von Max Wolf zur Bestimmung der Saturndistanz | www |

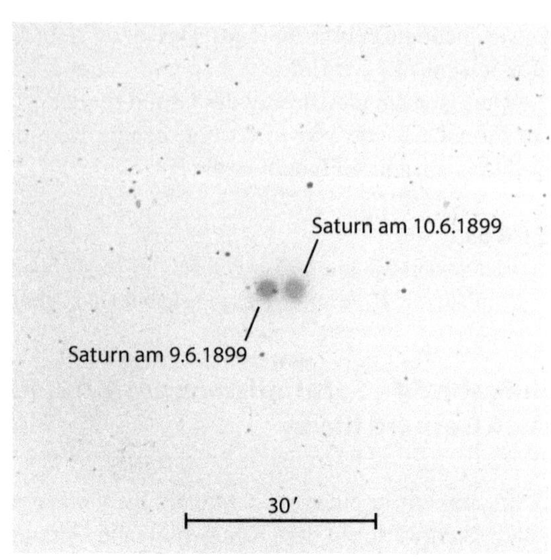

◘ **Abb. 3.9** Überlagerung der beiden Aufnahmen von der Saturnopposition (Ausschnitt). Aufnahmen: Max Wolf

Die Messmethode bestand darin, dass im Blinkkomparator zunächst die Fixsterne zur Deckung gebracht, d. h. die Platten aufeinander justiert wurden. Danach wurden die Saturnscheiben übereinander geschoben und der Abstand s an einem präzisen Messlineal in Millimetern abgelesen.

❓ A 64.1

Bestimmen Sie die Entfernung Saturn–Erde $r_\saturn$ für den Aufnahmezeitpunkt, den 9. und 10. Juni 1899! Der Erdabstand von Saturn schwankt zwischen 8,01 AE und 11,07 AE.

Daten und Hinweise: Der gemessene Abstand der Saturnscheibchen ist $s = 1,12\,\mathrm{mm}$ – dies ist der einzige direkte Messwert. Der Abbildungsmaßstab $M = 360°/(2\,\pi\,f)$ auf den Platten, üblicherweise angegeben in Bogensekunden pro Millimeter ($''$/mm), ergibt sich mit der Brennweite $f = 807,6\,\mathrm{mm}$ der Kamera.

Die Winkelverschiebung α in Bogensekunden ist dann $\alpha = s\,M$. Da die Winkel alle im Bereich von wenigen Bogenminuten liegen, dürfen die Bahnbögen von Erde $\overset{\frown}{AC}$ und Saturn $\overset{\frown}{DE}$ als gerade Strecken approximiert werden. Aus dem „Dreieck" EBC in ◘ Abb. 3.10 findet man schließlich die gesuchte Distanz $\overline{CE} \approx \overline{BE}$. Der Winkel $\beta = n_\saturn + \alpha$ ist ein Hilfswinkel. Die täglichen Bewegungen von Erde und Saturn zur Berechnung von $\overline{AB}$ und $\overline{AC}$ sind: $n_\saturn = 0{,}03333\,°/\mathrm{d}$; $n_\oplus = 0{,}98561\,°/\mathrm{d}$.

Aufgabe 65 – Solarkonstante von Merkur und Pluto

Die Solarkonstante ist diejenige Energie, die man pro Flächen- und Zeiteinheit in der Entfernung der Erde (1 AE) von der Sonne bei senkrechter Einstrahlung empfangen kann (vgl. auch Aufgabe 46). Man stellt sich dabei vor, dass man über der Erdatmosphäre misst, weil die Absorption in ihr einen Teil der Energie verschlucken würde.

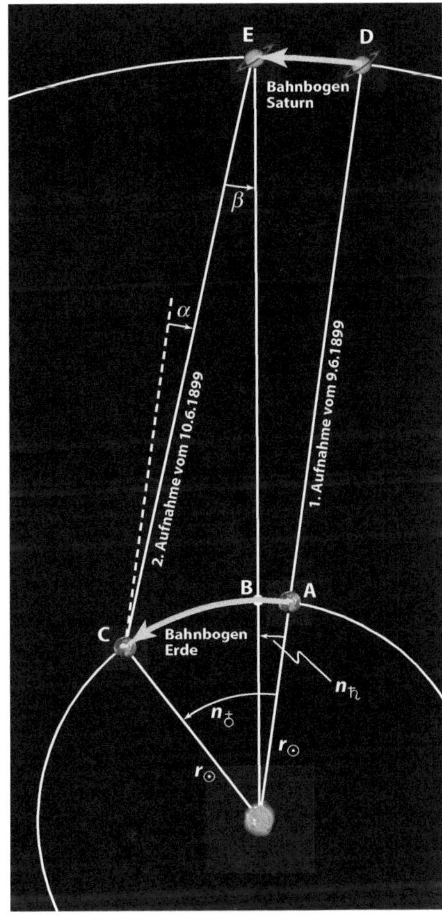

Abb. 3.10 Zur Bestimmung der Saturndistanz: Bahnstücke von Erde $\overarc{AC}$ und Saturn $\overarc{DE}$.

Zum Vergleich: Das Wasser in einem Bassin mit der Grundfläche von $1\,\mathrm{m}^2$ und einer Wasserhöhe von 1 cm würde sich innerhalb einer halben Minute um $1\,^\circ\mathrm{C}$ erwärmen, wenn es mit der Leistung der Solarkonstanten von $S = 1{,}367\,\mathrm{kW/m^2}$ bestrahlt würde.

? A 65.1

Berechnen Sie die Solarkonstanten $S_{\mercury}$ und S_p von Merkur und Pluto, wenn die beiden Planetenentfernungen $r_{\mercury} = 0{,}387\,\mathrm{AE}$ und $r_\mathrm{p} = 39{,}5\,\mathrm{AE}$ von der Sonne bekannt sind!

Hinweis: Nehmen Sie für diese Abschätzungen an, dass die Planetenbahnen kreisförmig sind!

3.2   Monde – stille Begleiter

Aufgabe 66 – Phobos-Springer

Ende der 1980er-Jahre waren zwei russische Raumfahrt-Missionen unterwegs zum Marsmond Phobos[2]. Dieser erhielt seinen Namen von seinem Entdecker Asaph Hall, dem am 16.8.1877, gerade einen Tag vor der Entdeckung von Phobos, die Wiederentdeckung des am 11.8. jenes Jahres zuerst beobachteten Deimos gelang.

Dass die Entdeckung so lange auf sich warten ließ, hat seine Ursache wohl in der geringen Größe und damit auch Helligkeit der Monde, die nur etwa 12 mag beträgt. Zudem kreisen sie recht nahe um den Mars, mit Umlaufzeiten von $7^{\mathrm{h}}39^{\mathrm{m}}$ und $30^{\mathrm{h}}18^{\mathrm{m}}$ für Phobos und Deimos, zu Deutsch Furcht und Schrecken, die richtigen Begleiter für den griechischen und römischen Kriegsgott.

Die Fortbewegung auf der Phobosoberfläche, man denke an den beweglichen Lander, den Hopper, der laut damaligem Zeitplan im Mai 1989 auf dem Mond abgesetzt werden sollte, erfordert keine großen Kräfte. Dies soll in dieser Aufgabe den Stoff „Zum Nachdenken" liefern.

❓ A 66.1

Bestimmen Sie a) aus den Durchmessern $a = 27\,\mathrm{km}$, $b = 22\,\mathrm{km}$ und $c = 19\,\mathrm{km}$ des dreiachsigen Ellipsoids, das Phobos recht gut beschreibt, dessen mittleren Radius $\bar{R}$ und b) mit seiner Dichte $\rho = 1{,}62\,\mathrm{g\,cm}^{-3}$ die Masse!

❓ A 66.2

Nehmen Sie an, dass ein irdischer Hochspringer seinen Schwerpunkt um $h = 1{,}5\,\mathrm{m}$ hebt, wenn er über die verhasste Latte springt, und berechnen Sie a) seine Absprunggeschwindigkeit v_0 und b) die Zeitdauer des Sprunges! Das Gravitationsfeld darf dabei natürlich als homogen angenommen werden.

❓ A 66.3

Die Energie E, die unser Hochspringer zur Überwindung der Erdschwere aufbringen kann, entspricht der Potenzialdifferenz $\Delta E_{\mathrm{pot}} = m\,g\,h$. Dabei ist m seine Masse und $g = 9{,}81\,\mathrm{m\,s}^{-2}$ die Erdbeschleunigung. Sie wird von ihm beim Absprung in Form von kinetischer Energie zur Verfügung gestellt. Auf Phobos kann die Abnahme der Gravitationskraft jedoch nicht mehr vernachlässigt werden. Deshalb muss man die Potenzialdifferenz ϕ in diesem Falle exakt berechnen ($\phi = -G\,M\,m/r$).

Berechnen Sie die Höhe H, die der Hochspringer kraft seines Körpers auf Phobos erreichen könnte!

❓ A 66.4

Das Berechnen der Sprungzeit ist nun leider nicht mehr ganz so einfach. Während man die Umlaufperiode einer entarteten Ellipse noch mit einfachen Mitteln bestimmen kann, lassen sich Bruchteile, die den Abstand von Zentralkörper als Parameter haben, nur durch geschickte Integration, wie sie zum Beispiel Karl Stumpff in seiner Himmelsmechanik,

---

[2] Als die Aufgabe im September 1988 ursprünglich gestellt wurde, war sie hochaktuell und die Raumsonden gerade auf dem Weg zum Mars. Man konnte in der Redaktion von *Sterne und Weltraum* natürlich nicht wissen, dass der Kontakt zu beiden Sonden nur wenig später verloren gehen und die Missionen niemals ihr Ziel erreichen sollten.

Apsiden

◘ Abb. 2.2 auf S. 77 in ▶ Abschn. 2.1 zeigt rechts eine Ellipse, die Bahn eines Himmelskörpers im Zwei-Körper-Problem. Die zwei Hauptscheitel, die Apsiden, sind mit A und P beschriftet. Allgemein bezeichnet man A, den Punkt mit dem größten Abstand zum Zentralkörper in F_1, als Apoapsis und P (mit dem geringsten Abstand) als Periapsis.

Je nachdem, welcher Himmelskörper im betrachteten Fall die zentrale Masse im Brennpunkt ist, haben die Apsiden eigene Namen bzw. werden an die Vorsilben „Ap(o)" und „Peri" z. B. die folgenden Endungen angehängt:

- -hel, für die Sonne,
- -gäum, für die Erde,
- -selen, für den Erdmond,
- -astron, für einen Stern,
- -phobon, für den Marsmond Phobos (wie in Aufgabe 66).

Betrachtet man die Bahnen von Doppelsternen um ihren gemeinsamen Massenschwerpunkt, so spricht man vom Apo- und Perizentrum der Bahnen.

Band 1, vorgerechnet hat, lösen. Das Endergebnis lautet für zwei Entfernungen r und R, $r < R$, im aufsteigenden Ast der Bahn

$$\Delta t = \sqrt{\frac{a^3}{GM}} \left\{ \left[2\arctan\sqrt{\frac{R}{2a-R}} - \frac{\sqrt{R\,(2a-R)}}{a} \right] - \left[2\arctan\sqrt{\frac{r}{2a-r}} - \frac{\sqrt{r\,(2a-r)}}{a} \right] \right\}.$$

(3.6)

Dabei ist a die große Halbachse der entarteten Ellipse, deren Periphobon in Phobos und deren Apophobon in der Höhe H über Phobos liegt (vgl. Nice-to-know 11 zu dieser Aufgabe auf S. 103). G ist die Gravitationskonstante und M die Masse von Phobos. Nimmt man für r den mittleren Durchmesser von Phobos und setzt $R = \bar{R} + H$, ergibt sich die Steigzeit.

Berechnen Sie, wie lange es dauert, bis der Hochspringer auf Phobos wieder festen Boden unter seinen Füßen spürt!

? A 66.5

Berechnen Sie, a) wie hoch man auf der Erde springen können müsste, um bei einem genauso kräftigen Sprung auf Phobos dessen Schwerefeld ein für allemal zu verlassen, und b) die Größe der Fluchtgeschwindigkeit vom Marsmond!

Aufgabe 67 – Phobos bewegt sich …

… sehr schnell um seinen Zentralkörper, den Mars. Deshalb können zukünftige Astronauten den kleinen Marsmond ($a \times b \times c = 27{,}3\,\text{km} \times 22{,}5\,\text{km} \times 19{,}3\,\text{km}$) innerhalb eines Marstages zweimal im Westen auf- und im Osten wieder untergehen sehen.

◘ **Tabelle 3.1** Daten zur Berechnung der scheinbaren Helligkeit von Phobos für einen zukünftigen Marsbesucher

Größe	Mond	Phobos	Mars
Albedo A	0,12	0,06	
Radius R	1738 km	$a \times b \times c$	3396 km
Bahnradius r	384 400 km	9378 km	1,52369 AE
Scheinbare Helligkeit m	−12,73		

❓ A 67.1

In seiner äquatorialen zirkularen Bahn benötigt Phobos für einen Umlauf die Zeit $P_\mathrm{p} = 7^\mathrm{h} 39^\mathrm{m}$.

Berechnen Sie, a) wie lange sich Phobos über dem Horizont bewegt, und b) wie lange unterhalb! Die Rotationsdauer von Mars beträgt $P_{\mars} = 24^\mathrm{h} 37^\mathrm{m} 23^\mathrm{s}$. Vernachlässigen Sie seine Bahnneigung von $i \approx 1°$ und seine geringe Exzentrizität $e = 0,015$.

❓ A 67.2

Berechnen Sie die scheinbaren Durchmesser δ_P, welche Phobos von Mars aus betrachtet (wieder am Äquator) hat, und vergleichen Sie Ihre Ergebnisse mit dem des Erdmondes $\delta_{\leftmoon} \approx 1/2°$! Berechnen Sie weiterhin den scheinbaren Durchmesser des Mars von Phobos aus betrachtet!

❓ A 67.3

Bestimmen Sie durch Vergleich mit den Verhältnissen bei Erde und Mond die scheinbare Helligkeit m_p von Phobos für den gedachten Marsbesucher! Verwenden Sie die Daten aus ◘ Tab. 3.1.

Hinweis: Berücksichtigen Sie die Entfernung des Mars zur Sonne, die unterschiedliche Albedo der Monde, die geringe Entfernung Phobos – Mars und die Querschnittsfläche des Marstrabanten. Wählen Sie die Fläche F_p von Phobos maximal, nämlich $F_\mathrm{P} = \pi\, a\, b / 4$. Die scheinbare Helligkeit des irdischen Vollmondes beträgt $m_{\leftmoon} = -12,73$ mag.

❓ A 67.4

Berechnen Sie, in welchem Breitenintervall Phobos über den Horizont steigt!

❓ A 67.5

Da Phobos in relativ geringer Entfernung über den Planeten fliegt, kann zu einem Zeitpunkt nur ein Teil der Marshemisphäre überblickt werden. Berechnen Sie, wie viel Prozent der Hemisphäre das sind!

❓ EA 67.6

a) Bestimmen Sie, an welchem Punkt der Bahnkurve eines fiktiven Beobachters auf dem Marsäquator die Winkelgeschwindigkeit ω_p von Phobos am größten ist! Gehen Sie hierfür zunächst von einem nicht selbst rotierenden Mars aus.

b) Berechnen Sie den maximalen Wert der Winkelgeschwindigkeit i) ohne und ii) mit Marsrotation, wenn dessen siderische Winkelgeschwindigkeit $\omega_{\mars} = 360° / P_{\mars}$ beträgt!

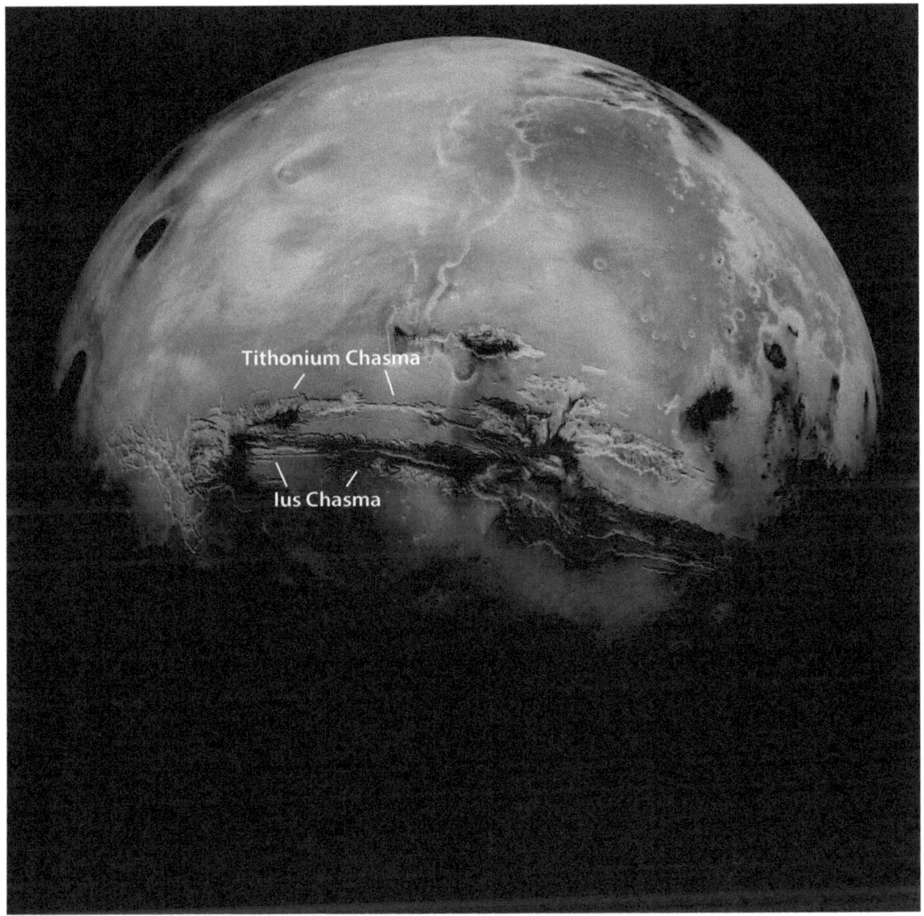

◫ Abb. 3.11 Das größte bekannte Grabensystem im Sonnensystem sind die Valles Marineris auf Mars. Diese Darstellung wurde aus Daten der beiden Orbiter der Viking-Missionen erstellt. Das in Ben Bovas Roman erwähnte Tithonium Chasma ist markiert. Bild: NASA

Aufgabe 68 – Marsstationäre Satelliten

In seinem Science-Fiction-Roman *Mars* (Bova 1999) beschreibt Ben Bova (*1932) auf 775 Seiten die erste bemannte Mission zum Roten Planeten. Die über lange Strecken realistisch geschilderte Forschungsattacke erlebt zahlreiche spannende Höhen und Tiefen. Als Clou findet die 25-köpfige, international besetzte Crew unter großem Einsatz schließlich primitives Leben in Form von Flechten in einem Teil des Valles Marineris, dem Tithonium Chasma (vgl. ◫ Abb. 3.11), zwischen 80° und 90° westlicher Länge, 5° südlich des Marsäquators. Die beschriebenen Umstände ähneln stark den Szenenfotos (vgl. ◫ Abb. 3.12) des 2000 in den Kinos gelaufenen Films „Mission to Mars".

Die Kommunikation zur Erde gelingt auch während mehrerer Ausflüge mit einem im Vergleich zum Mondmobil sehr großen druckbeaufschlagten Marsrover mit Hilfe von Kommuni-

◘ **Abb. 3.12**   Szenen aus dem Film „Mission to Mars". *Links*: Landefähre und Wohnmodul. *Mitte*: Crew-Mitglieder auf Exkursion. *Rechts*: Menschen auf dem Mars. Bilder: Buena Vista Pictures, Constantin Film

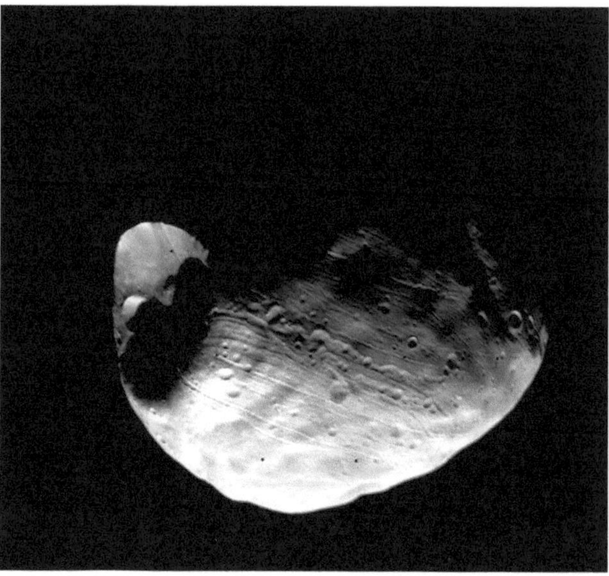

◘ **Abb. 3.13**   Phobos ist der größere der beiden Marsmonde. Mit seinen Ausmaßen von 26,8 km × 22,4 km × 18,4 km hat er die Form einer Kartoffel. Bild: Viking 1 Orbiter, NASA

kationssatelliten in der marsstationären Umlaufbahn. In *Mars* befindet sich der marsstationäre Orbit in 20 000 km Höhe über dem Äquator.

A 68.1

Berechnen Sie zunächst aus den Umlaufdaten von Phobos (◘ Abb. 3.13), dem Marsmond auf der inneren Umlaufbahn, die Masse $M_{\male}$ des Mars! Verwenden Sie dazu das dritte Kepler'sche Gesetz in der Form

$$\frac{P_{\text{Ph}}^2}{a_{\text{Ph}}^3} = \frac{4\pi^2}{G\left(M_{\male} + m_{\text{Ph}}\right)}. \tag{3.7}$$

Dabei ist die Umlaufperiode von Phobos $P_{\text{Ph}} = 0{,}3189\,\text{d}$, seine große Bahnhalbachse ist $a_{\text{Ph}} = 9378\,\text{km}$ und seine Masse beträgt $m_{\text{Ph}} = 9{,}6 \cdot 10^{15}\,\text{kg}$.

A 68.2

Berechnen Sie, a) wie groß der Bahnradius eines stationär (vgl. Nice-to-know 6 auf S. 56 im ▶ Abschn. 1.3) über dem Marsäquator kreisenden Kommunikationssatelliten ist und b) wie hoch dieser tatsächlich über dem Marsäquator steht! Vergleichen Sie Ihre Ergebnisse mit der Zahl aus Ben Bovas *Mars*!

Das Rätsel ist aber unvollständig! Zu ergänzen gewesen wäre folgende Aufgabe 3): Man erfinde eine Zeitmaschine, um die Lösung des Mai-Rätsels noch rechtzeitig vor dem „15. April" einsenden zu können!

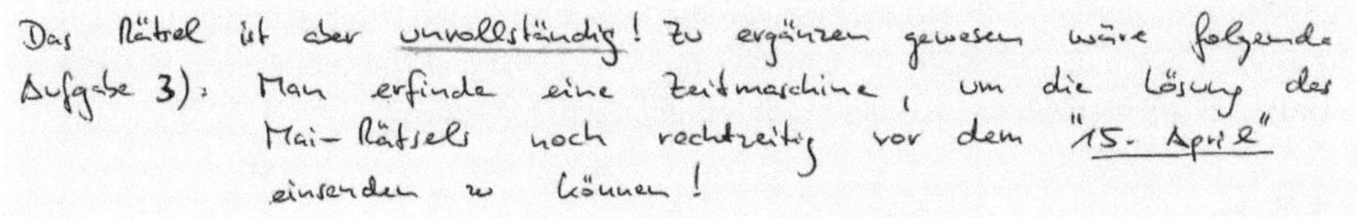

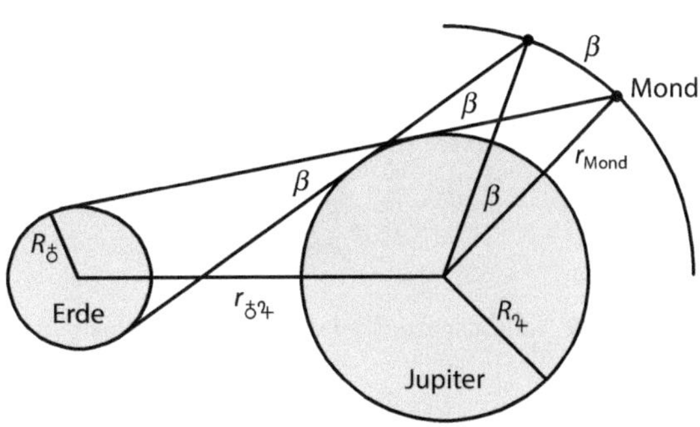

Abb. 3.14 Im ursprünglichen Text von Aufgabe 68 hatte sich ein kleiner Druckfehler eingeschlichen. Als Abgabedatum war der 15. April statt des 15. Mais gefordert. Dies motivierte einen Löser dazu, diesen Vorschlag einer Zusatzaufgabe einzureichen

Mars rotiert in $P_{♂} = 24^{\text{h}}37^{\text{m}}22{,}66^{\text{s}}$ einmal um seine Achse. Sein Radius beträgt $R_{♂} = 3396\,\text{km}$. Abb. 3.14 enthält einen Vorschlag für eine Zusatzaufgabe.

Aufgabe 69 – Bedeckungen (Von Jochen Eislöffel)

Nach einer wahren Begebenheit

Eine Schülergruppe wollte das Bedeckungsende des Jupitermondes Ganymed beobachten. Beim Warten auf das Wiederauftauchen war genug Muße, um über den zu erwartenden Zeitpunkt nachzudenken. Schließlich gerieten sie in Streit darüber, wann denn der Austritt des Mondes zu erwarten sei. Ein Schüler argumentierte so: „Wenn wir den Aufgang des Erdmondes berechnen wollen, müssen wir eine Zeitkorrektur für die geografische Längendifferenz zwischen unserem Beobachtungsort und dem im Jahrbuch angegebenen Ort anbringen. Geht ein Mond hinter Jupiter auf, dann müssen wir dieselbe Zeitkorrektur natürlich auch anbringen." Hat der Schüler recht?

A 69.1

Berechnen Sie, um welche Zeitspanne der Erdmond an einem Beobachtungsort 7°30′ östlicher Länge später aufgeht, als in einem Jahrbuch für 10° östliche Länge angegeben!

A 69.2

Berechnen Sie, wie groß die Zeitdifferenz der Bedeckungsenden für die Galileischen Monde auf Grund der unterschiedlichen Blickrichtungen von der Erde jeweils maximal werden kann! Für zwei Beobachter nahe dem linken und rechten Erdrand gilt die in Abb. 3.15 dargestellte Geometrie.

Abb. 3.15 Zwei Beobachter an den äußeren Rändern der Erde beobachten das Bedeckungsende eines Galileischen Mondes.

Verwenden Sie für Ihre Berechnungen die folgenden Daten: Umlaufzeiten: Io $P_{\text{Io}} = 1{,}769\,\text{d}$, Europa $P_{\text{Eu}} = 3{,}551\,\text{d}$, Ganymed $P_{\text{Ga}} = 7{,}115\,\text{d}$ und Kallisto $P_{\text{Ka}} = 16{,}689\,\text{d}$. Erdradius $R_{\oplus} = 6378\,\text{km}$, Abstand Erde–Jupiter zur Opposition $r_{\oplus\,\text{♃}} = 4{,}2\,\text{AE}$.

? A 69.3

Berechnen Sie die Zeitkorrekturen, welche die Schüler an ihrem Beobachtungsort ($\varphi = 50°$) anbringen müssen, wenn die Werte im Jahrbuch für 10° östliche Länge gelten! Beobachtet wird zur Oppositionszeit um Mitternacht! Können die Schüler diese Zeiten mit normalen Stoppuhren (Zehntelsekunden) messen?

? A 69.4

Jupiter erscheint zur Opposition unter einem Winkel von ca. $47''$. Berechnen Sie, unter welchem Winkel die Erde dann vom Jupiter aus gesehen erscheint!

Aufgabe 70 – Schattenspiele

Der Planet Jupiter ist eines der schönsten Beobachtungsobjekte am Nachthimmel – egal ob mit bloßem Auge, im Feldstecher oder im Teleskop. In den beiden letzteren Varianten ist die Beobachtung der Galilei'schen Monde ein Muss.

Am 6. Januar 2000 konnte Europa nach Austritt aus der Bedeckung durch Jupiter für den Zeitraum von neun Minuten kurz gesehen werden, bevor sie im Jupiterschatten verschwand. Was zunächst sicher etwas merkwürdig klingt, soll im Folgenden quantitativ betrachtet werden. Verwenden Sie für Ihre Berechnungen die Entfernungen $r_{\oplus} = 147{,}1 \cdot 10^6\,\text{km}$ und $r_{\text{♃}} = 742{,}9 \cdot 10^6\,\text{km}$ zwischen Erde bzw. Jupiter und der Sonne und $\Delta = 704 \cdot 10^6\,\text{km}$ für jene zwischen Erde und Jupiter.

? A 70.1

   a) Berechnen Sie zunächst den Winkel φ_{S}, um den sich der Schatten hinter Jupiter verjüngt (vgl. ◘ Abb. 3.16)!
   b) Berechnen Sie die Schattenlänge in Einheiten des Jupiterradius $R_{\text{♃}} = 71\,492\,\text{km}$!
   c) Berechnen Sie in analoger Weise zu a) denjenigen Winkel φ_{J}, um den sich der Bedeckungskegel auf der Linie Erde–Jupiter aufweitet!

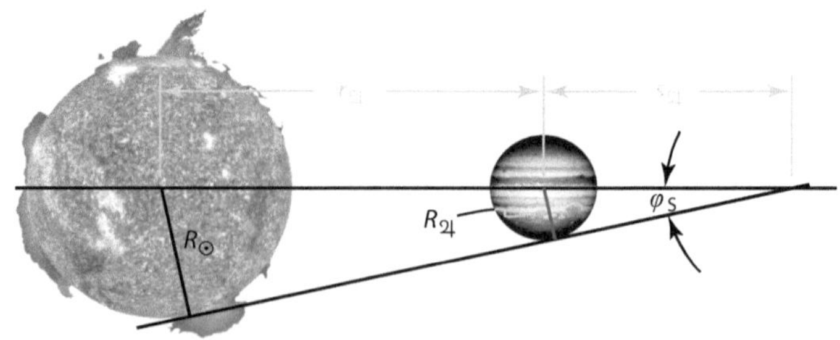

◘ **Abb. 3.16** Vom Schnittpunkt der beiden Geraden aus betrachtet, erscheinen Jupiter und Sonne unter dem gleichen Winkel φ_{S}.

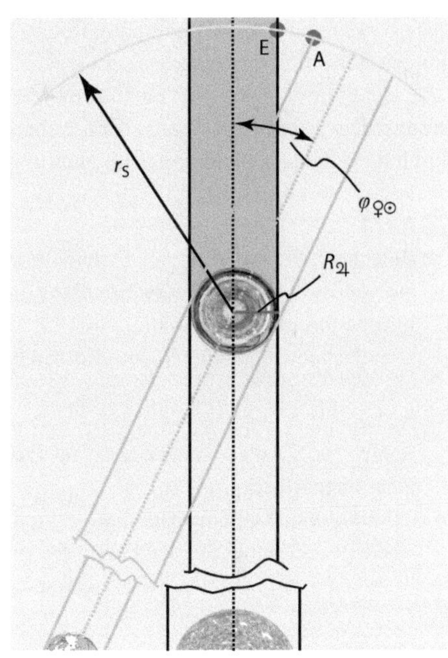

◘ Abb. 3.17 Der Jupitersatellit tritt bei *A* hinter Jupiter hervor und läuft kurze Zeit später bei *E* in seinen Schatten.

? A 70.2

Berechnen Sie, welche Zeit der Mondmittelpunkt zum Durchschreiten a) seines Durchmessers, b) und c) der mit den Winkeln φ_S und φ_J korrespondierenden Bahnstücke benötigt!

Europas Bahnradius misst $r_{Eu} = 671\,000$ km, seine Umlaufperiode ist $P_{Eu} = 3{,}551$ d und sein Radius $R_{Eu} = 1561$ km.

? A 70.3

Nehmen Sie an, die Erde sei von Jupiter aus gesehen in maximaler Elongation. Berechnen Sie, a) wie groß dann der Winkel $\varphi_{♃☉}$ (s. ◘ Abb. 3.17) und b) wie groß das Bahnstück zwischen A und E unter Berücksichtigung der Winkel φ_S und φ_J ist! Diskutieren Sie, c) welche schwerwiegende Folgerung daraus gezogen werden muss!

? A 70.4

Für das Überstreichen besagten Bahnstücks benötigte Europa am 6.1.2000 neun Minuten. Bestimmen Sie den zugehörigen jovizentrischen Winkel!

Aufgabe 71 – Europas Ozean

Die Raumsonde Galileo hat ab Ende 1995 fantastische Bilder und Messungen der großen Jupitermonde geliefert. Diese Datenflut enthält zahlreiche Hinweise, die kaum noch an der Existenz eines Wasserozeans unter der Eiskruste[3] des Jupitermondes Europa zweifeln lassen.

---

[3] Details zur Beschaffenheit der Eiskruste erfahren Sie in Aufgabe 72.

Insbesondere auf Grund der Magnetfeldmessungen, aber auch nach thermischen Modellrechnungen wird die Existenz riesiger Ozeane auch für die großen Eismonde Ganymed und Kallisto angenommen. Europa ist mit $m_{\mathrm{Eu}} = 4{,}8 \cdot 10^{22}$ kg der leichteste der vier Galilei'schen Monde. Die interessante Frage nach Leben in unserem Sonnensystem jenseits der Erde findet durch diese Untersuchungen neue Nahrung.

❓ A 71.1

Berechnen Sie mit Hilfe des Stefan-Boltzmannschen Gesetzes in der Form $\dot{E} = F_{\mathrm{Eu}}\, \sigma\, T_{\mathrm{Eu}}^4$ die von Europa in Form von Strahlung emittierte Leistung $\dot{E}$. Dabei ist F_{Eu} die Oberfläche Europas mit ihrem Radius $R_{\mathrm{Eu}} = 1561$ km und σ die Stefan-Boltzmannsche Konstante. Die Oberflächentemperatur T_{Eu} von Europa betrage $T_{\mathrm{Eu}} = -160\,^\circ\mathrm{C}$.

❓ A 71.2

Berechnen Sie die von der Sonne auf Europa übertragene Leistung $\dot{E}_{\mathrm{Eu}}$ unter Berücksichtigung ihrer Albedo $A_{\mathrm{EU}} = 0{,}6$!

Hinweis: Die Sonneneinstrahlung am Ort der Erde beträgt $S = 1{,}36\,\mathrm{kW/m^2}$. Bei Jupiter ist sie gemäß seiner um den Faktor 5,2 größeren Sonnendistanz deutlich schwächer.

❓ A 71.3

Damit Europa ihre Oberflächentemperatur halten kann und nicht noch stärker auskühlt, muss die durch Wärmestrahlung abgeführte Energie durch Sonneneinstrahlung, innere Wärme und Gezeitenreibung aufgewogen werden.

Berechnen Sie unter der Voraussetzung, dass die Wärmezufuhr aus dem Zerfall radioaktiver Elemente im Inneren Europas heute keinen erwähnenswerten Beitrag mehr liefert, a) den der Gezeitenreibung zuzuordnenden Anteil $\dot{E}_{\mathrm{G}}$ und b) vergleichen Sie das Ergebnis mit dem Verlust an Rotationsenergie $\dot{E}_{\mathrm{E}} = 3{,}34 \cdot 10^{12}\,\mathrm{J/s}$ der Erde, der zum „Aufpumpen" der Mondbahn führt!

❓ A 71.4

Die Messungen durch Galileo bei seinen Vorbeiflügen an Europa legen nahe, dass der Mond keine homogene Massenverteilung besitzt. Vielmehr hat er eine im Vergleich zu seinem Inneren deutlich leichtere Hülle von insgesamt $D = 200$ km Mächtigkeit, die wahrscheinlich einen Ozean aus Wasser beherbergt.

Berechnen Sie die Masse m_{K} von Europas Kern mit dem Radius R_{K}! Verwenden Sie als mittlere Dichte für den Eis- und Wassermantel $\rho = 1{,}2\,\mathrm{g/cm^3}$.

❓ A 71.5

Schätzen Sie ab, welchem Druck Eiskristalle am unteren Ende des Eis-/Wasser-Mantels in der Tiefe $D = 200$ km ausgesetzt sind!

Verwenden Sie als Näherungslösung für den gesuchten Druck $p_{\mathrm{K,N}}$ – unter Annahme konstanter Dichte und unveränderlicher Schwerebeschleunigung $g_{\mathrm{Eu}} = G\, m_{\mathrm{K}}/R_{\mathrm{EU}}^2$ – die Gleichung für den hydrostatischen Druck $p = \rho\, g\, h$. Dabei ist h die Wassertiefe und G die Gravitationskonstante.

❓ EA 71.6

Berechnen Sie, welchem Druck Eiskristalle am unteren Ende des Eis-/Wasser-Mantels in der Tiefe $D = 200$ km ausgesetzt sind!

◘ Abb. 3.18   Die *dunkelblaue Kurve* stellt die Schmelzkurve von Wassereis dar. In der *oberen Grafik* ist die Schmelztemperatur von Eis in Kelvin im Druckbereich von 0 bis 4 Gigapascal (GPa) aufgetragen. Die *senkrechten Linien* markieren die Eisphasen *Eis I, III, V, VI* und *VII*. Der *grün* markierte Teil ist unten vergrößert dargestellt. Hier ist als *rote Kurve* ein Temperaturverlauf eingezeichnet, bei dem sich ein Ozean bilden würde. Innerhalb des *blauen* Bereiches zwischen *roter* und *blauer Kurve* wird die Schmelztemperatur überschritten, und Wasser läge in flüssiger Form vor. Der Ozean ist in diesem Fall oben von der Eis-I-Schicht und unten von der Eis-V-Schicht begrenzt.

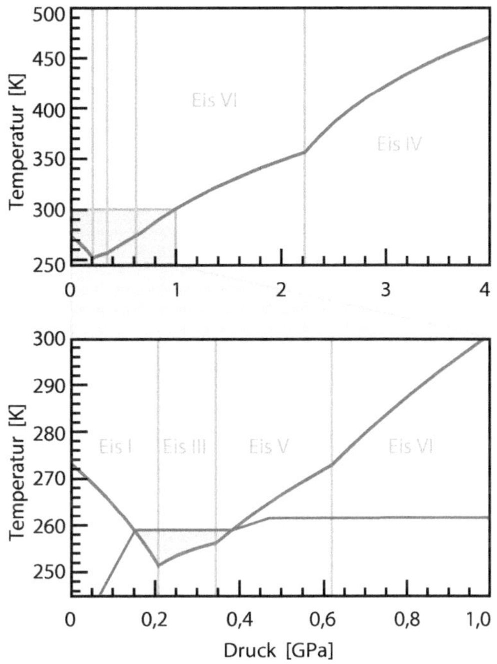

Hinweis: Der Druck beim Radius r ergibt sich durch Integration der Gleichung

$$\mathrm{d}p = -G\,\frac{\rho(r)\,m(r)}{r^2}\,\mathrm{d}r\,, \tag{3.8}$$

zwischen der Oberfläche, $r = R_{\mathrm{EU}}$, und der betrachteten Tiefe r. (3.8) beschreibt, wie sich die Änderung $\mathrm{d}p$ des Drucks mit dem Gewicht des Volumenelements, also dessen Masse $\rho(r)\,\mathrm{d}r$ und Beschleunigung $G\,m(r)/r^2$, ändert. Mit dem Ergebnis aus Aufgabe 71.4 lässt sich $m(r)$ für $r > R_{\mathrm{K}}$ aufschreiben zu

$$m(r) = m_{\mathrm{K}} + \frac{4\pi}{3}\left(r^3 - R_{\mathrm{K}}^3\right)\rho(r)\,, \tag{3.9}$$

wobei nun $\rho(r)$ wiederum als konstant mit $\rho = 1{,}2\,\mathrm{g/cm^3}$ angenommen werden darf.

❓ A 71.7

Schätzen Sie, in gleicher Weise wie in Aufgabe 71.5, den Druck p_{M} am Boden des Marianengrabens in 11 km Wassertiefe bei $g = 10\,\mathrm{m/s^2}$ und $\rho = 1\,\mathrm{g/cm^3}$ ab! Vergleichen Sie dies mit den Ergebnissen aus Aufgabe 71.5 bzw. 71.6.

❓ A 71.8

Nehmen Sie an, dass die Mächtigkeit d des von einer dicken Eisschicht bedeckten Ozeans $d = 100\,\mathrm{km}$ betrage und seine Temperatur $T_{\mathrm{Ozean}} = -10\,^\circ\mathrm{C}$ sei (siehe ◘ Abb. 3.18).

Berechnen Sie, welcher Energievorrat dann in diesem Ozean relativ zur Oberflächentemperatur steckt! Die spezifische Wärmekapazität $c_{\mathrm{H_2O}}$ des Wassers und Eises im relevanten Temperaturbereich betrage $c_{\mathrm{H_2O}} = 2\,\mathrm{J\,g^{-1}\,K^{-1}}$.

? A 71.9

Würde man Europa von seinen Energiequellen in toto abschneiden, so kühlte dieser Ozean vergleichsweise recht schnell bis auf die Oberflächentemperatur ab. Schätzen Sie die Zeitdauer des Abkühlvorgangs ab!

Aufgabe 72 – Unter der Eiskruste: Europas Ozean

Der Jupitermond Europa gilt als einer der interessanten Himmelskörper im äußeren Sonnensystem. Er besteht wie der Erdmond überwiegend aus silikatischen Gesteinen, ist aber im Gegensatz zu diesem von einer rund 100 Kilometer mächtigen Schicht aus Wasser und Eis umgeben. Viele Forscher vermuten, dass diese Wasserschicht nicht bis unten zum festen Gesteinsmantel gefroren ist, sondern dass sich unter einer etwa 20 bis 30 Kilometer mächtigen Eiskruste ein Ozean aus flüssigem Wasser erstreckt. Europa unterliegt starken geologischen Veränderungen, wie seine zerfurchte Eiskruste und das weitgehende Fehlen von Einschlagkratern beweisen. Die Ursache für diese Änderungen liegt in der durch Gezeitenkräfte entstehenden Reibungswärme. Auf seiner elliptischen Umlaufbahn um Jupiter wird der Mond unentwegt deformiert.

Aus der Nähe betrachtet, erinnert die Oberfläche Europas an irdische Packeisregionen und Gletscherströme. Der gesamte Mond ist von Spaltensystemen überzogen. Daneben existieren eng begrenzte Gebiete, die als chaotische Terrains bezeichnet werden. Hier ist die Kruste aufgebrochen und in Eisblöcke zerteilt (vgl. ◨ Abb. 3.19).

Das chaotische Terrain gilt allgemein als Hinweis auf junge geologische Aktivität an der Oberfläche von Europa. Ein Forscherteam aus Texas schlug 2011 einen vierstufigen Entstehungsprozess vor, den sie u. a. aus Beobachtungen an einem kollabierenden Eisschelf in der Antarktis ableiteten (Schmidt 2011 und Althaus 2012). Durch eine thermische Aufwallung entsteht unter der Eisschicht eine salzhaltige Wasserlinse. Dadurch kann das darüberliegende Eis einstürzen, und die herumtreibenden Eisberge werden verdreht und verkippt. Lässt der Wärmefluss nach, beginnt das Wasser wieder zu gefrieren.

Für ihre Forschung nutzen Schmidt et al. neben den Untersuchungsergebnissen aus der Antarktis die archivierten Bilder der Raumsonde Galileo, die von 1995 bis 2003 Jupiter und seine vier großen Galilei'schen Monde aus der Nähe erkundete (vgl. auch Aufgabe 71).

? A 72.1

Berechnen Sie das Volumen V_{Eu} des Ozeans von Europa und vergleichen Sie mit demjenigen der Erde (ohne Eisvorkommen und Grundwasser) $V_{\mathrm{Erde}} = 1{,}35 \cdot 10^{18}$ m^3! Der Radius von Europa beträgt $R_{\mathrm{Eu}} = 1561$ km, seine Eiskruste ist rund $D_{\mathrm{Eu}} = 30$ km dick, und die Tiefe des Ozeans liegt bei $T_{\mathrm{Eu}} = 70$ km.

? A 72.2

Die Größe der vermuteten Salzseelinsen unterhalb der chaotischen Terrains in der Eiskruste von Europa könnte durchaus $r_{\mathrm{See}} = 40$ km erreichen.

Berechnen Sie unter der Annahme, dass die vertikale Ausdehnung der Linse $h_{\mathrm{See}} = 5$ km beträgt, die Masse m_{See} der Salzseelinse! Die Dichte von Wasser ist $\rho_{\mathrm{H_2O}} = 1000$ kg/m^3.

Abb. 3.19 In dieser künstlerischen Darstellung eines Schnitts durch die 30 Kilometer dicke Eiskruste des Jupitermonds Europa ist einer der vermuteten Salzseen in der Bildmitte zu sehen. Über ihm befindet sich die zerrüttete Kruste eines chaotischen Terrains, unterhalb der Eiskruste beginnt der bis zu 70 Kilometer tiefe Wasserozean. Quelle: Britney Schmidt/Dead Pixel VFX/University of Texas at Austin

A 72.3

Berechnen Sie, welche Energiemenge Q_{See} zum Erwärmen und Schmelzen des Eises der Linse erforderlich ist!

Die anfängliche Temperatur des Eises sei die der Oberfläche: $T = 120\,\text{K}$. Die spezifische Wärmekapazität von Eis beträgt $c_{120} = 1{,}38\,\text{kJ}\,\text{kg}^{-1}\,\text{K}^{-1}$ bei dieser Temperatur. Sie steigt bis zur Schmelztemperatur des Eises auf $c_{273} = 2{,}05\,\text{kJ}\,\text{kg}^{-1}\,\text{K}^{-1}$ an. Verwenden Sie zur Vereinfachung eine mittlere spezifische Wärmekapazität von $c_{\text{Eis}} = 1{,}7\,\text{kJ}\,\text{kg}^{-1}\,\text{K}^{-1}$. Zum Schmelzen des Eises schließlich muss die spezifische Schmelzwärme $q_{\text{S,Eis}} = 333{,}5\,\text{kJ/kg}$ aufgebracht werden.

Aufgabe 73 – Amalthea

Seit den Besuchen von Galileo bei (951) Gaspra (vgl. A 84) und (243) Ida mit Dactyl sowie dem Vorbeiflug an (253) Mathilde und der ausgiebigen Erforschung von (433) Eros durch Near besitzen wir hochaufgelöste Aufnahmen von Asteroiden. Auch das 1000-Fuß-Teleskop auf Puerto Rico konnte mit Hilfe von Radarechos Bilder von (4179) Toutatis, (9969) Braille, (1620) Geographos und (216) Kleopatra gewinnen (Gritzner 2000). Alle diese Körper sind keineswegs rund, sondern mehr oder weniger elongiert. Im Fall von Kleopatra hat man gar die Form eines Hundeknochens vor sich. Wie die beiden Marsmonde Phobos und Deimos, so sind auch viele der kleineren Monde der Gasriesen unrund. Einige davon mögen eingefangene Asteroiden sein, und von der Form her sind sie sowieso eher zu ihnen zu zählen.

In dieser Aufgabe soll nun angenommen werden, Amalthea, Jupitermond V, mit der Form eines Ellipsoids mit den Halbachsen $a = 135\,\mathrm{km}$, $b = 84\,\mathrm{km}$ und $c = 75\,\mathrm{km}$ und der mittleren Dichte $\rho_\mathrm{A} = 1{,}8\,\mathrm{g/cm^3}$, sei ein eingefangener Asteroid (vgl. ◨ Abb. 3.20 und ◨ Abb. 3.21). Triaxiale Körper rotieren ohne externe Störkräfte meist um ihre kleinste Achse, so dass ihr Trägheitsmoment $J = \frac{1}{5}\,m\,(a^2 + b^2)$ maximal ist.

❓ A 73.1

Berechnen Sie die Umlaufdauer P_A Amaltheas, welche Jupiter im Abstand $r_\mathrm{A} = 181\,300\,\mathrm{km}$ von dessen Zentrum umrundet!

Hinweise: Setzen Sie die Gravitationskraft zwischen Jupiter und Amalthea $F_\mathrm{G} = G m_\mathrm{A}\, m_\jupiter / r_\mathrm{A}^2$ gleich der Radialkraft auf Amalthea $F_\mathrm{R} = m_\mathrm{A}\,\omega_\mathrm{A}^2\, r_\mathrm{A}$. Jupiters Masse beträgt $m_\jupiter = 1{,}90 \cdot 10^{27}\,\mathrm{kg}$, die Bahnfrequenz ist $\omega_\mathrm{A} = 2\pi / P_\mathrm{A}$.

◨ **Abb. 3.20** Amalthea (*links*, kontrastverstärkt) mit Io, gemeinsam aufgenommen von der Jupitersonde Galileo im November 1997. Bild: Tilmann Denk, DLR/JPL

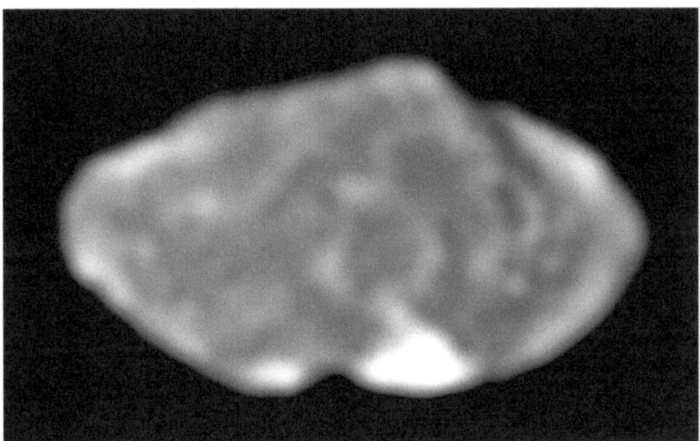

◨ Abb. 3.21 Diese Aufnahme von Amalthea zeigt die in der Bahn voranschreitende Hemisphäre. Sie gelang der Jupitersonde Galileo ebenfalls im Jahr 1997. Bild: NASA/ JPL/Cornell University

? A 73.2

Berechnen Sie die Masse Amaltheas m_A und diskutieren Sie, ob Jupiter diesen Mond als „Nanoteilchen" bezeichnen könnte!

? A 73.3

Nehmen Sie an, Amalthea sei einst ein Kleinplanet gewesen und besaß als solcher die Umdrehungsperiode $P = 5$ Stunden. Nach dem Einfang durch Jupiter wurde Almathea dann, wie heute zu beobachten, durch Gezeitenreibung in eine synchrone Umlaufbahn gezwungen, d. h. die Umlaufperiode ist gleich der Eigenrotationsperiode.

Berechnen Sie, wie viel Rotationsenergie E_{rot} per Gezeitenreibung abgebaut werden musste!

Hinweis: Die in der Eigenrotation steckende Energie ist $E_{\text{rot}} = \frac{1}{2} J \omega^2$.

? A 73.4

Nehmen Sie des Weiteren an, dass innerhalb kurzer Zeit die Energie aus der Gezeitenreibung vollständig in Wärme Q_T (siehe Quetz 2001) umgesetzt worden wäre, und berechnen Sie, um welchen Betrag ΔT dann die Temperatur Amaltheas angestiegen wäre!

Hinweise: Wärmemenge und Temperaturerhöhung sind durch $Q_T = c_B \, m_A \, \Delta T$ miteinander verknüpft. Dabei ist $c_B = 3{,}35\,\text{J}\,\text{g}^{-1}\,\text{K}^{-1}$ die in Quetz 2001 verwendete spezifische Wärmekapazität des lunaren Basalts.

Aufgabe 74 – Entweichgeschwindigkeit

Im Sonnensystem gibt es sieben Planeten und einen Mond, die mit Sicherheit eine Atmosphäre besitzen. Messungen von D. Morrison, D. P. Cruikshank und R. H. Brown (Morrison et al. 1982) mit Hilfe der Infrarot-Spektroskopie deuten zudem auf eine Methanatmosphäre bei Pluto und Triton hin.

Weshalb können diese Körper eine Atmosphäre halten, andere aber nicht? Ein wichtiger Punkt ist die Oberflächentemperatur. Je höher diese ist, umso schneller bewegen sich die Gasteilchen und können deshalb eher der Schwerkraft entfliehen:

$$\bar{v} = \sqrt{\frac{3\,k\,T}{m}} \, . \tag{3.10}$$

Dabei ist $\bar{v}$ die mittlere Geschwindigkeit der Teilchen (Maxwell-Verteilung, vgl. Nice-to-know 12 auf S. 117) zu dieser Aufgabe, $k = 1{,}381 \cdot 10^{-23}$ J/K die Boltzmann-Konstante, T die Temperatur und m die Masse eines Teilchens (ein Wasserstoffatom z. B. hat die Masse $m_{\mathrm{H}} = 1{,}66 \cdot 10^{-27}$ kg $= 1\,\mathrm{u} = \frac{1}{12}\,^{12}\mathrm{C}$, u: atomare Masseneinheit).

Der andere wichtige Punkt ist die Entweichgeschwindigkeit v_{e} des betreffenden Körpers

$$v_{\mathrm{e}} \approx \sqrt{2\,g_0\,(R - h)} \tag{3.11}$$

mit der Schwerebeschleunigung an der Oberfläche $g_0 = G\,M/R^2$, der Masse M und dem Radius R des Körpers und der Höhe h über der Oberfläche. Es wird geschätzt, dass Atmosphären für astronomische Zeiten, Größenordnung 10^8 a, stabil sind, wenn die Bedingung

$$\bar{v} < \frac{1}{5} v_{\mathrm{e}} \tag{3.12}$$

erfüllt ist.

❓ A 74.1

Prüfen Sie rechnerisch, ob für die „Oberfläche" der Sonne ($h = 0$, $M_{\odot} = 2 \cdot 10^{30}$ kg, $R_{\odot} = 7 \cdot 10^5$ km, $T_{\odot} = 5770$ K) die Bedingung aus (3.12) für Wasserstoffatome erfüllt ist!

❓ A 74.2

Prüfen Sie a) für die Sonnenkorona ($T_{\mathrm{max}} \approx 4 \cdot 10^6$ K, $R = 2\,R_{\odot}$) mit

$$v_{\mathrm{e}} = \sqrt{\frac{2\,G\,M}{R}}, \tag{3.13}$$

ob die Bedingung aus (3.12) für Wasserstoffkerne (Protonen mit $m_{\mathrm{p}} \approx m_{\mathrm{H}}$) erfüllt ist, und diskutieren Sie, b) welche Folgerung Sie daraus für den Sonnenwind ableiten können!

❓ A 74.3

Berechnen Sie die Mindestmasse (in Einheiten von u) der Gasmoleküle in der Titanatmosphäre, damit diese für astronomische Zeiten stabil ist ($M_{\mathrm{T}} = 1{,}346 \cdot 10^{23}$ kg, $R_{\mathrm{T}} = 2575$ km, $T_{\mathrm{T}} = 94$ K, $h_1 = 0$, $h_2 = 200$ km), und prüfen Sie rechnerisch, ob sich molekularer Wasserstoff H_2 ($m_{H_2} = 2\,\mathrm{u}$), Helium He ($m_{\mathrm{He}} = 4\,\mathrm{u}$) bzw. Methan CH_4 in der Titanatmosphäre halten könnten ($m_{CH_4} = 16\,\mathrm{u}$)!

Aufgabe 75 – Wetter auf Titan und Triton (Nach einer Idee von Martin Deye)

Nach ihrem Start am 20. August 1977 und dem erfolgreichen Vorbeiflug an Jupiter am 9. Juli 1979 erreichte die amerikanische – wie diese sie nennen – Tiefraumsonde Voyager 2 am 27. August 1981 den Saturn, um nach neun Jahren zum Planeten Uranus zu gelangen und nach weiteren drei Jahren im August 1989 (also nach zwölf Jahren Flug) den Neptun zu erreichen. In dieser Aufgabe geht es um die atmosphärischen Bedingungen auf dem Saturnmond Titan und dem Neptunmond Triton.

Während die dichte Wolkendecke über Titan Voyager 2 keinen Einblick auf seine Oberfläche gestattete und somit mögliche Ozeane verhüllte, ergab die Untersuchung der Triton-

Maxwellsche Geschwindigkeitsverteilung

Die Moleküle in einen Gas gehorchen den Gesetzen der Thermodynamik. Sie haben nicht alle dieselbe Geschwindigkeit, vielmehr folgen die Geschwindigkeiten der Gasteilchen einer statistischen Verteilung (vgl. ◻ Abb. 3.22). Sie wird auch Maxwell-Boltzmann-Verteilung genannt nach James Clerk Maxwell (1831–1879) und Ludwig Boltzmann (1844–1906).

Für eine gegebene Temperatur steigt die Zahl der Teilchen in einen Geschwindigkeitsintervall mit wachsender Geschwindigkeit zunächst langsam an, erreicht dann ein Maximum und sinkt dann wieder ab. Selbst bei hohen Geschwindigkeiten sind noch Teilchen anzutreffen. Mit wachsender Temperatur verlagert sich das Maximum der Verteilung zu höheren Geschwindigkeiten, während die Verteilung gleichzeitig abflacht. Außerdem nimmt die Zahl der Teilchen mit höheren Geschwindigkeiten zu.

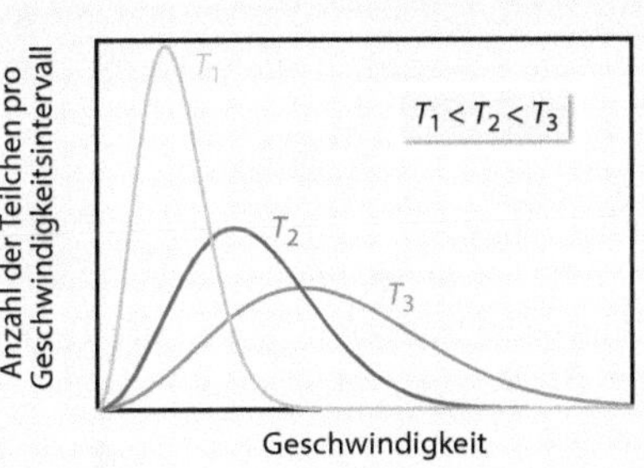

◻ **Abb. 3.22** Maxwell'sche Geschwindigkeitsverteilung für drei Temperaturen $T_1 < T_2 < T_3$.

aufnahmen die sensationelle Entdeckung zweier Geysire, deren Fahnen im Wind abgetrieben werden. Auf beiden Monden gibt es demnach eine Atmosphäre, die es sich zu untersuchen lohnt.

Verwenden Sie zur Lösung der Aufgabe folgende Daten: Titans Oberflächentemperatur liegt bei $T_{\text{Titan}} = 94\,\text{K}$, die von Triton bei $T_{\text{Triton}} = 38\,\text{K}$. Ihre Oberflächendrücke sind $p_{\text{Titan}} = 1496\,\text{mbar}$, bzw. $p_{\text{Triton}} = 16\,\mu\text{bar}$. Die Hauptbestandteile der Atmosphäre der beiden Monde sind Stickstoff N_2 und Methan CH_4.

? A 75.1

Um zu entscheiden, mit welcher Substanz die Ozeane (falls vorhanden) der Monde gefüllt sind, berechnen Sie mit Hilfe der Angaben aus ◻ Tab. 3.2 den Dampfdruck über der Mondoberfläche a) für Titan und b) für Triton!

Hinweis: Eine Substanz kann nur dann als Flüssigkeit vorliegen, wenn ihr von der Temperatur abhängender Dampfdruck kleiner ist als der vorherrschende Atmosphärendruck.

◻ **Tabelle 3.2** Molare Verdampfungswärme und Siedetemperatur unter Normaldruck ($p_N = 1013\,\text{mbar}$) von Stickstoff und Methan

	N_2	CH_4
$\Lambda/(\text{J}\,\text{mol}^{-1})$	5560	9720
T_S/K	77,7	111,8

Der wiederum ist die Summe der Partialdrücke der einzelnen Komponenten. Den Dampfdruck in Abhängigkeit von einer nicht benötigten Materialkonstante k (durch Vergleich mit
den Bedingungen unter Normaldruck zu eliminieren) der (hier als temperaturunabhängig
angenommenen) molaren Verdampfungswärme Λ und der Temperatur T beschreibt die
Clausius-Clapeyron'sche Gleichung

$$p_\mathrm{D} = k\,e^{-\Lambda/RT}\,. \tag{3.14}$$

? A 75.2

Argumentieren Sie, a) welches der beiden Gase auf der Titanoberfläche in flüssiger Form
vorliegen kann, und berechnen Sie, b) wie hoch ihr Anteil x in der unteren Atmosphäre ist!

Diskutieren Sie, c) ob es auf Triton auch Methan- oder Stickstoffseen geben kann, wenn
Methan bei 90 K gefriert und die Schmelztemperatur von Stickstoff bei 63 K liegt!

? A 75.3

Mit zunehmender Höhe fällt die Temperatur in der Troposphäre von Titan. In der Tropopause
ist sie minimal (70 K) und steigt nach oben hin wieder an. Der Luftdruck ist dort 200 mbar.

Berechnen Sie a) die Anteile x der beiden Gase in der Tropopause und diskutieren Sie,
b) wie sich das Ergebnis auf das Wettergeschehen auswirkt!

Aufgabe 76 – Titans Rotationsdauer (Nach einer Idee von Olaf Fischer)

Wenige Monate vor den spektakulären Bildern, die uns Huygens und Cassini sendeten, gelang es im Jahr 2004 einem europäisch-amerikanischen Team mit Hilfe der Adaptiven Optik
NAOS-CONICA am VLT, kurz NACO, erstmals, die dichte Atmosphäre des größten Saturn-
mondes zu durchdringen (Hartung 2004).

◘ Abb. 3.23 zeigt sechs Bilder, die im Abstand von ein beziehungsweise zwei Tagen aufgenommen wurden. In der ◘ Tab. 3.3 finden sich die Aufnahmedaten.

? A 76.1

Bestimmen Sie die Rotationsdauer von Titan!

Hinweis: Verfolgen Sie die auf der Oberfläche sichtbaren Strukturen und lassen Sie sich
von den eingezeichneten Breitenkreisen helfen.

? A 76.2

Diskutieren Sie folgenden Einwand: Bei einer Lehrerfortbildung in Donaueschingen wurde
von einer Physiklehrerin die Frage aufgeworfen, ob die Bewegung der Aufnahmeoptik –
schließlich umkreist das VLT-Teleskop Yepun zusammen mit der Erde die Sonne – das
Ergebnis in nicht vernachlässigbarer Weise beeinflusst.

Aufgabe 77 – Methaneisberge auf Titan

Die Saturnsonde Cassini entdeckte Flüssigkeitsvorkommen auf Titan. Abgesehen von der Erde, ist dieser Saturnmond damit der einzige Himmelskörper im Sonnensystem, an dessen

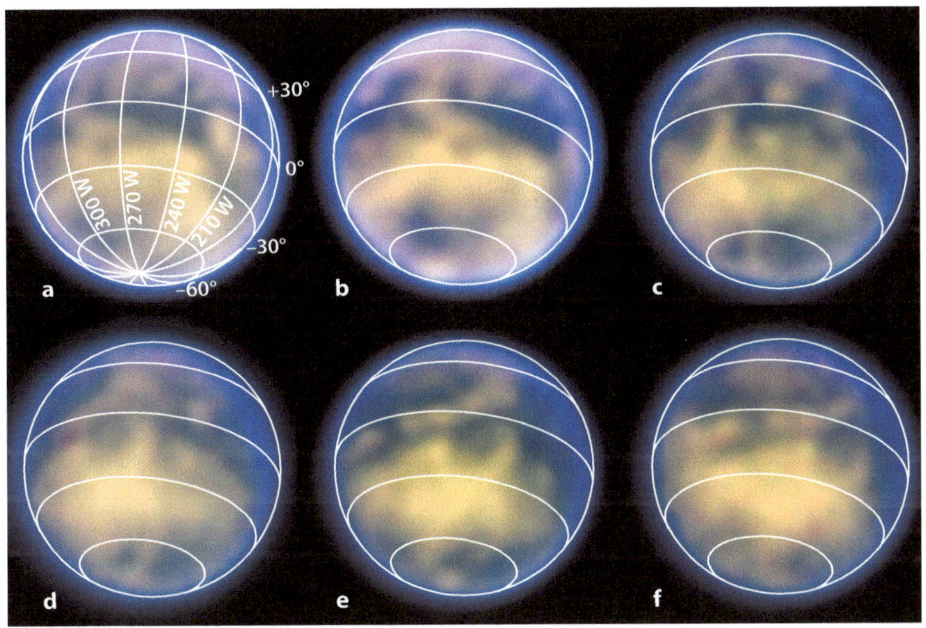

◘ Abb. 3.23 Die sechs Falschfarbenaufnahmen (vgl. Nice-to-know 13 auf S. 120 zu dieser Aufgabe) des Titan im Infraroten enstanden mit Hilfe von NACO am 8,2-m-Teleskop Yepun der ESO. Bild: aus Hartung 2004, ESO, MPIA, Steward Observatory, University of Arizona/*SuW*-Grafik ⎢ www ⎢

Oberfläche Seen existieren. Bei einer Oberflächentemperatur von rund 90 K kann es jedoch kein Wasser sein, denn das friert schon unterhalb von rund 273 K. Vielmehr handelt es sich um Seen aus den Kohlenwasserstoffen Methan und Äthan. Letzteres wurde durch Messungen mit dem Spektrometer VIMS an Bord von Cassini im See Ontario Lacus am Südpol des Titan nachgewiesen.

Durch den Umstand, dass Methan und Äthan sowie Gemische von beiden in diesem Temperaturbereich nahe ihres Tripelpunkts der Phasen fest, flüssig und gasförmig liegen, könnten auf den Seen gefrorene Schollen und Eisberge vorkommen, die schwimmen oder auch untergehen. Darauf weisen auch Cassinis Radardaten hin (vgl. ◘ Abb. 3.24).

◘ Tabelle 3.3 Aufnahmedaten zu ◘ Abb. 3.23

Nr.	Datum	Zeit (UT)
a	2. Feb. 2004	3:46
b	3. Feb. 2004	3:13
c	5. Feb. 2004	4:22
d	6. Feb. 2004	3:35
e	7. Feb. 2004	4:16
f	8. Feb. 2004	2:52

Falschfarbenaufnahmen

Jeder, der ein kleines Teleskop besitzt, weiß, der Himmel ist zumeist nicht so bunt, wie ihn uns beispielsweise das Weltraumteleskop Hubble zeigt. Die prächtigen Farben (vgl. ◘ Abb. 3.2, ◘ Abb. 3.23 oder ◘ Abb. 4.13) entstehen erst am Computer und helfen Verborgenes sichtbar zu machen. Moderne Detektoren sind je nach Bauart in fast allen Bereichen des elektromagnetischen Spektrums empfindlich, von γ- und Röntgen- bis hin zur langwelligen Radiostrahlung; unser Auge allerdings nur für den winzigen Wellenlängenbereich von etwa 400 nm bis 700 nm. Um beispielsweise die Informationen im Infraroten auch für uns visuell sichtbar zu machen, ordnet man diesem Licht nachträglich am Computer eine Farbe aus dem sichtbaren Spektralbereich zu. So entsteht eine Falschfarbenaufnahme.

Übrigens entstehen auch „normale" Farbbilder erst am Computer, denn der CCD-Sensor moderner Teleskope und Digitalkameras erkennt per se keine Farben. Erst durch verschiedene Filter und die Überlagerung der zugehörigen Aufnahmen entstehen die Farbbilder.

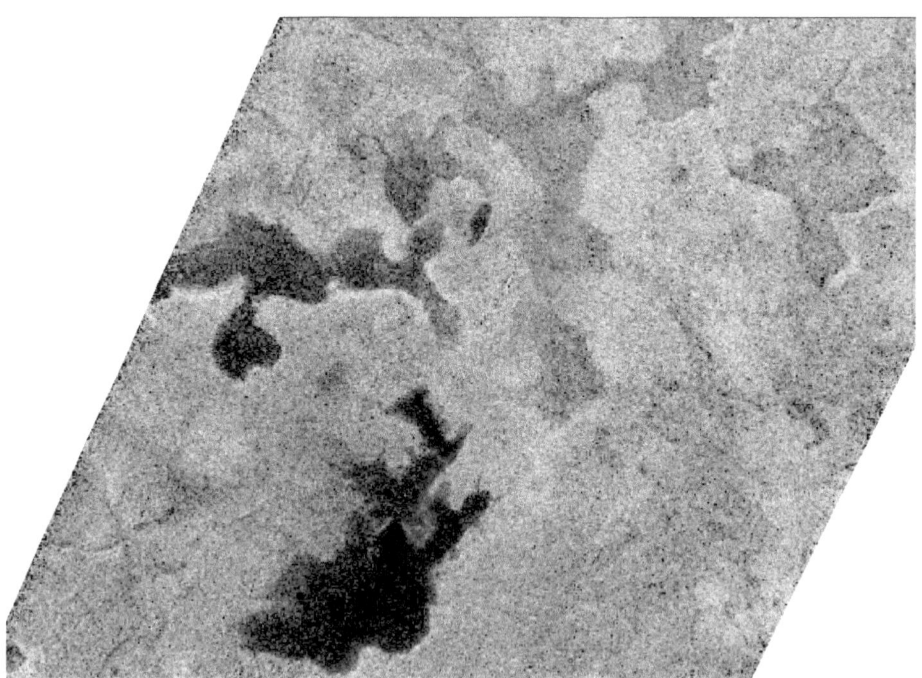

◘ **Abb. 3.24** Mehrere dunkle Flecken zeigen sich auf diesem Radarbild der US-Raumsonde Cassini, das in den hohen nördlichen Breiten des Saturnmonds Titan aufgenommen wurde. Es sind Ansammlungen flüssiger Kohlenwasserstoffe wie Äthan und Methan. Der größte See erstreckt sich über eine Länge von 45 Kilometern. Ein Teil der Helligkeitsunterschiede in den Seen könnte auf schwimmende Eisstücke gefrorener Kohlenwasserstoffe zurückgehen: Sie erhöhen die Reflektivität im Radarbereich und erscheinen dadurch heller. Quelle: NASA/JPL-Caltech/ASI/Cornell

Dass sich auf der Oberfläche unserer Gewässer bei entsprechend tiefen Temperaturen Eis bildet, ist für uns auf der Erde ein gewöhnlicher Anblick. Und dass Wassereis auf flüssigem Wasser schwimmt, ist gleichermaßen eine alltägliche Erfahrung. Dabei vergisst man allerdings schnell, dass Wasser im Vergleich zu anderen Flüssigkeiten einige besondere physikalische Eigenschaften aufweist: Tatsächlich besitzt flüssiges Wasser nahe dem Gefrierpunkt eine etwas höhere Dichte als Wassereis, so dass das Eis auf ihm schwimmt. Das liegt daran, das im Eis die Wassermoleküle im Kristallgitter in festem Winkel zueinander stehen, wodurch sich eine sperrige Struktur ergibt, die etwas weniger Wassermoleküle pro Volumeneinheit enthält als flüssiges Wasser. Die meisten anderen Flüssigkeiten wie beispielsweise Kohlenwasserstoffe unterscheiden sich hierin aber markant von Wasser. Hier haben die festen Phasen eine höhere Dichte als die Flüssigkeit. Demzufolge muss solches Eis untergehen und sich am Grund seiner Flüssigkeitsansammlung ablagern. Wie zwei US-Forscher 2013 bei ihren Untersuchungen feststellten, gilt dies aber nur dann, wenn es sich um kompaktes Eis ohne jegliche Porositäten handelt (Hofgartner 2013).

❓ A 77.1

Aus den bei diesem Temperaturbereich spärlich vorhandenen Messwerten zur Dichte bei unterschiedlichen Mischungsverhältnissen lassen sich für ein äthanreiches Gemisch die Molfraktionen für Methan $\chi_{M,l}$, $\chi_{M,s}$ für den flüssigen und den festen Zustand angeben zu $\chi_{M,l} = 0{,}197$, $\chi_{M,s} = 0{,}041$ bei der Temperatur $T_1 = 85\,\mathrm{K}$, sowie $\chi_{M,l} = 0{,}0868$, $\chi_{M,s} = 0{,}0088$ bei der Temperatur $T_2 = 88\,\mathrm{K}$.

a) Berechnen Sie die Dichten des Gemischs für die Phasen flüssig und fest bei den beiden Temperaturen.

Hinweise: Für die Dichte des Sees aus Äthan und Methan gilt

$$\rho_{M\ddot{A},l} = \left[(a_1\,\chi_{M,l} + a_2)\,T' + a_3\,\chi_{M,l} + a_4\right] \mathrm{g/cm^3} \tag{3.15}$$

mit $T' = T/(1000\,\mathrm{K})$, $a_1 = -0{,}1868$, $a_2 = -1{,}0098$, $a_3 = -0{,}1766$ und $a_4 = 0{,}7562$. Die Dichte der Eisschollen ergibt sich aus

$$\rho_S = \chi_{M,s}\,\rho_{M,s} + (1 - \chi_{M,s})\rho_{\ddot{A},s}\,. \tag{3.16}$$

Die Dichten von festem Äthan und Methan sind dabei

$$\rho_{\ddot{A},s} = \left[b_1\,T'^3 + b_2\,T'^2 + b_3\,T' + b_4\right] \mathrm{g/cm^3} \tag{3.17}$$

mit $b_1 = -88{,}3301$, $b_2 = 6{,}3244$, $b_3 = -0{,}2590$ und $b_4 = 0{,}7421$ sowie

$$\rho_{M,s} = \left[-0{,}5121\,T' + 0{,}5312\right] \mathrm{g/cm^3}\,. \tag{3.18}$$

b) Diskutieren Sie, ob die Schollen bei T_1 und T_2 schwimmen oder untergehen würden!

❓ A 77.2

Schätzen Sie ab, welche Porosität die Schollen haben müssten, um sich an der Oberfläche des Sees zu halten!

Aufgabe 78 – Enceladus' Gasfontänen

Der Saturnmond Enceladus gehört zu den geologisch aktivsten Körpern unseres Sonnensystems. Die US-Raumsonde Cassini passierte im November 2009 zweimal kurz hintereinander den kleinen Eismond und funkte dabei fantastische Bilder der aktiven Geysire zur Erde (◙ Abb. 3.25).

▣ Abb. 3.25 Auf diesem Panorama des Südpols von Enceladus lassen sich zahlreiche Gasfontänen der aktiven Geysire ausmachen. Sie treten aus den Verwerfungen (*von links nach rechts*) Alexandria, Cairo Sulcus, Bagdhad und Damascus Sulcus aus. Zwischen den intensiven Ausbruchsstellen zeigen sich schwächere Gasausbrüche. Quelle: NASA/*SuW*-Grafik

Die Geysire am Südpol von Enceladus speien Wasserdampf und Eiskristalle in den Raum. Messungen der Raumsonde weisen darauf hin, dass der Eiskristallanteil nicht nur zehn bis zwanzig Prozent beträgt, wie bislang geschlossen wurde, sondern von gleicher Höhe wie der Wasserdampf sein soll. Das berichtet Andrew Ingersoll vom California Institute of Technology in der Zeitschrift *Icarus* (Ingersoll 2010). „Das neue Ergebnis engt die möglichen Mechanismen des Kryovulkanismus auf Enceladus stark ein."

Ein Weg, den hohen Eisanteil zu erklären, ist eine Wasserkammer unter dem Geysir. Öffnet sich dann eine Spalte, so ist das Wasser dem Vakuum ausgesetzt, es beginnt zu kochen und verdampft. Ein großer Teil des Dampfes gefriert augenblicklich und sorgt für den hohen Eisanteil.

❓ A 78.1

Berechnen Sie die Fluchtgeschwindigkeit v_{esc} an der Mondoberfläche! Enceladus' Masse und Radius sind: $m_{\mathrm{E}} = 1{,}08 \cdot 10^{20}$ kg, $R_{\mathrm{E}} = 252$ km. Die Fluchtgeschwindigkeit ist $v_{\mathrm{esc}} = \sqrt{2\,G\,m_{\mathrm{E}}/R_{\mathrm{E}}}$ und darin G die Gravitationskonstante.

❓ A 78.2

Damit die Wassermoleküle dem Saturnmond bei der Temperatur $T_{\mathrm{E}} = 145$ K entkommen können, muss ihre thermische Geschwindigkeit

$$v_{\mathrm{th}} = \sqrt{\frac{8}{\pi}}\,\sqrt{\frac{k_{\mathrm{B}}\,T_{\mathrm{E}}}{m_{\mathrm{H_2O}}}} \tag{3.19}$$

höher sein als die Fluchtgeschwindigkeit des Monds.

Überprüfen Sie, ob diese Bedingung auf Enceladus erfüllt ist! Die Boltzmann-Konstante ist $k_{\mathrm{B}} = 1{,}381 \cdot 10^{-23}$ J/K, die Masse eines Moleküls $m_{\mathrm{H_2O}} = 18 \cdot 1{,}66 \cdot 10^{-27}$ kg.

 **A 78.3**

Berechnen Sie die gesamte Massenverlustrate $\dot{m}$ von Enceladus! Die Messungen der Cassini-Instrumente ergaben eine Abströmrate von $S_{H_2O} = 5 \cdot 10^{27}$ Wassermolekülen pro Sekunde.

Aufgabe 79 – Klippen auf Miranda

Ende 1985 passierte Voyager 2 innerhalb weniger Stunden das Uranussystem. Dabei gelangen Entdeckungen wie das Electro-Glow, ein Glühen der Tagseite von Uranus im UV, ein komplexes kohlschwarzes Ringsystem, ähnlich dem von Saturn, und das Auffinden von elf zuvor unbekannten Monden mit Größen zwischen 20 km und 170 km Durchmesser. Die äußerst erfolgreiche Sonde konnte unter vielen anderen auch einige spektakuläre Aufnahmen des kleinsten der zuvor bekannten fünf Monde der Prä-Voyager-Ära zur Erde funken (vgl.

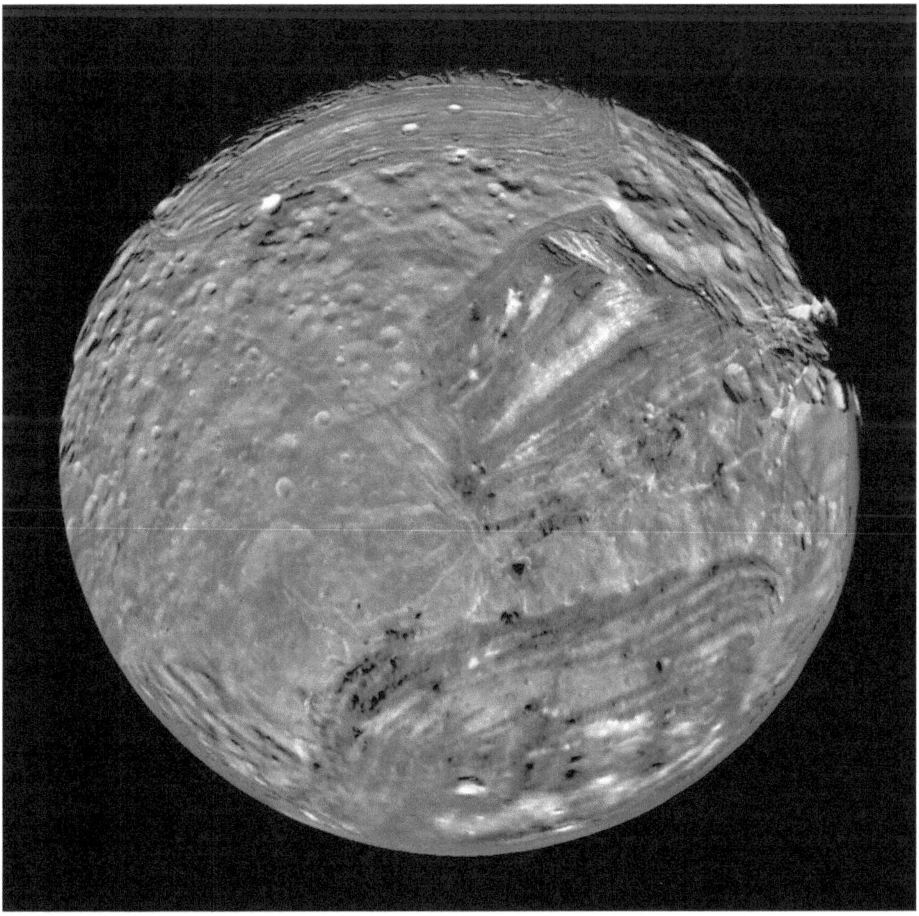

▢ Abb. 3.26 Das Mosaik aus acht hochaufgelösten Aufnahmen zeigt den Uranusmond Miranda. Oberhalb der Hakenstruktur befindet sich die Abrisskante. Quelle: Voyager 2, NASA/JPL

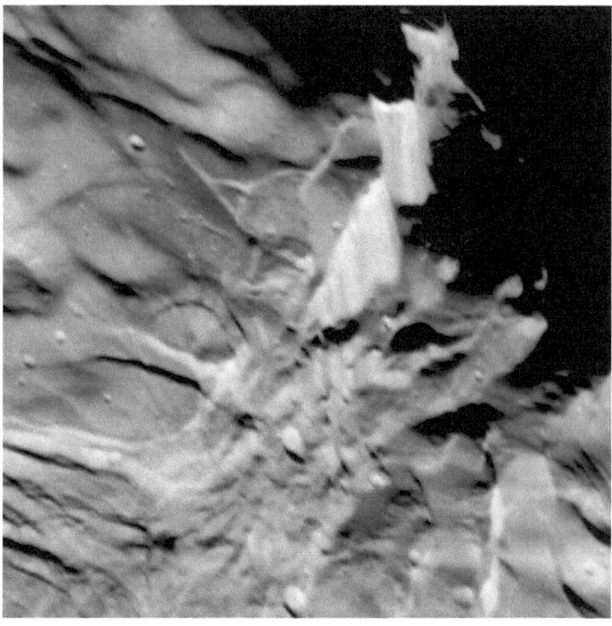

■ Abb. 3.26). Die besten Angaben über seinen Durchmesser liegen bei $D = (471{,}6 \pm 1{,}2)$ km (Smith et al. 1986). Mirandas Masse wurde zu $M = (0{,}63 \pm 0{,}07) \cdot 10^{20}$ kg bestimmt.

? A 79.1

Berechnen Sie die Schwerebeschleunigung g_M an der Oberfläche von Miranda und vergleichen Sie diese mit jener an der Erdoberfläche $g = 9{,}81\ \mathrm{m\,s^{-2}}$!

? A 79.2

Modellrechnungen besagen, dass Miranda zu mindestens 50 % aus Eis besteht. Ihre Oberfläche zeigt denn auch mannigfaltige glaziale Strukturen. In ■ Abb. 3.27 sieht man eine Abrisskante oder Verwerfung, die in eine Höhe von bis zu $h = 20$ km steil aufragt. Unter dem Einfluss der Sonnenstrahlung oder vielleicht vorhandenen Miranda-Beben sollte es gelegentlich vorkommen, dass dieser gigantische Gletscher kalbt.

a) Berechnen Sie, wie lange es dauert, bis ganz oben abgebrochene Eismassen den Grund jener Verwerfung erreichen (konstante Beschleunigung vorausgesetzt)!

b) Berechnen Sie, welche Geschwindigkeit dabei auf dem relativ kleinen atmosphärelosen Mond erreicht wird!

Kleinkörper

© Springer-Verlag GmbH Deutschland 2017
A. M. Quetz, S. Völker, *Zum Nachdenken: Unser Sonnensystem*, https://doi.org/10.1007/978-3-662-55148-6_4

Im August 2006 entdeckt, wurde Komet C/2006 P1 (McNaught) im Januar 2007 zum hellsten Kometen seit mehr als 40 Jahren. Er ließ sich sogar am Taghimmel beobachten – allerdings war er dann für Beobachter in Europa leider nicht zugänglich. Diese Aufnahme entstand von der Europäischen Südsternwarte ESO auf den Paranal in Chile aus. Quelle: Sebastian Deiries/ESO

Auf einen Blick – Kleinkörper

Zum Kataster unseres Sonnensystems gehören neben dem Zentralgestirn und den Planeten und Monden auch die Kleinplaneten und Kometen. Während die Kometen das innere Sonnensystem aus allen Richtungen kommend besuchen und aus der Oortschen Wolke stammen, finden sich Kleinplaneten, auch Asteroiden genannt, in zwei getrennten Bereichen. Der eine befindet sich zwischen den Bahnen von Mars und Jupiter, ein zweiter liegt jenseits der Bahn des Neptun. Dieser äußere Bereich wird Kuipergürtel genannt. Seine Objekte sind die KBOs (Kuiper Belt Objects), auch TNOs (Trans Neptun Objects) genannt. Die Entdeckungen in den äußeren Bereichen zeigten, dass Pluto nur einer von sehr vielen Objekten des Kuipergürtels ist, was schließlich zur Erschließung einer neuen Objektklasse im Sonnensystem führte: den Zwergplaneten. Diese haben die gleichen Eigenschaften wie Planeten (vgl. IAU 2006), mit der Ausnahme, dass sie ihre Bahn nicht von anderen Körpern befreit haben und über keine eigenen Monde verfügen.

Während Planeten und Zwergplaneten die Form einer Kugel haben bzw. durch die eigene Rotation leicht abgeplattet sind, ist die Masse der Kleinkörper nicht groß genug, dass sich auch bei ihnen zwangsläufig die Kugelgestalt ausbilden müsste. Die Asteroiden Gaspra, (433) Eros oder (25143) Itokawa beispielsweise erinnern mehr an schrumplige Kartoffeln.

Kometen sind deutlich kleiner als Kleinplaneten mit Durchmessern im Bereich einiger Kilometer. Sie verfügen über stark exzentrische Bahnen, und so variiert der Abstand zur Sonne stark. Der Kometenkern besteht zum Großteil aus Eis, Kohlendioxid sowie -monoxid. Es sind aber auch zahlreiche andere Verbindungen enthalten, was in den 1950er Jahren zum Begriff der „schmutzigen Schneebälle" geführt hat. In Sonnennähe bildet sich durch Sublimationsprozesse eine leuchtende Gas-Staub-Hülle, die so genannte Koma, um den Kometenkern. Der Sonnenwind und der Strahlungsdruck erzeugen den charakteristischen Schweif, welcher von der Sonne weg zeigt und Längen bis zu einer Astronomischen Einheit (AE) annehmen kann. Man unterscheidet Kometen anhand ihr Umlaufzeit P um die Sonne in kurzperiodische ($P < 200\,\text{a}$) und langperiodische ($P > 200\,\text{a}$).

Aber auch noch kleinere Körper im Bereich einiger hundert Meter Durchmesser und kleiner, die Meteoroiden, bis hinunter zu Staubkörnern, sind zahlreich im Sonnensystem vorhanden. Der Staub zeigt sich uns z. B. in Form des Zodiakallichts.

Physische und Bahndaten einiger massereicher Kleinkörper des Sonnensystems

Planet	Masse m/kg	Radius R/km	Bahnhalbachse a/AE	Exzentrizität
Eris	$1{,}67 \cdot 10^{22}$	1163	67,648	0,4422
Pluto	$1{,}55 \cdot 10^{22}$	1187	39,482	0,2488
Makemake	$< 4{,}4 \cdot 10^{21}$	751	45,749	0,1541
Haumea	$4{,}01 \cdot 10^{21}$	951×770	43,353	0,189
Quaoar	$1{,}4 \cdot 10^{21}$	550	43,501	0,036
Ceres	$9{,}27 \cdot 10^{20}$	480×453	2,767	0,078
Pallas	$2{,}41 \cdot 10^{20}$	$280 \times 266 \times 262$	2,772	0,230
Vesta	$2{,}80 \cdot 10^{20}$	$292 \times 266 \times 233$	2,361	0,090

4.1   Zwergplaneten

Aufgabe 80 – Ceres, Pluto und die Astrologie

Als Clyde William Tombaugh vor 87 Jahren am 18. Februar 1930 den Pluto entdeckte, waren plötzlich alle bis zu diesem Zeitpunkt gestellten Horoskope falsch (jedenfalls für solche Leute, die an Horoskopismus glauben), da sie die Existenz eben jenes Pluto und somit dessen Einfluss nicht berücksichtigt hatten. Moderne Horoskope[1] arbeiten mittlerweile mit diesem Einfluss Plutos auf den jeweiligen Probanden. Wer weiß, was dem Pluto nun alles angelastet wird.

Merkwürdig ist in diesem Zusammenhang des Weiteren, dass (z. B.) der Asteroid (1) Ceres schon vor mehr als 216 Jahren, nämlich in der ersten Nacht des 19. Jahrhunderts (also am 1.1.1801) von Guiseppe Piazzi entdeckt, der dies seiner Hartnäckigkeit bei der Beobachtung von Ortsverschiebungen der Fixsterne verdankt, in die Astrologie bis heute noch keinen Einzug gehalten hat. Dieser Einfluss von Ceres auf die Erde soll hier etwas näher untersucht werden. Ceres dient aber nur als Beispiel. Schließlich sind inzwischen die Bahnen von mehr als 5000 Kleinplaneten so gut bekannt, dass ihre Position im Sonnensystem für jeden Zeitpunkt berechnet werden kann.

Die Massenanziehung verringert sich umgekehrt proportional zum Distanzquadrat, ebenso verhält es sich mit der Helligkeit der vom Körper reflektierten Sonnenstrahlung. Also nehmen wir an, dass auch die astrologische Abhängigkeit irgendeiner Einflussgröße (gleich welche) mit r^{-2} geht. Bei einer anderen Abhängigkeit müsste man die Wahl der maßgeblichen Himmelskörper ganz neu überdenken. Wäre der Einfluss z. B. proportional zur Entfernung, so überwögen z. B. die Quasare bei weitem den Einfluss von Körpern des Sonnensystems.

Da Pluto in Horoskopen berücksichtigt wird, Ceres jedoch nicht, sollen diese beiden Körper exemplarisch miteinander verglichen werden.

? A 80.1

Berechnen Sie a) das Verhältnis der Gravitationskräfte und b) das Verhältnis der Beleuchtungsstärken, die die beiden Körper Ceres und Pluto auf die Erde ausüben bzw. übertragen! Diskutieren Sie, welcher Körper den jeweils größeren Einfluss hat für einen mittleren Abstand der beiden Körper zur Erde!

Ceres' Durchmesser beträgt $D_{\mathrm{C}} = 933\,\mathrm{km}$, der von Pluto (aus Speckle-Beobachtungen und den Pluto-Charon-Bedeckungen) misst $D_{\mathrm{P}} = 2374\,\mathrm{km}$. Die Albedos betragen $A_{\mathrm{C}} = 0{,}035$ und $A_{\mathrm{P}} = 0{,}145$, die Bahnradien $a_{\mathrm{C}} = 2{,}767\,\mathrm{AE}$ und $a_{\mathrm{P}} = 39{,}48\,\mathrm{AE}$. Die Dichten der beiden Körper sind $\rho_{\mathrm{P}} = 2\,\mathrm{g\,cm^{-3}}$ und $\rho_{\mathrm{C}} = 2{,}3\,\mathrm{g\,cm^{-3}}$.

? A 80.2

Für die Astrologen tut sich ein weites Feld auf: Bedenken Sie, dass die Zahl der Planetoiden mit Durchmessern über einem Kilometer auf die Größenordnung von einer Million geschätzt wird. Und wie viele kleinere Körper gilt es dann zu berücksichtigen?! Welch mannigfaltigen Unterteilungen öffnet diese Sicht Tür und Tor...

Berechnen Sie das Verhältnis der Gravitationskräfte und Beleuchtungsstärken auch für einen „Earth crosser", wie beispielsweise den schon in den Aufgaben 85 und 86 behandelten (4197) 1982 TA, der bei einer angenommenen Albedo $A_{\mathrm{TA}} = 0{,}5$ einen Durchmesser von

---

[1] Als die Aufgabe 1994 gestellt wurde, zählte Pluto noch zu den Planeten. Seine Degradierung zum Zwergplaneten im Jahre 2006 spielte bei den Astrologen übrigens keine große Rolle.

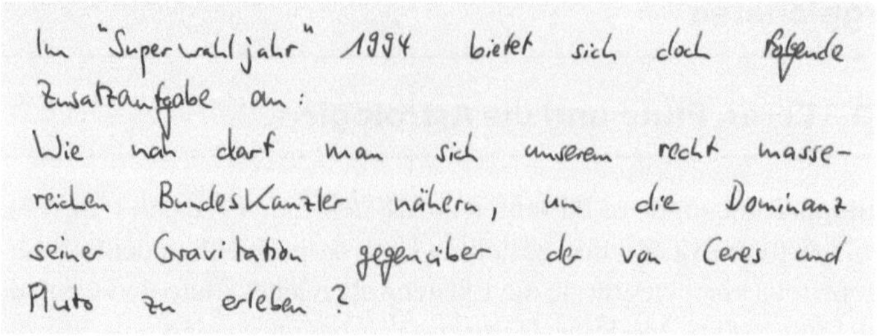

Im "Superwahljahr" 1994 bietet sich doch folgende Zusatzaufgabe an:
Wie nah darf man sich unserem recht masse-reichen Bundeskanzler nähern, um die Dominanz seiner Gravitation gegenüber der von Ceres und Pluto zu erleben?

◘ Abb. 4.1 Vorschlag für eine weitere Zusatzaufgabe. Im Jahr 1994 füllte Helmut Kohl das Amt des Bundeskanzlers aus.

etwa $D_{TA} = 1$ km aufweist und die Erde in der Entfernung $a_{TA} = 0,01$ AE passieren möge! Die Dichte von (4197) 1982 TA ist $\rho_{TA} = 2\,\mathrm{g\,cm^{-3}}$.

❓ EA 80.3

Wie war das eigentlich mit dem Halleyschen Kometen? Fand er bei den Astrologen Beachtung (1910 bzw. 1985/86)? Und wenn ja, diskutieren Sie, was dann mit allen anderen Kometen ist, insbesondere mit denen, die erst noch entdeckt werden wollen!

◘ Abb. 4.1 zeigt einen Vorschlag aus den ursprünglichen Einsendungen von 1994 für eine weitere – pointierte – Zusatzaufgabe.

Aufgabe 81 – 2003 UB$_{313}$, Pluto und die anderen TNOs

Ein Forscherteam vom California Institute of Technology in Pasadena stieß bei der Durchmusterung des Himmels nach weit entfernten Kuipergürtel-Objekten auf das große Transneptun-Objekt 2003 UB$_{313}$. Die Daten waren bereits im Jahre 2003 mit dem 1,2-m-Samuel-Oschin-Teleskop auf dem Mt. Palomar bei einer systematischen Himmelsdurchmusterung nach Transneptun-Objekten (TNOs) aufgenommen worden. Allerdings fand das Team das Transneptun-Objekt erst Anfang 2005, da es zu der Zeit etwa 97 Astronomische Einheiten von der Sonne entfernt war und es sich daher relativ zum Sternenhintergrund extrem langsam bewegt. Erst eine gezielte Auswertung der vorhandenen Messdaten auf extrem langsame Objekte förderte 2003 UB$_{313}$ ans Tageslicht. Damit liegt der Zeitpunkt der Entdeckung aber noch vor der Neudefinition des Planetenbegriffs durch die Internationale Astronomische Union im Jahr 2006. Die Aberkennung von Plutos Planetenstatus ist u. a. sicher eine Folge davon.

2003 UB$_{313}$ ist ähnlich groß wie Pluto, 2005 FY$_9$ und 2003 EL$_{61}$ reichen an ihn heran. Was viele Astronomen schon seit längerem erwarteten, wurde somit Wirklichkeit. Es existieren weitere große Körper im äußeren Planetoidenring. Seit 2006 trägt UB$_{313}$ die Kleinplanetennummer 136199 und den Eigennamen „Eris".

Transneptun-Objekte (TNOs) umrunden unsere Sonne jenseits der Neptunbahn. Wie die Beobachtungen belegen, existiert dort draußen ein zweiter Planetoidengürtel, den die Astronomen Kenneth Edgeworth (1880–1972) und Gerard P. Kuiper (1905–1973) vorhergesagt haben. TNOs werden oft auch Kuiper-Belt-Objekte (KBOs) und, seltener, Edgeworth-Kuiper-

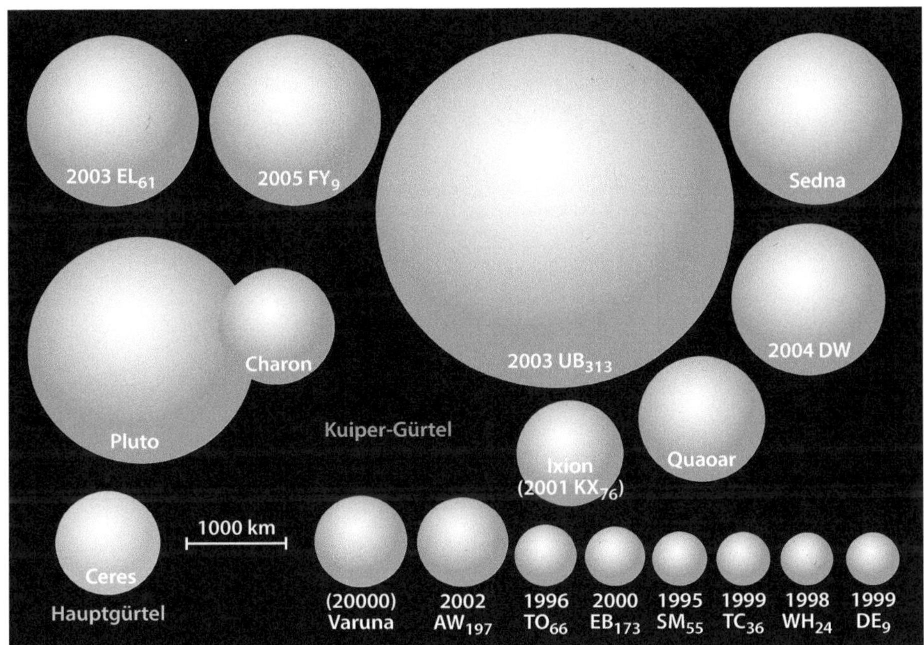

⊙ Abb. 4.2 Größenvergleich einiger TNOs.

Objekte (EKOs) genannt. Untergruppen sind Plutinos (TNOs, die ebenso wie Pluto selbst in einer 2:3-Resonanz zu Neptun die Sonne umrunden) und Centauren (Objekte in einer Übergangspopulation zwischen dem Kuipergürtel und den Kometen der Jupiterfamilie). In ⊙ Tab. 4.1 sind einige dieser Transneptun-Objekte zusammengetragen (siehe auch ⊙ Abb. 4.2).

? A 81.1

Berechnen Sie die Durchmesser der in ⊙ Tab. 4.1 aufgeführten Kuipergürtel-Objekte!

Hinweis: Die Gleichung

$$D = \frac{1329\,\text{km}}{\sqrt{A}} 10^{-0,2 H/\text{mag}} \tag{4.1}$$

verknüpft die absolute Helligkeit H eines Objektes bei gegebener (zum Teil sehr unsicheren, bisweilen sogar geschätzten) Albedo A des Körpers mit dessen Durchmesser D. Die absolute Helligkeit lässt sich aus der beobachteten Helligkeit und der Entfernung ermitteln. Letzteres bedarf der Kenntnis der Bahnparameter.

? EA 81.2

Leiten Sie (4.1) her und erklären Sie insbesondere die Herkunft des Faktors 1329 km!

◻ Tabelle 4.1   Albedo und absolute Helligkeiten einiger TNOs

KBO	Albedo A	abs. Helligkeit H/mag
Pluto	0,6	-1
Charon	0,37	1
Sedna	0,2	1,57
Quaoar	0,10	2,613
Ixion	0,4	3,2
2002 AW$_{197}$	0,1	3,2
Varuna	0,2	3,7
2003 UB$_{313}$	0,4	$-1,1$
2005 FY$_9$	0,4	0,1
2003 EL$_{61}$	0,4	0,3

Aufgabe 82 – (136472) Makemake

Jenseits der Neptunbahn liegt das Reich der Objekte des Kuipergürtels. In solcher Distanz zur Sonne erreicht wahrlich nicht mehr viel Sonnenenergie die Oberfläche der Transneptune.

Mit Hilfe von Sternbedeckungen, wenn ein Transneptun-Objekt zufällig genau über die Sichtlinie Erde – Stern zieht, lassen sich aber dennoch einige ihrer Eigenschaften ableiten. So geschehen bei der Bedeckung den Sterns NOMAD 1181-0235723 durch den Zwergplaneten (136472) Makemake am 23. April 2011. Durch die Vermessung des zugehörigen Schattenpfads auf der Erde konnten Makemakes Größe und Querschnittsform abgeleitet werden (vgl. ◻ Abb. 4.3). Es ergab sich ein Durchmesser von rund 1430 Kilometern entlang der Achse parallel zu seiner Flugrichtung und etwa 1502 Kilometern senkrecht dazu (Ortiz 2012). Aus der Größe und der absoluten Helligkeit lässt sich seine mittlere Albedo, also sein Rückstrahlvermögen, auf $A_{\mathrm{Mm}} = 0{,}77$ abschätzen. In einigen Fällen, wie auch in diesem, sind bei Sternbedeckungen sogar Aussagen über die Dichte des Objekts und über eine eventuell vorhandene dünne Atmosphäre möglich.

Auf Makemake kommt Methaneis besonders häufig vor. Durch die Sonnenstrahlung werden die dunklen Gebiete seiner Oberfläche geringfügig aufgeheizt. Dort, wo auf Makemake die Sonne im Zenit steht, dem subsolaren Punkt, reicht die Erwärmung möglicherweise aus, dass das Methaneis in die Gasphase übergeht und dort eine lokal begrenzte Atmosphäre entsteht. In den kälteren Regionen würde das Methan wieder ausfrieren. Damit ließe sich das extrem hohe Reflexionsvermögen des Zwergplaneten erklären und auch, weshalb es keine globale Atmosphäre gibt.

? A 82.1

Berechnen Sie die Solarkonstante S_{Mm} von Makemake im Perihel $q_{\mathrm{Mm}} = 38{,}5\,\mathrm{AE}$ und im Aphel $Q_{\mathrm{Mm}} = 52{,}8\,\mathrm{AE}$ (vgl. auch Nice-to-know 8 auf S. 77 in ▶ Abschn. 2.1)!

□ Abb. 4.3 Mehrere Observatorien in Südamerika erfassten am 23. April 2011 die Zeitpunkte, zu denen der Stern hinter dem Zwergplaneten (136472) Makemake verschwand und wieder auftauchte. Die durch diese Messpunkte gelegte Ellipse entspricht der wahrscheinlichsten Form des Himmelskörpers.

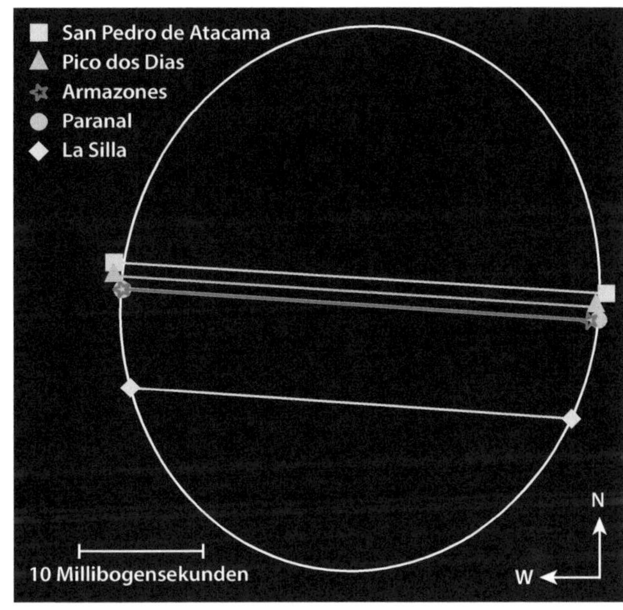

A 82.2

Berechnen Sie die Gleichgewichtstemperatur T_{Mm} von Makemake im Perihel und im Aphel seiner Bahn! Seine Albedo beträgt $A_{Mm} = 0{,}77$, sein mittlerer Radius sei $R_{Mm} = (a_{Mm}\, b_{Mm})^{1/2}$ mit den beiden Halbachsen $a_{Mm} = 1502\,\mathrm{km}/2$ und $b_{Mm} = 1430\,\mathrm{km}/2$ des als Ellipsoid gedachten Körpers.

Hinweise: Makemake absorbiert Sonnenlicht mit seiner Querschnittsfläche $\pi\, R_{Mm}^2$ und gemäß seiner Albedo damit die Leistung $P_a = \pi\, R_{Mm}^2\,(1 - A_{Mm})\, S_{Mm}$.

Über die gesamte Oberfläche strahlt er gemäß der Gleichgewichtstemperatur Energie ab, was zu der abgegebenen Leistung $P_e = 4\,\pi\, R_{Mm}^2\,\sigma\, T_{Mm}^4$ führt. Wenn keine weiteren Energiequellen im Spiel sind, dann gilt $P_a = P_e$, woraus sofort die Gleichgewichtstemperatur folgt.

A 82.3

Berechnen Sie, welche Temperatur sich im Aphel einstellt, wenn die Albedo dunkler Stellen auf der Oberfläche nur $A_d = 0{,}12$ beträgt!

A 82.4

Berechnen Sie die Maximalmasse m_{CH_4} an Methan in einer für den Nachweis zu dünnen Atmosphäre! Die Obergrenze für den Methandruck an der Oberfläche von Makemake liegt bei $p_{Mm} = 4\,\mathrm{nbar}$.

Hinweis: Es gilt: $m_{CH_4}\, g_{Mm} = p_{Mm}\, 4\,\pi\, R_{Mm}^2$. Die Oberflächenbeschleunigung ist $g_{Mm} = G\, M_{Mm}/R_{Mm}^2$ und die mittlere Dichte $\rho_{Mm} = 1{,}7\,\mathrm{g/cm}^3$.

4.2   Kleinplaneten

Aufgabe 83 – Hecuba-Lücke

Viele Planetoiden umlaufen die Sonne zwischen den Bahnen des Mars und Jupiters. Ihre Durchmesser sind im Vergleich zu Jupiter ($D_{2\!\!\!+} = 143\,000$ km) sehr klein. Ceres[2], der größte von ihnen, misst etwa 950 km. Die allermeisten Planetoiden aber sind kleiner 100 km.

Solche Kleinplaneten, die mit dem Jupiter vergleichbare Bahnradien haben, werden von diesem durch die Gravitationskraft beeinflusst. Insbesondere können sich diese kleinen Planeten nicht auf Bahnen bewegen, deren Umlaufzeiten einfache Bruchteile der Umlaufperiode des Jupiters sind, z. B. $\frac{1}{3}$. Bei solchen Radien findet man die so genannten Kirkwood-Lücken.

 **A 83.1**

Berechnen Sie die Radien für die Hecuba-Lücke mit $P_1 : P_{2\!\!\!+} = 1 : 2$ und für die Hestia-Lücke mit $P_2 : P_{2\!\!\!+} = 1 : 3$! Die große Halbachse des Jupiters beträgt $a_{2\!\!\!+} = 5{,}20$ AE.

Aufgabe 84 – Galileo sieht (951) Gaspra

Nachdem Galileo – mit seinen 1,3 Milliarden \$ ebenso preiswert wie ein oder zwei B2-Tarnbomber – Ende der 1980er endlich auf seiner komplizierten Reise zum Jupiter war, wurde beschlossen, zumindest einen Kleinplaneten zu besuchen: den 1916 entdeckten Gaspra. Nach zahlreichen Startverzögerungen und wegen der Explosion von Challenger am 28. Januar 1986 lag der Starttermin um mehrere Jahre hinter dem ursprünglich geplanten. Zusätzliches Handicap schuf die Entscheidung, keine mit Wasserstoff betriebenen Injektionsstufen für schnelle Flugbahnen auf den Shuttles mehr zu verwenden. Deshalb musste sich die Sonde auf einen langen Irrweg durch das innere Sonnensystem machen: Zunächst an der Venus, dann an der Erde (ein zweiter Swing-by an der Erde folgte im Spätherbst) verschaffte sie sich durch Impulsübertrag kinetische Energie, um den Weg zum Jupitersystem zu schaffen. Als nützlicher Nebeneffekt konnten die Venus und das Erde-Mond-System durch die Augen von Galileo betrachtet werden.

Während des bereits zweijährigen Fluges ist es dann leider doch passiert: Die große Sendeantenne, mit der die meisten wissenschaftlichen Daten und insbesondere die Bilder zur Erde gefunkt werden sollten, ließ sich nicht, wie für den 11. April 1991 programmiert, vollständig aufklappen. Einige der Rippen, die das filigrane Metallnetz aufspannen sollen, büßten, so die Techniker bei JPL (Jet Propulsion Laboratory), bedingt durch die lange Lagerzeit und die enorme Länge des Fluges bis zum ersten Aufklappversuch, Schmiermittel ein. Wahrscheinlich ist es in den Weltraum verdampft. Dieser Verdacht wurde durch spätere intensive Untersuchungen ausgeräumt. Als wahrscheinlichste Ursache gelten nun die Transportfahrten zu den verschiedenen Orten unter anderem zum Verstauen der Sonde. Die Fahrten gingen über Land und sollen das Schmiermittel aus seiner Sollposition herausgerüttelt haben.

Bis wenige Wochen vor dem Encounter mit Gaspra am 19. Oktober 1991 wurden mehrere Versuche unternommen, die klemmenden Rippen durch Heiz- und Kühlphasen des zentralen

---

[2] Seit 2006 zählt Ceres nach Beschluss der IAU zur Klasse der Zwergplaneten.

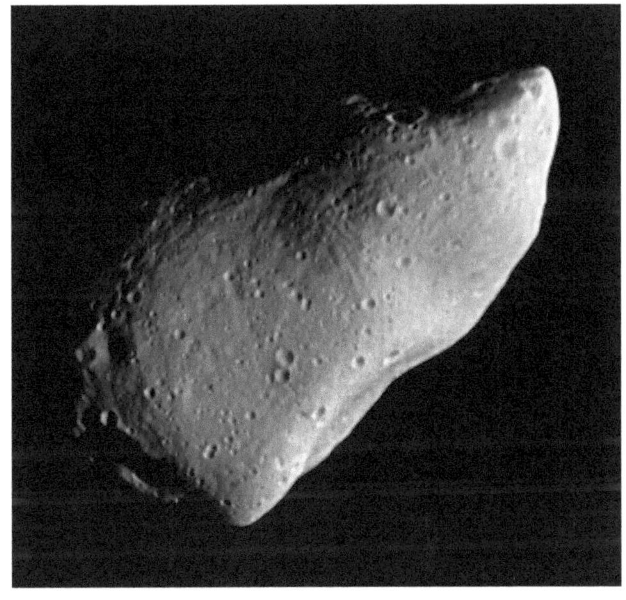

Abb. 4.4 Dieses Mosaik des Asteroiden (951) Gaspra ist aus zwei Aufnahmen zusammengesetzt, welche die Jupitersonde Galileo am 29. Oktober 1991 aus einer Distanz von rund 5300 km aufnahm, nur zehn Minuten vor Erreichen des geringsten Abstands. Quelle: NASA/JPL/USGS

Sendemasts freizusetzen. Leider sind sie jedoch alle gescheitert. Auch nach dem Vorbeiflug unternahmen die Ingenieure und Wissenschaftler alles, um die Antenne zu entfalten. Vor dem Vorbeiflug am 28. August 1993 beim zweiten Kleinplaneten der Reise, (243) Ida, gab es zwischen Dezember 1992 und Januar 1993 rund 13 000 mal ein raschen An- und Abschalten der Entfaltungsmotore – leider bleiben auch diese so genannten Hammerschläge vergebens.

Die Beobachtungen von Gaspra mussten somit auf dem Bandspeicher zwischengespeichert werden, in der Hoffnung, sie beim zweiten Erdvorbeiflug übermitteln zu können. Dabei traten einige hochaufgelöste Bilder gegen Suchsequenzen zurück, um sicherzugehen, dass Gaspra auch wirklich getroffen wurde. Die Flugbahn relativ zu Gaspra war durch das Fehlen einer ausreichenden Zahl an Navigationsbildern nämlich nur relativ ungenau bekannt.

Die Spannung unter allen Beteiligten war jedoch groß genug, um den teuren Versuch zu wagen, ein einzelnes Bild mit der Low-Gain-Antenne, die lediglich für Telemetriezwecke gedacht war, mit 40 Bit/Sekunde innerhalb von 80 (!) Stunden (!) zur Erde zu funken. Testweise wurde vom wahrscheinlichsten Bild die Zentralregion übertragen. Man hatte Erfolg: **◼** Abb. 4.4 zeigt den Planetoiden aus einer Entfernung von 16 000 km, 34 Minuten vor „Closest approach". Die Sonne steht genau rechts, die Rotationsachse weist nach links oben. Die größte Ausdehnung der sichtbaren Teile liegt bei etwa 16 km, seine wahre Größe liegt bei 20 km × 12 km × 11 km.

? A 84.1

Die geringste Entfernung zu Gaspra am 29. Oktober 1991 wurde zu $S = 1620\,\text{km}$ bekanntgegeben. Die Annäherungsgeschwindigkeit betrug $v_\infty = 8\,\text{km/s}$.

Berechnen Sie, mit welcher (variablen) Winkelgeschwindigkeit die Kamera bewegt werden musste, um scharfe Bilder zu erzeugen!

? A 84.2

Zum Zeitpunkt der größten Annäherung befanden sich Galileo und Gaspra in einer Entfernung von 2,8 AE zur Erde. Nach ersten Analysen besitzt Gaspra eine Albedo $A = 0,2$, knapp doppelt so viel wie der Mond ($A_{\mathbb{C}} = 0,12$).

Berechnen Sie die scheinbare Helligkeit, welche Gaspra für irdische Beobachter zu diesem Zeitpunkt besessen hat!

Hinweis: Beachten Sie die Phase: etwa 0,5. Der scheinbare Durchmesser des Erdmondes sei $\delta_{\mathbb{C}} = 0,5°$, seine scheinbare Helligkeit betrage $m_{\mathbb{C}} = -12,73$ mag.

? A 84.3

Bestimmen Sie, wie viele Pixel Gaspra auf ◘ Abb. 4.4 in etwa bedeckt, wenn die CCD-Kamera ein Gesichtsfeld von $28'$ besitzt, die auf 800×800 Pixel abgebildet werden!

? EA 84.4

Berechnen Sie mit Hilfe des Stoßparameters S und der Exzessgeschwindigkeit v_∞ die Bahnablenkung θ! Nehmen Sie für die mittlere Dichte von Gaspra den plausiblen Wert von $2,5\,\mathrm{g\,cm^{-3}}$ an.

Aufgabe 85 – Kleinplanet 4197 = 1982 TA, Teil 1 (Nach einer Idee von Michael Sarcander)

In der Akkretionsphase des Planetensystems war die mittlere Anzahldichte der Planetesimale viel größer als heutzutage. Davon zeugen die Spuren der Einschläge insbesondere auf dem Mond und auch auf allen anderen atmosphärelosen Körpern im Sonnensystem, deren Oberfläche man bislang in Augenschein nehmen konnte. Auch heute noch existiert eine Restpopulation größerer und kleinerer Körper, die der Erde auf ihrer Bahn um die Sonne mitunter recht nahe kommen können: die Asteroiden (auch Planetoiden oder Kleinplaneten genannt).

Erdpassagen in Mondentfernung sind gar nicht so selten. Immer wieder gehen Nachrichten über die Entdeckungen von Objekten durch die Tagespresse, die der Erde gefährlich nahe kommen. Auch den Kleinplaneten 1990 MU ereilte das Schicksal der „Tagespressensensationsmache", obwohl er der Erde nur bis auf 44 Mondbahnradien nahe kam. Für die Menschheit gefährlicher wurde es Ende März desselben Jahres 1989, als der etwa 150 m durchmessende 1989 FC, später (4581) Asclepius getauft, in nur zweifachem Mondabstand an uns vorbeisauste.

Die Sorge um eine tatsächliche Kollision hat in den USA zu Bemühungen um Gelder für eine Suche nach noch unentdeckten gefährlichen Kleinplaneten geführt.

? A 85.1

◘ Tab. 4.2 enthält einige Angaben, die die Bahnen von Erde und Kleinplanet Nr. 4197 definieren.

Ermitteln Sie entweder graphisch, durch Probieren oder per Differenziation a) den Zeitpunkt des geringsten Abstandes t_S zwischen Erde und 4197 sowie b) den Abstand S selber.

Hinweis: Es ist für diese Aufgabe völlig ausreichend, geradlinige Bewegungen anzunehmen, da in dem betrachteten Zeitraum von drei Tagen die Kreisbahn von einer geraden Linie nur um $3°$ abweicht.

◻ Tabelle 4.2 Erdabstand, Elongation und Helligkeit des damals noch unbenannten Kleinplaneten Nr. 4197 = 1982 TA bei seiner Erdpassage im Jahre 1996

t	Δ/AE	E	m/mag
25.10.1996	0,02797	157,0°	7,9
26.			7,0
27.			7,7
28.	0,01675	28,7°	14,2

? A 85.2

Berechnen Sie, um wie viele Stunden die Erde den Schnittpunkt der Bahnen glücklicherweise verpasst (zu früh oder zu spät?), unter der Annahme, dass sich die beiden Körper in einer Ebene bewegen (Koplanarität)!

Aufgabe 86 – Kleinplanet 4197 = 1982 TA, Teil 2

Nachdem in Aufgabe 85 die Bahn des Asteroiden Nr. 4197 relativ zur bewegten Erde betrachtet wurde, soll in diesem zweiten Teil die Bestimmung der Helligkeit im Vordergrund stehen.

? A 86.1

Leiten Sie einen Ausdruck zur Berechnung der scheinbaren Helligkeit m des Kleinplaneten als Funktion des Abstandes r von der Erde unter Berücksichtigung der Phase φ und des Impaktparameters S unter Zuhilfenahme der in ◻ Tab. 4.2 abgedruckten Werte her!

Hinweis: Fertigen Sie zunächst eine Skizze an, welche die Situation im Ruhesystem der Erde darstellt: Die Sonne steht links auf der negativen x-Achse, die Erde im Ursprung des Koordinatensystems und Asteroid 4197 nähert sich von rechts. Elongation E und Erddistanz Δ bestimmen die Bahn des Asteroiden.

Begradigen Sie zur weiteren (geringfügigen) Vereinfachung die Bahn des Kleinplaneten derart, dass sie parallel zur Gerade Sonne – Erde verläuft. Im mit der Erde um die Sonne rotierenden Koordinatensystem bewegt sich der Kleinplanet dann genau auf die Sonne zu – fliegt also parallel zum Fahrstrahl Erde – Sonne. Bilden Sie den Stoßparameter S aus dem Mittelwert der Abstände zu dieser Geraden.

? A 86.2

Berechnen Sie mit der in Aufgabe 86.1 gefundenen Gleichung a) die maximale Helligkeit des Kleinplaneten und geben Sie dazu b) den Abstand und c) die zugehörige Elongation an!

Hinweis: Lösen Sie die Aufgabe durch Probieren oder per Differenziation.

? A 86.3

Bestimmen Sie den Durchmesser D des Körpers mit einer Albedo $A = 0{,}5$, wie sie für metallartige Zusammensetzung angenommen wird, durch Vergleich mit dem Mond (Albedo, Radius, Bahnradius und Helligkeit: $A_{\leftmoon} = 0{,}12$, $R_{\leftmoon} = 1738\,\text{km}$, $r_{\leftmoon} = 384\,400\,\text{km}$ und $m_{\leftmoon} = -12{,}73\,\text{mag}$)!

Aufgabe 87 – Interplanetare Gefahr
(Von Ulrich Bastian)

Anfang der 1990er Jahre ging eine astronomische Mode um die Welt, eine Renaissance des Sonnensystems als Objekt erdgebundener Astronomie war im Gange: die Asteroiden-Gefahr. Ausgehend vom Spacewatch-Programm der Universität Arizona und seinen Entdeckungen im erdnahen Raum entstand eine ganze internationale Bewegung zur Aufspürung und möglicherweise Abwehr erdgefährdender Kleinkörper. Die NASA stieg mit großem Elan ein, in vielen Ländern wurden Beobachtungsprojekte beantragt oder spezielle Instrumente errichtet. In Russland wurde flugs ein International Institute for the Problems of Asteroid Hazards (Internationales Institut für die Probleme der Asteroidengefahr) gegründet.

Für den so genannten militärisch-industriellen Komplex kam diese Bewegung wie gerufen, lag doch das SDI-Projekt (Strategic Defense Initiative) wegen des verlustig gegangenen Feindes in tiefem Koma. Die Abwehr von anfliegenden Asteroiden ist noch um einiges schwieriger (d. h. teurer/einträglicher) als die Abwehr von anfliegenden Interkontinentalraketen, verlangt aber im Grundsatz ähnliche Methoden. Und sie ist genauso wenig mit endlichen Finanzmitteln zur Perfektion zu bringen wie SDI. So ist es kein Wunder, dass auch Martin-Marietta, Boeing und Co. eifrig die Asteroiden-Angst schürten.

Alle damaligen Forschungsprojekte suchten nach schnell bewegten Objekten am Fixsternhimmel. Das ist aber genau die falsche Suchstrategie, wie die folgende *fiktive* Geschichte aus dem Jahr 2006 zeigt! Da stand nämlich in allen Zeitungen, dass ein astrophysikalisches Observatorium im Kaukasus von einem Riesenmeteoriten zertrümmert wurde. Nach dem Astronomen, der in der fraglichen Nacht beobachtete, werde noch in den Trümmern des Gebäudes gesucht. Jedoch sei das Beobachtungsbuch der Nacht bereits gefunden worden. Aus ihm ergebe sich, dass der Astronom just in dieser Nacht eine Nova oder Supernova entdeckt habe, aber durch den Einschlag des Meteoriten knapp um den damit verbundenen wissenschaftlichen Ruhm gebracht worden sei.

Und hier der wahre Inhalt seines Beobachtungsprotokolls: Der Astronom hatte um 22 Uhr UT eine CCD-Aufnahme eines Galaxienhaufens im Bootes angefertigt, um die Galaxien des Haufens zu fotometrieren. Dabei war ihm ein punktförmiges Objekt aufgefallen, das in der Nacht vorher noch nicht da war. Er maß seine Helligkeit zu 19,72 mag und seine Position zu $\alpha = 14^{\mathrm{h}}06^{\mathrm{m}}43{,}3^{\mathrm{s}}$, $\delta = +17°27'34''$. Er notierte als Bemerkung zu seinen Messungen: „Intergalaktische Supernova? Unwahrscheinlich. Weit entfernte Nova? Auch unwahrscheinlich. Kleinplanet?"

Auf der nächsten Aufnahme, eine Stunde später, war das Objekt an der gleichen Position, aber um 0,73 mag heller geworden. Der Astronom notierte: „Also kein Asteroid. Noch zwei Aufnahmen, dann melde ich die Supernova an die IAU-Telegramm-Zentrale." Auf der nächsten Aufnahme, wieder eine Stunde später, war die Nova oder Supernova dann 17,88 mag hell. Und an dieser Stelle reißen die Notizen ab. Es ist unklar, ob er vor dem Aufschlag die geplante vierte Aufnahme noch gemacht hat.

❓ A 87.1

Berechnen Sie, wann der Riesenmeteorit in der Sternwarte einschlug, und ob die vierte Aufnahme noch gemacht werden konnte!

Hinweis: Zur Beantwortung dieser Frage braucht es nichts weiter als die Helligkeitsmessungen des namenlosen Astronomen.

? A 87.2

Berechnen Sie Helligkeit und Entfernung des Objektes zum Zeitpunkt der vierten Aufnahme!

? A 87.3

Berechnen Sie, in welcher Entfernung der Astronom das Objekt entdeckt hat, wenn Sie eine plausible Einschlaggeschwindigkeit von einigen Dutzend Kilometern pro Sekunde annehmen!

? A 87.4

Bestimmen Sie den Durchmesser des Brockens! Nehmen Sie hierzu an, dass er die gleiche Albedo wie der Mond besitzt!

Hinweis: Der Brocken hat dann die gleiche Flächenhelligkeit wie der Mond ($m_{\mathbb{C}} = -12{,}67$ mag). Das Helligkeitsverhältnis von Meteorit und Mond ist dann das Verhältnis der scheinbaren Flächen am Himmel. Daraus ergibt sich der Winkeldurchmesser des Körpers.

? A 87.5

Berechnen Sie, zu welcher Zeit das Objekt für das bloße Auge erkennbar wurde, wobei die Mindesthelligkeit hier zu 5 mag angenommen sei!

Aufgabe 88 – Jenseits von Pluto: 1992 QB1

Am 30.8., 31.8. und 1.9.1992 beobachteten Dave Jewitt und Jane Luu mit dem 2,2-m-Teleskop auf dem Mauna Kea einen sehr lichtschwachen Kleinplaneten mit einer Helligkeit von etwa 23 mag. Die an diesen Tagen gewonnenen Positionsmessungen erlaubten nur eine recht ungenaue Aussage über die große Bahnhalbachse des Körpers: zwischen 37 AE und 59 AE. Bei einer angenommenen kometenähnlichen Albedo $A_{\mathrm{QB1}} = 0{,}04$ sei dann ein Durchmesser von etwa 200 km die Folge, wie es im IAU-Circular Nr. 5611 nachzulesen ist.

Durch weitere Beobachtungen, die wegen der geringen Helligkeit des Planetoiden nur mit Großteleskopen unter besten Seeing-Bedingungen erfolgen konnten, unter anderem auf La Silla (ESO) und auf dem Calar Alto (MPIA), konnte die große Halbachse im Folgenden zu 44,38 AE bestimmt werden – immer noch mit einiger Unsicherheit. Der im Jahr 2017 im „Small-Body Database Browser" des JPL angezeigte Wert ist: $a_{\mathrm{QB1}} = 43{,}72$ AE. Somit bewegt sich 1992 QB1 auf einer Bahn, deren Abstand zur Sonne größer ist als der von Pluto mit seinen 39,48 AE. Abgesehen von den Kometen war 1992 QB1 Anfang der 1990er-Jahre somit der sonnenfernste bekannte Körper in unserem Sonnensystem und gleichzeitig das erste bekannte Objekt des Kuipergürtels, einem zweiten Kleinplanetenring jenseits der Neptunbahn.

? A 88.1

Berechnen Sie zunächst die Umlaufdauer P_{QB1} von 1992 QB1 um die Sonne und vergleichen Sie diese mit jener von Pluto P_{P}!

? A 88.2

Die beiden Aufnahmen in ◻ Abb. 4.5 wurden mit einer CCD-Kamera im Primärfokus des 3,5-m-Teleskops gewonnen. Bei einer Pixelgröße von $m_{\mathrm{P}} = 24\,\mu\mathrm{m}$/Pixel beträgt der Abbildungsmaßstab am Teleskop $\mu_{\mathrm{P}} = 0{,}53''$/Pixel. Demgegenüber sind die beiden Abbildungen in diesem Buch um einen Faktor $F = 14{,}71$ vergrößert.

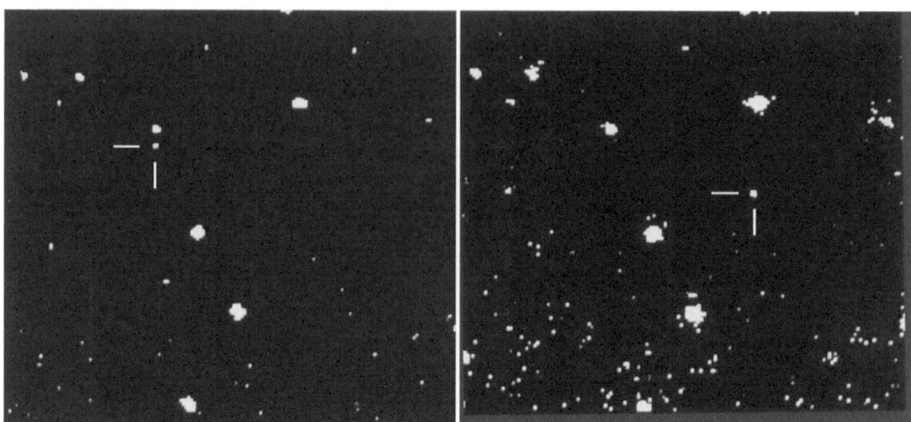

◨ Abb. 4.5   Die beiden Aufnahmen zeigen den Kleinplaneten 1992 QB1 (*siehe Markierung*) im Abstand von gut 24 Stunden. Die *linke Aufnahme* stammt vom 20.11.1992, ab 23:41 Uhr UT (t_1), die *rechte* vom 21.11.1992, ab 23:49 Uhr UT (t_2). Beide Aufnahmen wurden mit einer CCD-Kamera vom Beobachtertrio Paola Belloni, Kurt Birkle und Hermann-Josef Röser, Max-Planck-Institut für Astronomie, im Primärfokus des 3,5-m-Teleskops des Observatoriums auf dem Calar-Alto in Spanien zehn Minuten lang belichtet. Bei diesen stark vergrößerten Abbildungen ist das Licht des punktförmigen Asteroiden wie bei den helleren Sternen in der Umgebung auf mehrere Bildelemente des CCD-Chips verteilt. Der Himmelshintergrund hingegen erscheint als schwaches Rauschen und ist meist nur auf einzelnen Detektorelementen zu sehen. Der Planetoid befand sich etwa bei $\alpha_{QB1} = 23^{\mathrm{h}}56^{\mathrm{m}}$ auf der Ekliptik $\boxed{\text{www}}$

Messen Sie a) den Weg Δs, den der Planetoid am Himmel in der Zeit zurückgelegt hat, die zwischen den beiden Aufnahmen verstrichen ist, und b) wie groß demnach der zurückgelegte Winkel δ (in Bogensekunden) ist! c) Welche Winkelgeschwindigkeit μ_{d} (in Bogensekunden pro Tag) folgt draus?

❓ A 88.3

Bestimmen Sie aus der in Aufgabe 88.2c) ermittelten Winkelgeschwindigkeit die Entfernung des Planetoiden zur Sonne! Nehmen Sie für Ihre Berechnungen eine Kreisbahn an, vernachlässigen Sie also die geringe Exzentrizität von $e = 0,065$ (JPL 2017).

Hinweis: Um die mittlere tägliche Bewegung des Kleinplaneten zu erhalten, muss der gemessene Wert von $41,5''/\mathrm{d}$ subtrahiert werden.

❓ EA 88.4

Begründen Sie die Anweisung aus dem Hinweis zu Aufgabe 88.3! Beachten Sie, dass dabei auch die Bewegung der Erde eine Rolle spielt. Die Rektaszension der Sonne zum Zeitpunkt t_1 war $\alpha_\odot = 15^{\mathrm{h}}47^{\mathrm{m}}$.

❓ A 88.5

Berechnen Sie den Durchmesser des Asteroiden durch einen Vergleich mit dem Erdmond! Nehmen Sie an, dass er die oben erwähnte kometenhafte Albedo besitzt!

Daten: Mondalbedo $A_{\leftmoon} = 0,12$, Mondradius $R_{\leftmoon} = 1738\,\mathrm{km}$, scheinbare Helligkeit des Mondes $m_{\leftmoon} = -12,73\,\mathrm{mag}$, Mondbahnradius $r_{\leftmoon} = 384\,400\,\mathrm{km}$.

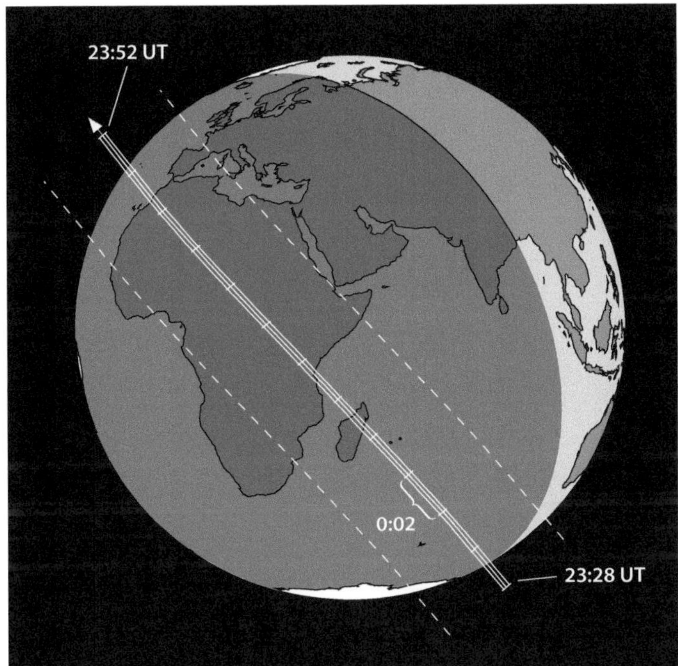

❑ Abb. 4.6 Vorhergesagter Schattenpfad der Bedeckung des Sterns TYC 0438 00092 durch den Kleinplaneten (386) Siegena.

Aufgabe 89 – Kleinplanet bedeckt Stern

Sternbedeckungen, wenn ein Himmelskörper kurzzeitig einen weiter entfernten Stern bedeckt, also über die Sichtlinie Erde – Stern zieht, sind lohnenswerte Beobachtungsereignisse für Amateur- und Profiastronomen. Bedeckt z. B. unser Mond einen weit entfernten Stern, so lassen sich daraus Rückschlüsse auf den Sternradius ziehen, obwohl dieser im Teleskop sonst nicht aufzulösen wäre. Das vom Stern kommende Licht wird am Rand des Mondes gebeugt und das entstehende Beugungsmuster enthält die Größeninformation.

Umgekehrt kann man bei einem Bedeckungsereignis aber auch Rückschlüsse auf den bedeckenden Körper, z. B. einen Klein- oder Zwergplaneten, ziehen (vgl. Aufgabe 82). Um eine Bedeckung beobachten zu können, benötigt man weniger besonders hochwertiges Beobachtungsequipment als vielmehr präzise Vorhersagen und für diese wiederum möglichst exakte Bahnelemente des Kleinplaneten, aber auch präzise Sternpositionen. Sonst kann es leicht passieren, dass der Schattenpfad auf der Erde das mühsam aufgestellte Teleskop verfehlt.

Am 11. Mai 1999 um 23:39,8 Uhr UT wurde der Stern TYC 0438 00092 durch den Kleinplaneten (386) Siegena bedeckt. Dieser wurde übrigens bereits 1894 vom Heidelberger Astronomen Max Wolf (vgl. auch Aufgabe 64) entdeckt. Er gehört zum Asteroidengürtel, der sich zwischen den Bahnen der Planeten Mars und Jupiter befindet. Hier soll betrachtet werden, wie groß im Fall von (386) Siegena die Unsicherheit der Lage des Schattenpfades war (vgl. ❑ Abb. 4.6).

A 89.1

Berechnen Sie den Abstand Δ zwischen (386) Siegena und der Erde! Der Kleinplanet war laut Datenblatt von Ludek Vasta und Jan Manek (Tschechische Astronomische Gesellschaft) zum Zeitpunkt der Bedeckung in einer Entfernung Δ, die der Parallaxe $\pi = 3{,}69''$ entspricht. Dabei ist π derjenige Winkel, unter dem der Erdradius $R_{♁} = 6378\,\text{km}$ vom Planetoiden aus betrachtet erscheint.

A 89.2

Berechnen Sie den scheinbaren Durchmesser d_S des Asteroiden (386) Siegena! Sein linearer Durchmesser beträgt $d_S = 173\,\text{km}$.

A 89.3

Berechnen Sie, um wie viele Kilometer der Schatten des Kleinplaneten auf der Erde von der Vorhersage abweichen kann, wenn die Unsicherheit in der Position des Planetoiden am Himmel $0{,}5''$ betrage!

Aufgabe 90 – Herkules auf Eros

Anfang des Jahrtausends lieferte die Sonde Near (**N**ear **E**arth **A**steroid **R**endezvous) wunderbare Aufnahmen des Asteroiden (433) Eros, denn nie zuvor wurde ein extraterrestrischer Körper aus solch niedriger Umlaufbahn in Augenschein genommen.

■ Abb. 4.7 zeigt links den von Kratern übersähten und unregelmäßig geformten, $33\,\text{km} \times 13\,\text{km} \times 13\,\text{km}$ großen Asteroiden. Mittlings ist der in ■ Abb. 4.8 ausschnittsweise abgebildete, 5,3 km durchmessende Krater zu sehen.

A 90.1

Nehmen Sie an, dass ein Drittel von Eros' Gesamtmasse $m_E = 7{,}2 \cdot 10^{15}\,\text{kg}$ zum Gewicht der Felsbrocken im großen Krater in der Beuge des Planetoiden beitrage und dass der Kraterboden 6 km vom Massenzentrum entfernt sei!

Berechnen Sie, wie groß dann dort die Schwerebeschleunigung in Einheiten von a) m/s^2 und b) $g = 9{,}81\,\text{m/s}^2$ ist!

A 90.2

a) Berechnen Sie die Größe, die ein Felsbrocken haben könnte, damit eine kräftige Person (die auf der Erde 50 kg hochhieven kann) auf Eros unter den angegebenen Bedingungen den Brocken vom Kraterboden hochstemmen könnte!
   Die mittlere Dichte von Eros und den Felsen beträgt $\rho = 2{,}5\,\text{g/cm}^3$.
b) Schätzen Sie ab, ob ein solcher Brocken im rechten Teil von ■ Abb. 4.8 (ein Viertel des Kraters) sichtbar ist!

Aufgabe 91 – Landung auf Itokawa

Ab September 2005 begleitete die japanische Raumsonde Hayabusa für einige Monate den Asteroiden (25143) Itokawa, einen „erdnussförmigen Schutthaufen“ (Müller 2006). Dies war

⧉ Abb. 4.7 Der Near-Earth-Asteroid (433) Eros, aufgenommen am 29.2.2000 von der Sonde Near aus 200 km Distanz, einer Entfernung, in der die Kamera nur noch Teilbereiche des Kleinplaneten abbildet. Zu sehen ist ein über ein digitales 3D-Modell gestülptes Mosaik aus sechs Einzelaufnahmen.

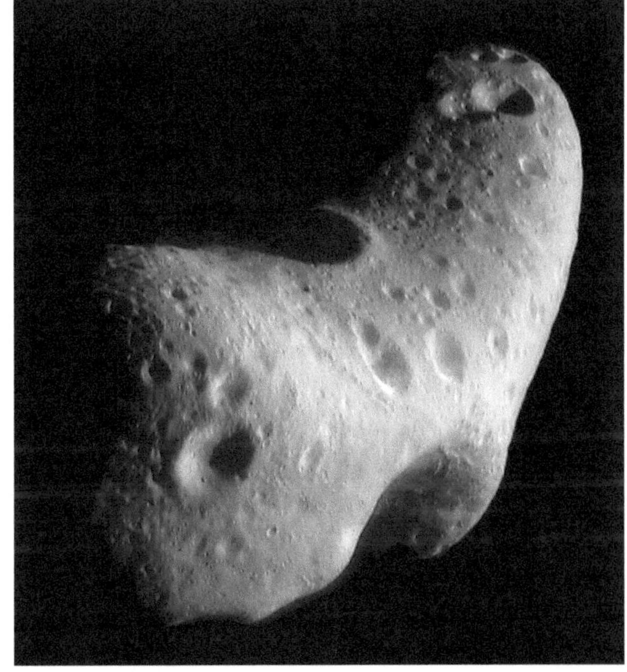

⧉ Abb. 4.8 Ein Farbkomposit aus schräger Perspektive auf dem Boden des 5,3 km großen Kraters von Eros. Die kleinsten, eben noch erkennbaren Felsbrocken in diesem Bild sind etwa einen Drittel Millimeter groß. www

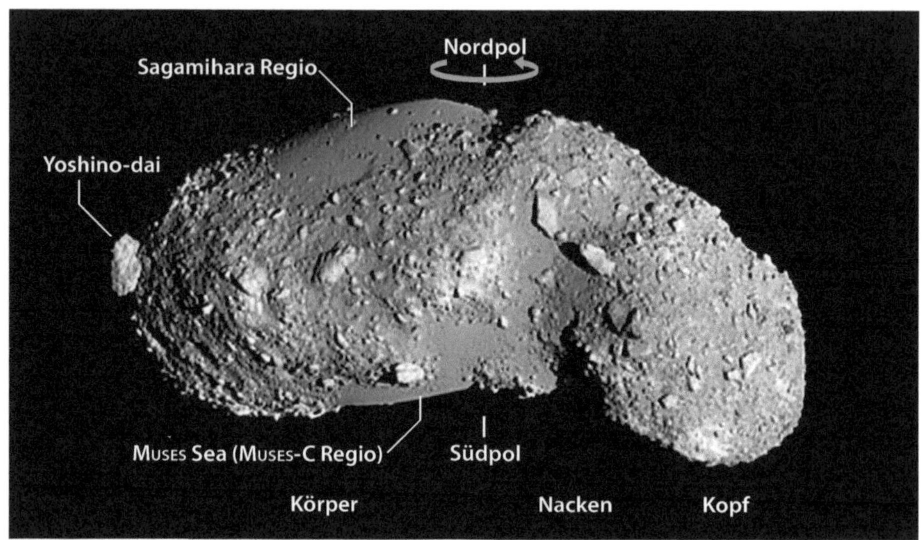

☐ **Abb. 4.9**   (25143) Itokawa ist ein Erdbahn- und Marsbahnkreuzer mit einer Bahnneigung von nur 1,6°. Seine Umlaufzeit beträgt 1,52 Jahre. Quelle: JAXA/*SuW*-Grafik

erst der zweite gezielte Besuch bei einem Kleinkörper unseres Sonnensystems. Zuvor erkundete die US-Raumsonde Near-Shoemaker in den Jahren 2000 und 2001 den etwa 33 Kilometer langen erdnahen Kleinplaneten (433) Eros (vgl. auch Aufgabe 90).

In der Zeitschrift *Science* wurden im Juni 2006 die ersten Ergebnisse der japanischen Mission zum Asteroiden (25143) Itokawa publiziert (Baker 2006): Neun Beiträge samt Titelseite widmen sich dem kleinen Körper und den mit Hilfe der Sonde Hayabusa gewonnenen Erkenntnissen.

Nach Beobachtungen des kleinen Asteroiden aus sicherer Entfernung und eingehender Analyse der Oberfläche setzte Hayabusa schließlich mehrfach auf der Oberfläche in der Muses Sea auf, mit dem Ziel, eine Bodenprobe zu entnehmen. Mittlerweile sind einige Oberflächenstrukturen benannt: Sagamihara nach einem Plateau im Landesinnern in der Präfektur Kanagawa auf Honshu, Muses Sea nach dem ursprünglichen Namen der Raumsonde, Muses-C, und Yoshino-dai, ein weiteres Plateau und gleichzeitig Adresse der ISAS (siehe auch ☐ Abb. 4.9).

❓ A 91.1

Berechnen Sie den mittleren Radius R_I des als kugelförmig gedachten Itokawa! Seine Masse wurde mit Hilfe von Hayabusa zu $M_\mathrm{I} = 3{,}51 \cdot 10^{10}$ kg bestimmt, seine mittlere Dichte zu $\rho_\mathrm{I} = 1{,}9\,\mathrm{g/cm^3}$.

❓ A 91.2

Berechnen Sie die zum Radius R_I gehörige mittlere Schwerebeschleunigung g_I an der Oberfläche von Itokawa und vergleichen Sie diese mit der Erdbeschleunigung $g = 9{,}81\,\mathrm{m\,s^{-2}}$! Diskutieren Sie, ob man hier von Mikrogravitation sprechen darf!

Hinweis: Setzen Sie Gravitationskraft $F_\mathrm{G} = G\,M_\mathrm{I}\,m\,/\,R_\mathrm{I}^2$ mit der Beschleunigungskraft $F_\mathrm{B} = m\,g_\mathrm{I}$ gleich.

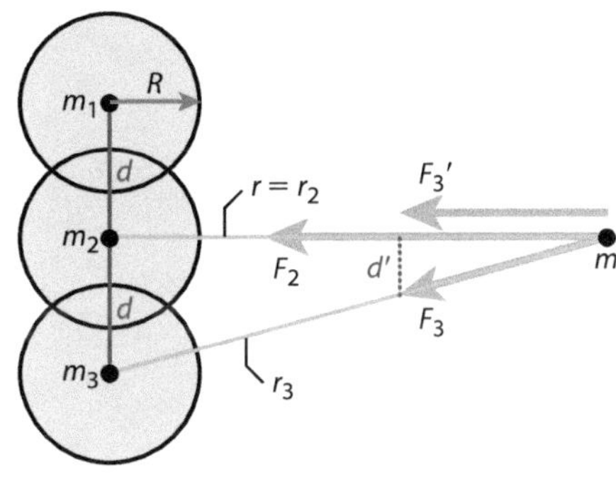

◻ Abb. 4.10 Die Grafik zeigt Itokawa idealisiert zu drei Massepunkten mit Abstand d zueinander. Hayabusa besitzt die Masse m.

❓ A 91.3

Berechnen Sie die Schwerebeschleunigung g_{MS} an der Landestelle Hayabusas, der Muses Sea, nicht weit von Itokawas Südpol! Berücksichtigen Sie dabei diesmal die reale Form des Asteroiden und nehmen Sie an, der Landeplatz habe vom Gravitationszentrum den Abstand $R = 100$ m.

Hinweis: Zerlegen Sie gemäß ◻ Abb. 4.10 Itokawas Masse in drei gleich große punktförmige Teilmassen $m_1 = m_2 = m_3 = M_I/3$, die voneinander den Abstand $d = L_I/3$ besitzen.

Die Hauptachsen (Länge, Breite, Tiefe) von Itokawa sind $L_I \times B_I \times T_I = 535\,\mathrm{m} \times 294\,\mathrm{m} \times 209\,\mathrm{m}$. Da sich die durch m_1 und m_3 verursachten Kräfte senkrecht zur Verbindungslinie $m_2 - m$ gegenseitig aufheben, gilt für die auf die Sondenmasse m wirksame Gravitationskraft $F_G = F_1' + F_2 + F_3'$.

Aufgabe 92 – Bedeckungen durch TNOs

Eine Gruppe Astronomen aus Taiwan wählte 2006 einen ungewöhnlichen Weg, sehr kleine Transneptun-Objekte (TNO) aufzuspüren (Chang 2006). Sie beobachteten mit dem Röntgensatelliten Rossi X-Ray Timing Explorer (RXTE) die hellste Röntgenquelle am Himmel, Scorpius X-1. Dabei stellten sie fest, dass es zu kurzzeitigen Unterbrechungen im Strahlungsfluss kam. Diese erklärten die Forscher durch Bedeckungen des Radiopulsars Scorpius X-1 durch vergleichsweise kleine Objekte des Kuipergürtels. Nach Ansicht der Autoren ergibt sich damit sogar die Möglichkeit, die Anzahl an kleinen TNOs im Kuipergürtel zu bestimmen (vgl. ◻ Abb. 4.11).

❓ A 92.1

Berechnen Sie das Verhältnis $\zeta = \delta_{TNO}/\delta_{X-1}$ und diskutieren Sie, ob die Röntgenquelle demnach relativ zum TNO als punktförmig betrachtet werden kann!

Hierbei sind δ_{TNO} und δ_{X-1} die Winkelausdehnungen von einem $D_{TNO} = 100$ m großen TNO und $D_{X-1} = 20$ km durchmessenden Pulsar. Die Distanz zu Scorpius X-1 ist $d_{X-1} = 2{,}8\,\mathrm{kpc}$ ($1\,\mathrm{pc} = 180 \cdot 3600\,\pi^{-1}\,\mathrm{AE}$), die zum TNO ist $d_{TNO} = 43\,\mathrm{AE}$.

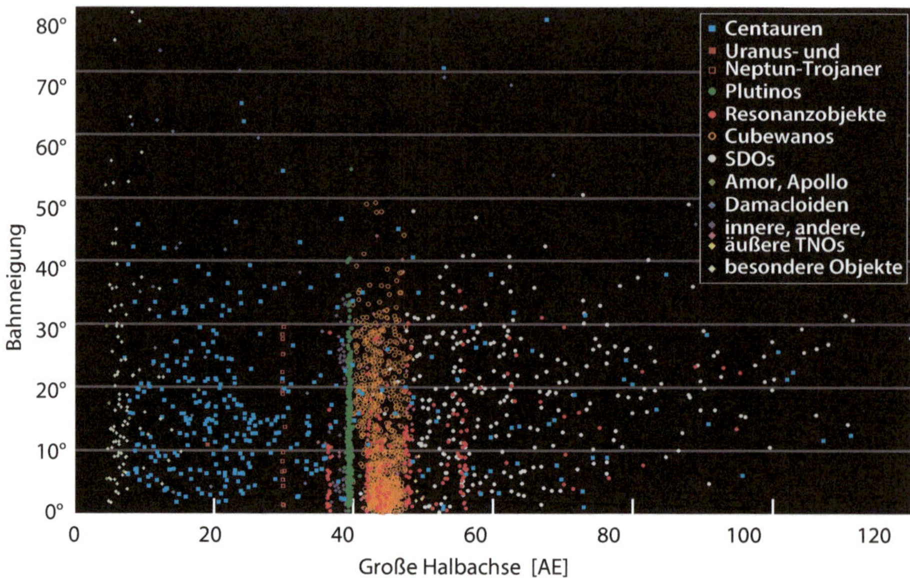

Abb. 4.11 Das äußere Sonnensystem ist stark bevölkert. Das Diagramm zeigt Exzentrizität und große Halbachse von 2563 Objekten bis hin zu mittleren Bahnradien von 120 AE, deren Bahnneigung maximal 80° beträgt. Das Diagramm enthält die Daten aus der Webseite http://www.johnstonsarchive.net/astro/tnoslist.html mit insgesamt 2695 Objekten.

? A 92.2

Je nach Position der Erde im Verlauf der sich über einen Zeitraum von sechs Jahren erstreckenden Beobachtungen addiert oder subtrahiert sich die Winkelgeschwindigkeit der Erde zu der des TNO.

Berechnen Sie die maximale Bedeckungsdauer für Scorpius X-1, welcher von einem kugelförmigen TNO mit dem Durchmesser D_{TNO} bedeckt wird!

Die Umlaufdauer P_{TNO} des TNO erhält man aus dem dritten Keplerschen Gesetz in der Form $(a_{\mathrm{TNO}}/\mathrm{AE})^3 = (P_{\mathrm{TNO}}/\mathrm{a})^2$. Die große Bahnhalbachse ist $a_{\mathrm{TNO}} = d_{\mathrm{TNO}}$.

? A 92.3

Gemäß der Beugungstheorie erscheint im Zentrum des Schattens, den das TNO auf die Erde wirft, eine Aufhellung, die Poisson-Fleck genannt wird (siehe auch Nice-to-know 14 auf S. 145 zu dieser Aufgabe sowie Aufgabe 107). Der Fleck besitzt den auch von der Wellenlänge des beobachteten Lichts abhängigen Radius

$$\Delta r' \approx \frac{\sqrt{2}}{4} \sqrt{\frac{\lambda}{2} \, d_{\mathrm{TNO}}} \, . \tag{4.2}$$

Berechnen Sie die Größe des Poisson-Flecks sowohl im Röntgenbereich bei $\lambda_{\mathrm{X}} = 0{,}6\,\mathrm{nm}$ als auch im Sichtbaren bei $\lambda_{\mathrm{S}} = 500\,\mathrm{nm}$ und diskutieren Sie in beiden Fällen, ob der TNO einen Schatten wirft!

Poisson-Fleck

Seit Beginn des 20. Jahrhunderts beschreiben wir Licht – je nach experimenteller Situation – als Welle oder als Teilchen. Bereits mehr als 200 Jahre früher stritten sich die Physiker über ein ähnliches Problem: Sollte man Licht als Welle oder als Korpuskel beschreiben (wobei Newtons Korpuskel nicht mit dem modernen Konzept des Photons übereinstimmen)? Zu Beginn des 19. Jahrhunderts führte Thomas Young dann sein berühmtes Doppelspalt-Experiment durch, welches eindeutig den Wellencharakter zeigt. Der Durchbruch der Wellentheorie ließ allerdings noch auf sich warten, denn die Gemeinschaft der Physiker war noch zu stark von der Lehre Isaac Newtons beeinflusst, der die Wellentheorie ablehnte.

Dies änderte sich erst durch den Poisson-Fleck, der Seméon D. Poisson eigentlich als Argument gegen die Beugungstheorie nach Augustin J. Fresnel dienen sollte. Er führte auf Grundlage der Fresnel'schen Theorien ein Gedankenexperiment durch, als dessen Ergebnis im Zentrum des Schattens hinter einem kreisförmigen Hindernis ein heller Lichtfleck zu sehen sein sollte – was er für absurd hielt.

1818 führt François Arago diesen Versuch in der französischen Akademie der Wissenschaft vor: Der Fleck war zu sehen und der berühmte Physiker Poisson blamiert, was letztlich der Wellentheorie zu ihrem Durchbruch verhalf.

Aufgabe 93 – Asteroiden mit MIDI

Die zahlenmäßig weitaus größte Gruppe von Körpern im Sonnensystem sind die Asteroiden, deren physische Eigenschaften bislang immer noch weitgehend im Dunkeln liegen. Zwar erkundeten Raumsonden acht Asteroiden aus der Nähe, und die größten unter ihnen wurden mit dem Weltraumteleskop Hubble sowie mit Hilfe adaptiver Optik an Großteleskopen beobachtet. Von den allermeisten Asteroiden ist jedoch kaum mehr bekannt als ihre Helligkeit und ihre Umlaufbahn.

Ein Meilenstein in der Erforschung der Asteroiden gelang 2009 einer französisch-italienischen Forschergruppe um Marco Delbo vom Observatoire de la Côte d'Azur in Frankreich. Mit dem Interferometer MIDI (MID-infrared Interferometric Instrument) des Very Large Telescope (VLT) der europäischen Südsternwarte konnten sie die Formen und Größen von Asteroiden erstmals direkt bestimmen (Delbo 2009). Hierzu überlagerten sie das Licht von zwei Teleskopen. Das dabei entstehende Muster aus hellen und dunklen Streifen liefert Informationen über die Gestalt und die Ausdehnung des beobachteten Objekts. Dabei reichen Helligkeiten im visuellen Bereich bis herunter zu $m_{min} = 14\,\mathrm{mag}$ noch aus, um die Größe eines Asteroiden erfolgreich bestimmen zu können. Allerdings darf die Winkelausdehnung δ_{max} des Objekts nicht größer sein als etwa 100 bis 200 Millibogensekunden.

Die rund elf Kilometer große (951) Gaspra (vgl. auch Aufgabe 84) konnte aus einer Entfernung von rund 133 Millionen Kilometern als Scheibe aufgelöst werden. Der Asteroid (234) Barbara konnte durch Vergleich mit verschiedenen Modellen als Doppelkörper identifiziert werden. Die neue Methode eröffnet auch neue Möglichkeiten, Asteroiden zu untersuchen. Im Folgenden soll betrachtet werden, welche Reichweite diese neue Methode hat.

? A 93.1

Berechnen Sie für $\delta_{max} = 0{,}15''$ die minimale Distanz r_{min}, die Asteroiden des Durchmessers $D_1 = 10\,\mathrm{km}$, $D_2 = 50\,\mathrm{km}$ und $D_3 = 100\,\mathrm{km}$ nach dem Kriterium für die Winkelausdehnung bei VLTI-MIDI noch haben dürfen! Geben Sie r_{min} in den Einheiten Kilometer und Astronomische Einheit an.

? **A 93.2**

Der Zusammenhang zwischen der Albedo A, dem Durchmesser D und der absoluten Helligkeit H eines Kleinplaneten lautet

$$D = \frac{1}{\sqrt{A}} \cdot 1329\,\text{km} \cdot 10^{-H/5\,\text{mag}} .$$ (4.3)

Berechnen Sie für die beiden Albedowerte $A_1 = 0{,}2$ und $A_2 = 0{,}4$ sowie die drei Durchmesser aus Aufgabe 93.1 die zugehörigen absoluten Helligkeiten!

? **A 93.3**

Ein Asteroid in der Distanz Δ zur Erde und der Distanz r zur Sonne befinde sich in Oppositionsstellung. Dort gilt $r = \Delta + 1\,\text{AE}$. Seine scheinbare Helligkeit lässt sich dann ermitteln aus

$$r \cdot \Delta = 10^{(m-H)/(5\,\text{mag})}\,\text{AE}^2 .$$ (4.4)

Berechnen Sie für alle in Aufgabe 93.2 berechneten Werte der absoluten Helligkeit bei $m = m_{\text{min}}$ die für das VLTI-MIDI maximal möglichen Erddistanzen Δ_{max}.

? **A 93.4**

Zeichnen Sie ein Diagramm, in dem entlang der Abszisse der Abstand zur Erde und entlang der Ordinate der Durchmesser aufgetragen ist, und tragen Sie dann die in den Aufgaben 93.2 und 93.3 ermittelten Ergebnisse ein!

Schraffieren Sie die mit VLTI-MIDI zugänglichen Bereiche und tragen Sie außerdem auch Gaspra und Barbara in das Diagramm ein ($A_\text{G} = 0{,}38$, $A_\text{B} = 0{,}22$, $D_\text{G} = 11\,\text{km}$, $D_\text{B} = 44\,\text{km}$).

Aufgabe 94 – Yarkowsky-Effekt

Photonen sind masselose Teilchen – und dennoch verhält sich das Licht in vielen Situationen, als ob es eine Masse hätte, denn es übt z. B. Druck auf einen Körper aus oder überträgt Impuls. Während das Verhalten von Staubkörnern im Sonnensystem durch den Pointing-Robertson-Effekt (vgl. auch Aufgabe 119) mitbestimmt wird, wurde dasjenige der vielfach größeren Asteroiden bis auf zwei Ausnahmen bisher ausschließlich rein gravitativ beschrieben – doch offenbar muss das Verhalten von Körpern mittlerer Größe unter Berücksichtigung des Yarkowsky-Effekts (YE) beschrieben werden.

Hinreichend große Körper erwärmen sich auf der einen Seite im Sonnenlicht und kühlen auf der anderen, sonnenabgewandten Seite ab. Durch ihre Rotation wird ein Teil der Wärmeenergie auf die sonnenabgewandte Seite transportiert. Von dort strahlt der Körper nun Wärme ab. Auf der entgegensetzten Seite des Körpers ist es genau umgekehrt (vgl. ◻ Abb. 4.12). Durch diese Asymmetrie gegenüber einem ruhenden Körper entsteht eine Kraft, die den Körper aus seiner Bahn bringt. Genau dies beschreibt der YE. Die Lage verkompliziert sich, wenn die Rotationsachse gegen die Bahnebene geneigt ist, wenn der Körper saisonale Heizeffekte zeigt, die aus seiner Bahnexzentrizität herrühren, wenn seine Form von einer Kugel abweicht und wenn seine Oberfläche porös ist oder gar mit Trümmerschutt, etwa aus Kollisionen, belegt.

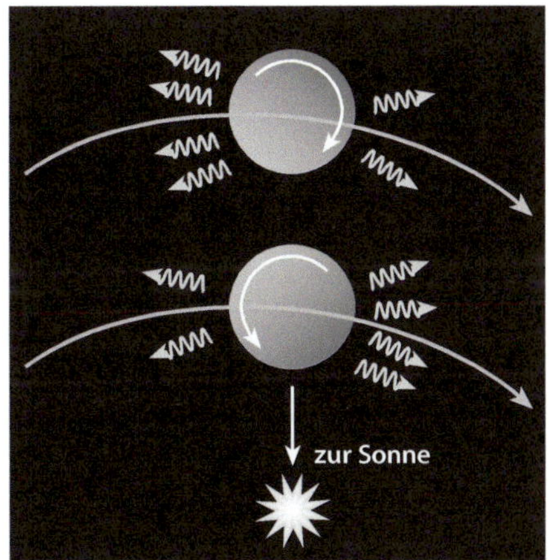

Abb. 4.12 *Oben*: Ein Asteroid rotiert im gleichen Drehsinn wie seine Umlaufbewegung. Seine Temperatur ist schematisch durch Farbe dargestellt (*rot* = warm, *blau* = kalt). Da seine Oberfläche bei Sonnenuntergang wärmer ist (im Bild seine *linke Seite*), strahlt er mehr in Flugrichtung. Der Rückstoß der Strahlung bremst ihn. Der Asteroid driftet nach innen. *Unten*: Die Rotation erfolgt entgegen dem Umlaufsinn. Bei Sonnenuntergang ist es kälter. Die Abstrahlung entgegen der Flugrichtung und der Rückstoß in Flugrichtung sind stärker. Der Asteroid driftet nach außen. (Die Verkürzung der Wellenlänge in Bewegungsrichtung ist hier nicht angedeutet, da der Poynting-Robertson-Effekt bei größeren Körpern keine Rolle spielt.)

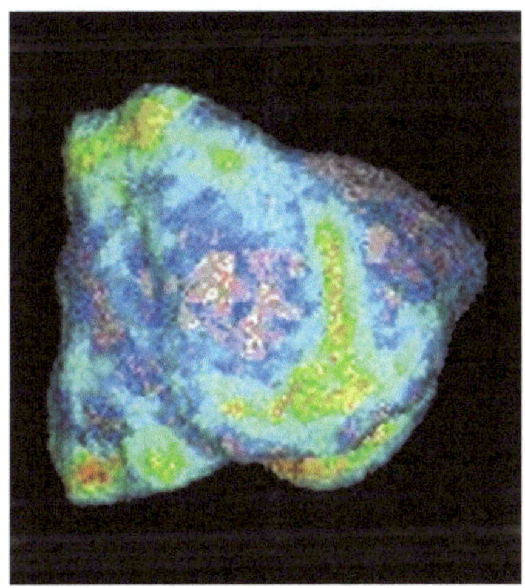

Abb. 4.13 Ein computergeneriertes Bild des Asteroiden Golevka. Das Bild wurde mit Radardaten, die vom Arecibo-Observatorium gewonnen wurden, erstellt. Der Name dieses Asteroiden erinnert an die multinationalen Radar-Beobachtungen im Juni 1995. Die 70-m-Goldstone-Antenne sendete die Funkimpulse aus und die Radarechos wurden von der russischen 70-m-Antenne in Evpatoria und der japanischen 30-m-Antenne in Kashima empfangen. Daher der Name **Gol**dstone-**Ev**patoria-**Ka**shima. Bild: NASA

In den beiden Asteroidengürteln finden sich Körper mit Durchmessern von mehreren hundert km genauso wie solche mit Kilometer- und Staubkorngröße. Die beiden erwähnten Ausnahmen sind 1950 DA und (6489) Golevka. Ersterer ist einigermaßen kugelförmig und besitzt einen Durchmesser von immerhin etwa einem Kilometer. Golevka misst etwa $2\,R_\mathrm{G} = 530\,\mathrm{m}$ (siehe **Abb. 4.13**), besitzt eine große Bahnhalbachse $a_\mathrm{G} = 2{,}514\,\mathrm{AE}$ und eine mittlere Dichte $\rho_\mathrm{G} = 2{,}7\,\mathrm{g/cm^3}$. Chesley et al. (2003) geben für die Oberflächenwärmeleitfähigkeit den Wert $K_\mathrm{G} = 0{,}01\,\mathrm{W\,m^{-1}\,K^{-1}}$ und für seine Albedo $A_\mathrm{G} = 0{,}1$ an.

? A 94.1

Berechnen Sie die mittlere Temperatur T_G von Golevka! Betrachten Sie dazu seine Energiebilanz

$$\pi\,R_\mathrm{G}^2\,(1 - A_\mathrm{G})\,S_\mathrm{G} = 4\,\pi\,R_\mathrm{G}^2\,\varepsilon_\mathrm{G}\,\sigma\,T_\mathrm{G}^4. \tag{4.5}$$

Die linke Seite beschreibt die empfangene, die rechte die im Infraroten abgestrahlte Energie. Dabei ist $S_\mathrm{G} = S_\mathrm{Erde}\,(a_\mathrm{Erde}/a_\mathrm{G})^2$ die Solarkonstante bei Golevka und $S_\mathrm{Erde} =$

1370 W/m^2. ε_G ist die Infrarotemissivität: $\varepsilon_G = 0{,}9$. Die Stefan-Boltzmann-Konstante ist $\sigma = 5{,}67 \cdot 10^{-8}$ W m^{-2} K^{-4}.

❓ A 94.2

Berechnen Sie die Tiefe l_S der von der Sonneneinstrahlung beeinflussten Schale

$$l_S = \sqrt{\frac{K_G}{\rho_G \, C_G \, \omega_G}} \,. \tag{4.6}$$

Dabei ist $C_G = 680\,\text{J}\,\text{kg}^{-1}\,\text{K}^{-1}$ die Wärmekapazität des Galovka-Materials. $\omega_G = 2\,\pi/P_G$ ist die Rotationsfrequenz, mit der Rotationsperiode $P_G = 6{,}02\,\text{h}$.

❓ A 94.3

Berechnen Sie die von der Rotation des Kleinplaneten verursachte Rate der Bahnänderung $\dot{a}$! Die Theorie zum YE liefert $\dot{a} = 2 f_Y/\omega$. Dabei ist $\omega = 2\,\pi/P$ mit der Umlaufperiode $P = 3{,}99\,\text{a}$. f_Y gibt die Beschleunigung von Golevka an

$$f_Y = \frac{2}{\rho_G \, R_G} \, \frac{\varepsilon_G \, \sigma \, T_G^4}{c} \, \frac{\Delta T_\omega}{T_\omega} \, f(\zeta). \tag{4.7}$$

Dabei ist $c = 3 \cdot 10^8$ m/s die Lichtgeschwindigkeit. $f(\zeta)$ beschreibt eine Reduktion der Beschleunigung durch die Neigung der Kleinplanetenachse gegen seine Bahnebene – hier: $f(\zeta) = 1$. Für die relative effektive Temperaturänderung gilt

$$\frac{\Delta T_\omega}{T_\omega} = \frac{0{,}667 \, \Theta_\omega}{1 + 2{,}03 \, \Theta_\omega + 2{,}03 \, \Theta_\omega^2} \,. \tag{4.8}$$

Der thermische Parameter folgt aus

$$\Theta_\omega = \frac{\Gamma \, \omega_G^{1/2}}{2 \, \pi \, \varepsilon_G \, \sigma T_G^3} \tag{4.9}$$

mit der thermischen Trägheit

$$\Gamma = \sqrt{\rho_G \, C_G \, K_G} \,. \tag{4.10}$$

❓ A 94.4

Die Radarmessungen an Golevka zwischen April 1991 und Mai 2003 wurden über drei Annäherungen durchgeführt und ergaben als Messergebnis für die durch den YE induzierte Änderung der großen Bahnhalbachse $\Delta a = 15\,\text{km}$.

Berechnen Sie die Rate der Bahnänderung $\dot{a}$ in den Einheiten a) km/a, b) AE/10^6 a und c) Mondbahnradien $r_{\mathbb{C}}$ /10^6 a ($r_{\mathbb{C}} = 384\,400$ km).

Aufgabe 95 – (99942) Apophis

Kollisionen mehrere Meter großer Meteoroiden mit der Erde geschehen gar nicht so selten – im Mittel alle paar Wochen. Glücklicherweise sind die Einschlagraten wirklich bedrohlicher Körper wie Apophis weitaus geringer, aber eben nicht null.

All diese nahen Begegnungen und Kollisionen speisen sich aus dem Reservoir der so genannten Erdbahnkreuzer. Unter den mittlerweile gut 370 000 bekannten Asteroiden des inneren Sonnensystems gibt es zahlreiche Objekte, deren elliptische Bahn diejenige der Erde kreuzt – es sind potenziell gefährliche Körper. In der Regel hat dies keine praktische Bedeutung, denn den Schnittpunkt ihrer Bahnen erreichen Erde und Asteroid zu verschiedenen Zeiten.

Anfang 2004 machte der kleine Asteroid (99942) Apophis Schlagzeilen, denn die damaligen Beobachtungen legten nahe, dass er sich auf Kollisionskurs mit der Erde befand. So war er auch das erste Objekt, das auf der Turiner-Skala (vgl. Nice-to-know 15 auf S. 150 zu dieser Aufgabe) eine höhere Einstufung als eins erhielt – für wenige Tage sogar Stufe vier. Mittlerweile ist sein Status jedoch wieder null, denn neuere Beobachtungen zeigen, dass ein Einschlag im Jahr 2029 offenbar nicht zu befürchten ist. Eine winzig kleine Chance in den Jahren 2036 und 2037 und darüber hinaus für ein solches Ereignis besteht jedoch weiterhin.

Wie können wir die Erde vor solchen Einschlägen schützen? Welche Bahnänderung müssten zukünftige Wissenschaftler und Ingenieure bewirken, um einen solchen Fall abzuwenden?

❓ A 95.1

Die absolute Helligkeit von Apophis beträgt $H_A = 19{,}7$ mag. Am 20./21. Januar 2013 stand Apophis in Opposition zur Sonne. Seine Erddistanz betrug damals $\Delta_A = 0{,}1008$ AE, seine Sonnendistanz $r_A = 1{,}0645$ AE.

Berechnen Sie die scheinbare Helligkeit m_A des Asteroiden zu diesem Zeitpunkt! Ein näherungsweises Ergebnis liefert die Gleichung

$$m_A = H_A + 5 \, \text{mag} \cdot \lg\left(\frac{\Delta_A \, r_A}{\text{AE}^2}\right). \tag{4.11}$$

❓ A 95.2

Berechnen Sie Apophis' Masse m! Richard P. Bizel et al. geben in ihrer in der Fachzeitschrift *Icarus* erschienenen Arbeit die mittlere Dichte von Apophis zu $\rho_A = 2{,}4 \, \text{g/cm}^3$ an (Binzel 2009). Der Durchmesser des Asteroiden beträgt $D_A = 270$ m.

❓ A 95.3

Berechnen Sie die Länge der kleinen Halbachse b, die Periheldistanz q und die Apheldistanz Q (siehe auch Nice-to-know 8 auf S. 77 zu Aufgabe 65 in ▶ Abschn. 2.1)! Die Exzentrizität der Umlaufbahn von Apophis ist $e = 0{,}1912$ und seine große Bahnhalbachse ist $a = 0{,}9224$ AE.

❓ EA 95.4

Zur Rettung vor einer bevorstehenden Kollision werde die Exzentrizität beim Durchlaufen des Aphels so manipuliert, dass die kleine Halbachse um einen Betrag von der Größenordnung des Erdradius anwachse: $b_m = b + B$. Dabei sei $B = 6500 \, \text{km} > R_{\text{Erde}}$. Die Geschwindigkeit von Apophis im Aphel ist

$$v_Q = \sqrt{\frac{G \, M_\odot}{a} \frac{1-e}{1+e}} = f(e), \tag{4.12}$$

mit der Gravitationskonstanten G und der Sonnenmasse $M_\odot = 1{,}989 \cdot 10^{30}$ kg. Die neue Exzentrizität ist e_B und für die neue Bahn gilt dann $v_{Q,B} = f(e_B)$.

Turiner-Skala

Die Turiner-Skala (Torino Impact Hazard Scale, vgl. Binzel 2000) beschreibt das Gefährdungs-
potenzial der Erde durch erdnahe Asteroiden und Kometen. Dieses wird in die Klassen 0 bis 10
unterschieden, wobei eine Klasse sowohl die kinetische Energie des Impaktors als auch die Kollisionswahrscheinlichkeit angibt (vgl. ◨ Abb. 4.14). Zusätzlich muss der prognostizierte Einschlagszeitpunkt
kommuniziert werden.

Objekte, die in die Klasse 0 eingestuft werden, stellen für die Erde keine Gefahr dar, da entweder die
Kollisionswahrscheinlichkeit oder die Masse des Impaktors zu gering ist. Einschläge von Objekten der
Klasse 10 hingegen sind in der Lage, eine globale Klimakatastrophe zu verursachen. Im Durchschnitt
ereignen sich solche Ereignisse seltener als alle 100 000 Jahre.

Die höchste jemals erfolgte Einstufung erreichte – mit Stufe 4 – (99942) Apophis im Jahr 2004 (vgl.
Aufgabe 95).

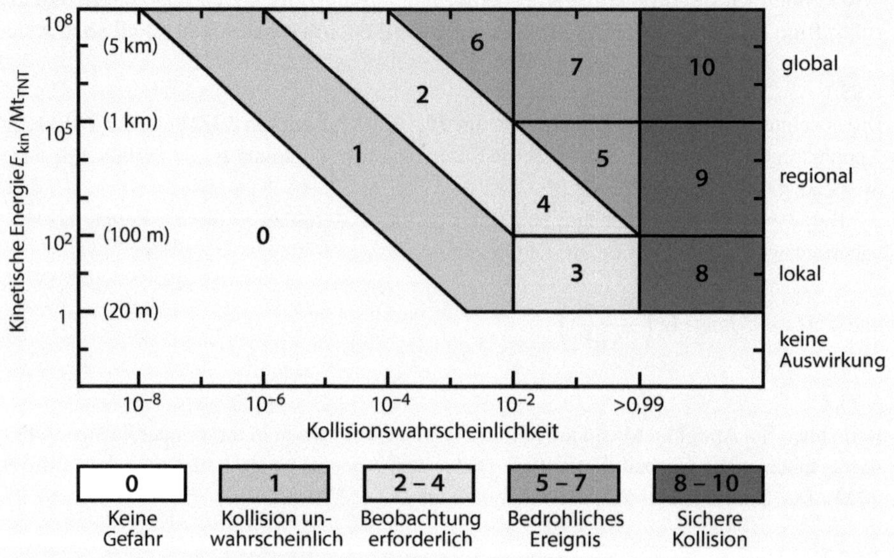

◨ **Abb. 4.14**   Die kinetische Energie des Impaktors und die Kollisionswahrscheinlichkeit spannen die 2-
dimensionale Klassifikationsebene der Turiner-Skala auf. An der y-Achse sind zusätzlich die mittleren Durchmesser der Impaktoren aufgetragen. Nach: Binzel 2000

Berechnen Sie die zur Umformung der Bahn erforderliche Geschwindigkeitsdifferenz
$\Delta v = v_Q - v_{Q,B}$!

Aufgabe 96 – Das Ringsystem von (10199) Chariklo

Ein Kleinplanet mit Ringen – damit rechnete noch vor wenigen Jahren kaum ein Planetenfor-
scher. Solche Gebilde fanden sich in unserem Sonnensystem bislang nur in den Umlaufbahnen
der vier Riesenplaneten Jupiter, Saturn, Uranus und Neptun. 2014 aber machte ein Kleinpla-

Trojaner und Zentauren

Die Lagrange-Punkte L_1 bis L_5 sind fünf ausgezeichnete Punkte in einem System zweier Himmelskörper, z. B. Sonne und Jupiter, an denen sich die Gravitations- und Fliehkräfte gerade aufheben und sich ein dritter – deutlich masseärmerer – Körper kräftefrei aufhalten kann. Kleinkörper, die sich in oder in einem Orbit um den/die Punkte L_4 oder L_5 befinden, bezeichnet man als **Trojaner**. Die ersten beiden gefundenen Planetoiden (588) Achilles in L_4 und (617) Patroclus L_5 im System Sonne – Jupiter sind die Namensgeber für inzwischen Tausende Trojaner und das auch bei anderen Planeten.

Zentauren sind eine Gruppe von Kleinkörpern im äußeren Sonnensystem. Ihren Namen verdanken sie dem Umstand, dass ihre Herkunft nicht völlig geklärt ist. Stammen sie aus dem Asteroidengürtel zwischen Mars und Jupiter oder sind es die Kerne von Kometen? Spektrale Untersuchungen einiger Zentauren belegen Letzteres, und tatsächlich wurde bei manchen in Perihelnähe auch bereits kometare Aktivität beobachtet.

net mit rund 250 Kilometer Durchmesser den exklusiven Anspruch der Gasriesen zunichte (Braga-Ribas 2014).

Der Zentaur-Asteroid (vgl. Nice-to-know 16 auf S. 151 zu dieser Aufgabe) Chariklo zog am 3. Juni 2013 vor dem 12,4 mag hellen Stern UCAC4 248-108672 vorüber und verdunkelte ihn auf der Zentrallinie für rund zehn Sekunden. Anstelle gesuchter Monde fanden sich dabei völlig unerwartet zwei Ringe.

Die an den Beobachtungen beteiligten Forscher vermuten, dass die Ringe das Überbleibsel einer Kollision sind. Bei dieser wurde Material aus Chariklo herausgesprengt, das in seinem Schwerefeld gefangen blieb, obwohl die Fluchtgeschwindigkeit mit nur 100 Meter pro Sekunde weniger als ein Prozent derjenigen der Erde beträgt.

Erstaunlich ist auch, dass beide Ringe so scharfe Begrenzungen aufweisen. Eigentlich sollte sich das Material in den Ringen schon innerhalb weniger Jahre vom Außenrand bis nahe an die Oberfläche von Chariklo ausgebreitet haben und somit eher eine diffuse Scheibe um den Kleinplaneten bilden. Darauf gibt es jedoch keine Hinweise. Daher vermuten die Astronomen, dass kleine Schäferhundmonde mit Durchmessern von wenigen 100 Metern die Ringe stabilisieren, ähnlich wie es in größerem Maßstab beim F-Ring von Saturn beobachtet wird. Ihn halten die Monde Prometheus und Pandora zusammen.

? A 96.1

Nahe der Zentrallinie der Bedeckung befand sich das Observatorium auf dem Cerro Tololo in Chile. Der Asteroid verdunkelte den Stern dort für $t_{CT} = 10{,}567\,\text{s}$. Gemäß einem aus den gesamten Daten erstellten Modell war die projizierte Größe von Chariklo auf diesem Bedeckungspfad $d_{CT} = 223{,}1\,\text{km}$.

Berechnen Sie die Geschwindigkeit v_{CT}, mit der Chariklos Schatten über den Cerro Tololo hinwegstrich!

? A 96.2

Berechnen Sie die Ringflächen F_A und F_B der beiden Chariklo umgebenden Ringe! Deren Radien betragen $R_A = 391\,\text{km}$ und $R_B = 405\,\text{km}$. Ihre Breite wurde zu $w_A = 7\,\text{km}$ und $w_B = 3{,}5\,\text{km}$ gemessen.

◘ **Abb. 4.15** Mit dem dänischen 1,54-Meter-Teleskop in Chile ließ sich die Verfinsterung des Sterns UCAC4 248-108672 durch (10199) Chariklo mit besonders hoher zeitlicher Auflösung erfassen. Vor und nach der Passage des Kleinplaneten sorgten die Ringe für kurzzeitige Verfinsterungen des Sterns.

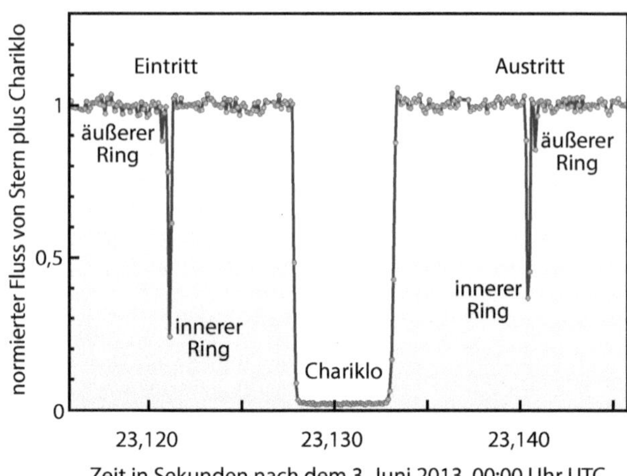

❓ A 96.3

a) Berechnen Sie, wie lange (t_A, t_B) die Ringe den Stern auf dem Cerro Tololo verfinsterten!

b) Die Messungen dort wurden mit dem dänischen 1,54-Meter-Teleskop durchgeführt. Mit ihm ließ sich eine Sampling-Rate von $s = 9{,}6$ Messungen pro Sekunde erreichen (siehe auch ◘ Abb. 4.15).

Berechnen Sie die Anzahlen n_{Ch}, n_A und n_B an Messpunkten, die demnach während der Verfinsterungen durch Chariklo und seine Ringe gelangen!

❓ A 96.4

Berechnen Sie die Gesamtmasse der Ringe m_A und m_B! Die Flächendichte des Ringmaterials liegt bei Werten zwischen $\sigma_1 = 30\,\mathrm{g/cm^2}$ und $\sigma_2 = 100\,\mathrm{g/cm^2}$.

❓ A 96.5

Innerhalb der Roche-Grenze überwiegt die Gezeitenkraft den inneren Zusammenhalt umlaufender Körper. Sie sind dort nicht mehr stabil, sondern zerfallen in kleinere Bestandteile. Befinden sich die Ringe innerhalb dieser Grenze, so lässt sich auf die mittlere Dichte der Ringmaterie schließen. Sie liegt bei derjenigen von Wasser beziehungsweise Eis: $\rho_{AB} = 1\,\mathrm{g/cm^3}$.

Berechnen Sie die Durchmesser D_A und D_B der zwei Eismonde A und B, aus denen sich die Ringe hätten bilden können!

Aufgabe 97 – Wassergehalt in Don Quixote

Der Unterschied zwischen einem Kometen und einem Asteroiden ist denkbar einfach: Der Komet hat einen Schweif, der Asteroid nicht. Leider ist die Realität dann doch etwas komplizierter. Zum einen wird bei vielen Kometen kometare Aktivität erst bei Folgebeobachtungen festgestellt, einige Wochen oder Monate nach der Entdeckung des Objekts selbst. Zum anderen können sich Kometen auch in der Asteroidenpopulation verstecken: Der typische Zeitraum, in dem Kometen aktiv sind, ist sehr viel kürzer als ihre allgemeine Lebensdauer, weshalb diese nach dem Aufbrauchen ihrer Eisvorräte als „tote Kometen" kaum noch von

Late Heavy Bombardement

Das Late Heavy Bombardement, auch Großes Bombardement genannt, bezeichnet eine nur rund 100 Millionen Jahre andauernde Entwicklungsphase unseres Sonnensystems, die vor ca. 3,9 Milliarden Jahren stattfand. Während des Late Heavy Bombardements kam es zu einem heftigen „Regen" von Asteroiden, die auf die noch junge Erde und den Mond stürzten. Sichtbare Spuren davon sind noch heute die großen „Mondmeere", riesige Einschlagbecken, die später von dunkler Lava gefüllt wurden.

Vor 3,9 Mrd. Jahren war das innere Sonnensystem aber bereits leergefegt von allen Planetesimalen, aus denen sich die Planeten gebildet hatten. Daraus folgt, dass die „späten Bomben" von weiter draußen aus dem Sonnensystem stammen, vermutlich aus dem Bereich der beiden äußeren Gasriesen.

Asteroiden zu unterscheiden sind. Etwa fünf Prozent aller erdnahen Asteroiden sind solche toten Kometen. Ihre Population hat wohl auch zum Wasser- und Kohlenstoffvorrat der Erde beigetragen.

Der erdnahe Asteroid (3552) Don Quixote wurde im Jahr 1983 entdeckt. Er gilt als Prototyp der toten Kometen. In zahlreichen Sonnenumläufen hat er seine leichtflüchtigen Substanzen verloren und zeigt als Komet nur noch sehr verhaltene Aktivität.

❓ A 97.1

Berechnen Sie aus dem mittleren Durchmesser des ausgebrannten Kometen von $d = 18{,}4\,\text{km}$ a) die Gesamtmasse m und b) die Masse $m_{\text{H}_2\text{O}}$ des Wasseranteils!

Als Asteroid von Typ D ähnelt das Spektrum von Don Quixote demjenigen des Tagish-Lake-Meteoriten. Nehmen Sie an, dass die Zusammensetzung von Don Quixote derjenigen des Meteoriten zumindest ähnelt. Dann ist der Wasseranteil von Don Quixote $\eta = 3{,}9$ Gewichtsprozent. Die mittlere Dichte ist gleich derjenigen des Meteoriten $\rho = 1{,}5\,\text{g/cm}^3$.

❓ A 97.2

Laut National Oceanic and Atmospheric Administration (NOAA) ist die Gesamtfläche aller Ozeane unserer Erde $F = 3{,}62 \cdot 10^8\,\text{km}^2$ und ihr Volumen $V = 1{,}34 \cdot 10^9\,\text{km}^3$.

Schätzen Sie a) die aus diesen Angaben folgende mittlere Meerestiefe t und b) um welchen Wert Δt das in Don Quixote enthaltene Wasser den Meeresspiegel ansteigen ließe, ab! Die Dichte von Wasser ist $\rho_{\text{W}} = 1\,\text{g/cm}^3$.

❓ A 97.3

Während des Großen Bombardements (vgl. Nice-to-know 17 auf S. 153 zu dieser Aufgabe) kollidierten unzählige Restkörper aus der Entstehungsphase des Sonnensystems mit der Erde.

a) Berechnen Sie die Anzahl Körper n_{DQ} vom Typ Don Quixotes, derer es dabei zum Füllen der Ozeane bedurft hätte!

b) Berechnen Sie die Anzahl Körper n_5 bei einem Wasseranteil von $\eta_5 = 50\,\%$ und der Größe von Don Quixote!

c) Berechnen Sie die Anzahl Körper n_{50} bei einem Wasseranteil von η_5 und einer Körpergröße von 50 km!

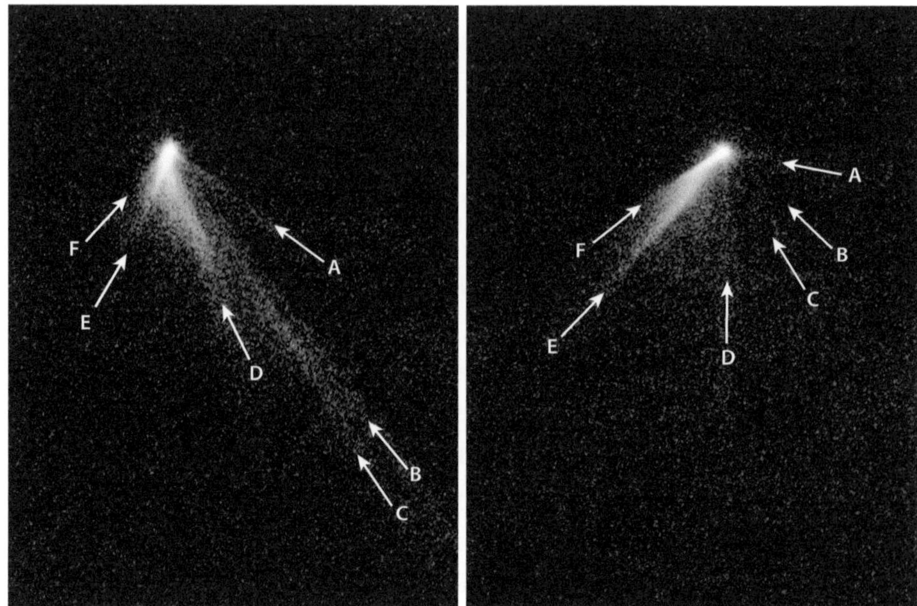

■ **Abb. 4.16**   Auf Bildern des Weltraumteleskops Hubble vom 10. (*links*) und 23. September 2013 (*rechts*) zeigen sich sechs voneinander getrennte Staubschweife, die den Asteroiden P/2013 P5 wie die Speichen eines Wagenrads umgeben und von denen sich jeder einem bestimmten Emissionszeitpunkt zuordnen lässt. Das Material in dem mit A bezeichneten Schweif hat den Asteroiden bereits im März 2013 verlassen, während Schweif F nur wenige Tage vor der ersten Aufnahme entstanden ist. Der Strahlungsdruck der Sonne treibt die Staubteilchen vom Asteroiden fort, weswegen die Schweife mit der Zeit zuerst länger werden (E und F) und dann verblassen (B bis D). Quelle: HST

Aufgabe 98 – YORP-Effekt und Fluchtgeschwindigkeit

Der aktive Asteroid P/2013 P5 ist Mitglied einer Gruppe von kosmischen Zwittern, welche die Grenzen zwischen Asteroiden und Kometen scheinbar verschwimmen lassen. Auf Bildern des Weltraumteleskops Hubble im September 2013 zeigte er bis zu sechs Schweife (siehe ■ Abb. 4.16). Deren Ursprung liegt wahrscheinlich in einer schnellen Rotation des Körpers – so schnell, dass die Fliehkraft an der Oberfläche die Gravitationskraft des Asteroiden übersteigt. Die treibende Kraft beim Beschleunigen der Rotation ist der YORP-Effekt. Er beschreibt den aus Geländeformationen resultierenden Unterschied im Absorptions- und Abstrahlverhalten des Sonnenlichts. Der YORP-Effekt kann sowohl beschleunigend als auch abbremsend wirken, je nach Geländeeigenschaften.

 **A 98.1**

Berechnen Sie den Radius r_n des Kerns des aktiven Asteroiden P/2013 P5! Die Fotometrie mehrerer Aufnahmen mit dem Weltraumteleskop Hubble im visuellen Band ergab für P/2013 P5 eine absolute Helligkeit von $H_V = 18{,}63$ mag. Helligkeit und Kernradius hängen gemäß der Gleichung

$$r_n = 690\,\mathrm{km}\; p_v^{-1/2}\, \mathrm{dex}\left[-H_v/(5\,\mathrm{mag})\right] \tag{4.13}$$

zusammen. Dabei ist $p_v = 0{,}29$ die aus der wahrscheinlichen Zugehörigkeit zur Flora-Familie gefolgerte geometrische Albedo und $\mathrm{dex}[\alpha] = 10^{\alpha}$.

? A 98.2

Berechnen Sie die Masse m_{P5} von P/2013 P5!

Hinweis: Die den Flora-Asteroiden spektral ähnelnden LL-Chondriten haben eine Dichte von $\rho_{LL} = 3300\,\mathrm{kg/m^3}$.

? A 98.3

Berechnen Sie die Fluchtgeschwindigkeit

$$v_{esc} = \sqrt{\frac{2\,G\,m_{P5}}{r_n}} \tag{4.14}$$

von P/2013 P5!

Hinweis: Die Herleitung der Gleichung für die Fluchtgeschwindigkeit ist Teil der Aufgabe 60.3 auf S. 96 in ▶ Abschn. 3.1.

? A 98.4

Berechnen Sie, a) bei welcher Rotationsgeschwindigkeit ω und b) bei welcher Rotationsperiode $P = 2\pi/\omega$ Oberflächenmaterial von P/2013 P5 in den Weltraum entweichen kann! Die Gravitation ist $F_G = G\,m\,m_{P5}/r_n^2$, die Fliehkraft ist $F_F = m\,\omega^2\,r_n$.

4.3 Kometen und Meteoroiden

Aufgabe 99 – Kometen (Von Volker Kasten)

◘ Abb. 4.17 zeigt eine elliptische Kometenbahn um die Sonne. Dabei bezeichnen M den Ellipsenmittelpunkt, F den Brennpunkt der Bahn (Sonnenort), P den Perihelpunkt, a die große Halbachse der Bahn und q den Perihelabstand des Kometen. Unter der Exzentrizität e der Ellipse versteht man das Streckenverhältnis $\overline{MF} : \overline{MP}$. Oft findet man für Kometen nur q und e

◘ **Abb. 4.17** Kometenbahn mit Bahnmittelpunkt M, Brennpunkt F und Perihel P.

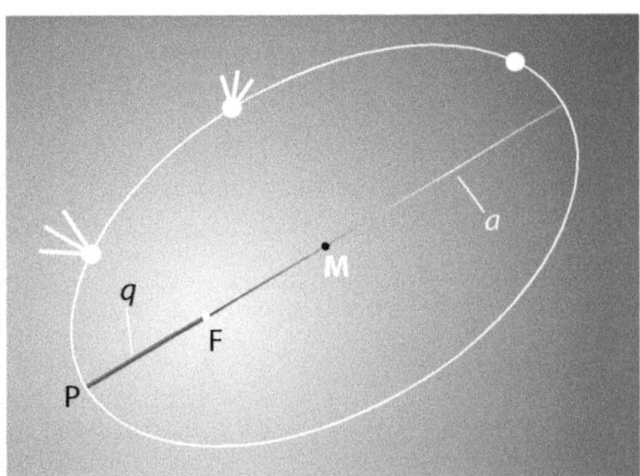

angegeben, möchte aber gern auch die Halbachse a und damit die Umlaufzeit $P = \left(\frac{a}{\text{AE}}\right)^{3/2}$ a wissen. Dieser Zusammenhang ist

$$a = \frac{q}{1 - e}\,.$$ (4.15)

? **A 99.1**

Leiten Sie (4.15) unter Zuhilfenahme von ▣ Abb. 4.17 her!

? **A 99.2**

Die Bahn eines Kometen unterliegt infolge von Störungen durch die Planeten permanent kleinen Veränderungen. Deshalb ändern sich auch die die Kometenbahn beschreibenden Bahnelemente und sind demnach momentane bzw. „oskulierende" Bahnelemente. Beispielsweise änderten sich die Elemente q und e für den Kometen Hale-Bopp zwischen dem 16. Juli 1996 und dem 9. September 1996 von $q = 0{,}914859\,\text{AE}$, $e = 0{,}995545$ (zur 1. Epoche) auf $q = 0{,}914032\,\text{AE}$ und $e = 0{,}995066$ (zur zweiten Epoche).

Berechnen Sie die Änderung der Umlaufzeit des Kometen im selben Zeitraum!

? **A 99.3**

Am 1. September 1997 war der davonfliegende Komet Hale-Bopp von der Südhalbkugel der Erde aus noch zu beobachten, als er am Morgenhimmel unterhalb des Großen Hundes stand. Sein Abstand r zur Sonne betrug $r = 2{,}55\,\text{AE}$ und der Erdabstand Δ belief sich auf $\Delta = 3{,}01\,\text{AE}$. Die Helligkeit m eines Kometen in Abhängigkeit von Erd- und Sonnenabstand wird durch

$$m = m(1{,}0) + 5\,\text{mag}\,\lg\left(\frac{\Delta}{\text{AE}}\right) + 2{,}5\,\text{mag}\,n\,\lg\left(\frac{r}{\text{AE}}\right)$$ (4.16)

beschrieben, mit der absoluten Helligkeit $m(1{,}0)$ in der Normentfernung (vgl. Nice-to-know 18 auf S. 161 zu Aufgabe 101) und dem Aktivitätsparameter n. Letzterer beschreibt die Reaktion des Kometen auf den wechselnden Sonnenabstand – ein Durchschnittswert ist $n = 4$.

Diskutieren Sie, ob man den Kometen dann noch mit bloßen Augen erkennen konnte! Seine absolute Helligkeit sei $m(1{,}0) = -0{,}5\,\text{mag}$ und der Aktivitätsparameter $n = 3$.

▣ **Abb. 4.18** Komet Hyakutake am 25. März 1996, 01:51 Uhr MEZ mit einem Schweifabriss. Foto: Bernd Schatzmann

? A 99.4

Einige Beobachter meldeten für den Kometen des Jahres 1996 Hyakutake (◘ Abb. 4.18) eine Schweiflänge, die größer war als der Phasenwinkel zu diesem Zeitpunkt. Unter dem Phasenwinkel versteht man im Dreieck Erde – Komet – Sonne den Winkel am Kometen. Dies ist aber bei einem geradlinig von der Sonne wegweisenden Schweif gar nicht möglich.

Begründen Sie diese Behauptung geometrisch!

Aufgabe 100 – Die Größe des Sonnensystems

Bis Mitte der 1990er-Jahre war unsere Sonne der einzige Stern, von dem man mit Gewissheit sagen konnte, dass er von Planeten umkreist wird. Mit der Entdeckung von 51 Pegasi b durch Michel Mayor und Didier Queloz änderte sich dies. Inzwischen, nach den erfolgreichen Exoplanten-Missionen CoRoT und Kepler, können wir uns sogar an der Klärung der Frage, ob unser Sonnensystem ein typisches unter vielen anderen ist, versuchen. Einige Eigenschaften unseres Sonnensystems lassen sich mit denen anderer Systeme vergleichen. Dazu wird sein Aufbau – Anzahl und Masse der Planeten – ebenso herangezogen wie seine Größe.

Nicht zuletzt hilft dabei auch eine Folge des Wettlaufs um die Vorherrschaft im Weltraum: die Entsendung astronomischer Satelliten in die Erdumlaufbahn und zu (fast) allen Planeten. Als die US-amerikanische Sonde New Horizons im Januar 2006 gestartet wurde, war ihr Ziel Pluto, der damals letzte noch nicht von Raumsonden besuchte Planet. Doch noch bevor die Sonde auf ihrer Reise Jupiter passierte, verlor Pluto durch Beschluss der International Astronomical Union (IAU) und mit guter Begründung seinen Status als Planet. Auf ihrem Weg ins äußere Sonnensysteme passierte New Horizons im Sommer 2015 dann den Zwergplaneten und funkte uns die wunderbaren Aufnahmen von Pluto und seinem Mond Charon zurück zur Erde.

? A 100.1

Mitte des vergangenen Jahrhunderts schloss Jan Oort aus der Verteilung langperiodischer und auf parabelnahen Bahnen laufender Kometen, dass es ein die Sonne kugelförmig umgebendes Reservoir geben müsse, aus dem die Kometen stammen. Es wird heute als die Oortsche Wolke bezeichnet, soll eine Billiarde (10^{12}) Kometenkerne enthalten und sich von 50 000 AE bis $r_{\mathrm{Oo}} = 100\,000$ AE erstrecken.

Berechnen Sie a) die Exzentrizität und b) die große Halbachse der Kometenbahn sowie c) die Umlaufperiode P, also die Zeit, die dieser Komet für eine Sonnenumrundung benötigt, für einen Kometen, dessen Perihel bei $r_{\mathrm{P}} = 5$ AE und dessen Aphel bei r_{Oo} liege!

? A 100.2

Der klassische Kuipergürtel reicht von 30 AE bis 50 AE. Körper in größerer Entfernung werden als gestreute Objekte bezeichnet. Beobachtungen im Orionnebel zeigen, dass protoplanetare Scheiben (vgl. ◘ Abb. 4.19) Durchmesser bis zu $d_{\mathrm{p}} = 1000$ AE haben können.

Nehmen Sie an, dass Objekte der gestreuten Population Sonnendistanzen bis $r_{\mathrm{p}} = d_{\mathrm{p}}/2$ erreichen können, und diskutieren Sie, ob in der gestreuten Population ein Zwilling der Erde auf Entdeckung harren könnte!

Hinweise: Verwenden Sie zum Vergleich den Mitte 2005 gefundenen Zwergplanet (136199) Eris. Seine große Bahnhalbachse beträgt $a_{\mathrm{Eris}} = 67{,}6$ AE. Seine Albedo ist mit

$A_{\mathrm{Eris}} = 0{,}86$ deutlich höher als die der Erde $A_{\mathrm{Erde}} = 0{,}367$. Die Radien der beiden Körper sind $R_{\mathrm{Eris}} = 1163\,\mathrm{km}$ und $R_{\mathrm{Erde}} = 6378\,\mathrm{km}$.

Nehmen Sie zur Berechnung der Sonnendistanz des Erdzwillings, in der dieser die gleiche Helligkeit aufweist wie Eris, an, er könne unter gleichen Bedingungen entdeckt werden wie Eris. Außerdem soll mit hinreichender Genauigkeit Sonnendistanz gleich Erddistanz gelten.

Aufgabe 101 – Der Halleysche Komet

Die Bahn eines Himmelskörpers wird durch sechs Bahnelemente beschrieben. Diese sind die Gestaltelemente große Halbachse a und Exzentrizität e, welche die Form der Bahn festlegen, und die Lageelemente Länge des Perihels ω, Länge des aufsteigenden Knotens Ω sowie Inklination i, welche die Lage der Bahn in der Bahnebene und die Lage der Bahnebene im Raum festlegen (vgl. ◨ Abb. 4.20). Das letzte Bahnelement muss den Bezug zur Zeit herstellen. Man verwendet hierfür z. B. die Mittlere Anomalie M für einen gewissen Stichtag, oder wie im Falle der Kometen meist die Perihelzeit T, also jenen Zeitpunkt, zu dem der Komet durch den sonnennächsten Punkt seiner Bahn läuft.

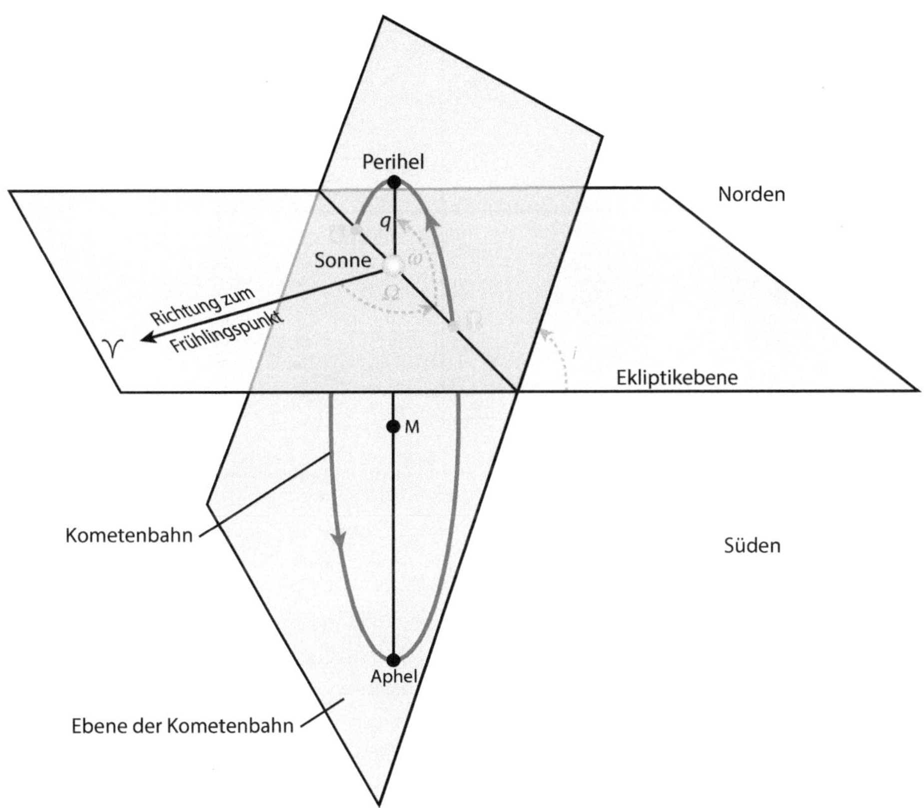

☐ **Abb. 4.20** Die Lageelemente a, e, Ω, ω und i beschreiben die räumliche Lage für Bahnen um die Sonne. Eingezeichnet sind zudem der aufsteigende ☊ und der absteigende Knoten ☋ der Bahn sowie der Frühlingspunkt ♈.

Diese Aufgabe befasst sich mit einigen Eigenschaften und der Bahn des Halleyschen Kometen. Dieser passierte sein Perihel zuletzt bei $T = 1986$ Februar 9,46, in der Periheldistanz $q = 0{,}5871\,\text{AE}$. Seine Bahn hat eine numerische Exzentrizität $e = 0{,}9673$.

? A 101.1

Berechnen Sie die Längen der beiden Halbachsen a (große) und b (kleine) sowie die Apheldistanz Q der Halleybahn! Leiten Sie alle dafür nötigen Beziehungen aus der – übrigens maßstabgerechten – Skizze in ☐ Abb. 4.21 ab. Die lineare Exzentrizität ε und die numerische e sind verknüpft durch $e = \varepsilon/a$.

? A 101.2

Berechnen Sie a) mit dem dritten Keplerschen Gesetz in der Form $a_1^3/P_1^2 = \text{konst.} = a_2^3/P_2^2$ durch Vergleich mit der Erde ($a_\text{E} = 1\,\text{AE}$, $P_\text{E} = 1\,\text{a}$) die Umlaufzeit P_H des Halleyschen Kometen in Jahren! Berechnen Sie b) den Zeitpunkt, wenn er das nächste Mal in größtmöglicher Erdferne sein wird!

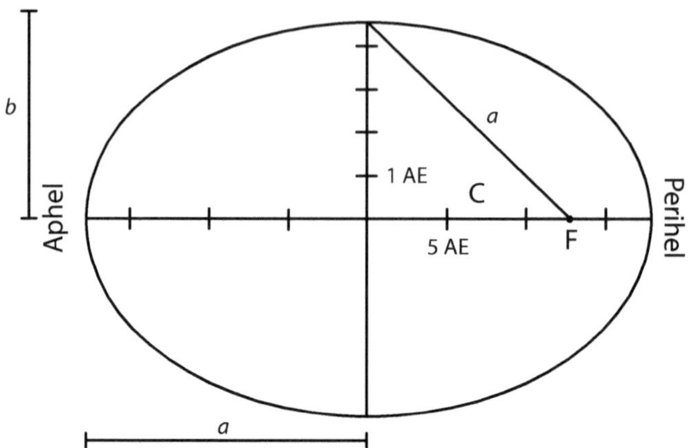

◻ Abb. 4.21 Maßstäbliche Skizze der Bahn des Halleyschen Kometen. Beachten Sie die unterschiedliche Skalierung der Koordinatenachsen.

? A 101.3

Berechnen Sie über den Drehimpuls- und Energieerhaltungssatz $v_A\, Q = v_P\, q$ bzw. $\left(E_{\text{kin}} + E_{\text{pot}}\right)_A = \left(E_{\text{kin}} + E_{\text{pot}}\right)_P$ a) die Aphel- und Perihelgeschwindigkeit v_A und v_P von Halley und leiten Sie b) einen Ausdruck für die Bahngeschwindigkeit im beliebigen Abstand r von der Sonne ab!

Berechnen Sie c) für den speziellen Fall $r = a$ die Geschwindigkeit! Wie könnte man die entsprechende Geschwindigkeit nennen?

Hinweis: Ersetzen Sie den Faktor $\sqrt{G\, M_\odot}$ jeweils mit Hilfe des dritten Keplerschen Gesetzes aus Teilaufgabe 101.2, wobei die Konstante

$$\text{konst.} = \frac{G\,(M_\odot + M)}{4\,\pi^2} \tag{4.17}$$

ist und $M_\odot \gg M$, so dass die Perihelgeschwindigkeit nur noch von a, P und e abhängt.

? A 101.4

Berechnen Sie durch Vergleich von Halley mit dem Mond den Durchmesser des Kometenkerns D_H!

Verwenden Sie für den Mond die Albedo $A_M = 0{,}12$, den Radius $R_M = 1738\,\text{km}$, den Bahnradius $r_M = 384\,400\,\text{km}$ sowie die scheinbare Helligkeit $m_M = -12{,}73\,\text{mag}$ und für den Kometen Halley $A_H = 0{,}25$ sowie die absolute Helligkeit $m_H(1{,}0) = 14{,}1\,\text{mag}$ in der Normentfernung (vgl. Nice-to-know 18 auf S. 161 zu dieser Aufgabe).

Hinweis: Der Zusammenhang zwischen Helligkeit m und Intensität I wird allgemein beschrieben durch

$$m_1 - m_2 = -2{,}5\,\lg\left(\frac{I_1}{I_2}\right), \tag{4.18}$$

wobei die Intensität proportional ist zu $A\,R^2$ bzw. umgekehrt quadratisch zum Abstand r^{-2}.

Helligkeit und Normentfernung

Die scheinbare Helligkeit eines Kometen hängt, wie bei Sternen auch, von der Entfernung des Objektes zur Erde und zusätzlich von der Entfernung zur Sonne ab. Die Festlegung der absoluten Helligkeit von Sternen ist nicht direkt auf Kometen übertragbar. Stattdessen definiert man zum Vergleich der Helligkeiten eine Normentfernung (siehe ◘ Abb. 4.22). In dieser bilden Sonne, Erde und Objekt ein gleichseitiges Dreieck der Seitenlänge 1 AE. Die Bezeichnungsweise $m(1,0)$ bedeutet dann $r = \Delta = 1$ AE, wobei r der Abstand zwischen Sonne und Objekt, Δ der zwischen Erde und Objekt ist. Die Null zeigt an, dass keine Phaseneffekte berücksichtigt sind, also die vollständig beleuchtete Hemisphäre des Objekts betrachtet wird.

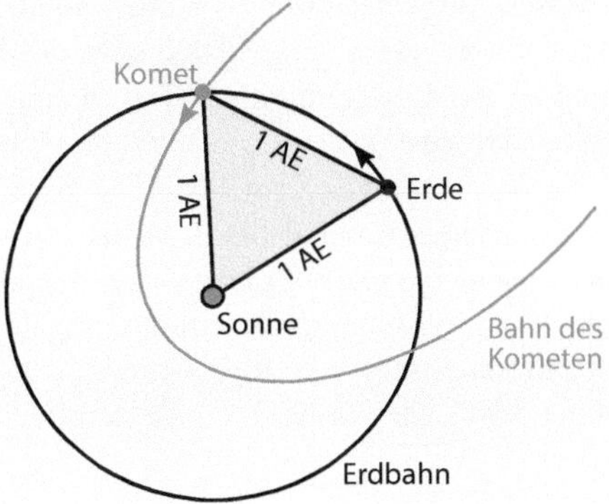

◘ **Abb. 4.22** In der Normentfernung bilden Sonne, Erde und Objekt ein gleichseitiges Dreieck der Seitenlänge 1 AE.

A 101.5

Berechnen Sie die scheinbare Helligkeit $m_{\mathrm{H,A,O}}$ des Halleyschen Kometen im Aphel bei Oppositionsstellung mit Hilfe von (4.19). Nehmen Sie die Inklination der Halleybahn zu Null an – der dabei entstehende Fehler ist vernachlässigbar:

$$m(r, \Delta) = m_{\mathrm{H}}(1,0) + 5 \,\mathrm{mag}\, \lg\left(\frac{r}{\mathrm{AE}}\right) + 5 \,\mathrm{mag}\, \lg\left(\frac{\Delta}{\mathrm{AE}}\right). \tag{4.19}$$

EA 101.6

Leiten Sie den Ausdruck aus (4.19) her!

A 101.7

Berechnen Sie den Winkeldurchmesser $\alpha_{\mathrm{H,A,O}}$ des Kometen im Aphel, wieder bei Opposition und Inklination Null, und vergleichen Sie diesen mit dem beugungsbegrenzten Auflösungsvermögen des Weltraumteleskops Hubble von etwa zehn Millibogensekunden!

Aufgabe 102 – Halleys Gasschweif

Im Frühjahr 1986 schipperte eine Armada von Raumsonden in der Nähe des Halleyschen Kometen durch die Weiten des interplanetaren (sonnennahen) Raums. Die Armada bestand

▢ Tabelle 4.3 Quellstärke der bei Halley beobachteten Muttermoleküle

Molekül	H_2O	CH_4	CO_2	$CO + H_2CO$	NH_3	HCN
Häufigkeit p	100	2	3	15	1,5	0,1

aus fünf Fregatten und einem Flaggschiff. Die geringsten Abstände zum Ziel waren sehr unterschiedlich: Während neben den beiden japanischen Sonden Sagigake und Suisei auch die größtenteils amerikanische, der in ICE (International Cometary Explorer) umgetaufte ISEE 3 (International Sun Earth Explorer), in zum Teil mehr als einer Million km Entfernung den Kern passierte, kamen die russischen Sonden Vega 1 (Venera-Galley), Vega 2 und der europäische Giotto auf wenige 10 000 bzw. 600 km an den festen Kern heran. Den drei letzteren gelang so die Bestimmung der Teilchendichte n und -geschwindigkeit v entlang der Bahn auch in Kernnähe.

Die Auswertungen vom Mai 1988 besagen, dass die Abströmgeschwindigkeit der Gase vom Kometenkern radial bis in Distanzen von vielen tausend km, also noch innerhalb der vom Sonnenwind ungestörten Sphäre, bei einem ganz leichten Abfall fast konstant $800\,\mathrm{m\,s}^{-1}$ beträgt. Die Teilchendichte nimmt demgemäß mit dem Quadrat des Abstandes ab. In $r = 1500\,\mathrm{km}$ Entfernung vom Kern wurden $2 \cdot 10^7$ Moleküle pro cm^3 festgestellt. Die Zusammensetzung des Gasgemisches ist in ▢ Tab. 4.3 zu finden.

? A 102.1

Ermitteln Sie das mittlere Atomgewicht $\bar{u}$ der Moleküle des vom Kern entweichenden Gases! Die Atomgewichte der in den Molekülen vorkommenden Elemente sind: $m_H = 1\,\mathrm{u}$, $m_C = 12\,\mathrm{u}$, $m_O = 16\,\mathrm{u}$ und $m_N = 14\,\mathrm{u}$. Die atomare Masseneinheit ist $\mathrm{u} = 1{,}66 \cdot 10^{-27}\,\mathrm{kg}$.

? A 102.2

Berechnen Sie die Höhe der Massenverlustrate $\dot{m}$ des Gases! Geben Sie das Ergebnis in Tonnen pro Sekunde (t/s) an.

Hinweis: Durch die Kugeloberfläche mit dem Radius r strömt das Gas der Dichte $\rho = n\,\bar{u}$ mit der Geschwindigkeit v. In der Zeit Δt strömt durch ein Flächenelement Δf die Menge $\rho\,v\,\Delta t\,\Delta f$.

? A 102.3

Serienaufnahmen des Kometenschweifs ergaben, dass sich der Gasschweif mit einer Beschleunigung $a = 34\,\mathrm{cm/s}^2$ vom Kern wegbewegt und bis zu einer Länge von 60 Millionen km verfolgen lässt. Schätzen Sie daraus a) das kinematische Alter (vgl. Nice-to-know 19 auf S. 163 zu dieser Aufgabe) des Gasschweifes ab und zudem b) die Gasmasse des Schweifs!

? A 102.4

Berechnen Sie den Massenverlust pro Umlauf bezogen auf Halleys Gesamtmasse, welche Sie aus seiner mittleren Dichte $\bar{\rho} = 0{,}2\,\mathrm{g/cm}^3$ und dem mittleren Radius $\bar{R} = 5\,\mathrm{km}$ bestimmen können!

Nehmen Sie an, dass der Massenverlust durch Staub etwa dem durch Gas entspricht sowie dass die Massenverlustrate über 100 Tage konstant bleibt und sonst Null ist.

Kinematisches Alter

Das kinematische Alter findet in der Astronomie in ganz unterschiedlichen Teilbereichen Anwendung. Es ist Maß dafür, wie viel Zeit für einen kinematischen Vorgang, z. B. das Anwachsen eines Kometenschweifs, den Materieauswurf in einem Jet, das Entfernen der so genannten Runaway-Stars von ihrem Geburtsort etc., vergangen ist. Denn ein Objekt muss mindestens so alt sein wie es gedauert hat, von „A nach B" zu kommen. Wichtig für diese Methode ist eine exakte Bestimmung der kinematischen Größen (Geschwindigkeit und Beschleunigung).

Aufgabe 103 – Goldiger Komet Halley, Teil 1

Fred Whipple hat es postuliert, die Raumsonden, die zum Kometen Halley (vgl. ◨ Abb. 4.23) flogen – unter ihnen die europäische Giotto – konnten es bestätigen: Kometen sind schmutzige Schneebälle – schmutziger, als man bislang dachte.

D. A. Mendis von der University ot California in San Diego, USA, sagte als Mitglied der IACG (Inter-Agency Consultative Group), Working Group 1 (Halley Environment), am 31.10.1986 auf dem Halley-Symposium in Heidelberg, dass ein Massenverhältnis zwischen „Schmutz" und Wassereis von etwa 1 : 4 herrsche, wenn man davon ausgeht, dass die Zusammensetzung des Kometen der seiner Umgebung, gemessen durch die Halley-Sonden, entspricht.

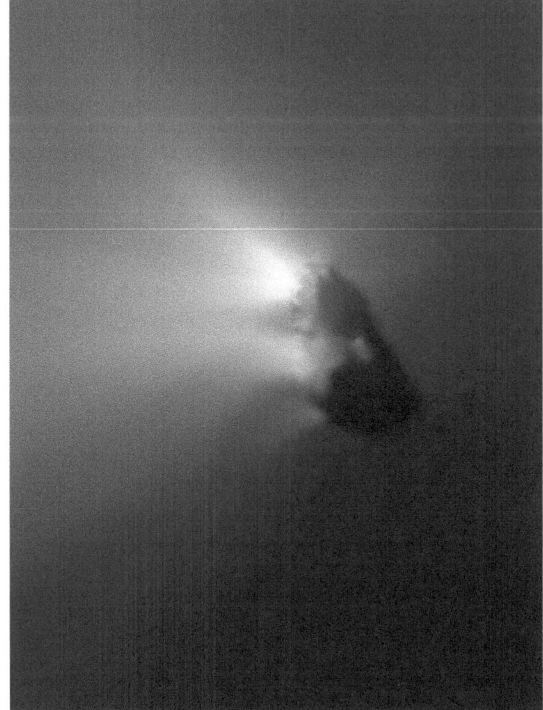

◨ **Abb. 4.23** Diese Aufnahme zeigt den Kern des Halleyschen Kometen am 14. März 1986 beim Vorbeiflug der europäischen Kometensonde Giotto. Die Sonde befand sich nur noch 9500 km vom Kern entfernt. Die Multicolor-Camera des Max-Planck-Instituts für Aeronomie (heute: Max-Planck-Institut für Sonnensystemforschung) erzielte mit diesem Bild eine lineare Auflösung von 400 m, konnte auf seiner sichtbaren Oberfläche also etwa 650 Bildelemente auflösen. Fast genau in der Bildmitte ist deutlich ein Einschlagkrater und andeutungsweise sein Zentralberg zu sehen. Schräg rechts darunter ist noch ein Krater sichtbar. Die Sonne steht links, etwa 27° über der Horizontalen und etwa 15° hinter der Bildebene. Quelle: Horst U. Keller, MPAe

⬤ Tabelle 4.4 Primordiale Elementhäufigkeiten normiert auf Silizium = 10^6 für alle Elemente i für die gilt $a_i/a_{Si} > 10^{-4}$. In der Spalte Atomgewicht sind die irdischen Isotopenverhältnisse berücksichtigt, die auch für den Kometen gelten sollten

#	Element	Atomgew.	Häufigkeit	#	Element	Atomgew.	Häufigkeit
1	H	1,00797	$2,5 \cdot 10^{10}$	20	Ca	40,08	$5,9 \cdot 10^4$
2	He	4,0026	$2,0 \cdot 10^9$	22	Ti	47,90	$2,4 \cdot 10^3$
6	C	12,011	$7,9 \cdot 10^6$	23	V	50,942	$2,9 \cdot 10^2$
7	N	14,0067	$2,1 \cdot 10^6$	24	Cr	51,996	$1,35 \cdot 10^4$
8	O	15,999	$1,7 \cdot 10^7$	25	Mn	54,938	$8,7 \cdot 10^3$
10	Ne	20,183	$1,4 \cdot 10^6$	26	Fe	55,847	$8,6 \cdot 10^5$
11	Na	22,898	$5,7 \cdot 10^4$	27	Co	58,933	$2,2 \cdot 10^3$
12	Mg	24,312	$1,01 \cdot 10^6$	28	Ni	58,71	$4,8 \cdot 10^4$
13	Al	26,982	$8,0 \cdot 10^4$	29	Cu	63,54	$4,5 \cdot 10^2$
14	Si	28,086	$1,00 \cdot 10^6$	30	Zn	65,37	$1,40 \cdot 10^3$
15	P	30,974	$8,6 \cdot 10^3$	32	Ge	72,59	$1,13 \cdot 10^2$
16	S	32,064	$4,8 \cdot 10^5$	47	**Ag**	107,87	$5,0 \cdot 10^{-1}$
17	Cl	35,453	$5,0 \cdot 10^3$	78	**Pt**	195,09[a]	1,42
18	Ar	39,948	$2,2 \cdot 10^5$	79	**Au**	196,97	$1,9 \cdot 10^{-1}$
19	K	39,102	$3,5 \cdot 10^3$				

[a] Mindestens ein radioaktives Isotop enthalten

Weiter war dort zu erfahren, dass der Kometenkern etwa $16 \, \text{km} \times 8 \, \text{km} \times 7,5 \, \text{km}$ misst und seine mittlere Dichte zwischen $0,1 \, \text{g cm}^{-3}$ und $0,4 \, \text{g cm}^{-3}$ liegt.

❓ A 103.1

Berechnen Sie mit der mittleren Dichte $\bar{\rho} = 0,3 \, \text{g cm}^{-3}$ die Masse des Kometen, wenn die obigen Maße ein triaxiales Ellipsoid beschreiben!

❓ A 103.2

Bestimmen Sie die relativen Massenanteile a_{Ag}, a_{Pt} und a_{Au} der Edelmetalle Silber, Platin und Gold im Kometenkern!

Nehmen Sie hierfür an, dass die von Wasser verschiedenen Bestandteile des Kometenkerns in primordialer Häufigkeitsverteilung (vgl. ⬤ Tab. 4.4) vorliegen, und zusätzlich, dass die Elemente Wasserstoff, Helium und auch alle anderen Edelgase nicht vorhanden sind.

Im Folgenden soll diskutiert werden, ob es sich in der 1980er-Jahren wirtschaftlich gelohnt hätte, jene Edelmetalle in der Materie des Halleyschen Kometen auszubeuten.

? A 103.3

Berechnen Sie die Masse des Silber-, Platin- und Goldvorkommens im Halleyschen Kometen und vergleichen Sie diese mit der Weltjahresproduktion an Gold aus dem Jahr 1979 von 1300 t, die zu mehr als 50 % aus jener bekannten südafrikanischen Goldmine stammten.

? A 103.4

Berechnen Sie den Wert in DM, welchen die drei Edelmetalle im Staub des Halleyschen Kometen repräsentierten!

Laut Notierung vom 1.12.1986 erbrachten Gold, Silber und Platin damals an der Börse die folgenden Gewinne: 390,6 \$/Feinunze, 538 ct/Feinunze und 471 \$/Feinunze. Der \$ lag bei 1,96 DM (Frankfurter Allgemeine Zeitung vom 2.12.1986, Feinunze = 28,35 g).

In Aufgabe 104 sollen die Bergungskosten der Edelmetalle abgeschätzt und mit ihrem Wert verglichen werden.

Aufgabe 104 – Goldiger Komet Halley, Teil 2

In Aufgabe 103 wurde die Menge der Edelmetalle Silber, Gold und Platin, welche im Kometen Halley enthalten sind, abgeschätzt und ihr Marktwert ermittelt. Damit die gediegenen Metalle auf der Erde ihren Wert erhalten, muss man sie allerdings zuerst dorthin transportieren.

? A 104.1

Schätzen Sie rechnerisch zur Vorbereitung der Transportkosten-Berechnung die Liftkapazität des für den Transport zur Verfügung stehenden Space-Shuttles ab!

Nehmen Sie hierzu an, das Shuttle könne vom Erdäquator aus bei einem Start in Rotationsrichtung der Erde eine Last von 30 Tonnen in einen 200-km-Orbit transportieren. Berechnen Sie die nutzbare Energiemenge – anzugeben in J –, welche das Shuttle dann zur Verfügung stellt!

? A 104.2

Berechnen Sie die Geschwindigkeit des Halleyschen Kometen in der Entfernung $r = 1$ AE von der Sonne!

Hinweis: Verwenden Sie den Energiesatz und die Perihelgeschwindigkeit

$$v_\mathrm{P} = \sqrt{\frac{G\,M_\odot}{a}}\,\sqrt{\frac{1+e}{1-e}} \tag{4.20}$$

mit $\sqrt{G\,M_\odot\,(1\,\mathrm{AE})^{-1}} = 29{,}78\,\mathrm{km\,s^{-1}}$. Die große Bahnhalbachse des Halleyschen Kometen ist $a = 17{,}954\,\mathrm{AE}$.

? A 104.3

Berechnen Sie, um welche Geschwindigkeit man die Edelmetallmasse abbremsen muss, damit diese die gleiche Geschwindigkeit und gleiche Richtung erhält wie die Erde!

Nehmen Sie an, dass die Halleybahn nicht gegen die Ekliptik geneigt ist und der Winkel zwischen den Geschwindigkeitsvektoren von Erde und Halley gleich $\Delta\varphi = 39{,}6°$ ist.

EA 104.4

Leiten Sie eine Formel zur Berechnung des angegebenen Winkels $\Delta\varphi = 39{,}6°$ zwischen den Geschwindigkeitsvektoren her! Die Exzentrizität der Halleybahn beträgt $e = 0{,}9673$.

A 104.5

Berechnen Sie – rein hypothetisch natürlich – a) die erforderliche Anzahl Shuttle-Flüge, um diese kinetische Energie aufzubringen, und b) die Kosten, wenn ein Flug den Spottpreis von 100 Millionen DM (Ende der 1980er-Jahre eher das Doppelte) verschlänge!

Diskutieren Sie, ob sich demnach der ganze Aufwand lohnen würde, selbst wenn man von allen nicht untersuchten Problemen absähe!

Hinweis: Verwenden Sie für die Masse der Edelmetalle M_{EM} das Ergebnis aus Aufgabe 103.3 auf S. 337.

Aufgabe 105 – Machos und Socos, Teil 1

Machos, **M**assive **C**ompact **H**alo **O**bjects, sind Teil einer Population, auf deren Existenz aus dem Rotationsverhalten unseres Milchstraßensystems geschlossen wurde. Die Rotationskurven auch der anderen vermessenen Galaxien deuten bekanntermaßen darauf hin, dass ein Großteil der Materie, die das Potenzialfeld definiert, in dem sich die leuchtenden Bestandteile bewegen, nicht gesehen wird. Der Gravitationslinseneffekt wird ausgenutzt, um dunkle Objekte im Halo unserer Milchstraße nachzuweisen (Paczynski 1986). Dazu überwachen die drei Arbeitsgruppen Macho, Eros und Ogle zusammen etwa 5,5 Millionen Sterne in der Großen Magellanschen Wolke und im Galaktischen Zentrum (Udalski et al. 1993, Alcock et al. 1993). Sie suchen nach einzelnen Objekten, deren Helligkeit über einen gewissen Zeitraum zu- und dann wieder abnimmt, was durch die Bewegung des als Gravitationslinse wirkenden Machos relativ zum Verbindungsstrahl Stern – Beobachter verursacht wird. Die Form der Lichtkurve wird dabei von der Theorie der Gravitationslinsen (Schneider et al. 1992, sowie Moran et al. 1988, Mellier et al. 1989 und Kayser et al. 1991, sowie Zitate darin) beschrieben.

Socos, als Akronym für **S**mall **O**ort **C**loud **O**bjects, definieren wir hier erstmals als diejenigen Objekte, die in der nach Jan Oort benannten Wolke in großem Abstand zur Sonne vermutet werden. Nach gängiger Meinung könnten sie das Hauptreservoir bilden, aus dem der ständige Nachschub an Kometenkernen gespeist wird, die im inneren Sonnensystem für die prächtigen Kometenerscheinungen verantwortlich sind.

Diese Aufgabe soll einiges Licht ins Dunkel der Gravitationslinsen (GL) bringen und untersuchen, ob der Gravitationslinseneffekt auch dem Nachweis der Socos dienen kann. Aufgabe 106 beschäftigt sich mit einer alternativen Nachweismethode.

A 105.1

Nach Einsteins Allgemeiner Relativitätstheorie (ART) ist die Ablenkung eines Lichtstrahls im Potenzialfeld einer Masse doppelt so hoch wie klassisch berechnet, nämlich

$$\hat{\alpha} = \frac{4\,G\,M}{c^2\,\xi} = \frac{2\,R_\text{s}}{\xi}\,. \tag{4.21}$$

M bezeichnet darin die Masse des als GL wirkenden punktförmig gedachten Objekts, R_s den zugehörigen Schwarzschildradius und ξ den Impaktparameter (vgl. ◘ Abb. 4.24).

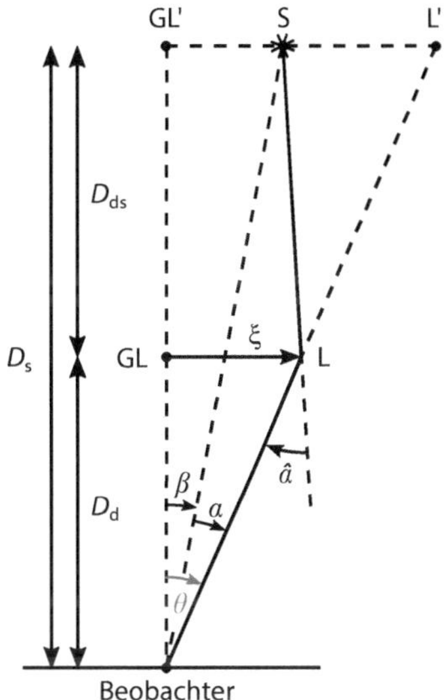

◻ Abb. 4.24 Skizze zur Geometrie einer Gravitationslinse. Vom Stern S gelangt Licht zum Punkt L, wird von der Gravitationslinse *GL* um den Winkel $\hat{\alpha}$ abgelenkt und erreicht den Beobachter. Der Beobachter sieht die Quelle unter dem Winkel θ relativ zur Position der Gravitationslinse. Der ungestörte Winkel zum Stern in Abwesenheit der Gravitationslinse am Himmel ist gleich β. Die Distanz zur Gravitationslinse ist D_d, die zur Quelle ist D_s.

a) Berechnen Sie zur Entwicklung eines Gefühls für die Größenordnung des Ablenkungswinkels zunächst für unsere Sonne den Ablenkungswinkel $\hat{\alpha}_\odot$ für einen Lichtstrahl, der mit dem Impaktparameter $\xi = R_\odot = 700\,000\,\text{km}$ die Sonne passiert!

b) Die Macho-Gruppe konnte eine GL der Masse $M_M = 0{,}12\,M_\odot$ ausfindig machen, wie z. B. einen schwachen M-Zwerg am unteren Ende der Hauptreihe mit etwa $0{,}2\,R_\odot$ Radius. Berechnen Sie wieder den Ablenkungswinkel $\hat{\alpha}_M$ am Sternrand!

c) Ein typisches Soco habe die Größe $R_{\text{Soco}} = 10\,\text{km}$ und die Dichte $\rho = 1\,\text{g\,cm}^{-3}$. Berechnen Sie den Ablenkungswinkel $\hat{\alpha}_{\text{Soco}}$ am Rand eines solchen Körpers!

❓ A 105.2

Das Macho-Ereignis aus Aufgabe 105.1b) wies eine Dauer von 17 Tagen auf. Die Dauer ist definiert durch

$$\Delta t = \frac{R_0'}{v_{\text{trans}}}\,. \tag{4.22}$$

Dabei ist v_{trans} die Transversalgeschwindigkeit, mit der die GL die Verbindungslinie Stern – Erde kreuzt, $R_0 = R_0'/D_d$ und R_0 der Einstein-Radius

$$R_0 = \sqrt{2\,R_s\,\frac{D_{ds}}{D_d\,D_s}}\,. \tag{4.23}$$

Berechnen Sie die Geschwindigkeit v_M, die der Berechnung der Machomasse M_M zu Grunde gelegt wurde, unter der Annahme, dass die GL im galaktischen Halo bei $D_d = 10\,\text{kpc}$ steht! Die Entfernung zur Großen Magellanschen Wolke ist $D_s = 53\,\text{kpc}$.

❓ A 105.3

Als Linsenereignis wird betrachtet, was in der Form der Lichtkurve mit der durch

$$A = \frac{u^2 + 2}{u\,\sqrt{u^2 + 4}} \tag{4.24}$$

◘ Tabelle 4.5 Leuchtkraft L, Masse M und Radius R in Abhängigkeit vom Spektraltyp für Hauptreihensterne (Leuchtkraftklasse V) in Einheiten der Sonne

Spektraltyp	$L/L_\odot$	$M/M_\odot$	$R/R_\odot$
B0	4000	17,5	7,5
A0	33	3,2	2,6
F0	6,6	1,78	1,35
G0	1,1	1,10	1,05

definierten Verstärkung übereinstimmt (siehe auch Expertenaufgabe 105.8) und wenn die maximale Verstärkung mindestens den Wert 1,34 annimmt. In (4.24) gilt $u = \beta/R_0$.

Berechnen Sie den zur Verstärkung $A = 1{,}34$ gehörenden Winkel β!

❓ A 105.4

Bei der Herleitung von (4.24) wurde die von der GL beeinflusste Quelle als punktförmig betrachtet. So ist es zu erklären, warum A für $\beta = 0$ einen unrealistischen Wert annimmt.

Berechnen Sie den Wert der Verstärkung für $\beta = 0$!

❓ A 105.5

Bestimmen Sie den Spektraltyp, die Masse und den Radius für die als Hauptreihenstern gedachte Quelle des Macho-Ereignisses! Bearbeiten Sie hierzu a) bis d)!

a) Berechnen Sie aus der Entfernung zur Großen Magellanschen Wolke (GMW) $D_{\mathrm{GMW}} = 53\,\mathrm{kpc}$ das Entfernungsmodul Δm!

b) Berechnen Sie anhand des Entfernungsmoduls die absolute Helligkeit M_{V} des gelensten Sterns ($m_{\mathrm{V}} = 19{,}6\,\mathrm{mag}$)!

c) Berechnen Sie die Leuchtkraft L in Einheiten der Sonnenleuchtkraft $L_\odot$!

d) Bestimmen Sie durch Vergleich mit ◘ Tab. 4.5 den Spektraltyp sowie die Masse und den Radius für die als Hauptreihenstern gedachte Quelle!

❓ A 105.6

Die maximale Verstärkung

$$A_{\max} = \sqrt{1 + 4/u^2} \tag{4.25}$$

wird erreicht, wenn Beobachter, GL und Quelle genau auf einer Linie liegen. Der Winkel β ist dann gleich dem scheinbaren Radius der Quelle ρ_*.

Berechnen Sie die maximale Verstärkung für a) das Macho- sowie b) das Soco-Ereignis ($D_{\mathrm{d,Soco}} \approx 50\,000\,\mathrm{AE}$)! Geben Sie die Ergebnisse zusätzlich in Magnitudines an! Diskutieren Sie c) die Folgerungen für die Suche nach Machos und Socos!

❓ EA 105.7

a) Stellen Sie die Linsengleichung für das in ◘ Abb. 4.24 dargestellte System auf! Die Linsengleichung setzt die tatsächliche Position der Quelle β mit der scheinbaren Position θ in Verbindung.

Hinweis: Berechnen Sie die Länge des Stücks $GL' - S$ unter Verwendung der Dreiecke $B - GL' - S$, $B - GL' - L'$, $B - GL - L$ und $L - S - L'$. Da $\hat{\alpha}$ sehr klein ist, darf der Winkel bei S in diesem Dreieck als rechtwinklig angenommen werden. Da auch die Winkel β und θ sehr klein sind, ist es gestattet, die Näherungen $\tan\beta \approx \beta$ bzw. $\tan\theta \approx \theta$ zu verwenden.

b) Ermitteln Sie, bis zu welchem Winkel u (in Grad) der Fehler, den man bei Näherung $\tan u \approx u$ macht, kleiner als 1 ‰ ist!

EA 105.8

Die Linsengleichung (das Ergebnis der Expertenaufgabe 105.7) besitzt zwei Lösungen $\theta_{+/-}$, die mit den Positionen von zwei Sternbildern korrespondierenden.

Bestimmen Sie die von der GL verursachte Verstärkung der Sternhelligkeit $A = A_+ + A_-$, wobei

$$A_{+/-} = \left| \frac{\theta_{+/-}}{\beta} \cdot \frac{\mathrm{d}\theta_{+/-}}{\mathrm{d}\beta} \right| ! \tag{4.26}$$

Hinweis: Verwenden Sie die Substitution $u = \beta/R_0$.

EA 105.9

Tragen Sie für verschiedene auf R_0' normierte Impaktparameter $\delta = d/R_0' = 0{,}1$, $0{,}3$, $0{,}5$, $1{,}0$ und $2{,}0$ die zu erwartenden Lichtkurven auf! Skalieren Sie die Zeitachse dabei in Einheiten von $t_0 = R_0'/v_{\mathrm{trans}}$!

EA 105.10

Stehen Beobachter, Gravitationslinse (GL) und Stern genau in einer Linie, beobachtet man, dass die zwei ohnehin verzerrten Sternbildchen nun gänzlich zu einem Ring entarten. Der zum Sternradius R_* gehörende Winkel ρ_* ist identisch mit β. Die maximal erzielbare Verstärkung berechnet sich nun aus dem Verhältnis der scheinbaren Ringfläche zur scheinbaren Fläche des gelensten Sterns (vgl. ◼ Abb. 4.25). Dabei ist der innere Radius des Ringes gleich θ_- und der äußere gleich θ_+ – die beiden Lösungen der Linsengleichung.

Leiten Sie (4.25) zur Berechnung der maximalen Verstärkung A_{max} her!

Aufgabe 106 – Machos und Socos, Teil 2

Aufgabe 105 befasst sich mit der Gravitationslinsenwirkung, angewandt auf ein Objekt im galaktischen Halo bzw. in der Oortschen Wolke. Während bei Halo-Objekten eine messbare Verstärkung zustande kommt und mittlerweile mehrere Linsenereignisse entdeckt wurden, ist der von Socos verursachte Linseneffekt praktisch gleich Null. Auf diese Weise lassen sich Socos demnach nicht entdecken. In dieser und in Aufgabe 107 soll ein alternativer Weg verfolgt werden: Führt die Bahn eines Socos für einen Betrachter auf der Erde vor einem und dadurch die Existenz des Socos verratenden Hintergrundstern vorbei, sollte da nicht dieser Hintergrundstern abgeschattet werden?

A 106.1

Berechnen Sie die scheinbare Größe a) δ_* eines sonnenähnlichen Sterns in der Großen Magellanschen Wolke (Entfernung $D_* = 53\,\mathrm{kpc}$, Radius $R_* = R_\odot = 7 \cdot 10^8\,\mathrm{m}$) und

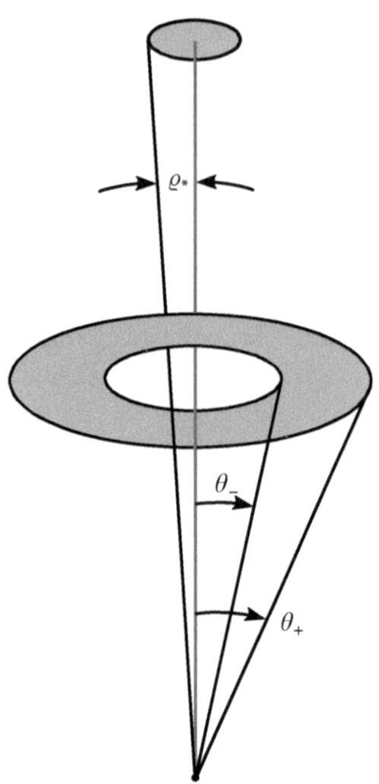

◪ **Abb. 4.25** Der Stern (*oben*) erscheint unter der Wirkung der Gravitationslinse (*GL*) als Ring

b) δ_{Soco} eines Objekts in der Oortschen Wolke (Entfernung $D_{\text{Soco}} = 53 \cdot 10^3$ AE, Radius $R_{\text{Soco}} = 10\,$km).

Berechnen Sie c) das Verhältnis der scheinbaren Durchmesser von Soco und Stern $\zeta = \delta_{\text{Soco}}/\delta_*$ und diskutieren Sie, d) ob damit eine geometrische Bedeckung des Hintergrundsterns möglich ist!

❓ A 106.2

Ermitteln Sie die Dauer τ des Bedeckungsereignisses! Berechnen Sie dazu zunächst a) die Umlaufdauer P_{Soco} des Socos und daraus b) unmittelbar seine Bahngeschwindigkeit v_{Soco} (Ergebnis in km/s)! Berechnen Sie c) unter der Voraussetzung eines zentralen Vorübergangs die Dauer Δt des Bedeckungsereignisses in Sekunden, das vom ersten bis zum vierten Kontakt gezählt werde (vgl. Nice-to-know 20 auf S. 171 zu dieser Aufgabe)!

Hinweis: Die Umlaufdauer erhalten Sie z. B. mit Hilfe des dritten Keplerschen Gesetzes in der Form $P_{\text{Soco}} = (a_{\text{Soco}}/1\,\text{AE})^{3/2}$ a, wobei a die große Bahnhalbachse bezeichnet (a steht für annum, Jahr).

❓ A 106.3

In der Oortschen Wolke sollen sich sehr viele Socos befinden. Je nach Autor findet man Zahlen zwischen 10^{11} und 10^{15}. In dieser Aufgabe soll mit einem moderaten Wert $N_{\text{Soco}} = 10^{13}$ gerechnet werden.

a) Berechnen Sie die Anzahl N_{GMW} der Socos, die sich zu jedem Zeitpunkt vor der GMW befinden!

Nehmen Sie als Fläche der GMW $\sigma = 36(°)^2$ und eine gleichmäßige Verteilung der Socos über den ganzen Himmel an.

Kontaktzeiten

Zieht ein Himmelskörper über die Sichtlinie zwischen der Erde und einem zweiten Himmelskörper, so verdeckt der erste den zweiten kurzzeitig und man spricht von einem Transit (lat. transire = vorbeigehen). Prominente Beispiele sind die Durchgänge von Venus und Merkur vor der Sonne (vgl. auch Aufgabe 58 und das Nice-to-know 9 auf S. 93 in ▶ Abschn. 3.1). Die dabei charakteristisch abnehmende Helligkeit (vgl. ◘ Abb. 4.26) ist die Grundlage der Transitmethode zur Suche nach Exoplaneten.

Zeitlich lässt sich der Transit durch die vier Kontaktzeiten t_1 bis t_4 gliedern. Beim ersten Kontakt berührt der kleinere Himmelskörper von außen gerade scheinbar den Rand des größeren. Der zweite und dritte Kontakt beschreiben die Berührung des Randes von innen. Beim vierten Kontakt sind beide Himmelskörper gerade wieder vollständig sichtbar.

So eckig, wie in ◘ Abb. 4.26 schematisch dargestellt, sehen Transitlichtkurven allerdings in der Realität nicht aus. Die runde Form der Himmelskörper und die Mitte-Rand-Verdunkelung von Sternen sorgen für ein Abrunden der Kurve.

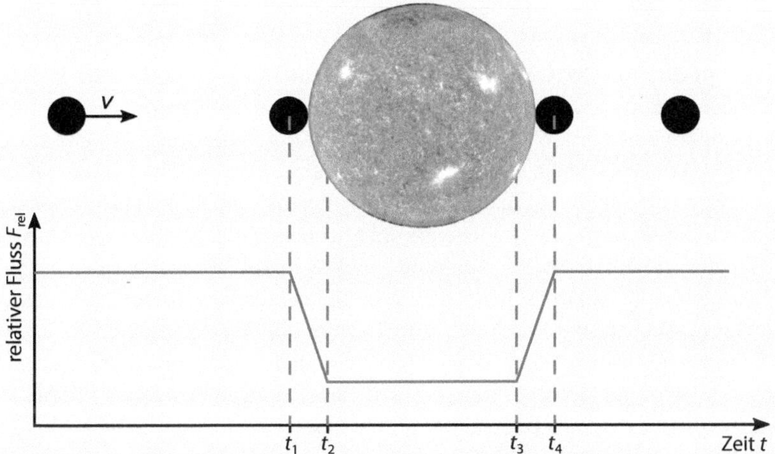

◘ **Abb. 4.26** Die Zeiten t_1 bis t_4 bezeichnet man als ersten, zweiten, dritten und vierten Kontakt

b) Berechnen Sie die mittlere Zeit $\tau = \lambda'/\mu$ zwischen zwei Bedeckungsereignissen in der GMW, die durch vorgelagerte Socos verursacht werden!

Dabei ist $\lambda' = (\rho\,\sigma)^{-1}$ die mittlere freie Weglänge, μ die scheinbare Geschwindigkeit der Socos am Himmel, $\rho = 10^6/(°)^2$ sei die mittlere Anzahlflächendichte der Sterne in der GMW und $\sigma \approx \delta_{\text{Soco}}$ der mittlere eindimensionale Stoßquerschnitt von Socos und GMW-Sternen.

Aufgabe 107 – Machos und Socos, Teil 3

In Aufgabe 106 wurde noch nicht untersucht, ob bei den großen Entfernungen, die bei dieser linsenlosen Abbildung vorliegen, Beugungseffekte eine Rolle spielen. Schließlich wechsel-

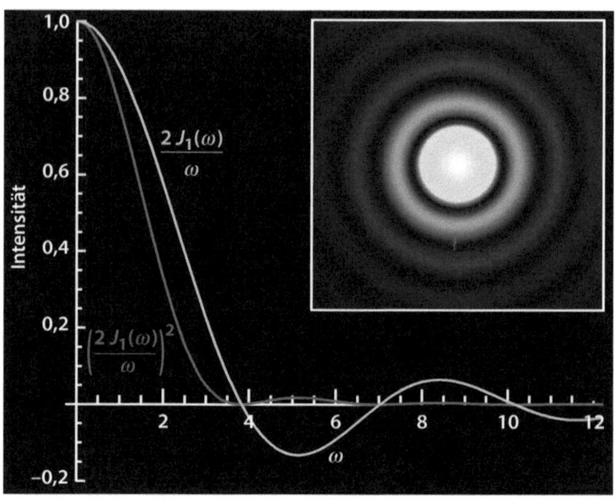

▣ Abb. 4.27 Die Besselfunktion geteilt durch ihr Argument und deren Quadrat, beide symmetrisch zur Ordinate. Das Quadrat beschreibt die Lichtverteilung einer Punktquelle, die an einer Kreisblende gebeugt wurde. Das Hauptmaximum (siehe Inset) beinhaltet 84 % der Gesamtfläche der quadrierten Funktion.

wirken die vom Stern in der GMW ausgesandten Kugelwellen mit dem als kreisförmig gedachten Hindernis Soco. Für die Berechnung des Beugungseffektes beschränken wir uns auf Beleuchtung durch eine punktförmige Quelle. Dies ist durch die große Distanz zur GMW gerechtfertigt. Wir können deshalb annehmen, dass der uns interessierende Teil der Kugelwellen, wenn sie das Soco erreichen, völlig eben ist. Das Huygens'sche Prinzip besagt, dass jeder Teil einer optischen Wellenfläche als Quelle einer sphärischen Teilwelle wirkt. Deshalb wählen wir diejenige Fläche, die durch das Soco geht und senkrecht zur Beobachtungsrichtung steht, als Wellenfläche. In der Kirchhoff'schen Theorie befinden sich sowohl die Lichtquelle als auch der Beobachtungsschirm (die Erde) in großer Entfernung von der Blendenebene. So, wie an einer geraden Kante das Licht der Beugung wegen auch in den geometrischen Schattenbereich vordringt, wird der Schatten hinter einem kreisförmigen Hindernis – dem Soco – mit zunehmender Entfernung zum Beobachter immer stärker verschmiert. Die Lichtverteilung in der Beobachterebene verhält sich dabei gemäß dem Babinet'schen Prinzip genau umgekehrt zu einer Kreisblende mit gleichem Radius $\tilde{r}_0$. Deren Lichtverteilung ist wohl nicht nur den Profis, sondern auch jedem Amateurastronomen bekannt: das Airy-Scheibchen (▣ Abb. 4.27). Eine punktförmige Lichtquelle gerät dabei durch Beugung, z. B. an einer Fernrohrapertur, zu einem hellen Lichtklecks in der Mitte, der von immer schwächer werdenden konzentrischen Kreisen umgeben ist. Das Profil dieser Lichtverteilung zeigt ▣ Abb. 4.27. Für unseren Versuchsaufbau – Stern, Soco, Erde – befände sich am Ort des Socos eine Blendenöffnung mit gleichem Durchmesser. Am Ort der Erde resultierte dann ein Lichtfleck mit dem Radius

$$r'_{\text{Airy}} = \frac{3{,}832}{2\,\pi}\,\frac{R'_0\,\lambda}{\tilde{r}_0}. \tag{4.27}$$

Dabei steht $R'_0 = D_{\text{Soco}} = 53\,\text{kAE}$ für den Abstand zwischen Blende und Beobachtungsschirm, $\lambda = 500\,\text{nm}$ für die betrachtete Wellenlänge des monochromatischen Experiments und $\tilde{r}_0 = 10\,\text{km}$ für den Radius der Lochblende.

Während im Falle der Lochblende die Beugung für eine Verschmierung des Lichtes sorgt, kann man umgekehrt formulieren, dass im Falle des Hindernisses der Schatten verschmiert wird.

? A 107.1

Berechnen Sie den Durchmesser des Schattenscheibchens am Ort der Erde unter der Voraussetzung $r'_{\text{Schatten}} = r'_{\text{Airy}}$!

? A 107.2

Aus Symmetriegründen befindet sich im Zentrum der Beugungsfigur eine Aufhellung, deren Helligkeitsmaximum genau dem Wert ohne Schattenwerfer entspricht. Diese Aufhellung heißt Poisson-Fleck (vgl. Nice-to-know 14 auf S. 145 in ▶ Abschn. 4.2). Die Größe des Poisson-Flecks ergibt sich etwa zu

$$r' \approx \sqrt{2}\, F/4 \tag{4.28}$$

mit

$$F = \sqrt{\frac{\lambda}{2}\, D' \left(1 + \frac{D'}{D}\right)}. \tag{4.29}$$

Dabei ist $D' = D_{\text{d}} = 53\,\text{kAE}$ die Entfernung zum Soco und $D = D_{\text{ds}}$ diejenige zwischen Soco und Stern in der GMW.

Berechnen Sie die Größe des Poisson-Flecks am Ort der Erde!

? EA 107.3

Schätzen Sie das Verhältnis I_{Schatten}/I_0 im Zentrum der Beugungsfigur ab! Dabei ist I_0 die Intensität des einfallenden Lichtes ohne jede Abschattung und I_{Schatten} jener Intensitätswert, um den das Sternenlicht im Schattenmittelpunkt abgeschwächt wird. Vernachlässigen Sie den Poisson-Fleck.

Aufgabe 108 – Socos und die 3-K-Reliktstrahlung

Als der im Jahre 1900 geborene niederländische Astronom Jan Hendrik Oort im Alter von 50 Jahren seine Theorie veröffentlichte, nach der in einer kugelschalenförmigen Wolke zwischen 20 000 AE und 70 000 AE zahllose Kometen(kerne) die Sonne umkreisen, ließ die Entdeckung der kosmischen Hintergrundstrahlung noch 14 Jahre auf sich warten.

Erst 1964 fanden Arno Allan Penzias und Robert Woodrow Wilson, die im Auftrag der Bell Telephone Laboratories an der Eichung einer Mikrowellen-Antenne (vgl. ◐ Abb. 4.28) arbeiteten, ein systemimmanentes Rauschen, das sie sich zunächst nicht erklären konnten. Sorgfältige Messungen ergaben alsbald, dass nur eine extrinsische Quelle, gleichmäßig aus allen Richtungen kommend – aus dem Weltraum – und verträglich mit der Emission eines Schwarzen Körpers der Temperatur $T = 2{,}7\,\text{K}$, als Erklärung in Frage kam. Innerhalb kurzer Zeit war dann Kontakt mit einer Forschungsgruppe in Princeton hergestellt, die eben jene von George Anthony Gamow Anfang der 1940er-Jahre als Überrest der Urknalls vorausgesagte Strahlung nachweisen wollte.

In dieser Aufgabe soll darüber nachgedacht werden, ob nicht jene Objekte in der Oort-schen Wolke, die Socos (Small Oort Cloud Objects), für die von Penzias und Wilson entdeckte Reliktstrahlung in Frage kommen können.

◘ Abb. 4.28 Arno Penzias und Robert Wilson vor der historischen Hornantenne. Quelle: Mark Whittle, University of Virginia

? A 108.1

Berechnen Sie, in welcher Entfernung D_1 von der Sonne sich ein kleiner Körper befinden muss, damit er die Temperatur $T = 2{,}7\,\mathrm{K}$ aufweist, wenn er ausschließlich dem Sonnenlicht ausgesetzt ist und sich im Temperaturgleichgewicht befindet! Nehmen Sie den Körper dabei als kugelförmig an.

? A 108.2

Damit von jeder Stelle des Himmels 3-K-Strahlung von Socos zu uns gelangt, sollte der Blick praktisch in jeder Richtung auf ein Soco treffen.

Betrachten Sie für diese zweite Abschätzung als Modell eine geschlossene dünne Wand, die wiederum nur dem Sonnenlicht ausgesetzt sei, und berechnen Sie, welche Entfernung D_2 diese von der Sonne besitzen müsste!

? A 108.3

Diskutieren Sie, welches bisher unerwähnte Beobachtungsdetail die Annahme, dass die 3-K-Strahlung von Socos stammen könnte, am schärfsten widerlegt!

Aufgabe 109 – Hyakutake als Strichspur

Im Jahr 1996 wurden der Redaktion von *Sterne und Weltraum* so viele Fotografien zugeschickt wie noch nie zuvor: Mehr als 800 Aufnahmen des Kometen Hyakutake liegen mittlerweile im Bildarchiv.

An der Halepaghen-Schule in Buxtehude wurde ein Fotowettbewerb zum Thema Komet Hyakutake durchgeführt. „Aus der Vielzahl der gelungenen Aufnahmen möchte ich Ihnen ein etwas ungewöhnliches Foto zur Veröffentlichung empfehlen.", so OStR Bernd Menzel. „Es stammt von unserem Schüler Rafael Jensch aus der Klassenstufe 11." Das Bild sei Anlass, einige Betrachtungen über die scheinbare Bewegung des Kometen am Himmel vorzunehmen.

? A 109.1

Bestimmen Sie die Belichtungszeit t_{exp} der Aufnahme (◘ Abb. 4.29) aus der Länge der Sternstrichspuren und aus ihrer Krümmung (vgl. auch Nice-to-know 5 auf S. 55 in ▶ Abschn. 1.3)!

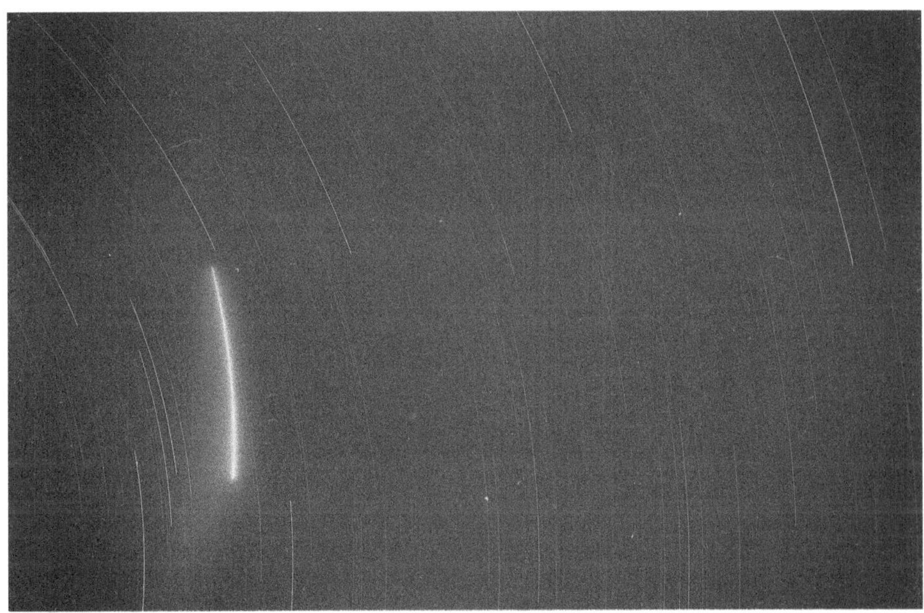

⬟ Abb. 4.29 Komet Hyakutake verrät sich in diesem Bild durch seine Eigenbewegung relativ zu den Sternen. Die Aufnahme entstand am 28.3.1996 kurz nach Mitternacht mit $f = 160\,\text{mm}$ Brennweite, Blende 4.5, Kodak-200-ASA-Film. Bild: Rafael Jensch, Halepaghen-Schule, Buxtehude ⬚ www ⬚

❓ A 109.2

Gegen Mitte der Belichtungszeit befand sich der Komet etwa bei den Koordinaten $\alpha = 4^\text{h}10^\text{m}, \delta = 79°30'$.

Berechnen Sie den Winkel, um welchen sich Hyakutake während der Belichtungszeit fortbewegt hat!

❓ A 109.3

Berechnen Sie die Länge der auf die Himmelsebene projizierten Strecke, um die sich Hyakutake während der Belichtungszeit t_exp fortbewegt hat! Zur fraglichen Zeit betrug die Entfernung zum Kometen $d = 0{,}133\,\text{AE}$.

❓ A 109.4

Berechnen Sie a) die Raumgeschwindigkeit von Hyakutake und b) die Länge der Strecke, welche er während der Belichtung im Raum zurückgelegt hat!

Die Radialgeschwindigkeit, mit der sich Hyakutake zum Zeitpunkt der Belichtung von uns entfernte, betrug $v_\text{rad} = 35\,\text{km/s}$.

❓ A 109.5

Identifizieren Sie den Himmelsausschnitt, den ⬟ Abb. 4.29 zeigt!

Aufgabe 110 – Zerreißprobe

Mitte der 1990er-Jahre gerieten drei Kometen ins Licht der Öffentlichkeit: Komet Hale-Bopp, Komet Hyakutake und der Komet Shoemaker-Levy 9. Letzterer prasselte im Juli 1994, in mehr als 20 Trümmerstücke zerrissen, im Laufe weniger Tage auf Jupiter (vgl. ◘ Abb. 4.30). So wie in allen astronomischen Forschungseinrichtungen überall auf der Welt, war damals auch im Max-Planck-Institut für Astronomie in Heidelberg, wo die Redaktion von *Sterne und Weltraum* ihren Sitz hat, ein unvergleichlicher Presserummel ausgebrochen.

Komet Shoemaker-Levy 9 (SL-9) wurde am 25. März 1993 von Carolyn Shoemaker und David H. Levy entdeckt. Zu diesem Zeitpunkt war der Komet bereits in mehrere Bruchstücke zerrissen (vgl. ◘ Abb. 4.31). Es zeigte sich schnell, dass SL-9 von Jupiter, dem größten und massereichsten Planeten unseres Sonnensystems, eingefangen worden war und diesen auf einer langgestreckten Ellipse innerhalb von etwa zwei Jahren umlief. Bei seinem letzten Vorbeiflug am Jupiter war SL-9 durch Gezeitenkräfte auseinandergebrochen.

Betrachtet man den Kometenkern vereinfacht als Teilchenschwarm der Masse m, mit dem Radius R_K, der nur durch seine eigene Massenanziehung zusammengehalten wird, dann lässt sich die Kraft zwischen Vorderseite und Rückseite des Schwarms (von Jupiter aus betrachtet) genau angeben. Zu dieser „Gezeitenkraft" gehört eine Beschleunigung a_G

$$a_\mathrm{G} = G\,M \left[\frac{1}{d^2} - \frac{1}{(d - R_\mathrm{K})^2} \right]. \tag{4.30}$$

Darin ist G die Gravitationskonstante, $M = 1{,}899 \cdot 10^{27}\,\mathrm{kg}$ die Masse des Jupiters, $d = 116\,000\,\mathrm{km}$ der Abstand zwischen dem noch unversehrten Kometen und Jupiter und $R_\mathrm{K} = 2\,\mathrm{km}$ der Radius des Kometenkerns. Wenn nun diese durch Gezeitenkräfte verursachte Beschleunigung jene der Gravitationsbeschleunigung

$$a_\mathrm{K} = \frac{G\,m_\mathrm{K}}{R_\mathrm{K}^2} \tag{4.31}$$

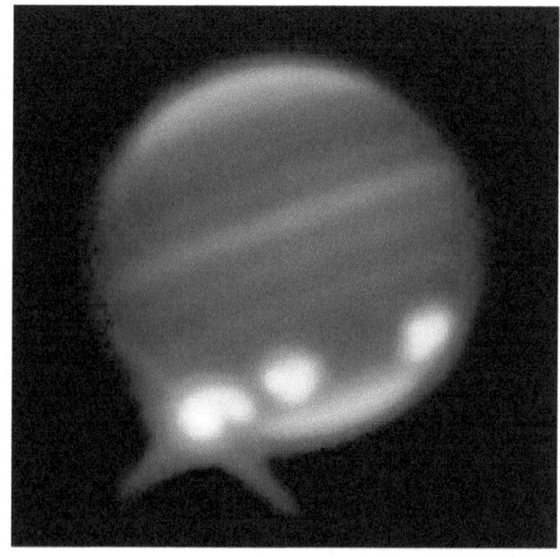

◘ **Abb. 4.30** Am 20. Juli 1994 trat das Kometenfragment Q1 in die Atmosphäre des Jupiters ein und verging in einer gewaltigen Explosion (links unten am Rand des Planeten). Die anderen hellen Flecke sind Spuren vorangegangener Einschläge. Aufnahme mit der Infrarotkamera Magic am 3,5-m-Teleskop des MPI für Astronomie auf dem Calar Alto, Spanien. Bild: Tom Herbst und Kollegen/MPIA

⊡ Abb. 4.31 Quer durch das Bild läuft die Kette der Trümmerstücke, in die der Kern des Kometen Shoemaker-Levy 9 auseinandergerissen worden war. Jedes einzelne Kometenfragmente besitzt seinen eigenen Schweif. Bild: Kurt Birkle, Max-Planck-Institut für Astronomie, 3,5-m-Teleskop des Observatoriums auf dem Calar Alto, Spanien

des Kometen selbst übersteigt, wenn also gilt

$$a_{\mathrm{G}} > a_{\mathrm{K}}, \tag{4.32}$$

dann muss der Kometenkern unweigerlich auseinanderbrechen. Aus dieser Ungleichung lässt sich

$$2\frac{M}{d^3} > \frac{m}{R_{\mathrm{K}}^3} \tag{4.33}$$

folgern. Dies ist die Bedingung für das Zerreißen des Kometenkerns.

? A 110.1

Bestimmen Sie a) aus (4.33) denjenigen größten Radius, den ein Komet gerade noch besitzen dürfte, um eine so nahe Jupiterpassage (116 000 km) zu überleben!

Diskutieren Sie, b) ob der Kern des Kometen Shoemaker-Levy 9 demzufolge zu groß war, so dass er auseinanderbrechen musste!

Hinweis: Nehmen Sie plausible Werte für die mittlere Dichte des Kometen Shoemaker-Levy 9 im Bereich $0{,}5\,\mathrm{g\,cm^{-3}} \leq \rho \leq 1{,}0\,\mathrm{g\,cm^{-3}}$ an.

? EA 110.2

Leiten Sie (4.33) aus (4.30) und (4.31) unter Anwendung von (4.32) her!

Aufgabe 111 – Einschlagblitz auf Jupiter
(Nach einer Idee von Ulrich Bastian)

Am 25. März 1993 bemerkte Carolyn Shoemaker, die Ehefrau von Eugene Shoemaker, der damals in Flagstaff, Arizona, bei der U. S. Geological Survey als Planetengeologe arbeitete, auf zwei Aufnahmen, die mit der 18-Zoll-Schmidt-Kamera auf dem Mount Palomar angefertigt wurden, einen zerrissenen Kometen (vgl. IAU-Circular Nr. 5507). Die so genannte Perlenkette entstand, als der Kometenkern 1992 innerhalb der Rochegrenze an Jupiter vorbeiflog und dabei in mindestens 20 Teile zerrissen wurde. Dabei hatte das größte Bruchstück durchaus einen Durchmesser von mehreren Kilometern. Ende Juli 1994 stürzten die Kometentrümmer dann auf Jupiter[3].

? A 111.1

Bestimmen Sie die Absturzgeschwindigkeit v der Boliden! Nehmen Sie dazu an, dass jedes einzelne Trümmerstück aus dem Unendlichen kommend im Potenzialtrichter Jupiters bis zu dessen Radius $R_{\mathrm{2\!\!\!+}}$ herunterfällt und dabei die potenzielle in kinetische Energie umsetzt. Jupiter hat den Radius $R_{\mathrm{2\!\!\!+}} = 71\,500\,\mathrm{km}$ und die $M_{\mathrm{2\!\!\!+}} = 1{,}9 \cdot 10^{27}\,\mathrm{kg}$.

? A 111.2

Berechnen Sie für zwei Trümmerstücke die kinetische Energie beim Erreichen des Jupiterradius: a) für das größte Trümmerstück mit einem Durchmesser $D_1 = 10\,\mathrm{km}$ und b) für ein zweites mit dem Durchmesser $D_2 = 1\,\mathrm{km}$!
Hinweis: Die Dichte des Kometen bzw. seiner Trümmer betrage $\rho = 1\,\mathrm{g/cm^3}$.

? A 111.3

Unsere Sonne zeigt uns die Leuchtkraft $L_\odot = 3{,}846 \cdot 10^{26}\,\mathrm{W}$. Dazu werden gemäß $E = m\,c^2$ in jeder Sekunde etwa 4,257 Millionen Tonnen Materie in Energie verwandelt. Die Leuchtkraft entspricht der Helligkeit $m_\odot = -26{,}74\,\mathrm{mag}$ im Visuellen. Schätzen Sie durch Vergleich mit der Sonne die Helligkeit der durch die oben definierten Trümmerstücke verursachten Lichtblitze ab! Nehmen Sie dazu an, dass ihre gesamte verfügbare kinetische Energie über einen Zeitraum von $\Delta t = 10\,\mathrm{s}$ abgegeben und mit einer Effizienz $\eta = 10\,\%$ in sichtbares Licht umgewandelt werde. Berücksichtigen Sie die Distanz zwischen Erde und Jupiter einigermaßen genau!
Hinweis: Zum Zeitpunkt des Einschlages betrugen die heliozentrischen Längen l von Erde und Jupiter $l_{\oplus} = 300{,}9°$ und $l_{\mathrm{2\!\!\!+}} = 226{,}3°$. Die zugehörigen Distanzen r zur Sonne waren $r_{\oplus} = 1\,\mathrm{AE}$ und $r_{\mathrm{2\!\!\!+}} = 5{,}4\,\mathrm{AE}$.

? EA 111.4

Die Serie von Einschlägen traf den Jupiter auf dessen Nachtseite, so dass irdischen Beobachtern der direkte Blick auf dieses Jahrhundertereignis verwehrt blieb. Die Raumsonde Galileo war auf Grund eines verzögerten Starts zum Zeitpunkt der Lichtblitze leider noch weit von Jupiter entfernt. Es bot sich aber dennoch eine Möglichkeit, den ein oder anderen Lichtblitz zu beobachten, denn wenn sich einer der vielen Monde in günstiger Stellung zu Jupiter und Erde befindet, so darf man eine Aufhellung erwarten, die sich fotometrisch, vielleicht sogar visuell nachweisen bzw. beobachten ließe.

---

[3] Als die Aufgabe im August 1993 erstmals gestellt wurde, konnte man über den genauen Ablauf dieser Ereignisse nur Vermutungen anstellen.

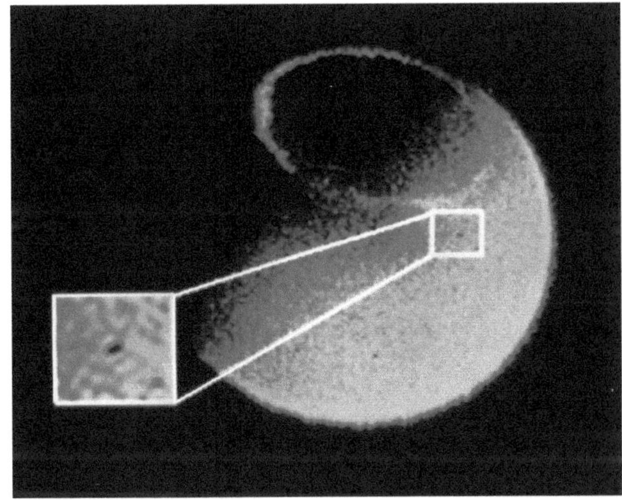

▫ Abb. 4.32 Auroraoval und atmosphärisches Loch, fotografiert mit dem 1981 gestarteten Satelliten Dynamics Explorer 1. Bild: NASA

Berechnen Sie für Io mit seiner Heiligkeit $m_{\text{Io}} = 4{,}8$ mag und $422\,000$ km Bahnradius die Aufhellung durch den hellsten Lichtblitz, für den Fall, dass zu diesem Zeitpunkt günstige geometrische Umstände herrschten!

Aufgabe 112 – Minikometenflut

Als Ende der 1980er-Jahre die Minikometen erstmals einer breiteren Öffentlichkeit bekannt wurden, konnte niemand glauben, was sich über unseren Köpfen zutragen sollte: Alle paar Sekunden schien irgendwo eine größere Wassermasse in Form eines Minikometen auf die Erdatmosphäre zu treffen. Dies folgerte Louis A. Frank, lehrender Forscher an der Universität von Iowa beim Department of Physics and Astronomy in Iowa City, aus Fotografien, die mit dem Satelliten Dynamics Explorer 1 nach dessen Start im August 1981 aufgenommen werden konnten.

Erste Anzeichen der Minikometenflut entdeckten die Astronomen Frank, John Sigwarth und John Craven in Form von Unregelmäßigkeiten im Dayglow der Atmosphäre (vgl. Nice-to-know 21 auf S. 180 zu dieser Aufgabe), welche sie zunächst als atmosphärische Löcher bezeichneten (siehe ▫ Abb. 4.32). Schnell kristallisierte sich für die drei Forscher Wasserdampf als Kandidat heraus, welcher die ultraviolette Strahlung des Dayglows effektiv abschirmen könnte. Als sie diese Erkenntnisse publizierten, brach ein Sturm an Protesten los und sie sahen sich mit einer Vielzahl an Gegenargumenten konfrontiert. Dann wurde es ruhig um Franks Theorie, bis Anfang des Jahres 1996 der Satellit Polar seine Arbeit aufnahm und neue, bessere Daten lieferte[4].

Und heute? Mit den erhärtenden Messergebnissen des Satelliten Polar scheinen nach Auswertung von immerhin $10\,000$ Aufnahmen sagenhafte 20 Minikometen pro Minute in der Hochatmosphäre zu zerplatzen (▫ Abb. 4.33 und ▫ Abb. 4.34).

---

[4] Eine ausführliche Beschreibung der Entdeckungsgeschichte finden Sie in Fischer 1997.

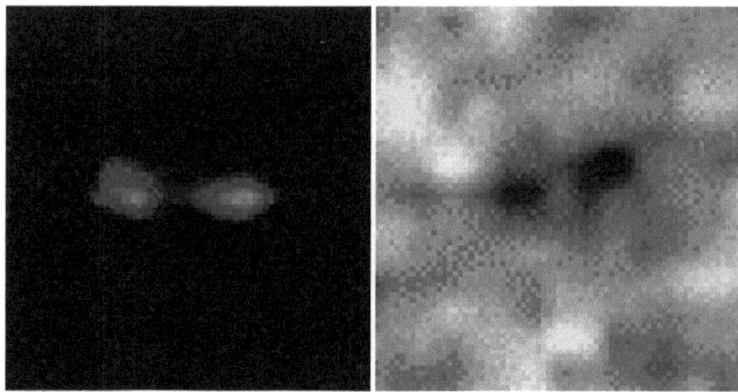

Abb. 4.33 Auch Aufnahmen des 1996 gestarteten Satelliten Polar zeigen atmosphärische Löcher – nunmehr mit stark verbesserter Auflösung. Quelle: NASA/Polar

Abb. 4.34 Drei Belichtungen à 1 Sekunde in je 6 Sekunden Abstand im Licht des Hydroxylradikals zeigen einen auf die Erde (nachträglich montiert) stürzenden Minikometen (Polar). Zu erkennen sind Island, die Britischen Inseln, Dänemark und Skandinavien. Quelle: NASA/Polar

Dayglow der Atmosphäre

In einer Höhe von rund 100 Kilometern liegt ein dünner grüner Schein in der oberen Atmosphäre, genannt Airglow. Dieses Leuchten ist Resultat der Bestrahlung unserer Atmosphäre mit harter UV- und Röntgenstrahlung durch die Sonne. Die energiereiche Strahlung ionisiert und dissoziiert Luftmoleküle, welche auch noch lange nach Sonnenuntergang rekombinieren und dabei sichtbares Licht aussenden.

Das vielfach intensivere Airglow auf der Tagseite der Erde während der eigentlichen Bestrahlung der Atmosphäre durch die Sonne wird als Dayglow bezeichnet. Hingegen nennt man das deutlich schwächer ausgeprägte auf der Nachtseite – wenn auch etwas weniger gebräuchlich – folgerichtig Nachthimmelsleuchten.

? A 112.1

Berechnen Sie die Zahl N_d bzw. N_a der Minikometen, die a) jeden Tag und b) pro Jahr auf die Erde treffen!

? A 112.2

Berechnen Sie – unter der Annahme einer gleichmäßigen Verteilung über die gesamte Erdoberfläche –, welches Flächenstück pro Jahr auf einen Minikometen entfällt!

? A 112.3

Berechnen Sie, welche Menge Wasser die Erde in a) einem Jahr, b) in 10 000 Jahren und c) in $4{,}5 \cdot 10^9$ Jahren, also seit sie existiert, aufsammelt! Nehmen Sie an, dass sich die Fallraten in diesen Zeiten nicht geändert haben und dass aus den Beobachtungen eine mittlere Minikometenmasse $m = 100\,\mathrm{t}$ gefolgert wird.

? A 112.4

Schätzen Sie die Meeresspiegelerhöhungen durch Minikometen zu den in Aufgabe 112.3 genannten Zeitspannen ab! Die mittlere Meerestiefe der Erde ist $h = 3900\,\mathrm{m}$, die Meeresfläche misst $f = 3{,}61 \cdot 10^{14}\,\mathrm{m}^2$.

? A 112.5

Nehmen Sie an, die Minikometenflut würde von zerfallenden Kometen gespeist, deren Trümmerstücke ausschließlich von der Erde aufgesammelt werden, und berechnen Sie, welche Größe ein solcher Speisekomet dann besitzen müsste, um die beobachtete Minikometenflut eines einzelnen Jahres zu entfachen!

Aufgabe 113 – Lovejoy im Fegefeuer, Teil 1

Als Komet Lovejoy (siehe ◖ Abb. 4.35) am 16. Dezember 2011 wenige Stunden nach seiner engen Sonnenpassage wieder sichtbar wurde, waren die Astronomen erstaunt. Sie hatten nämlich erwartet, dass sich Lovejoy als Mitglied der Kreutz-Gruppe wegen seiner vermuteten geringen Ausmaße restlos auflösen würde. Kreutz-Kometen kommen der Sonne bei ihren Periheldurchgängen so nahe, dass man sie auch als „Sonnenkratzer" bezeichnet, oder englisch „sungrazer". Mitglieder dieser Gruppe werden zwar alle paar Tage entdeckt, allerdings nur mit Hilfe von Sonnenobservatorien im All, etwa vom Satelliten Soho – und meist nur Stunden, bevor sie sich in der Sonnenkorona auflösen. Beim Kometen Lovejoy aber verhielt es sich anders. Er war der erste Kreutz-Komet seit rund 40 Jahren, den ein Amateurastronom vom Erdboden aus aufgespürt hatte. Damit musste sein Kern deutlich größer sein als derjenige eines typischen Vertreters der Gruppe. Sein Kerndurchmesser wird nun auf rund 500 m geschätzt.

? A 113.1

Berechnen Sie, in welchem minimalen Abstand h der Komet Lovejoy die Sonne passierte! Drücken Sie das Ergebnis in Einheiten des Sonnenradius aus. Die Periheldistanz der Bahn von Lovejoy ist $q = 0{,}0055538\,\mathrm{AE}$.

Abb. 4.35   Komet Lovejoy zeigte sich in der Dämmerung beeindruckend über dem Cerro Paranal in Chile. Im Vordergrund steht eines der vier Teleskope des Very Large Telescope (VLT). Quelle: Guillaume Blanchard, ESO

A 113.2

Berechnen Sie den Fluss $F_\odot = L_\odot/O$, welcher der Sonnenoberfläche O entströmt! Die Leuchtkraft der Sonne ist $L_\odot = 3{,}846 \cdot 10^{26}\,\text{W}$.

A 113.3

Während Lovejoy auf sein Perihel zulief, geriet er so nahe an die Sonne, dass ein immer kleinerer Teil ihrer Oberfläche zu seiner Erhitzung beitrug. Der Fluss in Abhängigkeit des sinkenden Abstands lässt sich beschreiben mit

$$F(r) = 2\,F_\odot \left(1 - \sqrt{1 - (R_\odot/r)^2}\right). \tag{4.34}$$

Dabei ist r der Radiusvektor der Bahn, also der Abstand zum Zentrum der Sonne. Einen Tag vor dem Perihel war $r_1 = 0{,}1\,\text{AE}$.

Berechnen Sie den Fluss für die beiden Abstände q und r_1!

EA 113.4

Schätzen Sie ab, um welchen Betrag der Radius des Kometen innerhalb von $\Delta t = 2\,\text{Tagen}$ um das Perihel schrumpft!

Hinweis: Verwenden Sie hierzu den konstanten Fluss $\bar{F} = 1\,\text{MW/m}^2$. Die Albedo sei $A = 0{,}2$, die mittlere Dichte $\rho = 0{,}6\,\text{g/cm}^3$, die Eistemperatur betrage $T = 150\,\text{K}$ und die spezifische Sublimationsenergie für Eis bei dieser Temperatur ist $q_{\text{sub,Eis}} = 2810\,\text{kJ kg}^{-1}$.

◘ Abb. 4.36 In der Nacht vom 15. auf den 16. Dezember 2011 näherte sich der Komet Lovejoy der Sonnenoberfläche bis auf 140 000 km an. Zur Überraschung der Wissenschaftler überstand er diese Passage: Die beiden Aufnahmen des Solar and Heliospheric Observatory (SOHO) von ESA und NASA zeigen den Kometen vor (*links*) und nach (*rechts*) dem Periheldurchgang.

Aufgabe 114 – Lovejoy im Fegefeuer, Teil 2

Am 16. Dezember 2011 zog Komet Lovejoy in sehr geringer Entfernung an der Sonne vorbei und durchquerte dabei die Sonnenkorona: Die Periheldistanz betrug nur $q = 0{,}0055538\,\text{AE}$. Sein Schweif zeigte dabei nicht von der Sonne weg, sondern lag vielmehr entgegen der Flugrichtung in der Kometenbahn, wie auch Filmsequenzen[5] eindrucksvoll belegen.

Eine Forschergruppe um den Physiker Cooper Downs von Predictive Science Inc., San Diego, nutzte Lovejoy zur Erkundung des solaren Magnetfelds (Downs 2013). Auf seiner Bahn drang Lovejoy nämlich tief in die Korona ein, und Aufnahmen seines sich verflüchtigenden Schweifs in der Korona – vor allem im extremen Ultraviolettbereich – liefern Aufschluss über das Verhalten der Teilchen in deren Magnetfeld (vgl. auch ◘ Abb. 4.36). Bei ihren Untersuchungen betrachteten die Forscher Testteilchen, zum Beispiel ein Sauerstoffatom. Dieses wird innerhalb von Sekunden aus seinem Molekül gelöst und ionisiert. Auf Grund seiner elektrischen Ladung zieht es anschließend entlang der Magnetfeldlinien Spiralen, bis es schließlich von anderen Ionen in der Korona nicht mehr zu unterscheiden ist.

In Aufgabe 113 ging es um den verdampfenden Kern. Hier betrachten wir die Kräfte, denen die Schweifmaterie unterliegt.

---

[5] Ein Video zur Sonnenpassage von Komet Lovejoy finden Sie online unter dem Namen „A Sun-Grazing Comet and the Secrets of the Sun's Corona" beim *Science Magazin*: http://video.sciencemag.org/VideoLab/2436855163001/1/astronomy, oder bei http://www.youtube.com/watch?v=vR1yTC_vlzw.

? A 114.1

Nach dem Abströmen vom Kometenkern werden Wassermoleküle von der Sonnenstrahlung dissoziiert. Die resultierenden Atome unterliegen dann der Gezeitenkraft $F_G = 2\,G\,m_O\,M_\odot\,\Delta r/q^3$, die von der radialen Abstandsdifferenz Δr abhängt (vgl. auch Aufgabe 110).

Berechnen Sie, wie groß die Gezeitenkraft F_G zwischen zwei Sauerstoffatomen O im Perihel ist, wenn diese sich bereits $\Delta r = 1\,\mathrm{m}$ voneinander entfernt haben! Die Masse des Sauerstoffatoms ist $m_O = 15{,}999\,u$ mit der atomaren Masseneinheit $1\,u = 1{,}660 \cdot 10^{-27}\,\mathrm{kg}$.

? A 114.2

Berechnen Sie die Geschwindigkeit v_q des Kometen im Perihel! Seine große Bahnhalbachse beträgt $a = 78{,}683\,\mathrm{AE}$.

Hinweise: Benutzen Sie

$$q + Q = 2\,a, \tag{4.35}$$

worin Q die Apheldistanz ist, weiterhin den Drehmomentsatz

$$v_q\,q = v_Q\,Q \tag{4.36}$$

sowie den Energiesatz

$$\frac{m}{2}\,v_q^2 - G\,m\,M_\odot/q = \frac{m}{2}\,v_Q^2 - G\,m\,M_\odot/Q. \tag{4.37}$$

Hierin ist m die – nicht benötigte – Masse des Kometen.

? A 114.3

a) Berechnen Sie den Strahlungsstrom $S_q = L_\odot/(4\pi\,q^2)$ im Perihel der Bahn!

b) Berechnen Sie die auf ein Sauerstoffatom vom Strahlungsdruck ausgeübte Kraft $F_S = P_S\,\sigma_O$! Dabei ist $\sigma_O = 4\pi\,\rho_O^2$ der Wirkungsquerschnitt und $\rho_O = 0{,}066\,\mathrm{nm}$ der Radius des Sauerstoffatoms. Der im Perihel von den Photonen ausgeübte Druck P_S ist $P_S = S_q/c$, mit der Lichtgeschwindigkeit c.

? A 114.4

Nehmen Sie an, dass das Strahlungsbad der Sonne ein Sauerstoffatom fünffach zu O^{5+} ionisiere. Seine Ladungszahl ist daher $Z = 5$. Das starke Magnetfeld der Sonne zwingt die Ionen auf Spiralbahnen um die Magnetfeldlinien mit der Lorentz-Kraft $F_L = Z\,e\,v_q\,B$.

Berechnen Sie die Lorentz-Kraft auf ein O^{5+}-Ion, wenn die Magnetfeldstärke im Perihel $B = 50\,\mathrm{Gs}$ (Gauß) betrage!

Hinweis: Es gilt die Umrechnung $1\,\mathrm{Gs} = 10^{-4}\,\mathrm{T}$ (Tesla).

Aufgabe 115 – Bahnelemente
(Von Volker Kasten)

Am 5. November 1995 verglühte über dem Göttinger Raum eine vollmondhelle Feuerkugel (vgl. dazu auch ◧ Abb. 4.37). Vor dem Verglühen bewegte sich dieser Kleinkörper auf einer Sonnenumlaufbahn, deren Elemente in ◧ Tab. 4.6 aufgeführt sind.

◘ Abb. 4.37 Sequenz der Feuerkugel, die am Abend des 9. Oktober 1992 die Vereinigten Staaten überquerte und auf mehreren Videoaufnahmen verewigt werden konnte. Der Meteorit demolierte den Kofferraum eines PKW in New York. Der Film stammt von O. Shinfineld und ist von Halifax, Virginia, USA, aus aufgenommen.

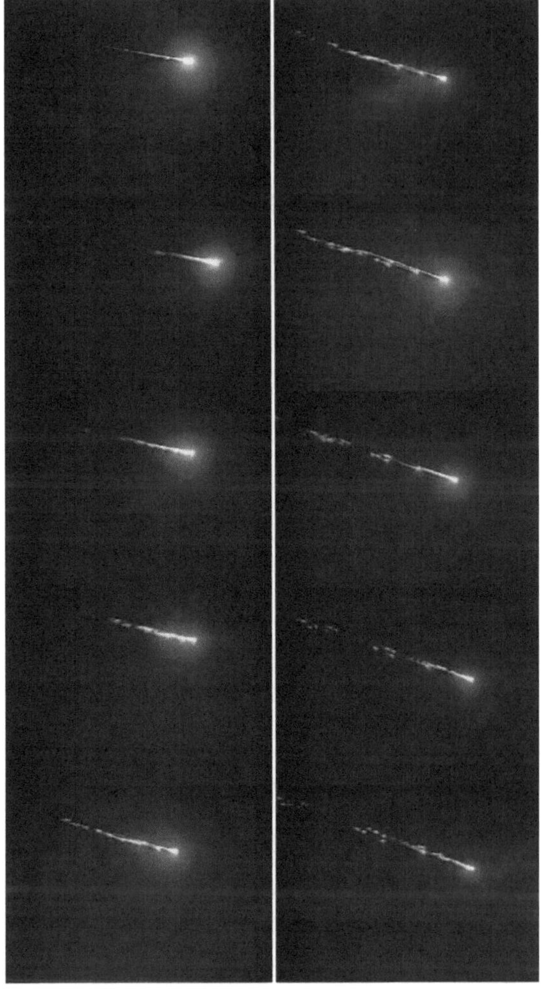

◘ Tabelle 4.6 Bahnelemente (ehemalige Sonnenumlaufbahn) der Feuerkugel vom 5. November 1995, die über dem Göttinger Raum verglühte, und der russischen Raumstation Mir zum Äquinoktium 2000.0

Bahnelemente	Körper		
	Erde	Feuerkugel	Mir
q	0,984 AE	0,37 AE	6757,26 km
e	0,0165	0,81	0,00121
i	0,0021°	3,0°	51,6549°
Ω	261,141°	223,02°	323,0338°
ω	203,564°	293,60°	87,8300°
M	144,8125°	/	272,3973°
Epoche	1. Juni 1997	5. Nov. 1995	1. Febr. 1997

Meteoroiden, Meteore und Meteoriten
Als Meteoroid bezeichnet man Himmelskörper, die von der Größe her zwischen dem interplanetaren Staub und den Asteroiden liegen. Tritt ein Meteoroid in die Erdatmosphäre ein, nennt man ihn beziehungsweise die von ihm verursachte Lichterscheinung Meteor. Kleinere Meteore werden als Sternschnuppe bezeichnet, größere als Bolide (vgl. Aufgabe 12 und 13). Die Überreste des Meteoroiden, die auf der Erde einschlagen, bezeichnet man schließlich als Meteorit, wobei in der Meteoritenkunde zwischen *Fällen* und *Funden* unterschieden wird. Erstere (ca. 3 %) werden direkt nach ihrem Einschlag geborgen und sind damit keinen Verwitterungsprozessen ausgesetzt.

? A 115.1

a) Berechnen Sie anhand der Bahndaten in ◨ Tab. 4.6 die große Halbachse a und die Apheldistanz Q der Bahn (jeweils in Astronomischen Einheiten)!

b) Skizzieren Sie maßstabsgetreu die Sonnenumlaufbahn der Feuerkugel! Die Skizze soll Folgendes enthalten: die Sonne, die Richtung zum Frühlingspunkt, die Bahnen von Merkur, Erde und Mars sowie die Sonnenumlaufbahn der Feuerkugel mit richtiger Orientierung ihrer Knotenlinie und Bahnachse. Dabei kann die Meteoritenbahn unter Vernachlässigung ihrer geringen Neigung in die Ekliptikebene eingezeichnet werden.

c) Diskutieren Sie anhand Ihrer Skizze, ob sich der Zusammenstoß mit der Erde im Aufsteigenden oder im Absteigenden Knoten der Meteoritenbahn ereignet hat!

? A 115.2

Es sollen erste Überlegungen zur Sichtbarkeit eines neuentdeckten Kometen angestellt werden. Dabei seien die folgenden Bahnelemente bekannt: $q = 1,0\,\text{AE}$, $e = 1,0$, $i = 90°$, $\Omega = 90°$, $\omega = 90°$. Das Perihel wird genau zum Frühlingsanfang durchlaufen.

a) Berechnen Sie den Winkelabstand (die Elongation) des Kometen zur Sonne am irdischen Himmel zur Perihelzeit und die zugehörige Entfernung des Kometen von der Erde (anzugeben in AE)!
Hinweis: Die Antworten lassen sich aus einer Bahnskizze leicht ablesen.

b) Ermitteln Sie mit Hilfe einer drehbaren Sternkarte die ungefähre Position des Kometen unter den Sternbildern zum Perihatermin und beurteilen Sie danach die Sichtbedingungen auf unseren Breiten.

? A 115.3

Bei den folgenden Fragen zur Raumstation Mir seien die Bahnelemente aus ◨ Tab. 4.6 zu Grunde gelegt.

a) Am 18. Februar 1997 (der Epoche der angegebenen Elemente) sah ein Beobachter am Äquator Mir genau senkrecht über sich hinwegziehen, mit Flugrichtung Nordosten.
Diskutieren Sie, welches Sternbild die Raumstation dabei durchquerte, und berechnen Sie, wie weit sie etwa vom Beobachter entfernt war (anzugeben in km)! Verwenden Sie als Erdradius $R_{\text{E}} = 6378\,\text{km}$.

b) Ein Beobachter in Hamburg ($\varphi = 53,5°$ nördliche Breite) berichtet von einem Erdsatelliten, den er im Februar 1997 mittelhoch am Nordhimmel gesehen hat.
Diskutieren Sie, ob es sich dabei um die Mir gehandelt haben kann!

Bei Bahnen um die Sonne dient bekanntlich die Erdbahnebene als Bezugsebene. Begründen Sie, wie es dann zu erklären ist, dass in ◻ Tab. 4.6 für die Neigung der Erdbahn $i = 0,0021°$ angegeben ist, also ein von Null verschiedener Wert!

4.4 Staub

Aufgabe 116 – Schnuppen, Staub und Steine

Ständig prasseln Staubkörner auf den Schutzschild der Erde: die Atmosphäre. Sie bewahrt uns vor den Folgen, denen erdumkreisende Satelliten ständig unterliegen. Der Einschlag von Meteoriten (vgl. Nice-to-know 22 auf S. 186 in ▶ Abschn. 4.3) ist schon seltener, wie die Erfahrung sagt. Richtig große Brocken kollidieren mit der Erde in unserer Zeit glücklicherweise nur noch ausgesprochen selten. ◻ Abb. 4.38 zeigt den kumulativen Teilchenfluss für Massen zwischen 10^{-18} g und 10^{18} g in Einheiten von Einschlägen auf die Erde pro Quadratmeter und Sekunde. Beispiel: Körper mit mindestens einem Gramm Masse treffen die Erde etwa mit der Häufigkeit von 10^{-14} Einschlägen pro Quadratmeter und Sekunde. Anhand dieser Grafik sollen einige Einschlagsraten betrachtet werden.

? **A 116.1**

Das Weltraumteleskop Hubble (HST) ist seit 1990 in seiner Umlaufbahn um die Erde. Die Spiegelöffnung beträgt 2,4 m und seine beiden Solarzellenpaneelen haben je die Abmessungen 2,4 m × 21,1 m.

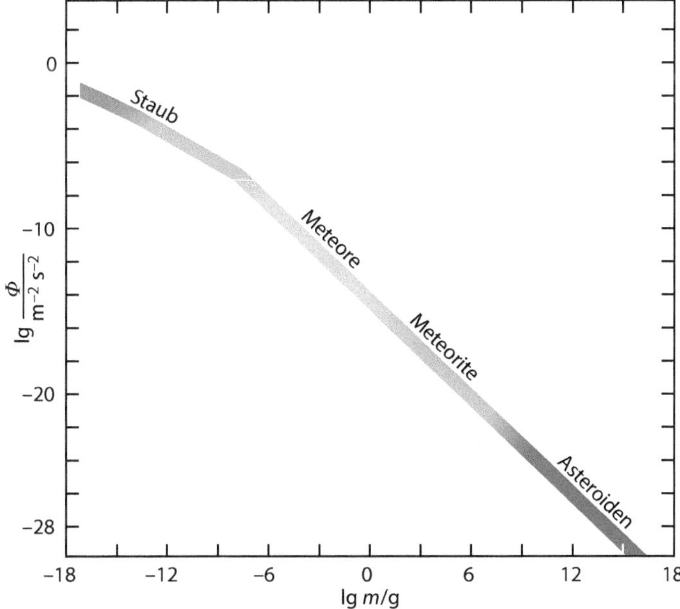

◻ **Abb. 4.38** Kumulativer Fluss auf die Erde für interplanetaren Staub und größere Körper bis hin zu Asteroiden (nach Giese 1981) [www]

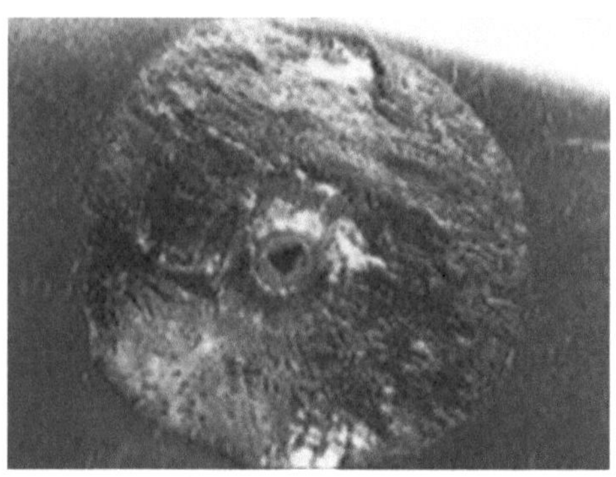

◘ **Abb. 4.39** Videomikroskopbild eines Mikro-
meteoritenkraters auf einem Solarpaneel des
Weltraumteleskops Hubble. Kerndurchmesser:
464 µm, Außendurchmesser: 5 mm. Bild: NASA/ESA

a) Berechnen Sie, wie oft der Hauptspiegel des HST innerhalb eines Jahrzehnts von Teilchen mit mindestens 1 µm Größe getroffen wird (vgl. auch ◘ Abb. 4.39)!
   Nehmen Sie an, dass der wirksame Raumwinkel, unter dem ein Punkt des Spiegels am hinteren Ende des Teleskoptubus getroffen werden kann, sowie die Ausrichtung des Teleskops zusammen eine Flussverdünnung um den Faktor $q = 10^{-3}$ bewirken.

b) Wiederholen Sie Ihre Berechnungen aus a) für Teilchen mit mindestens 0,1 µm Größe!

c) Berechnen Sie, wie oft die mehrfach ausgetauschten Solarzellenpaneele des HST innerhalb eines Jahrzehnts getroffen werden, wenn diese eine mittlere Expositionsquote von $q = 0,5$ haben!

d) Berechnen Sie, welche Raten sich in ähnlicher Weise für die Internationale Raumstation ISS mit Solarzellen der Gesamtfläche $F_S = 407\,\mathrm{m}^2$ ergeben!

❓ A 116.2

Berechnen Sie, wie oft ein Riesenmeteorit a) der Hoba-Klasse und b) der Tunguska-Klasse sowie c) ein Asteroid unsere Erde treffen! Verwenden Sie für Ihre Berechnungen folgende Daten:

- Hoba-Klasse: schwerster bekannter Meteorit, Fundort Namibia, Masse $M_H = 60\,\mathrm{t}$
- Tunguska-Klasse: Durchmesser $D_T = 1\,\mathrm{km}$, Dichte $\rho_T = 1\,\mathrm{g/cm}^3$
- Asteroid: Durchmesser $D_A = 10\,\mathrm{km}$, Dichte $\rho_A = 2\,\mathrm{g/cm}^3$.

❓ A 116.3

Schätzen Sie ab, wie groß die Chance für einen einzelnen Menschen ist, von einem Eisenmeteoriten von 5 cm Größe während seiner gesamten Lebenszeit von (etwas optimistisch) $t_M = 100$ Jahren getroffen zu werden! Verwenden Sie als effektive Fläche $A_M = 0,5\,\mathrm{m}^2$ und $\rho_{Fe} = 7,874\,\mathrm{g/cm}^3$.

❓ EA 116.4

Stellen Sie anhand des Diagramms in ◘ Abb. 4.39 die Gleichungen für die drei Bereiche mit unterschiedlicher Steigung auf! Ergebnis ist jeweils eine Gleichung der Form $\Phi = f(m)$.

Aufgabe 117 – Gas und Staub im Sonnensystem

Dass der interplanetare Raum kein absolutes Vakuum ist, lässt sich am Zodiakallicht (vgl. Nice-to-know 4 auf S. 49 zu Aufgabe 30 in ▶ Abschn. 1.3) ebenso ablesen wie an den Funkstörungen wenige Stunden nach einem Sonnenflare. Auch der stets von der Sonne abgewandte Schweif der Kometen weist – wie Ludwig Biermann zuerst erkannte – auf eine materielle Komponente hin.

Abschätzungen, die mit Daten von Raumfahrzeugen (Staub), Radio- und visuellen Beobachtungen (Meteore) gemacht wurden, ergeben für die Erde eine Masseneinfallrate $\dot{m} = 16\,100\,\mathrm{t\,a^{-1}}$. Dabei handelt es sich um Staubpartikel von Zehntel Mikrometern Größe, die man für das Zodiakallicht verantwortlich macht (Streuung des Sonnenlichts), bis zu Boliden von mehreren Dezimetern Durchmesser.

Andere Messungen ergaben für den Sonnenwind, der vorwiegend aus Protonen mit der Masse $m_\mathrm{p} = 1{,}6726 \cdot 10^{-24}\,\mathrm{g}$ besteht, am Ort der Erde eine mittlere Geschwindigkeit $v_\mathrm{p} = 400\,\mathrm{km\,s^{-1}}$ und Anzahldichten um 10 Teilchen pro $\mathrm{cm^{-3}}$.

❓ A 117.1

Schätzen Sie die Dichte ρ_0 des interplanetaren Mediums (Staub und Meteorite) aus der Masseneinfallrate und der Geschwindigkeit $v_\mathrm{s} = \frac{2}{3}\,v_\mathrm{E}$, mit der sich die Erde relativ zu den kometenähnlichen Bahnen des aufzusammelnden Materials im Mittel bewegen soll, ab! Dabei ist v_E die Bahngeschwindigkeit der Erde, ihre Umlaufzeit grob $\pi \cdot 10^7\,\mathrm{s}$ und der Erdradius $R_\mathrm{E} = 6378\,\mathrm{km}$.

❓ EA 117.2

Berechnen Sie aus der Dichteverteilung des Staubes $\rho(r) = \rho_0\,(r/\mathrm{AE})^{-1{,}3}$, die zwischen 0,02 AE und der Jupiterbahn bei 5,2 AE gilt (sonst sei $\rho = 0$), zunächst a) die Gesamtmasse des interplanetaren Staubes unter Annahme von Kugelsymmetrie und korrigieren Sie dann für Abplattung mit dem Faktor 0,4.

Berechnen Sie weiterhin, b) welche mittlere Dichte in Bezug auf den Wert für $r = 1$ AE daraus folgt!

❓ A 117.3

a) Berechnen Sie, wie lange unsere Erde sammeln muss – zeitlich konstante Bedingungen vorausgesetzt –, um einen Millimeter zu wachsen! Die mittlere Dichte des aufgesammelten Materials betrage $2{,}5\,\mathrm{g\,cm^{-3}}$.

b) Berechnen Sie, welchen Durchmesserzuwachs die Erde dann seit ihrem Bestehen, also in den letzten 4,5 Milliarden Jahren, erfahren hat!

❓ A 117.4

a) Berechnen Sie die als isotrop angenommene Massenverlustrate unserer Sonne $\dot{M}_\odot$ in Einheiten von Sonnenmassen pro Jahr!

b) Vergleichen Sie die Massenverlustrate mit derjenigen von Wolf-Rayet-Sternen, die Verlustraten bis zu $\dot{M} \approx 10^{-5}\,M_\odot\,\mathrm{a^{-1}}$ erleiden können.

c) Diskutieren Sie, ob die Sonne mit der in a) bestimmten Massenverlustrate die zweite Hälfte ihres zu bisher fünf Milliarden Jahren angenommenen Hauptreihendaseins unbeschadet erreichen wird! Berechnen Sie hierzu den Prozentsatz der verlorenen Masse!

◘ Tabelle 4.7 Staubexperimente an Bord interplanetarer Raumsonden

Helios 1 und 2	1974–1976	MME
Galileo	1989–2003	DDS
Ulysses	1990–2009	Dust
Cassini	1997+	CDA
Rosetta	1997–2016	Cosima
Stardust	1999–2011	Cida

Aufgabe 118 – Staub im Sonnensystem

Am 1. Juli 2004 erreichte die bereits 1997 gestartete Raumsonde Cassini/Huygens nach fast sieben Jahren den Ringplaneten Saturn. Nach 3,5 Milliarden Kilometern steuerte die Raumsonde Cassini zusammen mit der Landesonde Huygens in eine Umlaufbahn um Saturn. Die Instrumente an Bord waren so vielseitig wie die Missionsziele. Ein Aspekt dieser Forschungen war die Erkundung von Staubpartikeln im Umfeld des Saturn, seiner Ringe und Monde mit den Cosmic Dust Analyzer (CDA). Dieser wurde von Physikern am Max-Planck-Institut für Kernphysik (MPIK), Heidelberg, entwickelt und misst höchst präzise Masse, Größe und Ladung der Staubteilchen (vgl. Srama 2004). Viele der Staubexperimente (vgl. ◘ Tab. 4.7), die an Bord interplanetarer Sonden im Sonnensystem unterwegs sind (oder waren), wurden am MPIK[6] (mit)entwickelt.

? **A 118.1**

Der Cosmic Dust Analyzer von Cassini ist für Staubladungen Q_S zwischen 1 fC bis 100 fC empfindlich.

Berechnen Sie die Zahl der Elektronen, die diesen Ladungen entsprechen! Die Elementarladung $q_e = e^- = 1{,}60219 \cdot 10^{-19}$ C.

? **A 118.2**

◘ Abb. 4.40 zeigt den von verschiedenen Sonden gemessenen Fluss interstellarer Teilchen in Abhängigkeit vom Sonnenabstand. Die logarithmische Darstellung ergibt einen näherungsweisen linearen Verlauf für Distanzen zwischen 1 AE und 4 AE.

Schätzen Sie die Flüsse a) bei Jupiter ($r_J = 5{,}2$ AE) und b) bei Saturn ($r_S = 9{,}5$ AE) ab sowie welche Raten sich unter gleichen Voraussetzungen bei c) Pluto ($r_P = 40$ AE) und d) dem Kuipergürtel ($r_K = 1000$ AE) ergeben!

? **A 118.3**

Schätzen Sie ab, wie lange man wohl wird warten müssen, bis bei a) Jupiter und b) Saturn jeweils zehn Teilchen interstellaren Ursprungs registriert werden! Cassinis CDA besitzt eine kreisförmige Sammelfläche von 40 cm Durchmesser.

---

[6] Nebenbei fällt mir [AMQ] ein, dass ich auf dem Weg zur Redaktion von *Sterne und Weltraum* im Max-Planck-Institut für Astronomie auf dem Königstuhl jahrelang auf halber Höhe einen im Sommer äußerst staubigen Weg befahrend am MPIK vorbeikam.

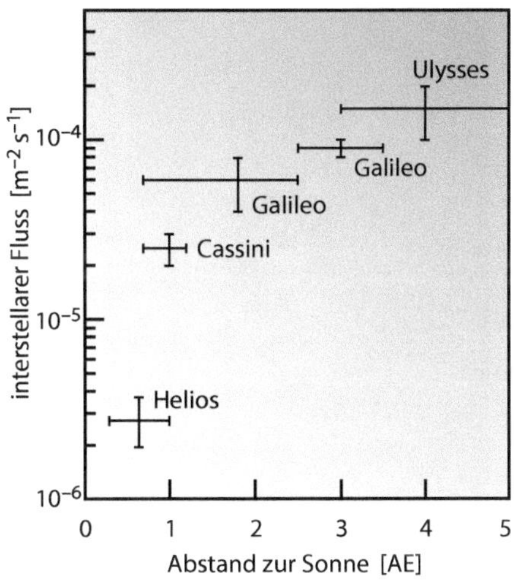

☐ Abb. 4.40 Der Fluss interstellarer Teilchen nimmt zu größeren Sonnendistanzen hin deutlich zu. Grund: der Strahlungsdruck der Sonne. www

A 118.4

Berechnen Sie Gesamtfluss und -masse, der bzw. die das Sonnensystem durchströmt, wenn Sie für die Größe des Sonnensystems a) die Plutobahn, b) den Durchmesser des Kuipergürtels und c) gar die Oortsche Wolke ($r_{Oo} = 50\,000$ AE) verwenden!

Nehmen Sie an, dass der Teilchenfluss jenseits des Kuipergürtels nicht weiter zunimmt und die Teilchen die mittlere Masse $m = 10^{-16}$ g besitzen.

Aufgabe 119 – Helios und der Staubring bei Venus

Seit einiger Zeit ist bekannt, dass entlang der Umlaufbahn der Erde um die Sonne ein Staubring existiert. Er wurde in den Daten der Satelliten Iras und Cobe als erhöhte Helligkeit des Zodiakallichts festgestellt. Das Zodiakallicht rührt von Staubteilchen im Sonnensystem her, die das Sonnenlicht reflektieren (vgl. Nice-to-know 4 auf S. 49 zu Aufgabe 30 in ▶ Abschn. 1.3).

Diese Teilchen besitzen Größen von etwa einem bis hundert Mikrometern und spiralen langsam in Richtung Sonne. Der Vorgang lässt sich durch den Poynting-Robertson-Effekt beschreiben. Schließlich verschwinden die Staubteilchen in der Sonne. Dieser Drift benötigt astronomisch gesehen nur eine kurze Zeit, woraus sich schließen lässt, dass die Staubpartikel im Planetensystem ständig nachgeliefert werden müssen. Als Quelle bietet sich der Asteroidengürtel an, in dem bei Zusammenstößen ständig neue Teilchen freigesetzt werden. Diese werden beim Passieren der Erdbahn durch die Gravitation der Erde dahingehend gestört, dass sie länger in Erdbahnnähe verweilen – daraus resultiert eine erhöhte Staubdichte.

Diesen Effekt fanden im Jahr 2007 Forscher vom Max-Planck-Institut für Astronomie in Heidelberg auch um den Planeten Venus (vgl. Leinert 2007). Sie untersuchten dafür die zu diesem Zeitpunkt bereits 30 Jahre alten Daten der Helios-Sonden (siehe ☐ Abb. 4.41). Deren Fotometer registrierten eine geringe, jedoch signifikante Aufhellung entlang eines Stücks ihrer Bahn, die auf einen Staubring gerade außerhalb der Venusbahn hindeutet. Die Sonde bewegte sich dabei in einem Bereich von $\Delta\lambda = 11°$ heliozentrischer Länge vorwärts, beginnend mit dem Kreuzen der Venusbahn, während sie sich weiter von der Sonne entfernte.

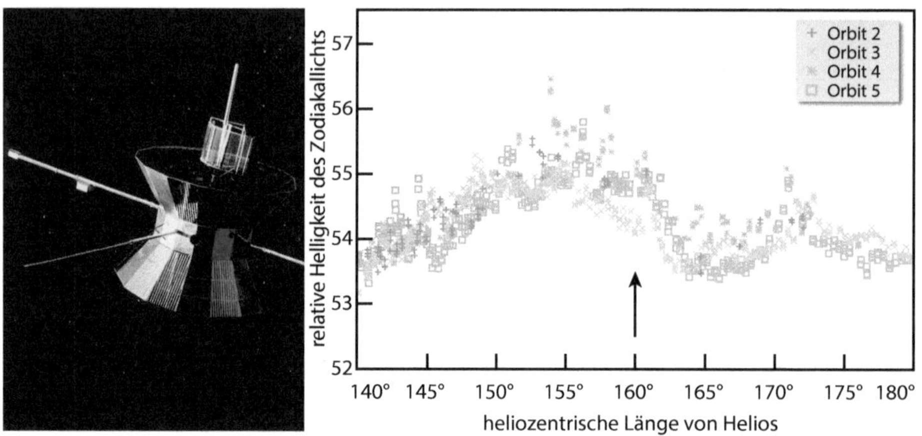

▫ Abb. 4.41 *Links*: Mit dem Fotometer der Raumsonde Helios wurde der Staubring längs der Venusbahn entdeckt. *Rechts*: Knapp außerhalb der Venusbahn (*Pfeil*), also in der linken Hälfte des Diagramms, ist eine Aufhellung des Zodiakallichts auszumachen, wie sie bei verschiedenen Durchflügen von Helios B beobachtet wurde. Die Messungen wurden für die allgemeine Helligkeitszunahme des Zodiakallichts bei Annäherung an die Sonne korrigiert. Quelle: NASA, MPIA

❓ A 119.1

Berechnen Sie die radiale Ausdehnung Δr des Staubrings, unter der Voraussetzung, dass der innere Radius des Rings dem Bahnradius der Venus $r_\mathrm{V} = 0{,}723$ AE entspricht!

Helios' Bahn ist eine Ellipse mit der Periapsis $r_\mathrm{P} = 0{,}289$ AE und der Apoapsis $r_\mathrm{A} = 0{,}983$ AE. Die numerische Exzentrizität ist $e = 0{,}5456$.

Hinweis: Den Zusammenhang zwischen Sonnendistanz r entlang der Bahn und dem heliozentrischen Winkel (= wahre Anomalie) ϑ liefert die Kegelschnitt-Gleichung

$$r = \frac{p}{1 + e \cos \vartheta} \, . \tag{4.38}$$

Der Bahnparameter ist $p = a\,(1 - e^2)$, die große Bahnhalbachse ist $a = (r_\mathrm{P} + r_\mathrm{A})/2$ (vgl. auch Nice-to-know 8 auf S. 77 zu Aufgabe 65 in ▶ Abschn. 2.1).

❓ A 119.2

Die Staubteilchen umkreisen die Sonne auf Keplerbahnen, denn sie unterliegen der Gravitation der Sonne. Sie spüren allerdings auch den Strahlungsdruck des Sonnenlichts. Wegen der Bewegung der Teilchen um die Sonne scheint für sie das Sonnenlicht nicht genau senkrecht zur Bahntangente einzufallen, sondern infolge der Endlichkeit der Lichtgeschwindigkeit schräg von vorne. Dadurch wirkt der Strahlungsdruck nicht nur in radialer Richtung, vielmehr besitzt er auch eine Komponente, welche die bestrahlten Teilchen abbremst. Dieses Verhalten wurde im Jahr 1903 vom britischen Physiker John Henry Poynting vorausgesagt und 34 Jahre später durch den amerikanischen Astronomen Howard Percy Robertson im Detail beschrieben.

Für den durch die stetige Abbremsung schrumpfenden Bahnradius r gilt

$$\dot{r} = \frac{-2\,\alpha}{r} \, . \tag{4.39}$$

Dabei ist $\dot{r}$ die zeitliche Ableitung des Bahnradius und $\alpha = 3\,L_\odot\,q/(16\,\pi\,c^2\,R\,\rho)$. Die Integration von (4.39) zwischen Startradius r_a und Zielradius r_b ergibt

$$\int_{r_a}^{r_b} r\,\mathrm{d}r = -2 \int_0^\tau \alpha\,\mathrm{d}t\,, \tag{4.40}$$

woraus sofort

$$\frac{1}{2}\left(r_a^2 - r_b^2\right) = 2\,\alpha\,\tau \tag{4.41}$$

folgt. Die Sonnenleuchtkraft ist $L_\odot = 3{,}846 \cdot 10^{26}$ W und die Lichtgeschwindigkeit beträgt $c = 2{,}998 \cdot 10^8$ m/s.

Berechnen Sie für die Teilchenradien $R_1 = 1\,\mu\mathrm{m}$ und $R_{100} = 100\,\mu\mathrm{m}$ a) diejenige Zeit τ, in der ein Teilchen vom Asteroidengürtel bei $r = 3$ AE bis zur Venusbahn spiralt, und b) die Zeit, die Staubpartikel von der Venusbahn bis zum Sonnenradius bei $R_\odot = 6{,}96 \cdot 10^8$ m benötigen!

Die Teilchendichte betrage $\rho = 3\,\mathrm{g/cm}^3$, der Parameter q, der beschreibt, wie gut das Teilchen das Sonnenlicht absorbiert ($q = 1$) oder reflektiert ($q = 2$), sei $q = 1{,}5$.

Lösungen

Die Erde

© Springer-Verlag GmbH Deutschland 2017
A. M. Quetz, S. Völker, *Zum Nachdenken: Unser Sonnensystem*, https://doi.org/10.1007/978-3-662-55148-6_5

5.1 Die Erde und ihre Atmosphäre

Lösung zu A 1 – Die expandierende Erde

L 1.1
Der Radius ist $R_0 = \sqrt{\frac{F}{4\pi}} = 3455$ km.

L 1.2
Die zugehörige Dichte ρ_0 ist dann

$$\rho_0 = \frac{M_\mathrm{E}}{4/3\,\pi\,R_0^3} = 34{,}6\,\mathrm{g\,cm^{-3}}\,. \tag{5.1}$$

Das ist das 6,4-fache des heutigen Werts von $5{,}4\,\mathrm{g\,cm^{-3}}$. Diese hohe Dichte macht die Annahme eines Eisenkerns im Inneren der Planeten überflüssig. Sie lässt durch Druckionisation freie Elektronen entstehen, die infolge der Rotation der Planeten magnetische Dipolfelder hervorrufen. Alle Planeten und Monde haben wohl deshalb in ihrer Jugend ein Dipolfeld besessen.

L 1.3
Die Erhaltung des Drehimpulses $L_\mathrm{heute} = L_\mathrm{Urerde}$ liefert für die Urerde die siderische Rotationsdauer

$$P_0 = P_\mathrm{h}\left(\frac{R_0}{R_\mathrm{E}}\right)^2\,, \tag{5.2}$$

wobei $P_\mathrm{h} = 86\,164$ s die gegenwärtige siderische Tagesdauer angibt. Setzt man die gegebenen Werte ein, so folgt $P_0 = 25\,284$ s $= 7{,}02$ h $= 0{,}293$ d.

L 1.4
Die gegenwärtige Fallbeschleunigung ergibt sich über $F = m\,g = G\,\frac{m\,M}{R^2}$ zu

$$g_\mathrm{h} = G\,\frac{M_\mathrm{E}}{R_\mathrm{E}^2} = 9{,}8\,\mathrm{m/s^2}\,. \tag{5.3}$$

Für die Urerde gilt dann entsprechend

$$g_0 = G\,\frac{M_E}{R_0^2} = 33{,}4\,\mathrm{m/s^2},\tag{5.4}$$

mithin bald dreieinhalbmal so viel wie heute.

✅ L 1.5

Die Masse des Menschen bliebe auf der Urerde natürlich unverändert. Da eine Federwaage allerdings das Gewicht – eine Kraft – misst, wäre die Anzeige der Waage bei

$$m_0 = m_1\,\frac{g_0}{g_h} = 239\,\mathrm{kg}\tag{5.5}$$

zum Stehen gekommen. Es handelt sich zweifellos um einen Alptraum.

✅ L 1.6

Mit Hilfe des Hinweises gelangt man über die Gleichung

$$\Delta g = 10^{-6}\,G\,M_E\left(\frac{1}{(R + 10^6\,\Delta R)^2} - \frac{1}{R^2}\right)\tag{5.6}$$

zu dem Wert $\Delta g = -9\cdot 10^{-10}\,\mathrm{m\,s^{-2}}$. Die Erdbeschleunigung nimmt um diesen Betrag langsam ab, was eine Herausforderung an die Messgenauigkeit moderner Gravimeter darstellt.

✅ EL 1.7

Die potenzielle Energie E_{pot} einer homogenen Kugel vom Radius R und der Masse M ist gegeben durch $E_{\mathrm{pot}} = -\frac{3}{5}\,\frac{G\,M^2}{R}$. Die gesuchte innere Energie ist dann

$$E_I = \frac{1}{2}\,\frac{3}{5}\,G\,M_E^2\,10^{-6}\left(\frac{1}{R} - \frac{1}{R + 10^6\,\Delta R}\right) = 5{,}27\cdot 10^{21}\,\mathrm{J/a}\tag{5.7}$$

bzw. $E_I = 1{,}67\cdot 10^{14}\,\mathrm{W}$. Hinzu kommen noch Wärmeverluste durch Volumenexpansion und kritische Phasenumwandlungen. Der natürliche Wärmestrom ist mit $4\,\pi\,R_E^2\cdot 0{,}059\,\mathrm{W/m^2} = 3\cdot 10^{13}\,\mathrm{W}$ um einen Faktor 5 kleiner. Die Expansionsgeschwindigkeit wird daher maßgeblich von der inneren Wärmeerzeugung gesteuert. In einigen hundert Millionen Jahren ist der Überschuss an potenzieller Energie abgebaut, so dass die Expansion endet. Die gesamte im Erdinnern erzeugte Wärme muss über die Oberfläche abgestrahlt werden. Die Erde wird sich dadurch möglicherweise in einen heißen, der heutigen Venus ähnlichen Planeten verwandeln.

Lösung zu A 2 – Erdmagnetfeld

✅ L 2.1

Aus der Dimension des erdinternen Dynamos, $R_S = 3500\,\mathrm{km}$, und der Leitfähigkeit des ihn konstituierenden Materials, $\sigma = 400\,\mathrm{kS/m}$, folgt die Zerfallszeit τ_{Ohm} des Magnetfeldes

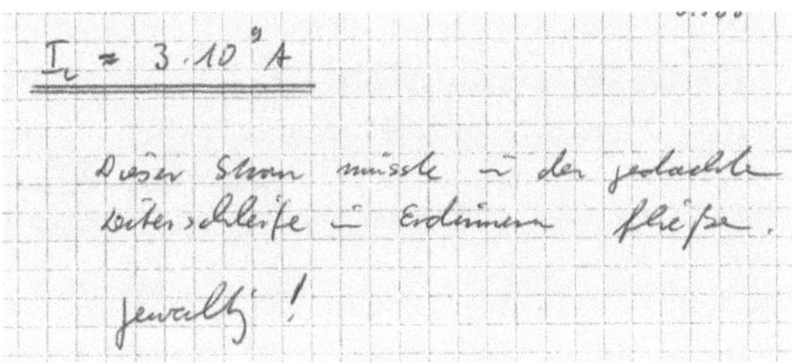

◘ Abb. 5.1 Aus den originalen Lösungen von 2006.

beim plötzlichen Versiegen der das Feld aufrechterhaltenden Energiequelle zu

$$\tau_{\text{Ohm}} = \mu_0\, \sigma\, R_S^2 = 6{,}15 \cdot 10^{12}\,\text{s} = 195\,000\,\text{a}\,. \tag{5.8}$$

Das ist erwartungsgemäß etwas kleiner als die Größenordnung der mittleren Dauer der Polaritätsintervalle des irdischen Magnetfeldes (etwa 500 000 Jahre).

L 2.2

b) Die magnetische Flussdichte B_C im Zentrum der das Geomagnetfeld erzeugenden Leiterschleife ergibt sich über die Flussdichte B_P am Pol aus (1.3)

$$B_C = B_P \left[1 + (R_P/R_S)^2\right]^{3/2} \tag{5.9}$$

mit dem Erdradius $R_P = 6357\,\text{km}$ am Pol zu $B_C = 535\,\mu\text{T}$.

a) Das Magnetfeld mit der Flussdichte B_C im Zentrum der Geodynamoschleife wird vom nicht unwesentlichen Strom I_L generiert

$$I_L = 2\,\frac{R_L\,B_C}{\mu_0} = 3\,\text{GA} = 3\,\text{Gigaampere} \tag{5.10}$$

(vgl. dazu auch ◘ Abb. 5.1).

L 2.3

Die Energiedichte ε_P des irdischen Magnetfeldes an den Polen folgt zu

$$\varepsilon_P = \frac{1}{2}\,\frac{B_P^2}{\mu_0} = 0{,}0014\,\text{J/m}^3 = 9 \cdot 10^9\,\text{eV/cm}^3\,. \tag{5.11}$$

Sie ist damit um zehn Größenordnungen höher als die Energiedichte des galaktischen Magnetfeldes.

Lösung zu A 3 – C-14-Anomalie in den Jahren 774 und 775

 **L 3.1**

Die von den japanischen Forschern abgeleitete Produktionsrate von C-14-Atomen in den untersuchten Zedern beträgt $p = 19$ C-14-Atome/(cm^2 s). Die innerhalb eines Jahres, $\Delta t = 1$ Jahr, entstandene Zahl $N_{\text{C}14}$ von C-14-Atomen ist dann

$$N_{\text{C}14} = p\,\Delta t\,\pi\,R_{\text{Erde}}^2 = 7{,}66 \cdot 10^{26}\,\text{C-14-Atome}\,. \tag{5.12}$$

Zum Vergleich: Unsere Luft hat am Erdboden unter Normalbedingungen ($0\,^\circ$C, 1 atm $=$ 101,325 kPa) die Anzahldichte $n_{\text{Luft}} = \mu\, N_{\text{L}}$. Mit der mittleren Atomzahl pro Luftmolekül $\mu \approx 2$ und der Loschmidt-Konstante $N_{\text{L}} = 2{,}687 \cdot 10^{25}$ Moleküle/m^3 folgt: $n_{\text{Luft}} = 5{,}37 \cdot 10^{25}$ Atome/m^3. Die gleiche Menge N_{C14} an Atomen ist dann im Volumen $V_{\text{L}} = N_{\text{C14}}/n_{\text{Luft}} = 14{,}3$ m^3 terrestrischer Luft enthalten.

✅ L 3.2

Bei der Produktionseffizienz $\eta = 1{,}2 \cdot 10^9$ C-14-Atome/J, die von den japanischen Autoren der Studie ermittelt wurde, folgt für den erforderlichen Energieeintrag

$$E_{\text{C14}} = N_{\text{C14}}/\eta = 6{,}38 \cdot 10^{17}\,\text{J}\,. \tag{5.13}$$

Diese Energiemenge erzeugt ein Kraftwerksblock mit der typischen Leistung von $P_{\text{KW}} = 1$ GW bei ununterbrochenem Lauf innerhalb der Zeit $t_{\text{C14}} = E_{\text{C14}}/P_{\text{KW}} = 20{,}2$ Jahre.

✅ L 3.3

a) Wäre eine Supernova in der Distanz $d_{\text{SN}} = 2$ kpc mit ihrem Gammablitz als Energielieferant für die Entstehung des C-14 verantwortlich, so hätte sie bei isotroper Abstrahlung einen Blitz mit der Energie

$$E_{\text{SN}} = \frac{4\,\pi\,d_{\text{SN}}^2}{\pi\,R_{\text{Erde}}^2}\,E_{\text{C14}} = 2{,}4 \cdot 10^{44}\,\text{J} \tag{5.14}$$

emittieren müssen.

b) Für die Energie des Gammablitzes lässt sich die Gleichung

$$E_\gamma = E_{\text{C14}}\,\frac{4\,\pi\,d_{\text{C14}}^2}{\pi\,R_{\text{Erde}}^2} = E_{\text{SN}}\,\frac{d_{\text{C14}}^2}{d_{\text{SN}}^2} \tag{5.15}$$

aufstellen. Die korrigierte Distanz folgt dann zu

$$d_{\text{C14}} = \sqrt{\frac{E_\gamma}{E_{\text{SN}}}}\,d_{\text{SN}} = \frac{1}{2}\sqrt{\frac{E_\gamma}{E_{\text{C14}}}}\,R_{\text{Erde}} = 224\,\text{pc}\,, \tag{5.16}$$

sie wäre offenbar deutlich geringer. Bei einer Expansionsgeschwindigkeit von typischerweise 10 000 km/s hätte sich der Supernova-Überrest mittlerweile auf gut 6° am Himmel ausgedehnt.

Lösung zu A 4 – Seebeben

✅ L 4.1

Im für diese Betrachtung hinreichend homogenen Gravitationsfeld der Erde gilt für den Gewinn an potenzieller Energie

$$E_{\text{P}} = M\,g\,\Delta h = V\,\rho\,g\,\Delta h\,. \tag{5.17}$$

Dabei ist das Wasservolumen V gegeben durch $V = L \cdot B \cdot T$. Man erhält $E_{\text{P}} \approx 3 \cdot 10^{17}$ J. Dies ist etwa der Energieausstoß von zehn Kraftwerkblöcken der Biblis-Kategorie (1 GW) innerhalb der Zeitspanne von einem Jahr. Mit elektrisch betriebenen Pumpen hätte man eine ebensolche Menge an elektrischer Energie aufbieten müssen, um die betrachtete Wassermenge um fünf Meter anzuheben.

✓ L 4.2

Bei der Tsunamiwellenlänge $\lambda = 175\,\mathrm{km}$ und $T = 6\,\mathrm{km}$ Wassertiefe folgt für den Quotienten $T/\lambda = 0{,}03 \ll 1$. Für den Tsunami vom 26. Dezember 2004 war der Indische Ozean demnach wirklich ein Flachwasserbecken und der Tsunami tatsächlich eine solitonische Welle.

✓ L 4.3

a) Mit (1.5) folgt die Fortpflanzungsgeschwindigkeit der Tsunamiwelle $v = \lambda/P = 700\,\mathrm{km/h}$ nach Einsetzen der Zahlen ($P = 15\,\mathrm{min} = 1/4\,\mathrm{h}$).

b) Die Phasengeschwindigkeit der Welle betrug andererseits

$$u = \sqrt{g\,T} = 245\,\mathrm{m/s} = 882\,\mathrm{km/h}\,. \tag{5.18}$$

Die in den letzten Dezembertagen 2004 oft zu hörende Bemerkung, die Welle habe sich mit Verkehrsflugzeuggeschwindigkeit den Stränden genähert, ist durch diese Ergebnisse demnach gestützt.

✓ L 4.4

a) Unter Beibehaltung des Formfaktors änderte sich die Rotationsenergie der Erde um

$$\Delta E_{\mathrm{rot}} = E_{\mathrm{rot,neu}} - E_{\mathrm{rot,alt}} \tag{5.19}$$

$$= \frac{1}{2}\,I\,(\omega_{\mathrm{neu}}^2 - \omega_{\mathrm{alt}}^2) = \frac{1}{2}\,I\,4\,\pi^2\,(d_{\mathrm{neu}}^{-2} - d_{\mathrm{alt}}^{-2})\,.$$

Wegen $d_{\mathrm{neu}} = d_{\mathrm{alt}} - \Delta d$ und $d_{\mathrm{alt}} \gg \Delta d$ lässt sich dies umformen in

$$\Delta E_{\mathrm{rot}} \approx 4\pi^2\,\kappa\,M_{\oplus}\,R_{\oplus}^2\,\frac{\Delta d}{d_{\mathrm{alt}}^3} = 1{,}3 \cdot 10^{19}\,\mathrm{J}\,. \tag{5.20}$$

Bei den Vorgängen, die bei der Veränderung der Rotationsdauer eine Rolle spielen, sind offenbar noch weitaus größere Energiemengen im Spiel, und der Tsunami muss demnach als Randerscheinung betrachtet werden.

b) Offenbar ist die Rotationsenergie proportional zum Formfaktor der Erde:

$$E_{\mathrm{rot}} \propto \kappa\,. \tag{5.21}$$

Dann ist auch eine Änderung der Rotationsenergie, die durch eine Formänderung hervorgerufen wird, proportional zur Änderung des Formfaktors:

$$\Delta E_{\mathrm{rot}} \propto \Delta\kappa\,. \tag{5.22}$$

Die Kombination von (5.21) und (5.22) liefert

$$\Delta\kappa/\kappa = \Delta E_{\mathrm{rot}}/E_{\mathrm{rot}} = 6 \cdot 10^{-11}\,. \tag{5.23}$$

Offenbar entspricht ein solch schweres Beben einer relativen Formänderung der Erde im Zehntelnanobereich.

 **EL 4.5**

In dem primitiven Modell, bei dem die Erde über die Zeit $\Delta t = 1\,\text{min}$ gleichmäßig rotiert, um entlang eines Großkreises um 2,5 cm zu kippen ($\omega_{\text{ä}} = 2\,\pi\,\left[s_\text{P}/R_\oplus\right]/\Delta t$), ergibt sich die Rotationsenergie

$$E_{\text{rot,ä}} = \frac{1}{2}\kappa_{\text{ä}}\,M_\oplus\,R_\oplus^2\,\omega_{\text{ä}}^2 = 6{,}7 \cdot 10^{18}\,\text{J}\,. \tag{5.24}$$

Diese Energiemenge ist von der gleichen Größenordnung wie die in Aufgabe 4.4 a) berechnete und stützt die dortige Folgerung, dass der Tsunami bezogen auf die Folgen für die gesamte Erde nur die Spitze des Eisbergs darstellt.

Lösung zu A 5 – Die Hill-Sphäre der Erde

 **L 5.1**

Mit (1.7) für den Radius der Hill-Sphäre ergibt sich

a) bei der Erde $r_{\text{H,E}} = 1{,}477 \cdot 10^9\,\text{m} = 3{,}842\,a_\text{M}$ in den Einheiten Meter und als Vielfache des Mondbahnradius a_M.

b) Die Hill-Sphäre unseres Mondes ergibt sich gleichermaßen zu $r_{\text{H,M}} = 6{,}235 \cdot 10^7\,\text{m} = 0{,}162\,a_\text{M}$.

c) Damit ist der Radius der gravitativen Einflusssphäre der Erde mit rund 1,5 Millionen km etwa ein Hundertstel ihres Abstands zur Sonne, und die Mondbahn liegt deutlich innerhalb des Hill-Radius. Wäre es anders, bliebe uns der Mond nicht in einer stabilen Umlaufbahn erhalten.

EL 5.2

Das Gleichsetzen von Gravitationskraft und Fliehkraft für einen Körper der Masse m, der seinen Zentralkörper der Masse M im Abstand a umläuft, führt zu

$$\omega^2 = \frac{G\,M}{a^3}\,. \tag{5.25}$$

Die auf einen Testkörper an L_2 wirkende Beschleunigung ist $b = \omega^2(a + r_\text{H})$ und auch gleich $b_\text{SE} = G\,M/(a + r_\text{H})^2 + G\,m/r_\text{H}^2$ (vgl. ◼ Abb. 5.2).

Setzt man $b = b_\text{SE}$, nutzt (5.25) und dividiert durch $G\,M$, so folgt

$$\frac{a + r_\text{H}}{a^3} = \frac{1}{(a + r_\text{H})^2} + \frac{m/M}{r_\text{H}^2}\,. \tag{5.26}$$

Multipliziert man (5.26) mit $a^3\,r_\text{H}^2$, ergibt sich

$$a^3\,(m/M) = r_\text{H}^2\left[(a + r_\text{H}) - \frac{a^3}{(a + r_\text{H})^2}\right]\,. \tag{5.27}$$

Als Nächstes bildet man in der eckigen Klammer den Hauptnenner, löst $(a + r_\text{H})^3$ auf und klammert im Zähler und Nenner a^2 aus. Kürzen durch a^2 führt dann zu

$$a^3\,(m/M) = r_\text{H}^3\left[\frac{3 + 3\,\rho + \rho^2}{(1 + \rho)^2}\right]\,, \tag{5.28}$$

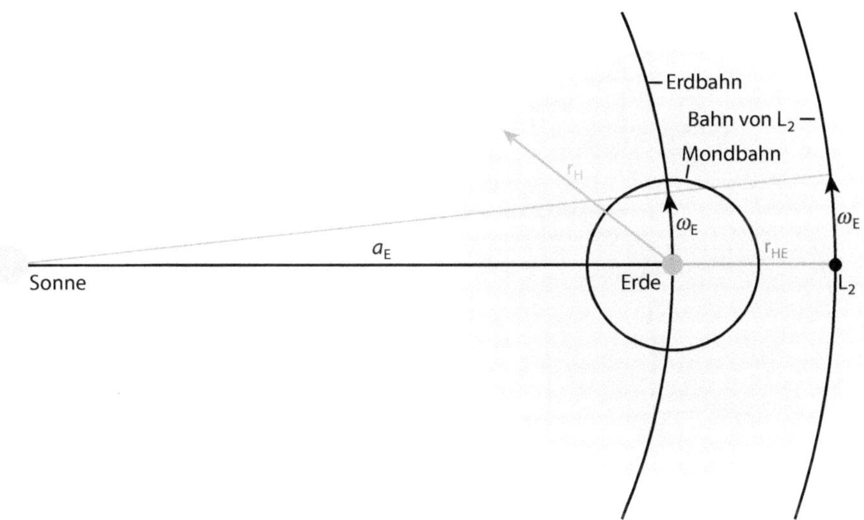

Abb. 5.2 Zur Berechnung der Beschleunigung auf einen Körper am Ort L_2.

wobei $\rho = r_\text{H}/a$. Wegen $r_\text{H} \ll a$ gilt $\rho \ll 1$ und man erhält

$$a^3 \, (m/M) = 3 \, r_\text{H}^3 \tag{5.29}$$

und daraus schließlich die gesuchte (1.7).

Lösung zu A 6 – Der Kurs der Titanic

L 6.1

Der linke Teil der ☑ Abb. 5.3 zeigt einen Ausschnitt des Koordinatennetzes bestehend aus geografischer Breite φ und geografischer Länge λ auf der Erdoberfläche. Weiterhin sind die genannten Orte (Fastnet-Leuchtfeuer F, Corner C und Nantucket N) eingezeichnet sowie die Fahrtwege der Titanic. Zur Vereinfachung der Rechnungen werden die Abkürzungen $\varphi_\text{N}' = 90° - \varphi_\text{N}$ (analog für C und F) eingeführt.

Wendet man den Seitenkosinussatz auf das sphärische Dreieck $\sphericalangle\text{FP}_\text{N}\text{C}$ aus ☑ Abb. 5.3 an, folgt für die Seestrecke $\overline{FC}$ vom Fastnet-Leuchtfeuer zum Corner

$$\cos \overline{FC} = \sin \varphi_\text{F}' \sin \varphi_\text{C}' \cos \Delta\lambda_\text{FC} + \cos \varphi_\text{F}' \cos \varphi_\text{C}' \tag{5.30}$$

und mit den gegebenen Koordinaten $27{,}02°$. Mit der Definition der Seemeile (sm) erhält man $\overline{FC} = 1621$ sm.

L 6.2

Für das sphärische Dreieck $\sphericalangle\text{CP}_\text{N}\text{N}$ folgt in analoger Weise

$$\cos \overline{CN} = \sin \varphi_\text{C}' \sin \varphi_\text{N}' \cos \Delta\lambda_\text{CN} + \cos \varphi_\text{C}' \cos \varphi_\text{N}' . \tag{5.31}$$

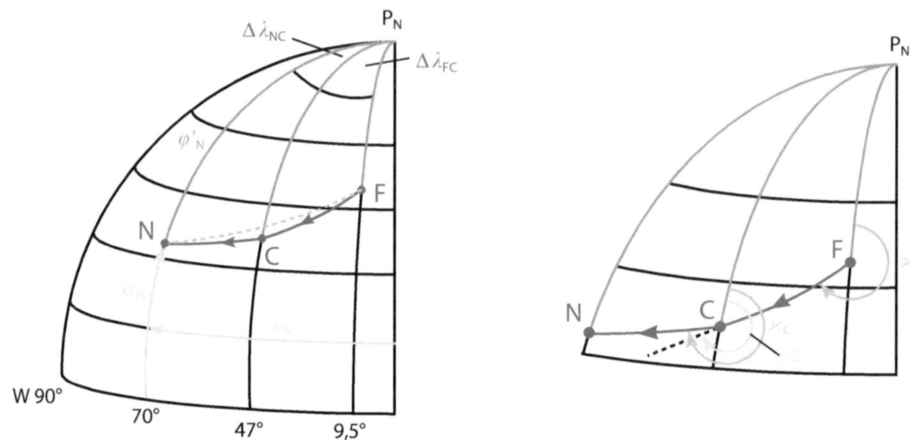

☐ Abb. 5.3 Die Fahrt der Titanic mit Fastnet-Leuchtfeuer *F*, Corner *C* und Nantucket *N*.

Die Seestrecke $\overline{CN}$ vom Corner nach Nantucket entspricht einem Winkel von $17,20°$ und einer Streckenlänge $\overline{CN} = 1032\,\text{sm}$.

✔ L 6.3

a) Der direkte Weg auf einem Großkreis von F nach N (Dreieck $\sphericalangle FP_N N$) folgt ganz analog zu

$$\cos\overline{FN} = \sin\varphi'_F\,\sin\varphi'_N\,\cos\Delta\lambda_{FN} + \cos\varphi'_F\,\cos\varphi'_N\,. \tag{5.32}$$

Man erhält für den direkten Weg $41,89°$ und $\overline{FN} = 2514\,\text{sm}$.

b) Damit ist der Weg über den Corner um die Strecke

$$\Delta s = \overline{FN} - \left(\overline{FC} + \overline{CN}\right) = 139\,\text{sm} \tag{5.33}$$

länger, so dass für die zusätzliche Strecke eine zusätzliche Zeit Δt

$$\Delta t = \frac{\Delta s}{v} = \frac{139\,\text{sm}}{22\,\text{kn}} = 6,3\,\text{h} = 6^{\text{h}}19^{\text{m}} \tag{5.34}$$

einzurechnen ist.

✔ L 6.4

Im rechten Teil der ☐ Abb. 5.3 sind die Kurse κ_F, κ_C und κ_C^* eingezeichnet. Im Dreieck $\sphericalangle P_N FC$ gilt dann

$$\cos\varphi'_C = \sin\varphi'_F\,\sin\overline{FC}\,\cos\kappa'_F + \cos\varphi'_F\,\cos\overline{FC}\,. \tag{5.35}$$

Daraus ergibt sich der Kurs κ_F den Konventionen gemäß zu $\kappa_F = 360° - \kappa'_F = 265°$.

✔ L 6.5

Ganz ähnlich folgt der Kurs κ_C^* bei Ankunft am Corner (Dreieck $\sphericalangle FCP_N$) aus

$$\cos\varphi'_F = \sin\varphi'_C \cdot \sin\overline{FC} \cdot \cos\kappa_C^{*'} + \cos\varphi'_C \cdot \cos\overline{FC} \tag{5.36}$$

zu $\kappa_C^* = \kappa_C^{*'} + 180° = 237°$. Bei Abfahrt vom Corner Richtung Nantucket-Leuchtfeuer (Dreieck $\sphericalangle P_N C N$) folgt nach Einsetzen der bekannten Größen wiederum $\kappa_C = 274°$. Aus den beiden errechneten Kurswinkeln κ_C und κ_C^* folgt letztlich die gesuchte Kursänderung am Corner $\Delta\kappa_C = \kappa_C - \kappa_C^* = 37°$ Richtung Steuerbord.

Lösung zu A 7 – Fernsicht

✓ L 7.1

a) Mit den gegebenen Werten, den Hilfsgrößen $\alpha = 0,89°$, $b = 40,59°$ und $c = 43,47°$ sowie dem Kosinussatz

$$\cos a = \cos(40,59°) \cdot \cos(43,47°) + \sin(40,59°) \cdot \sin(43,47°) \cdot \cos(0,89°), \tag{5.37}$$

folgt für den Winkel $a = 2,94°$.

b) Dieser Winkel entspricht der Strecke

$$a = \frac{2\pi R_E}{360°} \cdot 2,94° = 327\,\text{km}. \tag{5.38}$$

✓ L 7.2

Aus dem sphärischen Dreieck in ◘ Abb. 1.3d folgt mit dem Sinussatz

$$\sin\gamma = \sin c \, \frac{\sin\alpha}{\sin a} \tag{5.39}$$

für den Winkel $\gamma = 12,0°$ bzw. $\gamma = 168°$, da $\sin(180° - \gamma) = \sin\gamma$. Als Azimut (von Norden über Osten, nach Süden und Westen) ergibt sich z. B. durch Vergleich mit einer Kompassrose

$$A = 192°. \tag{5.40}$$

Dies entspricht in etwa der Himmelsrichtung SSW. In der astronomischen Zählweise (von Süden über Westen, usw.) ist das Azimut $a = 12°$.

✓ L 7.3

Aus ◘ Abb. 1.3e folgt

$$\cos k = \frac{R_E}{R_E + h} = \frac{1}{1 + h/R_E}. \tag{5.41}$$

Da für Berge auf der Erde $h/R_E \ll 1$ und damit auch $k \ll 1$ gilt, kann man beide Seiten der Gleichung in einer Taylorreihe entwickeln. Durch Umstellen erhält man dann die Näherungslösung aus (1.8). Die geometrische Kimmtiefe am Dilsberg ergibt sich mit dieser Gleichung zu

$$k_{Di} = 1,93' \sqrt{300} = 33,4' = 0,56°. \tag{5.42}$$

Aus dem Dreieck OBC in ◨ Abb. 1.3e und dem Satz des Pythagoras folgt $R_E^2 + S^2 = (R_E + h)^2$ und umgestellt nach S die Näherungsformel (1.9). Die geometrische Sichtlinie beträgt am Dilsberg

$$S_{Di} = \sqrt{300\,\text{m} \cdot (2 \cdot 6378 \cdot 10^3\,\text{m} + 300\,\text{m})} \approx 62\,\text{km}. \tag{5.43}$$

Damit eine direkte Sichtlinie besteht, muss

$$k_{Di} + k_{Ju} = a = 2,94° \tag{5.44}$$

gelten. Die minimale Höhe eines Berges h_1 ergibt sich dann aus

$$S_1 = \sqrt{h_1\,(h_1 + 2\,R_E)} = R_E \tan k_{Ju} \tag{5.45}$$

durch Auflösen nach h_1

$$h_1 = R_E \left(\frac{1}{\cos k_{Ju}} - 1 \right) = 6378\,\text{km} \left(\frac{1}{\cos(2,94° - 0,56°)} - 1 \right) = 5,5\,\text{km} < h_{Ju}. \tag{5.46}$$

Ohne Lufthülle würden erst Erhebungen über 5,5 km am Ort der Jungfrau über dem Dilsberger Horizont sichtbar werden.

Von der Spitze eines 5,5 km hohen Berges am Ort der Jungfrau ist $S_1 = 265\,\text{km}$. Die Summe $S_{Di} + S_1 = 327\,\text{km}$ entspricht der Entfernung Dilsberg – Jungfrau.

✅ **L 7.4**

Berücksichtigt man Strahlenbrechung in den horizontnahen Schichten, erhält man die wirkliche Sichtweite S' bzw. die wirkliche Kimmtiefe k'. Für Dilsberg ergibt sich nach (1.10)

$$k' = 1,78' \sqrt{300} = 30,8' = 0,51° \tag{5.47}$$

und nach (1.11) folgt

$$S'_{Di} = 2,08\,\text{km} \cdot 1,852 \cdot \sqrt{300} = 67\,\text{km}. \tag{5.48}$$

Für die Jungfrau ergibt sich $k'_{Ju} = 1,91°$ und $S'_{Ju} = 248\,\text{km}$. Die Summe der wirklichen Sichtweiten $S'_{Di} + S'_{Ju} = 315\,\text{km}$ unterscheidet sich nur unbedeutend – nämlich nur um 12 km – vom Abstand der beiden Orte (327 km).

Bei der Beurteilung des Ergebnisses bedenke man, dass die Formeln für k' und S' mittlere Refraktionswerte benutzen. Unter äußerst günstigen atmosphärischen Bedingungen bezüglich Temperaturschichtung, Druck und Feuchte (eine Änderung der „Konstanten" 2,08' um +0,1' wäre bereits ausreichend!) scheint eine Sichtbarkeit der Bergmassive des Berner Oberlandes von der Terrasse des Gasthauses „Schöne Aussicht" am Südhang des Dilsberges tatsächlich möglich zu sein!

✅ **L 7.5**

Aus Richtung Dilsberg gesehen (vgl. ◨ Abb. 5.4) hat die Bergkette eine lineare Ausdehnung

$$l \approx 6\,\text{km} \cdot \sin(28°) \approx 2,8\,\text{km}. \tag{5.49}$$

Die horizontale Winkelausdehnung beträgt daher mit $\sin \alpha = 2,8/327$ nur $\alpha \approx 0,5°$! Dies entspricht dem Blickwinkel, unter dem ein Cent-Stück aus knapp 2 m Entfernung erscheint.

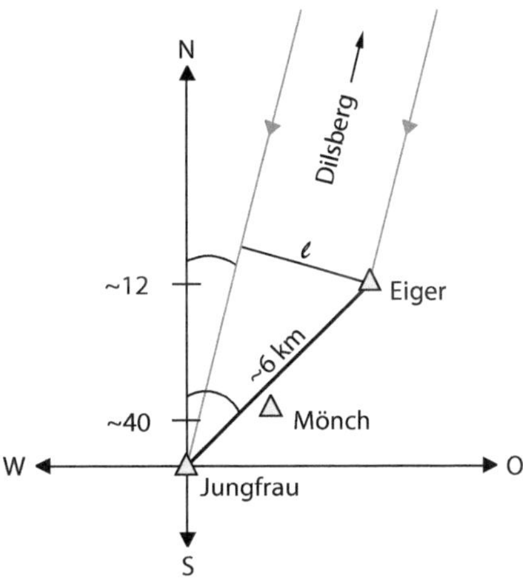

◘ Abb. 5.4 Blickwinkel aus Richtung Dilsberg zur Jungfrau.

Nachtrag Der Autor des Romans *Selbs Betrug*, dem die Anregung zu dieser Aufgabe zu verdanken ist, schreibt in einem Brief vom 18. Februar 1997 an Gerhard Klare u. a.: „... Schade, dass ich Ihre Recherche nicht mehr meinem Vater zeigen kann, der den Blick vom Dilsberg drei- bis viermal erlebt und der sich gerne daran erinnert und gerne davon erzählt hat. Ich selbst habe den Blick einmal erlebt – ein wunderschöner Erinnerungsschatz ...

Mit besten Grüßen, Bernhard Schlink".

Lösung zu A 8 – Atmosphärische Refraktion

 **L 8.1**

Setzt man die Definition der Refraktion $R = z_* - z_{\mathrm{obs}}$ in das Brechungsgesetz ein, erhält man

$$\frac{\sin(R + z_{\mathrm{obs}})}{\sin(z_{\mathrm{obs}})} = n, \tag{5.50}$$

und mit Hilfe des Additionstheorems folgt

$$n \cdot \sin z_{\mathrm{obs}} = \sin z_{\mathrm{obs}} \cos R + \cos z_{\mathrm{obs}} \sin R. \tag{5.51}$$

Mit der Bedingung $R \ll 1$ (R im Bogenmaß) vereinfacht sich dieser Ausdruck zu

$$n \cdot \sin z_{\mathrm{obs}} = \sin z_{\mathrm{obs}} + R \cdot \cos z_{\mathrm{obs}}. \tag{5.52}$$

Durch Umstellen und Ausklammern folgt (1.12).

L 8.2

Die Refraktionsformel (1.12) liefert mit $z_{\mathrm{obs}} = 90° - h_{\mathrm{obs}} = 90° - 61{,}429° = 28{,}571°$ eine Refraktion

$$R = (1{,}000293 - 1) \cdot \tan 28{,}571° = 1{,}596 \cdot 10^{-4}, \tag{5.53}$$

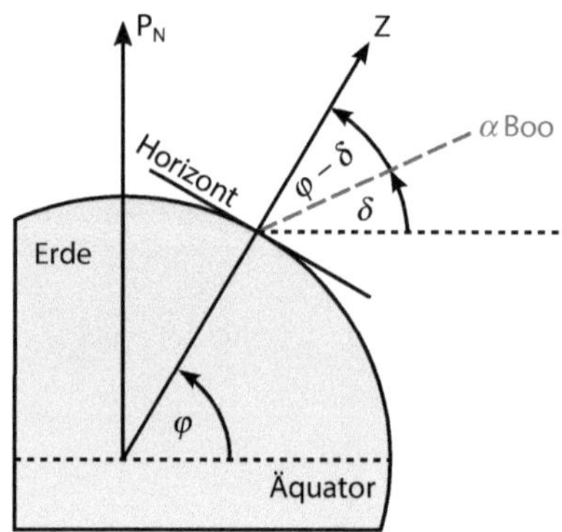

◨ **Abb. 5.5**   Die Grafik dient der Bestimmung der geografischen Breite.

dies entspricht ca. $33''$. Herr von Wurzelbau hat bei der Berechnung der wahren Höhe des Arktur demnach $19''$ zu viel subtrahiert:

$$h_{\mathrm{w}} = h_{\mathrm{obs}} - R = 61°25'12'' . \tag{5.54}$$

 **L 8.3**

Aus ◨ Abb. 5.5 lässt sich der Zusammenhang $z_* = \varphi - \delta$ bzw. $\varphi = 90° - h_* + \delta$ ablesen. Mit den gegebenen Werten erhält man $\varphi = 49°17'31''$, z. B. etwa 20 km südlich von Nürnberg.

Lösung zu A 9 – Licht und Schatten

 **L 9.1**

Aus ◨ Abb. 1.5 lässt sich mit hinlänglicher Genauigkeit der Radius des Sonnenhalos zu $r = 45$ mm messen. Da seine scheinbare Größe am Himmel den Radius $\rho = 22°$ besitzt, folgt für den Maßstab m mit hinreichender Präzision

$$m = \rho/r = 0{,}5°/\mathrm{mm}. \tag{5.55}$$

Da der Kondensstreifen etwa in nordsüdlicher Richtung verläuft und die Sonne fast genau in Kulmination steht, lässt sich das Halo-Kondensstreifen-Schatten-Bild durch ◨ Abb. 5.6 darstellen. Darin ist H die Höhe des Kondensstreifens über Grund, h ist die Höhe des Kondensstreifen-Schattens und damit die der Wolkendecke (zumindest am Ort der minimalen Winkeldistanz zur Sonne), B ist der Standort des Fotografen, B′ der Punkt am Boden, von dem aus die Sonne genau hinter dem Kondensstreifen steht. h' und H' bezeichnen die Entfernungen von Schatten und Kondensstreifen zu Punkt B′, x ist der Abstand von B zu B′. Die Winkel von der Sonne zum Kondensstreifen bzw. zu dessen Schatten sind α und β.

Zunächst folgt aus dem Strahlensatz $H'/H = h'/h$. Außerdem gilt $\tan(90° - \beta) = h'/x$ sowie $\tan(90° - \alpha) = H'/x$. Nach Eliminierung von x folgt sofort

$$h = H\,\frac{\tan\alpha}{\tan\beta} . \tag{5.56}$$

Misst man die Strecken $a = 4{,}5$ mm zwischen Sonne und Kondensstreifen einerseits und $b = 8{,}4$ mm zwischen Sonne und Schatten andererseits, folgen $\alpha = m \cdot a \approx 2{,}2°$ und

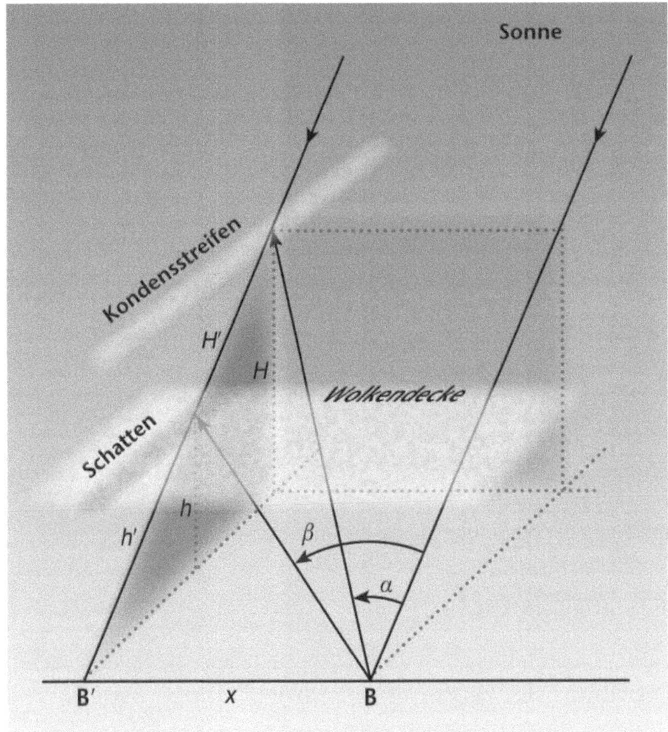

◘ Abb. 5.6 Die Situation des Schattenwurfs aus ◘ Abb. 1.5 aus einer anderen Perspektive.

$\beta = m \cdot b \approx 4{,}1°$. Mit $H = 12\,\text{km}$ ergibt sich schließlich $h = 6{,}4\,\text{km}$. Dieser Wert mag um einige hundert Meter falsch sein, da die Messgenauigkeit bei a und b nicht besonders hoch ist. Dennoch ergibt die einfache Rechnung einen plausiblen Wert.

✅ L 9.2

Für die sichtbare Zunahme des scheinbaren Abstandes zwischen dem Kondensstreifen und seinem Schatten in der Wolkendecke von rechts unten nach links oben im Bild (◘ Abb. 1.5) ist wohl der vertikale Abstand zwischen beiden verantwortlich. Entweder neigt sich die Wolkendecke im oberen Bereich der Aufnahme nach unten oder aber das Flugzeug befand sich dort in einer größeren Höhe. Die Verbreiterung des Schattens jedoch mag an einer dickeren Wolkendecke liegen.

Lösung zu A 10 – Anthropogener Treibhauseffekt

✅ L 10.1

Nach dem Einstellen der Gleichgewichtstemperatur T_E gilt

$$F_Q\,S\,(1 - A) = F_O\,\sigma\,T_E^4\,. \tag{5.57}$$

Daraus folgt die gesuchte Temperatur wegen $F_O/F_Q = 4$ zu

$$T_E = \sqrt[4]{\frac{S\,(1-A)}{4\,\sigma}} = 255\,\text{K}\,, \tag{5.58}$$

etwa $-18\,°\text{C}$. Dies ist deutlich niedriger als beobachtet.

 **L 10.2**

Mit der Hilfe von ◼ Abb. 1.6 lässt sich ein etwas verbessertes Atmosphärenmodell aufstellen, welches eine IR-absorbierende Schicht besitzt. Für diese Schicht gilt die Bilanzgleichung

$$\frac{S}{4} + \sigma\,T_B^4 = A\,\frac{S}{4} + (1-A)\frac{S}{4} + 2\,\sigma\,T_A^4\,. \tag{5.59}$$

Eliminiert man alles Überflüssige, so bleibt

$$T_B^4 = 2\,T_A^4\,. \tag{5.60}$$

Die Bilanzgleichung der Strahlungsflüsse für den Erdboden lautet

$$(1-A)\,\frac{S}{4} + \sigma\,T_A^4 = \sigma\,T_B^4\,. \tag{5.61}$$

Da (5.60) und (5.61) nach Einstellen der jeweiligen Temperaturgleichgewichte simultan gültig sind, ergibt sich durch Einsetzen von (5.60) in (5.61) schließlich

$$T_B = \sqrt[4]{\frac{S(1-A)}{2\,\sigma}} = 303\,\text{K}\,. \tag{5.62}$$

Das im Vergleich zur komplexen Realität doch recht primitive Atmosphärenmodell findet für den Treibhauseffekt den (deutlich zu hohen) Wert $T_B - T_E = 48\,\text{K}$. Tatsächlich werden immerhin 33 K gemessen.

 **EL 10.3**

Mit $\mathrm{d}G/\mathrm{d}T = 4\,\sigma\,T_m^3$ folgt für eine Verdopplung der CO_2-Konzentration K

$$\Delta T \approx \mathrm{d}T = (4\,\sigma\,T_m^3)^{-1}\,\mathrm{d}G \tag{5.63}$$

$$\approx (4\,\sigma\,T_m^3)^{-1}\,\alpha\,\ln\left(\frac{K}{K_0}\right) = 0{,}68\,\text{K}\,. \tag{5.64}$$

Dies entspricht einer Verstärkung des Treibhauseffektes um 2 %!

5.2 Gefahren aus dem All

Lösung zu A 11 – Ein Komet stürzt auf die Erde

L 11.1

Der Drehimpulssatz liefert

$$v_\infty\,S = v_R\,R_E \tag{5.65}$$

und der Energiesatz

$$E_{\text{ges},\infty} = E_{\text{ges,R}}\,, \tag{5.66}$$

wobei $E_{\text{ges}} = E_{\text{kin}} + E_{\text{pot}}$ und $E_{\text{kin}} = \frac{1}{2}\,m\,v^2$, $E_{\text{pot}} = -G\,\frac{m\,M_{\text{E}}}{R}$, m ist die Masse des Kometen. Daraus folgt

$$\frac{1}{2}\,m\,v_{\infty}^2 = \frac{1}{2}\,m\,v_{\text{R}}^2 - G\,\frac{m\,M_{\text{E}}}{R_{\text{E}}} \tag{5.67}$$

bzw.

$$v_{\text{R}} = \sqrt{v_{\infty}^2 + 2\,\frac{G\,M_{\text{E}}}{R_{\text{E}}}}\,. \tag{5.68}$$

Setzt man dies in (5.65) ein, folgt

$$S = \frac{R_{\text{E}}}{v_{\infty}}\,\sqrt{v_{\infty}^2 + 2\,\frac{G\,M_{\text{E}}}{R_{\text{E}}}}\,, \tag{5.69}$$

bzw.

$$S = R_{\text{E}}\,\sqrt{1 + \left(\frac{v_0}{v_{\infty}}\right)^2}\,, \tag{5.70}$$

mit $v_0^2 = 2\,\frac{G\,M_{\text{E}}}{R_{\text{E}}}$.

✅ **L 11.2**

Der Impaktparameter S in Einheiten des Erdradius berechnet sich als

$$\frac{S}{R_{\text{E}}} = \sqrt{1 + \left(\frac{v_0}{v_{\infty}}\right)^2}\,. \tag{5.71}$$

Mit $v_{\infty} = 1,\ 10,\ 100\,\text{km/s}$ und $v_0 = 11{,}2\,\text{km/s}$ wird $S/R_{\text{E}} = 11{,}2;\ 1{,}5$ und $1{,}01$ in selbiger Reihenfolge. Man erkennt, dass die Erde für Körper mit Massen klein gegen die der Erde – also nicht nur für Kometen – und kleinen Relativgeschwindigkeiten v_{∞} wie ein „Staubsauger" wirkt (siehe ◨ Abb. 5.7)! Denn alle Objekte, die innerhalb eines Zylinders mit dem Radius S Richtung Erde fliegen, prallen auf deren Oberfläche auf. Die Querschnittsfläche σ des Zylinders mit dem Wert $\sigma = \pi\,S^2$ heißt Wirkungsquerschnitt (vgl. ◨ Abb. 5.7).

Lösung zu A 12 – Der Bolide vom 23. September 1986, Teil 1

✅ **L 12.1**

Mit $m = -16\,\text{mag}$ erhält man aus (1.17) den Bolidendurchmesser zu $D_{\text{B}} = 25{,}6\,\text{cm}$, und bei der Dichte eines Eisenmeteoriten $\rho_{\text{B}} = 7{,}8\,\text{g\,cm}^{-3}$ besäße der Bolide die Masse

$$M_{\text{B}} = \frac{4\,\pi}{3}\left(\frac{D_{\text{B}}}{2}\right)^3 \rho_{\text{B}} = 68{,}5\,\text{kg}\,. \tag{5.72}$$

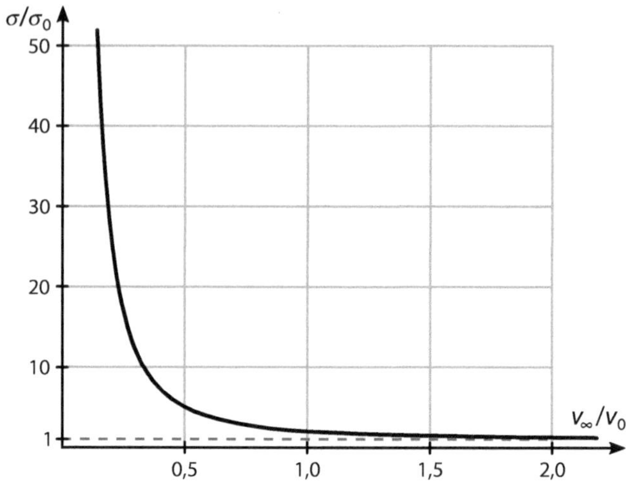

◘ Abb. 5.7 Aufgetragen ist der Wirkungsquerschnitt in Einheiten des geometrischen Querschnitts $\sigma_0 = \pi\,R_{\mathrm{E}}^2$, gegen die Relativgeschwindigkeit in Einheiten der Fluchtgeschwindigkeit v_0. Bei großen Relativgeschwindigkeiten nähert sie sich der waagerechten Asymptote $\sigma/\sigma_0 = 1$ und für $v_\infty \to 0$ strebt der Wirkungsquerschnitt gegen unendlich.

✅ **L 12.2**

Zunächst betrachtet man in ◘ Abb. 1.8 das Dreieck DO, M, PF und berechnet den Winkel

$$\alpha = \frac{1}{2}\,\frac{180°}{\pi}\,\frac{D}{R_{\mathrm{E}}} = 1{,}57° \,. \tag{5.73}$$

Der kürzeste Weg zwischen Dortmund und Pforzheim führt durch die Erde $d = 2\,R\,\sin\alpha = 349{,}956\,\mathrm{km}$, also nur unwesentlich verschieden von D.

Im nächsten Schritt wird das Dreieck DO, B, PF untersucht. Man bestimmt mit Hilfe des Sinussatzes die minimale Entfernung des Boliden von Dortmund zu

$$\overline{\mathrm{B\,DO}} = h_{\mathrm{DO}} = d\,\frac{\sin\left(\alpha + \pi\right)}{\sin\left(2\alpha + \delta + \pi\right)} = 84{,}96\,\mathrm{km}\,. \tag{5.74}$$

Ein letztes Dreieck erbringt die Bodenhöhe des Boliden. Man betrachtet $\sphericalangle\,\mathrm{B, DO, M}$ und findet mit Hilfe des Kosinussatzes

$$h_0 = R\left(\sqrt{1 + 2\frac{h_{\mathrm{DO}}}{R_{\mathrm{E}}}\sin\delta + \left(\frac{h_{\mathrm{DO}}}{R_{\mathrm{E}}}\right)^2} - 1\right) = 73{,}7\,\mathrm{km}\,. \tag{5.75}$$

Sicher sind die Winkelschätzungen δ und π fehlerbehaftet. Geht man von einer 20-prozentigen Unsicherheit aus, liegt h_0 zwischen $67{,}4\,\mathrm{km}$ und $83{,}6\,\mathrm{km}$.

✅ **L 12.3**

a) Stürzt ein Körper mit Anfangsgeschwindigkeit Null aus dem Unendlichen in Richtung Sonne – man könnte an einen Körper aus der Oort'schen Wolke denken –, so gewinnt er im Potenzial der Sonne kinetische Energie

$$\frac{1}{2}\,m\,v^2 = \Delta E_{\mathrm{kin}} = \Delta E_{\mathrm{pot}} \tag{5.76}$$

und

$$\Delta E_{\mathrm{pot}} = -\int_{\infty}^{a} F_{\mathrm{G}}\,\mathrm{d}r = +\int_{a}^{\infty} F_{\mathrm{G}}\,\mathrm{d}r \tag{5.77}$$

mit der Gravitationskraft $F_{\mathrm{G}} = G\,\frac{m\,M_{\odot}}{r^2}$. Es folgt weiter

$$\Delta E_{\mathrm{pot}} = G\,m\,M_{\odot}\int_{a}^{\infty} r^{-2}\,\mathrm{d}r = G\,m\,M_{\odot}\left[-r^{-1}\right]_{a}^{\infty} \tag{5.78}$$

$$\Delta E_{\mathrm{pot}} = G\,m\,M_{\odot}\,a^{-1}. \tag{5.79}$$

Vergleicht man diesen Ausdruck mit der kinetischen Energie, folgt nach Umstellen für die Geschwindigkeit

$$v = \sqrt{\frac{2\,G\,M_{\odot}}{a}}. \tag{5.80}$$

Ist $a = 1\,\mathrm{AE}$, so wird $v = 42{,}12\,\mathrm{km/s}$.

b) Setzt man zunächst $a = r_{\mathrm{P}}/(1-e)$ in die Geschwindigkeitsgleichungen ein, erhält man

$$v_{\mathrm{A}} = \sqrt{\frac{G\,M_{\odot}}{r_{\mathrm{P}}}}\,\sqrt{\frac{(1-e)^2}{1+e}} \tag{5.81}$$

und

$$v_{\mathrm{P}} = \sqrt{\frac{G\,M_{\odot}}{r_{\mathrm{P}}}}\,\sqrt{1+e}. \tag{5.82}$$

Der Grenzübergang liefert zunächst $\lim\limits_{e\to 1} v_{\mathrm{A}} = 0$ wie gefordert, und

$$\lim\limits_{e\to 1} v_{\mathrm{P}} = \sqrt{\frac{2\,G\,M_{\odot}}{r_{\mathrm{P}}}}, \tag{5.83}$$

was für $r_{\mathrm{P}} = 1\,\mathrm{AE}$ denselben Wert annimmt wie bei 12.3a).

c) Die Gravitationskraft ist eine konservative Kraft. Ihr Kraftfeld ist also derart beschaffen, dass die längs eines geschlossenen Weges geleistete Arbeit Null ist

$$\oint F_{\mathrm{G}}\,\mathrm{d}r = 0. \tag{5.84}$$

Anders formuliert: Es spielt keine Rolle, wo und unter welchem Winkel die Äquipotenziallinien geschnitten werden, wichtig ist allein die Potenzialdifferenz. So ist es denn auch gleichgültig, ob der Körper zum Aufsammeln von kinetischer Energie aus dem Potenzialverlust in gerader Bahn auf die Sonne zustürzt oder dieselbe Potenzialdifferenz auf einer Parabelbahn durchläuft.

◻ Tabelle 5.1 Ergebnisse der Aufgaben 13.2 und 13.5

Größe	h_0	$h_0 - 10\,\text{km}$	$h_0 + 10\,\text{km}$	tangentialer Sturz
M_g	$0{,}71\,\text{kg}$	$3{,}07\,\text{kg}$	$0{,}16\,\text{kg}$	$539\,\text{kg}$
N_g	$1{,}5 \cdot 10^{25}$	$6{,}4 \cdot 10^{25}$	$3{,}4 \cdot 10^{24}$	$1{,}1 \cdot 10^{28}$
Δv	$616\,\text{m\,s}^{-1}$	$2{,}6\,\text{km\,s}^{-1}$	$141\,\text{m\,s}^{-1}$	$\approx v_\text{r}$

Lösung zu A 13 – Der Bolide vom 23. September 1986, Teil 2

 **L 13.1**

a)   Aus den beiden ◻ Abb. 1.9 und ◻ Abb. 1.10 folgt

$$v_\text{r} = \sqrt{v_\text{B}^2 - v_\text{E}^2} \tag{5.85}$$

bzw. $v_\text{r} = v_\text{E}$, was mit

$$v_\text{E} = \sqrt{\frac{G\,M_\odot}{1\,\text{AE}}} = 29{,}78\,\text{km\,s}^{-1} \tag{5.86}$$

zu $v_\text{r} = 29{,}78\,\text{km\,s}^{-1}$ führt.

b)   Die Entfernung Frankfurt – Paris wurde mit $\Delta t = 573\,\text{km}/v_\text{r}$ in ca. 19 Sekunden zurückgelegt.

L 13.2

Die Gesamtmasse M_g der vom Boliden gestoßenen Gasteilchen berechnet sich nach (1.21), mit den in Aufgabe 13.2 gegebenen Werten für l und $F_\text{q} = \pi\,R_\text{B}^2$. Um die Gesamtzahl N_g gestoßener Teilchen zu erhalten, teilt man die Gesamtmasse durch die mittlere Teilchenmasse m und multipliziert mit der Avogradokonstanten N_A

$$N_\text{g} = \frac{M_\text{g}}{m}\,N_\text{A}. \tag{5.87}$$

Setzt man die gegebenen Werte ein, erhält man die in ◻ Tab. 5.1 gezeigten Ergebnisse für Aufgabe 13.2 a) bis c).

EL 13.3

Für das Dreieck MBB′ (vgl. ◻ Abb. 5.8), wobei M den Erdmittelpunkt, B den Boliden in der geringsten Höhe h_0 und B′ eine beliebige Position des Boliden auf seiner Bahn beschreibt, gilt

$$(R_\text{E} + h_0)^2 + x^2 = (R_\text{E} + h)^2 \tag{5.88}$$

mit der Strecke $\overline{\text{BB}'} = x$, der minimalen Höhe h_0, der Höhe h am Ort B′ und dem Erdradius R_E. Für h ergibt sich also

$$h = \sqrt{(R_\text{E} + h_0)^2 + x^2} - R_\text{E}. \tag{5.89}$$

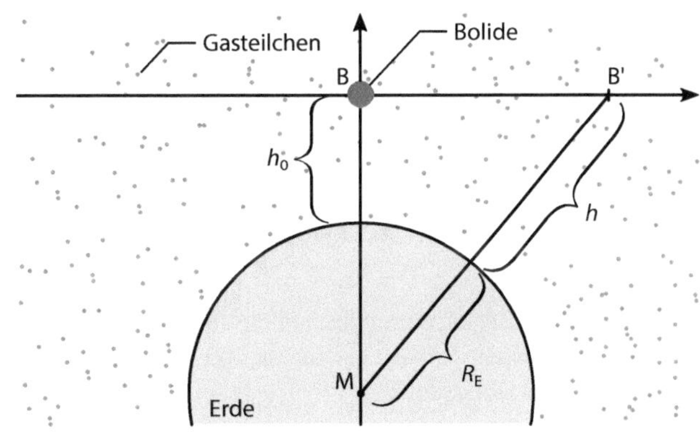

◻ Abb. 5.8 Elastische Stöße des Boliden mit Gasteilchen bei seinem Weg durch die Erdatmosphäre.

Die andere Lösung der quadratischen Gleichung für h ist physikalisch nicht sinnvoll. Setzt man (5.89) in das Integral (1.22) ein und löst dieses numerisch, erhält man die in der Aufgabe 13.2 gegebenen Werte für die Äquivalentlängen l.

 **L 13.4**

Stößt ein schwerer Körper der Masse M und Geschwindigkeit v einen ruhenden leichteren mit Masse m, so gilt durch Anwendung des Energie- und Impulserhaltungssatzes

$$u^2 = u'^2 + \frac{m}{M} v'^2 \tag{5.90}$$

und

$$u = u' + \frac{m}{M} v', \tag{5.91}$$

wenn v die Geschwindigkeit des leichteren Körpers beschreibt und alle gestrichenen Größen Messungen nach dem Stoß bezeichnen. Nach Elimination von u aus (5.90) und (5.91) folgt

$$v' = 2u' \left(1 - \frac{m}{M}\right)^{-1}, \tag{5.92}$$

was für $M \gg m$ übergeht in

$$v' = 2u'. \tag{5.93}$$

Den ruhenden Luftmolekülen wird also die doppelte Bolidengeschwindigkeit zuteil. Mit einem Auge darauf achtend, dass nicht nur ein Luftmolekül gestoßen wird, gilt für den Impulsverlust Δp

$$\Delta p = 2 M_g v_r, \tag{5.94}$$

wenn M_g die Gesamtmasse des gestoßenen Gases beschreibt.

L 13.5

Der Geschwindigkeitsverlust Δv folgt direkt aus (5.94) dem Impulsverlust

$$\Delta v = 2 \frac{M_g}{m_B} v_r. \tag{5.95}$$

Mit den angegebenen Äquivalentlängen folgen die in ◨ Tab. 5.1 dargestellten Geschwindigkeitsänderungen.

In den Fällen a) und b) kann der Bolide die Erde natürlich wieder verlassen, da seine Relativgeschwindigkeit größer als die Entweichgeschwindigkeit

$$v_{\mathrm{e}} = \sqrt{\frac{2\,G\,M_{\mathrm{E}}}{R_{\mathrm{E}}}} = 11{,}2\,\mathrm{km\,s^{-1}} \tag{5.96}$$

der Erde ist. Bei c), dem tangentialen Sturz, verliert der Bolide praktisch seine gesamte Geschwindigkeit. Er wird bis auf ca. 200 km/h abgebremst und kann die Erdatmosphäre nicht wieder verlassen.

✅ EL 13.6

Das Datum verrät den Herbstanfang. Die Erdachse zeigt also in Bewegungsrichtung der Erde. Für die angegebene Uhrzeit und die beobachtete Flugrichtung von Ost nach West folgt zwanghaft, dass die Bahnebene des Boliden in der Ekliptik liegt, alle Geschwindigkeitsvektoren demnach auch.

Lösung zu A 14 – Artensterben

✅ L 14.1

Die kinetische Energie des in der Aufgabe beschriebenen Körpers ist $E_{\mathrm{kin}} = 1/2\,m\,v^2$ und mit

$$m = \frac{4\pi}{3}\,\bar{\rho}\left(\frac{D}{2}\right)^3 \tag{5.97}$$

folgt $E_{\mathrm{kin}} = 2{,}57 \cdot 10^{24}\,\mathrm{J}$.

✅ L 14.2

Die freiwerdende Energie einer Wasserstoffbombenexplosion vom 20-Mt-Typ ergibt sich zu $E_{\mathrm{Bombe}} = 20 \cdot 10^6\,\mathrm{t} \cdot 4{,}2 \cdot 10^9\,\mathrm{J/t} = 8{,}4 \cdot 10^{16}\,\mathrm{J}$.

✅ L 14.3

Die Anzahl der Bomben n, die eine entsprechende Menge Energie freisetzen, ist

$$n = \frac{E_{\mathrm{kin}}}{E_{\mathrm{Bombe}}} = 30{,}5 \cdot 10^6 \tag{5.98}$$

etwa 30 Millionen. Bei gleichmäßiger Verteilung der n Bomben über die ganze Erde würden mit dem Erdradius $R_{\mathrm{E}} = 6378\,\mathrm{km}$ für jede Bombe $4\,\pi\,R_{\mathrm{E}}^2/n = 16{,}7\,\mathrm{km}^2$ „zur Verfügung" stehen. Das entspricht einem Raster von etwa 4 km × 4 km.

Zum Abschluss sollen noch einige Demonstrationen der gewaltigen Energiemengen gemacht werden. Stellt man sich vor, der Einschlag des 10 km durchmessenden Körpers verursache nur einen einzigen Krater, dessen Verhältnis von Kratertiefe zu -durchmesser gleich dem einer H-Bombenexplosion ist, dann führt die naive Rechnung (n mal

◻ **Abb. 5.9** Veranschaulichung der enormen Energien, die bei einem Einschlag eines 10 km großen Körper frei würden

Kratervolumen) auf einen Krater von bald 200 km Durchmesser und eine Tiefe von fast 20 km, d. h. er könnte demnach den ozeanischen Kontinentalboden durchbrechen.

Der Anteil der Weltmeere an der Oberfläche der Erde beträgt etwa 70 % (361 Millionen km²). Bei gleichmäßiger Verteilung der Bomben würden demnach gut 20 Millionen Bomben eine Wassermenge von $V = 2 \cdot 10^{13}$ m³ verdampfen. Das bedeutet ein Absinken des Weltmeeresspiegels um 6 cm. Die Menge entspricht einem 45-Tausendstel des gesamten Wasservorkommens auf der Erde ($1,384 \cdot 10^9$ km³) und 6 % der jährlichen Verdunstungsrate ($4,96 \cdot 10^5$ km³). V ist etwa die Menge von 600 Bodenseen (50 km³), oder alternativ, wie ◻ Abb. 5.9 zeigt, die gesamte Ostsee. Ein letzter Vergleich: Für jeden Quadratmeter der Erdoberfläche fiele eine Menge von 1200 kg TNT zur Sprengung an.

Lösung zu A 15 – Nördlingen, Steinheim und Amöneburg

✓ L 15.1

a) Mit den angegebenen Durchmessern D_{NR}, D_{SB} und D_{AB} für das Nördlinger Ries, das Steinheimer und das Amöneburger Becken ergeben sich gemäß (1.23) die Sprengkräfte $W_{NR} = 141,2 \cdot 10^6$, $W_{SB} = 268,2 \cdot 10^3$ und $W_{AB} = 17,6 \cdot 10^6$ in Einheiten von Kilotonnen-TNT-Äquivalent. Dabei hat der Einschlag im Falle des Nördlinger Ries etwa 2300-mal so viel Sprengkraft entwickelt wie die Wasserstoffbombe in Nowaja Semlja ($W_{NS} = 60\,000$). Ein Krater der Größe des Amöneburger Beckens ergibt sich mit knapp $300 \cdot W_{NS}$. Selbst zur Formung des relativ kleinen Steinheimer Beckens war eine nahezu fünfmal so starke Explosion erforderlich.

b) Eine kugelförmige Gestalt angenommen, ergeben sich die Durchmesser ϕ_I der Impaktoren unter Ausnutzung von $m_{NS} = \frac{4\pi}{3} R^3 \rho$ mit

$$\phi_I = 2R = 2\left(\frac{3}{2\pi}\frac{kt_{TNT}}{\rho v^2}\right)^{1/3}\left(\frac{D/km}{0,074\,\kappa}\right)^{3,4/3}. \tag{5.99}$$

Nach dem Einsetzen aller Werte ergaben sich die Durchmesser zu $\phi_{I,NR} = 1,3$ km, $\phi_{I,SB} = 163$ m und $\phi_{I,AB} = 654$ m, also ganz beträchtliche Brocken.

✓ L 15.2

Mit der angegebenen Einschlagsrate $\sigma = 1,2 \ldots 2,2 \cdot 10^{-14}$ km^{-2} a^{-1}, die für die gesamte Erdoberfläche gilt, folgt mit $R_E = 6378$ km für die Erde die Einschlagsrate σ_{Erde} zu

$$\sigma_{Erde} = 4\pi R_E^2 \sigma = 6,1 \ldots 11 \cdot 10^{-6}\,a^{-1}. \tag{5.100}$$

Daraus folgt ein mittlerer zeitlicher Abstand $\tau = 1/\sigma_{Erde}$ zwischen zwei aufeinanderfolgenden Einschlägen von etwa 89 000 bis 163 000 Jahren – recht wenig, wenn Sie uns fragen!

Lösung zu A 16 – Ida, Dionysus und das Nördlinger Ries

 **L 16.1**

Der Planetoid zieht seinen Mond mit der Kraft

$$F_{\mathrm{pl}} = \frac{G\,m\,M_{\mathrm{pl}}}{\mathrm{d}r^2} = \frac{G\,m}{\mathrm{d}r^2}\,\frac{4\,\pi}{3}\,\rho_{\mathrm{pl}}\,R_{\mathrm{pl}}^3 \tag{5.101}$$

an, wobei m die Masse des Mondes, M_{pl} die Masse des Planetoiden, ρ_{pl} und R_{pl} seine Dichte bzw. seinen Radius und $\mathrm{d}r$ den Abstand zwischen Planetoid und Mond bedeuten. Die Gezeitenkraft durch die Sonne ist

$$F_{\mathrm{gez}} = 2\,G\,m\,M_{\odot}\,\frac{\mathrm{d}r}{r_{\odot}^3} = 2\,G\,m\,\frac{4\pi}{3}\,\rho_{\odot}\,R_{\odot}^3\,\frac{\mathrm{d}r}{r_{\odot}^3}, \tag{5.102}$$

wobei $M_{\odot}$, $R_{\odot}$, $r_{\odot}$ und $\rho_{\odot}$ Masse, Durchmesser, Entfernung und Dichte der Sonne bedeuten. Setzt man diese beiden Ausdrücke einander gleich und streicht gemeinsame Terme auf beiden Seiten der Gleichung, so findet man

$$\frac{\rho_{\mathrm{pl}}\,R_{\mathrm{pl}}^3}{\mathrm{d}r^2} = \frac{2\,\rho_{\odot}\,R_{\odot}^3\,\mathrm{d}r}{r_{\odot}^3}, \tag{5.103}$$

was sich leicht nach $\mathrm{d}r$ auflösen lässt:

$$\mathrm{d}r = r_{\odot}\left(\frac{R_{\mathrm{pl}}}{R_{\odot}}\right)\left(\frac{\rho_{\mathrm{pl}}}{2\rho_{\odot}}\right)^{1/3}. \tag{5.104}$$

Das Ergebnis hängt also nicht von der Masse des Mondes ab. Mit den in der Aufgabe angegebenen Zahlenwerten folgt $\mathrm{d}r = 150\,\mathrm{km}$. Das Steinheimer Becken kann also ohne weiteres von einem Mond des Rieskörpers erzeugt worden sein.

L 16.2

Man setzt dieselbe Gleichung wie in Aufgabe 16.1 an, löst aber dieses Mal nach $r_{\odot}$ statt nach $\mathrm{d}r$ auf und setzt die Daten der Erde statt jener der Sonne ein. Die resultierende Gleichung lautet in diesem Fall

$$r_{\mathrm{E}} = \mathrm{d}r\left(\frac{R_{\mathrm{E}}}{R_{\mathrm{pl}}}\right)\left(\frac{2\,\rho_{\mathrm{E}}}{\rho_{\mathrm{pl}}}\right)^{1/3}, \tag{5.105}$$

wobei R_{E}, ρ_{E} und r_{E} nun Radius, Dichte und Entfernung der Erde bedeuten. Einsetzen der Zahlen erbringt als Minimalentfernung $635\,000\,\mathrm{km}$, also gut die eineinhalbfache Monddistanz. Der Rieskörper hätte also schon eine ziemlich nahe Begegnung mit der Erde erleben müssen, um seinen Mond zu verlieren.

Lösung zu A 17 – Armageddon

✓ L 17.1

Der Armageddon-Asteroid mit seinem Durchmesser von 500 km und der Dichte $\rho_A = 4{,}3\,\text{g/cm}^3$ besitzt die Masse

$$m_A = \frac{4\pi}{3}\,\rho_A\,R_A^3 . \tag{5.106}$$

Die kinetische Energie des Asteroiden ist dann mit $v = 20\,\text{km/s}$

$$E_{\text{kin}} = \frac{1}{2}\,m_A\,v^2 = \frac{2\pi}{3}\,\rho_A\,R_A^3\,v^2 = 5{,}63\cdot 10^{28}\,\text{J} , \tag{5.107}$$

eine enorm große Zahl.

✓ L 17.2

Das Volumen des durch einen Zylinder genäherten Kraters ist gegeben durch $V = \pi R^2 \cdot T$ bzw. mit $T = R/3$

$$V = \frac{\pi}{3}\,R^3 . \tag{5.108}$$

Die Aushubarbeit ist durch $H = M\,g\,T$ gegeben. Einsetzen der Masse $M = V\,\rho$ ergibt $H = \frac{\pi}{9}\,R^4\,g\,\rho$. Mit $H = E_{\text{kin}}$ folgt für den Radius des Kraters

$$R = \sqrt[4]{\frac{9\,E_{\text{kin}}}{\pi\,g\,\rho}} . \tag{5.109}$$

Wählt man die Dichte des ausgehobenen Erdmaterials wie das der Kruste ($\rho_{\text{Kruste}} = 2{,}7\,\text{g/cm}^3$), so folgen $R = 1563\,\text{km}$ und $T = 521\,\text{km}$. Wählt man hingegen die mittlere Dichte der Erde ($\rho_{\text{Kruste}} = \bar{\rho}_E = 5{,}5\,\text{g/cm}^3$), so folgen $R = 1308\,\text{km}$ und $T = 436\,\text{km}$.

Die tatsächlichen Werte für das Kratermodell lägen wohl dazwischen. In jedem Fall ist der resultierende Krater so gigantisch, dass das Leben auf der Erde mit Sicherheit keine Chance mehr hätte. Immerhin ist sein Durchmesser etwa ein Viertel desjenigen der gesamten Erde (vgl. auch ◘ Abb. 5.10).

✓ L 17.3

Die Energie einer 20-Mt-H-Bombe ist $E_{20\text{Mt}} = 20\cdot 10^6\,\text{t}\cdot E_H = 8{,}4\cdot 10^{16}\,\text{J}$. Die Anzahl N der Bomben erhält man, wenn man die kinetische Energie des Asteroiden durch die freigesetzte Energie einer Wasserstoffbombe teilt:

$$N = \frac{E_{\text{kin}}}{E_{20\text{Mt}}} = 6{,}7\cdot 10^{11} , \tag{5.110}$$

eine unglaublich große Zahl. Gleichmäßig über die Erde verteilt, entspräche dies einem Netz mit 30 km Maschengröße, in dessen Knoten je eine 20-Mt-H-Bombe explodiert!

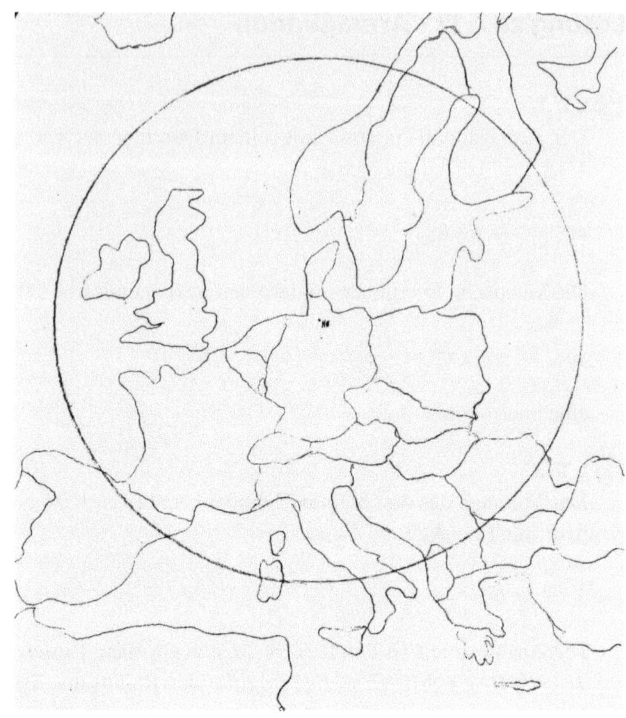

▫ Abb. 5.10 Unter den ursprünglichen Einsendungen richtiger Lösungen befand sich auch diese Skizze der Kraterausmaße. Das Zentrum des Einschlags befindet sich hier in Hamburg.

Lösung zu A 18 – Leonidensturm

✔ L 18.1

Die Masse, die die Erde beim Durchqueren des Leonidenschwarms aufsammelt, ist proportional zu dessen Flächendichte, der Sammelfläche, also der Querschnittsfläche der Erde, und der mittleren Teilchenmasse. Die Querschnittsfläche der Erde (Radius $R_\oplus = 6378\,\mathrm{km}$) darf bis in eine Höhe h von etwa $150\,\mathrm{km}$ angenommen werden. Sie beträgt dann etwa

$$F_\oplus = \pi \left(R_\oplus + h \right)^2 = 1{,}34 \cdot 10^8\,\mathrm{km}^2\,. \tag{5.111}$$

Damit und mit der gegebenen Flächendichte σ ergibt sich eine Masse

$$m = \sigma\, F_\oplus\, \overline{m} = 402\,\mathrm{kg} \ldots 4\,\mathrm{t}\,. \tag{5.112}$$

Die Masse der aufgesammelten Leonidenteilchen ist demnach durchaus ähnlich der des mit der Straßenbahn kollidierten PKWs.

✔ L 18.2

Da die Geschwindigkeit der Leonidenteilchen erheblich größer als die des PKWs ist, ist auch der gesamte Impulsübertrag p der Teilchen weitaus größer

$$p_\mathrm{L} = m\,v = 2{,}85 \cdot 10^{7\ldots8}\,\mathrm{kg\,m\,s^{-1}}\,. \tag{5.113}$$

Der Impuls des PKWs ist $p_\mathrm{PKW} = 2{,}78 \cdot 10^4\,\mathrm{kg\,m\,s^{-1}}$.

Die Leonidenteilchen übertragen ihren Impuls bei ihrer allmählichen Abbremsung in der Erdatmosphäre völlig auf die Erde bzw. deren Atmosphäre. Der Anteil des vom PKW auf die Straßenbahn übertragenen Impulses hängt von der genauen Art des Stoßes ab. Durch die Knautschzone wird auch der Stoß des PKWs inelastisch weitergegeben. Würde der PKW jedoch von der Bahn abprallen wie eine Billardkugel von der Bande, so wäre der übertragene Impuls doppelt so hoch. Der Impulsübertrag der Leonidenteilchen ist demnach um drei bis vier Größenordnungen höher als der vom PKW auf die Straßenbahn.

✔ L 18.3

Die kinetische Gesamtenergie E_{kin} der Leonidenteilchen relativ zur Erde beträgt

$$E_{\text{kin}} = \frac{1}{2}\,m\,v^2 = 10^{12\ldots13}\,\text{J}\,. \tag{5.114}$$

Der PKW besitzt hingegen die kinetische Energie

$$E_{\text{kin,PKW}} = \frac{1}{2}\,m_{\text{PKW}}\,v_{\text{PKW}}^2 = 1{,}93 \cdot 10^5\,\text{J}\,. \tag{5.115}$$

Damit ist das Verhältnis in diesem Fall etwa 5 bis 50 Millionen zu Gunsten des Leonidenschwarms. In beiden Fällen geht die Bewegungsenergie der Körper letztlich in Wärmeenergie über.

Lösung zu A 19 – Die Schwarze Wolke, Teil 1

✔ L 19.1

Eine große Wolke, die sich auf direktem Kurs in Richtung auf unser Sonnensystem befindet, wird für einen Beobachter auf der Erde im Laufe der Zeit einen immer größer werdenden scheinbaren Durchmesser am Himmel einnehmen. Werden nun, wie in der verwendeten Hörspielvorlage geschehen, zwei in gewissem zeitlichen Abstand aufgenommene Fotografien der betreffenden Himmelsregion miteinander verglichen, so wird die ältere Aufnahme eine scheinbar kleinere Wolke zeigen, auf der Aufnahme jüngeren Datums hingegen ist der scheinbare Durchmesser der Wolke angewachsen. Beim abwechselnden Betrachten dieser beiden Aufnahmen mit Hilfe des Diaprojektors erlebt das Auge des Betrachters eine Zone von Sternen um die Wolke herum, die abwechselnd sichtbar, dann wieder abgedeckt ist: Die Sternzone oszilliert. Als sinnvolle Erklärung kommt demnach eine große, sich nähernde Wolke in Frage.

✔ L 19.2

Nimmt man an, dass sich die Geschwindigkeit der Wolke bei Annäherung an die Sonne nicht wesentlich verändert, so lässt sich die Geschwindigkeit der Wolke zu

$$v = \frac{r_1 - r_2}{t_{21}} = \frac{r_2}{\Delta t} \tag{5.116}$$

angeben. Dabei ist $t_{21} = t_2 - t_1 = 1$ Monat die Zeit zwischen den beiden Aufnahmen, Δt ist die gesuchte Zeit bis zum Eintreffen der Wolke, r_1 und r_2 sind die Entfernungen der Wolke

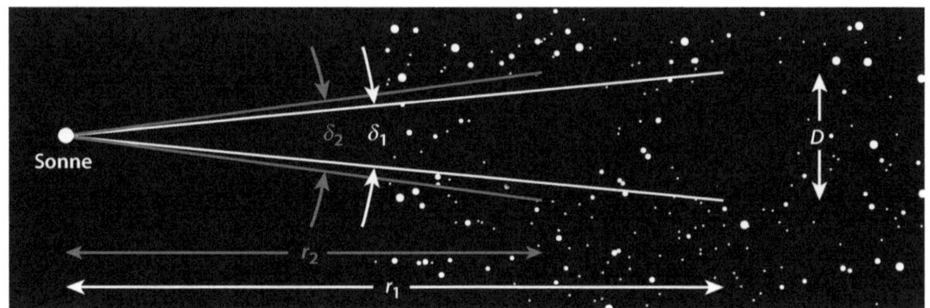

zu den Zeitpunkten t_1 und t_2, wobei der Index 2 für die geringere Entfernung steht (vgl. Abb. 5.11). Mit

$$\tan \delta_i = \frac{D}{r_i} \quad \text{und} \quad \tan \delta_i \approx \delta_i \tag{5.117}$$

folgt nach Eliminierung von D und unter Berücksichtigung von $\delta_2 = 1{,}05\,\delta_1$ (die Wolke ist um 5 % gewachsen) mit (5.116) sofort $\Delta t = 20$ Monate.

Die im Roman abgedruckte Lösung ist etwas komplizierter, liefert jedoch das gleiche Ergebnis.

Lösung zu A 20 – Die Schwarze Wolke, Teil 2

L 20.1

Die Wolke nähert sich mit der Geschwindigkeit $v = 70\,\text{km/s}$ und hat zum fraglichen Zeitpunkt die Entfernung $r = 21{,}3\,\text{AE}$. Da die Geschwindigkeit bei der Annäherung nicht allzu stark anwächst, gilt mit hinreichender Genauigkeit

$$\Delta t = \frac{r}{v} = 4{,}55 \cdot 10^7\,\text{s} = 17{,}6\,\text{Monate} \tag{5.118}$$

in grober Übereinstimmung mit dem Ergebnis aus Aufgabe 19.2.

L 20.2

Der Durchmesser der Wolke folgt mit ihrem Winkeldurchmesser $\delta = 2{,}5°$ zu

$$D = 2\,r \tan \delta/2 \approx 0{,}93\,\text{AE}. \tag{5.119}$$

Diese Ausmaße verheißen nichts Gutes.

L 20.3

Die mittlere Dichte folgt nun mit $\bar{\rho} = m_{\text{W}}/V_{\text{W}}$, wobei die Masse der Wolke $m_{\text{W}} = \frac{2}{3}\,m_{\text{Jup}}$ und ihr Volumen $V_{\text{W}} = \frac{4\pi}{3}\left(\frac{D}{2}\right)^3$ betragen. Es folgt $\rho_{\text{W}} = 9 \cdot 10^{-10}\,\text{g/cm}^3$, ein beängstigend hoher Wert, bedenkt man, dass die mittleren Dichten des interplanetaren und des interstellaren Mediums normalerweise eher bei 10^{-23} g/cm^3 bis 10^{-24} g/cm^3 liegen.

✓ L 20.4

Bis auf die mittlere Anzahldichte $\bar{N}_\mathrm{T}$ ist in der Gleichung zur Bestimmung der Extinktion alles bekannt. Da nun die Anzahl der Teilchen in der Wolke $n = m_\mathrm{W}/m_\mathrm{T}$ ist und außerdem $\bar{N}_\mathrm{T} = n/V_\mathrm{W}$ gilt, folgt schließlich für die vier Fälle $A_\lambda \approx$ **a)** 10^{10}, **b)** 10^8, **c)** 10^4 und **d)** 10^2, Sonnenabdunklungen von 25, 20, 10 bzw. 5 mag entsprechend!

Lösung zu A 21 – Streifschuss

✓ L 21.1

Der kilometergroße Erdbahnkreuzer kollidiert mit der Relativgeschwindigkeit $\Delta v = 30$ km/s mit der Erde. Er besitzt das Volumen $V = 4\pi/3\,(D/2)^3$, die mittlere Dichte $\rho = 2{,}5$ g/cm^3 und damit die Masse

$$m = \rho\,V = 1{,}31 \cdot 10^{12}\ \mathrm{kg}\,.$$

Daraus folgt seine kinetische Energie zu erklecklichen

$$E_\mathrm{kin} = 1/2\,m\,v^2 = 5{,}89 \cdot 10^{20}\ \mathrm{J}\,. \tag{5.120}$$

Zunächst muss nun die Eistemperatur von $\vartheta_\mathrm{Eis} = -15\,°\mathrm{C}$ auf die Schmelztemperatur $\vartheta_\mathrm{S} = 0\,°\mathrm{C}$ angehoben werden. Dabei ist $\Delta\vartheta = \vartheta_\mathrm{Eis} - \vartheta_\mathrm{S} = 15$ K. Die benötigte Wärmemenge ist

$$Q_{\Delta\vartheta} = c_\mathrm{Eis}\,m_\mathrm{Eis}\,\Delta\vartheta. \tag{5.121}$$

Dann muss das Eis geschmolzen werden. Dazu wird die Wärmemenge

$$Q_\mathrm{S} = q_\mathrm{S,Eis}\,m_\mathrm{Eis} \tag{5.122}$$

benötigt. Aus (5.121) und (5.122) ergibt sich die für diesen Prozess insgesamt erforderliche Wärmemenge

$$Q_\mathrm{ges} = Q_{\Delta\vartheta} + Q_\mathrm{S} = m_\mathrm{Eis}\,(c_\mathrm{Eis}\,\Delta\vartheta + q_\mathrm{S,Eis})\,. \tag{5.123}$$

Mit der zur Verfügung stehenden Energie $E_\mathrm{kin} = Q_\mathrm{ges}$ lässt sich somit die Eismasse

$$m_\mathrm{Eis} = \frac{E_\mathrm{kin}}{(c_\mathrm{Eis}\,\Delta\vartheta + q_\mathrm{S,Eis})} = 1{,}61 \cdot 10^{15}\ \mathrm{kg} \tag{5.124}$$

verflüssigen. Dies ist, verglichen mit dem Gesamtvolumen des Grönlandeises $V_\mathrm{Eis} = 2{,}6 \cdot 10^6$ km^3 und mit der Eisdichte $\rho_\mathrm{Eis,0\,°C} = 0{,}92$ g/cm^3, woraus sich die Eismasse $m_\mathrm{Eis} = \rho_\mathrm{Eis,0\,°C}\,V_\mathrm{Eis} = 2{,}39 \cdot 10^{18}$ kg ergibt, nur etwa ein halbes Promille ($\approx 0{,}5\,‰$) – und der Einschlag deshalb nur ein vergleichsweise lokales Phänomen.

Steven Spielberg hat also gewaltig übertrieben!
Selbst wenn das ganze Polareis von $2{,}6 \cdot 10^6$ km³
einem Kontinent aufläge, würde sich beim
vollständigen Schmelzen der Meeresspiegel nur
um ca. 6,70 m heben; die Freiheitsstatue ist
aber wesentlich höher und würde noch aus dem
Wasser ragen, nicht nur der Arm mit der Fackel!

◙ Abb. 5.12 Kommentar eines Lösers zum Ergebnis dieser Aufgabe mit Bezug zu ◙ Abb. 1.17 der Aufgabenstellung.

✔ L 21.2

Verteilt man das Schmelzwasser mit dem Volumen $V_W = m_{Eis}/\rho_W$ und der Dichte $\rho_W = 1\,\mathrm{g/cm^3}$ gleichmäßig auf die 75 % der Erdoberfläche $F_W = 0{,}75 \cdot 4\,\pi\,R_E^2$ bedeckenden Ozeane, so wird der Meeresspiegel unseres Planeten um

$$\Delta H = \frac{V_W}{F_W} = 4{,}2\,\mathrm{mm} \tag{5.125}$$

steigen. Gemäß dem Kommentar zum Ergebnis von Aufgabe 21.1 bleibt der Einschlag also auch global ohne größere Wirkung (vgl. auch ◙ Abb. 5.12).

Lösung zu A 22 – Präzedenzfall 2008 TC$_3$

✔ L 22.1

a) Mit der absoluten Helligkeit $H = 30{,}4\,\mathrm{mag}$ des Miniplanetoiden lässt sich (1.28) für den Durchmesser des Körpers umschreiben zu

$$D = \frac{1{,}105\,\mathrm{m}}{\sqrt{A}} \, . \tag{5.126}$$

Zusammen mit den drei Albedowerten ergeben sich dann die Durchmesser $D_1 = 6{,}38\,\mathrm{m}$, $D_2 = 3{,}50\,\mathrm{m}$ und $D_3 = 2{,}61\,\mathrm{m}$.

b) Unter der Annahme eines kugelförmigen Körpers folgen die gesuchten Massewerte mit Hilfe der Gleichung

$$m = \frac{4\pi}{3}\left(\frac{D}{2}\right)^3 \rho \, . \tag{5.127}$$

Bei Typ-C-Asteroiden läge die Masse zwischen $m_{1C} = 190{,}4\,\mathrm{Tonnen}$ und $m_{2C} = 31{,}4\,\mathrm{Tonnen}$. Im Falle eines Typ-M-Asteroiden hätte man $m_{2M} = 49{,}4\,\mathrm{Tonnen}$ beziehungsweise $m_{3M} = 20{,}5\,\mathrm{Tonnen}$.

✔ L 22.2

Die kinetischen Energien $E_{kin} = \frac{1}{2}m\,v^2$ des Asteroiden für die vier Massewerte sind: $E_{kin1C} = 1{,}6 \cdot 10^{13}\,\mathrm{J}$, $E_{kin2C} = 2{,}6 \cdot 10^{12}\,\mathrm{J}$, $E_{kin2M} = 4{,}0 \cdot 10^{12}\,\mathrm{J}$ und $E_{kin3M} = 1{,}7 \cdot 10^{12}\,\mathrm{J}$.

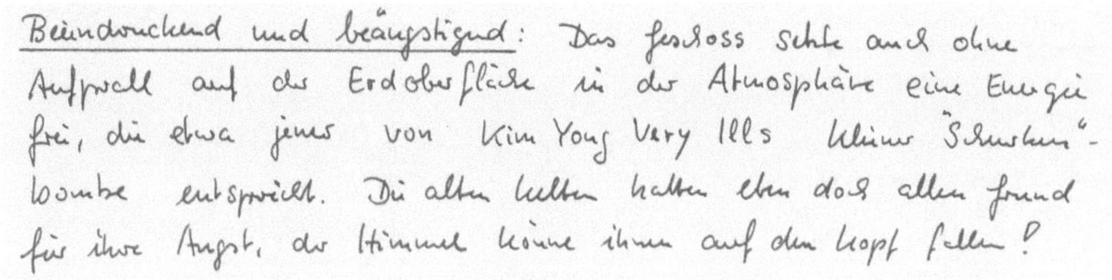

Beeindruckend und beängstigend: Das Geschoss setzte auch ohne Aufprall auf der Erdoberfläche in der Atmosphäre eine Energie frei, die etwa jener von Kim Yong Uns Ills kleiner „Schuster"-bombe entspricht. Die alten Kelten hatten eben doch allen Grund für ihre Angst, der Himmel könne ihnen auf den Kopf fallen!

Abb. 5.13 Kritische Gedanken zum Ergebnis der Aufgabe 22.4.

EL 22.3

a) Die Durchschnittsgeschwindigkeit $\bar{v}$ von 2008 TC$_3$ zwischen den Distanzen d_1 und d_2 ist

$$\bar{v} = \frac{d_1 - d_2}{t_2 - t_1} = 6{,}5\,\text{km/s}\,. \tag{5.128}$$

b) Nach dem Energieerhaltungssatz müssen die Summe aus kinetischer und potenzieller Energie am Ort der Erde und in der Distanz $d = (d_1 + d_2)/2$ gleich sein. Deshalb gilt

$$\frac{1}{2}\,m\,v_{\text{E,MPC}}^2 - G\,\frac{m\,M}{R} = \frac{1}{2}\,m\,\bar{v}^2 - G\,\frac{m\,M}{d} \tag{5.129}$$

und man erhält durch Umformen

$$v_{\text{E,MPC}} = \sqrt{\bar{v}^2 + 2\,G\,M\left(\frac{1}{R} - \frac{1}{d}\right)} \approx 12{,}8\,\text{km/s}\,. \tag{5.130}$$

Dies entspricht der in Aufgabe 22.2 angegebenen Eintrittsgeschwindigkeit.

L 22.4

Mit der Explosionsenergie $E_{\text{TNT}} = 4{,}184 \cdot 10^{12}\,\text{J}$ einer Kilotonne TNT ergeben sich für die kinetischen Energien aus Aufgabe 22.2: $E_{1\text{C}} = 3{,}8\,\text{t TNT}$, $E_{2\text{C}} = 0{,}6\,\text{t TNT}$, $E_{2\text{M}} = 0{,}96\,\text{t}$ TNT und $E_{3\text{M}} = 0{,}4\,\text{t TNT}$ (vgl. auch **Abb. 5.13**). Diese Werte deuten eher auf einen Typ-C-Asteroiden hin.

Lösung zu A 23 – Krater Kamil

L 23.1

Aus (1.29) lässt sich die gesuchte Einschlagsgeschwindigkeit des Eisen-Nickel-Meteoriten berechnen. Setzt man in der Gleichung die Höhe über dem Erdboden gleich Null, also $z = 0$, und damit $v_i = v(z = 0)$, ergibt sich $v_i = 3{,}52\,\text{km/s}$.

Die Eintrittsgeschwindigkeit des Impaktors in die Erdatmosphäre baut sich durch deren Reibung demnach um rund 80 Prozent ab.

L 23.2

Der in der Atmosphäre deponierte Teil q der Bewegungsenergie E_{kin} des Meteoriten ist

$$q = \frac{E_{\text{kin}}(v_0) - E_{\text{kin}}(v_i)}{E_{\text{kin}}(v_0)} = 1 - \frac{E_{\text{kin}}(v_i)}{E_{\text{kin}}(v_0)}\,. \tag{5.131}$$

◻ **Abb. 5.14** Fast richtiger Lösungsweg zur Aufgabe 23.3 aus den ursprünglich eingesandten Lösungen. Einzig bei der Einschlagsgeschwindigkeit, dem Ergebnis der Aufgabe 23.1, passierte ein Tippfehler. Ob es wohl am „japanischen wissenschaftlichen Taschenrechner" lag?

Nach Einsetzen von $1/2\,m\,v^2$ vereinfacht sich dies zu

$$q = 1 - \left(\frac{v_i}{v_0}\right)^2 = 0{,}962\,. \tag{5.132}$$

Mehr als 96 Prozent der ursprünglich vorhandenen Bewegungsenergie gehen dem Körper beim Durchdringen der Erdatmosphäre verloren. Dies zeigt, wie gut uns die Luft über unseren Köpfen gegen eindringende Objekte schützt.

Würde man bei dieser Betrachtung weiterhin berücksichtigen, dass die ursprüngliche Eintrittsmasse wohl bei bis zu 40 Tonnen lag (vgl. Folco 2010), so würde der Energieverlust gar auf mehr als 99 Prozent ansteigen.

✔ L 23.3

Fügt man alle Zahlenwerte in (1.30) für den Durchmessser ein, so folgt $D_{tc} = 38{,}7\,\text{m}$ (den Rechenweg zeigt ◻ Abb. 5.14). Mit $D_{tr} = 1{,}25\,D_{tc}$ ergibt sich schließlich der Durchmesser des Kraterwalls zu $D_{tr} = 48{,}4\,\text{m}$. Dies ist sehr nahe am gemessenen Wert.

✔ L 23.4

Wäre der Körper statt in Ägypten auf dem Mond eingeschlagen, so hätte er seine volle Geschwindigkeit behalten (die durch die Gravitation des Mondes bedingte Beschleunigung bei der Annäherung steigert die Geschwindigkeit des Impaktors um weniger als ein halbes Promille).

Die Durchmessergleichung (1.30) liefert im Fall des Monds unter der Annahme gleicher Dichte $\rho_t = 3\,\text{g/cm}^3$ für den Mondboden und die Impaktorgröße $1{,}3\,\text{m}$ den deutlich größeren Durchmesser von $D_{tc,\mathbb{C}} \approx 118\,\text{m}$, bei 40 Tonnen Ausgangsmasse sind es sogar $216\,\text{m}$.

Lösung zu A 24 – Tycho, Chicxulub und Ries

✅ L 24.1

a) Der Energiesatz lässt sich auf einen mit der Erde kollidierenden Körper anwenden, da die beiden ein abgeschlossenes System bilden. Die Gesamtenergie eines aus dem Unendlichen kommenden Körpers der Anfangsgeschwindigkeit $v_0 = 0$ ist offenbar $E_{\text{ges}|\infty} = 0$. Daher gilt

$$E_{\text{ges}|\text{Einschlag}} = \frac{1}{2} m v^2 - G \frac{m M}{R} = 0 \,. \tag{5.133}$$

Daraus folgt durch Umstellen sofort die gesuchte Geschwindigkeit im Augenblick des Aufpralls:

$$v = \sqrt{2 \frac{G M}{R}} \,. \tag{5.134}$$

Jedwede Anfangsgeschwindigkeit des Impaktors größer als Null würde seine Geschwindigkeit im Augenblick des Aufpralls erhöhen. Mit den gegebenen Radien und Massen ist daher die minimale Einschlagsgeschwindigkeit für Erde und Mond bei einem Einschlag gegeben durch $v_{\text{min,Erde}} = 11{,}2\,\text{km/s}$ und $v_{\text{min,Mond}} = 2{,}4\,\text{km/s}$.

b) Da dies umgekehrt genau diejenige Geschwindigkeit ist, die ein Körper erreichen muss, um das Schwerefeld der Erde oder anderer Körper zu verlassen, heißt sie auch „Fluchtgeschwindigkeit". In der Himmelsmechanik und in der Astronautik trägt sie auch die Bezeichnung „2. kosmische Geschwindigkeit" und meint damit den konkreten Fall der Erde. Die 1. kosmische Geschwindigkeit mit $v_1 = 7{,}9\,\text{km/s}$ beschreibt eine Kreisbahn um die Erde mit Radius R_{E}, die 3. kosmische Geschwindigkeit mit $v_3 = 42{,}1\,\text{km/s}$ benötigen Raumflugkörper zum Verlassen des Potenzialfelds der Sonne im Abstand der Erdbahn.

✅ L 24.2

Die zusätzliche Anfangsgeschwindigkeit v_0 des Impaktors vergrößert die Einschlagenergie. Dabei gilt $v_{\text{E}}^2 = v_{\text{min}}^2 + v_0^2$. Ein kugelförmiger Impaktor besitzt die Masse $m = (4\,\pi/3)\,\rho\,r^3$. Kombiniert man diese Gleichungen mit (1.31) und löst nach dem Radius r auf, so folgt

$$r^3 = \frac{[D_{\text{E}}/(0{,}074\,\kappa\,\text{km})]^{3{,}4} \cdot \text{kt}_{\text{TNT}}}{\frac{1}{2}(4\,\pi/3)\,\rho\,v_{\text{E}}^2} \,. \tag{5.135}$$

Die Durchmesser $d = 2r$ der Impaktoren sind daher: $d_{\text{C}} = 14{,}7\,\text{km}$, $d_{\text{R}} = 1{,}5\,\text{km}$ und $d_{\text{T}} = 5{,}8\,\text{km}$. Beim Tycho-Impaktor muss anstelle von D_{E} der Kraterdurchmesser $D_{\text{E}}/(g_{\text{E}}/g_{\text{M}})^{1/6}$ verwendet werden.

Lösung zu A 25 – Das doppelte Inferno: der Warburton-Einschlag

 **L 25.1**

a) Das östliche Warburton-Becken mit seinen beiden Hauptachsen $a_o \times b_o = 220\,\mathrm{km} \times 195\,\mathrm{km}$ hat denselben Flächeninhalt wie ein Kreis mit dem Durchmesser

$$d_o = \sqrt{a_o\, b_o} = 207{,}1\,\mathrm{km}\,. \tag{5.136}$$

b) Wäre das komplette Warburton-Becken mit den Hauptachsen $a_{WB} \times b_{WB} = 450\,\mathrm{km} \times 300\,\mathrm{km}$ durch einen einzelnen Impaktor entstanden, so entspräche der Kraterdurchmesser einer flächengleichen Kreisfläche

$$d_{WB} = \sqrt{a_{WB}\, b_{WB}} = 367{,}4\,\mathrm{km}\,. \tag{5.137}$$

L 25.2

Setzt man die Teilterme in (1.33) und dann in (1.32) für die finale Größe des Kraters ein, so findet sich die Impaktorgröße D_i sowohl in der Froude-Zahl als auch bei der Masse des einschlagenden Körpers. Man erhält daher zunächst

$$D_{\mathrm{final}} = 0{,}406\,\mathrm{m} \cdot \left[A\, \frac{D_i}{2}\, c_{\mathrm d}\, B^{-\beta}\, D_i^{-\beta}\, / \mathrm{m} \right]^{1{,}18} \tag{5.138}$$

mit den Hilfsgrößen $A = [(4\pi/3)\, \rho_i/\rho_t]^{1/3}$ und $B = 1{,}61\, g_t/v_i^2$. Die Gleichung für die finale Größe des Kraterdurchmessers lässt sich umformen zu

$$D_{\mathrm{final}} = 0{,}406\,\mathrm{m} \cdot \left[\frac{1}{2}\, A\, c_{\mathrm d}\, B^{-\beta}\, D_i^{1-\beta}\, / \mathrm{m} \right]^{1{,}18}\,. \tag{5.139}$$

Hieraus folgt die gesuchte Impaktorgröße zu

$$D_i = \left[2 \left(\frac{D_{\mathrm{final}}}{0{,}406\,\mathrm{m}} \right)^{1/1{,}18} \Big/ \left(A\, c_{\mathrm d}\, B^{-\beta}/\mathrm{m} \right) \right]^{1/(1-\beta)}\,. \tag{5.140}$$

Nach dem Einsetzen der drei finalen Kratergrößen $d_w = 200\,\mathrm{km}$, d_o und d_{WB} aus Aufgabe 25.1 für D_{final}, dem Skalierungsfaktor $c_{\mathrm d} = 1{,}6$, der Kopplungskonstanten $\beta = 0{,}22$, den Dichten von Impaktor und Target $\rho_i = \rho_t$, der Schwerebeschleunigung an der Erdoberfläche g_t sowie der Geschwindigkeit des Einschlags v_i folgen die Durchmesser des Impaktors zu

$$D_{i,w} = 9{,}9\,\mathrm{km}$$

$$D_{i,o} = 10{,}3\,\mathrm{km}$$

$$D_{i,WB} = 19{,}1\,\mathrm{km}\,.$$

Krater von solcher Größe erfordern offenbar gigantische Einschlagkörper im Bereich von zehn Kilometern. Wie es sich mit dem Warburton-Becken tatsächlich verhält, müssen zukünftige Untersuchungen zeigen.

◻ Tabelle 5.2 Stundenwinkel der Sonne

Datum	Stundenwinkel beim Untergang		Stundenwinkel am Ende der bürgerlichen Dämmerung		Untergangswinkel u
21.06.	121,5°	$8^\mathrm{h}06^\mathrm{m}09^\mathrm{s}$	132,3°	$8^\mathrm{h}49^\mathrm{m}03^\mathrm{s}$	34,7°
23.09.	91,1°	$6^\mathrm{h}04^\mathrm{m}15^\mathrm{s}$	99,0°	$6^\mathrm{h}35^\mathrm{m}50^\mathrm{s}$	41,0°
22.12.	61,7°	$4^\mathrm{h}06^\mathrm{m}40^\mathrm{s}$	71,0°	$4^\mathrm{h}44^\mathrm{m}07^\mathrm{s}$	34,6°

5.3 Tagbögen

Lösung zu A 26 – Dämmerung

 **L 26.1**

Aus (1.39) erhält man nach Ersetzen und Umformen

$$\cos \tau = \frac{\cos z - \sin \varphi \, \sin \delta}{\cos \varphi \, \cos \delta} . \tag{5.141}$$

Befindet sich ein Objekt $35'$ unterhalb des Horizonts, so geht es wegen der Refraktion der Erdatmosphäre gerade unter. Da die Sonne einen scheinbaren Durchmesser von etwa 30 Bogenminuten besitzt, muss sie sich um ihren Radius tiefer bewegen, um gänzlich zu verschwinden. Somit ist $z = 90°\,50'$ und für Karlsruhe folgen die in ◻ Tab. 5.2 aufgelisteten Werte.

L 26.2

Die Höhe der Sonne über dem Horizont als Funktion des Azimuts ist eine dem Sinus ähnliche Kurve. Das betrachtete Verhältnis der Dauer der bürgerlichen Dämmerung (Sonne zwischen Horizont und 6° darunter) zur Dauer der astronomischen Dämmerung (Sonne zwischen 12° und 18° unter dem Horizont) ist dann am größten, wenn die Kurve in diesem Bereich, also für $90° < z < 108°$, den flachsten Verlauf hat. Dies ist bei maximaler Deklination der Fall, also am 21. Juni. Für geografische Breiten φ größer als ungefähr $48,5° = -18° + 90° - \delta_{\odot,21.6.}$ wird das Ende der astronomischen Dämmerung gar nicht mehr erreicht. ◻ Abb. 5.15 zeigt die scheinbare Sonnenbahn, den Verlauf der Sonnenhöhe aufgetragen über dem Azimut bzw. der Himmelsrichtung. Je flacher die Kurve im Höhenbereich der astronomischen Dämmerung verläuft, desto länger ist dieser Zeitraum.

EL 26.3

Zunächst stellt man fest, dass $\frac{\mathrm{d}}{\mathrm{d}\theta} = \frac{\mathrm{d}}{\mathrm{d}\tau}$ gilt. Dann lässt sich (1.39) mit der Abkürzung $\frac{\mathrm{d}x}{\mathrm{d}\tau} = \dot{x}$ nach der Ableitung zu

$$\dot{z} = \frac{\cos \varphi \, \cos \delta \, \sin \tau}{\sin z} \tag{5.142}$$

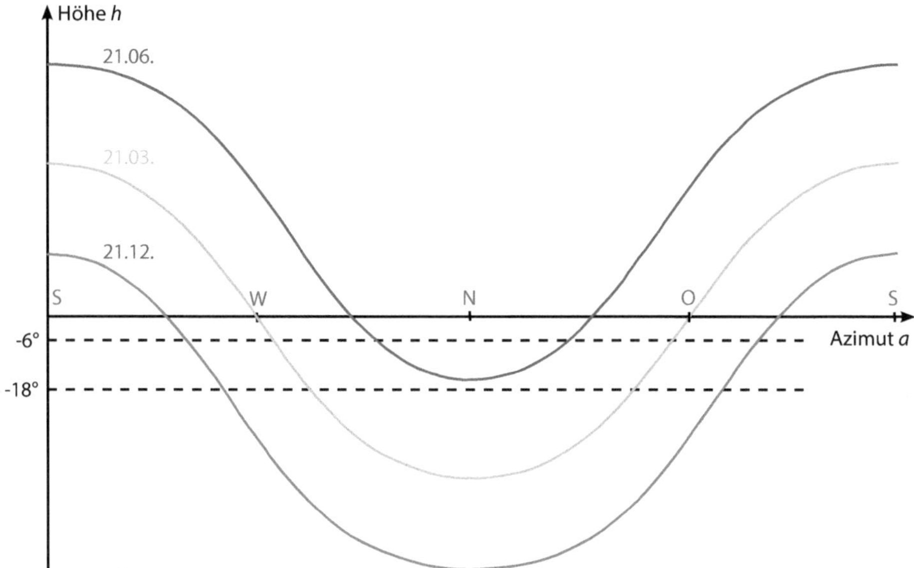

▫ Abb. 5.15 Sonnenhöhe in Abhängigkeit des Azimuts bzw. der Himmelsrichtung für die geografische Breite von Jena $\varphi_{\text{Jena}} = 51°$.

umformen. Aus (1.41) gewinnt man auf ähnliche Weise

$$\dot{a} = \frac{\cos\delta\,\cos\tau - \dot{z}\,\cos z\,\sin a}{\sin z\,\cos a}\,. \tag{5.143}$$

Da mit hinreichender Genauigkeit $z = 90°$ gilt, ist $\cos z = 0$ und $\sin z = 1$. Die beiden Zwischenergebnisse vereinfachen sich zu

$$\dot{z} = \cos\varphi\,\cos\delta\,\sin\tau_{\text{u}} \tag{5.144}$$

und

$$\dot{a} = \frac{\cos\delta\,\cos\tau_{\text{u}}}{\cos a_{\text{u}}}\,, \tag{5.145}$$

also

$$\tan u = \frac{\dot{z}}{\dot{a}} = \cos\varphi\,\tan\tau_{\text{u}}\,\cos a_{\text{u}}\,, \tag{5.146}$$

womit sich die gesuchten Werte bereits bestimmen lassen. In (5.144), (5.145) und (5.146) ist τ_{u} der Stundenwinkel beim Untergang und a_{u} das zugehörige Untergangsazimut. (5.146) lässt sich noch vereinfachen, wenn man die Beziehungen $\cos a_{\text{u}} = -\frac{\sin\delta}{\cos\varphi}$ und $\tan\tau_{\text{u}} = \frac{-\sin a_{\text{u}}}{\tan\varphi\,\tan\delta\,\cos\delta}$ einsetzt. Beide folgen für $z = 90°$ bzw. $h = 0°$ aus (1.34) und (1.38). Man erhält zunächst

$$\tan u = \cot\varphi\,\sin a_{\text{u}}\,. \tag{5.147}$$

Setzt man in diese Gleichung erneut $\cos a_\mathrm{u} = -\sin\delta/\cos\varphi$ nach Verwendung des trigonometrischen Pythagoras ein, ergibt sich nach kurzer Umformung schließlich

$$\tan u = \frac{\sqrt{\cos^2\varphi - \sin^2\delta}}{\sin\varphi} = \sqrt{\frac{\cos^2\delta}{\sin^2\varphi} - 1}\,, \tag{5.148}$$

ein Ausdruck, der nur noch von der geografischen Breite des Beobachters und der Deklination der Sonne bzw. des Himmelsobjektes abhängt. Setzt man die gegebenen Werte für $\delta_\odot$ und φ ein, so findet man für Karlsruhe die in ◻ Tab. 5.2 aufgelisteten Ergebnisse.

Lösung zu A 27 – Sonnenaufgang im September

 **L 27.1**

Nachdem die vorbereitenden Schritte ausgeführt sind, sollte das rechte Sonnenbild des Komposits zunächst an der Position der rotgepunkteten Ellipsenlinie liegen (vgl. ◻ Abb. 5.16).

Zum Herbstäquinoktium steht die Sonne im Herbstpunkt und damit im Schnittpunkt zwischen Himmelsäquator und Ekliptik. Bei Sonnenaufgang steht die Sonne genau im Osten, und der Winkel ε zwischen Ekliptik und Himmelsäquator addiert sich zum Winkel zwischen Himmelsäquator und Horizont $(90° - \varphi)$. Der gesuchte Winkel γ folgt mit

$$\gamma = 90° - \varphi + \varepsilon \tag{5.149}$$

zu $\gamma = 63{,}501°$.

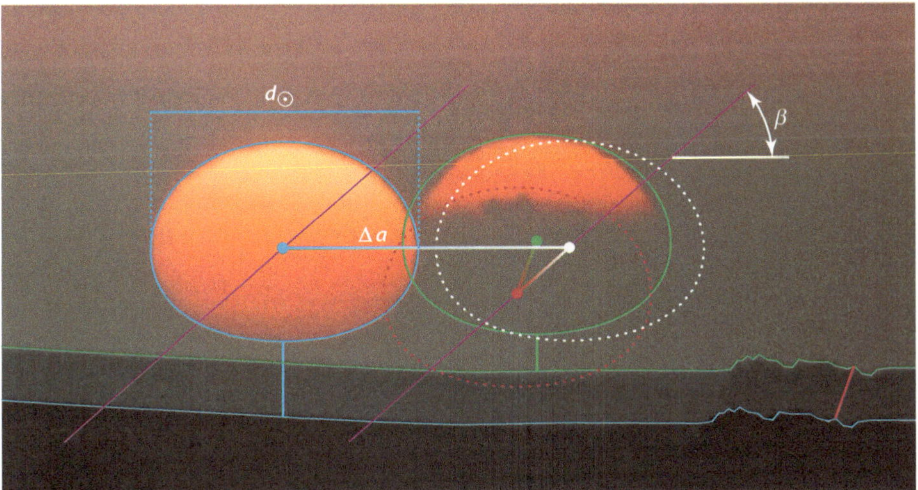

◻ **Abb. 5.16** Sonnenaufgang an zwei aufeinanderfolgenden Tagen kurz vor dem Herbstäquinoktium. Zuerst wird der zweite Horizont (*grün*) auf den ersten (*blau*) geschoben, danach wird die *rechte* Sonne entlang des Tagbogens auf die gleiche Höhe wie die *linke* gebracht. Jetzt erst kann die Tagweite Δa abgelesen werden. Foto: Friedrich W. Gerber

✓ L 27.2

Betrachtet man jetzt das Dreieck, das die drei in ◨ Abb. 1.25 eingezeichneten Sonnen einnehmen, und wendet den Sinussatz auf das schiefwinklige Dreieck an, ergibt sich mit

$$\Delta a_{\mathrm{t}} = \frac{\sin \tau}{\sin \beta}\, \Delta \lambda \tag{5.150}$$

und $\tau = \gamma - \beta$ die Tagesweite zu $\Delta a_{\mathrm{t}} = 0{,}555°$.

✓ L 27.3

Ausmessen der Tagesweite – die Sonne steht nun bei der weißpunktierten Ellipse – ergibt zunächst $\Delta a_{\mathrm{g}} = 1{,}067\, d_{\odot}$ und schließlich $\Delta a_{\mathrm{g}} = 0{,}567°$, in sehr guter Übereinstimmung mit A 27.2. Die Sonne wandert zu der Zeit somit um gut ihren Winkeldurchmesser pro Tag nach Süden.

Lösung zu A 28 – Sonnenuntergang

✓ L 28.1

Der Schattenpunkt liegt gegenüber der Position der untergehenden Sonne bei einer 12^{h} größeren Rektaszension (Modulo 24^{h}) und am Äquator gespiegelter Deklination. Er hat die Werte $\alpha_{\mathrm{S}} = 20^{\mathrm{h}}13^{\mathrm{m}}46^{\mathrm{s}}$ sowie $\delta_{\mathrm{S}} = -19°53'27''$.

✓ L 28.2

Mit $\tan \varphi' = \tan \tau\, \sin \delta_{\mathrm{S}}$, wobei sich das wahre $\tau = 17^{\mathrm{h}}27^{\mathrm{m}}$ wegen $\tan(n\cdot 180° - \tau) = -\tan \tau$ nicht auswirkt. Der Schnittwinkel ist dann $\varphi' = -66{,}9°$ (anstelle $+$).

✓ L 28.3

Der Positionswinkel des Mondes relativ zum Horizont wird mit Hilfe von (1.43) zu $p = 58{,}4°$.

✓ L 28.4

Misst man auf der ◨ Abb. 1.26 bzw. ◨ Abb. 5.17 $p_{\mathrm{H}} = 125°$, ergibt sich mit $|\varphi'| \simeq 90° - |\varphi|$ für die geografische Breite des Kamerastandortes $\varphi = -23{,}4°$.

Die Näherung gilt exakt jedoch nur, wenn der Schattenpunkt auf dem Himmelsäquator $\delta_{\mathrm{S}} = 0°$ liegt. Dies sieht man z. B. anhand von (5.148) aus der Lösung zur Aufgabe 26. Setzt man dort $\delta = 0°$, so folgt

$$\tan \varphi' = \frac{\sqrt{\cos^2 \varphi - \sin^2 (0°)}}{\sin \varphi} = \cot \varphi = \tan (90° - \varphi)\,. \tag{5.151}$$

Für einen Deklinationswert $\delta > 0°$ folgt die Ungleichung $\varphi' < (90° - \varphi)$. Man schätzt φ mit Hilfe obiger Näherung somit etwas zu groß ab. Die Differenz zwischen $|\varphi'|$ und $90° - |\varphi|$ ist aber reichlich gering. Das Ergebnis ist deshalb auch nicht weit von der tatsächlichen geografischen Breite des Gamsberg, $\varphi = -23{,}336°$, entfernt. Der größere Fehler liegt wohl in der Vermessung des Winkels p_{H}.

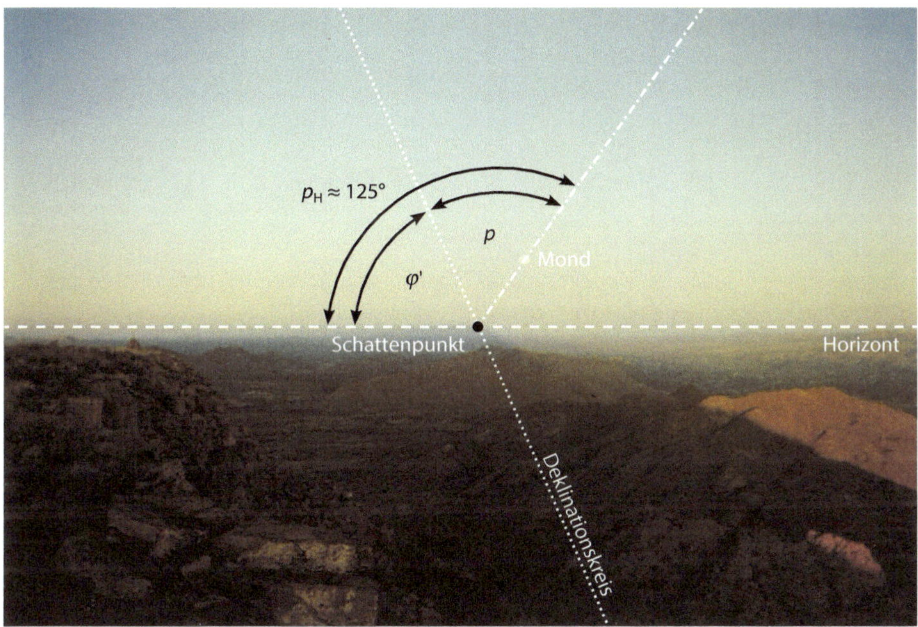

Abb. 5.17 Winkel p_H in der Aufnahme Mondaufgang am Osthimmel. Quelle: MPIA/*SuW*-Grafik

Lösung zu A 29 – Sonne in Luleå

L 29.1

Wegen der Rotation der Erde bewegt sich die Sonne in 24^h scheinbar einmal um die Erde. Sie überstreicht dabei einen Winkel von $360°$. Da ihr scheinbarer Durchmesser etwa $0{,}5°$ beträgt, bewegt sie sich in der Zeit t

$$t = 0{,}5° \cdot \frac{24^h}{360°} = 2 \, \text{min} \tag{5.152}$$

um ihren Durchmesser am Himmel weiter. Misst man in **Abb. 1.28** den Durchmesser der Sonne und den Abstand der Mittelpunkte zweier aufeinanderfolgender Sonnenscheibchen aus, stellt man fest, dass der Abstand in etwa der doppelte Durchmesser ist. Die Zeit zwischen zwei aufeinanderfolgenden Belichtungen beträgt demnach etwa 4 min.

L 29.2

Für den Abbildungsmaßstab gilt

$$\frac{b}{g} = \frac{B}{G} \tag{5.153}$$

bzw.

$$b = \frac{g \, B}{G} \tag{5.154}$$

mit den Bezeichnungen Bildweite b, Gegenstandsweite g, Bildgröße B und Gegenstandsgröße G. Bei Himmelsaufnahmen ist b gleich der Brennweite f des Objektivs. Folglich gilt

$$f = \frac{g\,B}{G}\,. \tag{5.155}$$

Mit $g = 1\,\mathrm{AE} = 1{,}5 \cdot 10^{11}\,\mathrm{m}$, $G = 2 \cdot R_\odot = 1{,}4 \cdot 10^9\,\mathrm{m}$ und $B = 4\,\mathrm{mm}$ ergibt sich $f = 400\,\mathrm{mm}$.

Bemerkung:

Zur Aufnahme wurde eine Kombination aus Kamera und Feldstecher benutzt. Belichtet wurde durch Abnehmen und Aufsetzen einer Verschlusskappe.

✔ L 29.3

Für die Nordhalbkugel gilt: Ein Stern ist zirkumpolar, wenn die Ungleichung $\delta \geq 90° - \varphi$ erfüllt ist. Das trifft hier nicht zu, denn $22{,}4° \leq (90° - 65{,}6°) = 24{,}4°$. Es handelt sich also nicht um die Mitternachtssonne.

✔ L 29.4

Gemeint ist die astronomische Refraktion und die damit verbundene Abplattung der Sonne in Horizontnähe – der vertikale Durchmesser eines Sonnenscheibchens ist merklich kürzer als der horizontale. Dieser Effekt verstärkt sich mit abnehmender Höhe über dem Horizont. bzw. zunehmender Zenitdistanz.

Lösung zu A 30 – Der Sonnenstand in Greenwich

✔ L 30.1

Die kürzeste Antwort bzw. das beste Argument lässt sich in einem Wort zusammenfassen: Zeitgleichung. Durch die Exzentrizität der Erdbahn und durch die Neigung der Erdachse gegen die Bahnebene der Erde ist der Zeitraum zwischen zwei aufeinanderfolgenden Mittagsständen der Sonne (also die Länge des wahren Sonnentages) im Jahreslauf um einige Minuten variabel. Unsere Uhrzeit soll aber solche Variationen nicht berücksichtigen, sondern gleichmäßig ablaufen. Man legt deshalb der Zeitrechnung den mittleren Sonnentag zu Grunde. Der veränderliche Längenunterschied zwischen diesem mittleren und dem wahren Sonnentag führt zu einer Schwankung der Kulminationszeit der Sonne, die als Zeitgleichung bezeichnet wird. Der Verlauf der Zeitgleichung über ein Jahr ist in ◼ Abb. 5.18 zu sehen. Wenn die Zeitgleichung positiv ist, geht eine (nicht korrigierte) Sonnenuhr vor, ist die Zeitgleichung negativ, geht sie nach.

✔ L 30.2

◼ Abb. 5.19 zeigt die scheinbare Himmelskugel in Greenwich (siehe auch ◼ Abb. 5.20) sowie schematisch den Westhimmel am 14. Juni um 18 Uhr abends. Die Sonne stand genau um 12 Uhr mittags im Süden. Mit ihr kulminiert der Punkt des Himmelsäquators, der die gleiche Rektaszension wie die Sonne besitzt. Sechs Stunden später ist die Sonne am Himmel um 90° weitergewandert. Der Punkt am Himmelsäquator, der die Rektaszension der Sonne besitzt, ist jetzt genau im Westen und geht gerade unter. Nicht jedoch die Sonne. Sie steht weiter nördlich auf demselben Stundenkreis (Großkreis durch die Sonne und den

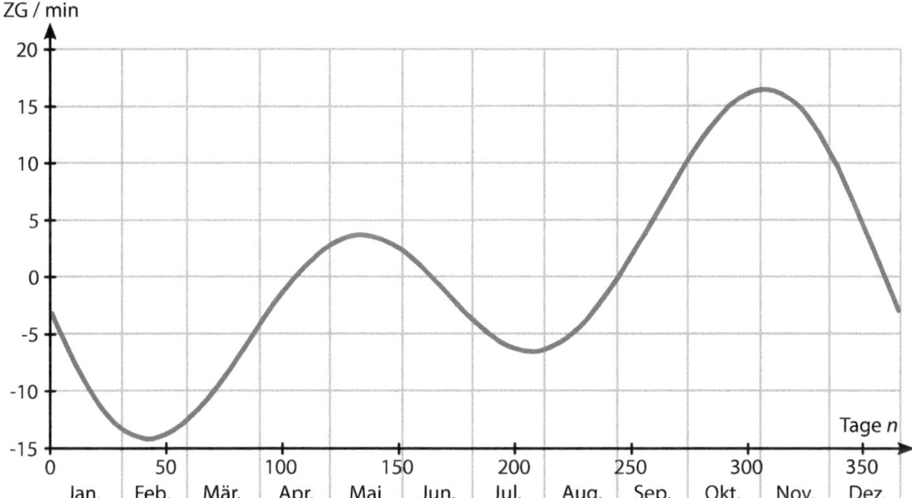

☐ Abb. 5.18 Jährlicher Verlauf der Zeitgleichung.

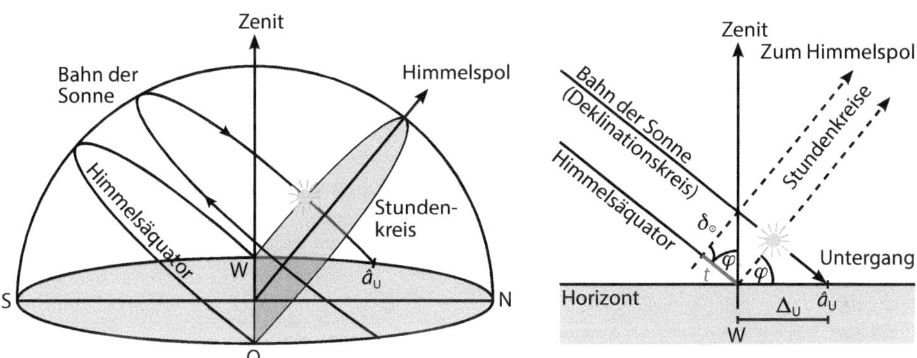

☐ Abb. 5.19 *Links*: scheinbare Himmelskugel mit dem Tagbogen der Sonne in Greenwich am 14. Juni. *Rechts*: Aufrisszeichnung der scheinbaren Himmelskugel mit Blick von Ost nach West. Beide Grafiken zeigen den Stand der Sonne um 18:00 Uhr.

Himmelspol; rechte gestrichelte Linie). Da dieser Stundenkreis aber gegen die Vertikale geneigt ist, hat die Sonne um 18 Uhr die Westrichtung schon deutlich überschritten.

Dass sie in der Tat schon vor 17 Uhr im Westen stand, kann ebenfalls aus der (ungefähr maßstäblichen) Zeichnung abgelesen werden. Der mit t bezeichnete Abschnitt auf dem Himmelsäquator ist das Maß für die Zeit zwischen diesem Zeitpunkt und 18 Uhr. Er ist im Bild fast ebenso groß wie die Deklination der Sonne, die am 14. Juni $21°\,17'$ beträgt. In einer Stunde dreht sich der Himmel aber um $15°$.

✓ EL 30.3

Das Dreieck mit den Seiten $\delta_\odot$, φ und t in ☐ Abb. 5.19 (rechts) ist ein rechtwinkliges sphärisches Großkreisdreieck (Himmelsäquator, Stundenkreis, Westvertikal). In einem

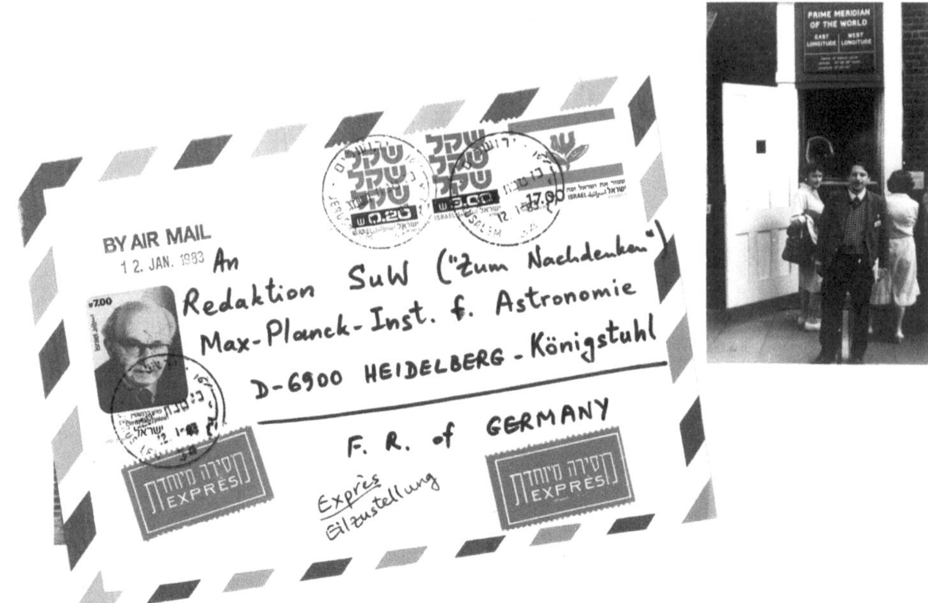

◘ Abb. 5.20 Das Foto zeigt Andrei R. Serban, einen Löser der Aufgabe 30, am Nullmeridian in Greenwich (siehe auch ◘ Abb. 1 im Vorwort), sowie den zugehörigen Briefumschlag.

solchen Dreieck gilt: Der Tangens einer Kathete ist gleich dem Tangens des Gegenwinkels mal dem Sinus der anderen Kathete. Für das genannte Dreieck folgt

$$\tan \delta_\odot = \tan \varphi \cdot \sin t \tag{5.156}$$

oder

$$\sin t = \frac{\tan \delta_\odot}{\tan \varphi} . \tag{5.157}$$

Setzt man die in Aufgabe 30.3 genannten Zahlenwerte ein, findet man $\sin t = 0{,}3425$, d. h. $t = 20{,}03°$ oder in Zeiteinheiten $t = 1^\mathrm{h}20^\mathrm{m}7^\mathrm{s}$. Die Sonne steht also um $16^\mathrm{h}39^\mathrm{m}53^\mathrm{s}$ im Westen.

✅ EL 30.4

a) Der Untergangszeitpunkt lässt bei bekannter geografischer Breite und bekannter Deklination der Sonne mit Hilfe der Transformationsgleichung

$$\sin h = \cos \varphi \cos \tau \cos \delta + \sin \varphi \sin \delta \tag{5.158}$$

berechnen. Mit $h = 0$ für den Untergang und nach Vereinfachung folgt

$$\cos \tau_\mathrm{U} = -\tan \varphi \tan \delta . \tag{5.159}$$

Setzt man die in Aufgabe 30.3 genannten Zahlenwerte ein, findet man $\cos \tau_\mathrm{U} = -0{,}541$ bzw. $\tau_\mathrm{U} = 122{,}729° = 8^\mathrm{h}11^\mathrm{m}$. Die Sonne geht damit um $20^\mathrm{h}11^\mathrm{m}$ unter.

b) Das Untergangsazimut $\hat{a}_\mathrm{U}$ berechnet sich nach

$$\cos \hat{a}_\mathrm{U} = -\frac{\sin \delta_\odot}{\cos \varphi} = -\frac{\sin(23{,}283°)}{\cos (51{,}483°)} = -0{,}635 \,. \tag{5.160}$$

Daraus folgt $\hat{a}_\mathrm{U} = 129{,}4°$, also ein Untergang im Nordwesten.

c) Die Abendweite Δ_U beträgt $\Delta_\mathrm{U} = \hat{a}_\mathrm{U} - 90° = 39{,}4°$.

Lösung zu A 31 – Ekliptik am Horizont

✅ L 31.1

Das Studium einer drehbaren Sternkarte ermöglicht die Aussage, dass die Neigung der Ekliptiktangente relativ zum Himmelsäquator im Frühlings- und Herbstpunkt ihren größten Wert besitzt, nämlich gerade die Schiefe ε der Ekliptik.

Andererseits ist aber der Schnittwinkel zwischen Horizont und Himmelsäquator nur von der geografischen Breite φ abhängig. Auf der nördlichen Hemisphäre steht die Ekliptik deshalb dann am steilsten, wenn der Frühlingspunkt gerade den Westpunkt des Horizonts erreicht. Diametral gegenüber liegt dann der Herbstpunkt im Ostpunkt des Horizonts.

✅ L 31.2

◘ Abb. 5.21 verrät, dass der gesuchte Schnittwinkel der größten Steilheit mit der größten Höhe der Ekliptik im Süden h_max übereinstimmt. Er beträgt mit den angegebenen Werten für die Schiefe der Ekliptik und der geografischen Breite

$$h_\mathrm{max} = \varepsilon + 90° - \varphi = 63° \,. \tag{5.161}$$

Man beachte dabei die rechten Winkel zwischen West- und Südrichtung sowie zwischen Horizont und Meridian.

✅ L 31.3

Auf der Nordhalbkugel kann man das Zodiakallicht abends in der Zeit vor Frühlingsbeginn am günstigsten beobachten. Da die Flächenhelligkeit des Zodiakallichts recht klein ist,

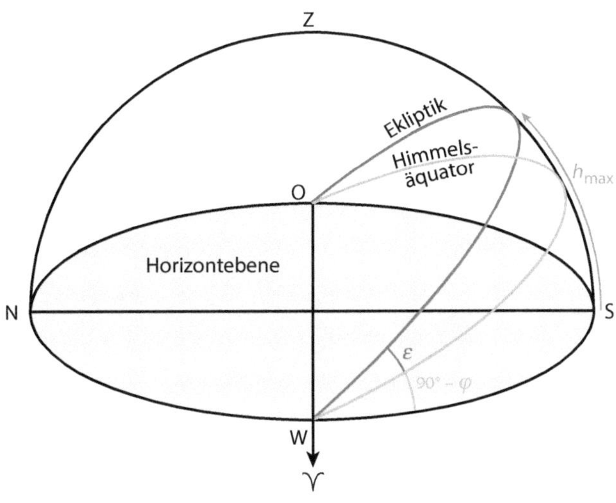

◘ **Abb. 5.21** Blick von außen auf die scheinbare Himmelskugel

muss man die Dämmerung abwarten. Bis zum 2.3. bleibt die Sonne dabei mindestens 18° unter dem Horizont, danach fällt der Moment der größten Steilheit nicht mehr in die Nacht, sondern in die astronomische Dämmerung. Der günstigste Zeitraum ist demnach Ende Februar, Anfang März, vorausgesetzt, der Mond stört nicht.

Lösung zu A 32 – Das unfreiwillige Survival-Training der W. Mathilda

 **L 32.1**

Aus der Länge des Stabes von 301 mm und der minimalen gemessenen Schattenlänge von 198 mm ermittelte die Anthropologin W. Mathilda grafisch (auf Millimeterpapier und mit einem Winkelmesser bewaffnet) eine Mittagshöhe der Sonne am 15. April 1995

$$h = \arctan\left(\frac{301\,\text{mm}}{198\,\text{mm}}\right) = 56°40'. \tag{5.162}$$

Ihre in den Sand gezeichnete Skizze ist links in 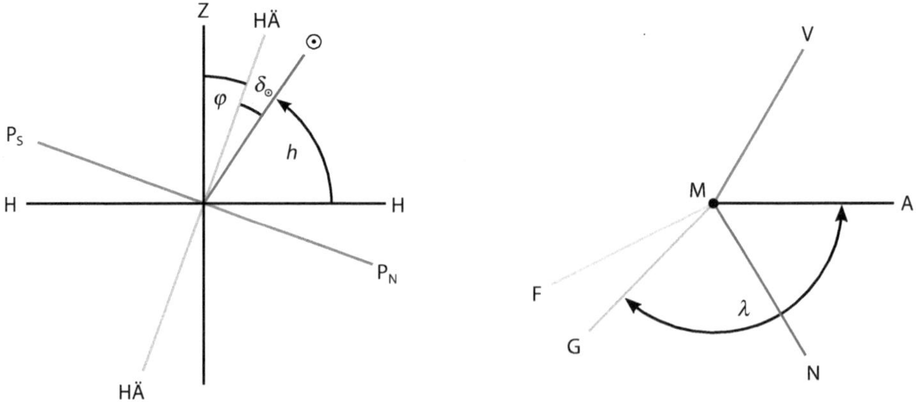 Abb. 5.22 wiedergegeben. Daraus leitete sie die Beziehung zwischen der geografischen Breite φ, der Mittagshöhe h und dem Winkelabstand $\delta_\odot$ der Sonne vom Himmelsäquator ($\delta = 0°$) ab:

$$\varphi = 90° - (h + \delta). \tag{5.163}$$

Die Deklination $\delta_\odot$ entnahm sie dem Himmelsjahr zu $9°40'$ Nord und erhielt als Breite den Wert $\varphi = 23°40'$ Süd.

Um die geografische Länge zu ermitteln, kritzelte W. M. den rechten Teil aus ■ Abb. 5.22 in den Wüstensand. Mit **V**, **N** und **F** zeichnete sie die Sonnenpositionen zu den Zeitpunkten der 1. Schattenlängenbestimmung am Vormittag, der 2. am Nachmittag und des Austritts des Mondes aus dem Kernschatten ein. Sie ergänzte die Zeichnung durch die Ortsmeridiane von Greenwich **G** und ihren Aufenthaltsort **A**.

■ **Abb. 5.22** Die *linke Grafik* dient zur Ableitung der geografischen Breite φ aus der Mittagshöhe h und des Winkelabstandes δ der Sonne vom Himmelsäquator. Die *rechte Grafik* hilft bei der Ermittlung der geografischen Länge λ.

Aus dieser Skizze ersah sie sofort, dass ihre gesuchte Länge identisch war mit dem Winkel $\angle GMA$, den sie aus anderen Winkeln folgendermaßen zusammensetzte:

$$\angle GMA = \angle VMF - \angle VMA - \angle GMF . \tag{5.164}$$

Alle drei Winkel waren ihr bekannt: $\angle VMF$ und $\angle VMA$ hatte sie mit ihrer Sanduhr, die eine Durchrieselzeit von $\Delta t = 10$ min hatte, gemessen, und $\angle GMF$ ergab sich zwanglos aus der Tatsache, dass der Austritt des Mondes aus dem Kernschatten um $UT(F) = 12 : 55$ Uhr Weltzeit stattfand. W. M. schrieb also auf:

$$\angle VMF = 77 \, \Delta t \tag{5.165}$$

$$\angle VMA = \frac{36}{2} \, \Delta t \tag{5.166}$$

$$\angle GMF = UT(F) - 12^{\mathrm{h}} \tag{5.167}$$

und bestimmte $\angle GMA = 8^{\mathrm{h}}55^{\mathrm{m}}$. Da sie wusste, dass 24 Stunden genau 360° entsprechen, erhielt sie schließlich für die Länge ihres Aufenthaltsortes $\lambda = 133°45'$ Ost.

Wie im Aufgabentext erwähnt, hatte W. Mathilda Glück, dass die Zeitgleichung (siehe auch Aufgabe 30 bzw. ◨ Abb. 5.18) gerade den Wert null betrug. Ihren maximalen Wert von $+16{,}35$ min hat die Zeitgleichung Anfang November. Zu diesem Zeitpunkt hätte der größtmögliche Fehler der Längenbestimmung auf ihrem Breitengrad

$$\Delta\lambda = 16{,}35 \, \text{min} \cdot \frac{40\,000 \, \text{km} \cdot \cos{(23°40')}}{24 \cdot 60 \, \text{min}} \approx 416 \, \text{km} \tag{5.168}$$

betragen.

✔ L 32.2

Mit Hilfe ihrer topografischen Karte stellte Waltzing Mathilda fest, dass sie sich nur 8 Breitenminuten genau nördlich von Alice Springs befand.

✔ L 32.3

Sie war daher nicht verwundert, als sie nach $8' \cdot \frac{40\,000 \, \text{km}}{(360 \cdot 60)'} = 8' \cdot 1{,}85 \, \frac{\text{km}}{'} = 15 \, \text{km}$ südlicher Fahrt eben diesen Namen auf den Ortsschildern las.

Lösung zu A 33 – Wo war der Ozeanologe?

✔ L 33.1

Da der Ozeanologe nur wenige Stunden lang nach Frankfurt geflogen war, muss er wohl auf der Nordhalbkugel gewesen sein. ◨ Abb. 5.23 zeigt die Sicht auf den östlichen Horizont bei Sonnenaufgang. Der gut zwei Tage alte zunehmende Mond kann nur dann vor der Sonne aufgehen, wenn die Mondbahn den Horizont von links oben nach rechts unten schneidet. Das ist nur dann möglich, wenn die geografische Breite φ größer als $61{,}5°$ ist. Denn die Bedingung dafür, dass der Mond vor der Sonne aufgeht, lautet: Die Neigung der Mondbahn gegen den Himmelsäquator (Winkel α) muss größer sein als die Neigung des Horizonts

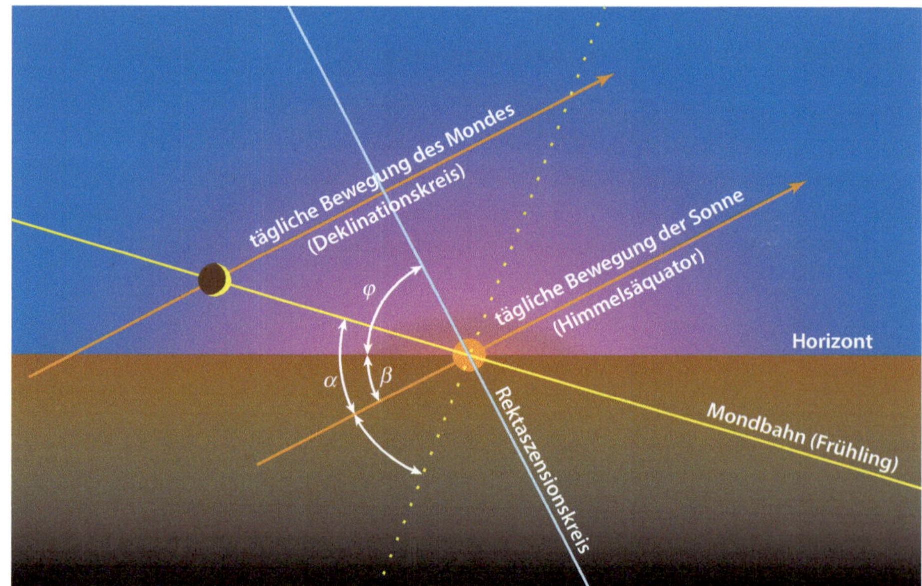

❏ **Abb. 5.23** Blick auf den Osthorizont beim Sonnenaufgang. Zwei Tage nach einer Sonnenfinsternis steht die Sonne noch fast genau auf der Mondbahn. Die Bedingung dafür, dass der Mond vor der Sonne aufgeht, lautet: Die Neigung der Mondbahn gegen den Himmelsäquator (Winkel α) muss größer sein als die Neigung des Horizonts gegen den Himmelsäquator (Winkel β).

gegen den Himmelsäquator (Winkel β). Der Winkel α kann maximal die Summe aus der Schiefe der Ekliptik (23,5°) und der Neigung der Mondbahn gegen die Ekliptik (5°), also 28,5°, groß sein. Der Winkel β ist durch die geografische Breite φ als $\beta = 90° - \varphi$ gegeben. Die Bedingung $\alpha > \beta$ bedeutet also 28,5° > 90° − φ bzw. φ > 61,5°.

✔ L 33.2

Ein Blick in den Weltatlas zeigt, dass unser Ozeanologe irgendwo in Nordeuropa an Land ging. Die kurze Flugzeit schließt andere nördliche Ländereien wie Kanada, Alaska und Sibirien aus. Das ist bereits die gesuchte Lösung. Wenn man den angegebenen Zeitunterschied von knapp einer Stunde zwischen Mondaufgang und Sonnenaufgang sowie das Alter des Mondes quantitativ auswertet, dann findet man, dass die tatsächliche geografische Breite bei 70° liegt. Damit lässt sich der Anlandungspunkt ziemlich genau angeben: Sein Schiff muss demnach einen Hafen in der Nähe des Nordkaps angelaufen haben.

✔ L 33.3

In ❏ Abb. 5.23 ist der Winkel α zwischen der Mondbahn und der täglichen Sonnenbewegung so aufgetragen, dass die Mondbahn und die Ekliptik den Himmelsäquator aufsteigend schneiden, d. h. die Sonne steht im Frühlingspunkt. Im Herbst hingegen würde die Mondbahn nicht flach nach links oben, sondern steil nach links unten verlaufen (ist in ❏ Abb. 5.23 punktiert). Somit würde der zunehmende Mond erst lange nach der Sonne aufgehen.

Lösung zu A 34 – Belichtungszeiten, geostationäre Satelliten, ein Flugzeug und Halley

✓ L 34.1

a) Die Länge α' einer Strichspur in Abhängigkeit von der Deklination δ des Objektes und der Belichtungszeit Δt ist nach (1.46)

$$\alpha' = \omega_{\mathrm{E}} \cos \delta \, \Delta t \, . \tag{5.169}$$

Durch Vergleich mit den Sternkoordinaten aus ◨ Tab. 1.2 erhält man für die Deklination der Bildmitte etwa $\delta = +4°$ und damit $\cos \delta = \cos 4° \approx 1$. Die gesuchte Belichtungszeit ermittelt man dann, unter Vernachlässigung des cos-Terms, aus

$$\Delta t = \frac{\alpha'}{\omega_{\mathrm{E}}} \, . \tag{5.170}$$

Durch Ausmessen der Strichspuren ergibt sich $\alpha' = 0{,}58°$. Die Belichtungszeit der Aufnahme betrug also etwa 2,3 Minuten.

b) Ein in konstanter Höhe $H = 10\,\mathrm{km}$ fliegendes Objekt muss in dieser Zeit einen Winkel $2\gamma = 10°$ durch den südlichen Fisch überstreichen. Da die betreffende Himmelsregion zum Zeitpunkt der Aufnahme $h = 90° - \varphi_{\mathrm{Kamera}} + \delta_{\mathrm{Fische}} = 45°$ über dem Horizont stand ($\varphi_{\mathrm{Kamera}} = 50°$), hat das Flugzeug eine auf den Erdboden projizierte Entfernung von nur $10\,\mathrm{km}$. Der zu untersuchende Flugzeugkurs darf dann als zum Erdboden parallele Gerade betrachtet werden. Mit Hilfe der ◨ Abb. 5.24 findet man schnell

$$s_0 = H \tan\left[90° - (h + \gamma)\right] \tag{5.171}$$

$$s_0 + s = H \tan\left[90° - (h - \gamma)\right] \, . \tag{5.172}$$

So folgt für die gesuchte Flugstrecke $s = 3{,}5\,\mathrm{km}$. Mit Hilfe der Belichtungszeit der Aufnahme folgt daraus die resultierende Minimalgeschwindigkeit $v = 91\,\mathrm{km\,h}^{-1}$. Diese ist für ein Flugzeug in $10\,\mathrm{km}$ Höhe natürlich unrealistisch. Normale Reisegeschwindigkeiten liegen bei etwa dem Zehnfachen. Umgekehrt formuliert: Das Flugzeug hat für die Durchquerung der Bildebene nicht die volle Belichtungszeit, sondern nur etwa 14 Sekunden benötigt.

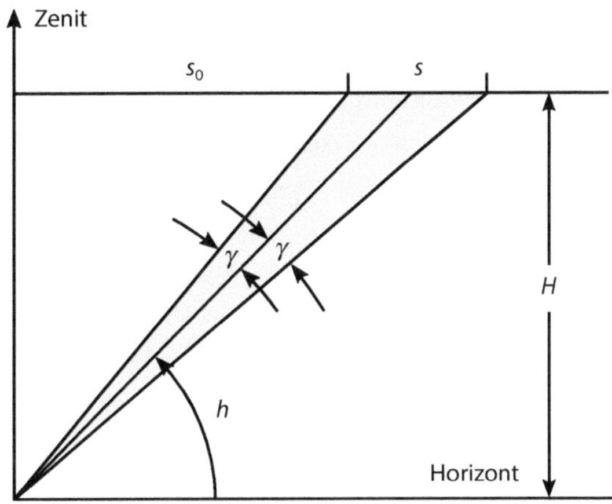

◨ **Abb. 5.24** Zur Ermittlung der Flugstrecke s.

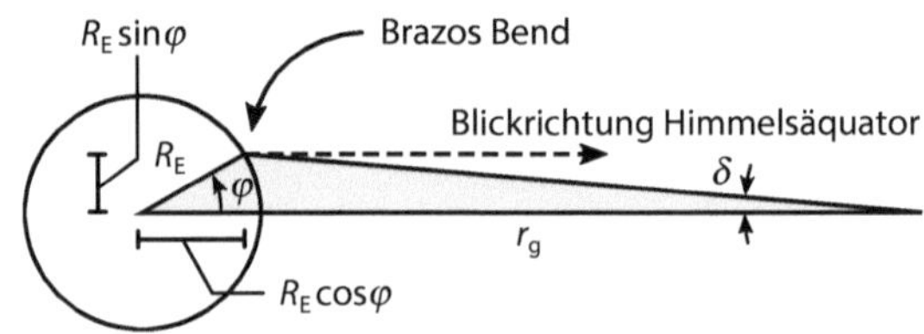

■ **Abb. 5.25** Zur Ermittlung der Deklination geostationärer Satelliten.

✓ L 34.2

a) Mit dem Radius des geostationären Orbits $r_g = 42\,164$ km (gemessen vom Erdmittelpunkt) und dem Erdradius $R_E = 6378$ km ergibt sich für die gesuchte Deklination mit Hilfe des schraffierten Dreiecks in ■ Abb. 5.25

$$\delta = -\arctan\left(\frac{\sin\varphi}{r_g/R_E - \cos\varphi}\right) = -4{,}94° . \tag{5.173}$$

Das negative Vorzeichen berücksichtigt, dass man die Satelliten von Brazos Bend aus betrachtet unterhalb des Himmelsäquators, also bei negativer Deklination, sieht.

b) Auch für diese Aufgabe darf die Belichtungszeit aus $\Delta t = \Delta\alpha' \,\omega_E^{-1}$ bestimmt werden. Vergleicht man die Länge der Strichspuren mit den Winkelabständen der Satelliten, erhält man $\Delta t = 4$ min.

✓ EL 34.3

Die Bildmitte liegt bei $\alpha = 23^h 25^m$, der hellste Stern, unten rechts, ist φ Aquarii. Der Deklinationsbereich erstreckt sich etwa von $-2°$ bis $-7°$.

5.4   Der Mond

Lösung zu A 35 – Mondphasen

✓ L 35.1

Nein. Da der Vollmond der Sonne gegenübersteht, geht er bereits bei Sonnenuntergang auf.

✓ L 35.2

Ja. Die Sonne zeigt im Winter nur einen kleinen Tagbogen, der größere Teil liegt unterhalb des Horizontes. Der Vollmond verhält sich umgekehrt, da er der Sonne gegenübersteht.

✓ L 35.3

Nein. Da die Sonne im Südhemisphärenwinter tief im Norden steht, muss der Vollmond hoch im Norden stehen.

✓ L 35.4

Nein. In der fraglichen Zeit herrscht Polartag, die Sonne geht also nicht unter. Der Vollmond ist deswegen gar nicht zu sehen.

✓ L 35.5

Nein. Abends ist der zunehmende Mond sichtbar.

✅ L 35.6

Ja. Panama liegt sehr nahe dem Erdäquator. Da die Ekliptik dort bei Frühlings- und Herbstanfang nahezu senkrecht relativ zum Horizont steht und der Mond wegen seiner geringen Bahnneigung (5°09′) als auf der Ekliptik befindlich betrachtet werden darf, kann man tatsächlich einen mauretanischen Mond beobachten (vgl. auch Aufgabe 37).

✅ L 35.7

Nein. Die Definition des Osterzeitpunktes lautet: am 1. Sonntag nach Vollmond nach Frühlingsanfang.

✅ L 35.8

Ja. Die Sonne beschreibt in der südlichen Hemisphäre im Dezember, dort ist also Sommer, den größten Tagbogen. Dies gilt auch für den Neumond.

✅ L 35.9

Ja. Wie z. B. der Blick in eine drehbare Sternkarte verrät, steht im Frühjahr die Ekliptik am Abend im Westen steiler zum Horizont als der Himmelsäquator.

✅ L 35.10

Nein/Ja. Da der Begriff Herbst auf beide Hemisphären bezogen werden konnte, sind beide Antworten möglich. Denn die Ekliptik ist im Nordherbst bei Sonnenaufgang flacher geneigt als der Himmelsäquator bzw. die Ekliptik steht im Südherbst steiler.

✅ L 35.11

Ja. Vom Südpol aus lassen sich Objekte mit positiver Deklination nicht beobachten – die besitzt der Mond aber laut Voraussetzung.

✅ L 35.12

Nein. Die beleuchtete Seite ist dort zwar die linke, dennoch befindet sich der Mond nach wie vor in der Phase Erstes Viertel.

✅ L 35.13

Nein. Denn dann müsste sich die Lichtquelle *zwischen* Erde und Mond befinden.

✅ L 35.14

Nein. Sind die Astronauten erst einmal gelandet, so rückt und rührt sich die Erde wegen der gebundenen Rotation des Mondes nicht mehr vom Fleck (abgesehen von Librationseffekten).

Vergleichen Sie Ihre Antworten mit denen der Leser aus dem Jahr 1996, dargestellt in ◨ Abb. 5.26.

Lösung zu A 36 – Mond und Stromboli

✅ L 36.1

Während eines Tages beschreibt der Mond keinen vollständigen Kreis um den Beobachter, denn er umläuft die Erde im selben Drehsinn wie diese um ihre Achse rotiert. Die

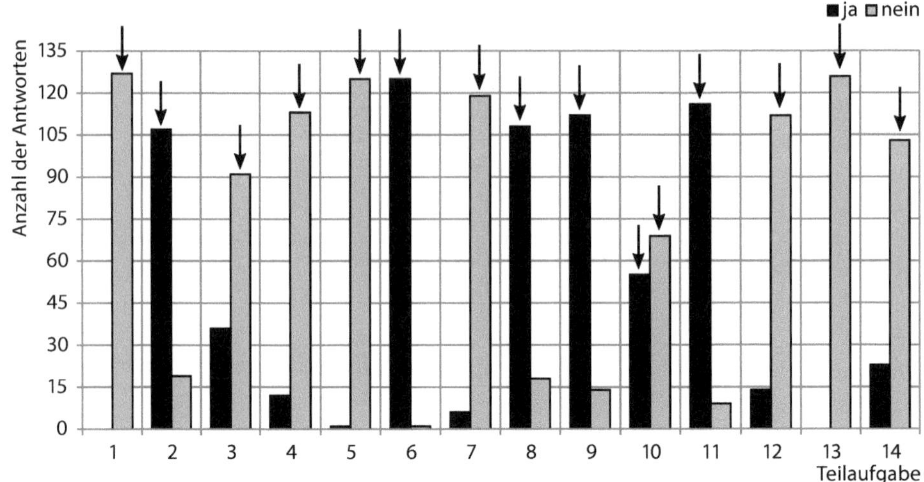

Abb. 5.26 Anfang 1996 antworteten 127 Leser auf diese Frage „Zum Nachdenken" – 45 Einsendungen waren völlig fehlerfrei. Das Balkendiagramm zeigt die Verteilung der Antworten. Der *Pfeil* kennzeichnet die jeweils richtige Antwort.

Winkelgeschwindigkeit relativ zum Beobachter auf der Erde ist also

$$\Delta\omega = \omega_{\text{Erde}} - \omega_{\text{Mond}} = 347{,}8092°/\text{d} = \frac{360°}{24^{\text{h}}\,50^{\text{m}}\,28^{\text{s}}} \tag{5.174}$$

bzw. $\Delta\omega = 0{,}0040256°/\text{s}$. Wenn der Mond nicht bei Deklination Null steht – also auf dem Himmelsäquator –, beschreibt er keinen Großkreis um die Erde, legt pro Umlauf auch nicht das 720-fache seines zu $0{,}5°$ angenommenen scheinbaren Durchmessers zurück.

(5.174) muss dann folgendermaßen modifiziert werden, um die richtigen Zeitabstände zu erhalten:

$$\Delta\omega' = \Delta\omega \, \cos\delta \tag{5.175}$$

mit der Deklination δ des Mondes. Zur Berechnung der Zeiten benötigt man also auch die Deklination des Mondes, die man durch folgende Überlegung gewinnen kann:
a)   Unsere Sonne steht im Frühling und Herbst sehr nahe am Himmelsäquator.
b)   Da der Mond auf den Aufnahmen in ■ Abb. 1.33 halb und zunehmend abgelichtet war, befand er sich in Quadratur zur Sonne und um die Schiefe $\varepsilon = 23{,}5°$ der Ekliptik unter dem Himmelsäquator.

Da die Neigung der Mondbahnebene lediglich etwa $5°$ beträgt ($0{,}88 \leq \cos\delta \leq 0{,}94$), darf sie – in den Messungenauigkeiten untergehend – vernachlässigt werden.

 **L 36.2**

Unter Verwendung von $\delta = 23{,}5°$ findet sich nun $\Delta\omega' = 0{,}22°/\text{min}$ in sinnvollen Einheiten. Die relativen Wegstücke dürfen auf den Bildern nun in Vielfachen des Monddurchmessers abgelesen werden. Die vier Aufnahmen von Herrn Stöver gehören zu einer Ereigniskette vom 2. September 1984 (vgl. ■ Abb. 5.27). Die zeitliche Reihenfolge entspricht der Nummerierung in der ■ Abb. 1.33. Die zeitlichen Abstände betragen 12, 14 und 19 Minuten.

 **Abb. 5.27** In der Überlagerung offenbaren sich die verschiedenen Positionen des Mondes im gleichen Maßstab.

Lösung zu A 37 – Der mauretanische Mond

L 37.1

Die Berechnung der (fast) akkuraten Lösung erfordert keine Kenntnisse der sphärischen Trigometrie, denn für kleine Gestirnabstände bis ca. 15° kann man die Krümmung der Himmelskugel vernachlässigen. Die Rundung des Mondes zeigt zur Sonne, die auf der Ekliptik steht. Da die Rundung wie auf der Flagge von Mauretanien senkrecht nach unten zeigen soll, muss die Ekliptik möglichst steil zum Horizont stehen. Die größtmögliche Steilheit hat sie, wenn der Frühlingspunkt genau am Horizont liegt. Der Winkel β ist dann 23,45° größer als der Neigungswinkel Ekliptik – Horizont, der $90° - \varphi$ beträgt, also $\beta = 90° + 23,45° - \varphi$ bzw. $\alpha = 90° + 23,45° - \beta$ (vgl. dazu ◙ Abb. 5.28).

Befände sich der Mond ebenfalls genau auf der Ekliptik, so müsste die Ekliptik senkrecht zum Horizont stehen, damit die Mondrundung zum Horizont zeigt. Es müsste gelten: $\beta = 90°$ bzw. $\varphi = 23,45°$. Die gesuchte Mondstellung könnte man gerade noch am nördlichen Wendekreis beobachten.

Nun ist die Mondbahn gegenüber der Ekliptik aber um $i = 5,12°$ geneigt. Die naheliegende Folgerung, dass der „Mauretanienmond" nun bis $\varphi = 23,45° + 5,12° = 28,57°$ beobachtbar sein müsste, ist jedoch falsch.

In ◙ Abb. 5.28 sind zur Erklärung die entscheidenden Größen eingetragen: Horizont, Himmelsäquator (der genau im Westen den Horizont schneidet), Ekliptik (die ebenfalls im Westen den Horizont schneidet, da der Frühlingspunkt am Horizont liegt), die Sonne (6° unter dem Horizont auf der Ekliptik) und der Mond, der den größtmöglichen Nordabstand von der Ekliptik mit 5,12° hat. Aus dem rechtwinkligen Dreieck mit Sonne und Mond folgt

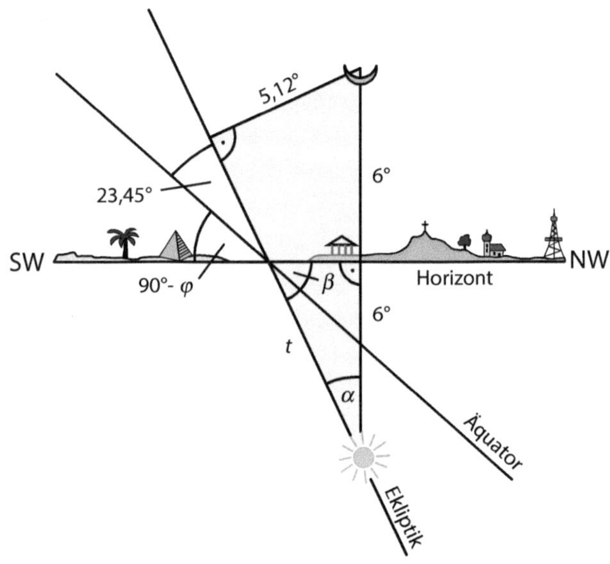

Abb. 5.28 Extreme Stellung von Sonne und Mond. Für den Horizont müsste anstelle der ägyptischen Pyramide oder des griechischen Tempels besser eine bayerische Barockkirche nördlich der Alpen gewählt werden.

$\sin\alpha = 5{,}12°/12°$, woraus sich $\alpha = 25{,}26°$ ergibt. Damit folgt $\beta = 90° - \alpha = 64{,}74°$ bzw. $\varphi = 23{,}45° + \alpha = 48{,}71°$. Man erhält als erstaunliches Resultat, dass in süddeutschen Städten der tropische „Mauretanienmond" beobachtet werden kann!

Wann kann man den Mond nun so sehen? Der Abstand der Sonne vom Frühlingspunkt errechnet sich über $\cos\alpha = 6°/t$ zu $t = 6{,}63°$. Da die Sonne jeden Tag um knapp $1°$ weiterwandert, liegt der optimale Beobachtungstermin etwa 6 Tage vor Frühlingsanfang, also am 15. März. Der Mond sollte dann über $\cos\alpha = x/12°$, also $x = 10{,}85°$, oder, nach Division durch 360°, 0,030 synodische Monate alt sein. Da ein synodischer Monat, die Zeitdauer zwischen zwei Neumonden, $t = 29{,}53^{\mathrm{d}}$ lang ist, muss der Neumond $29{,}53^{\mathrm{d}} \cdot 0{,}030 = 21{,}4^{\mathrm{h}}$ alt sein. Schließlich muss auch die Nordbreite des Mondes etwa einen Tag nach Neumond maximal sein. Die Position von der Nordbreite oder der Südbreite des Mondes bzw. die Lage der Drachenpunkte (die Schnittpunkte der Mondbahn mit der Ekliptik), liegen nun von Jahr zu Jahr anders. Da die Drachenpunkte in 18 Jahren $7\frac{1}{2}$ Monaten einmal gegenläufig die Ekliptik umlaufen, kann man nur etwa alle 18 bis 19 Jahre den Frühjahrsneumond in „Mauretanienlage" sehen, für die dann das Gedicht von Morgenstern nicht mehr gilt.

Lösung zu A 38 – Der Mond und das Erdperihel

 **L 38.1**

Betrachtet man die Schwankungen des gemeinsamen Schwerpunktes des Erde-Mond-Systems im Abstand von der Sonne als Sinusschwingung mit der Amplitude $a \cdot e$ (siehe **Abb. 5.29**) und setzt die angegebenen Werte in (1.48) ein, so folgt die radiale Nettobeschleunigung zu

$$b = 9{,}9 \cdot 10^{-5}\,\mathrm{m\,s^{-2}} \approx 10^{-5}g = 10\,\mathrm{\mu}g,$$

▣ Abb. 5.29 In der Grafik ist die radiale Sonnendistanz des Erde-Mond-Schwerpunkts gegen die Zeit aufgetragen. Der Schwerpunkt beschreibt dabei eine sinusförmige Schwingung.

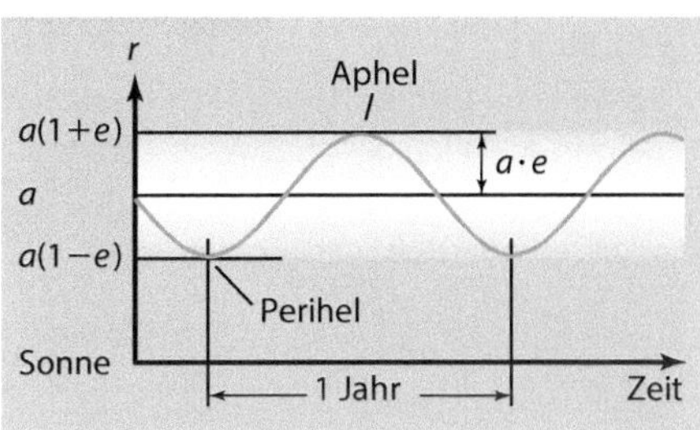

▣ Abb. 5.30 Der Schwerpunkt befindet sich im Perihel seiner Bahn. Für den Fall der vorauseilenden Erde, also zunehmenden Halbmonds, erreicht die Erde ihren sonnennächsten Punkt kurze Zeit später.

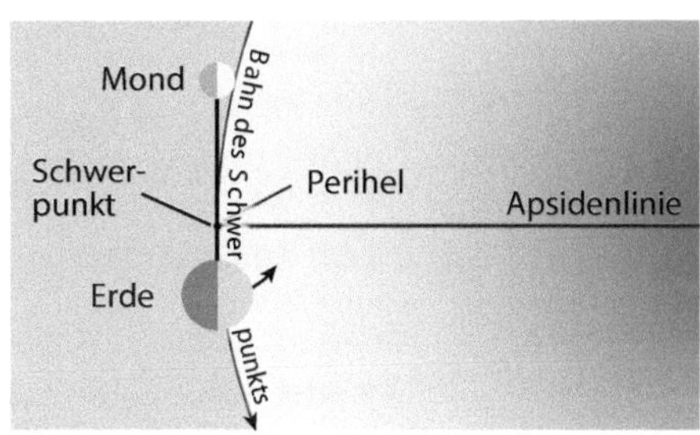

wobei $g = 9{,}81\,\mathrm{m\,s^{-2}}$ die Schwerebeschleunigung an der Erdoberfläche bedeuten soll.

✓ L 38.2

Bezeichnet man das Massenverhältnis Mond/Erde mit μ ($\mu = 1/81$), dann folgt aus der Gleichgewichtsbedingung $M_\oplus\, a_\oplus = M_{\mathbb{C}}\, a_{\mathbb{C}}$, wobei $a_\oplus$ und $a_{\mathbb{C}}$ die jeweiligen Abstände vom Schwerpunkt sein sollen sowie $a_\oplus + a_{\mathbb{C}} = a = 384\,000\,\mathrm{km}$, der mittlere Abstand beider Körper zueinander, zunächst

$$a_\oplus = \frac{\mu}{1 + \mu}\, a\,. \tag{5.176}$$

Daraus ergibt sich wegen $v_\oplus = 2\,\pi\, a_\oplus / P_{\oplus\mathbb{C}}$ sofort

$$v_\oplus = \frac{2\,\pi}{P_{\oplus\mathbb{C}}}\, \frac{\mu}{1 + \mu}\, a = 12{,}5\,\mathrm{m/s}\,. \tag{5.177}$$

✓ L 38.3

Aus ▣ Abb. 5.30 sieht man, dass sich bei zunehmendem Mond eine Verspätung, bei abnehmendem Mond eine Verfrühung einstellt. In der Grafik befindet sich der Mond genau im Ersten Viertel (die Krümmung der Bahn des Schwerpunktes ist stark übertrieben). Der Schwerpunkt ist zum gewählten Zeitpunkt genau im Perihel seiner Bahn, und die Erdbewegung um den gemeinsamen Schwerpunkt von Erde und Mond führt die Erde dann später an ihren geringsten Sonnenabstand heran.

✓ L 38.4

Nach Einsetzen der Ergebnisse aus den Aufgaben 38.1 und 38.2 erhält man $\Delta t = v/b = 1{,}46\,\mathrm{d}$ – das sind etwa 35 Stunden.

✅ EL 38.5

Betrachtet man ◘ Abb. 5.29, so lässt sich für die Abstandsänderung x_S des Schwerpunkts des Erde-Mond-Systems relativ zur kreisförmigen Bahn die Gleichung

$$x_S = -a\,e\,\cos\omega t \tag{5.178}$$

aufstellen (sofern $t = 0$ im Perihel angenommen wird). Die Ableitungen nach der Zeit ergeben

$$v = \dot{x}_S = a\,e\,\omega\,\sin\omega t \tag{5.179}$$

und

$$b = \dot{v} = \ddot{x}_S = a\,e\,\omega^2\,\cos\omega t\,. \tag{5.180}$$

Mit $\omega = 2\,\pi/P$ wird daraus im Maximum ($\cos\omega t = 1$) die gesuchte (1.48).

✅ EL 38.6

Die Sonnennähe wird dann sehr groß, wenn die Erde in der gezeigten Stellung (vgl. ◘ Abb. 5.30) im Perizentrum – im Punkt der geringsten Entfernung zum Schwerpunkt – ihrer Bewegung um den Schwerpunkt ist. Dann nämlich hat die Erde die größtmögliche Geschwindigkeit in Richtung Sonne. Es gilt $b_e\,\Delta t \approx v_e$; deshalb ist Δt sehr groß, wenn auch v_e sehr groß ist. Schreibt man nun $v_q\,a_☽\,(1-e) = v_e\,a_☽$, mit der Perizentrumsgeschwindigkeit v_q, so folgt schließlich $\Delta t = v_q/b_e = 1{,}54\,\mathrm{d}$, also etwa 37 Stunden.

Lösung zu A 39 – Gezeitenreibung, Teil 1

✅ L 39.1

Die Erde verliert durch den Impulsübertrag zur Mondbahn Rotationsenergie. Ableitung von (1.49) nach der Zeit ergibt

$$\dot{E}_{\mathrm{rot}} = \frac{\mathrm{d}}{\mathrm{d}t}\,E_{\mathrm{rot},☽} = I_☽\,\omega_☽\,\dot{\omega}_☽\,, \tag{5.181}$$

wobei

$$\dot{\omega}_☽ = \frac{\mathrm{d}}{\mathrm{d}t}\left(\frac{2\,\pi}{P_☽}\right) = -\frac{2\,\pi}{P_☽^2}\,\dot{P}_☽ \tag{5.182}$$

und $\dot{P}_☽ = \tau$. Mit den angegebenen Werten folgt $\dot{E}_{\mathrm{rot},☽} = -1{,}05 \cdot 10^{22}\,\mathrm{J}/100\,\mathrm{a} = -3{,}34 \cdot 10^{12}\,\mathrm{J/s}$.

Man kann dies als die Bremsleistung des Mondes bezüglich der Erdrotation bezeichnen. Für die Autofahrer unter Ihnen sei das Ergebnis ausnahmsweise auch in Pferdestärken ausgedrückt: 4,5 Milliarden PS.

✅ EL 39.2

Zunächst stelle man die Gleichung des Gesamtdrehimpulses auf und berechne diesen anhand der gegebenen Zahlenwerte

$$J_{\mathrm{ges}} = I_☽\,\omega_☽ + G^{2/3}\,\mu\,m^{5/3}\,\omega_{\mathrm{Bahn}}^{-1/3} = 3{,}45 \cdot 10^{34}\,\mathrm{kg\,m^2\,s^{-1}}\,. \tag{5.183}$$

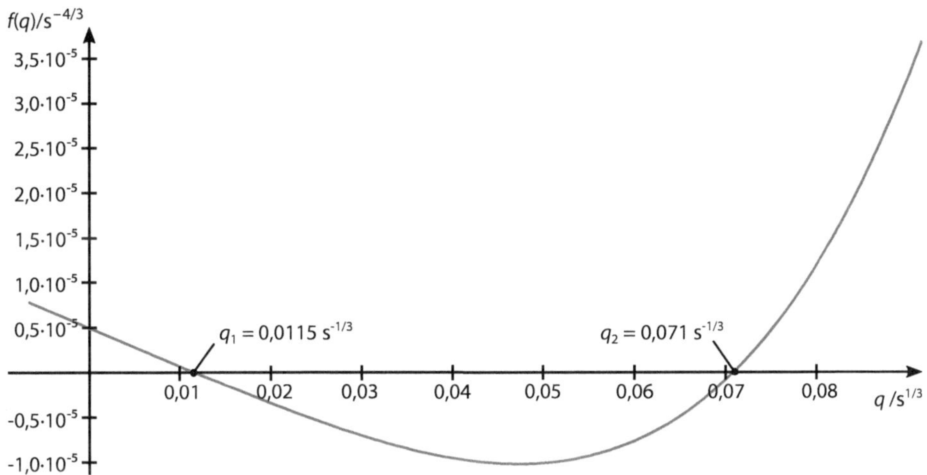

Abb. 5.31 Grafische Lösung von (5.184).

Mit $\omega_{\leftmoon} = \omega_{\text{Bahn}} = \Omega$ wird aus (5.183) nach kurzer Umformung

$$q^4 - j\,q + \ell = 0. \tag{5.184}$$

Dabei sind zur Abkürzung $q = \Omega^{1/3}$, $j = J_{\text{ges}}/I_{\leftmoon} = 4{,}267 \cdot 10^{-4}\,\text{s}^{-1}$ und $\ell = G^{2/3}\,\mu\,m^{5/3}/I_{\leftmoon} = 4{,}903 \cdot 10^{-6}\,\text{s}^{-4/3}$ gesetzt. Mit $A^3 = 9\,j^2 + 3^{1/2}(27\,j^4 - 256\,\ell)^{1/2}$, $B = 4\,(2/3)^{1/3}\,\ell/A$, $C = 2^{-1/3}\,3^{-2/3}\,A$ und $D = B + C$ erhält man die vier Lösungen:

$$q_{1/2/3/4} = {\textstyle{+\atop-}}\,D^{1/2} {\textstyle{-\atop+}}\,\frac{1}{2}\left(-D\,{\textstyle{-\atop\substack{+\\+}}}\,2j/D^{1/2}\right)^{1/2}. \tag{5.185}$$

Die beiden ersten sind reell, die beiden anderen konjugiert komplex. Nach Einsetzen erhält man $q_1 = 0{,}0115\,\text{s}^{-1/3}$ und $q_2 = 0{,}071\,\text{s}^{-1/3}$. Die gleichen Lösungen erhält man auch, wenn man die Funktion $f(q)$ zeichnet und grafisch die Nullstellen bestimmt (vgl. **◼** Abb. 5.31). Die Werte für q_1 und q_2 entsprechen den Umlaufperioden $P_2 = 4{,}9\,\text{h}$, was physikalisch sinnlos ist, und $P_1 = 47{,}5\,\text{d}$. Weisen Erde und Mond irgendwann gebundene Rotation auf, so wird der Erdtag die Länge von etwa anderthalb heutigen Monaten besitzen.

✔ L 39.3

Das dritte Kepler'sche Gesetz verrät sofort den zur finalen Umlaufdauer gehörenden Bahnradius $r_{\text{max}} = 556\,000\,\text{km}$ bzw. mit $\rho = r/r_0$: $\rho_{\text{max}} = 1{,}45$.

✔ EL 39.4

Fasst man (1.54) derart zusammen:

$$\dot{r} = k_2\,r^{-\alpha+1/2}, \tag{5.186}$$

wobei

$$k_2 = 2\,k_1\,G^{-1/2}\,\mu^{-1}\,m^{-3/2} \tag{5.187}$$

gesetzt wurde, so lässt sich auch schreiben:

$$\dot\rho\,r_0 = k_2\,(\rho\,r_0)^{-\alpha+1/2}\,. \tag{5.188}$$

Geringfügig umgeformt, gelingt nach Trennung der Variablen sofort die Integration

$$\rho(t) = (k_5\,t + k_3)^{1/(\alpha+1/2)} \tag{5.189}$$

mit der Integrationskonstanten k_3, die sich wegen $\rho(t = t_0) = \rho_0 = 1$ sofort zu $k_3 = 1$ ergibt. Dabei sind die Abkürzungen $k_5 = k_2/k_4$ und $k_4 = r_0^{\alpha+1/2}/(\alpha + 1/2)$.

Nun ist alles bekannt, bis auf die Konstante[1] k_1 aus (1.54). Für ihre Bestimmung differenziert man (1.53) nach Einsetzen von $\omega_{\text{Bahn}} = 2\,\pi/P_{\text{Bahn}}$ nach der Zeit

$$3\,r^2\,\dot r = -2\,G\,m\,\omega_{\text{Bahn}}^{-3}\,\dot\omega_{\text{Bahn}}\,. \tag{5.190}$$

Das ist eine Beziehung, in der nur noch $\dot\omega_{\text{Bahn}}$ unbekannt ist. Die Kenntnis dieses Parameters folgt jedoch sofort durch Differenzieren von (5.183) nach der Zeit

$$\dot\omega_{\text{Bahn}} = 3\,G^{-2/3}\,\mu^{-1}\,m^{-5/3}\,I_{\male}\,\omega_{\text{Bahn}}^{4/3}\,\dot\omega_{\male}\,. \tag{5.191}$$

Mit (5.182) und (5.190) ergibt sich (5.192), in der $\dot r$ auf τ zurückgeführt wird. Damit wird die Rate, mit der sich der Mondbahnradius gegenwärtig vergrößert,

$$\dot r = 4\,\pi\,G^{1/3}\,\mu^{-1}\,m^{-2/3}\,I_{\male}\,\omega_{\text{Bahn}}^{-5/3}\,r^{-2}\,P_{\male}^{-2}\,\tau = 3{,}89\,\text{cm/a}\,. \tag{5.192}$$

(5.186) verrät sofort k_2 und mit (5.187) nun auch endlich k_1. Nach Einsetzen aller Werte folgt schließlich die gesuchte Zeit aus (5.189):

$$t_{\text{final}} = \left(\rho_{\max}^{\alpha+1/2} - k_3\right)/k_5\,. \tag{5.193}$$

Da $k_5 = (\alpha + 1/2)\,\dot r/r_0$ gilt, ist endlich $t_{\text{final}} = 15{,}3$ Milliarden Jahre.

Dieses Ergebnis deutet darauf hin, dass innerhalb der diversen impliziten Annahmen (z. B. Konstanz von $I_{\male}$ und α) das Überführen der Erdrotation in eine mit der Mondrevolution laufende gebundene Rotation gut dreimal so lange dauert wie unsere Sonne noch in der Nähe der Hauptreihe des Hertzsprung-Russell-Diagramms bleiben wird.

Lösung zu A 40 – Gezeitenreibung, Teil 2

 **L 40.1**

Der Mond kann als Ganzes der Erde nicht näher als der Roche-Grenze r_{R} gewesen sein. Setzt man Gravitations- und Gezeitenkraft gleich, ergibt sich

$$r_{\text{R}} = 2\,\sqrt[3]{\rho_{\male}/\rho_{\leftmoon}}\;R_{\male}\,. \tag{5.194}$$

---

[1] An der Bestimmung dieser Konstanten haben sich 95 % der ursprünglichen Einsender von 1998 vergeblich die Zähne ausgebissen.

Nach der gewünschten Korrektur lautet dies

$$r_{\mathrm{R}} = 2{,}45 \sqrt[3]{\rho_{\oplus}/\rho_{\mathbb{C}}} \; R_{\oplus} = 2{,}896 \, R_{\oplus} = 18\,470\,\mathrm{km}\,. \tag{5.195}$$

Dies sind lediglich etwa 5 % des heutigen Abstands.

✅ L 40.2

a) Aus (5.189) folgt

$$t_{\mathrm{R}} = \left(\rho_{\mathrm{R}}^{\alpha+1/2} - k_3\right)/k_5, \tag{5.196}$$

wobei $\rho_{\mathrm{R}} = r_{\mathrm{R}}/r_0$ gilt. Mit $k_3 = 1$ und $k_5 = 6{,}585 \cdot 10^{-10}\,\mathrm{a}^{-1}$ folgt nach Einsetzen der Zahlenwerte $t_{\mathrm{R}} \approx -1{,}5\,\mathrm{Ga}$. Diesem Ergebnis zufolge sollte der Mond vor etwa 1,5 Milliarden Jahre der Erde sehr nahe gewesen sein.

b) Dass dieser Wert etwa um den Faktor 3 zu klein ist, muss man auf die mit Hilfe von α beschriebene, jedoch nicht detailliert berücksichtigte Gezeitenkopplung und weitere Schwächen des Modells schieben, die gerade auch bei (5.186) zum Tragen kommen.

✅ L 40.3

a) Die Drehimpulse von Erde, Bahn und Mond ergeben sich nach $J_{\oplus} = I_{\oplus}\,\omega_{\oplus}$, $J_{\mathrm{Bahn}} = G^{2/3}\,\mu\,m^{5/3}\,\omega_{\mathrm{Bahn}}^{-1/3}$ und $J_{\mathbb{C}} = I_{\mathbb{C}}\,\omega_{\mathrm{Bahn}}$. Bei der Berechnung muss beachtet werden, dass die zum betrachteten Zeitpunkt gehörenden Kreisfrequenzen eingesetzt werden. Diese sind weitestgehend aus den vorangegangenen Aufgaben bekannt. Die Frequenzen und der jeweilige Anteil von Erde, Bahn und Mond am Gesamtdrehimpuls sind in ◘ Tab. 5.3 für die Zeitpunkte i) heute t_{h}, ii) final t_{f} und iii) Roche-Radius t_{R} aufgeführt. Man sieht in ◘ Tab. 5.3, dass der Drehimpuls auch heute schon zum größten Teil in der Bahnbewegung steckt, wogegen er ursprünglich hauptsächlich in der Erdrotation manifestiert war.

b) Der in der Rotation (nicht Revolution) des Mondes steckende Anteil ist zu allen Zeiten vergleichsweise klein und kann deshalb bei unserer Betrachtung vernachlässigt werden. Jedoch war die Rotation des Mondes nicht zwangsläufig immer gebunden. Deshalb war der tatsächliche Anteil des lunaren Drehimpulses in früheren Zeiten sicherlich deutlich größer als hier berechnet.

c) Die Tageslänge der Erde war damals, als der Mond in Roche-Entfernung kreiste,

$$P_{\oplus,\mathrm{R}} = \frac{2\,\pi}{\omega_{\oplus,\mathrm{R}}}\,. \tag{5.197}$$

Dabei folgt aus der Drehimpulserhaltung

$$\omega_{\oplus,\mathrm{R}} = J_{\mathrm{ges}} - G^{2/3}\,\mu\,m^{5/3}\,\omega_{\mathrm{Bahn,R}}^{-1/3}/I_{\oplus} \tag{5.198}$$

und aus dem dritten Kepler'schen Gesetz

$$\omega_{\mathrm{Bahn,R}} = \sqrt{\frac{G\,m}{r_{\mathrm{R}}^3}}\,. \tag{5.199}$$

Man findet schließlich $P_{\oplus,\mathrm{R}} = 18\,050\,\mathrm{s}$. Unsere Erde hat damals nur etwa fünf Stunden benötigt, um sich einmal um ihre Achse zu drehen.

▪ Tabelle 5.3   Kreisfrequenzen und Drehimpulsanteile von Erde, Bahn und Mond

Zeitpunkt	$\omega_\oplus$	ω_{Bahn}	Erde	Bahn	Mond
t_{R}	$\dfrac{2\pi}{P_{\oplus,\text{R}}}$ (L 40.3c)	$\sqrt{\dfrac{Gm}{r_{\text{R}}^{3}}}$	81,8 %	18,2 %	0,064 %
t_{h}	$\dfrac{2\pi}{P_\oplus}$ (A 39.1)	$\dfrac{2\pi}{P_{\text{Bahn}}}$ (A 39.2)	17,1 %	82,9 %	0,0007 %
t_{f}	$\Omega = \dfrac{2\pi}{P_1}$ (L 39.2)	$\Omega = \dfrac{2\pi}{P_1}$	0,36 %	99,6 %	0,0004 %

✅ L 40.4

Die Drehbewegung der Erde lässt sich – zumindest für vergleichsweise kurze Zeitintervalle – beschreiben durch durch die Gleichung

$$\varphi = \varphi_0 + \omega_\oplus\, \Delta t + \frac{1}{2}\, \dot{\omega}_\oplus\, \Delta t^2 \, . \tag{5.200}$$

Im Zeitraum zwischen der Sonnenfinsternis im Januar 484 und Juli 1998, also $\Delta t = 1514{,}5\,\text{a}$, hat sich unter dem Einfluss der Rotationsabbremsung ein beliebiger Längenkreis um den Winkel

$$\varphi = \frac{1}{2}\, \dot{\omega}_\oplus\, \Delta t^2 \tag{5.201}$$

verschoben. Zusammen mit $\dot{\omega}_\oplus = \frac{2\pi\dot{P}}{P^2} = \frac{2\pi\tau}{P^2}$ folgt zunächst im Bogenmaß und nach Umrechnung ins Gradmaß dann $\Delta\varphi \approx 37°$. Dieses Resultat passt im Rahmen der zu erwartenden Genauigkeit vorzüglich zu den aus der totalen Sonnenfinsternis vom 14. Januar 484 abgeleiteten Daten.

Lösung zu A 41 – Sturz

✅ L 41.1

Die Endgeschwindigkeiten entsprechen gerade der jeweiligen Bahngeschwindigkeit v_i des Mondes um die Erde bzw. der Erde um die Sonne

$$v_i = \frac{2\pi a_i}{P_i} \tag{5.202}$$

mit $i = \text{M, E}$. Die abgeschossenen Körper stürzen deshalb auf den entsprechenden Zentralkörper (Erde bzw. Sonne), da sie relativ zu ihm keinen Drehimpuls mehr besitzen. Die Dauer dieses Prozesses – die Sturzzeit – folgt aus dem 3. Kepler'schen Gesetz. Dieses lautet in Worten: „Die Kuben der großen Halbachsen verhalten sich wie die Quadrate der Umlaufzeiten" bei gleichem Zentralkörper.

Denkt man sich eine Bahnellipse um den Zentralkörper, deren kleine Halbachse immer näher bei Null liegt, die Exzentrizität also gegen 1 strebt, so konvergiert die Bahn gegen eine Wurfparabel (vgl. ▪ Abb. 5.32). Die Brennpunkte der entarteten Ellipse liegen dann in den Umkehrpunkten bei Mondentfernung und im Erdzentrum. Daraus folgt eine große

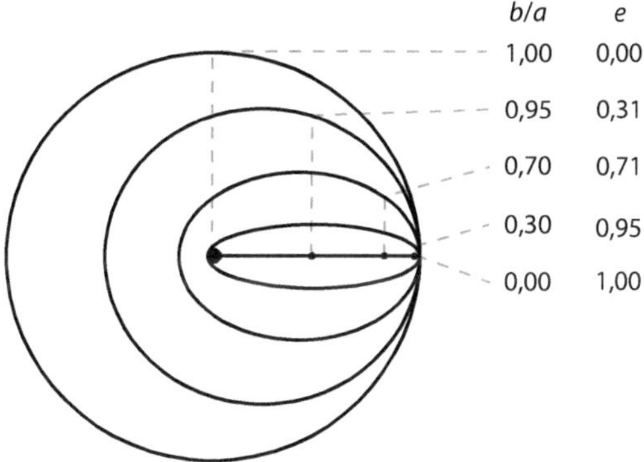

■ Abb. 5.32 Übergang von einer Kreisbahn ($e = 0$) zu einer entarteten Ellipse ($e = 1$).

Halbachse von $a' = \frac{1}{2}\,a$. Zusammen mit dem 3. Kepler'schen Gesetz folgt

$$\left(\frac{a'}{a}\right)^3 = \left(\frac{P'}{P}\right)^2 \tag{5.203}$$

oder, nach P aufgelöst,

$$P' = P\left(\frac{a'}{a}\right)^{3/2} = P\left(\frac{1}{2}\right)^{3/2} . \tag{5.204}$$

Die gesuchte Sturzzeit Δt_S – ohne Berücksichtigung der Ausdehnung der Sturzkörper – ist gerade die halbe „Umlauf"zeit der entarteten Ellipse $\Delta t_\mathrm{S} = \frac{1}{2}\,P'$. Für den Abschuss von der Mondoberfläche erhält man $\Delta t_\mathrm{S,M} \approx 4{,}8\,\mathrm{d}$.

✓ L 41.2

Für den Abschuss von der Erdoberfläche erhält man $\Delta t_\mathrm{S,M} \approx 64{,}6\,\mathrm{d}$.

Lösung zu A 42 – Einschläge auf dem Mond verursachen Schrammen

✓ L 42.1

Die Fluchtgeschwindigkeit v_esc des Mondes folgt aus dem Energieerhaltungssatz

$$v_\mathrm{esc} = \sqrt{\frac{2\,G\,M_\mathbb{C}}{R_\mathbb{C}}} = 2{,}375\,\mathrm{km/s} . \tag{5.205}$$

✓ L 42.2

a) Die Geschwindigkeit auf dem niedrigsten Orbit ist $v_0 = v_\mathrm{esc}/\sqrt{2} = 1{,}68\,\mathrm{km/s}$.

b) Mit dieser Geschwindigkeit erreicht der Auswurf nach $P/2 = \pi\,R_\mathbb{C}/v_0 = 54\,\mathrm{Minuten}$ die andere Seite des Mondes.

✓ L 42.3

Bei geringen Auswurfgeschwindigkeiten lässt sich das Schwerefeld des Mondes als flach betrachten. Mit der Geschwindigkeit $v = 100\,\text{m/s}$ und den Auswurfwinkeln ϑ_1 und ϑ_2 folgen die Fallweiten

$$d_1 = \frac{v^2}{g_{\mathbb{C}}} \sin 2\vartheta_1 = 2{,}108\,\text{km},$$

$$d_2 = \frac{v^2}{g_{\mathbb{C}}} \sin 2\vartheta_2 = 3{,}962\,\text{km}$$

und $g_{\mathbb{C}} = G\, M_{\mathbb{C}} / R_{\mathbb{C}}^2 = 1{,}62\,\text{m/s}^2$.

✔ EL 42.4

Setzt man $r = R_{\mathbb{C}}$ (siehe auch ◙ Abb. 5.33), liefert die Vis-Viva-Gleichung sofort die große Bahnhalbachse

$$a = \left[\frac{2}{r} - \frac{v^2}{G\,M}\right]^{-1} = 2988\,\text{km}. \tag{5.206}$$

Der Winkel β zwischen den beiden Brennpunkten F_1 und F_2 der Ellipse wird von der Normalen zur Tangente in einem beliebigen Ellipsenpunkt E halbiert (siehe ◙ Abb. 5.34). Daher gilt für den Abwurfwinkel $\vartheta_K = \beta/2$.

Mit $R = R_{\mathbb{C}}$ und dem Kosinussatz im Dreieck $F_1 E F_2$ folgt die lineare Exzentrizität

$$\varepsilon = \frac{1}{2}\sqrt{R^2 + (2a - R)^2 - 2\,R\,(2a - R)\cos\beta} = 1336\,\text{km}. \tag{5.207}$$

Zusatzaufgabe: „Leider" muss ich morgen früh in einen 3-Wochen Urlaub auf Madeira und habe keine Zeit mehr, diese interessant aussehende Aufgabe zu bearbeiten.

◙ **Abb. 5.33** Der Löser fand keine Zeit für die Zusatzaufgabe 42.4

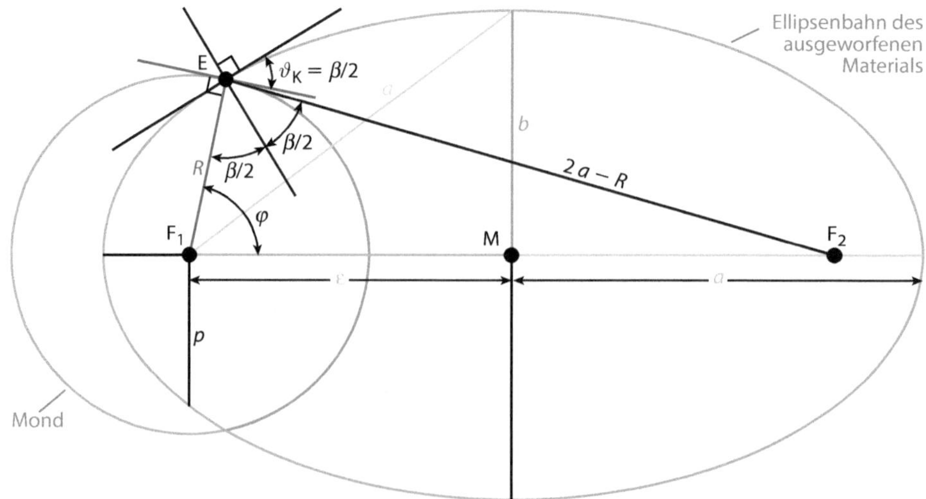

◙ **Abb. 5.34** Skizze zur Berechnung der Flugbahn von mit hoher Geschwindigkeit ausgeworfenem Material.

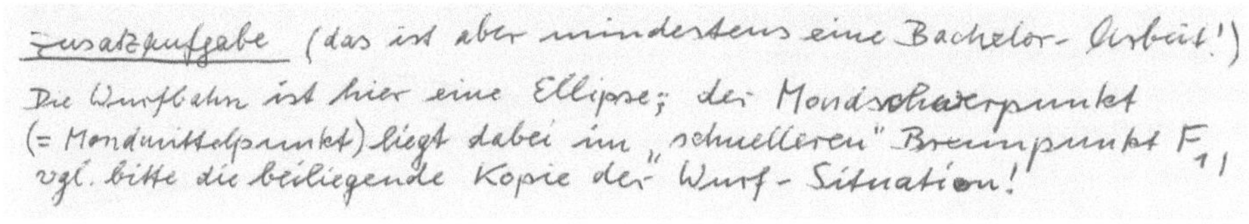

Zusatzaufgabe (das ist aber mindestens eine Bachelor-Arbeit!)
Die Wurfbahn ist hier eine Ellipse; der Mondschwerpunkt
(= Mondmittelpunkt) liegt dabei im „schnelleren" Brennpunkt F_1,
vgl. bitte die beiliegende Kopie der Wurf-Situation!

◘ Abb. 5.35 Die Zusatzaufgabe lässt sich auch ohne Bachelorarbeit lösen – Kenntnis der Polargleichung (5.208) vorausgesetzt

Schließlich liefert die Polargleichung (vgl. auch ◘ Abb. 5.35) den halben Winkel φ der Flugweite w

$$\varphi = \arccos\left(\frac{1 - p/R}{\varepsilon/a}\right) = 147{,}1°\,. \tag{5.208}$$

Die Flugweite wird damit

$$w = 2\,\varphi\,\frac{\pi}{180°}\,R = 8925\,\text{km}\,. \tag{5.209}$$

Lösung zu A 43 – Lunar Laser Ranging

✓ L 43.1

a) Die Laufzeit eines Laserpulses entlang der Strecke Erde – Mond – Erde ergibt sich zu

$$\Delta t = \frac{2\,r}{c} = 2{,}564\,\text{s}\,. \tag{5.210}$$

Die älteren unter den Lesern können sich sicher an die langen Pausen erinnern, die bei Gesprächen zwischen Houston und Tranquility Base auftraten und hauptsächlich von der Laufzeitverzögerung Δt herrührten.

b) Die Verringerung der Laufzeit Δt aus der Summe von Erdradius R_E und Mondradius R_M (Faktor 2 für Hin- und Rückweg) ist

$$\delta t = \frac{2\,(R_\text{E} + R_\text{M})}{c} = 0{,}054\,\text{s}\,. \tag{5.211}$$

Diese zwei Prozent fallen bei der Abschätzung der Laufzeit in a) nicht ins Gewicht. Bei der Distanzmessung auf Subzentimetergenauigkeit müssen der Ort des Lasers und die lunografische Position der Retroreflektoren genauestens bekannt sein.

✓ L 43.2

a) Durch die Aufweitung wird auf dem Mond ein Fleck mit

$$D_\text{M} = 2\,r\,\tan\delta_\text{L}/2 = 1{,}864\,\text{km} \tag{5.212}$$

beleuchtet (vgl. ◘ Abb. 5.36, oben). Die transversale Ausdehnung des Laserpulses, seine Dicke d, ist $d = \tau\,c = 3{,}45\,\text{cm}$.

b) Analog zu a) ergibt sich für den Fleck auf der Erde der Durchmesser $D_\text{E} = 2\,r\,\tan\delta_\text{R}/2 = 13{,}05\,\text{km}$.

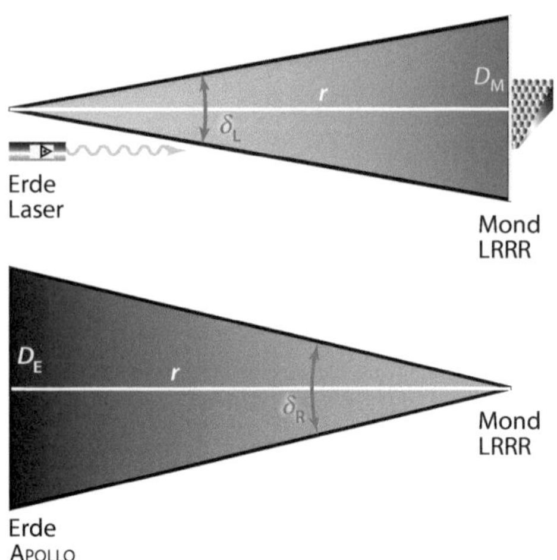

◘ **Abb. 5.36** Der von der Erde kommende Laserpuls weitet sich mit der Divergenz δ_L auf und erreicht den Mond. Von dort geht es zurück zur Erde mit der Divergenz δ_R.

✓ L 43.3

Aus $E = h\,c/\lambda$ (Planck'sches Wirkungsquantum $h = 6{,}626 \cdot 10^{-34}\,\mathrm{J\,s}$) folgt, dass in einem Laserpuls der Energie $E = 115\,\mathrm{mJ}$ sich bei der Wellenlänge $\lambda = 532\,\mathrm{nm}$

$$N = \frac{E}{E_L} = 3 \cdot 10^{17} \text{ Photonen} \tag{5.213}$$

befinden.

✓ L 43.4

Die Ausdünnung führt dazu, dass pro Laserpuls nur noch

$$N' = N\,n\left(\frac{D_{3{,}5}}{D_E}\right)^2 \left(\frac{D_{RR}}{D_M}\right)^2 = 922 \text{ Photonen} \tag{5.214}$$

auf das 3,5-m-Teleskop auf dem Apache Point treffen. Dabei ist der Durchmesser der $n = 100$ Retrospiegel $D_{RR} = 3{,}8\,\mathrm{cm}$ (vgl. ◘ Abb. 5.37) und der des Teleskops $D_{3{,}5} = 3{,}5\,\mathrm{m}$.

◘ **Abb. 5.37** Der Laserreflektor, der während der Mondlandemission Apollo 11 auf dem Mond installiert wurde, hat eine Kantenlänge von 46 cm. Quelle: NASA

Die Sonne – unser Stern am Himmel

© Springer-Verlag GmbH Deutschland 2017
A. M. Quetz, S. Völker, *Zum Nachdenken: Unser Sonnensystem*, https://doi.org/10.1007/978-3-662-55148-6_6

6.1 Das Licht der Sonne

Lösung zu A 44 – Wie hell ist die Sonne?

✔ L 44.1

Ist Stern b 100-mal so hell wie Stern a, so unterscheiden sich beide gerade um fünf Größenklassen. Als Gleichung formuliert

$$m_a - m_b = 2{,}5\,\mathrm{mag}\,\lg\left(\frac{I_b}{I_a}\right). \tag{6.1}$$

Da die Intensität umgekehrt quadratisch mit der Entfernung zur Lichtquelle abnimmt ($I \propto r^{-2}$), folgt

$$m_a - m_b = 5\,\mathrm{mag}\,\lg\left(\frac{r_a}{r_b}\right) \tag{6.2}$$

bzw.

$$\frac{r_a}{r_b} = 10^{\frac{m_a - m_b}{5\,\mathrm{mag}}}. \tag{6.3}$$

Mit a für Auge und b für $\odot$ sowie $m_{\mathrm{Auge}} = 6\,\mathrm{mag}$ ergibt sich $r_{\mathrm{Auge}} = 3{,}53 \cdot 10^6\,\mathrm{AE} = 17{,}1\,\mathrm{pc} = 55{,}8\,\mathrm{Lj}$.

✔ L 44.2

Mit $m_a = M$, der absoluten Helligkeit, und $m_b = m_G$ sowie $r_a = 10\,\mathrm{pc}$ und $r_b = 1\,\mathrm{AE}$ folgt die absolute Helligkeit der Sonne im visuellen Spektralbereich zu

$$M_{\mathrm{V},\odot} = 5\,\mathrm{mag}\,\lg\left(\frac{10\,\mathrm{pc}}{1\,\mathrm{AE}}\right) + m_\odot = 4{,}83\,\mathrm{mag}. \tag{6.4}$$

Lösung zu A 45 – Sonnenlicht

 **L 45.1**

Die Leuchtstärke oder Leuchtkraft der Sonne $L_\odot$ folgt aus der Solarkonstanten, indem man über die gesamte Sphäre integriert:

$$L_\odot = S\, F_r\,. \tag{6.5}$$

Dabei ist $F_r = 4\pi\, r^2$ die Oberfläche der Kugel mit Erdbahnradius. Es ergibt sich

$$L_\odot = S\, 4\pi\, r^2 = 3{,}84 \cdot 10^{26}\,\mathrm{W}\,. \tag{6.6}$$

Dies kann man vergleichen mit dem elektrischen Leistungsbedarf der Menschheit $L_M \approx 10^{13}\,\mathrm{W}$. Die Sonne könnte innerhalb nur einer Sekunde den gegenwärtigen Bedarf für eine Million Jahre liefern.

L 45.2

Die Erde bedeckt von der Sonne aus gesehen den Teil q des Himmels. Ist $F_R = \pi\, R^2$ die Querschnittsfläche der Erde, so folgt

$$q = \frac{F_R}{F_r} = \left(\frac{R}{2\,r}\right)^2 = 4{,}54 \cdot 10^{-10}\,. \tag{6.7}$$

Die Erde erhält demnach knapp $0{,}5\,\mathrm{ppb}$ (parts per billion) der von der Sonne insgesamt abgegebenen Energie.

L 45.3

Die in der Zeit Δt von der Sonne emittierte Energie $E_{\Delta t}$ ist

$$E_{\Delta t} = L_\odot\, \Delta t\,. \tag{6.8}$$

Sie entspricht nach Albert Einsteins $E_{\Delta t} = m\, c^2$ der Masse m. Dann ist das gesuchte Massenäquivalent

$$\dot{m}_E = \frac{q\, m}{\Delta t} = \frac{q\, L_\odot}{c^2} = 1{,}94\,\mathrm{kg\,s^{-1}}\,. \tag{6.9}$$

Die Erde wird demnach sekündlich mit Licht einer Masse von fast zwei Kilogramm beworfen.

L 45.4

a) Die gesuchte Massenzerstrahlungsrate der Sonne ist

$$\dot{m}_\odot = \frac{m}{\Delta t} = \frac{L_\odot}{c^2} = \dot{m}_E\, q^{-1} = 4{,}27 \cdot 10^{9}\,\mathrm{kg\,s^{-1}}\,. \tag{6.10}$$

In der Sonne werden also in jeder Sekunde etwas mehr als vier Millionen Tonnen Materie in Energie umgesetzt.

b) Der genaue Wert für die Effizienz η, mit der Sonnenmaterie in Energie umgesetzt wird, soll an dieser Stelle auch noch berechnet werden:

$$\eta = \frac{4\,m_{\mathrm{H}} - m_{\mathrm{He}}}{4\,m_{\mathrm{H}}} = 0{,}0069 \,. \tag{6.11}$$

Dann ergibt sich die Materiemenge $\dot{M}$, die in den Fusionsprozess einbezogen ist, zu

$$\dot{M} = \frac{\dot{m}_\odot}{\eta} = 6{,}18 \cdot 10^{11}\ \mathrm{kg\,s^{-1}} \,. \tag{6.12}$$

✔ L 45.5

Die Verweilzeit τ_{HR} der Sonne auf der Hauptreihe im Hertzsprung-Russell-Diagramm, in der sie die für uns so angenehme gleichmäßige Strahlungsleistung aufweist, ist unter Einbeziehung des obigen Wertes für die Effizienz

$$\tau_{\mathrm{HR}} = 0{,}1\,\eta\,\frac{M_\odot}{\dot{m}_\odot} = 3{,}23 \cdot 10^{17}\ \mathrm{s} \approx 10^{10}\ \mathrm{Jahre} \,. \tag{6.13}$$

Bei dieser Betrachtung wurde die chemische Zusammensetzung der Sonne völlig außer Betracht gelassen. Als Stern der dritten Generation besitzt sie einen erheblichen Anteil schwerer Elemente – hauptsächlich Helium. Der Wasserstoffanteil liegt bei $X_{\mathrm{H}} = 0{,}6 \ldots 0{,}7$. Die obige Gleichung muss also zusätzlich mit X_{H} multipliziert werden. Damit wird die Verweilzeit der Sonne auf der Hauptreihe:

$$\tau_{\mathrm{HR}} = 0{,}1\,\eta\,X_{\mathrm{H}}\,\frac{M_\odot}{\dot{m}_\odot} \approx 6 \ldots 7 \cdot 10^{9}\ \mathrm{Jahre} \,. \tag{6.14}$$

Unsere Sonne hat demnach den größten Teil ihrer ruhigen Tage hinter sich, wird die Erde jedoch noch ein bis zwei Milliarden Jahre gleichmäßig weiter bescheinen.

Lösung zu A 46 – Solarkonstante

✔ L 46.1

Mit Hilfe des Stefan-Boltzmann-Gesetzes lässt sich die Effektivtemperatur der Sonnenoberfläche aus ihrer Leuchtkraft berechnen:

$$T_\odot = \sqrt[4]{\frac{L_\odot}{\sigma\,F_\odot}} = \sqrt{\frac{r_{\mathrm{AE}}}{R_\odot}}\,\sqrt[4]{\frac{S}{\sigma}} = 5777\ \mathrm{K} \,. \tag{6.15}$$

✔ L 46.2

Der Vergleich mit der Solarkonstanten, die sich auf die große Halbachse der Erdbahn, also 1 AE, bezieht, ergibt im Perihel der Erdbahn:

$$S_{\mathrm{P}} = \frac{L_\odot}{4\,\pi\,r_{\mathrm{P}}^2} = \left(\frac{r_{\mathrm{AE}}}{r_{\mathrm{P}}}\right)^2 S = 1{,}034 \cdot S = 1414\ \mathrm{W\,m^{-2}} \,. \tag{6.16}$$

In Sonnennähe strömt demnach eine um 3,4 Prozent erhöhte Menge Sonnenlicht auf die Erde. In Sonnenferne schrumpft die Leistungsdichte S_A hingegen auf

$$S_A = \frac{L_\odot}{4\,\pi\,r_A^2} = \left(\frac{r_{AE}}{r_A}\right)^2 S = 0{,}967 \cdot S = 1322\,\mathrm{W\,m^{-2}}\,. \tag{6.17}$$

Somit ist die Sonneneinstrahlung in Sonnenferne um 3,3 Prozent reduziert.

✔ L 46.3

Mit dem Heizwert H_B eines Braunkohlebriketts folgt die Leistungsdichte L_B des Briketts zu

$$L_B = \frac{H_B\,m_B}{F\,t} = 250\,\mathrm{W\,m^{-2}}\,, \tag{6.18}$$

wobei $F = 1\,\mathrm{m^2}$ und $t = 1$ Tag sind. Berücksichtigt man, dass die Solarkonstante die einfallende Sonnenstrahlung oberhalb der Erdatmosphäre angibt und die mittlere Sonnenscheindauer sicher kleiner ist als zwölf Stunden, dann ist die Aussage „Die Sonne wirft an jedem wolkenlosen Sommertag ein Brikett auf jeden Quadratmeter der Erde" im Einleitungstext der Aufgabe als grob richtig zu werten.

✔ L 46.4

Die in $V_S = 1\,\mathrm{L}$ Benzin steckende Verbrennungsenergie ist

$$E_S = H_S\,\rho_S\,V_S = 36\,\mathrm{MJ}\,. \tag{6.19}$$

Das über $t_{12} = 12$ Stunden auf $F = 1\,\mathrm{m^2}$ vom Paneel gesammelte Sonnenlicht ergibt bei einer Effizienz von $\eta = 0{,}3$

$$E_P = \eta\,t_{12}\,F\,S = 17{,}7\,\mathrm{MJ}\,. \tag{6.20}$$

Somit lässt sich an einem Tag Sonnenschein pro m² nur etwa die Energie eines halben Liters Benzin entnehmen.

Lösung zu A 47 – Merkurs Solarkonstante

✔ L 47.1

Aus der vergleichsweise großen Bahnexzentrizität von Merkur resultiert ein deutlicher Unterschied zwischen seiner dichtesten Sonnenannäherung $q_☿$ und seiner Sonnenferne $Q_☿$. Man findet

$$q_☿ = a_☿\,(1 - e_☿) = 0{,}308\,\mathrm{AE}\,, \tag{6.21}$$

$$Q_☿ = a_☿\,(1 + e_☿) = 0{,}467\,\mathrm{AE}\,. \tag{6.22}$$

Damit ist Merkur im Aphel rund 52 Prozent weiter von der Sonne entfernt als im Perihel.

✔ L 47.2

Der gesuchte Winkeldurchmesser der Sonne vom Merkur aus ist

$$\delta = 2\arctan\left(\frac{R_\odot}{q_\text{☿}}\right) = 1{,}73° \,. \tag{6.23}$$

Die scheinbare Größe der Sonne am Merkurhimmel ist demnach um den Faktor 3,5 größer als Sonne und Mond am irdischen Firmament und der Raumwinkel gar um den Faktor 12. Die scheinbare Sonnengröße ist vergleichbar mit der Winkelausdehnung von 1,9° der vom Mond aus betrachteten Erde. Diesen Anblick durften bisher nur die zu unserem Trabanten geflogenen Apollo-Astronauten erleben.

✔ L 47.3

Die Intensität der Sonnenstrahlung sinkt mit dem Quadrat des zunehmenden Abstands von der Sonne. Der gesuchte Faktor f folgt daher zu

$$f = \left(\frac{Q_\text{☿}}{q_\text{☿}}\right)^2 = 2{,}3 \,. \tag{6.24}$$

Dabei darf die Sonne mit hinreichender Genauigkeit als punktförmige Leuchtquelle betrachtet werden.

✔ L 47.4

Die Solarkonstante ist der langjährig gemittelte Wert der oberhalb der Erdatmosphäre eintreffenden Leistungsdichte des Sonnenlichts. Sie ist nicht so konstant, wie der Name suggeriert, sondern schwankt schon im Verlauf des elfjährigen Sonnenzyklus im Bereich von einem Promille. Wie bei Merkur ist allerdings auch bei der Erde die aus der Bahnexzentrizität resultierende Änderung mit rund drei Prozent deutlich größer. Für Merkur ergibt sich mit $a = 1\,\text{AE}$:

$$S_{q_\text{☿}} = S\left(\frac{a}{q_\text{☿}}\right)^2 = 10{,}6\,S = 14{,}5\,\text{kW/m}^2, \tag{6.25}$$

$$S_{a_\text{☿}} = S\left(\frac{a}{a_\text{☿}}\right)^2 = 6{,}7\,S = 9{,}2\,\text{kW/m}^2, \tag{6.26}$$

$$S_{Q_\text{☿}} = S\left(\frac{a}{Q_\text{☿}}\right)^2 = 4{,}6\,S = 6{,}3\,\text{kW/m}^2 \,. \tag{6.27}$$

Solarzellenfarmen auf Merkur erbrächten eine mit der Periode der Umlaufbahn um den Faktor 4,6 bis 10,6 schwankende, deutlich höhere Ausbeute an Strom als auf der Erde.

Lösung zu A 48 – Strahlungsgleichgewicht im Erdorbit

Eine Probekugel mit Radius R absorbiert die Leistung $P_\text{A} = A_\text{Q}\,S$, mit der Querschnittsfläche der Kugel $A_\text{Q} = \pi R^2$ und der Solarkonstanten $S = 1{,}37\,\text{kW/m}^2$.

Die emittierte Leistung der Kugel ist $P_\mathrm{E} = A_0\,F$, mit der Oberfläche der Kugel $A_0 = 4\,\pi\,R^2$ und der pro Fläche abgestrahlten Leistung $F = \sigma\,T^4$. Im Strahlungsgleichgewicht gilt $P_\mathrm{E} = P_\mathrm{A}$ oder $A_0\,F = A_\mathrm{Q}\,S$ bzw. $4\,\pi\,R^2\,\sigma T^4 = \pi\,R^2\,S$. Durch Umstellen nach der Temperatur erhält man

$$T = \sqrt[4]{\frac{S}{4\,\sigma}} \,. \tag{6.28}$$

Die Temperatur hängt also nur von der Solarkonstanten ab. Mit dem gegebenen Wert folgt $T = 279\,\mathrm{K}$ bzw. $6\,^{\circ}\mathrm{C}$.

Lösung zu A 49 – Wo steht die Sonne?

 **L 49.1**

Die Koordinatentransformation von der Sonne zu Barnards Pfeilstern (BD $+4^{\circ}3561$) ist in Abb. 6.1 dargestellt und erfolgt nach der Vorschrift

$$\alpha' = \left(\alpha + 12^{\mathrm{h}}\right) \bmod 12^{\mathrm{h}} = 5^{\mathrm{h}}55^{\mathrm{m}} \tag{6.29}$$

und

$$\delta' = -\delta = -4^{\circ}33' \,. \tag{6.30}$$

Demnach steht die Sonne etwas westlich vom Gürtel des Orion ganz knapp im Sternbild Einhorn.

L 49.2

Die Entfernung von Barnards Pfeilstern ist

$$r = \frac{''}{p}\,\mathrm{pc} = 1{,}81\,\mathrm{pc} \,. \tag{6.31}$$

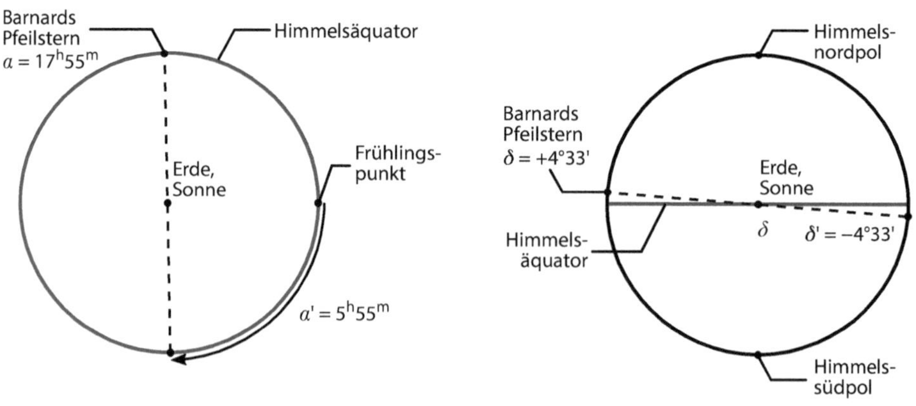

Abb. 6.1 Die Koordinaten der Sonne von Barnards Pfeilstern aus betrachtet erhält man durch Koordinatentransformation.

◘ Abb. 6.2 Der Sternenhimmel über Barnards Pfeilstern in Richtung Sonne, die in der westlichen Verlängerung der Gürtelsterne steht.

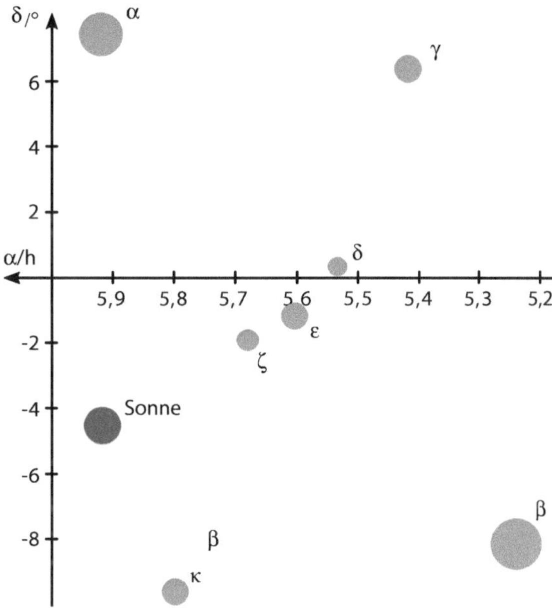

Mit Hilfe des Entfernungsmoduls

$$m_i - M = 5 \, \text{mag} \, \lg \left(\frac{r_i}{\text{pc}} \right) - 5 \, \text{mag} \tag{6.32}$$

folgt die scheinbare Helligkeit der Sonne für $i = 1$, $r_1 = 1 \, \text{AE}$ und $m_1 = m_V$ sowie $i = 2$, $r_2 = 1{,}81 \, \text{pc}$ zu

$$m_2 = m_1 - 5 \, \text{mag} \, \lg \left(\frac{r_1}{r_2} \right) = 1{,}06 \, \text{mag} \, . \tag{6.33}$$

Sie wäre also leidlich eine dreiviertel Größenklasse heller als die Gürtelsterne des Orion. Mit der Näherungsformel (2.3) folgt ein Scheibchendurchmesser $d_\odot = 4{,}9 \, \text{mm}$.

✅ **L 49.3**

Die Skizze in ◘ Abb. 6.2 zeigt das neue Sternbild. Die hellen Sterne des Orion sind alle so weit entfernt, dass sich die „kleine" Reise zu Barnards Pfeilstern kaum in Positions- und Helligkeitsänderungen bemerkbar macht. ◘ Tab. 6.1 gibt eine Übersicht über die in ◘ Abb. 6.2 enthaltenen Sterne.

✅ **L 49.4**

Wäre nun Barnards Pfeilstern unsere Sonne, so schiene er uns mit

$$m' = m_V - 5 \, \text{mag} \, \lg \left(\frac{r}{1 \, \text{AE}} \right) = -18{,}32 \, \text{mag} \, . \tag{6.34}$$

Tabelle 6.1 Übersicht über Position, Helligkeit und Scheibchendurchmesser der in ◻ Abb. 6.2 enthaltenen Sterne

Stern	Rektaszension α/h	Deklination $\delta/°$	Scheinbare Helligkeit m	Scheibchendurch- messer d/mm
α Ori	$5^{\mathrm{h}}55^{\mathrm{m}}10^{\mathrm{s}}$	$7°24'25''$	0,6	5,8
β Ori	$5^{\mathrm{h}}14^{\mathrm{m}}32^{\mathrm{s}}$	$-8°12'6''$	0,12	6,8
γ Ori	$5^{\mathrm{h}}25^{\mathrm{m}}8^{\mathrm{s}}$	$6°20'59''$	1,64	3,7
ε Ori	$5^{\mathrm{h}}36^{\mathrm{m}}13^{\mathrm{s}}$	$-1°12'7''$	1,69	3,6
ζ Ori	$5^{\mathrm{h}}40^{\mathrm{m}}46^{\mathrm{s}}$	$-1°56'36''$	2,03	2,9
κ Ori	$5^{\mathrm{h}}47^{\mathrm{m}}45^{\mathrm{s}}$	$-9°40'11''$	2,07	2,9
δ Ori	$5^{\mathrm{h}}32^{\mathrm{m}}0^{\mathrm{s}}$	$0°17'57''$	2,21	2,6
Sonne	$5^{\mathrm{h}}55^{\mathrm{m}}$	$-4°33'$	1,06	4,9

Lösung zu A 50 – Sonnenfleck

✓ L 50.1

Der Gesamtstrahlungsstrom F ergibt sich mit Hilfe des Stefan-Boltzmann'schen Strahlungsgesetzes für die normale Sonnenoberfläche zu

$$F = 5{,}67 \cdot 10^{-8}\,\mathrm{W\,m^{-2}\,K^{-4}} \cdot (5780\,\mathrm{K})^4 = 6{,}33 \cdot 10^{7}\,\mathrm{W/m^2}\,. \tag{6.35}$$

Für die Umbra der Sonnenflecke mit $T_{\mathrm{U}} = 3700\,\mathrm{K}$ ergibt sich hingegen der um den Faktor knapp 6 geringere Wert $F_{\mathrm{U}} = 1{,}06 \cdot 10^{7}\,\mathrm{W/m^2}$.

✓ L 50.2

a) Mit der Leuchtkraft der Sonne folgt der Solarkonstante genannte Strahlungsstrom der Sonne am Ort der Erde – gemessen oberhalb der Atmosphäre – zu

$$S = \frac{L_\odot}{4\,\pi\,R^2} = F \left(\frac{R_\odot}{R}\right)^2\,, \tag{6.36}$$

wobei $R = 1\,\mathrm{AE} = 1{,}496 \cdot 10^{11}\,\mathrm{m}$ die mittlere Distanz Erde – Sonne ist. Mit $F_{\mathrm{U}} \approx \frac{1}{6}\,F$ folgt

$$S' = 0{,}23\,\mathrm{kW/m^2} \approx \frac{1}{6}\,S\,. \tag{6.37}$$

b) Die Analyse der Sonnenaufnahme aus ◻ Abb. 2.3 der Aufgabenstellung ist in ◻ Abb. 6.3 dargestellt und ergibt einen Anteil von rund eineinhalb Prozent für die dunklen, von den Sonnenflecken bedeckten Areale. Demnach ist $q = 0{,}015$. Dabei wurde keine Unterscheidung zwischen den zentralen Teilen der Sonnenflecke, den Umbrae, und ihren etwas helleren Umgebungen, den Penumbrae, getroffen.

◨ Abb. 6.3 Analyse der von Sonnenflecken bedeckten Anteile.

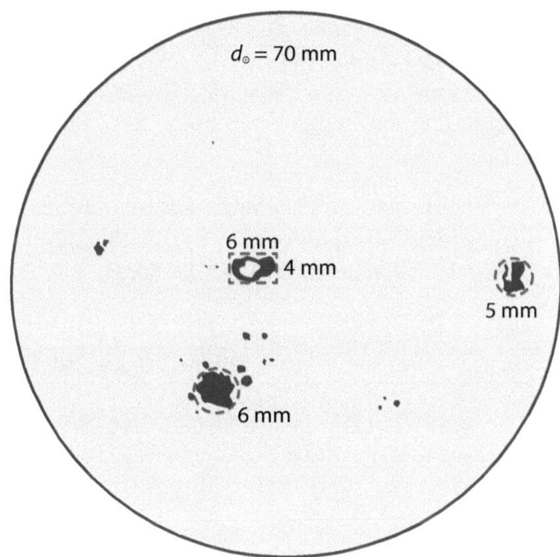

Unter Berücksichtigung des tatsächlichen Anteils der Sonnenflecke an der sichtbaren Sonnenscheibe ergibt sich die reduzierte Solarkonstante zu

$$S'' = (1 - q)\, S + q\, S' = 1{,}35\,\text{kW/m}^2\,. \tag{6.38}$$

Dies entspricht einer Reduzierung um lediglich etwa 1,2 % gegenüber dem normalen Wert.

6.2 Die Sonne – ein komplexer Fusionsofen

Lösung zu A 51 – Das Leuchtkraft-Masse-Verhältnis der Sonne

✅ **L 51.1**
Was haben Sie getippt?

✅ **L 51.2**
Die Fläche der Kugel um die Sonne ist $4\,\pi\,r^2$, mit $r = 150 \cdot 10^6$ km. Die Leuchtkraft der Sonne ergibt sich dann zu

$$L_\odot = 4\,\pi\,r^2\,S = 4\,\pi\,\left(1{,}5 \cdot 10^{13}\,\text{cm}\right)^2 \frac{2}{60}\,\frac{\text{cal}}{\text{s\,cm}^2} \cdot 4{,}19\,\frac{\text{J}}{\text{cal}} = 4 \cdot 10^{26}\,\text{W}\,. \tag{6.39}$$

Das Leuchtkraft-Masse-Verhältnis ist folglich

$$\left.\frac{L}{m}\right|_\odot = 2 \cdot 10^{-4}\,\text{W\,kg}^{-1}\,. \tag{6.40}$$

✅ **L 51.3**
Atombombe: Ein Kilogramm Uran setzt bei vollständiger Spaltung $23 \cdot 10^6$ kWh $\approx 8 \cdot 10^{13}$ J frei. Bei nur 1 % Ausbeute $8 \cdot 10^{11}$ J kg^{-1} bzw. die Hälfte, also $4 \cdot 10^{11}$ J kg^{-1} in Bezug

zur korrespondierenden Bombenmasse. Bei einer Reaktionszeit von 10^{-6} s ergibt sich die spezifische Leistung von

$$\left.\frac{L}{m}\right|_{\text{AB}} = 4 \cdot 10^{17}\,\text{W kg}^{-1}. \tag{6.41}$$

Sie ist also mehr als 21 Zehnerpotenzen größer als die der Sonne.

Sprengstoffexplosion: Die spezifische Leistung des Sprengstoffs berechnet sich als Sprengkraft geteilt durch Masse des Sprengstoffs, geteilt durch Dauer der Explosion

$$\left.\frac{L}{m}\right|_{\text{SE}} = 10^{6}\,\text{kWh} \cdot 3{,}6 \cdot 10^{6}\,\frac{\text{J}}{\text{kWh}} \cdot \frac{1}{10^{6}\,\text{kg}} \cdot \frac{1}{10^{-4}\,\text{s}} \approx 4 \cdot 10^{10}\,\text{W kg}^{-1}. \tag{6.42}$$

Das Ergebnis liegt sieben Zehnerpotenzen unter der Atombombe, aber 14 über der Sonne.

Kernkraftwerk: Die Leistung von 1 GW geteilt durch die Masse ergibt

$$\left.\frac{L}{m}\right|_{\text{KKW}} = \frac{10^{9}\,\text{W}}{10^{8}\,\text{kg}} \approx 10\,\text{W kg}^{-1}. \tag{6.43}$$

Dieser Wert liegt nur noch fünf Zehnerpotenzen von der Sonne entfernt.

Fahrendes Auto: Die Leistung des Autos geteilt durch dessen Masse führt zu

$$\left.\frac{L}{m}\right|_{\text{Au}} = 60\,\text{PS} \cdot 0{,}75\,\frac{\text{kW}}{\text{PS}} \cdot \frac{1}{800\,\text{kg}} \approx 50\,\text{W kg}^{-1}, \tag{6.44}$$

ein Wert deutlich über dem des Kernkraftwerks.

Brennende Kerze: Für das Leuchtkraft-Masse-Verhältnis der Kerze rechnet man

$$\left.\frac{L}{m}\right|_{\text{K}} = 10^{7}\,\frac{\text{cal}}{\text{kg}} \cdot 4{,}19\,\frac{\text{J}}{\text{cal}} \cdot \frac{1}{3600\,\text{s}} \approx 10^{4}\,\text{W kg}^{-1}. \tag{6.45}$$

Lebender Mensch: Für das Leuchtkraft-Masse-Verhältnis eines Menschen rechnet man

$$\left.\frac{L}{m}\right|_{\text{M}} = 2 \cdot 10^{6}\,\text{cal} \cdot 4{,}19\,\frac{\text{J}}{\text{cal}} \cdot \frac{1}{86\,400\,\text{s}} \cdot \frac{1}{60\,\text{kg}} \approx 1{,}6\,\text{W kg}^{-1}. \tag{6.46}$$

Immer noch vier Zehnerpotenzen über der Sonne.

Rostendes Auto: Wenn aus 100 g Eisen 200 g Rost entstehen, werden dabei 10^{4} kJ Energie frei. Damit folgt für das Leuchtkraft-Masse-Verhältnis

$$\left.\frac{L}{m}\right|_{\text{R}} = 10^{7}\,\text{J} \cdot \frac{1}{0{,}1\,\text{kg}} \cdot \frac{1}{86\,400 \cdot 365{,}25 \cdot 50\,\text{s}} \approx 0{,}06\,\text{W kg}^{-1}. \tag{6.47}$$

 **L 51.4**

Die grafische Darstellung der Ergebnisse ist in ◨ Abb. 6.4 enthalten.

Zwei abschließende Gedanken:

1. Die Supernova (vgl. Nice-to-know 10 auf S. 96 zu Aufgabe 59 in ▶ Abschn. 3.1). Die zum Neutronenstern kollabierende Masse beträgt rund eine Sonnenmasse, der Kollaps dauert einige Dutzend Millisekunden und dabei werden rund 10^{46} J freigesetzt. Was glauben Sie, wo befindet sich die Supernova in der Skala von ◨ Abb. 6.4?

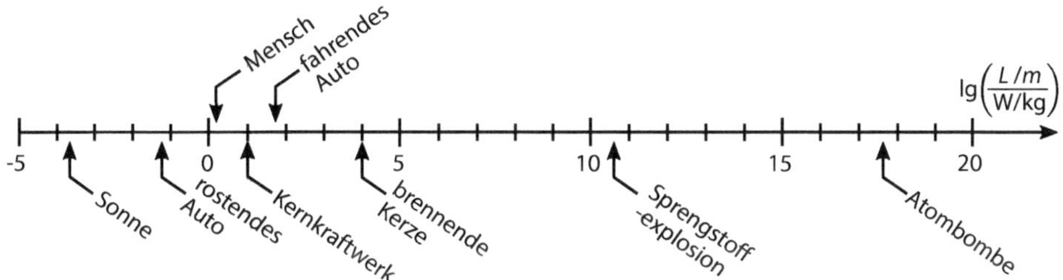

■ **Abb. 6.4** Die Grafik zeigt die unterschiedlichen Leuchtkraft-Masse-Verhältnisse für mehrere Energiequellen.

2. Die technische Kernfusion. Es wird in hochtrabenden Ankündigungen dieser traumhaftesten aller Energiequellen oft gesagt, der „Sonnenofen" solle nachgebildet werden. Das ist einfach nicht wahr. Eine Anlage von der Größe eines heutigen Kernkraftwerks, die gerade 20 kW erzeugt, ist wohl nicht der Traum der Ingenieure. Das, was da angestrebt wird, unterscheidet sich vom „Kraftwerk Sonne" ungefähr so stark wie die Sprengstoffexplosion von der gemütlich niederbrennenden Kerze.

Lösung zu A 52 – Bethe-Weizsäcker-Zyklus und Energie der Sonne

✓ **L 52.1**

Der Energielieferant ist der Massendefekt. Pro Zyklus liefert er

$$\Delta m = (4 \cdot 1{,}008 - 4{,}004) \cdot 1\,\mathrm{u}\,, \tag{6.48}$$

die dabei in der Zeit t erbrachte Leistung ist

$$\dot{m} = \frac{\Delta m\, c^2}{t}\,. \tag{6.49}$$

Pro Sekunde bedeutet dies

$$\dot{m} = \frac{0{,}028 \cdot 1{,}660 \cdot 10^{-27}\,\mathrm{kg} \cdot \left(2{,}998 \cdot 10^{8}\,\mathrm{m\,s^{-1}}\right)^2}{1\,\mathrm{s}} = 4{,}18 \cdot 10^{-12}\,\mathrm{W}\,. \tag{6.50}$$

Die Anzahl N der erforderlichen Reaktionen ist demnach

$$N = \frac{L_\odot}{\dot{m}} = 9{,}2 \cdot 10^{37}\,. \tag{6.51}$$

✓ **L 52.2**

Die von der Sonne in einer Zeit t gelieferte Energie ist $E = L_\odot\, t$, in einer Sekunde folglich $E = 3{,}85 \cdot 10^{26}\,\mathrm{J}$. Nach der Äquivalenz von Masse und Energie entspricht der Energie E die Masse m

$$m = \frac{E}{c^2} = \frac{3{,}85 \cdot 10^{26}\,\mathrm{J}}{\left(2{,}998 \cdot 10^{8}\,\mathrm{m\,s^{-1}}\right)^2} = 4{,}28 \cdot 10^{9}\,\mathrm{kg}\,. \tag{6.52}$$

> *Fazit: Wenn jemand zu dick ist, sollte er keine Sonnendiät machen; der Erfolg läßt auf sich warten.*

◧ Abb. 6.5   Ein Fazit aus den originalen Einsendungen zur Lösung von 1981.

Das sind fast fünf Millionen Tonnen, die die Sonne jede Sekunde in Energie umwandelt. Die Massenumsetzungsrate ist damit $\dot{M} = 4{,}28 \cdot 10^9\,\mathrm{kg\,s^{-1}}$ und die gesuchte Zeit

$$\Delta t = \frac{1}{1000} \cdot \frac{m_\odot}{\dot{M}} = \frac{1}{1000} \cdot \frac{1{,}99 \cdot 10^{30}\,\mathrm{kg}}{4{,}28 \cdot 10^9\,\mathrm{kg\,s^{-1}}} = 4{,}6 \cdot 10^{17}\,\mathrm{s}\,, \tag{6.53}$$

in etwa 15 Milliarden Jahre. Seit die Sonne strahlt, hat sie also erst $\frac{1}{3}$ ‰ ihrer Masse umgesetzt. Das Fazit eines damaligen Einsenders der richtigen Lösungen zur dieser Aufgabe zeigt ◧ Abb. 6.5.

Lösung zu A 53 – Eruptive Sonnenprotuberanz

✓ L 53.1

Zunächst muss der Durchmesser des Sonnenbildchens bestimmt werden. Dabei wird davon ausgegangen, dass man mit der Größe der abschattenden Kegelblende zu hinreichend genauen Ergebnissen gelangen kann. Messergebnis: $d_\odot = 49{,}5\,\mathrm{mm}$, wobei die Blende in der linken Aufnahme wohl etwas überstrahlt ist. Die Höhen der eruptiven Protuberanz sind etwa: $h_1 = 5{,}5\,\mathrm{mm}$ (◧ Abb. 2.5 linke Aufnahme von 18:03 Uhr MESZ) und $h_2 = 12\,\mathrm{mm}$ (für die schwächsten Ausläufer der rechten Aufnahme von 18:15 Uhr MESZ). Der Maßstab m folgt damit zu

$$m = \frac{D_\odot}{d_\odot} = 2{,}83 \cdot 10^{10}\,. \tag{6.54}$$

Somit ergeben sich die realen Höhen über der Sonnenscheibe

$$H_1 = m\,h_1 = 1{,}56 \cdot 10^5\,\mathrm{km} = 0{,}405\,R\,, \tag{6.55}$$
$$H_2 = m\,h_2 = 3{,}39 \cdot 10^5\,\mathrm{km} = 0{,}883\,R\,. \tag{6.56}$$

Auf dem rechten Bild erhebt sich die Protuberanz also fast einen Mondbahnradius über den Sonnenrand.

✓ L 53.2

In der Zeit $\Delta t = 12\,\mathrm{min}$ zwischen den beiden Aufnahmen wuchs die sichtbare Höhe der Protuberanz um $\Delta H = H_2 - H_1 = 1{,}838 \cdot 10^5\,\mathrm{km}$. Dazu muss sie demnach eine mittlere Eruptionsgeschwindigkeit

$$\bar{v} = \frac{\Delta H}{\Delta t} = 255\,\mathrm{km\,s^{-1}} \tag{6.57}$$

besessen haben.

◻ Abb. 6.6 Eine Protuberanz mit der Höhe H über dem Sonnenrand steht senkrecht zur Sichtlinie. Eine zweite Protuberanz erreicht für den Beobachter die gleiche scheinbare Distanz zum Sonnenrand, hat jedoch die Höhe $H'' > H$.

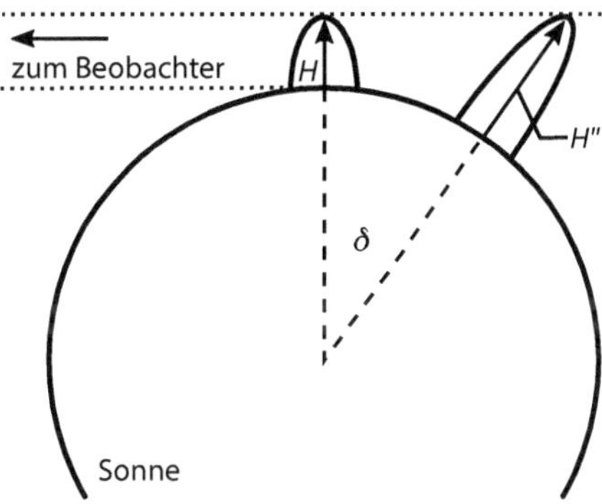

L 53.3

Zwei Annahmen liegen den Berechnungen zu Grunde:

1. Die Protuberanz steigt vom Sonnenrand senkrecht nach oben.
2. Der Fußpunkt liegt am Sonnenrand und nicht etwa dahinter (vgl. ◻ Abb. 6.6).

Würde im ersten Fall die Protuberanz in Wirklichkeit die Neigung i aufweisen, so wäre sie um den Faktor $f = 1/\cos i > 1$ (für $|i| > 90°$) höher als berechnet: $H' = f\,H$.

Bei einer Abweichung von der zweiten Bedingung wäre die Höhe der Protuberanz über der Sonnenoberfläche mit $H'' = f'\,H + R_\odot\,(f'-1)$, wobei $f' = 1/\cos\delta$, ebenfalls höher als berechnet. Die berechneten Höhen und auch die Geschwindigkeit sind deshalb als Minimalwerte zu betrachten.

Lösung zu A 54 – Tachokline und Gezeitenkraft

L 54.1

Die Gezeitenkraft ΔF, die ein Planet der Masse m auf eine kleine Masse μ in der Sonne ausübt, ergibt sich aus der Differenz der Gravitationskräfte zwischen den beiden Abständen r und $r + \Delta r$

$$\Delta F = G\,\mu\,m\left(\frac{1}{r^2} - \frac{1}{(r+\Delta r)^2}\right) = G\,\mu\,m\,\frac{(r+\Delta r)^2 - r^2}{r^2\,(r+\Delta r)^2}\,. \tag{6.58}$$

Klammert man im Zähler r und im Nenner r^2 aus, folgt der Ausdruck

$$\Delta F = G\,\mu\,m\,\frac{r\left(2\,\Delta r + \Delta r\,\frac{\Delta r}{r}\right)}{r^4\left(1 + \frac{\Delta r}{r}\right)^2}\,. \tag{6.59}$$

Wegen $\Delta r \ll r$ gilt auch $\Delta r/r \ll 1$, und $\Delta r/r$ darf somit vernachlässigt werden. Daher bleibt im Zähler nur $r \cdot 2\,\Delta r$ stehen und im Nenner r^4. Nach Kürzen ergibt sich der gesuchte Ausdruck für die Gezeitenkraft

$$\Delta F \approx G\,\mu\,m\,\frac{2\,\Delta r}{r^3}\,. \tag{6.60}$$

◘ Tabelle 6.2 Störbeschleunigungen der Planeten in der Tachokline, berechnet nach (6.61)

		$m/(10^{24}\,\mathrm{kg})$	r/AE	$a/(10^{-12}\,\mathrm{m/s^2})$
Merkur	☿	0,33	0,38	109
Venus	♀	4,87	0,72	247
Erde	♁	5,97	1,0	114
Mars	♂	0,64	1,52	3,47
Jupiter	♃	1899	5,2	258
Saturn	♄	569	9,58	12,4
Summe	a_Σ			744

✔ L 54.2

Mit $F = \mu\,a$ folgt die Störbeschleunigung a zu

$$a \approx G\,m\,\frac{2\,\Delta r}{r^3}\,. \tag{6.61}$$

✔ L 54.3

In ◘ Tab. 6.2 sind die Störbeschleunigungen in der Tachokline der Sonne beim Radius $d = 0{,}69\,R_\odot$ für Merkur bis Saturn aufgelistet. Es ist schwer vorstellbar, wie eine winzige Beschleunigung, die in der Summe $7{,}44 \cdot 10^{-10}\,\mathrm{m/s^2}$ nicht überschreitet, für die Sonnenaktivität mitverantwortlich sein kann.

Lösung zu A 55 – Eigenschwingungen der Sonne

✔ L 55.1

Dem betrachteten Frequenzbereich $\omega_1 = 1\,\mathrm{mHz}$ bis $\omega_2 = 10\,\mathrm{mHz}$ entspricht wegen

$$P = \frac{2\,\pi}{\omega} \tag{6.62}$$

der Periodenbereich $P_1 = 6283\,\mathrm{s}$, also etwa $1\frac{3}{4}$ Stunden, bis $P_2 = 628\,\mathrm{s}$, also etwa $10\frac{1}{2}$ Minuten.

✔ L 55.2

◘ Abb. 6.7 zeigt alle Schwingungsmuster von $\{l, m\} = \{0, 0\}$ bis $\{3, 3\}$. Dabei wurde die Farbe eingesetzt, um relative Ruhe (gelb), Entfernung vom Beobachter (rot) sowie Annäherung an den Beobachter (blau) zu signalisieren. Die gelben Linien stellen die Knotenlinien dar.

Betrachten Sie als Beispiel die Verhältnisse für $\{l, m\} = \{3, 3\}$, die durch die vier Fälle a bis d unten rechts in ◘ Abb. 6.7 charakterisiert sind. So finden sich beim Blick auf den Pol in (a) drei Großkreise. Sie trennen sechs Regionen, die sich von Pol zu Pol erstrecken und abwechselnd auf- bzw. absteigende Materie anzeigen. In (b) ist dieses Muster von

◘ Abb. 6.7 Schwingungszustände für alle Werte des Parameters l, mit $0 \leq l \leq 3$. l gibt die Gesamtzahl aller Knotenlinien auf der Oberfläche an. Die jeweils obere Sicht zeigt den Blick auf den Nordpol der Sonne, darunter ist der Blick von der Erde. Bei Werten >0 für den Parameter m, der die Knotenlinien durch die Pole zählt, ist jeweils zusätzlich eine zweite Ansicht von der Seite dargestellt.

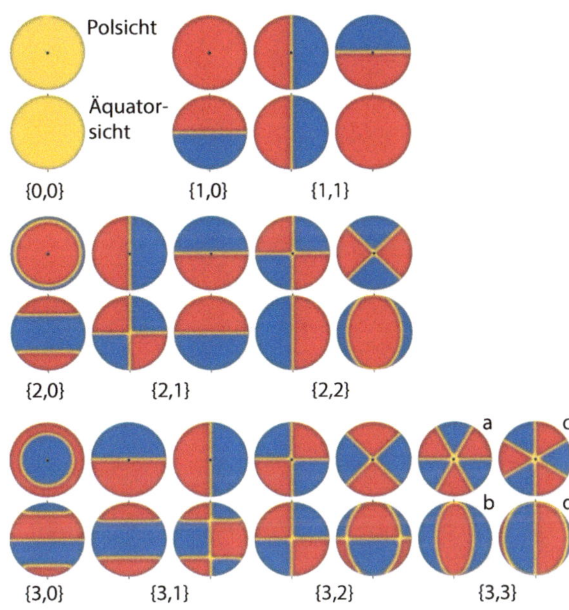

der Seite gezeigt. Die Fälle (c) und (d) treten ein, wenn etwa die Erde auf ihrer Bahn 30° weitergelaufen ist.

Besonders schöne Einsendungen aus den ursprünglichen Lösungen sind in ◘ Abb. 6.8 gezeigt.

✓ L 55.3

Sorgfältiges Ausmessen der ◘ Abb. 2.7 ergibt zehn großkreisförmige Knotenlinien durch die Pole, also $m = 10$, und zudem fünf äquatorparallele Knotenlinien. Somit ergibt sich für die Gesamtzahl der Knotenlinien auf der Oberfläche $l = 15$. Die Zählung der inneren Knotenlinien ergibt $n = 14$. Nicht 15, denn die Oberfläche schwingt frei – sonst sähe man schließlich keine solaren Oszillationen dieses Typs.

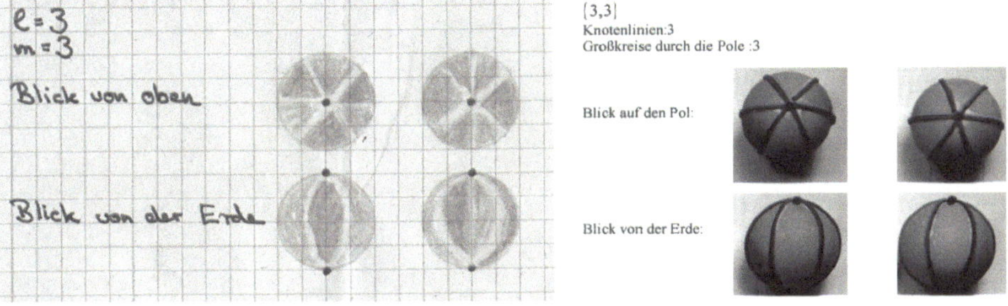

◘ Abb. 6.8 Schwingungszustände für den Fall $\{l, m\} = \{3, 3\}$ aus den ursprünglichen Lösungen. *Links* sind die Zustände gezeichnet. Im *rechten* Teil der Abbildung sind Fotos eines Styropormodells abgedruckt. Der Einsender dieses Lösungsvorschlags hat alle Schwingungszustände aus Styroporkugeln nachgebaut, d. h. diese farbig bemalt und mit Bändern beklebt. Anschließend wurde jedes Modell fotografiert und an die Redaktion von *Sterne und Weltraum* geschickt.

Die Planeten

© Springer-Verlag GmbH Deutschland 2017
A. M. Quetz, S. Völker, *Zum Nachdenken: Unser Sonnensystem*, https://doi.org/10.1007/978-3-662-55148-6_7

7.1   Entfernungen, Planeten und ihre Atmosphären

Lösung zu A 56 – Astronomische Einheit

 **L 56.1**

Bei größter Annäherung an die Erde erscheint die Venus unter dem Winkel $\alpha_{\max} = 67''$. In der größten Entfernung unter dem Winkel $\alpha_{\min} = 10''$. Man entnimmt der ◨ Abb. 3.1 die zugehörigen Entfernungen d

$$d_{\min} = R - r \tag{7.1}$$

und

$$d_{\max} = R + r \, . \tag{7.2}$$

Außerdem gilt die Beziehung

$$\tan \frac{\alpha}{2} = \frac{D_{\mathrm{V}}/2}{d} \tag{7.3}$$

bzw.

$$d = \frac{D_{\mathrm{V}}}{2 \tan \frac{\alpha}{2}} \, . \tag{7.4}$$

Mit den angegebenen Werten und $D_{\mathrm{V}} = 12\,200\,\mathrm{km}$ folgt $d_{\min} = 3,76 \cdot 10^7\,\mathrm{km}$ und $d_{\max} = 2,52 \cdot 10^8\,\mathrm{km}$. Addiert man die beiden Gleichungen (7.1) und (7.2), so ergibt sich

$$R = \frac{1}{2}\,(d_{\min} + d_{\max}) = 145 \cdot 10^6\,\mathrm{km} \, , \tag{7.5}$$

die Länge der Astronomischen Einheit, und daraus $r = d_{\max} - R = 107 \cdot 10^6\,\mathrm{km}$. Die relativ kleinen Differenzen zu den aktuellen Werten $R = 1\,\mathrm{AE} = 149,6 \cdot 10^6\,\mathrm{km}$ und $r = 108,1 \cdot 10^6\,\mathrm{km}$ stammen in erster Linie aus den Abweichungen der beiden Planetenbahnen von einer Kreisbahn.

Lösung zu A 57 – Auf den Spuren von Olaf Römer

 **L 57.1**

Die Länge der Astronomischen Einheit ist

$$1\,\text{AE} = \frac{R_\text{E}}{\tan p} = \frac{6378\,\text{km}}{\tan\,(9{,}5°/3600)} = 138{,}5 \cdot 10^6\,\text{km}\,.\tag{7.6}$$

L 57.2

Die Lichtgeschwindigkeit c folgt zu

$$c = \frac{2\,\text{AE}}{\Delta t} = 279\,800\,\text{km/s}\,.\tag{7.7}$$

Dieser Wert liegt ca. 7 % unter dem heutigen.

Die Bestimmung der Sonnenparallaxe durch Giovanni Cassini und Jean Richer war noch reichlich ungenau. Sie haben die Parallaxe des Mars gemessen und dann über das dritte Kepler'sche Gesetz mit den gut bekannten Umlaufzeiten von Erde und Mars die Sonnenparallaxe bestimmt. Gegenüber Kepler, der noch $p = 1'$ zulassen wollte, war ihre Messung jedoch schon vergleichsweise genau. Erst hundert Jahre später konnte die Genauigkeit auf 1 % gesteigert werden.

Lösung zu A 58 – Merkurtransit

 **L 58.1**

Im Gegensatz zu Edmond Halley, der zwei Beobachter in größtmöglichem Abstand auf der Erde positionierte, hat man hier in Form von Trace einen Beobachter, der auf seinem Orbit ständig seine Beobachtungsposition ändert. Statt der beiden in ◘ Abb. 3.3 gestrichelt eingezeichneten Linien erhält man das in ◘ Abb. 3.2 gezeigte Wobbeln.

Das Ausmessen der Aufnahme ergibt einen Sonnendurchmesser auf dem Papier von etwa 175 mm und eine Wobbelamplitude von 1,5 mm/2 = 0,75 mm. Bei der angegebenen scheinbaren Sonnengröße zum Zeitpunkt des Merkurtransits von $D_\odot = 31'42{,}2'' = 1902{,}2''$ folgt deshalb die Amplitude zu

$$\delta/2 = \frac{1902'' \cdot 0{,}75\,\text{mm}}{175\,\text{mm}} = 8{,}15''\,.\tag{7.8}$$

Die (Un)Genauigkeit dieses – wegen der Kleinheit der Wobbelamplitude – schwer zu ermittelnden Wertes bestimmt wesentlich die Genauigkeit der im Folgenden berechneten Astronomischen Einheit.

L 58.2

a) Mit Hilfe der Informationen des Nice-to-know 9 zu Aufgabe 58 in ▸ Abschn. 3.1 leitet man ganz analog für einen Merkurtransit den Winkel ρ ab, unter dem der Bahndurchmesser von Trace aus der Distanz der Sonne $s = a_\oplus$ erscheint. Aus (3.2) wird

$$\rho = \delta \left[\left(\frac{P_\oplus}{P_\mercury}\right)^{2/3} - 1\right]\,,\tag{7.9}$$

wobei $P_{\oplus} = 365{,}256\,\mathrm{d}$ die Umlaufzeit der Erde um die Sonne und $P_{\mercury} = 87{,}969\,\mathrm{d}$ die Umlaufzeit des Merkur um die Sonne sind. Mit $\delta = 16{,}3''$ aus der Lösung zu Aufgabe 58.1 folgt $\rho = 25{,}8''$. Aus (3.1) folgt schließlich mit dem Bahndurchmesser von Trace $d = 2\,(R_{\mathrm{E}} + h) = 14\,006\,\mathrm{km}$ der Abstand Erde − Sonne zu $a_{\oplus} = 112 \cdot 10^6\,\mathrm{km}$.

b) Berücksichtigt man auch noch die aktuelle Position der Erde auf ihrer elliptischen Umlaufbahn um die Sonne, so folgt als Ergebnis $1\,\mathrm{AE} = a_{\oplus}\,(1 - 0{,}009) = 111 \cdot 10^6\,\mathrm{km}$.

Dieser Wert ist um 25 Prozent zu klein, verglichen mit dem modernen Wert von $149{,}6 \cdot 10^6\,\mathrm{km}$. Aber angesichts der beschränkten Mittel bei der Auswertung darf man damit durchaus zufrieden sein!

c) Nutzt man nochmals das dritte Kepler'sche Gesetz, $(a_{\oplus}/a_{\mercury})^3 = (P_{\oplus}/P_{\mercury})^2$, so folgt Merkurs Bahnradius $a_{\mercury}$ zu

$$a_{\mercury} = \left(\frac{P_{\mercury}}{P_{\oplus}}\right)^{2/3} a_{\oplus} = 0{,}387\,\mathrm{AE} = 43 \cdot 10^6\,\mathrm{km}\,, \tag{7.10}$$

wobei die km-Angabe natürlich wie bei b) auch um 25 Prozent zu klein ist.

✅ EL 58.3

Für das Überqueren der Sonnenscheibe hat Merkur offenbar $\Delta t = 42 \cdot 450\,\mathrm{s} = 5{,}25\,\mathrm{h}$ benötigt. Aus ◼ Abb. 3.2 lässt sich abmessen, dass Merkur in dieser Zeitspanne den Winkel $\sigma_{\mercury} = 1302'' = 0{,}362°$ vor der Sonnenscheibe zurückgelegt hat. Mit Hilfe der Distanz Erde − Merkur $a_{\oplus\mercury} = a_{\oplus} - a_{\mercury}$ lässt sich die von ihm dabei zurückgelegte Strecke S_1 angeben:

$$S_1 = a_{\oplus\mercury}\,\tan\sigma_{\mercury}\,. \tag{7.11}$$

Da die Erde währenddessen jedoch nicht stillhielt, sondern sich um den Winkel $\sigma_{\oplus} = 0{,}216°$ um die Sonne bewegte, ist des Weiteren die Strecke

$$S_2 = a_{\oplus}\,\tan\sigma_{\oplus} \tag{7.12}$$

hinzuzuaddieren. Die Umlaufperiode $P_{\mercury}$ des Merkur folgt dann zu

$$P_{\mercury} = \frac{2\,\pi\,a_{\mercury}}{S_1 + S_2}\,\Delta t = 100\,\mathrm{d}\,. \tag{7.13}$$

Dies ist wegen der fehlerbehafteten Werte für die in Aufgabe 58.2 berechneten Distanzen natürlich ebenso ungenau (Literaturwert: $87{,}969\,\mathrm{d}$), ergibt aber wieder die richtige Größenordnung.

✅ EL 58.4

Vernachlässigt man die geringe Exzentrizität $e = 0{,}00267$ von Trace und geht von einer Kreisbahn aus, so kann man Radialkraft $F_{\mathrm{R}} = m\,\omega^2\,r$ und Gravitationskraft $F_{\mathrm{G,Trace}} = G\,m\,M_{\oplus}/r^2$ gleichsetzen. Ersetzt man die Kreisfrequenz ω durch $\omega = 2\,\pi/P_{\mathrm{Trace}}$ und den Abstand r durch $r = R_{\oplus} + h_{\mathrm{Trace}} = 6378\,\mathrm{km} + 625\,\mathrm{km} = 7003\,\mathrm{km}$, kann man den entstehenden Ausdruck nach P_{Trace} umstellen

$$P_{\mathrm{Trace}} = 2\,\pi\,\sqrt{\frac{(R_{\oplus} + h_{\mathrm{Trace}})^3}{G\,M_{\oplus}}} \tag{7.14}$$

und es ergibt sich die Umlaufperiode von Trace zu $P_{\mathrm{TRACE}} = 97{,}2\,\mathrm{min}$.

In  Abb. 3.2 kann man etwa 3,2 Perioden erkennen, woraus in sehr guter Übereinstimmung eine Umlaufdauer von etwa 5,25 h/3,2 = 98,4 min folgt.

Lösung zu A 59 – Die Zukunft der Erdbahn – Massenverlust und Drehimpulserhaltung

L 59.1

Die von der Sonne in $t = 4{,}6$ Milliarden Jahren abgegebene Energie E ist

$$E = L_\odot\, t = m\, c^2 \,. \tag{7.15}$$

Daraus folgt mit $L_\odot = 3{,}846 \cdot 10^{26}$ W die in dieser Zeit in Energie umgesetzte Masse zu

$$m_\mathrm{E} = \frac{L_\odot\, t}{c^2} = 6{,}2 \cdot 10^{26}\,\mathrm{kg} = 3{,}1 \cdot 10^{-4}\, M_\odot \,. \tag{7.16}$$

Dies ist der Massenverlust, den die Sonne durch die Fusion ihres Brennstoffs Wasserstoff zu Helium erlitten hat.

L 59.2

Ist $f = v\,\rho$ die Flussdichte der Sonnenwindteilchen, dann ergibt sich der gesuchte Massenverlust durch Sonnenwind über die Zeit t aus

$$m_\mathrm{SW} = \dot m_\mathrm{SW}\, t = F\, f\, t = 4\,\pi\, r^2\, v\, \rho\, t \,. \tag{7.17}$$

Mit der mittleren Dichte $\rho = 5 \cdot 10^6$ Protonen/m^3 der Sonnenwindteilchen, der Geschwindigkeit $v = 500$ km/s und der Protonenmasse $m_\mathrm{P} = 1{,}673 \cdot 10^{-27}$ kg folgt $m_\mathrm{SW} = 1{,}7 \cdot 10^{26}\,\mathrm{kg} = 8{,}6 \cdot 10^{-5}\, M_\odot$.

Dieser Wert ist von ähnlicher Größenordnung wie das Ergebnis von Aufgabe 59.1. Allerdings zeigen junge Sterne mit einer Masse $\lesssim 2\, M_\odot$ in ihrer Vorhauptreihenphase, der T-Tauri-Phase, einen deutlich höheren Massenverlust durch Sonnenwind.

L 59.3

Auf Grund des Drehimpulserhaltungssatzes muss sich der Bahnradius der Erde (und der der anderen die Sonne umrundenden Körper) auf die geringere Masse der Sonne einstellen. Für den Bahndrehimpuls gilt also

$$L_\mathrm{Erde} = a_\mathrm{Erde}\, m_\mathrm{Erde} \sqrt{\frac{G\, M_\odot}{a_\mathrm{Erde}}} \tag{7.18}$$

$$= a_\mathrm{Erde7}\, m_\mathrm{Erde} \sqrt{\frac{G\, M_{\odot 7}}{a_\mathrm{Erde7}}} \,. \tag{7.19}$$

Nach sieben Milliarden Jahren beträgt ihre Masse $M_{\odot 7} = 2/3\, M_\odot$. Aus obiger Gleichung ergibt sich unmittelbar nach Quadrieren $a_\mathrm{Erde7} \approx 3/2\, a_\mathrm{Erde} = 1{,}5$ AE. Dieser Wert ist in ■ Abb. 3.4 bereits angedeutet. ■ Abb. 7.1 zeigt einen Kommentar zu diesem Ergebnis (allerdings dürften wir zu diesem Zeitpunkt andere Probleme auf der Erde haben).

◻ Abb. 7.1 Ein Kommentar zur Lösung von Aufgabe 59.3.

Lösung zu A 60 – Die Zukunft der Erdbahn 2

✅ L 60.1

Die Bahngeschwindigkeit v der Erde folgt aus dem Gleichsetzen von Gravitationskraft F_G und Radialkraft F_R,

$$F_G = G\,\frac{m\,M_\odot}{r^2} = m\,\omega^2\,r = F_R\,, \tag{7.20}$$

nach Elimination von m und nach Einsetzen der Kreisfrequenz $\omega = v/r$ zu

$$v = \sqrt{\frac{G\,M_\odot}{r}} = 29{,}8\,\text{km/s}\,. \tag{7.21}$$

✅ L 60.2

a) Mit der Geschwindigkeit $v_S = 10\,000\,\text{km/s}$ benötigt die weggeschleuderte Materie für die Strecke $r_{1\,\text{AE}} = 1\,\text{AE}$ von der Sonne bis zur Erdbahn die Zeit

$$t_{1\,\text{AE}} = \frac{r_{1\,\text{AE}}}{v_S} = 4{,}2\,\text{Stunden}\,. \tag{7.22}$$

b) Die Zeit bis zum Erreichen des Kuipergürtels bei $r_K = 40\,\text{AE}$ ist

$$t_{40\,\text{AE}} = \frac{r_K}{v_S} = 6{,}9\,\text{Tage}\,. \tag{7.23}$$

Zum Vergleich: Die Sonden Pioneer und Voyager benötigten für diese Distanz mehr als zehn Jahre.

✅ L 60.3

Die Gesamtenergie des betrachteten Körpers bleibt erhalten. Deshalb ist die Summe seiner kinetischen und potenziellen Energie im Unendlichen gerade so groß wie beim Abstand r

$$(E_{\text{kin}} + E_{\text{pot}})|_r = (E_{\text{kin}} + E_{\text{pot}})|_\infty\,. \tag{7.24}$$

Nun ist die potenzielle Energie im Unendlichen definitionsgemäß gerade Null. Wegen der dort verschwindenden Geschwindigkeit folgt dies auch für die kinetische Energie. Es gilt deshalb $(E_{\text{kin}} + E_{\text{pot}})|_\infty = 0$. Daraus folgt

$$\frac{1}{2}\,m\,v^2 = G\,\frac{m\,M_\odot}{r}\,. \tag{7.25}$$

Die Kugel mit dem Radius 1 AE hat eine Oberfläche von 2,83*10^23 m². Hier würde eine Masse von 1*10^30 kg „durchrauschen. Das macht 7072 Tonnen pro Quadratmeter. Das würde ungemütlich!
≈ 3500

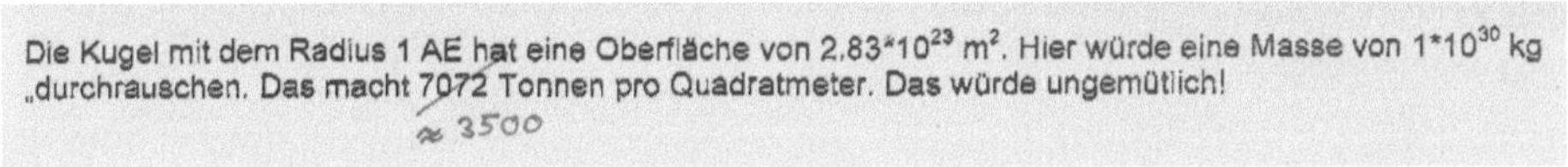

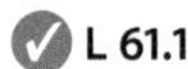

Abb. 7.2 Ein Kommentar aus den ursprünglichen Lösungen zum Ergebnis der Aufgabe 60.4 – zwar mit kleinem Rechenfehler, aber von der Qualität der Aussage vollkommen richtig

Die gesuchte Fluchtgeschwindigkeit der Erde aus dem Sonnensystem ist dann

$$v = \sqrt{\frac{2\,G\,M_\odot}{r}} = 42{,}1\ \mathrm{km/s}\,. \tag{7.26}$$

L 60.4

Der Vergleich von (7.21) und (7.26) ergibt sofort die Masse $\check{M}_\odot$, bei der die Erde gerade die Fluchtgeschwindigkeit besitzt:

$$\check{M}_\odot = M_\odot/2\,. \tag{7.27}$$

Man sieht, dass dieses Ergebnis unabhängig von der Masse der Erde ist, es gilt somit für alle Planeten unseres Sonnensystems und noch allgemeiner für alle Sterne, egal welcher Ausgangsmasse: Halbiert sich die Masse des Ursprungssterns, erreichen alle ihn umkreisenden Planeten Fluchtgeschwindigkeit.

Nach dem Stand der Wissenschaft wird unsere Sonne nicht in einer Supernova vergehen. Die Erde wird deshalb nicht von einer davonrasenden Schale heißer Sonnenmaterie überrannt (vgl. auch Abb. 7.2). Dennoch ergeht es ihr zum Ende hin schlecht, denn sie wird innerhalb der expandierenden, gealterten Sonne ihr Dasein beenden.

Lösung zu A 61 – Synodische Umlaufzeiten der Planeten

L 61.1

Die Differenz der Winkelgeschwindigkeiten $\Delta\omega$ ist mit den Indizes P für Planet und E für Erde

$$\Delta\omega = \begin{cases} \omega_\mathrm{P} - \omega_\mathrm{E} & \text{für Merkur und Venus} \\ \omega_\mathrm{E} - \omega_\mathrm{P} & \text{für Mars, Jupiter etc.} \end{cases} \tag{7.28}$$

Die siderische Umlaufperiode berechnet sich als

$$T_\mathrm{sid,P} = \frac{2\,\pi}{\omega_\mathrm{P}} \tag{7.29}$$

und die synodische folgt aus

$$T_\mathrm{syn,P} = \frac{2\,\pi}{\Delta\omega}\,. \tag{7.30}$$

Setzt man (7.29) und (7.30) in die Beziehung (7.28) ein und dividiert durch 2 π, so folgt

$$\frac{1}{T_\mathrm{syn,P}} = \begin{cases} \frac{1}{T_\mathrm{sid,P}} - \frac{1}{T_\mathrm{E}} & \text{für Merkur und Venus} \\ \frac{1}{T_\mathrm{E}} - \frac{1}{T_\mathrm{sid,P}} & \text{für Mars, Jupiter etc.} \end{cases}, \tag{7.31}$$

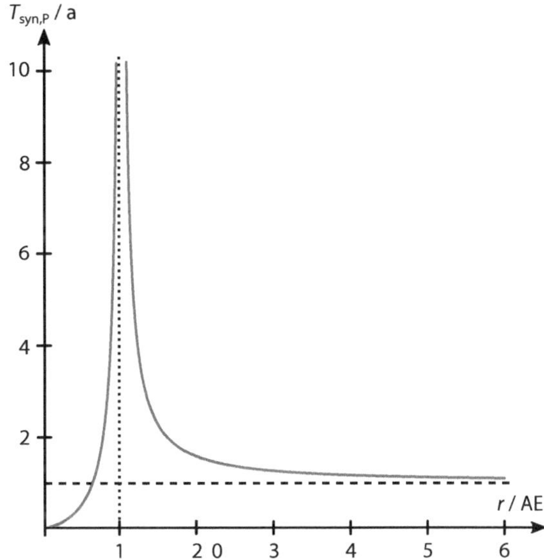

◘ Abb. 7.3 Dargestellt ist die Funktion $T_{\mathrm{syn,P}} = \left| 1\,\mathrm{a}^{-1} - \frac{1}{T_{\mathrm{sid,P}}} \right|^{-1}$, welche sowohl für die inneren als auch für die äußeren Planeten gilt. Für große Bahnradien strebt die Kurve gegen die waagerechte Asymptote $T_{\mathrm{syn}} = 1\,\mathrm{a}$ (*gestrichelt*). Für einen Planeten, dessen Bahnradius dem der Erde beliebig nahekommt, strebt die Kurve von beiden Seiten an die senkrechte Asymptote $r = 1\,\mathrm{AE}$ (*gepunktet*).

bzw.

$$T_{\mathrm{syn,P}} = \begin{cases} \left(\frac{1}{T_{\mathrm{sid,P}}} - 1\,\mathrm{a}^{-1} \right)^{-1} & \text{für Merkur und Venus} \\[2mm] \left(1\,\mathrm{a}^{-1} - \frac{1}{T_{\mathrm{sid,P}}} \right)^{-1} & \text{für Mars, Jupiter etc.} \end{cases} \tag{7.32}$$

✓ L 61.2

Mit Hilfe von (7.32) und $T_{\mathrm{syn},\sigma} = 2{,}135\,\mathrm{a}$ lässt sich die siderische Umlaufperiode

$$T_{\mathrm{sid},\sigma} = \left(1\,\mathrm{a}^{-1} - \frac{1}{T_{\mathrm{syn},\sigma}} \right)^{-1} = 1{,}88\,\mathrm{a} \tag{7.33}$$

von Mars ermitteln. Nach dem dritten Kepler'schen Gesetz folgt nun

$$\frac{r_{\mathrm{P}}}{\mathrm{AE}} = \left(\frac{T_{\mathrm{sid,P}}}{\mathrm{a}} \right)^{2/3}, \tag{7.34}$$

und für Mars $r_{\sigma} = 1{,}52\,\mathrm{AE}$.

✓ L 61.3

Für die äußeren Planeten gilt

$$T_{\mathrm{syn,P}} = \left(1\,\mathrm{a}^{-1} - \frac{1}{T_{\mathrm{sid,P}}} \right)^{-1}. \tag{7.35}$$

Betrachtet man nun die Bahnradien mit immer größerem Radius r_{P} (vgl. auch ◘ Abb. 7.3), folgt mit (7.34) zunächst eine entsprechend wachsende Umlaufzeit $T_{\mathrm{syn,P}}$. Der Term $1/T_{\mathrm{syn,P}}$

wird also immer kleiner – der Grenzwert ist Null. Aus (7.35) folgt dann

$$\lim_{r_{\mathrm{P}}\to\infty} T_{\mathrm{syn,P}} = \lim_{r_{\mathrm{P}}\to\infty}\left(1\,\mathrm{a}^{-1} - \frac{1}{T_{\mathrm{sid,P}}}\right)^{-1} = \lim_{r_{\mathrm{P}}\to\infty}\left(1\,\mathrm{a}^{-1} - \underbrace{\frac{1}{r_{\mathrm{P}}^{3/2}}}_{\to 0}\right)^{-1} = 1\,\mathrm{a}\,. \tag{7.36}$$

Lösung zu A 62 – Valles Marineris

 **L 62.1**

Bestimmt werden sollte die Höhe h der Sedimente eines möglichen vergangenen Ozeans in der nördlichen Hemisphäre des Mars, angeschwemmt als Erosionsmaterial aus den Valles Marineris, jenem gigantischen Grabensystem in der Tharsis-Region (vgl. ◨ Abb. 7.4 und ◨ Abb. 7.5). Da dieses Grabensystem Klüfte bis zu 200 km Breite dreifach nebeneinander gestaffelt aufweist, sollte die Abschätzung mit einer mittleren Grabenbreite $B = 300\,\mathrm{km}$ vorgenommen werden. Beträgt des Weiteren die mittlere Tiefe T der Gräben $T = 5\,\mathrm{km}$ und besitzt das Erosionsgebiet laut Voraussetzung eine Gesamtlänge $L = 4800\,\mathrm{km}$, wobei die östlichen Bereiche, Capri Chasma und Eos Chasma, mit geringerer Tiefe, aber wesentlich größerer Breite noch mitzählen, dann ist das Gesamtvolumen $V_{\mathrm{Sedimente}}$ der aus den Valles Marineris ausgeschwemmten Materialien unter völliger Vernachlässigung eventuell schräger Grabenwände

$$V_{\mathrm{Sedimente}} = B \cdot T \cdot L\,. \tag{7.37}$$

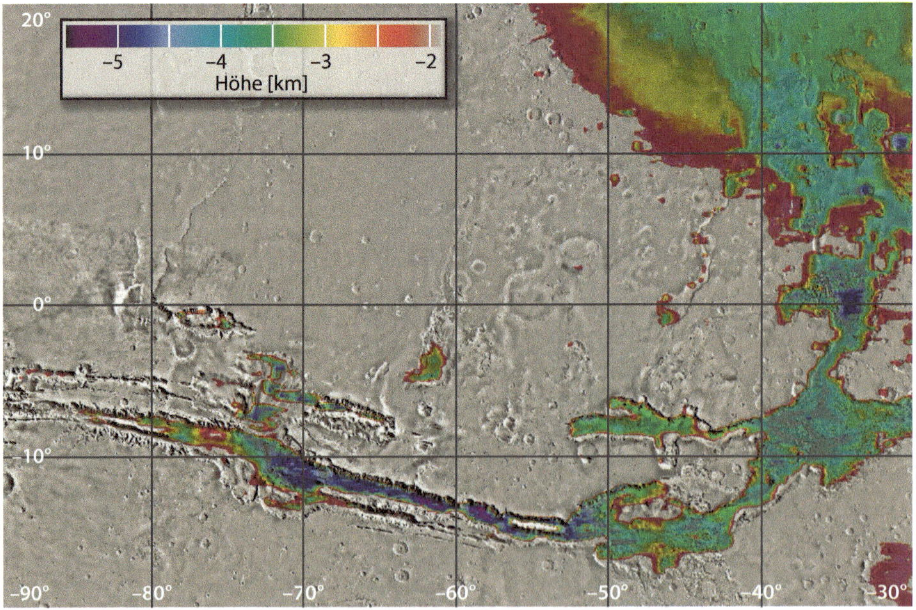

◨ **Abb. 7.4**   Die Valles Marineris mit den westlichen Teilen Ganges Chasma (G), Capri Chasma (C), Eos Chasma (E), Aurorae Chaos (A) und Hydraotes Chaos sind das größte Grabensystem im Sonnensystem. Die Erosiontäler münden schließlich in Chryse Planitia (P). Die *grauen* Bereiche liegen allesamt oberhalb von −1,9 km Elevation. Quelle: NASA

(Sollten sich die Gräben allerdings als geschickt angelegte Täuschungsmanöver etwaiger Marsbewohner erweisen, müsste man wohl die Pyramiden von Gizeh und die Chinesische Mauer von der Liste großer Ingenieurleistungen streichen...)

Weiterhin marsmäßige Frühsommertage

Abb. 7.5 Ein Löser der ursprünglichen Aufgabe lieferte noch eine ganz andere Erklärung für das Grabensystem

Die Fläche $F_{\mathrm{Marsozean}}$ des postulierten Marsozeans bedeckte laut Annahme ein Viertel der Marsoberfläche:

$$F_{\mathrm{Marsozean}} = \frac{1}{4}\, 4\, \pi\, R_{♂}^2 \,. \tag{7.38}$$

Mit dem Marsradius $R_{♂} = 3395\,\mathrm{km}$ folgt bei gleichmäßiger Verteilung der Sedimente über die gesamte Ozeanfläche

$$h = \frac{V_{\mathrm{Sedimente}}}{F_{\mathrm{Marsozean}}} = \frac{B \cdot T \cdot L}{\pi\, R_{♂}^2} = 200\,\mathrm{m}\,. \tag{7.39}$$

Der Boden des Marsozeans wäre demnach mit einer Schicht von wenigstens 200 Metern Sedimentmaterial bedeckt. Hinzu kämen nämlich weitere Erosionen von in dieser Abschätzung unberücksichtigten Ausflusskanälen.

Lösung zu A 63 – Masse des Jupiter

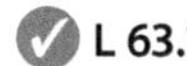

L 63.1

Wenn die Masse von Io vernachlässigt wird gegenüber derjenigen von Jupiter, darf man den gemeinsamen Schwerpunkt in den Mittelpunkt des Jupiter legen, und Io führt eine Kreisbewegung um Jupiter aus. Die Gravitationskraft F_{G} hält Io auf dieser Bahn, so dass $F_{\mathrm{Z}} = F_{\mathrm{G}}$, mit F_{Z} der Zentripetalkraft, gilt. Mit

$$F_{\mathrm{Z}} = m_{\mathrm{Io}}\, \omega_{\mathrm{Io}}^2\, r_{\mathrm{Io}} \tag{7.40}$$

und

$$F_{\mathrm{G}} = G\, \frac{m_{\mathrm{Io}}\, m_{♃}}{r_{\mathrm{Io}}^2} \tag{7.41}$$

folgt nach Kürzen durch die Io-Masse und Auflösungen nach der Jupiter-Masse

$$m_{♃} = \frac{1}{G}\, \omega_{\mathrm{Io}}^2\, r_{\mathrm{Io}}^3\,, \tag{7.42}$$

und mit $\omega_{\mathrm{Io}} = 2\,\pi / P_{\mathrm{Io}}$ ergibt sich

$$m_{♃} = \frac{1}{G}\, \frac{4\,\pi^2}{P_{\mathrm{Io}}^2}\, r_{\mathrm{Io}}^3\,, \tag{7.43}$$

dieselbe Gleichung, die man auch aus dem dritten Kepler'schen Gesetz erhalten hätte. Mit den gegebenen Zahlenwerten erhält man $m_{♃} = 1{,}90 \cdot 10^{27}\,\mathrm{kg}$.

Lösung zu A 64 – Saturndistanz am 09./10. Juni 1899

 **L 64.1**

Die beiden zu Grunde liegenden 6-Zöller-Aufnahmen vom 9. und 10. Juni 1899 sind im Plattenarchiv der Landessternwarte noch vorhanden (Platten A 1504 und A 1506). Durch Übereinanderschieben der umgebenden Fixsterne misst man einen Abstand der beiden Saturnscheiben $s \approx 1$ mm. Die Originalmessung wurde aber am Blinkkomparator durchgeführt, wo die Skalenablesung nach Übereinanderlegen der Saturnbilder den genaueren Wert $s = 1,12$ mm ergab. Aus der Brennweite der Kamera ($f = 807,6$ mm) und dem daraus resultierenden Abbildungsmaßstab ($M = 255,4''/$mm) findet man als Winkelverschiebung $\alpha = M\,s = 286'' = 0°04'46''$.

Wegen der Kleinheit der Winkel α, $\beta = n_\saturn + \alpha$, $n_\saturn$ und $n_\oplus$ können die kurzen Bahnbögen von Erde $\widehat{AC}$ und Saturn $\widehat{AB}$ ohne einen großen Fehler zu begehen als gerade Strecken approximiert werden (siehe ◨ Abb. 3.8).

Für die weitere Rechnung benötigt man die Strecke $\overline{BC} = \overline{AC} - \overline{AB}$. Mit den mittleren täglichen Bewegungen von Erde ($n_\oplus = 0,98561°$) und Saturn ($n_\saturn = 0,03333°$) und mit $r_\odot = 149,6 \cdot 10^6$ km erhalten wir

$$\overline{AB} = r_\odot \tan n_\saturn = 87\,025 \text{ km}, \tag{7.44}$$

$$\overline{AC} = r_\odot \tan n_\oplus = 2\,573\,694 \text{ km} \tag{7.45}$$

sowie

$$\overline{BC} = 2\,486\,669 \text{ km}. \tag{7.46}$$

Schließlich ergibt sich aus dem Dreieck EBC mit $\beta = 0,11227°$ die gesuchte Saturnentfernung von der Erde am 9./10. Juni 1899 zu

$$r_\saturn = \frac{\overline{BC}}{\tan \beta} = 1\,263\,416\,288 \text{ km} = 8,4453 \text{ AE}. \tag{7.47}$$

In guter Näherung gilt $r_\oplus \approx \overline{BE} \approx \overline{CE}$. Der gefundene Wert entspricht der Entfernung rund zwei Tage vor der Opposition am 11. Juni 1899.

Der „Sollwert", zum Vergleich aus den Bahndaten beider Planeten berechnet, weicht von diesem einfachen Experiment um weniger als ein halbes Prozent (0,44 %) ab! Die Fehlerursachen liegen einmal in den etwas vereinfachten Annahmen (Bahnbögen als gerade Strecken) und zum anderen im Messfehler von s bzw. α.

Lösung zu A 65 – Solarkonstante von Merkur und Pluto

 **L 65.1**

Wie jede elektromagnetische Strahlung verhalten sich auch die Bestrahlungsstärken der Planeten umgekehrt wie die Quadrate ihrer Sonnendistanzen

$$\frac{S_{\text{Planet}}}{S} = \left(\frac{r_{\text{E}}}{r_{\text{Planet}}}\right)^2, \tag{7.48}$$

mit der Solarkonstanten S der Erde. Damit ergibt sich für Merkur

$$S_{\female} = S \left(\frac{r_{\mathrm{E}}}{r_{\female}}\right)^2 = 1{,}367\,\mathrm{kW/m^2} \cdot \left(\frac{1\,\mathrm{AE}}{0{,}387\,\mathrm{AE}}\right)^2 = 9{,}1\,\mathrm{kW/m^2} \tag{7.49}$$

und für Pluto $S_{\mathrm{P}} = 0{,}00088\,\mathrm{kW/m^2} = 0{,}88\,\mathrm{W/m^2}$. Die auf Merkur empfangene Sonnenstrahlung ist also etwa siebenmal so groß wie auf der Erde. Bei Pluto beträgt sie dagegen nur den 1550. Teil.

7.2 Monde – stille Begleiter

Lösung zu A 66 – Phobos-Springer

 **L 66.1**

Phobos lässt sich mit ausreichender Genauigkeit durch ein dreiachsiges Ellipsoid beschreiben (vgl. ◼ Abb. 7.6).

a) Für den mittleren Radius des Marsmondes gilt dabei $\bar{R} = \sqrt[3]{a\,b\,c/8} = 11{,}2\,\mathrm{km}$.

b) Mit der gegebenen Dichte und dem mittleren Radius folgt eine Masse $M = 4/3\,\pi\,\bar{R}^3\,\rho = 9{,}57 \cdot 10^{15}\,\mathrm{kg}$.

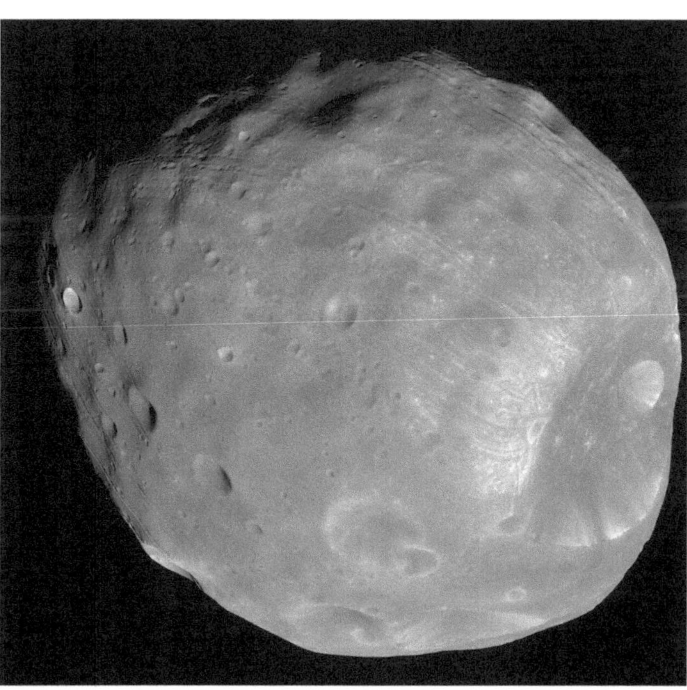

◼ **Abb. 7.6** Die Aufnahme von Phobos entstand mit der Kamera HIRISE an Bord des Mars Reconnaissance Orbiter der NASA aus einer Distanz von rund 6800 km im Jahr 2008. Quelle: NASA/JPL-Caltech/University of Arizona

■ **Abb. 7.7** Bewertung des Zahlenwertes
auf einer Einsendung.

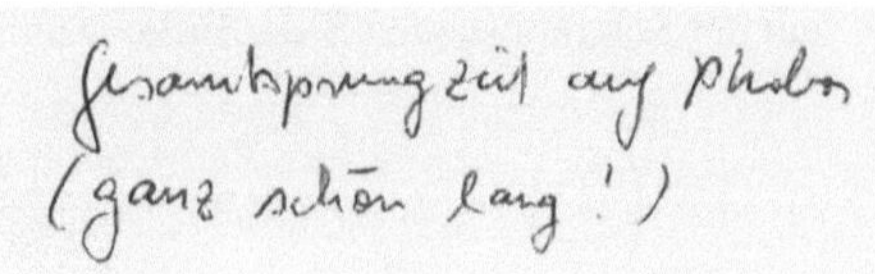

✓ L 66.2

a) Setzt man die kinetische Energie beim Absprung gleich der potenziellen Energie im höchsten Punkt des Sprunges, folgt aus $\frac{m}{2}\,v_0^2 = m\,g\,h$ für die Absprunggeschwindigkeit des Hochspringers $v_0 = \sqrt{2\,g\,h} = 5{,}42\ \mathrm{ms}^{-1}$.

b) Die Sprungzeit T ist gegeben durch $T = 2\,\sqrt{2\,h/g} = 1{,}11\ \mathrm{s}$.

✓ L 66.3

Die Potenzialdifferenz $\Delta\phi$ zwischen der Höhe H und dem mittleren Radius $\bar{R}$ von Phobos ist

$$\Delta\phi = G\,M\left(\frac{1}{\bar{R}} - \frac{1}{\bar{R}+H}\right).\tag{7.50}$$

Damit folgt über $m\,\Delta\phi = m\,g\,h$ für die Höhe H

$$H = \left(\frac{1}{\bar{R}} - \frac{g\,h}{G\,M}\right)^{-1} - \bar{R} = 3900\ \mathrm{m}.\tag{7.51}$$

✓ L 66.4

Mit $R = \bar{R} + H$, $r = \bar{R}$ und $a = 1/2\,(\bar{R} + H)$ folgt unter Berücksichtigung von $\lim\limits_{q\to\infty}(\arctan q) = \pi/2$ für die Steigzeit $\Delta t = 1598\ \mathrm{s}$. Die zwischen Absprung und Landung vergehende Zeit T beträgt demnach etwa 53 Minuten (vgl. ■ Abb. 7.7).

✓ L 66.5

a) Verlässt man das Schwerefeld von Phobos, geht also h gegen Unendlich, erhält man aus (7.51) die Beziehung

$$h = \frac{G\,M}{g\,\bar{R}} = 5{,}81\ \mathrm{m}.\tag{7.52}$$

Solche Höhen sind nicht gänzlich unüberwindbar, denkt man an die besten Stabhochspringer auf unserer Erde.

b) Der Energiesatz liefert zunächst $1/2\,m\,v^2 = G\,M\,m\,\bar{R}^{-1}$. Damit erhält man die Fluchtgeschwindigkeit von Phobos zu

$$v = \sqrt{\frac{2\,G\,M}{\bar{R}}} = 10{,}7\ \mathrm{m/s}.\tag{7.53}$$

Dieser Wert ist ziemlich genau gerade $\frac{1}{1000}$ der Fluchtgeschwindigkeit von der Erde.

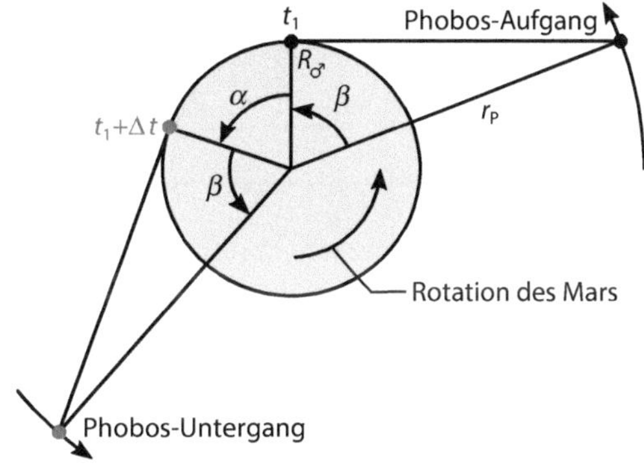

Abb. 7.8 Zur Berechnung der Sichtbarkeitsdauer: Dargestellt sind der Phobos-Auf- und -Untergang.

Lösung zu A 67 – Phobos bewegt sich …

L 67.1

Ganz im Gegensatz zum System Erde – Mond ist die Umlaufperiode von Phobos deutlich kürzer als die Rotationsperiode von Mars. Während wir auf der Erde die Bahnbewegung des Mondes am Himmel in einer Nacht kaum ausmachen können, rast Phobos förmlich über den Marshimmel hinweg.

a) **Abb. 7.8** entnimmt man, dass Phobos zu einem Zeitpunkt t_1 für einen Beobachter auf dem Mars auf- und zu einem Zeitpunkt $t_2 = t_1 + \Delta t$ wieder untergeht. Mars rotiert in derselben Zeit Δt um den Winkel $\alpha = \omega_{\mars}\,\Delta t$, während Phobos sich auf seiner Bahn um den Winkel $\alpha + 2\beta = \omega_P\,\Delta t$ weiterbewegt.

Für die Zeitspanne folgt

$$\Delta t = \frac{2\beta}{\omega_P - \omega_{\mars}}\,, \tag{7.54}$$

mit $\beta = \arccos\left(R_{\mars}/r_P\right)$ sowie $\omega_P = 360°/P_P$ und $\omega_{\mars} = 360°/P_{\mars}$. Daraus ergibt sich letztlich für die Zeitspanne zwischen Phobos-Auf- und -Untergang der Wert $\Delta t = 4^h14^m$.

b) Für einen Beobachter im Marsmittelpunkt bewegt sich Phobos mit der Winkelgeschwindigkeit

$$\omega_{\text{syn}} = \omega_P - \omega_{\mars}\,. \tag{7.55}$$

Ein vollständiger synodischer Umlauf dauert deshalb 11^h06^m. Die Differenz zu Δt, also 6^h52^m, befindet sich Phobos unter dem Horizont.

L 67.2

Aus **Abb. 7.9** entnimmt man, dass die scheinbare Größe von Phobos am Marshimmel

$$\delta_P = 2\arctan\left(\frac{\rho/2}{r_P - R_{\mars}}\right) \tag{7.56}$$

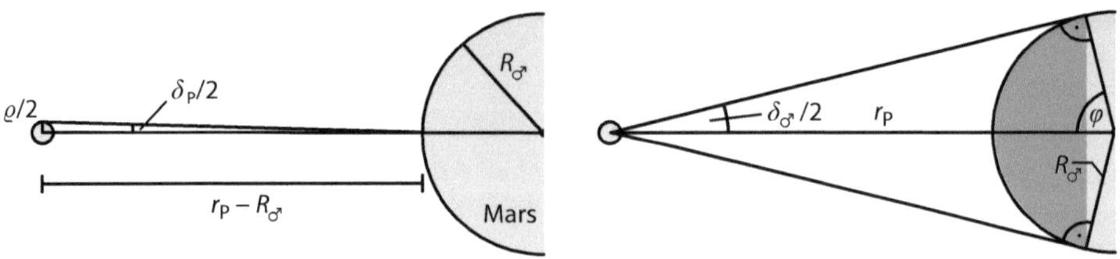

▣ Abb. 7.9 *Links:* Scheinbare Größe δ_P von Phobos betrachtet vom Marsäquator. *Rechts:* Scheinbare Größe des Mars, betrachtet von Phobos. In *Dunkelgrau* ist der von Phobos sichtbare Bereich der Marshemisphäre hervorgehoben (vgl. A 67.5).

ist, mit $\rho = a$, b, und c. Die Werte sind dann: 0,261°, 0,215° und 0,185°. Phobos' scheinbare Ausdehnung ist damit nur etwa die Hälfte der des Mondes, zumal sich Phobos in gebundener Rotation befindet und dem Mars nur die mittlere und kleine Achse zeigt.

Ebenfalls aus ▣ Abb. 7.9 erhält man, dass am Phoboshimmel Mars mit

$$\delta_♂ = 2 \arcsin\left(\frac{R_♂}{r_P}\right) = 42{,}5° \tag{7.57}$$

das alles dominierende Objekt ist. Man hat etwa den gleichen Eindruck von seiner Größe, wenn man sich einen aufgeblasenen Wasserball über den Kopf hält.

✅ L 67.3

Mars befindet sich mit seinen Monden in größerer Entfernung von der Sonne als die Erde. Deshalb ist eine Helligkeitsdifferenz

$$\Delta m = 2{,}5 \lg\left(\frac{r_♂}{1\,\text{AE}}\right)^2 = 0{,}914\,\text{mag} \tag{7.58}$$

zu erwarten. Der schlechteren Albedo entspricht die Differenz

$$\Delta m = 2{,}5 \lg\left(\frac{A_☾}{A_P}\right) = 0{,}753\,\text{mag}\,. \tag{7.59}$$

Aus dem Größenunterschied erwächst

$$\Delta m = 2{,}5 \lg\left(\frac{F_☾}{F_P}\right) = 10{,}735\,\text{mag}, \tag{7.60}$$

wobei $F_p = \pi\,a\,b/4$ ist. Der geringere Abstand zwischen Marsbeobachter und Phobos ergibt

$$\Delta m = 2{,}5 \lg\left(\frac{r_P - R_♂}{r_☾}\right)^2 = -9{,}039\,\text{mag}\,. \tag{7.61}$$

Insgesamt erscheint Phobos für einen Marsbewohner um $\Delta m_{\text{ges}} = 3{,}36\,\text{mag}$ dunkler als der Mond für einen Erdbewohner. Die Helligkeit von Phobos läge deshalb recht genau bei $-9{,}4\,\text{mag}$ ($m_☾ = -12{,}73\,\text{mag}$).

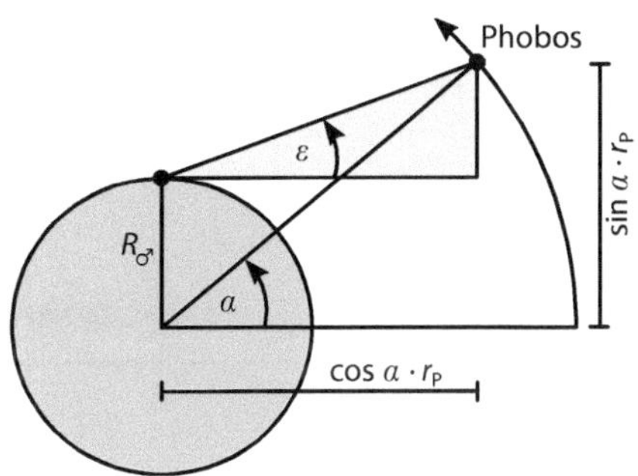

◧ Abb. 7.10 Zur Definition der scheinbaren Geschwindigkeit.

Unter den genannten Bedingungen herrscht jedoch grundsätzlich eine Mondfinsternis. Deshalb muss der Beobachter warten, bis Phobos den Schatten des Mars verlassen hat. Dann scheint dieser natürlich unter einer gewissen Phase und ist auch weiter entfernt. Damit sinkt die Helligkeit weiter ab.

✔ L 67.4

Die Lösung $|\varphi \leq 68{,}8°|$ steckt bereits in derjenigen von Aufgabe 67.2 (vgl. auch ◧ Abb. 7.9). Phobos steigt demnach für marsianische Breiten $-68{,}8° < \varphi < +68{,}8°$ über den Horizont.

✔ L 67.5

Die gesuchte Fläche ist im rechten Teil von ◧ Abb. 7.9 dunkelgrau eingefärbt. Sie ist die Mantelfläche eines Kugelabschnitts und berechnet sich als $M = 2\,\pi\,R\,h$, wenn h die Höhe des Letzteren ist. Der gesuchte Teil ist dann $q = M/2\,\pi\,R_{\sigma}^2 = 1 - \cos\varphi_{\max} \stackrel{\wedge}{=} 63{,}8\,\%$.

✔ EL 67.6

a) Sei α der Winkel zwischen Phobos und einem Bahnpunkt, der auf einer Linie liegt, die durch den Marsmittelpunkt geht und parallel zum Horizont des Beobachters verläuft. Dann wächst α mit t entsprechend $\alpha = \omega\,t$. Dem Beobachter erscheint Phobos mit der variablen Winkelgeschwindigkeit $\dot\varepsilon$, wobei ε die Erhebung über den Horizont misst

$$\varepsilon = \arctan\left(\frac{r_{\mathrm{P}}\,\sin\alpha - R_{\sigma}}{r_{\mathrm{P}}\,\cos\alpha}\right), \tag{7.62}$$

vgl. auch ausgefülltes Dreieck in ◧ Abb. 7.10.
Zunächst muss die Winkelgeschwindigkeit bestimmt werden. Hierfür bildet man die Ableitung nach der Zeit, wobei in (7.62) nur der Winkel α zeitabhängig ist. Mit $\mathrm{d}/\mathrm{d}x \arctan x = 1/\left(1 + x^2\right)$ und $\gamma = R_{\sigma}/r_{\mathrm{P}}$ folgt

$$\dot\varepsilon = \dot\alpha\,\frac{1 - \gamma\,\sin\alpha}{1 - 2\gamma\,\sin\alpha + \gamma^2}. \tag{7.63}$$

Das gesuchte Maximum der Geschwindigkeit findet man nun durch Differenziation nach α. Nach wenigen Umformungen ergibt sich

$$\left(1 - \gamma^2\right)\cos\alpha_{\max} = 0, \tag{7.64}$$

was nur für $\alpha_{\max} = 90°$ eine sinnvolle Lösung ergibt. Setzt man dieses Ergebnis in (7.63) ein, folgt $\dot{\varepsilon} = \dot{\alpha}/(1 - \gamma)$ bzw. $\dot{\varepsilon} = 1{,}568\,\dot{\alpha}$.

b) Mit $\dot{\alpha} = \omega$ folgt i) für $\omega = \omega_{\mathrm{p}}$ im Zenit $\dot{\varepsilon} = 73{,}8°/\mathrm{h}$ und ii) für $\omega = \omega_{\mathrm{P}} - \omega_{\mars}$ folgt $\dot{\varepsilon} = 50{,}9°/\mathrm{h}$.

Lösung zu A 68 – Marsstationäre Satelliten

 **L 68.1**

Aus den Umlaufdaten von Phobos ergibt sich die Masse $M_{\mars}$ des Mars mit Hilfe des dritten Kepler'schen Gesetzes zu

$$M_{\mars} = \frac{4\,\pi^2\,a_{\mathrm{Ph}}^3}{G\,P_{\mathrm{Ph}}^2} - m_{\mathrm{Ph}} = 6{,}4 \cdot 10^{23}\,\mathrm{kg}\,. \tag{7.65}$$

Dabei darf die Masse von Phobos bedenkenlos vernachlässigt werden, denn sie ist um fast acht Größenordnungen kleiner als die von Mars.

 **L 68.2**

Die Umlaufdauer von Mars beträgt $P_{\mars} = 1{,}02596\,\mathrm{d}$.

a) Den Bahnradius r_{mst} eines marsstationären Satelliten erhält man durch Gleichsetzen von Radial-, $F_{\mathrm{R}} = m\,\omega^2\,r$, und Gravitationskraft, $F_{\mathrm{G}} = G\,M\,m\,r^{-2}$,

$$m\,\omega_{\mars}^2\,r_{\mathrm{mst}} = \frac{G\,M_{\mars}\,m}{r_{\mathrm{mst}}^2}\,. \tag{7.66}$$

Die Satellitenmasse m fällt heraus und man erhält nach Einsetzen von $\omega_{\mars} = 2\,\pi/P_{\mars}$ sowie $GM_{\mars} = 4\,\pi^2\,a_{\mathrm{Ph}}^3/P_{\mathrm{Ph}}^2$ (unter Vernachlässigung von m_{Ph})

$$r_{\mathrm{mst}} = \left(\frac{P_{\mars}}{P_{\mathrm{Ph}}}\right)^{2/3} a_{\mathrm{Ph}} = 20\,440\,\mathrm{km}\,. \tag{7.67}$$

Satelliten, die in dieser Distanz vom Planetenzentrum über dem Marsäquator kreisen, stehen für einen Beobachter auf der Marsoberfläche am dortigen Himmel still.

b) Die Höhe über dem Äquator ergibt sich schließlich durch Subtraktion des Marsradius $R_{\mars} = 3396\,\mathrm{km}$ zu $h_{\mathrm{mst}} = 17\,040\,\mathrm{km}$.

Wie es scheint, hat Ben Bova in seinem Roman *Mars* jene Subtraktion übersehen.

Lösung zu A 69 – Bedeckungen

L 69.1

Da sich die Erde in $T_{\oplus} = 86\,164{,}1\,\mathrm{s}$ einmal um ihre Achse dreht (Länge eines Sterntages), benötigt sie für die geografische Längendifferenz $\Delta\lambda = 2{,}5°$ die Zeit

$$\Delta t = \frac{\Delta\lambda}{\omega_{\oplus}}\,. \tag{7.68}$$

Mit $\omega_\oplus = 2\,\pi/T_\oplus = 360°/T_\oplus$ folgt $\Delta t = 598\,\mathrm{s}$, also etwa zehn Minuten. Berücksichtigt man auch die Bewegung des Mondes auf seiner Bahn, erhält man mit der mittleren siderischen Umlaufzeit $P_\mathrm{C} = 27{,}3217\,\mathrm{d}$

$$\Delta t = \frac{\Delta\lambda}{\omega} = \frac{\Delta\lambda}{\omega_\oplus - \omega_\mathrm{C}} = 621\,\mathrm{s}\,. \tag{7.69}$$

Man muss die Jahrbuchangabe demnach um diesen Wert korrigieren. Entsprechendes gilt für andere Längendifferenzen.

✓ L 69.2

Wie man aus ◨ Abb. 3.15 entnehmen kann, sind die Winkel β, die das Bahnstück b des betrachteten Mondes einmal vom Planetenzentrum und zum anderen vom Planetenrand aus messen, wegen $r_{\oplus\,\mathrm{4}} \gg r_\mathrm{Mond}$ nahezu gleich. So ergibt sich für kleine Winkel β

$$\frac{2\,R_\oplus}{r_{\oplus\,\mathrm{4}}} \approx \beta \approx \frac{b}{r_\mathrm{Mond}}\,. \tag{7.70}$$

Mit den weiteren Beziehungen $b = v\,\Delta t$ und $v = \frac{2\,\pi\,r_\mathrm{Mond}}{P_\mathrm{Mond}}$ folgt

$$\Delta t = \frac{R_\oplus}{\pi}\,\frac{P_\mathrm{Mond}}{r_{\oplus\,\mathrm{4}}}\,. \tag{7.71}$$

Für die vier Galilei'schen Monde – Io, Europa, Ganymed und Kallisto – ergeben sich dann die Werte $\Delta t_\mathrm{Io} = 0{,}49\,\mathrm{s}$, $\Delta t_\mathrm{Eu} = 0{,}99\,\mathrm{s}$, $\Delta t_\mathrm{Ga} = 1{,}98\,\mathrm{s}$ und $\Delta t_\mathrm{Ka} = 4{,}65\,\mathrm{s}$.

✓ L 69.3

Die zu berechnenden Zeitkorrekturen sind deutlich kürzer als die maximal möglichen Zeitdifferenzen, da der Winkel β ebenfalls deutlich kleiner ist. Während in Aufgabe 69.2 die unterschiedlichen Blickrichtungen zu zwei Beobachtern an den Rändern der Erde mit dem Abstand $2\,R_\oplus$ gehörten, resultiert der Winkel β nun aus dem zur Längendifferenz $\Delta\lambda$ gehörenden Abstand zwischen den Schülern und dem Ort der Jahrbuchangabe.

Ersetzt man deshalb in (7.70) $2\,R_\oplus$ durch $R'_\oplus = \kappa\,\cos\varphi\,R_\oplus$ mit $\kappa = \pi\,\Delta\lambda/180°$, erhält man für die geografische Breite des Beobachtungsortes $\varphi = 50°$ die Werte $\Delta t'_\mathrm{Io} = 0{,}007\,\mathrm{s}$, $\Delta t'_\mathrm{Eu} = 0{,}014\,\mathrm{s}$, $\Delta t'_\mathrm{Ga} = 0{,}028\,\mathrm{s}$ und $\Delta t'_\mathrm{Ka} = 0{,}065\,\mathrm{s}$. Keine der berechneten Zeitdauern ließe sich demnach mit der Stoppuhr messen.

✓ L 69.4

Die Winkelgröße der Erde, beobachtet von Jupiter zur Opposition, kann mit Hilfe von (7.70) berechnet werden. Setzt man dort die gegebenen Werte für $R_\oplus$ und $r_{\oplus\,\mathrm{4}}$ ein, erhält man für den Winkeldurchmesser der Erde den Wert $\beta \approx 2\cdot 10^{-5}\,\mathrm{rad}$ bzw. $\beta \approx 4{,}2''$, nur etwa $10\,\%$ des Winkeldurchmessers von Jupiter an unserem Himmel entsprechend.

Die Erde wäre übrigens schlecht zu beobachten, da die Erde für einen Beobachter auf Jupiter zu den inneren Planeten gehört und somit zur Opposition leider in Richtung Sonne läge.

Lösung zu A 70 – Schattenspiele

 **L 70.1**

1. Der gesuchte, die Verjüngung des Schattenkegels beschreibende Winkel φ_S folgt aus
   ◘ Abb. 3.16 mit $\sin\varphi_S = (R_\odot - R_\jupiter)/r_\jupiter$ zu $\varphi_S = 2{,}89'$.

b) Die Schattenlänge $s_\jupiter$ beträgt mit $\sin\varphi_S = R_\jupiter/s_\jupiter$ dann in Einheiten des Jupiterradius
   $s_\jupiter/R_\jupiter = r_\jupiter/(R_\odot - R_\jupiter) = 1190$ Jupiterradien.

c) Am 6. Januar 2000 betrug die Entfernung zwischen Erde und Jupiter $\Delta = 704 \cdot 10^6$ km.
   Der Kegel, dessen Basis sich am Jupiter schmiegt und dessen Spitze bei der Erde liegt, hat
   dann den Öffnungswinkel $\varphi_J = \arctan R_\jupiter/\Delta = 21''$.

L 70.2

a) Zum Durchschreiten seines Durchmessers benötigt Europa die Zeit

$$\Delta t_{\mathrm{Eu}} = \frac{R_{\mathrm{Eu}}}{\pi\, r_{\mathrm{Eu}}}\, P_{\mathrm{Eu}} = 3{,}8\,\mathrm{min}\,. \tag{7.72}$$

b) Das Durchlaufen des zum Winkel φ_S gehörenden Bahnstückes dauert

$$\Delta t_{\varphi_S} = \frac{\varphi_S}{360°}\, P_{\mathrm{Eu}} = 41\,\mathrm{s}\,. \tag{7.73}$$

c) Analog dauert das Durchmessen des zum Winkel φ_J gehörenden Bahnstückes

$$\Delta t_{\varphi_J} = \frac{\varphi_J}{360°}\, P_{\mathrm{Eu}} = 5\,\mathrm{s}\,. \tag{7.74}$$

L 70.3

a) In der beschriebenen Konstellation stehen die Verbindungslinien Erde – Sonne und Erde –
   Jupiter senkrecht zueinander (in Wirklichkeit war der Winkel am 20.1.2000 nur $85{,}5°$).
   Dann gilt

$$\sin\varphi_{\oplus\odot} = r_\oplus/r_\jupiter\,. \tag{7.75}$$

Zum fraglichen Zeitpunkt waren $r_\oplus = 147{,}1 \cdot 10^6$ km und $r_\jupiter = 742{,}9 \cdot 10^6$ km. Daraus
ergibt sich der gesuchte Winkel zwischen den Blickrichtungen von Sonne und Erde zum
Jupiter zu $\varphi_{\oplus\odot} = 11{,}4°$.

b) Für die Länge D des Bahnstücks zwischen A und E (siehe ◘ Abb. 3.17) lässt sich schreiben:

$$D \approx (\varphi_{\oplus\odot} + \varphi_S - \varphi_J)\, \frac{2\,\pi\, r_{\mathrm{Eu}}}{360°} - 2\,R_\jupiter \approx -9000\,\mathrm{km}\,. \tag{7.76}$$

c) Das Vorzeichen besagt, dass hier eine Überlappung der Jupiterscheibe mit seinem Schatten vorliegt und somit eigentlich gar kein Sichtbarwerden von Europa auftreten sollte. Der Grund hierfür liegt in unserer planaren Betrachtungsweise. In Wirklichkeit ist die Europabahn gegen die Bahnebene von Jupiter geneigt. ◘ Abb. 7.11 zeigt das Auftauchen Europas hinter der Jupiterscheibe. Man erkennt, dass der Mond deutlich oberhalb des Jupiteräquators hinter dem Planeten vorbeigelaufen ist.

Abb. 7.11 Europa tritt am 5. Januar 1999 um 17:24 Uhr UT hinter Jupiter hervor. Quelle: NASA/JPL, Solar System Simulator v4.0

L 70.4

Der jovizentrische Winkel $\Delta\varphi_{\text{Sicht}}$, den Europa während ihrer Sichtbarkeit überstreicht, ist

$$\Delta\varphi_{\text{Sicht}} = \frac{9\,\text{min}}{P_{\text{Eu}}}\,360° = 0{,}63°\,. \tag{7.77}$$

Dieser Wert ist klein im Vergleich zu $\varphi_{\text{♃☉}}$.

Lösung zu A 71 – Europas Ozean

L 71.1

Das Stefan-Boltzmann'sche Strahlungsgesetz verrät mit Hilfe der angegebenen Werte die durch Strahlung abgegebene Energiemenge zu

$$\dot{E} = 4\,\pi\,R_{\text{Eu}}^2\,\sigma\,T_{\text{Eu}}^4 = 2{,}85\cdot 10^{14}\,\text{J/s}\,. \tag{7.78}$$

L 71.2

Skaliert man mit den Bahnradien von Erde und Jupiter die Solarkonstante auf die Verhältnisse bei Jupiter

$$S_{♃} = S\left(\frac{r_{⊕☉}}{r_{♃}}\right)^2\,, \tag{7.79}$$

so folgt unter Berücksichtigung der Albedo A_{Eu} und der Querschnittsfläche Europas

$$\dot{E}_{\text{Eu}} = \pi\,R_{\text{Eu}}^2\,S_{♃}\,(1 - A_{\text{Eu}}) = 1{,}55\cdot 10^{14}\,\text{J/s}\,. \tag{7.80}$$

L 71.3

a) Aus den Ergebnissen von Aufgabe 71.1 und 71.2 folgt der aus der Gezeitenreibung resultierende Anteil zu

$$\dot{E}_{\text{G}} = \dot{E} - \dot{E}_{\text{Eu}} = 1{,}31\cdot 10^{14}\,\text{J/s}\,. \tag{7.81}$$

b) Der Vergleich mit dem entsprechenden Wert des Erde-Mond-Systems ergibt, dass die Gezeitenpumpe Europas etwa 40-mal so kräftig arbeitet: $\dot{E}_{\mathrm{G}}/\dot{E}_{\mathrm{E}} = 39{,}3$.

L 71.4

Die Masse m_{K} des Kerns von Europa ist die Differenz aus Gesamtmasse m_{Eu} und Masse des Eises m_{Eis}:

$$m_{\mathrm{K}} = m_{\mathrm{Eu}} - m_{\mathrm{Eis}} = 4{,}15 \cdot 10^{22}\,\mathrm{kg}\,. \tag{7.82}$$

Die Masse des Eises berechnet sich aus dessen Dichte und dem Volumen der Kugelschale $V_{\mathrm{Eis}} = 4\,\pi/3\left(R_{\mathrm{Eu}}^3 - R_{\mathrm{K}}^3\right)$, welche das Eisvorkommen aus Europa beschreibt. Der Kernradius ist $R_{\mathrm{K}} = R_{\mathrm{Eu}} - D$. Es gilt $m_{\mathrm{Eis}} = \rho\,V_{\mathrm{Eis}} = 1200\,\mathrm{kg\,m^{-3}} \cdot 5{,}4 \cdot 10^{18}\,\mathrm{m^3} = 6{,}48 \cdot 10^{21}\,\mathrm{kg}$.

L 71.5

Die Näherungslösung liefert den Druck

$$p_{\mathrm{K,N}} = h\,\rho\,g_{\mathrm{Eu}} = D\,\rho\,G\,\frac{m_{\mathrm{K}}}{R_{\mathrm{Eu}}^2} = 2{,}7 \cdot 10^8\,\mathrm{Pa} \tag{7.83}$$

und unterschätzt damit den tatsächlichen (vgl. A 71.6), gibt jedoch die richtige Größenordnung.

EL 71.6

Integriert man (3.8) der Aufgabenstellung, bildet also

$$p_{\mathrm{K}} = \int\limits_0^{p_{\mathrm{K}}} \mathrm{d}p = -G\,\rho \int\limits_{R_{\mathrm{Eu}}}^{R_{\mathrm{K}}} \frac{m_{\mathrm{K}} + \frac{4\,\pi}{3}\,\rho\left(r^3 - R_{\mathrm{K}}^3\right)}{r^2}\,\mathrm{d}r, \tag{7.84}$$

so erhält man zunächst

$$p_{\mathrm{K}} = G\,\rho \left[\frac{m_{\mathrm{K}}}{r} - \frac{4\,\pi}{3}\,\rho\left(\frac{R_{\mathrm{K}}^3}{r} + \frac{r^2}{2}\right)\right]_{R_{\mathrm{Eu}}}^{R_{\mathrm{K}}}, \tag{7.85}$$

nach Einsetzen der Grenzen des Integrals dann

$$p_{\mathrm{K}} = G\,\rho \left[m_{\mathrm{K}}\left(\frac{1}{R_{\mathrm{K}}} - \frac{1}{R_{\mathrm{Eu}}}\right) - 2\,\pi\,\rho\left(R_{\mathrm{K}}^2 - \frac{1}{3}R_{\mathrm{Eu}}^2 - \frac{2}{3}\frac{R_{\mathrm{K}}^3}{R_{\mathrm{Eu}}}\right)\right] \tag{7.86}$$

und letztlich mit den Zahlenwerten $p_{\mathrm{K}} = 3{,}33 \cdot 10^8\,\mathrm{N/m^2} = 333\,\mathrm{MPa}$. Dieser Wert fällt genau in den blau getönten Bereich der ◨ Abb. 3.18 auf S. 111, der flüssiges Wasser markiert.

L 71.7

Der Druck am Meeresboden im Marianengraben ist

$$p_{\mathrm{M}} = h\,\rho\,g = 1{,}1 \cdot 10^8\,\mathrm{Pa} \tag{7.87}$$

und damit nicht unähnlich dem am Boden von Europas Ozean.

✅ L 71.8

Der Ozean aus flüssigem Wasser bildet, wie die Eisschicht auch, eine dünne Kugelschale der Mächtigkeit d um den Kern. Ihre Masse ist

$$m_{\text{Ozean}} = \rho \, \frac{4\,\pi}{3} \left(R_{\text{Ozean}}^3 - R_{\text{K}}^3 \right) = 3{,}0 \cdot 10^{21}\,\text{kg}, \tag{7.88}$$

mit $R_{\text{Ozean}} = R_{\text{K}} + d = 1361\,\text{km} + 100\,\text{km} = 1461\,\text{km}$. Der Energievorrat ergibt sich mit der Temperaturdifferenz $\Delta T = 150\,\text{K}$ und der Masse des Ozeans dann zu

$$E_{\text{Ozean}} = m_{\text{Ozean}} \, c_{\text{H}_2\text{O}} \, \Delta T = 9{,}0 \cdot 10^{26}\,\text{J}\,, \tag{7.89}$$

eine erkleckliche Menge.

✅ L 71.9

Da eine Abkühlung ausschließlich durch Strahlung vonstattengehen kann, folgt die Abkühlungsdauer mit dem Wert aus Aufgabe 71.1 grob zu

$$t = \frac{E_{\text{Ozean}}}{\dot{E}} \approx 100\,000\,\text{Jahre}\,. \tag{7.90}$$

Bei dieser Art Abschätzung bleiben die Schmelzwärme des Wassers, eine mögliche Restwärme des Kerns und die sich mit der sinkenden Oberflächentemperatur verringernde Abstrahlungsleistung unberücksichtigt.

Lösung zu A 72 – Unter der Eiskruste: Europas Ozean

✅ L 72.1

Der unter der D_{Eu} dicken Eiskruste liegende Ozean von Europa in Form einer Kugelschale (vgl. ◨ Abb. 7.12) mit der Tiefe T_{Eu} hat beim Mondradius R_{Eu} ein Volumen V von

$$V_{\text{Eu}} = \frac{4\,\pi}{3} \left[(R_{\text{Eu}} - D_{\text{Eu}})^3 - (R_{\text{Eu}} - D_{\text{Eu}} - T_{\text{Eu}})^3 \right] = 1{,}97 \cdot 10^{18}\,\text{m}^3\,. \tag{7.91}$$

Damit besitzt Europas Ozean rund das anderthalbfache Volumen aller irdischen Meere.

✅ L 72.2

Beschreibt man die aufgetaute Salzseelinse in Europas Eismantel als Zylinder mit der vertikalen Ausdehnung h_{See} und dem Radius R_{See} (vgl. ◨ Abb. 7.12), so ist das Volumen gegeben durch

$$V_{\text{See}} = \pi \, R_{\text{See}}^2 \, h_{\text{See}}\,. \tag{7.92}$$

Die Masse m_{See} des Salzwassers in der Linse wird mit der Dichte $\rho_{\text{H}_2\text{O}}$ dann zu

$$m_{\text{See}} = \rho_{\text{H}_2\text{O}} \, V_{\text{See}} = 2{,}51 \cdot 10^{16}\,\text{kg}\,. \tag{7.93}$$

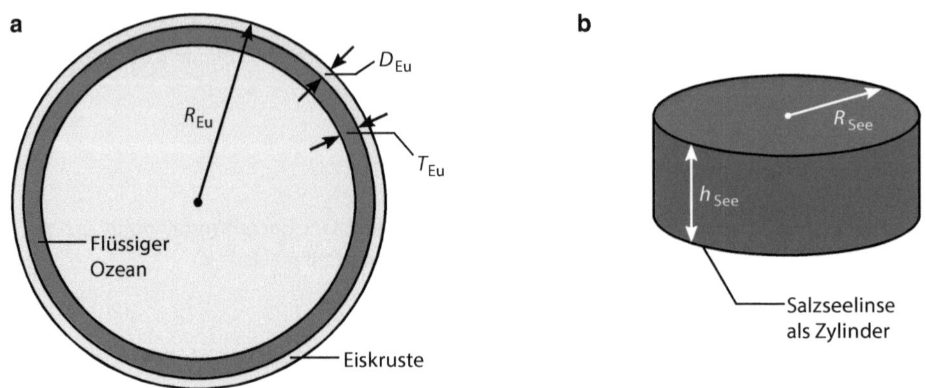

Abb. 7.12   **a** Europas Ozean in Form einer Kugelschale der Dicke T_{Eu}. **b** Die als Zylinder angenäherte Salzseelinse.

Als die Aufgabe 2012 ursprünglich gestellt wurde, haben sich einige Löser die Mühe gemacht und das Volumen der Linse mit anderen als der Zylinderform berechnet. Zumeist waren dies gedoppelte Kugelkalotten und Rotationsellipsoide. Die daraus resultierenden Massen waren dementsprechend geringer, aber alle innerhalb eines Faktors 2 im Vergleich zur Zylinderform.

L 72.3

Die elliptische Form der Umlaufbahn von Europa um Jupiter verursacht im Innern des Monds Gezeitenreibung. Dies stellt die zum Schmelzen erforderliche Wärmeenergie Q_{See} zur Verfügung. Die zum Aufwärmen des 120 K kalten Eises bis zur Schmelztemperatur bei 273 K erforderliche Wärmemenge ist

$$Q_A = c_{Eis}\, m_{See}\, \Delta T = 6{,}53 \cdot 10^{21}\,\text{J} \tag{7.94}$$

und die zum Schmelzen erforderliche Energiemenge

$$Q_S = m_{See}\, q_{S,Eis} = 8{,}38 \cdot 10^{21}\,\text{J}. \tag{7.95}$$

Dann gilt

$$Q_{See} = Q_A + Q_S = 1{,}49 \cdot 10^{22}\,\text{J}. \tag{7.96}$$

Die Entnahme dieser enorm großen Energiemenge bewirkt eine allmähliche Zirkularisierung der elliptischen Umlaufbahn von Europa um Jupiter. Die Leistung P_{KKW} eines typischen Kernkraftwerks liegt bei einem Gigawatt. Man müsste es über einen Zeitraum $t = Q_{See}/P_{KKW}$ von rund 400 000 Jahren betreiben, um Europas Eis von der Menge der betrachteten Salzwasserlinse zu verflüssigen. Einen anderen Vergleich für diese immense Energiemenge zeigt **Abb. 7.13**.

Aufgabe 3: Pro kg braucht man zum Aufwärmen auf 0 Grad Celsius (i.e. 273.15 K) 260.4 KJ und zum Schmelzen weitere 333.5 KJ, insgesamt 593.9 KJ/kg. Multipliziert man das mit der in Aufgabe 2 berechneten Menge, so ergibt das 1.49*10²² J. *Im Internet finde ich für 2007 einen Welt-Energiebedarf für die Erde von 503 Exa-J =5.03*10²⁰ J. Das würde bedeuten, dass die zum Schmelzen der Linse erforderliche Energie rund 30 Jahres-Verbräuchen entspricht.*

Abb. 7.13 Ein Vergleich für die immense Energiemenge aus Aufgabe 72.3 aus den ursprünglich eingesandten Lösungen.

Lösung zu A 73 – Amalthea

✔ L 73.1

Die gesuchte Umlaufdauer ergibt sich durch das Gleichsetzen von Gravitationskraft und Radialkraft, $F_\mathrm{G} = F_\mathrm{R}$. Dies führt zu

$$G\, m_\mathrm{A}\, m_{\leftmoon}/r_\mathrm{A}^2 = m_\mathrm{A}\, \omega_\mathrm{A}^2\, r_\mathrm{A}\,. \tag{7.97}$$

Nutzt man nun auch $\omega_\mathrm{A} = 2\pi/P_\mathrm{A}$, so folgt daraus sofort Amaltheas Bahnperiode

$$P_\mathrm{A} = 2\,\pi\,\sqrt{\frac{r_\mathrm{A}^3}{G\, m_{\leftmoon}}} = 11^\mathrm{h}58^\mathrm{m}\,, \tag{7.98}$$

sie dauert also knapp zwölf Stunden.

✔ L 73.2

Die Masse Amaltheas lässt sich aus ihrem Volumen $V_\mathrm{A} = \frac{4\pi}{3}\,a\,b\,c$ und ihrer mittleren Dichte ρ_A bestimmen. Mit den gegebenen Halbachsen folgt die Masse zu

$$m_\mathrm{A} = \frac{4\,\pi}{3}\,a\,b\,c\,\rho_\mathrm{A} = 6{,}4 \cdot 10^{18}\,\mathrm{kg}\,. \tag{7.99}$$

Bildet man das Verhältnis zu Jupiter, so folgt

$$\frac{m_\mathrm{A}}{m_{\leftmoon}} = 3 \cdot 10^{-9}\,.$$

Amaltheas Masse beträgt demnach etwa drei Nanojupitermassen – insofern also ein Nanoteilchen im Vergleich zu Jupiter.

✔ L 73.3

Wenn die angenommene Rotationsdauer von fünf Stunden (ω_5) durch Gezeitenreibung auf zwölf Stunden (ω_{12}) abgebremst wurde, so musste mit Amaltheas Trägheitsmoment $J_\mathrm{A} = 1/5\, m_\mathrm{A}(a^2 + b^2)$ die Energie

$$\Delta E_\mathrm{rot} = \frac{1}{2}\, J_\mathrm{A}\,(\omega_5^2 - \omega_{12}^2) = 1/10\, m_\mathrm{A}\,(a^2 + b^2)\,(\omega_5^2 - \omega_{12}^2) = 1{,}6 \cdot 10^{21}\,\mathrm{J} \tag{7.100}$$

abgebaut werden. Damit ließe sich der Gesamtenergieverbrauch der BRD des Jahres 2001 in der Höhe von 14,5 Exajoule gut hundert Jahre lang bestreiten.

✔ L 73.4

Wäre die abgebaute Rotationsenergie Amaltheas ΔE_{rot} ausschließlich in eine Temperaturerhöhung geflossen, so müsste gelten

$$Q_{\text{T}} = c_{\text{B}} \, m_{\text{A}} \, \Delta T = \Delta E_{\text{rot}} \,. \tag{7.101}$$

Damit folgt

$$\Delta T = \frac{\Delta E_{\text{rot}}}{c_{\text{B}} \, m_{\text{A}}} = 0{,}08 \, \text{K} \,. \tag{7.102}$$

Diese geringe Temperaturerhöhung hätte Amalthea auf keinen Fall aufschmelzen können, zumal Energietransfer per Gezeitenreibung keineswegs instantan erfolgt.

Lösung zu A 74 – Entweichgeschwindigkeit

✔ L 74.1

Mit den angegebenen Werten findet sich $12 \, \text{km/s} = \bar{v} < 1/5 \, v_{\text{e}} \approx 1/5 \cdot 617 \, \text{km/s} = 123 \, \text{km/s}$. An der Sonnenoberfläche ist die Stabilitätsbedingung für Wasserstoffatome also erfüllt.

✔ L 74.2

a) Die hohe Koronatemperatur lässt das Ergebnis schon vermuten: $316 \, \text{km/s} = \bar{v} > 1/5 \, v_{\text{e}} \approx 1/5 \cdot 437 \, \text{km/s} = 87 \, \text{km/s}$. Dieses Ergebnis legt nahe, dass der Sonnenwind aus der Korona gespeist wird. Tatsächlich misst man am Ort der Erde Protonengeschwindigkeiten um $400 \, \text{km/s}$ bei einer Dichte von fünf je cm^3. Das entspricht einem Teilchenstrom von etwa $2 \cdot 10^8$ pro cm und s.

b) Da die Sonnenkorona bei dieser Rate bereits nach etwa einem Tag vollständig verarmt wäre, muss in derselben Zeit von der Sonne entsprechendes Material nachgeliefert werden. Offenbar spielen dabei Effekte eine Rolle, die in der Stabilitätsbetrachtung nicht relevant sind.

✔ L 74.3

Nach entsprechender Umformung der (3.10), (3.11) und (3.12) erhält man die Relation

$$m > \frac{75}{2} \frac{k \, T \, R^2}{G \, M \, (R - h)} \tag{7.103}$$

oder, nach Einführung von $m = n \, \text{u}$, wobei n die Zahl der Kernbausteine angibt und u wieder die atomare Masseneinheit,

$$n = \frac{m}{\text{u}} > \frac{75}{2} \frac{k \, T \, R^2}{\text{u} \, G \, M \, (R - h)} \,. \tag{7.104}$$

So findet man für die Titanoberfläche in der Höhe h_1 $n_1 > 8{,}5$ und $n_2 > 9{,}2$ in der Höhe h_2. In beiden Fällen weist nur Methan mit $n = 16$ eine ausreichende Masse auf – H_2 und He hingegen würden entweichen.

Lösung zu A 75 – Wetter auf Titan und Triton

✓ L 75.1

Bei der Suche nach Titans Ozeanen via Physik anhand weniger Messdaten und Annahmen
wendet man die Clausius-Clapeyron'sche Gleichung zunächst auf die Normalbedingung
einerseits und andererseits auf die Oberflächentemperatur an. Anschließend erfolgt eine
Division der beiden Gleichungen durcheinander. Damit lässt sich die Konstante k eliminieren
und man stößt auf die Gleichung

$$p_{\mathrm{D},i,j} = p_{\mathrm{N}} \exp\left[\frac{\Lambda_i}{R}\left(\frac{1}{T_{\mathrm{S}}} - \frac{1}{T_j}\right)\right]. \tag{7.105}$$

Dabei bezeichnet i die Hauptbestandteile der Atmosphäre N_2 und CH_4 und die neu
eingeführte Laufvariable j die beiden Monde Titan und Triton. Man erhält mit den
angegebenen Daten

a) für Titan $p_{\mathrm{D},N_2,\mathrm{Titan}} = 4506\,\mathrm{mbar}$ und $p_{\mathrm{D},CH_4,\mathrm{Titan}} = 140\,\mathrm{mbar}$ und

b) für Triton $p_{\mathrm{D},N_2,\mathrm{Triton}} = 126\,\mu\mathrm{bar}$ sowie $p_{\mathrm{D},CH_4,\mathrm{Triton}} = 0{,}0015\,\mu\mathrm{bar}$.

✓ L 75.2

a) Bei Titans Oberflächentemperatur von 94 K und seinem Atmosphärendruck von 1496 mbar
   kann nur CH_4 in flüssiger Form vorliegen, und das auch nur recht knapp oberhalb des CH_4-
   Gefrierpunktes bei 90 K. N_2 hingegen verdampft wegen seines relativ hohen Dampfdrucks
   wohl vollständig.

b) Wenn es denn Methanseen auf Titan gibt, so muss in der Nähe der Flüssigkeitsoberflä-
   che ein lokales Gleichgewicht zwischen dem Methandampf und dem flüssigen Methan
   vorliegen. Der berechnete Dampfdruck des Methans ist dann gerade der Partialdruck des
   Methans. Den Volumenanteil x erhält man nach dem Gesetz von Dalton

   $$x_i = p_{\mathrm{D},i,j} / P_{\mathrm{N}} \tag{7.106}$$

   und $x_{i_1} + x_{i_2} = 1$ zu $x_{CH_4} = 9{,}4\,\%$ und $x_{N_2} = 90{,}6\,\%$.

c) Da die Oberflächentemperatur Tritons nur bei 38 K liegt, können Methan und Stickstoff
   nicht in flüssiger Form vorliegen, sondern sind fest. Methan ist aus der dünnen Atmosphäre sicher zum größten Teil bereits ausgefroren. Sie besteht hauptsächlich aus Stickstoff.
   Man könnte sich vorstellen, dass die Oberfläche Tritons mit Methan- und Stickstoffschnee
   bedeckt ist, der bei intensiver Sonneneinstrahlung teilweise sublimiert.

✓ L 75.3

a) Durch Einsetzen des Tropopausendrucks für P_j und der Tropopausentemperatur für T_j in
   (7.105) findet man in der Tropopause Dampfdrücke von $p_{\mathrm{D},N_2} = 393\,\mathrm{mbar}$ und $p_{\mathrm{D},CH_4} =$
   $1{,}97\,\mathrm{mbar}$ für Stickstoff und Methan. Methan kann bei dieser Temperatur höchstens noch
   in Form von Schneekristallen vorkommen, nicht jedoch als Tröpfchen. Der Volumenanteil
   im Gas beträgt dann $x_{CH_4} = 1\,\%$ (aus $1{,}97\,\mathrm{mbar}/200\,\mathrm{mbar}$), ist demnach deutlich geringer
   als in Bodennähe.

b) In Bodennähe ist die Gastemperatur höher als in den Atmosphärenschichten darüber (vgl.
   ◼ Abb. 7.14). Abgesunkene Gasmassen können sich am Boden aufheizen und steigen dann
   über den Methanozeanen mit Methandampf gesättigt wieder auf. Spätestens in der Kühl-
   falle der Tropopause, zum großen Teil jedoch schon in geringen Höhen, friert das Methan

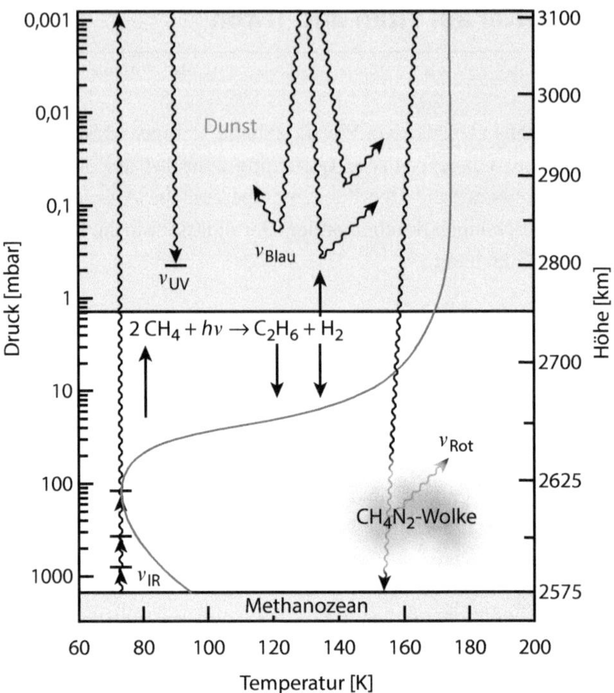

 **Abb. 7.14** Schematische Darstellung des gekoppelten Systems Titanatmosphäre – Ozean. Laut einer Arbeit von Jonathan I. Lunine und Bashar Rizk (Lunine 1989) wird die Energiebilanz in Tritons Troposphäre durch das langwellige Sonnenlicht, welches die Oberfläche erreicht, seine Umsetzung in infrarote Strahlung (ν_{IR}) sowie Absorption und Reemission der thermischen Strahlung durch die atmosphärischen Gase N_2, CH_4 und H_2 bestimmt. Der Einfluss der Wolken auf den thermischen Aufbau ist von untergeordneter Bedeutung. In der Stratosphäre wird energiereiche sichtbare Strahlung von Nebelteilchen größtenteils zurückgeworfen. Die solare UV-Strahlung wird vom Methan und anderen Kohlenwasserstoffen absorbiert und treibt damit die fotochemischen Zyklen an. In diesem Modell bestehen Quelle und Senke der atmosphärischen Gase in einem großen flüssigen Reservoir an der Oberfläche.

aus, wächst zu Schneeflocken heran und bildet dann die von Voyager beobachtete, allseits geschlossene Wolkendecke aus Eiskristallen, aus der es aller Wahrscheinlichkeit nach Methan schneit oder regnet. Offensichtlich spielt Methan auf Titan die Rolle des Wassers auf der Erde, was das Wettergeschehen anbelangt.

Lösung zu A 76 – Titans Rotationsdauer

✅ L 76.1

In der Arbeit von Markus Hartung et al. (Hartung 2004) sind die zu den sechs Zeitpunkten gehörenden Koordinaten des Fußpunktes der Erde auf den sechs Titanbildern angegeben. Die Längen lauten: a) $254{,}34°$, b) $276{,}46°$, c) $322{,}79°$, d) $344{,}66°$, e) $7{,}92°$ und f) $29{,}21°$. Die Breiten liegen nahezu konstant bei $-25{,}7°$. Daraus ergibt sich mit hoher Präzision für Titans Rotationsdauer die mittlere Winkelgeschwindigkeit: $\omega = 22{,}62°/\mathrm{d}$ (die Bilder in ◘ Abb. 3.23 gestatteten Messungen nicht genauer als etwa $1°/\mathrm{d}$). Für die Rotationsperiode P folgt

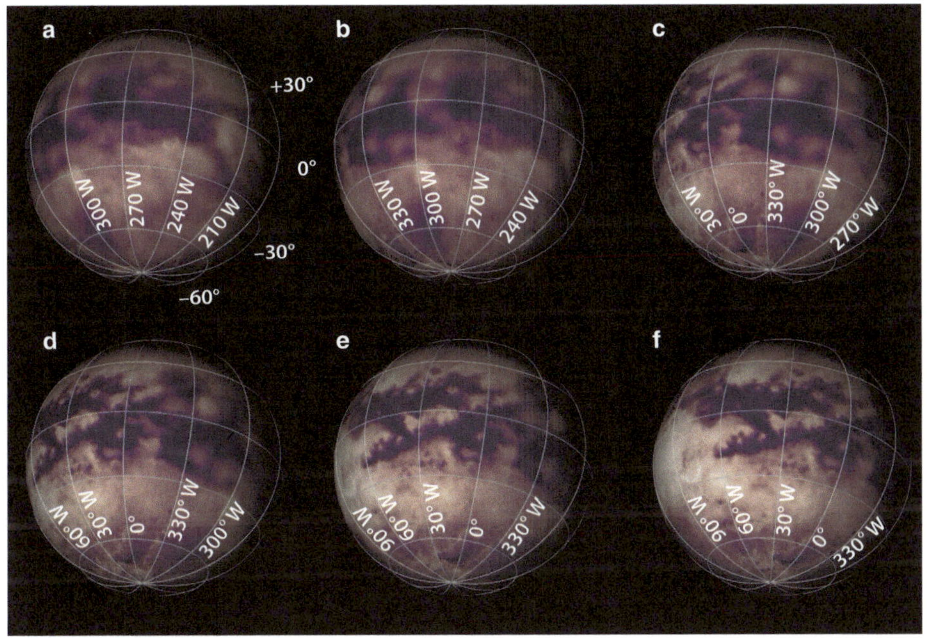

◘ Abb. 7.15 Der Programmierer Fridger Schrempp (Celestia Software) erstellte aus Originaldaten von Cassini bei dessen vierter Titanpassage die beste zurzeit verfügbare Karte des Titan. Er nahm sich kleine Freiheiten, Übergänge zu verwischen, um ein augenfälligeres Bild zu erarbeiten. Diesen sechs Ansichten von Titan liegt seine Karte zu Grunde, eingefärbt und gerendert von *Sterne und Weltraum*. Bild: NASA/ESA/Fridger Schrempp

daraus

$$P = \frac{360°}{\omega} = 15^{\mathrm{d}}22^{\mathrm{h}}. \tag{7.107}$$

✓ L 76.2

Der Einwand der Lehrerin zielt auf den Unterschied zwischen siderischer und synodischer Periode ab (vgl. auch Aufgabe 61). Im Februar 2004 bestand zwischen der Bewegungsrichtung der Erde und der Verbindungslinie Erde – Saturn der Winkel $\alpha = 38{,}4°$, und zwar dergestalt, dass die Titanrotation durch die Erdbewegung schneller wird. Somit ist die Rotationsperiode etwas länger. Der mit der Revolution der Erde um die Sonne verbundene Anteil der Winkelgeschwindigkeit ist: $\omega_{\oplus'} = \omega_{\oplus} \cos\alpha$. Mit $\omega_{\oplus} = 360°/365{,}26$ d folgt dann eine Winkeländerung von $\omega_{\oplus'} = 0{,}77°/$d. Dies entspricht auf Titan etwa

$$\omega' \approx \omega_{\oplus'} \frac{r_{\oplus}}{\Delta_{\saturn}}. \tag{7.108}$$

Mit $r_{\oplus} = 1\,\mathrm{AE}$ und $\Delta_{\saturn} = 8{,}2\,\mathrm{AE}$ folgt somit $\omega' = 0{,}09°/$d, und $P' = 15^{\mathrm{d}}22^{\mathrm{h}}$. Berücksichtigt man auch die Bewegung des Saturnsystems, so ergibt sich $\omega'' = 0{,}057°/$d und $P'' = 15^{\mathrm{d}}22{,}9^{\mathrm{h}}$. Dies ist identisch mit dem Literaturwert.

Lösung zu A 77 – Methaneisberge auf Titan

 **L 77.1**

a) Wegen der besonderen Umstände auf Titan kommen dort Seen aus den Kohlenwasserstoffen Methan (CH_4) und Äthan (C_2H_6) vor. Da sich die Oberflächentemperatur von Titan um rund 90 K bewegt und der Tripelpunkt dieser Substanzen und Gemische daraus in jener Temperaturregion liegt, können auf den Seen Schollen und Eisberge vorkommen – je nach Dichte schwimmend oder am Seegrund liegend.

Zunächst gab es nur thermodynamische Rechnungen, die nahelegten, dass Äthan in Titans Seen vermutlich nicht nur vorkommt, sondern sogar vorherrscht. Das Vorkommen wurde schließlich von der Saturnsonde Cassini bestätigt. Für ein äthanreiches Gemisch folgt die Dichte $\rho_{\mathrm{MÄ,l}}$ des Äthan-Methan-Sees nach (3.15) mit den gegebenen Werten der Konstanten zu $\rho_{\mathrm{MÄ,l,85}} = 0{,}632\,\mathrm{g/cm^3}$ bei 85 K und $\rho_{\mathrm{MÄ,l,88}} = 0{,}651\,\mathrm{g/cm^3}$ bei 88 K.

Die Dichte ρ_S der Eisschollen ergibt sich aus der (3.16) und derjenigen von festem Äthan $\rho_{\mathrm{Ä,s}}$ mit (3.17) sowie mit (3.18) für die Dichte $\rho_{\mathrm{M,s}}$ von festem Methan zu $\rho_{\mathrm{S,85}} = 0{,}702\,\mathrm{g/cm^3}$ bei 85 K und $\rho_{\mathrm{S,88}} = 0{,}706\,\mathrm{g/cm^3}$ bei 88 K. Die Zwischenergebnisse lauten $\rho_{\mathrm{Ä,s,85}} = 0{,}712\,\mathrm{g/cm^3}$ und $\rho_{\mathrm{Ä,s,88}} = 0{,}708\,\mathrm{g/cm^3}$ sowie $\rho_{\mathrm{M,s,85}} = 0{,}488\,\mathrm{g/cm^3}$ und $\rho_{\mathrm{M,s,88}} = 0{,}486\,\mathrm{g/cm^3}$.

b) Die Äthan-Methan-Schollen haben bei beiden Temperaturen eine höhere Dichte als die Flüssigkeit des Sees und würden demnach untergehen. Der geringe Einfluss von möglicherweise in der Flüssigkeit gelöstem Stickstoff (N_2) wurde vernachlässigt.

L 77.2

Die am Seeboden liegenden Eisschollen haben die Dichte $\rho = M/V$, wenn M deren Masse und V deren Volumen bezeichnet. Wird nun als annehmbare Näherung mit Porositäten der Dichte null gerechnet anstatt mit der Atmosphärendichte von Titan, so müsste das Volumen um mindestens ΔV auf $V' = V + \Delta V$ vergrößert werden, damit sie schwimmen: $\rho' = M/V'$. Daraus folgt

$$\frac{\Delta V}{V} = \frac{\rho}{\rho'} - 1 \,. \tag{7.109}$$

Setzt man $\rho = \rho_\mathrm{S}$ und $\rho' = \rho_{\mathrm{MÄ,l}}$, so folgen für die beiden Temperaturen die Porositäten $\Delta V/V\,|_{85\,\mathrm{K}} = 0{,}11$ und $\Delta V/V\,|_{88\,\mathrm{K}} = 0{,}085$. Bei Porositäten von 11 und 8,5 Prozent schwimmen die Schollen auf.

Lösung zu A 78 – Enceladus' Gasfontänen

L 78.1

Zur Bestimmung der Fluchtgeschwindigkeit an der Oberfläche eines kugelförmigen Körpers müssen nur dessen Masse und Radius bekannt sein. Sie lässt sich aus dem Energieerhaltungssatz ableiten: Betrachtet man ein Teilchen, das aus dem Unendlichen kommend auf den Körper zufällt, dann müssen die Summen aus kinetischer und potenzieller Energie beim Radius R_E und für $r \to \infty$ gleich sein. Im Unendlichen konnte das Teilchen noch keine Geschwindigkeit aufnehmen, die kinetische Energie ist somit null. Dies gilt auch für das Potenzial. An der Oberfläche des Körpers, also im Abstand R_E vom

Gravitationszentrum, besitzt das Teilchen die kinetische Energie $1/2\, m\, v_{\text{esc}}^2$, das Potenzial ist $G\, m\, m_{\text{E}}/R_{\text{E}}$. Daraus folgt für Enceladus

$$v_{\text{esc}} = \sqrt{\frac{2\, G\, m_{\text{E}}}{R_{\text{E}}}} = 239\,\text{m/s}\,. \tag{7.110}$$

Dies ist im Vergleich zur Erde mit $11{,}2\,\text{km/s}$ ein kleiner Wert.

✓ L 78.2

Die Temperatur eines Gases ist ein direktes Maß für die Geschwindigkeit der Gasteilchen. Sie gehorchen dabei der Maxwellschen Geschwindigkeitsverteilung (vgl. Nice-to-know 12 auf S. 117 zu Aufgabe 74 in ▶ Abschn. 3.2). Die mit dem Faktor $\sqrt{8/\pi}$ versehene (3.19), der alle drei Raumrichtungen berücksichtigt, liefert nach Einsetzen der gegebenen Werte die gesuchte thermische Geschwindigkeit der Wassermoleküle $v_{\text{th}} = 413\,\text{m/s}$. Diese ist deutlich höher als die Fluchtgeschwindigkeit. Die Gasteilchen können demnach problemlos von Enceladus abströmen.

✓ L 78.3

Bei der Abströmrate $S_{\text{H}_2\text{O}} = 5 \cdot 10^{27}$ Wassermolekülen pro Sekunde in Form von Eiskristallen und Wasserdampf ergibt sich mit der Masse des Wassermoleküls $m_{\text{H}_2\text{O}}$ die gesamte Massenverlustrate $\dot{m}$ von Enceladus zu

$$\dot{m} = S_{\text{H}_2\text{O}} \cdot m_{\text{H}_2\text{O}} = 149\,\text{kg/s}\,. \tag{7.111}$$

Dieser Wert kann laut der Cassini-Messungen bei verschiedenen Enceladus-Passagen deutlich schwanken.

Lösung zu A 79 – Klippen auf Miranda

✓ L 79.1

Mirandas Radius misst $R = 235{,}8\,\text{km}$. Die Beschleunigung an der Oberfläche von Miranda erhält man aus der Gleichsetzung von Gravitationskraft und der Kraft, die auf einen gleichmäßig beschleunigten Körper wirkt:

$$\frac{G\, m\, M}{R^2} = m\, a\,. \tag{7.112}$$

Mithin

$$a = \frac{G\, M}{R^2} = 0{,}076\,\text{m s}^{-2}\,. \tag{7.113}$$

Das sind nur knapp $8\,\text{cm s}^{-2}$ bzw. in Einheiten der Erdbeschleunigung $a = 0{,}0077\,g$, also nur etwa $8\,\text{‰}$ des irdischen Normalwertes.

✅ L 79.2

a) Die gesuchte Fallzeit t folgt aus $t = \sqrt{2\,h/a}$ zu gut zwölf Minuten!

b) Beim Aufprall ist die Geschwindigkeit auf $v = a\,t = 55\ \text{m/s}$ bzw. $198\ \text{km/h}$ angewachsen. Das entspricht in etwa der Geschwindigkeit eines frei fallenden Schirmspringers. Zwar spielt die atmosphärische Reibung bei der geringen Dichte Mirandas keine Rolle mehr. Bei der im Vergleich zum Durchmesser des kleinen Mondes recht großen Sturzhöhe muss jedoch bei einer genauen Rechnung die Zunahme an Gravitationskraft während des Fallens ins Kalkül einbezogen werden. Möglich ist dies z. B. mit dem Formalismus aus Aufgabe 66.

Kleinkörper

© Springer-Verlag GmbH Deutschland 2017
A. M. Quetz, S. Völker, *Zum Nachdenken: Unser Sonnensystem*, https://doi.org/10.1007/978-3-662-55148-6_8

8.1 Zwergplaneten

Lösung zu A 80 – Ceres, Pluto und die Astrologie

✓ L 80.1

a) Der Abstand zwischen der Erde und einem Körper auf einer äußeren Bahn schwankt zwischen Oppositions- und Konjunktionsstellung zwischen $a - 1$ AE und $a + 1$ AE. Im Mittel ist der Abstand also gerade der Bahnradius des Körpers (Kreisbahnen vorausgesetzt). Das Verhältnis q_G der Gravitationskräfte von Pluto ♇ und Ceres C ist damit

$$q_G = \frac{\rho_♇ \, D_♇^3 \, a_♇^{-2}}{\rho_C \, D_C^3 \, a_C^{-2}} = 0{,}070 \approx 1 : 14 \,. \tag{8.1}$$

Der Kleinplanet Ceres hat demnach im Mittel einen um den Faktor 14 größeren Einfluss auf die Erde als Pluto. In Oppositionsstellung ist der Einfluss sogar noch deutlich größer.

b) Für das Verhältnis q_L der Beleuchtungsstärken ist die Querschnittsfläche der Körper und ihre Albedo maßgeblich. Weiterhin müssen die Abstände Lichtquelle – Körper und Körper – Erde berücksichtigt werden. Verwendet man wieder den mittleren Abstand, folgt für das Verhältnis q_L des vom Körper zur Erde reflektierten Sonnenlichts

$$q_L = \frac{A_♇ \, D_♇^2 \, a_♇^{-4}}{A_C \, D_C^2 \, a_C^{-4}} = 6{,}5 \cdot 10^{-4} \approx 1 : 1550 \,. \tag{8.2}$$

Auf der Erde überwiegt der „Beleuchtungseinfluss" von Ceres den von Pluto noch stärker als der Gravitationseinfluss.

✓ L 80.2

Durch Einsetzen der gegebenen Werte erhält man $q_G' = 858$ bzw. $858 : 1$ und $q_L' = 6{,}7 \cdot 10^{-9}$ bzw. $1 : 150$ Millionen. In diesem Fall muss man demnach differenzieren, da beide Einflüsse von jeweils anderen Körpern dominiert werden.

✓ EL 80.3

Allerlei Behauptungen über den Halleyschen Kometen trafen am Anfang des 20. Jahrhunderts auf fruchtbaren Boden. Sein im Schweif enthaltenes Zyan sollte der Flora und Fauna (inklusive Menschheit) den Garaus machen. Astrologen erhoben ihn Jupiter zum Trotz zum „Jahresregenten noch bis ins Jahr 1911" und prognostizierten böse Zeiten, epidemische Erkrankungen ernstlicher Art, schwere Störungen der Witterung und [natürlich] viele Erdbeben. Diese Aufzählung geht nahezu endlos weiter. Sie wurde von A. Sucker dankenswerterweise aus *Die Kometen im Spiegel der Zeiten* von Markus Griesser, erschienen bei Hallwag, 1985, herausgesucht. Der ein oder andere kann sich vielleicht noch an das Fiasko der vom ZDF produzierten „Nacht des Kometen" erinnern. DFG-Preisträger J. Bublaths schwache und hilflose Berichterstattung über die Passage der erfolgreichen ESA-Sonde Giotto am Kometenkern vorbei blieb ebenso haften wie die Diskussionsrunde der ARD unter Leitung von A. v. Cube. Das alles wurde vom öffentlich-rechtlichen Fernsehen mit Astrologen und UFO-Gläubigen garniert. Auch 1985/86 galt Halley wieder als Menetekel.

Kaum eine Aufgabe hat eine solche Fülle von Kommentaren provoziert, von denen wir Ihnen hier einige wiedergeben möchten:

- Bis auf eine Einsendung waren alle der Ansicht: Wieder ein Argument gegen die Astrologie. Ein einzelner Löser schließt sich dem nicht an und schreibt von der „… Ignoranz der … Astronomengilde [gegenüber] subtilen metaphysischen Schwingungen des Nichtstofflichen …". Als Beleg wertet er Phänomene des Chaos, wie z. B. den das Wetter beeinflussenden Flügelschlag eines Schmetterlings. Dem sei entgegengehalten: 5000 Asteroiden sind mehr als ein Flügelschlag!
- R. Fischer bemerkt: „Das Reservoir in der Oortschen Wolke und das darin liegende riesige kommerzielle Deutungspotenzial haben die Astrologen in ihrer Bindung an das alte Weltbild noch gar nicht wahrgenommen."
- P. Matzik meint, „die noch nicht bekannten Gestirne… bieten dem gewitzten Astrologen doch die elegante Möglichkeit, eventuellen Regressforderungen enttäuschter Kundschaft aus dem Weg zu gehen…".
- K. Motl hat den Formalismus auf einen vorbeifahrenden LKW, D. H. Lorenzen auf den Bundeskanzler ($m = 120\,$kg, geschätzt) höchstpersönlich angewendet: Beide, LKW wie Helmut Kohl, üben eine stärkere Gravitationswirkung auf uns aus, wenn wir ihnen begegnen, als Ceres und Pluto. Die Distanzen für gleiche Gravitationsanziehung berechnete D. H. Lorenzen zu 630 m bei Vergleich mit Pluto und 91 m bei Vergleich mit Ceres. Der Bundeskanzler kann jedoch auch realiter über größere Entfernung unser Leben beeinflussen (im Gegensatz zum Zeitschriftenredakteur, der nicht verhindert, dass in seiner Zeitschrift Woche für Woche hilfloses Papier mit Einheitshoroskopen bedruckt wird).
- T. Kurz merkt an, dass „die Komplexität des Problems, alle Einflüsse kleinerer Körper zu erfassen, die Astrologen offensichtlich überfordern wird. Aber sollte ihnen das Problem erst einmal bewusst geworden sein, so werden sie sicher auch Argumente finden, es wieder wegzudiskutieren. Mit unüberprüfbaren Aussagen und Ad-hoc-Argumenten lässt sich jedes Problem beseitigen!"
- S. Schuler schlägt vor, dass sich „Kometen vielleicht dadurch entdecken lassen, indem man Horoskope für die richtigen Leute [Beobachter] stellt." Das ist der Test!
- L. Kirschhock machte darauf aufmerksam, dass die Bahnen der Kometen im Allgemeinen nicht in der Ekliptik liegen, ihre Position in ein Horoskop von Astrologen demnach gar nicht eingetragen werden kann. Denn schließlich ist solch ein Horoskop nur zweidimensional. Alle Einflüsse außerhalb – also von beliebigen Körpern ober- bzw. unterhalb der Ekliptik (inklusive Pluto) – werden von der „Ekliptikalen Astrologie" nicht erfasst (oder zumindest nicht richtig, da nicht in vollem Umfang). Erst eine nicht mehr an die Ekliptik gebundene, d. h. gefesselte Astrologie (schließlich hat sie seit ihrer Loslösung von der

Astronomie keinerlei Fortschritt zu verzeichnen), also eine Nichtekliptikale Astrologie, ergäbe (nur) in ihrem eigenen Verständnis ein kompetentes Prognose- und Deutungswerkzeug.

Lösung zu A 81 – 2003 UB$_{313}$, Pluto und die anderen TNOs

 **L 81.1**

Mit den Angaben der ◳ Tab. 4.1 finden sich unter Verwendung der den Durchmesser, die absolute Helligkeit und die Albedo verbindenden (4.1) die in ◳ Tab. 8.1 aufgelisteten Werte. Wegen der zum Teil sehr großen Unsicherheit in der Albedo dürfen die berechneten Durchmesser bei diesen Kuipergürtel-Objekten nur als grobe Richtwerte verstanden werden.

EL 81.2

Gemäß der Definition der Größenklasse, 5 Magnitudines (mag) Helligkeitsunterschied Δm bei einem Intensitätsunterschied I / I_0 um den Faktor 100, gilt

$$\Delta m = 2{,}5 \, \mathrm{mag} \, \lg \left(\frac{I}{I_0} \right) . \tag{8.3}$$

Bezeichnen nun $H_{\mathbb{C}}$ die absolute Helligkeit des Mondes, $m_{\mathbb{C}} = -12{,}7\,\mathrm{mag}$ die scheinbare Helligkeit des Vollmondes, $A_{\mathbb{C}} = 0{,}12$ die Albedo, $r_{\mathbb{C}} = 384\,400\,\mathrm{km}$ seine Distanz und $D_{\mathbb{C}} = 3476\,\mathrm{km}$ seinen Durchmesser, dann folgt durch Einsetzen von $I \propto A(D/r)^2$ in (8.3)

$$m_{\mathbb{C}} - H_{\mathbb{C}} = 2{,}5 \, \mathrm{mag} \, \lg \left(\frac{r_{\mathbb{C}}}{1\,\mathrm{AE}} \right)^2 , \tag{8.4}$$

da die absolute Helligkeit im Sonnensystem auf 1 AE bezogen wird. Daraus folgt die absolute Helligkeit des Mondes zu $H_{\mathbb{C}} = +0{,}25\,\mathrm{mag}$.

◳ **Tabelle 8.1** Einige Transneptun-Objekte mit ihren berechneten Durchmessern

KBO	Durchmesser D/km
Pluto	2719
Charon	1379
Sedna	1442
Quaoar	1262
Ixion	481
2002 AW$_{197}$	963
Varuna	541
2003 UB$_{313}$	3487
2005 FY$_9$	2007
2003 EL$_{61}$	1830

Gemäß dieser Kalibration ergibt sich für beliebige (nicht selbstleuchtende) Körper ohne Berücksichtigung irgendwelcher Phaseneffekte

$$H - H_{\leftmoon} = 2{,}5 \, \text{mag} \lg \left[\left(\frac{D_{\leftmoon}}{D} \right)^2 \left(\frac{A_{\leftmoon}}{A} \right) \right] . \tag{8.5}$$

H, D und A sind absolute Helligkeit, Durchmesser und Albedo des Körpers. (8.5) lässt sich nach D auflösen

$$D = D_{\leftmoon} \sqrt{\frac{A_{\leftmoon}}{A}} \, \text{dex} \left(\frac{H_{\leftmoon}}{5 \, \text{mag}} \right) \text{dex} \left(\frac{-H}{5 \, \text{mag}} \right) \tag{8.6}$$

$$= 1351 \, \text{km} \sqrt{\frac{1}{A}} \, \text{dex} \left(\frac{-H}{5 \, \text{mag}} \right) ,$$

wobei $\text{dex} \, \alpha = 10^\alpha$ gilt. Die erhaltene Gleichung entspricht (4.1). Der geringfügig abweichende Vorfaktor ist auf etwas abweichende Bedingungen im Falle unseres Kalibrationsmaßstabes, des Mondes, zurückzuführen.

Lösung zu A 82 – (136472) Makemake

 **L 82.1**

Die Solarkonstante des Transneptun (136472) Makemake, also der in seiner Sonnendistanz einfallende Strahlungsfluss, ist im Perihel

$$S_{\text{Mmq}} = \frac{L_\odot}{4 \pi \, q_{\text{Mm}}^2} = 0{,}92 \, \text{W/m}^2 \tag{8.7}$$

und im Aphel

$$S_{\text{MmQ}} = \frac{L_\odot}{4 \pi \, Q_{\text{Mm}}^2} = 0{,}49 \, \text{W/m}^2 . \tag{8.8}$$

Mit der Solarkonstante der Erde $S_{\text{Erde}} = 1367 \, \text{W/m}^2$ sind das rund $0{,}7 \, \text{‰}$ beziehungsweise $0{,}4 \, \text{‰}$ des irdischen Werts.

L 82.2

Makemake absorbiert die Leistung $P_{\text{a}} = \pi \, R_{\text{Mm}}^2 \, (1 - A_{\text{Mm}}) \, S_{\text{Mm}}$ und strahlt sie bei der Gleichgewichtstemperatur T_{Mm} wieder ab: $P_{\text{e}} = 4 \pi \, R_{\text{Mm}}^2 \, \sigma \, T_{\text{Mm}}^4$. Daher gilt $P_{\text{a}} = P_{\text{e}}$. Nach Einsetzen und Kürzen mit $\pi \, R_{\text{Mm}}^2$ folgt

$$(1 - A_{\text{Mm}}) \, S_{\text{Mm}} = 4 \, \sigma \, T_{\text{Mm}}^4 . \tag{8.9}$$

Schließlich ergibt sich nach Umstellen und Radizieren die gesuchte Gleichgewichtstemperatur

$$T_{\text{Mm}} = \sqrt[4]{\frac{(1 - A_{\text{Mm}})}{4 \, \sigma} \, S_{\text{Mm}}} . \tag{8.10}$$

▢ Abb. 8.1 Acht Millionen Tonnen Methan decken in etwa den jährlichen Erdgasverbrauch von Deutschland.

Mit dem mittleren Radius von Makemake $R_{\mathrm{Mm}} = (a_{\mathrm{Mm}}\, b_{\mathrm{Mm}})^{1/2} = 732{,}8$ km, der gegebenen Albedo und der Strahlungskonstanten σ erhält man die Temperaturen im Perihel und im Aphel $T_{\mathrm{Mmq}} = 31{,}1$ K und $T_{\mathrm{MmQ}} = 26{,}6$ K. Der Unterschied ist nicht ganz klein.

✅ L 82.3

Wenn an den dunklen Stellen auf der Oberfläche von Makemake die Albedo $A_{\mathrm{d}} = 0{,}12$ beträgt, dann ergibt sich im Aphel eine Temperatur von $T_{\mathrm{MmQd}} = 37{,}1$ K, deutlich wärmer als an den hellen Stellen.

✅ L 82.4

Die vom Methan auf die Oberfläche von Makemake ausgeübte Gewichtskraft ist $F_{\mathrm{g}} = m_{\mathrm{CH_4}}\, g_{\mathrm{Mm}}$. Sie ist gleich der Druckkraft $F_{\mathrm{d}} = p_{\mathrm{Mm}}\, 4\,\pi\, R_{\mathrm{Mm}}^2$. Mit der Masse $M_{\mathrm{Mm}} = (4\,\pi/3)\, \rho_{\mathrm{Mm}}\, R_{\mathrm{Mm}}^3 = 2{,}8 \cdot 10^{21}$ kg und der Schwerebeschleunigung $g_{\mathrm{Mm}} = G\, M_{\mathrm{Mm}}/R_{\mathrm{Mm}}^2 = 0{,}35$ m/s² folgt die Maximalmasse des Methans zu

$$m_{\mathrm{CH_4}} = \frac{p_{\mathrm{Mm}}\, 4\,\pi\, R_{\mathrm{Mm}}^2}{g_{\mathrm{Mm}}} = 7{,}75 \cdot 10^9\ \mathrm{kg}\,, \tag{8.11}$$

also rund acht Millionen Tonnen (vgl. auch ▢ Abb. 8.1).

8.2 Kleinplaneten

Lösung zu A 83 – Hecuba-Lücke

Das dritte Keplersche Gesetz lautet für die Lücken

$$\frac{a_i^3}{a_{\m24}^3} = \frac{P_i^2}{P_{\m24}^3}\,, \tag{8.12}$$

mit $i = 1, 2$. Durch Auflösen nach a_i folgt

$$a_i = a_{\m24} \sqrt[3]{\left(\frac{P_i}{P_{\m24}}\right)^2}\,. \tag{8.13}$$

Für die Hecuba-Lücke gilt $P_1 = \frac{1}{2}\, P_{\m24}$ und für die Hestia-Lücke $P_2 = \frac{1}{3}\, P_{\m24}$. Setzt man dies in (8.13) ein, erhält man $a_1 = a_{\m24} \sqrt[3]{(1/2)^2} = 3{,}28$ AE und $a_2 = a_{\m24} \sqrt[3]{(1/3)^2} = 2{,}50$ AE.
   ▢ Abb. 8.2 zeigt die Anzahl N der Planetoiden, aufgetragen gegen ihre mittlere tägliche Bewegung in Bogensekunden (″) und die Länge der großen Halbachse.

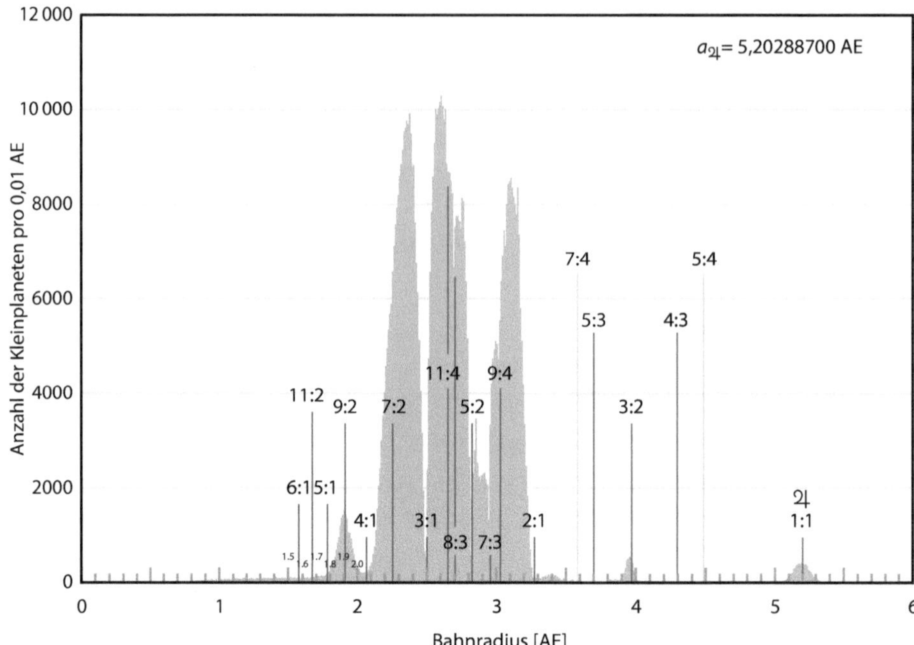

◻ Abb. 8.2 Die Verteilung der Kleinplaneten ist in dieser Grafik nach ihren großen Bahnachsen aufgetragen. Die Hecuba- und die Hestia-Lücke bei $a_1 = 3{,}28$ AE und $a_2 = 2{,}50$ AE sind neben anderen Resonanzen deutlich zu erkennen. Die Daten stammen vom Minor Planet Center der IAU (http://www.minorplanetcenter.net/iau/MPCORB. html) und zeigen alle 712 196 Kleinplaneten bis zu einer großen Halbachse von 6 AE. Am 15. Mai 2016 enthielt die Liste insgesamt 714 335 Kleinplaneten, von denen 2139 Kleinplaneten jenseits von 6 AE liegen.

Lösung zu A 84 – Galileo sieht (951) Gaspra

 **L 84.1**

Die Raumsonde Galileo der NASA flog in der Entfernung S am Kleinplaneten (951) Gaspra vorbei. Mit Hilfe von ◻ Abb. 8.3 lässt sich für den Winkel zwischen Flugbahn und Gaspra die Beziehung

$$\tan \alpha = \frac{v_\infty \, \Delta t}{S} \tag{8.14}$$

◻ Abb. 8.3 Galileos Vorbeiflug am Kleinplaneten Gaspra in der Entfernung S. Die Kamera muss beim Fotografieren um den Winkel α nachgeführt werden.

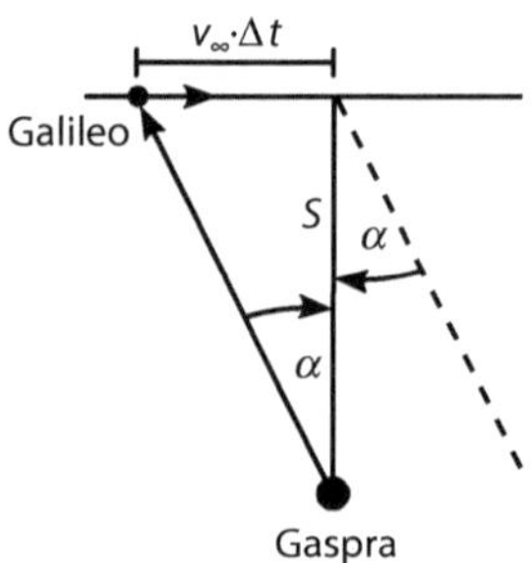

aufstellen. Die Ableitung nach der Zeit ergibt dann die gesuchte variable Nachführgeschwindigkeit $\dot{\alpha}$ der Kameraplattform

$$\dot{\alpha} = \frac{\tau}{\Delta t^2 + \tau^2}, \tag{8.15}$$

wobei $\tau = S/v_\infty$ und $\Delta t = t - t_{CA}$ die Zeit bis zum Closest approach ist. Für $t \to \infty$ geht die Winkelgeschwindigkeit erwartungsgemäß gegen Null. Für $\Delta t = 0$, also bei der größten Annäherung, folgt $\dot{\alpha} = v_\infty/S = 17'/\mathrm{s}$. Das ist knapp 68-mal so schnell wie der Himmelsäquator an der Erde vorbeisaust (zum Beispiel im nicht nachgeführten Fernrohr).

✅ L 84.2

Die Entfernung zwischen Gaspra und Erde betrug genau genommen $\Delta = 2{,}74\,\mathrm{AE}$, die zwischen Sonne und Gaspra $r = 2{,}21\,\mathrm{AE}$, was in der Aufgabenstellung jedoch verschwiegen wurde. Ohne nähere Analyse konnte man von $1{,}8\,\mathrm{AE} \le r \le 3{,}8\,\mathrm{AE}$ ausgehen. Die gesuchte Helligkeit ist dann mit $R = (abc)^{(1/3)}$, $(a, b, c) = (20, 12, 11)\,\mathrm{km}$:

$$m = m_{\leftmoon} + 2{,}5\,\mathrm{mag}\,\lg\left[\left(\frac{\Delta}{d_{\leftmoon}}\right)^2 \left(\frac{r}{1\,\mathrm{AE}}\right)^2 \left(\frac{A_{\leftmoon}}{A}\right) \frac{1}{\varphi} \left(\frac{R_{\leftmoon}}{R}\right)^2\right] = 14{,}8\,\mathrm{mag} \tag{8.16}$$

nach Einsetzen aller Werte. Setzt man probehalber $1{,}8\,\mathrm{AE}$ bzw. $3{,}8\,\mathrm{AE}$ ein, ergeben sich $14{,}4\,\mathrm{mag}$ bzw. $16{,}0\,\mathrm{mag}$. Man erhält demnach in jedem Fall die richtige Größenordnung.

Die Angabe der Phase bezog sich diesmal nicht auf die geometrischen Einflüsse der Bahnen, sondern auf die physikalischen Dimensionen von Gaspra, die ja stark von der ellipsoiden Form abweichen.

✅ L 84.3

Da auf dem CCD-Chip der Raumwinkel $(28')^2$ auf 800^2 Pixel abgebildet wird, hat Gaspra auf den bisher veröffentlichten Bildern etwa die Größe $\Omega = \alpha \cdot \beta = 3{,}5' \cdot 1{,}8'$, wobei $\alpha = \arctan a_\mathrm{s}/D$ und $\beta = \arctan b_\mathrm{s}/D$. Die größte sichtbare Ausdehnung ist $a_\mathrm{s} = 16\,\mathrm{km}$, die Entfernung zu Gaspra $D = 16\,000\,\mathrm{km}$. Somit liefert eine angemessene Schätzung für β die Pixelzahl

$$n = \Omega \cdot 800^2/28^2\,\square' \approx 5000\,\mathrm{pxl}. \tag{8.17}$$

Macht man sich die Mühe des Auszählens, findet man in guter Übereinstimmung etwa $4400\,\mathrm{pxl}$.

✅ EL 84.4

Analog zu den (elektrischen) Verhältnissen beim Rutherford'schen Streuversuch gilt bei gravitativer Kopplung zwischen zwei sich begegnenden Teilchen die Beziehung

$$2\frac{l^2\,E_{\mathrm{kin}}}{m\,k^2} = e^2 - 1, \tag{8.18}$$

deren Herleitung in jedem besseren Physikbuch nachgelesen werden kann, z. B. in Goldstein 1974. Dabei ist $l = m\,v_\infty\,S$ der Drehimpuls der Sonde bezogen auf Gaspra,

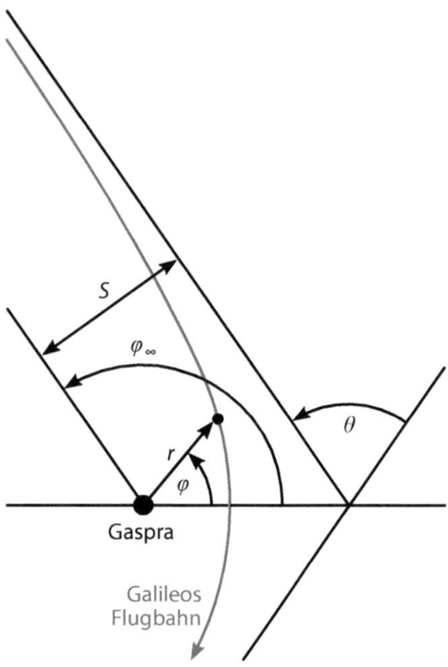

□ **Abb. 8.4** Darstellung der Hyperbelbahn Galileos an Gaspra vorbei.

$E_{\text{kin}} = 1/2\, m\, v_\infty^2$, m die Masse Galileos, $k = G\, m\, M$, M die Masse Gaspras und e die Bahnexzentrizität, die man aus der Polargleichung

$$r = \frac{p}{1 + e \cos \varphi} \tag{8.19}$$

für Kegelschnitte erhält. Löst man nach $\cos \varphi$ auf und bildet den Grenzwert für große Entfernungen, so folgt

$$\lim_{r \to \infty} \cos \varphi = \cos \varphi_\infty = -\frac{1}{e}\,. \tag{8.20}$$

Aus □ Abb. 8.4 lässt sich entnehmen, dass der gesuchte Ablenkwinkel θ durch φ_∞ ausgedrückt werden kann:

$$\theta = 2\,\varphi_\infty - 180°\,. \tag{8.21}$$

Setzt man nun noch (8.20) in (8.18) ein und berücksichtigt (8.21), so folgt nach

$$\cos^{-2} \varphi_\infty - 1 = \tan^{-2}\left(\frac{\theta}{2}\right) \tag{8.22}$$

unmittelbar

$$\theta = 2 \arctan\left(\frac{G\,M}{v_\infty^2\, S}\right)\,. \tag{8.23}$$

Zusammen mit $M = \pi/6\, a\, b\, c\, \rho = 3{,}46 \cdot 10^{15}$ kg ($a = 20$ km, $b = 12$ km, $c = 11$ km) folgt endlich $\theta = 2{,}55 \cdot 10^{-7°} = 0{,}92$ mas (Millibogensekunden). Die Ablenkung Galileos im Gravitationsfeld von Gaspra ist demnach äußerst gering.

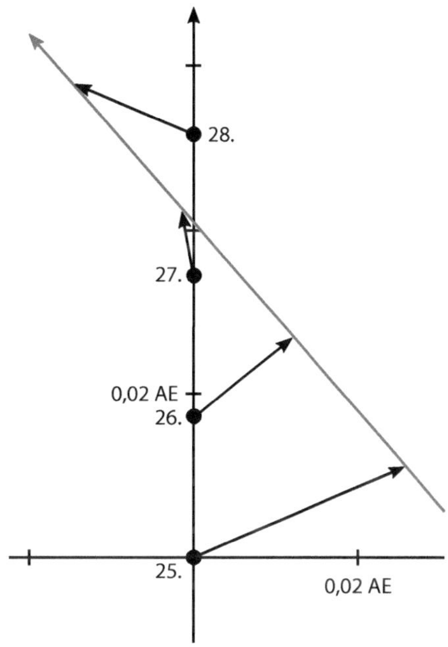

□ Abb. 8.5 Während sich die Erde von unten nach oben bewegt, fliegt (4197) 1982 TA von rechts unten nach links oben. Die Blickrichtung zu den vier in □ Tab. 4.2 angegebenen Zeitpunkten ist durch *Pfeile* dargestellt. Man erkennt ohne Mühe, dass die Passage zwischen dem 27. und 28. Oktober stattfinden wird.

Lösung zu A 85 – Kleinplanet 4197 = 1982 TA, Teil 1

Die Aufgabenstellung enthält eine zusätzliche Komplikation, denn es fehlt bei den Elongationsangaben die Angabe „östlich" bzw. „westlich". □ Tab. 4.2 enthält aber mit Absicht für zwei weitere Zeitpunkte Helligkeitsangaben. Ihnen lässt sich entnehmen, dass nur westliche Elongationen sinnvoll sind (siehe □ Abb. 8.5).

✓ **L 85.1**

a) Die Bewegungsgleichung des Planetoiden lässt sich als

$$x_P(t) = x_0 + v_x\, t, \quad y_P(t) = y_0 + v_y\, t \tag{8.24}$$

schreiben und jene der Erde ist

$$x_E(t) = 0, \quad y_E(t) = v_E\, t\,. \tag{8.25}$$

Die Geschwindigkeit der Erde ist $v_E = 2\,\pi\,\text{AE}/365{,}25\,\text{d} = 0{,}0172\,\text{AE/d}$. Die kartesischen Geschwindigkeiten des Planetoiden ergeben sich aus der Zeitdifferenz (drei Tage) und dem in x- bzw. y-Richtung zurückgelegten Weg. Nummeriert man die Zeitpunkte von 0 bis 3, so gilt

$$x_0 = -\Delta_0 \cos E_0\,, \qquad\qquad y_0 = \Delta_0 \sin E_0\,, \tag{8.26}$$

$$x_3 = -\Delta_3 \cos E_3\,, \qquad\qquad y_3 = \Delta_3 \sin E_3 + v_E\, 3\,\text{d}\,, \tag{8.27}$$

$$v_x = (x_3 - x_0)\,/3\,\text{d}\,, \qquad\qquad v_y = (y_3 - y_0)\,/3\,\text{d}\,. \tag{8.28}$$

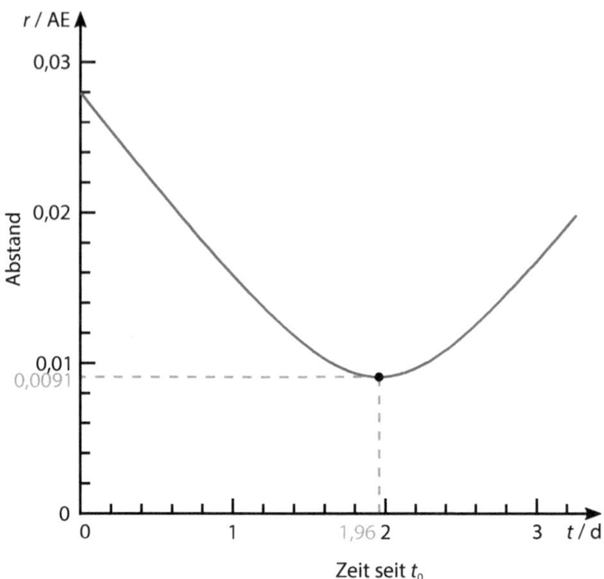

■ **Abb. 8.6** Grafische Darstellung des Abstandes r zwischen Erde und Kleinplanet in Abhängigkeit der Zeit t.

Bildet man die Koordinatendifferenzen $\Delta x = x_E - x_P$ und $\Delta y = y_E - y_P$ sowie mit Pythagoras den von der Zeit abhängenden Abstand r, erhält man mit $r^2 = (\Delta x)^2 + (\Delta y)^2$

$$r^2 = (x_0 + v_x\,t)^2 + \left(v_E\,t - v_y\,t - y_0\right)^2 . \tag{8.29}$$

■ Abb. 8.6 stellt den zeitlichen Verlauf des Abstandes nach (8.29) grafisch dar. Entweder man bestimmt das Minimum direkt aus der Abbildung oder man leitet (8.29) nach der Zeit ab, setzt das Ergebnis gleich null und erhält letztlich für den geringsten Abstand die Zeit

$$t_S = t_0 + \frac{y_0\,(v_E - v_y) - v_x\,x_0}{v_x^2 + (v_E - v_y)^2} . \tag{8.30}$$

Setzt man alle Werte ein, folgt $t_S = 25.10.1996 + 1{,}96\,\mathrm{d}$.

b) Der Abstand lässt sich durch Einsetzen in (8.29) berechnen: $r_S = 0{,}0091\,\mathrm{AE}$.

 **L 85.2**

Der Schnittpunkt beider Bahnen liegt auf dem Weg der Erde. Daher muss lediglich $x_p(t) = 0$ gesetzt werden. Man erhält $t_{P*} = -x_0/v_x = 1{,}910\,\mathrm{d}$ und $y_* = y_0 - x_0\,\frac{v_y}{v_x}$. Daraus ergibt sich sofort $t_* = y_*/v_E = 2{,}439\,\mathrm{d}$. Die Erde erreicht den Schnittpunkt beider Bahnen (bei Komplanarität) um $t_* - t_{P*} = 12{,}7\,\mathrm{h}$ zu spät.

Lösung zu A 86 – Kleinplanet 4197 = 1982 TA, Teil 2

L 86.1

■ Abb. 8.7 illustriert, dass der Planetoid im Moment seiner geringsten Entfernung zur Erde zwar den größten scheinbaren Durchmesser am Himmel hat, jedoch wegen des Phaseneffekts

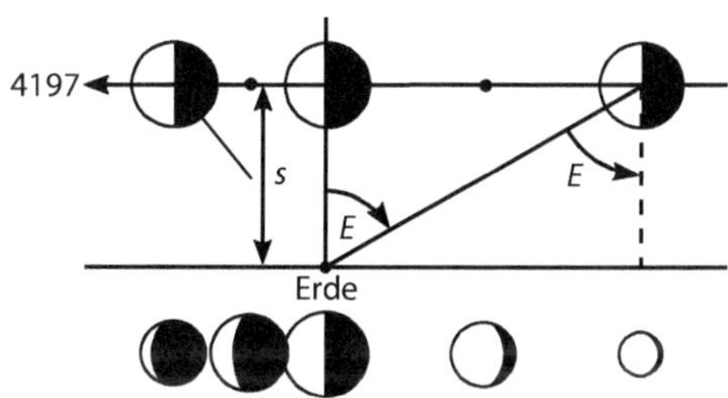

■ **Abb. 8.7** Beim Vorbeiflug ändert sich neben der scheinbaren Größe auch der Anteil der beleuchteten Fläche.

nur noch einen Bruchteil seiner beleuchteten Oberfläche zeigt. Seine Helligkeit ist demnach

$$m(r) = m(\Delta_1) - 2{,}5 \,\text{mag}\, \lg\left(\frac{r}{\Delta_1}\right)^{-2} - 2{,}5 \,\text{mag}\, \lg\left(\frac{\varphi(r)}{\varphi(\Delta_1)}\right)\,, \tag{8.31}$$

wobei $S = (S_1 + S_4)/2 = 0{,}0095$ AE und $S_i = \Delta_i \sin\left(180° - E_i^*\right)$. E_i^* ist die Elongation des Körpers, bezeichnet also den Winkel Sonne – Erde – 4197, und ist um 90° größer als der in ■ Abb. 8.7 eingezeichnete Hilfswinkel E. In (8.31) ist φ die Phase, also der Anteil der beleuchteten Fläche zur Gesamtfläche des Kleinkörpers. Die beleuchtete Fläche setzt sich, wie ■ Abb. 8.7 im unteren Teil zeigt, aus einem Halbkreis und einer Halbellipse zusammen, für Winkel $E > 0°$ als Summe der beiden und für Winkel $E < 0°$ als ihre Differenz. Die kleine Halbachse der Ellipse hängt nach $b = R \sin E$ vom Winkel E ab. Damit folgt

$$\varphi = \frac{A_{\text{bel}}}{A_{\text{ges}}} = \frac{\frac{1}{2}\,\pi\,R^2 \pm \frac{1}{2}\,\pi\,b\,R}{\pi\,R^2} = \frac{1}{2}\left(1 \pm \frac{b}{R}\right) = \frac{1}{2}\,(1 \pm \sin E)\,. \tag{8.32}$$

Drückt man $\sin E$ noch durch den Impaktparameter S und den Abstand r aus, erhält man nach kurzer Umformung

$$\varphi = \frac{1}{2}\left(1 \pm \sqrt{1 - \frac{S^2}{r^2}}\right)\,. \tag{8.33}$$

✔ **L 86.2**

Durch Differenzieren von (8.31) nach dem Abstand r folgt nach geschickter Umformung

$$r = \sqrt{9/8}\,S = 1{,}061\,S\,. \tag{8.34}$$

Die größte Helligkeit wird demnach tatsächlich vor dem Erreichen der kleinsten Entfernung eintreten. Durch Einsetzen der Werte folgt:

a) $m_{\text{max}} = 6{,}09$ mag.

b) Die Entfernung zum Planetoiden ist in diesem Moment 0,01006 AE und

c) der Elongationswinkel misst 109,5°.

✔ **L 86.3**

Der gesuchte Durchmesser ist

$$D = 2\,R = 2\,R_{\mathbb{C}}\left(A^*\,\varphi^*\,r^{*-2}\,\text{dex}\left[(m_{\mathbb{C}} - m(\Delta_1))/2{,}5\,\text{mag}\right]\right)^{1/2}\,, \tag{8.35}$$

wobei $A^* = A_{\text{☽}}/A_{4197}$, $\varphi^* = \varphi_{\text{☽}}/\varphi_{4197} = 1/\varphi_{4197}$ und $r^* = r_{\text{☽}}/\Delta_1$. Nach Einsetzen der Werte folgt $D = 1{,}4\,\text{km}$.

Hinweis: Ähnliche Aufgaben und Lösungen zur Berechnung der Helligkeit eines Himmelskörpers im Vergleich zum Erdmond sind die Aufgaben 67 und 84.

Lösung zu A 87 – Interplanetare Gefahr

 **L 87.1**

Zur Lösung dieser Aufgabe müssen zwei bekannte astronomische Beziehungen kombiniert werden: die Definition der Größenklassen und die Beziehung zwischen Entfernung und Helligkeit. Die scheinbare Helligkeit m eines Objekts hängt mit dem Fluss F am Ort eines Beobachters über die Beziehung

$$F \propto 10^{-0{,}4\,m/\,\text{mag}} \tag{8.36}$$

zusammen. F wiederum hängt von der Distanz d eines Objekts ab, gemäß der Gleichung

$$F \propto d^{-2}. \tag{8.37}$$

Die Kombination beider Gleichungen gibt eine Beziehung zwischen Größenklasse m und Distanz d

$$d \propto 10^{0{,}2\,m/\,\text{mag}}. \tag{8.38}$$

Die Entfernung d ist hierbei in einer willkürlichen Einheit ausgedrückt, die sich durch das Weglassen uninteressanter Konstanten in den (8.36) und (8.37) ergibt. Mit den Helligkeitsangaben aus der Aufgabe folgt daraus der in ◻ Tab. 8.2 notierte Verlauf des Abstands als Funktion der Zeit.

Es bieten sich zwei Wege an, um aus der Tabelle den gesuchten Einschlagszeitpunkt zu ermitteln. Zum einen lässt sich die Aufgabe grafisch lösen, indem man die Entfernung gegen die Zeit aufträgt, den Verlauf zur Distanz Null extrapoliert und die Zeit abliest (vgl. ◻ Abb. 8.8). Der Einschlag ereignete sich danach um 1:30 Uhr UT. Unser fiktiver Astronom hat die vierte Aufnahme um 1 Uhr UT also noch angefertigt.

Der andere Weg ist ein simpler Dreisatz. In den zwei Stunden zwischen 22 Uhr und 0 Uhr legt der Meteorit eine Distanz von $8790 - 3767 = 5023$ willkürlichen

◻ **Tabelle 8.2** Helligkeit und Abstand als Funktion der Zeit

UT	m/mag	d
22:00	19,72	8790
23:00	18,99	6281
0:00	17,88	3767
1:00	15,5	1256

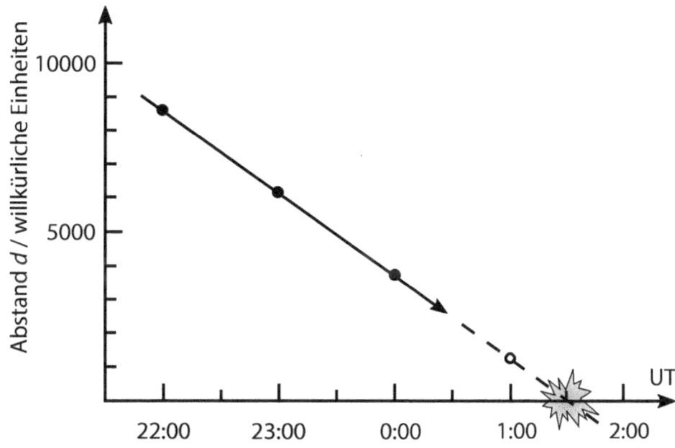

◘ Abb. 8.8 Distanz d des Objektes als Funktion der Zeit.

Entfernungseinheiten (wEE) zurück. Für die gesamte Strecke von 8790 wEE benötigt er demnach $2^{\mathrm{h}} \cdot 8790/5023 = 3{,}5^{\mathrm{h}}$.

Und wiederum findet der Einschlag um 22 Uhr $+ 3{,}5^{\mathrm{h}} = 1{:}30$ Uhr UT statt. So bleibt nur noch, unserem namenlosen Astronomen zu wünschen, dass er unversehrt aus den Trümmern seiner Sternwarte geborgen wird!

✓ L 87.2

Für die vierte Aufnahme findet man analog grafisch oder durch Dreisatzrechnung die Entfernung $d_4 = 8790\,\mathrm{wEE} - 2511{,}5\,\mathrm{wEE/h} \cdot 3\,\mathrm{h} = 1256\,\mathrm{wEE}$. Daraus folgt mit (8.38) die Helligkeit $m_4 = 5\,\mathrm{mag} \cdot \lg(d_4/\mathrm{wEE}) = 15{,}5\,\mathrm{mag}$.

✓ L 87.3

3,5 Stunden sind 12 600 Sekunden. Bei einer Geschwindigkeit von einigen Dutzend km/s ist das Objekt also in einer Entfernung von einigen hunderttausend Kilometern erstmals fotografiert worden, z. B. bei 50 km/s in $50\,\mathrm{km/s} \cdot 12\,600\,\mathrm{s} = 630\,000\,\mathrm{km}$.

✓ L 87.4

Aus dem Helligkeitsverhältnis zwischen Mond und Asteroid kann das Verhältnis der scheinbaren Flächen am Himmel, daraus der Winkeldurchmesser des Asteroiden und daraus dann sein wahrer Durchmesser bestimmt werden.

Auf der ersten Aufnahme ist der Kleinkörper um $19{,}72\,\mathrm{mag} + 12{,}67\,\mathrm{mag} = 32{,}39\,\mathrm{mag}$ schwächer als der Vollmond. Dem entspricht nach (8.36) ein Helligkeitsverhältnis $1 : 9\,036\,500\,000\,000$. Das ist gleich dem Verhältnis der scheinbaren Flächen am Himmel. Nimmt man an, dass der Körper rund ist, dann sind die scheinbaren Flächen proportional zum Quadrat des Winkeldurchmessers. Der Winkeldurchmesser δ des Brockens verhält sich dann also zu dem des Mondes $\delta_{\mathbb{C}}$ wie $1 : 3\,006\,000$. Der wahre Durchmesser hängt von der Entfernung des Objekts auf der ersten Aufnahme ab. Mit dem Durchmesser des Mondes von $D_{\mathbb{C}} = 3476\,\mathrm{km}$, seinem Bahnradius von $r_{\mathbb{C}} = 384\,400\,\mathrm{km}$ und der oben angenommenen Beispielentfernung von $d = 630\,000\,\mathrm{km}$ ergibt sich für den Durchmesser des Asteroiden

$$D \approx \delta d = \frac{\delta_{\mathbb{C}}}{3\,006\,000}\,d = \frac{D_{\mathbb{C}}\,d}{r_{\mathbb{C}} \cdot 3\,006\,000} = \frac{3476\,\mathrm{km} \cdot 630\,000\,\mathrm{km}}{384\,400\,\mathrm{km} \cdot 3\,006\,000} \approx 1{,}9\,\mathrm{m}\,. \tag{8.39}$$

Das dürfte reichen, um ein kleines Gebäude zu zertrümmern (vgl. auch ◘ Abb. 8.9).

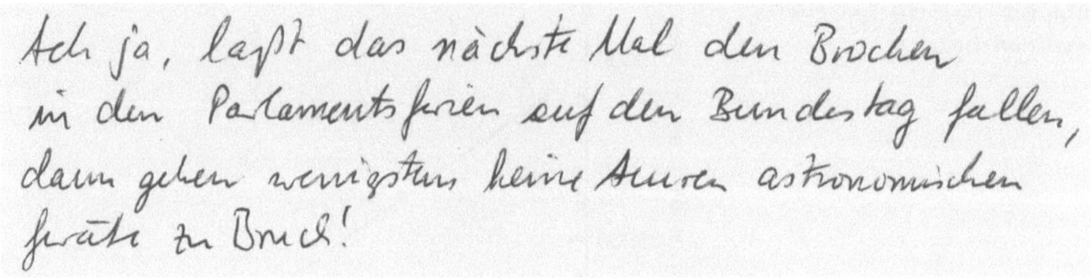

[handschriftlicher Text:]

Ach ja, laßt das nächste Mal den Brocken in den Parlamentsferien auf den Bundestag fallen, dann geben wenigstens keine Auren astronomischen [...] zu Bruch!

■ **Abb. 8.9**   Vorschlag eines Lösers zur Überarbeitung des Aufgabentextes.

✓ L 87.5

Zu dieser Frage sind mehrere vernünftige Antworten möglich:

- Man rechnet im Sinne der (8.36) und (8.37). (8.38) ergibt die Entfernung des Körpers, wenn er 5 mag hell ist. Ein simpler Dreisatz mit der Entfernung und Zeit zum Einschlag der ersten Aufnahme liefert als Antwort: etwa 15 Sekunden vor dem Einschlag.
- Das ist aber falsch, denn zu dieser Zeit wäre das Objekt nur noch einige hundert Kilometer von der Sternwarte entfernt. Um 1:30 Uhr UT im Kaukasus ist es dann aber längst im Erdschatten, also gelten die Gleichungen nicht mehr. Die zweite Antwort wäre also: Es wird überhaupt nicht mit bloßem Auge sichtbar.
- Das ist aber wieder falsch, denn es wäre ja bereits in 100 km bis 150 km Höhe beim Eindringen in die Hochatmosphäre als gleißend helle Feuerkugel aufgeleuchtet. Die dritte Antwort lautet also bei einer Geschwindigkeit von 50 km s^{-1}: 2 bis 10 Sekunden vor dem Aufschlag, je nach Geschwindigkeit und Neigung der Bahn gegen den Horizont.

Lösung zu A 88 – Jenseits von Pluto: 1992 QB1

✓ L 88.1

Aus dem dritten Keplerschen Gesetz folgt die Umlaufdauer von 1992 QB1 zu

$$P_{\text{QB1}} = \left(\frac{a_{\text{QB1}}}{\text{AE}}\right)^{3/2} \text{a} \approx 289{,}1\,\text{a}\,. \tag{8.40}$$

Die Umlaufdauer von Pluto ist demgemäß $P_{\text{P}} = 247{,}7\,\text{a}$. Entsprechend der größeren Sonnenentfernung benötigt 1992 QB1 für einen Sonnenumlauf mehr Zeit als Pluto.

✓ L 88.2

a) Durch Ausmessen der beiden Bilder erhält man für die zurückgelegte Wegstrecke den Wert $\Delta s = 19{,}6\,\text{mm}$.

b) Mit dem Vergrößerungsfaktor $F = 14{,}71$, der Pixelgröße des CCDs $m_{\text{P}} = 24\,\mu\text{m/Pixel}$ und dem Abbildungsmaßstab des CCDs $\mu_{\text{P}} = 0{,}53''/\text{Pixel}$ entspricht dies am Himmel dem Winkel $\delta = \frac{\Delta s/F}{m_{\text{P}}}\mu_{\text{P}} = 29{,}42''$.

c) Daraus folgt die tägliche Bewegung zu $\mu_{\text{d}} = \delta\,\frac{\text{d}}{\Delta t} = 29{,}26''/\text{d}$. Dabei ist $\Delta t = 86\,880\,\text{s}$ die zwischen den beiden Aufnahmen verstrichene Zeit.

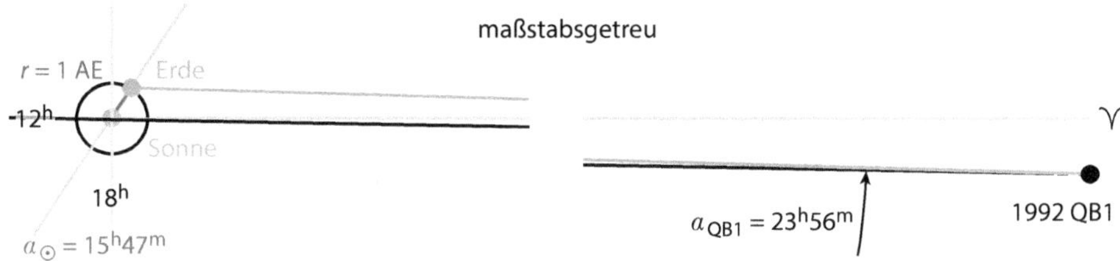

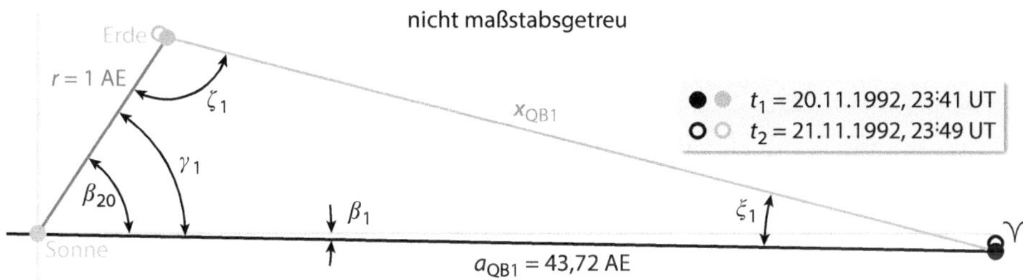

Abb. 8.10 Die *obere* Grafik stellt maßstabsgetreu dar, wo sich am 20. November 1992 die Sonne, die Erde und der Kleinplanet 1992 QB1 befanden. In der *unteren* Grafik sind die Abstände zu 1992 QB1 verkürzt gezeichnet, damit sich die Winkel im Dreieck Sonne – Erde – Kleinplanet besser darstellen lassen. Die *graue* horizontale Linie definiert die Lage des Frühlingspunkts ♈.

L 88.3

Dem Hinweis folgend, ergibt sich mit diesen Werten die heliozentrische tägliche Bewegung

$$\omega = 41{,}5''/\mathrm{d} - \mu_\mathrm{d} = 12{,}24''/\mathrm{d}\,, \tag{8.41}$$

woraus unmittelbar $P_{QB1} = 360°/\omega \approx 289{,}9\,\mathrm{a}$ folgt, was dem obigen Wert sehr gut entspricht.

EL 88.4

Zum angegebenen Zeitpunkt stand die Sonne bei den Koordinaten $\alpha_\odot = 15^h47^m$, $\delta_\odot = -19°56'$. Ihre Rektaszension entspricht dem Winkel $\alpha_\mathrm{W} = (15 + 47/60) \cdot 15° = 236{,}75°$ (siehe ▪ Abb. 8.10 oben). Die Erde stand daher bei der Rektaszension $\beta_{20} = 180° - \alpha_\mathrm{W} = 56{,}75°$. Trägt man dies in ein Diagramm ein mit der Ekliptik als Bezugsebene, dann erscheint dieser Winkel für den Zeitpunkt t_1 der ersten Aufnahme zwischen der Richtung zum Frühlingspunkt und der Richtung zur Erde (siehe ▪ Abb. 8.10 unten). Nach der Zeit Δt bei t_2 erreicht die Erde ihre neue Position (angedeutet durch den blauen Kreis) mit dem Winkel β_{21} (nicht eingezeichnet). Mit der Winkelgeschwindigkeit der Erde $\omega_\mathrm{Erde} = 360°/\mathrm{Jahr} = 0{,}9856°/\mathrm{d}$ ergibt sich $\beta_{21} = \beta_{20} + \omega_\mathrm{Erde} \cdot \Delta t = 57{,}74°$.

Dementsprechend steht 1992 QB1 zum Zeitpunkt t_1 bei $\alpha_{QB1} = (23 + 56/60) \cdot 15° = 359°$. Daher ist $\beta_1 = 360° - \alpha_{QB1} = 1°$, und damit wird $\gamma_1 = \beta_{20} + \beta_1 = 57{,}75°$. Mit dem in Aufgabe 88.2b) ermittelten Winkel $\delta = 29{,}42°$ lässt sich der Winkel β_2 bestimmen: $\beta_2 = \beta_1 - \delta = 0{,}992°$. Der Winkel γ_2 ist dann $\gamma_2 = \beta_{21} + \beta_2 = 58{,}73°$. Nun sind alle Teile ermittelt, um damit die restlichen Strecken und Winkel in den beiden Dreiecken für t_1 und t_2 zu bestimmen.

Mit Hilfe des Kosinussatzes erhalten wir die Distanz von QB1 zur Erde:

$$
\begin{aligned}
x_{\mathrm{QB1}}(t_1) &= \sqrt{a_{\mathrm{QB1}}^2 + r^2 - 2\,a_{\mathrm{QB1}}\,r\,\cos\gamma_1} = 43{,}19\,\mathrm{AE}\,, \\
x_{\mathrm{QB1}}(t_2) &= \sqrt{a_{\mathrm{QB1}}^2 + r^2 - 2\,a_{\mathrm{QB1}}\,r\,\cos\gamma_2} = 43{,}21\,\mathrm{AE}\,.
\end{aligned}
\tag{8.42}
$$

Die Winkel ζ_1 und ζ_2 lassen sich gleichermaßen berechnen:

$$
\begin{aligned}
\zeta_1 &= \arccos\left(-\frac{a_{\mathrm{QB1}}^2 - r^2 - x_{\mathrm{QB1}}(t_1)}{2\,r\,x_{\mathrm{QB1}}(t_1)}\right) = 121{,}128°\,, \\
\zeta_2 &= \arccos\left(-\frac{a_{\mathrm{QB1}}^2 - r^2 - x_{\mathrm{QB1}}(t_2)}{2\,r\,x_{\mathrm{QB1}}(t_2)}\right) = 120{,}133°\,.
\end{aligned}
\tag{8.43}
$$

Die Innensumme ebener Dreiecke ist stets gleich $180°$. Daher gilt:

$$
\begin{aligned}
\xi_1 &= 180° - \gamma_1 - \zeta_1 = 4039{,}18''\,, \\
\xi_2 &= 180° - \gamma_2 - \zeta_2 = 4080{,}94''\,.
\end{aligned}
\tag{8.44}
$$

Die Bewegung der Erde zwischen t_1 und t_2 aus Sicht von 1992 QB1 ist daher $\Delta\xi = \xi_2 - \xi_1 = 41{,}75''$ und die gesuchte Winkelgeschwindigkeit dann $\Delta\xi\,\frac{\mathrm{d}}{\Delta t} = 41{,}5''/\mathrm{d}$.

✔ L 88.5

Unter Verwendung aller bekannten Größen lässt sich eine Gleichung für den Durchmesser des entfernten Planetoiden entwickeln:

$$
d = 2\left(\frac{r_{\mathbb{C}}}{x_{\mathrm{QB1}}}\right)^{-1}\left(\frac{a_{\oplus}}{a_{\mathrm{QB1}}}\right)^{-1}\sqrt{\frac{A_{\mathbb{C}}}{A_{\mathrm{QB1}}}\,\mathrm{dex}\left(\frac{m_{\mathbb{C}} - m_{\mathrm{QB1}}}{2{,}5\,\mathrm{mag}}\right)}\,R_{\mathbb{C}} \approx 316\,\mathrm{km}\,,
\tag{8.45}
$$

in akzeptabel guter Übereinstimmung mit dem Wert im IAU-Circular Nr. 5611.

Lösung zu A 89 – Kleinplanet bedeckt Stern

✔ L 89.1

Um die lineare Entfernung des Kleinplaneten (386) Siegena zur Erde aus der Parallaxe des Erdradius zu ermitteln, betrachtet man den oberen Teil der ◖ Abb. 8.11. An ihr lässt sich im rechtwinkligen Dreieck Siegena – Erdmittelpunkt – Erdoberfläche die Beziehung

$$
\tan\pi = \frac{R_{\oplus}}{\Delta} \quad \text{bzw.} \quad \Delta = \frac{R_{\oplus}}{\tan\pi}
\tag{8.46}
$$

ablesen. Mit den gegebenen Werten für π und $R_{\oplus}$ folgt $\Delta = 356{,}5 \cdot 10^6\,\mathrm{km} = 2{,}38\,\mathrm{AE}$. Der Kleinplanet befindet sich demnach in mehr als doppelter Sonnenentfernung zur Erde.

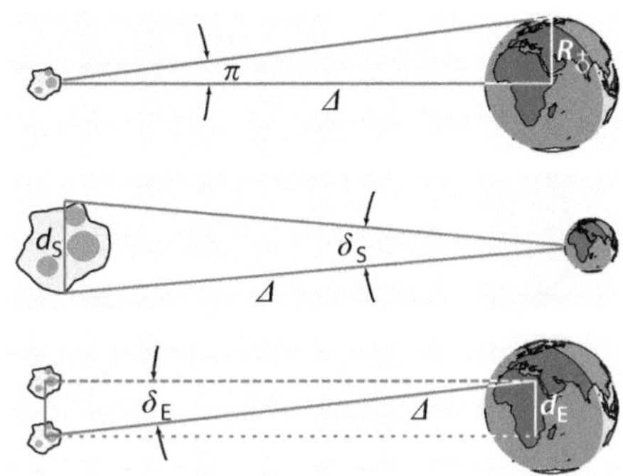

◘ Abb. 8.11 *Oben*: Die Parallaxe π, unter der der Erdradius von Siegena aus erscheint, definiert den Abstand Kleinplanet – Erde. *Mitte*: Dem linearen Durchmesser d_S des Planetoiden entspricht der Winkeldurchmesser δ_S. *Unten*: Der Ortsunsicherheit δ_E des Planetoiden entspricht auf der Erdoberfläche die Distanz d_E um die der Schattenverlauf unbekannt ist.

✓ L 89.2

Aus dem mittleren Teil von ◘ Abb. 8.11 lässt sich die Gleichung für den scheinbaren Durchmesser δ_S von (386) Siegena ablesen:

$$\delta_S = \arctan \frac{d_S}{\Delta} . \tag{8.47}$$

Mit dem gegebenen Durchmesser folgt $\delta_S = 0{,}10''$. Die scheinbare Größe des Asteroiden liegt zum betrachteten Zeitpunkt an der Grenze des Auflösungsvermögens moderner Teleskope mit adaptiver Optik, etwa auf dem Calar Alto, oder weltraumgestützter, wie des Weltraumteleskops Hubble.

✓ L 89.3

Die Kenntnis der Position des Kleinplaneten im Sonnensystem ist mit einer kleinen Unsicherheit behaftet. Als Folge ist die Lage des Schattenpfades auf der Erdoberfläche nicht genau bekannt, sondern kann um die Strecke d_E abweichen. Der untere Teil der ◘ Abb. 8.11 verrät

$$\tan \delta_E = \frac{d_E}{\Delta} \text{ bzw. } d_E = \Delta \tan \delta_E . \tag{8.48}$$

Mit $\delta_E = 0{,}5''$ ergibt sich $d_E = 864\,\text{km}$. Somit gab es auch für westeuropäische Beobachter der Bedeckung des Sterns TYC 0438 00092 am 11. Mai 1999, deren Schattenpfad quer durch Afrika laufen sollte, eine gewisse Sichtwahrscheinlichkeit.

Lösung zu A 90 – Herkules auf Eros

✓ L 90.1

Unterliegt eine kleine (Test-)Masse m_T der durch einen anderen sehr großen Körper, in diesem Falle also Eros, der Masse m_E hervorgerufenen Anziehung, so lässt sich die zugehörige Anziehungskraft F_E schreiben als

$$F_E = m_T\, g_E . \tag{8.49}$$

Dabei ist g_E die auf die Testmasse einwirkende Beschleunigung in Richtung Massenzentrum des großen Körpers. Die Beschleunigung ergibt sich unter Anwendung des

Gravitationsgesetzes $F_\mathrm{E} = G\, m_\mathrm{T}\, m_\mathrm{E}/r^2$ zu

$$g_\mathrm{E} = G\, \frac{m_\mathrm{E}}{r^2}\,. \tag{8.50}$$

Die Distanz zwischen dem Massenzentrum des großen Körpers, also Eros, und dem Kraterboden ist $r = 6\,\mathrm{km}$. Mit den gegebenen Werten erhält man a) $g_\mathrm{E} = 4{,}45 \cdot 10^{-3}\,\mathrm{m/s}^2$. Der Vergleich mit der Erdbeschleunigung ergibt b) $g_\mathrm{E}/g = 4{,}53 \cdot 10^{-4}$. Im Jargon der bemannten Weltraumfahrt beträgt die Schwerebeschleunigung in Eros' großem Krater demnach nur etwa ein halbes Milli-g.

✅ L 90.2

a) Die gesuchte Masse m_x eines Felsklotzes, der auf Eros die gleiche Gewichtskraft aufweist wie eine Masse $m_{50} = 50\,\mathrm{kg}$ auf der Erde, ist einfach

$$m_\mathrm{x} = m_{50}\, \frac{g}{g_\mathrm{E}} = 1{,}1 \cdot 10^5\,\mathrm{kg}\,. \tag{8.51}$$

b) Ein runder Felsen dieser Masse besitzt bei der angegebenen Dichte $\rho = 2{,}5\,\mathrm{g/cm}^3$ den Durchmesser

$$d_\mathrm{x} = 2\,r_\mathrm{x} = 2 \left(\frac{3\,m_\mathrm{x}}{4\pi\,\rho} \right)^{1/3} = 4{,}4\,\mathrm{m}\,. \tag{8.52}$$

Nähert man den sichtbaren Kraterrand in ◨ Abb. 4.8 durch ein Stück eines Kreisbogens an, so hat der zugehörige Kreis und damit der Krater etwa eine Größe von 32 cm. Somit skaliert sich d_x auf den Wert $4{,}4\,\mathrm{m} \cdot 32\,\mathrm{cm}/5{,}3\,\mathrm{km} \approx 0{,}3\,\mathrm{mm}$. Damit könnte ein solcher Brocken im Bild gerade noch zu erkennen sein.

Lösung zu A 91 – Landung auf Itokawa

✅ L 91.1

Denkt man sich die gesamte Masse des Asteroiden (25143) Itokawa in einer Kugel vereint, so folgt für sie der Radius

$$R_\mathrm{I} = \sqrt[3]{\frac{3}{4\pi}\,\frac{M_\mathrm{I}}{\rho_\mathrm{I}}} = 164\,\mathrm{m}\,. \tag{8.53}$$

✅ L 91.2

Zu dem Radius R_I ergibt sich die Schwerebeschleunigung g_I an der Oberfläche

$$g_\mathrm{I} = G\, \frac{M_\mathrm{I}}{R_\mathrm{I}^2} = 8{,}7 \cdot 10^{-5}\,\mathrm{m/s}^2 \approx 9\,\mu g\,, \tag{8.54}$$

wobei g die Beschleunigung an der Erdoberfläche ist. Man kann demnach durchaus von Mikrogravitation sprechen.

✅ L 91.3

Nach dem Aufsetzen von Hayabusa an der Landestelle in der Muses Sea nahe Itokawas Südpol unterlag die Sonde der Schwerebeschleunigung g_MS. Aus ◨ Abb. 4.10 lässt sich die von den drei Massenzentren ausgehende Gesamtgravitation ablesen:

$$F_{\mathrm{G}} = F_1' + F_2 + F_3' = 2\,F_{1/3'} + F_2\,, \tag{8.55}$$

wobei $F_{1/3'} = F_1' = F_3'$ ist. Dabei gilt mit $r_{1/3} = r_1 = r_3$ außerdem

$$\frac{F_{1/3'}}{F_{1/3}} = \frac{r}{r_{1/3'}} \tag{8.56}$$

sowie

$$r_{1/3}^2 = r^2 + d^2\,. \tag{8.57}$$

Man findet schließlich

$$g_{\mathrm{MS}} = G\,\frac{M_{\mathrm{I}}}{3}\left(2\,\frac{r}{(r^2 + d^2)^{3/2}} + \frac{1}{r^2}\right). \tag{8.58}$$

Mit $r = R = 100\,\mathrm{m}$ folgt letztlich $g_{\mathrm{MS}} = 9{,}6 \cdot 10^{-5}\,\mathrm{m/s^2}$. Das Ergebnis ist dem von Aufgabe 91.2 nicht unähnlich. Der relative Unterschied $(g_{\mathrm{MS}} - g_{\mathrm{I}})/g_{\mathrm{I}} = 0{,}1$ beträgt etwa 10 %. Das verbesserte Modell liefert einen etwas höheren Wert.

Lösung zu A 92 – Bedeckungen durch TNOs

 **L 92.1**

Das gesuchte Verhältnis $\zeta = \delta_{\mathrm{TNO}}/\delta_{\mathrm{X-1}}$ der Winkelausdehnungen ergibt sich mit der für kleine Winkel gültigen Näherung $\tan\delta \approx (\pi/180°)\cdot\delta = D/d$ und damit $\delta = (180°/\pi)\cdot D/d$ zu

$$\zeta = \frac{D_{\mathrm{TNO}}}{D_{\mathrm{X-1}}} \Big/ \frac{d_{\mathrm{TNO}}}{d_{\mathrm{X-1}}}\,. \tag{8.59}$$

Man findet nach Einsetzen der in der Aufgabenstellung angegebenen Größen den Wert $\zeta = 6{,}7 \cdot 10^4$.

Offenbar erscheint uns der Pulsar am Himmel um nahezu fünf Größenordnungen kleiner als das Transneptun-Objekt (TNO). Demnach kann die Röntgenquelle relativ zum TNO als punktförmig betrachtet werden.

L 92.2

Wenn sich die Erde von der Sonne aus betrachtet zwischen ihr und dem TNO befindet und diesen gerade überholt, sind die Winkelgeschwindigkeiten von Erde und TNO voneinander zu subtrahieren. Ein halbes Jahr später sind die Winkelgeschwindigkeiten zu addieren (vgl. ◻ Abb. 8.12):

$$\omega_\pm = \omega_{\mathrm{Erde}} \pm \omega_{\mathrm{TNO}}\,. \tag{8.60}$$

Die Umlaufdauer P_{TNO} des TNO ist

$$P_{\mathrm{TNO}} = (a_{\mathrm{TNO}}/\mathrm{AE})^{3/2}\,\mathrm{a} = 282\,\mathrm{a}\,. \tag{8.61}$$

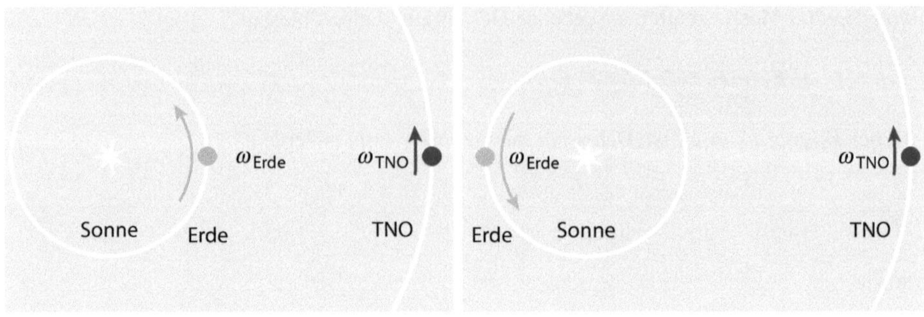

Abb. 8.12   Überlagerung der Bewegungen von Erde und TNO.

Mit $\omega_{\text{Erde}} = 2\,\pi/\text{a}$ und $\omega_{\text{TNO}} = 2\,\pi/P_{\text{TNO}}$ findet man damit die Extremwerte $\omega_+ = 6{,}3055\,\text{a}^{-1}$ und $\omega_- = 6{,}2609\,\text{a}^{-1}$. Mit $r_{\text{Erde}} = 1\,\text{AE}$ ergibt sich die maximale Bedeckungsdauer $\Delta t_{\max}$ für Scorpius X-1 zu

$$\Delta t_{\max} = \frac{D_{\text{TNO}}}{\omega_+\, r_{\text{Erde}}} = 3{,}3\,\text{ms}\,. \tag{8.62}$$

Die taiwanesischen Astronomen fanden im Beobachtungszeitraum insgesamt 58 Bedeckungsereignisse, deren Dauer meist zwischen 2 und 3 Millisekunden lag. Die längste Bedeckungsdauer betrug 7 Millisekunden.

L 92.3

Der Poisson-Fleck besitzt den Radius $\Delta r'_X = 16\,\text{m}$ im Röntgenbereich bzw. $\Delta r'_S = 448\,\text{m}$ im Sichtbaren. Am Ort der Erde sind die von der Röntgenquelle ausgesandten Wellenfronten praktisch eben und die Photonenpfade verlaufen in höchstem Maße parallel, so dass der Schattendurchmesser auf der Erde im Prinzip dem TNO-Durchmesser entspricht. Demnach wirft das TNO nur im Röntgenbereich einen Schatten.

Lösung zu A 93 – Asteroiden mit MIDI

L 93.1

Die minimale Distanz $r_{\min}$ für Asteroiden mit den Durchmessern $D_1 = 10\,\text{km}$, $D_2 = 50\,\text{km}$ und $D_3 = 100\,\text{km}$ folgt aus der Beziehung

$$r_{\min} = \frac{D}{\tan \delta_{\max}} \tag{8.63}$$

zu

$$r_{\min,10} = 13{,}8 \cdot 10^6\,\text{km} = 0{,}09\,\text{AE},$$
$$r_{\min,50} = 68{,}8 \cdot 10^6\,\text{km} = 0{,}46\,\text{AE},$$
$$r_{\min,100} = 137{,}5 \cdot 10^6\,\text{km} = 0{,}92\,\text{AE}.$$

◼ Tabelle 8.3 Absolute Helligkeiten H

Durchmesser	$A_1 = 0,2$	$A_2 = 0,4$
$D_1 = 10\,\text{km}$	12,37 mag	11,61 mag
$D_2 = 50\,\text{km}$	8,87 mag	8,12 mag
$D_3 = 100\,\text{km}$	7,37 mag	6,61 mag

◼ Tabelle 8.4 Maximale Distanz Δ_{max}

Durchmesser	$A_1 = 0,2$	$A_2 = 0,4$
$D_1 = 10\,\text{km}$	1,04 AE	1,30 AE
$D_2 = 50\,\text{km}$	2,80 AE	3,41 AE
$D_3 = 100\,\text{km}$	4,13 AE	5,00 AE

Jenseits etwa dieser Distanzen kann VLTI-MIDI das Licht von Asteroiden der betrachteten Größen erfolgreich zur Interferenz bringen. Ihre scheinbare Größe am Himmel beträgt dann wie gefordert höchstens $\delta_{\text{max}} = 0,15$ Bogensekunden.

L 93.2

Durch Umstellen von (4.3) lässt sich aus der Albedo A und dem Durchmesser D die absolute Helligkeit H eines Kleinplaneten (siehe hierzu Nice-to-know 18 auf S. 161 zu Aufgabe 101 in ▶ Abschn. 4.3) bestimmen:

$$H = -\lg\left(\frac{D\,\sqrt{A}}{1329\,\text{km}}\right) \cdot 5\,\text{mag}. \tag{8.64}$$

Die sechs Werte sind in ◼ Tab. 8.3 aufgeführt.

L 93.3

Setzt man $r = \Delta + 1\,\text{AE}$ in (4.4) ein und löst nach Δ auf, findet man eine quadratische Gleichung, deren Lösung bei gegebener scheinbaren Helligkeit die Erddistanz des Asteroids in Oppositionsstellung

$$\Delta_{\text{max}} = -\frac{1}{2}\,\text{AE} + \sqrt{\frac{1}{4} + 10^{\frac{m_{\text{min}}-H}{5\,\text{mag}}}}\,\text{AE} \tag{8.65}$$

beschreibt. Für $m = m_{\text{min}}$ liefert (8.65) die maximal mögliche Distanz, in welcher der Asteroid dem Interferometer zugänglich ist. Die sechs Ergebnisse stehen in ◼ Tab. 8.4. Der negative Zweig der Wurzel ergibt negative Werte und wird ignoriert.

L 93.4

Asteroiden, deren Größe und Erddistanz sie in der ◼ Abb. 8.13 links der roten Linie (siehe (8.63)) positionieren, besitzen einen zu großen scheinbaren Durchmesser für VLTI-MIDI.

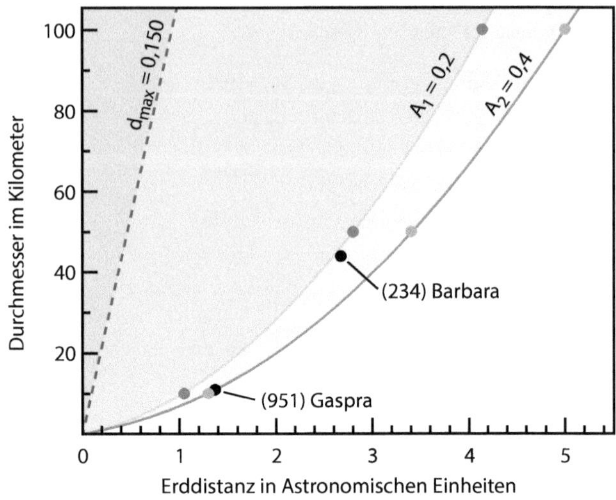

◘ Abb. 8.13   Die Grafik stellt die Leistungsfähigkeit der auf dem VLTI-MIDI basierenden Methode zur Untersuchung von Asteroiden dar. Die Ergebnisse der ◘ Tab. 8.4 sind für A_1 als *blaue* und für A_2 als *grüne* Punkte markiert.

Gaspra und Barbara nehmen im Diagramm beobachtbare Positionen ein. Die beiden Kurven für $A = 0{,}2$ und $A = 0{,}4$ erhält man durch Kombination der (8.64) und (8.65). Die in Aufgabe 93.3 berechneten Werte liegen auf diesen Kurven. Asteroiden im weißen Bereich müssen Albedowerte größer als 0,4 besitzen.

◘ Abb. 8.14 zeigt zwei der 2009 eingesandten Lösungen. Wie man sieht, kann auch von Hand auf Millimeter-Papier ein sehr exaktes Diagramm entstehen. Allerdings sieht man auch, dass die Bandbreite an Qualität bei dieser Aufgabe enorm war. Erschwerend hinzu kam die recht bescheidene Qualität mancher Fax-Einsendungen.

Lösung zu A 94 – Yarkowsky-Effekt

✓ L 94.1

Mit der Albedo $A_G = 0{,}1$, der Solarkonstanten $S_{Erde} = 1370\,\text{W/m}^2$, der Astronomischen Einheit $a_{Erde} = 1\,\text{AE}$, der großen Bahnhalbachse von Golevka $a_G = 2{,}514\,\text{AE}$, der

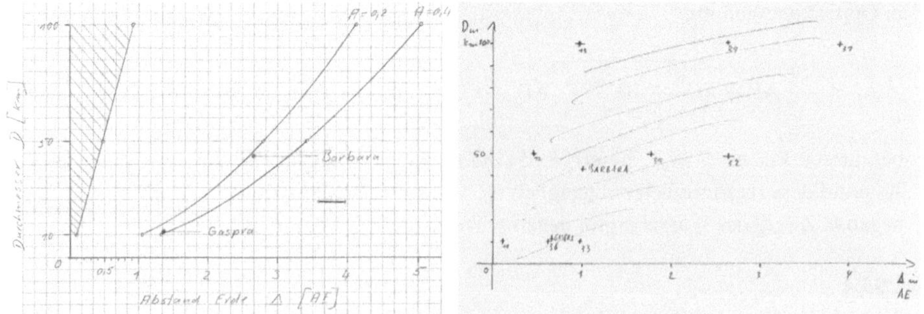

◘ Abb. 8.14   Diagramm zu Aufgabe 93.4: *links* in sehr guter Qualität, *rechts* mit Potenzial.

Infrarotemissivität $\varepsilon_G = 0{,}9$ und der Stefan-Boltzmann-Konstante σ folgt die mittlere Temperatur T_G von (6489) Golevka aus der Energiebilanz dann zu

$$T_G = \sqrt[4]{\frac{(1 - A_G)\, S_{\text{Erde}}\, (a_{\text{Erde}}/a_G)^2}{4\, \varepsilon_G\, \sigma}} = 175{,}8\,\text{K} = -97{,}3\,°\text{C}\,. \tag{8.66}$$

✅ L 94.2

Mit der Oberflächenwärmeleitfähigkeit Golevkas $K_G = 0{,}01\,\text{W}\,\text{m}^{-1}\,\text{K}^{-1}$, ihrer[1] mittleren Dichte $\rho_G = 2{,}7\,\text{g/cm}^3$, der Wärmekapazität $C_G = 680\,\text{J}\,\text{kg}^{-1}\,\text{K}^{-1}$ des Golevka-Materials und ihrer Rotationsfrequenz $\omega_G = 2\,\pi/6{,}02\,\text{h}$ folgt die Tiefe der von der Sonneneinstrahlung beeinflussten Schale zu

$$l_S = \sqrt{\frac{K_G}{\rho_G\, C_G\, \omega_G}} = 4{,}3\,\text{mm}\,. \tag{8.67}$$

✅ L 94.3

Für die thermische Trägheit Γ ergibt sich nach (4.10) $\Gamma = 135{,}499\,\text{J}\,\text{m}^{-2}\,\text{K}^{-1}\,\text{s}^{-1/2}$. Mit diesem Ergebnis, der Temperatur T_G aus Aufgabe 94.1 und (4.9) folgt der dimensionslose thermische Parameter zu $\Theta = 1{,}324$. (4.8) liefert dann die relative effektive Temperaturänderung $\frac{\Delta T_\omega}{T_\omega} = 0{,}122$.

Mit den Werten für Golevkas Radius $R_G = 265\,\text{m}$ und der Lichtgeschwindigkeit folgt zunächst die Beschleunigung von Golevka (4.7) $f_Y = 5{,}538 \cdot 10^{-14}\,\text{m}\,\text{s}^{-2}$ und danach ihre Bahnänderungsrate zu $\dot{a} = 2{,}22 \cdot 10^{-6}\,\text{m/s}$. Dies entspricht $70\,000\,\text{km}$ bzw. $0{,}18$ Mondbahnradien ($r_{\mathbb{C}} = 384\,400\,\text{km}$) innerhalb einer Million Jahre.

✅ L 94.4

Das aus den Radarmessungen am Kleinplaneten (6489) Golevka abgeleitete Messergebnis für die durch den Yarkowsky-Effekt induzierte Änderung ihrer großen Bahnhalbachse beträgt $\Delta a = 15\,\text{km}$ innerhalb der Zeitspanne $\Delta t = \text{Mai } 2003 - \text{April } 1991 = 145$ Monate. Die Rate der Bahnänderung $\dot{a} = \Delta a/\Delta t$ ist dann a) $1{,}24\,\text{km/a}$, b) $0{,}0083\,\text{AE}/10^6\,\text{a}$ und c) $3{,}23\,r_{\mathbb{C}}/10^6\,\text{a}$.

Ein Vergleich mit dem Ergebnis aus Aufgabe 94.3 ergibt auch unter Berücksichtigung der Tatsache, dass nur der diurnale, nicht jedoch der saisonale, also der mit der Umlaufperiode verknüpfte Jahreszeiteneffekt, berücksichtigt wurde, nur eine recht grobe Übereinstimmung.

Lösung zu A 95 – (99942) Apophis

✅ L 95.1

Die scheinbare Helligkeit m_A von Apophis folgt mit Hilfe der (4.11) zu $m_A = 14{,}9\,\text{mag}$.

Unter Berücksichtigung der präzisen Verhältnisse inklusive der Phase sagt das Web-Interface Horizons des Jet Propulsion Laboratory (JPL) unter ssd.jpl.nasa.gov/horizons.cgi für die Oppositionsstellung am 20./21. Januar 2013 eine Helligkeit (apparent visual magnitude „APmag") von $16{,}14\,\text{mag}$ voraus.

---

[1] Golevka, Kunstwort aus den Anfangsbuchstaben der drei an der Entdeckung beteiligten Observatorien Goldstone, Kalifornien, Evpatoria, Ukraine, und Kashima, Japan, endet auf dem eher femininen „a".

✅ **L 95.2**

Bei der mittleren Dichte $\rho_A = 2{,}4\,\text{g/cm}^3$ besitzt Apophis mit seinem Durchmesser von $D_A = 270\,\text{m}$ unter der Annahme von Kugelform die Masse

$$m = \frac{4\,\pi}{3}\left(\frac{D_A}{2}\right)^3 \rho_A = 2{,}5 \cdot 10^{10}\,\text{kg} = 25 \cdot 10^6\,\text{t}\,. \tag{8.68}$$

✅ **L 95.3**

Aus der Exzentrizität e und der großen Bahnhalbachse a der Umlaufbahn ergeben sich die kleine Halbachse b, die Periheldistanz q und die Apheldistanz Q von Apophis zu

$$b = a\,\sqrt{1 - e^2} = 0{,}905\,\text{AE}\,,$$

$$q = a\,(1 - e) = 0{,}746\,\text{AE}\,,$$

$$Q = a\,(1 + e) = 1{,}099\,\text{AE}\,.$$

✅ **EL 95.4**

Wird beim Durchlaufen des Aphels in Flugrichtung eine Geschwindigkeitsänderung um $\Delta v = v_Q - v_{Q,B}$ bewerkstelligt, so ändert sich die Apheldistanz Q von Apophis nicht ($Q = Q_B$). Es ändern sich jedoch die Exzentrizität e, neuer Wert e_B, die Periheldistanz q, neuer Wert q_B, und damit auch die große Halbachse a, neuer Wert $a_B = (Q + q_B)/2$, wobei die kleine Halbachse b auf $b_m = b + B$ anwachsen soll ($B = 6500\,\text{km} > R_{\text{Erde}} = 6378\,\text{km}$). Wegen

$$b_m = a_B\,\sqrt{1 - e_B^2} = \underbrace{a\,\sqrt{1 - e^2}}_{b} + B \tag{8.69}$$

sowie

$$Q = a\,(1 + e) = a_B\,(1 + e_B) = Q_B \tag{8.70}$$

folgt mit

$$\kappa = \sqrt{\frac{1 - e}{1 + e}} + \frac{B}{a\,(1 + e)} \tag{8.71}$$

für die neue Exzentrizität

$$e_B = \frac{1 - \kappa^2}{1 + \kappa^2} = 0{,}1911\,. \tag{8.72}$$

Die Veränderung der Exzentrizität ist sehr gering. Um die Geschwindigkeitsdifferenz berechnen zu können, muss man mindestens vier Stellen nach dem Komma in die Berechnungen miteinbeziehen. Die gesuchte Geschwindigkeitsdifferenz ergibt sich dann zu

$$\Delta v = \sqrt{\frac{G\,M}{a}}\left(\sqrt{\frac{1 - e}{1 + e}} - \sqrt{\frac{1 - e_B}{1 + e_B}}\right) = -2{,}7\,\text{m/s}\,. \tag{8.73}$$

$$\frac{m}{2}v_{QB}^2 - \frac{m}{2}v_Q^2 = \frac{2{,}473\cdot 10^{10}\,\text{kg}}{2}\left(9{,}62\cdot 10^8\cdot\frac{1-0{,}19096-(1-0{,}1912)}{1{,}1910}\right)\frac{m^2}{s^2}$$

mit kleinen Vernachläss.!

$$= 2{,}4\cdot 10^{15}\,\text{J}$$

Jetzt bietet sich aber an (zumal die Masse von Apophis schon gerechnet wurde!), eine ≠

Aufg. 5 anzuschließen: Energiebedarf für diese Bahnänderung:

eine andere, direktere Rechnung liefert $\approx \underline{4\cdot 10^{15}\,\text{J}} = 1{,}13\cdot 10^9\,\frac{kWh}{}$

(Ungenauigkeiten wegen „kleiner Differenz zweier großer Größen").

$4\times 10^{15}\,\text{J}$ *entspricht ziemlich genau $\underline{1\text{ Mio Tonnen TNT}}$ und damit etwa 50 „herkömmlichen" Kernspaltungsbomben.*

$$\Delta v = dv_Q = 6{,}1397 \text{ m/s}$$

Damit diese Geschwindigkeitsänderung des Asteroiden und damit die entsprechende Impulsänderung $m_A \cdot \Delta v$ bewirkt werden kann, muss ein Kraftstoß $K \cdot \Delta t$ auf ihn ausgeübt werden. Um eine Vorstellung von der Größenordnung zu bekommen, nehme man die Schubkraft der Saturn5-Rakete von 33 589 kN an.

Aus $K \cdot \Delta t = m_A \cdot \Delta v$ folgt

$$\Delta t = 1{,}27 \text{ h}$$

Das Saturn5-Triebwerk müsste also 1,27 Stunden lang auf Apophis arbeiten, um die kleine Bahnhalbachse des Asteroiden um etwa den Betrag des Erdradius zu erhöhen.

◘ **Abb. 8.15** Die kleine Geschwindigkeitsänderung Δv von Apophis entspricht riesigen Energie- (*oben*) und Impulsänderungen (*unten*). Die genauen Zahlenwerte hängen wieder stark vom Ergebnis für Δv ab – die Größenordnung aber bleibt.

Wegen $v_Q - v_{Q,B} < 0$ ist $v_{Q,B} > v_Q$. Es handelt sich demnach um eine – wenn auch geringe – Erhöhung der Aphelgeschwindigkeit. Der genaue Zahlenwert hängt stark von der verwendeten Genauigkeit der Zwischenergebnisse κ und e_B ab.

Das klingt erstmal nach wenig; berechnet man aber – wie es viele der Löser getan haben – die Änderung des Impulses oder der kinetischen Energie, stellt man schnell fest, dass diese keineswegs winzig sind (vgl. ◘ Abb. 8.15).

Lösung zu A 96 – Das Ringsystem von (10199) Chariklo

 **L 96.1**

Innerhalb von t_{CT} wanderte der vom Stern UCAC4 248-108672 geworfene Schatten des Kleinplaneten (10199) Chariklo um seinen eigenen Durchmesser auf der Erde weiter. Zusammen mit der Größe von d_{CT} entlang des Bedeckungspfads beim Beobachtungsort

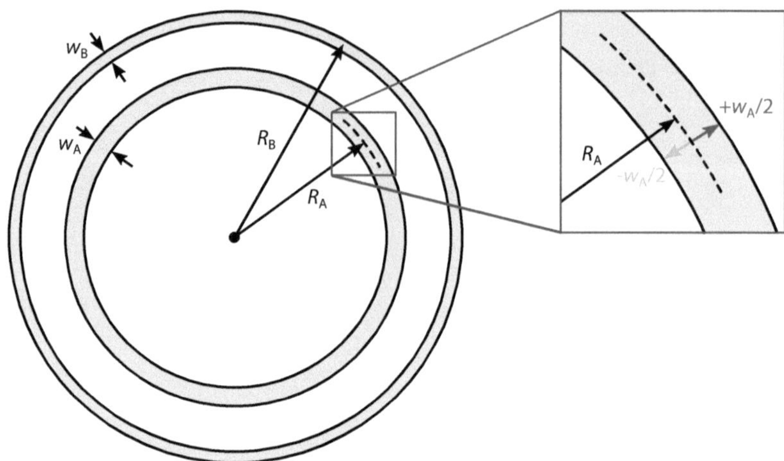

◨ Abb. 8.16 Aus den Radien R_A und R_B und ihrer Breite w_A und w_B der bei den Bedeckungsmessungen entdeckten Ringe um (10199) Chariklo folgen die Ringflächen F_A und F_B. Die Radien beziehen sich auf die Ringmitten.

ergibt sich daraus eine Relativgeschwindigkeit von

$$v_{CT} = \frac{d_{CT}}{t_{CT}} = 21{,}1\,\text{km/s}\,. \tag{8.74}$$

✅ L 96.2

Aus den Radien R_A und R_B der bei den Bedeckungsmessungen entdeckten Ringe und ihrer Breite w_A und w_B folgen die Ringflächen (vgl. ◨ Abb. 8.16)

$$F_A = \pi \left[(R_A + w_A/2)^2 - (R_A - w_A/2)^2 \right]$$
$$= 2\,\pi\,R_A\,w_A = 17\,197\,\text{km}^2 \tag{8.75}$$

und analog $F_B = 8906\,\text{km}^2$. Dabei spielt es praktisch keine Rolle, ob sich die angegebenen Radien auf die Ringmitte oder einen Rand beziehen, denn der Unterschied der daraus berechneten Ringflächen liegt bei nur einem Prozent.

✅ L 96.3

a) Aus den Ringbreiten und der Relativgeschwindigkeit von Chariklo ergeben sich sofort die gesuchten Ringverfinsterungszeiten

$$t_A = \frac{w_A}{v_{CT}} = 0{,}332\,\text{s} \tag{8.76}$$

und $t_B = 0{,}166\,\text{s}$.

b) Mit der Sampling-Rate s konnten demzufolge

$$n_{Ch} = t_{CT} \cdot s = 101 \text{ bis } 102\,,$$
$$n_A = t_A \cdot s = 3 \text{ bis } 4\,,$$
$$n_B = t_B \cdot s = 1 \text{ bis } 2$$

Messwerte gewonnen werden.

✓ L 96.4

Mit den Flächendichten des Ringmaterials σ_1 und σ_2 folgen mit $m_{A,B} = F_{A,B}\,\sigma_{1,2}$ für die Gesamtmasse der Ringe

$$5{,}2 \cdot 10^{12}\,\text{kg} \leq m_A \leq 1{,}7 \cdot 10^{13}\,\text{kg}\,,$$
$$2{,}7 \cdot 10^{12}\,\text{kg} \leq m_B \leq 8{,}9 \cdot 10^{12}\,\text{kg}\,.$$

✓ L 96.5

Ursprungsmonde aus Wassereis mit ρ_{AB}, aus denen sich die Ringe bilden könnten, hätten dann die Durchmesser

$$D = 2\left(\frac{3}{4\pi}\frac{m_A}{\rho_{AB}}\right)^{1/3}\,. \tag{8.77}$$

Nach Einsetzen aller Werte folgen

$$2{,}1\,\text{km} \leq D_A \leq 3{,}2\,\text{km}\,,$$
$$1{,}7\,\text{km} \leq D_B \leq 2{,}6\,\text{km}\,.$$

Lösung zu A 97 – Wassergehalt in Don Quixote

✓ L 97.1

a) Die Gesamtmasse des Asteroiden (3552) Don Quixote ergibt sich aus seinem Volumen und seiner Dichte

$$m = \rho\,\frac{4\,\pi}{3}\left(\frac{d}{2}\right)^3\,. \tag{8.78}$$

Da sein Spektrum demjenigen des Tagish-Lake-Meteoriten ähnelt, wird seine mittlere Dichte zu $\rho = 1{,}5\,\text{g/cm}^3$ angenommen. Mit dem aus Thermalmodellen abgeleiteten mittleren Durchmesser d ergibt sich dann nach (8.78) $m = 4{,}89 \cdot 10^{15}\,\text{kg}$.

b) Der dem Tagish-Lake-Meteoriten entlehnte Wasseranteil von $\eta = 3{,}9$ Gewichtsprozent führt direkt zum Wassergehalt von Don Quixote $m_{H_2O} = \eta \cdot m = 1{,}91 \cdot 10^{14}\,\text{kg}$.

✓ L 97.2

a) Aus dem topo- und bathygrafischen Modell ETOPO1 der US-amerikanischen NOAA folgt die Gesamtfläche F aller Ozeane unserer Erde und ihr Volumen V. Mit den gegebenen Werten erhält man für die mittlere Meerestiefe t

$$t = \frac{V}{F} = 3{,}70\,\text{km}\,. \tag{8.79}$$

b) Das Volumen V_{DQ} des in Don Quixote enthaltenen Wassers ist $V_W = m_{H_2O}/\rho_W$. Damit ließe sich ein Meeresspiegelanstieg von

$$\Delta t = \frac{V_W}{F} = 0{,}53\,\text{mm} \tag{8.80}$$

erreichen. Das klingt nicht nach einem großen Effekt – aber die Menge macht's!

✓ L 97.3

a) Zum Befüllen des kompletten Ozeanvolumens mit Kometenwasser aus Körpern vom Typ Don Quixote wäre die Zahl n_{DQ} erforderlich:

$$n_{\mathrm{DQ}} = \frac{V}{V_{\mathrm{W}}} = 7{,}02 \cdot 10^6 \,. \tag{8.81}$$

Rund sieben Millionen derartiger Restkörper hätte es demnach bedurft, um der Erde das in den Ozeanen vorhandene Wasser zu verschaffen. So viele Kollisionen mit der jungen Erde gab es in der Entstehungsphase des Sonnensystems während des Großen Bombardements tatsächlich.

b) Läge der Wasseranteil deutlich höher, nämlich bei $\eta_5 = 50\,\%$, so müssten lediglich $n_{\mathrm{DQ}} \cdot \frac{\eta}{\eta_5} = 548\,000$ derartige Körper mit der Erde kollidieren!

c) Bei einem Wasseranteil von n_5 und einer Größe von $50\,\mathrm{km}$ wären es dann nur noch $n_{50} = n_5 \cdot (18{,}4/50)^3 = 27\,300$.

Lösung zu A 98 – YORP-Effekt und Fluchtgeschwindigkeit

✓ L 98.1

Bei der gegebenen absoluten Helligkeit H_{v} und der gemäß der Asteroiden-Familie Flora gewählten geometrischen Albedo p_{v} folgt der Radius des aktiven Asteroiden P/2013 P5 nach (4.13) zu $r_{\mathrm{n}} = 241\,\mathrm{m}$. Mit seinem Durchmesser von nur rund einem halben Kilometer gehört der Asteroid zu den eher kleineren Objekten.

✓ L 98.2

Ist die mittlere Dichte von P/2013 P5 gleich derjenigen von LL-Chondriten ρ_{LL}, dann folgt für ihn mit dem Volumen $V_{\mathrm{P5}} = 4\,\pi/3\,r_{\mathrm{n}}^3$ die Masse

$$m_{\mathrm{P5}} = \rho_{\mathrm{LL}}\,V_{\mathrm{P5}} = 1{,}93 \cdot 10^{11}\,\mathrm{kg}\,. \tag{8.82}$$

✓ L 98.3

Aus (4.14) ergibt sich die Fluchtgeschwindigkeit an der Oberfläche des Asteroiden zu

$$v_{\mathrm{esc}} = \sqrt{\frac{2\,G\,m_{\mathrm{P5}}}{r_{\mathrm{n}}}} = 0{,}327\,\mathrm{m/s}\,. \tag{8.83}$$

Das ist ein recht kleiner Wert – schon ein irdischer Fußgänger erreicht ohne weiteres $5\,\mathrm{km/h} = 1{,}39\,\mathrm{m/s}$, also gut das Vierfache der Fluchtgeschwindigkeit.

✓ L 98.4

a) Herrscht für einen Gesteinsbrocken an der Oberfläche von P/2013 P5 Gleichgewicht zwischen der Schwerkraft F_{G} des Asteroiden und der aus der Massenträgheit des Steins resultierenden Fliehkraft F_{F}, dann gilt

$$\frac{G\,m\,m_{\mathrm{P5}}}{r_{\mathrm{n}}^2} = m\,\omega^2\,r_{\mathrm{n}}\,. \tag{8.84}$$

Es folgt sofort die gesuchte Rotationsgeschwindigkeit

$$\omega = \sqrt{\frac{G\, m_{\mathrm{P5}}}{r_{\mathrm{n}}^3}} = 9{,}60 \cdot 10^{-4}\,\mathrm{s}^{-1}\,. \tag{8.85}$$

b) Der Rotationsgeschwindigkeit ω entspricht die Rotationsperiode

$$P = 2\,\pi/\omega = 6544\,\mathrm{s} = 1^{\mathrm{h}}49^{\mathrm{m}}\,. \tag{8.86}$$

Hat der YORP-Effekt die Rotation über diesen Wert hinaus beschleunigt, übersteigt die Fliehkraft die gravitative Anziehungskraft, und Material am Äquator des Asteroiden kann sich von der Oberfläche lösen und in den Weltraum entweichen. Es ist dann aber noch gravitativ gebunden und wird sich auf Orbitbahnen um den Asteroiden bewegen. Erst wenn die Rotationsgeschwindigkeit um einen Faktor $\sqrt{2}$ weiter ansteigt, erreicht äquatornahes Material auch die Fluchtgeschwindigkeit.

8.3 Kometen und Meteoroiden

Lösung zu A 99 – Kometen

✓ L 99.1

Man liest aus der ◘ Abb. 4.17 $a = \overline{MF} + q$ ab. Mit $\overline{MF} = \overline{MP}\,e = a\,e$ ergibt sich daraus $a = a\,e + q$. Dies liefert $a\,(1 - e) = q$, und nach Division durch $(1 - e)$ erhält man schließlich die angegebene Gleichung für a.

✓ L 99.2

Aus den angegebenen Werten für die Periheldistanz q und die Bahnexzentrizität e erhält man zunächst mit der (4.15) für die jeweiligen Halbachsen $a_1 = 205{,}36\,\mathrm{AE}$ (zur ersten Epoche) bzw. $a_2 = 185{,}25\,\mathrm{AE}$ (zur zweiten Epoche). Hierzu gehören mit $P = \left(\frac{a}{\mathrm{AE}}\right)^{3/2}\,\mathrm{a}$ (3. Keplersches Gesetz) die Umlaufzeiten $P_1 = 2943\,\mathrm{a}$ (zur ersten Epoche) bzw. $P = 2521\,\mathrm{a}$ (zur zweiten Epoche).

✓ L 99.3

Die gesuchte Helligkeit lässt sich mit (4.16) berechnen. Nach Einsetzen der Werte folgt $m = 4{,}9\,\mathrm{mag}$. Hiernach sollte Hale-Bopp zum angegebenen Datum noch mit bloßen Augen sichtbar sein!

✓ L 99.4

Die größte Schweiflänge ergäbe sich im (nur theoretischen) Fall eines unendlich langen Kometenschweifes. Wie aus ◘ Abb. 8.17 hervorgeht, würde ein irdischer Beobachter in diesem Fall den Schweif unter einem Blickwinkel sehen, der gleich groß ist wie der Phasenwinkel φ. In jedem realen Fall wird die Schweiflänge natürlich kürzer sein als der Phasenwinkel. In einer Ausnahmesituation wäre es dennoch möglich: Befindet sich nämlich der Komet sehr nahe an der Erde, dann kann die endliche Ausdehnung des Schweifes, eventuell zusammen mit einer leichten Krümmung des Schweifs, einen scheinbar größeren Winkel produzieren.

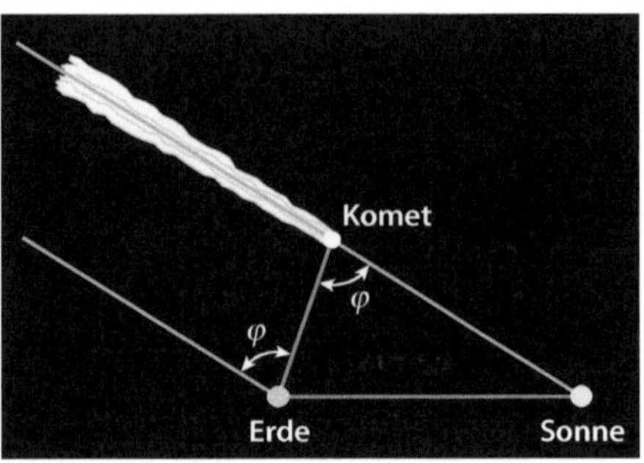

◻ Abb. 8.17 Blickwinkel, unter dem ein Kometen-schweif erscheint, und Phasenwinkel.

Lösung zu A 100 – Die Größe des Sonnensystems

 **L 100.1**

a) Die große Bahnhalbachse der Ellipse ist gleich der Summe aus Periheldistanz und Aphel-distanz, sie besitzt also die Länge

$$2\,a = r_{\mathrm{P}} + r_{\mathrm{A}}\,. \tag{8.87}$$

Die numerische Exzentrizität e ergibt sich aus der linearen Exzentrizität ε, also dem Ab-stand zwischen Ellipsenmittelpunkt und Fokus $\varepsilon = a - r_{\mathrm{P}}$, zu

$$e = \frac{\varepsilon}{a} = 1 - \frac{r_{\mathrm{P}}}{a} = \frac{r_{\mathrm{A}} - r_{\mathrm{P}}}{r_{\mathrm{A}} + r_{\mathrm{P}}}\,. \tag{8.88}$$

Mit den gegebenen Werten folgt $e = 0{,}9999$.

b) Die Bahnhalbachse a folgt aus (8.87) zu

$$a = \frac{r_{\mathrm{P}} + r_{\mathrm{A}}}{2} = 50\,002{,}5\,\mathrm{AE}\,. \tag{8.89}$$

c) Mit Hilfe des dritten Keplerschen Gesetzes in der Form $(a/a_{\mathrm{Erde}})^3 = (P/P_{\mathrm{Erde}})^2$ folgt sofort

$$P = P_{\mathrm{Erde}} \left(\frac{a}{a_{\mathrm{Erde}}}\right)^{3/2} = 11{,}2 \cdot 10^6\,\mathrm{a}\,. \tag{8.90}$$

Ein Körper, der aus der Oortschen Wolke kommend auf einer Keplerbahn in das innere Sonnensystem gelangt, benötigt dazu offenbar viele Millionen Jahre. Eine komplette Son-nenumrundung dauert bei den betrachteten Werten gut elf Millionen Jahre.

L 100.2

Ein von der Sonne beleuchteter Körper empfängt von der Sonnenleuchtkraft $L_\odot$ den Teil $L = L_\odot\, F/F_{\mathrm{r}}$, wobei F seine Querschnittsfläche $F = \pi\, R^2$ ist, r sein Abstand von der Sonne und $F_{\mathrm{r}} = 4\pi\, r^2$. Er reflektiert den Anteil $A \cdot L$, der sich am Ort der Erde auf $1/F_{\mathrm{r}}$ verteilt hat. Deshalb gilt

$$A_{\mathrm{Erde}}\, \frac{R_{\mathrm{Erde}}^2}{a_{\mathrm{Erde}}^4} = A_{\mathrm{Eris}}\, \frac{R_{\mathrm{Eris}}^2}{a_{\mathrm{Eris}}^4}\,. \tag{8.91}$$

Daraus folgt

$$a_{\mathrm{Erde}} = a_{\mathrm{Eris}} \sqrt[4]{\frac{A_{\mathrm{Erde}}}{A_{\mathrm{Eris}}} \left(\frac{R_{\mathrm{Erde}}}{R_{\mathrm{Eris}}}\right)^2} = 128\,\mathrm{AE}\,. \tag{8.92}$$

Die Frage, ob ein Erdzwilling noch innerhalb der gestreuten Population, deren Ausdehnung zu $r_{\mathrm{E}} = 500\,\mathrm{AE}$ angenommen wurde, auf Entdeckung harren könnte, kann demnach mit „Ja" beantwortet werden.

Lösung zu A 101 – Der Halleysche Komet

✅ **L 101.1**

Aus ◘ Abb. 4.21 liest man ab, dass $q + \varepsilon = a$ und $a^2 = b^2 + \varepsilon^2$. Dann wird über $e = \varepsilon/a$ zunächst $q + e\,a = a$ und letztlich

$$a = \frac{q}{1-e} = 17{,}95\,\mathrm{AE}\,. \tag{8.93}$$

Die kleine Halbachse ist dann

$$b = q\,\sqrt{\frac{1+e}{1-e}} = 4{,}554\,\mathrm{AE}\,. \tag{8.94}$$

Für die Apheldistanz folgt aus ◘ Abb. 4.21 $Q = a + \varepsilon$ und damit

$$Q = \frac{a}{1+e} = q\,\frac{1+e}{1-e} = 35{,}32\,\mathrm{AE}\,. \tag{8.95}$$

◘ Abb. 8.18 zeigt eine Darstellung der Kometenbahn, in welcher große und kleine Halbachse im gleichen Maßstab skaliert sind.

✅ **L 101.2**

a) Aus dem dritten Keplerschen Gesetz in der angegebenen Form folgt unmittelbar

$$P_{\mathrm{H}} = P_{\mathrm{E}} \left(\frac{a_{\mathrm{H}}}{a_{\mathrm{E}}}\right)^{3/2} = 76{,}1\,\mathrm{a}\,. \tag{8.96}$$

b) Mit diesem Wert erreicht der Halleysche Komet nach $P_{\mathrm{H}}/2$ Mitte bis Ende Februar 2024 sein nächstes Aphel. Der tatsächliche Zeitpunkt wird natürlich durch mehrere Faktoren beeinflusst: die Bahnstörungen durch die großen Planeten und nicht durch gravitative Kräfte.

✅ **L 101.3**

a) Aus dem Energieerhaltungssatz

$$\frac{m}{2}\,v_{\mathrm{A}}^2 - G\,\frac{M_\odot\,m}{Q} = \frac{m}{2}\,v_{\mathrm{P}}^2 - G\,\frac{M_\odot\,m}{q} \tag{8.97}$$

folgt unmittelbar

$$v_{\mathrm{A}}^2 - v_{\mathrm{P}}^2 = 2\,G\,M_\odot\left(Q^{-1} - q^{-1}\right)\,. \tag{8.98}$$

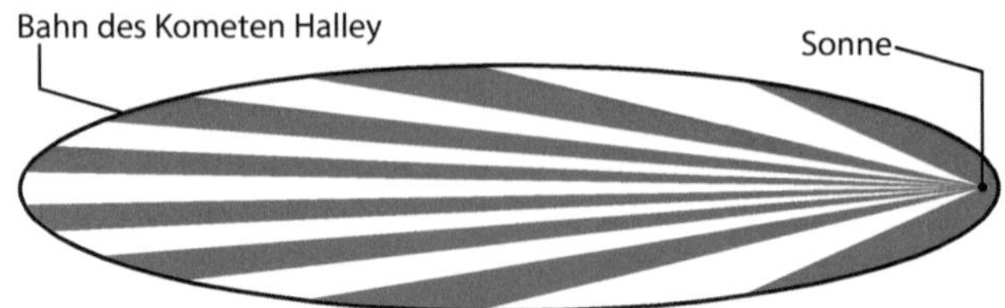

Abb. 8.18 Bahn des Halleyschen Kometen: Große und kleine Halbachse sind in gleichem Maßstab dargestellt. Für das Überstreichen der abwechselnd weißen und grauen Flächen benötigt der Komet $T_\mathrm{H}/14 = 5{,}5\,\mathrm{a}$, was gleichzeitig das zweite Keplersche Gesetz demonstriert.

Ersetzt man in diesem Ausdruck v_A mit Hilfe des Impulserhaltungssatzes und verwendet weiterhin die (8.93) und (8.95), erhält man für die Geschwindigkeit im Perihel

$$v_\mathrm{P} = \sqrt{\frac{G\,M_\odot}{a}}\,\sqrt{\frac{1+e}{1-e}}\,, \tag{8.99}$$

was bei Verwendung des dritten Keplerschen Gesetzes unter Vernachlässigung der Kometenmasse mit $\sqrt{G\,M_\odot\,a^{-1}} = 2\,\pi\,a\,P^{-1} = 7{,}03\,\mathrm{km/s}$ übergeht in

$$v_\mathrm{P} = \frac{2\,\pi\,a}{P}\,\sqrt{\frac{1+e}{1-e}} = 54{,}53\,\mathrm{km/s}\,. \tag{8.100}$$

Die Aphelgeschwindigkeit ergibt sich durch erneutes Verwenden des Drehimpulserhaltungssatzes – der vektoriell dem zweiten Keplerschen Gesetz entspricht – zu

$$v_\mathrm{A} = \frac{2\,\pi\,a}{P}\,\sqrt{\frac{1-e}{1+e}} = 0{,}91\,\mathrm{km/s}\,. \tag{8.101}$$

b) Der Energieerhaltungssatz $(E_\mathrm{kin} + E_\mathrm{pot})_\mathrm{r} = (E_\mathrm{kin} + E_\mathrm{pot})_\mathrm{P}$ führt analog zu a) auf

$$v_\mathrm{r}^2 = v_\mathrm{P}^2 + 2\,G\,M_\odot\,\left(r^{-1} - q^{-1}\right) \tag{8.102}$$

und mit (8.100) zu

$$v_\mathrm{r}^2 = \left(\frac{2\,\pi\,a}{P}\right)^2 \frac{1+e}{1-e} + \frac{G\,M_\odot}{a}\left(\frac{2\,a}{r} - \frac{2\,a}{q}\right)\,. \tag{8.103}$$

Klammert man $\left(2\,\pi\,a\,P^{-1}\right)^2$ aus, folgt nach Radizieren

$$v_\mathrm{r} = \frac{2\,\pi\,a}{P}\,\sqrt{\frac{2\,a}{r} - 1}\,. \tag{8.104}$$

Dies ist die gesuchte Geschwindigkeit im Abstand r (testen Sie $r = Q$).

c) Ist die Sonnendistanz r in (8.104) gerade gleich der großen Bahnhalbachse, dann besitzt der Körper eine Geschwindigkeit, die genau gleich der ungestörten Kreisbahngeschwindigkeit mit Radius a ist: Der Wurzelausdruck in (8.104) wird eins.

✓ L 101.4

Für den Vergleich muss zunächst die absolute Helligkeit des Mondes $m_M(1,0)$ berechnet werden. Laut dem Hinweis in der Aufgabenstellung gilt

$$m_M(1,0) - m_M = -2{,}5\,\text{mag} \cdot \lg\left(\frac{\text{AE}^{-2}}{r_M^{-2}}\right),\tag{8.105}$$

also $m_M(1,0) = 0{,}22\,\text{mag}$. Damit lässt sich nun der Vergleich zum Kometen Halley ziehen:

$$m_H(1,0) - m_M(1,0) = -2{,}5\,\text{mag} \cdot \lg\left(\frac{A_H\,R_H^2}{A_M\,R_M^2}\right).\tag{8.106}$$

Nach R_H aufgelöst, findet man

$$R_H = R_M\,\sqrt{\frac{A_M}{A_H}}\,\text{dex}\left[-\frac{1}{5\,\text{mag}}\,(m_H(1,0) - m_M(1,0))\right],\tag{8.107}$$

mit $\text{dex}\,\alpha = 10^\alpha$. Damit ist der Durchmesser $D_H = 2\,R_H$ des Halleyschen Kometen ziemlich genau vier Kilometer.

✓ L 101.5

Mit der gegebenen (4.19) erhält man im Aphel $r = Q$ bei Opposition $\Delta = Q - 1\,\text{AE}$ für die Helligkeit des Halleyschen Kometen $m_{H,A,O} = 29{,}5\,\text{mag}$.

✓ EL 101.6

Da die Beleuchtungsstärke durch die Sonne in der Entfernung r ebenso quadratisch abnimmt wie das zur Erde in der Distanz Δ reflektierte Licht, ist die Intensität proportional dem Produkt $(r\,\Delta)^{-2}$. Durch Einsetzen in (4.18) der Aufgabenstellung folgt

$$m(r,\Delta) - m_H(1,0) = -2{,}5\,\text{mag} \cdot \lg\left(\frac{r^{-2}\,\Delta^{-2}}{\text{AE}^{-4}}\right).\tag{8.108}$$

Mit Hilfe der Logarithmengesetze lässt sich $\lg\left(\frac{r^{-2}\,\Delta^{-2}}{\text{AE}^{-4}}\right)$ über $\lg\left(\frac{r\Delta}{\text{AE}^2}\right)^{-2}$ umformen zu

$$-2\left[\lg\left(\frac{r}{\text{AE}}\right) + \lg\left(\frac{\Delta}{\text{AE}}\right)\right],\tag{8.109}$$

was nach Ausmultiplizieren genau der gesuchten Formel entspricht.

✓ L 101.7

Der Winkeldurchmesser des Kometenkerns in Sonnenferne bei Opposition beträgt

$$\alpha_{H,A,O} = \arctan\left(\frac{2\,R_H}{Q - 1}\right) = 0{,}16\,\text{mas}\tag{8.110}$$

und liegt demnach fast um einen Faktor 100 unter dem Auflösungsvermögen des Weltraumteleskops.

Lösung zu A 102 – Halleys Gasschweif

 **L 102.1**

Das mittlere Atomgewicht der angegebenen Moleküle in ◘ Tab. 4.3 ist

$$\bar{u} = \frac{\sum_i p_i\, m_i}{p_i}\,. \tag{8.111}$$

Dabei muss man beachten, dass im Falle der Verbindungen CO und H_2CO die gegebene Häufigkeit für die Summe der beiden Verbindungen und nicht für jedes Molekül einzeln gilt. Mit den gegebenen Werten folgt $\bar{u} = 20\,\mathrm{u} = 3{,}32 \cdot 10^{-26}\,\mathrm{kg}$.

L 102.2

Durch die Kugeloberfläche mit Radius r strömt in der Zeit Δt die Menge $m = 4\,\pi\,r^2\,\rho\,v\,\Delta t$. Die Massenverlustrate ist dann mit $v = 800\,\mathrm{m/s}$

$$\dot{m} = 4\pi\,r^2\,\rho\,v\,. \tag{8.112}$$

Mit $\rho = n \cdot \bar{u}$ folgt $\dot{m} = 1{,}5 \cdot 10^4\,\mathrm{kg/s} = 15\,\mathrm{t/s}$. Durch abströmendes Gas verliert der Kern des Halleyschen Kometen demnach in jeder Sekunde eine Masse von 15 Tonnen.

L 102.3

a) Die Länge L des Schweifes wächst in der Zeit Δt auf

$$L = -\frac{1}{2}\,a\,\Delta t^2 + v_0\,\Delta t = 60 \cdot 10^6\,\mathrm{km}\,. \tag{8.113}$$

Unter Vernachlässigung des zweiten Terms ergibt sich für das kinematische Alter τ des Gasschweifs

$$\tau = \sqrt{\frac{2\,L}{a}} = 5{,}94 \cdot 10^5\,\mathrm{s} = 6{,}9\,\mathrm{d} \approx 1\,\mathrm{Woche}\,. \tag{8.114}$$

b) Die Gasmasse m_G des Schweifs ist damit

$$m_\mathrm{G} = \dot{m} \cdot \tau = 8{,}9 \cdot 10^9\,\mathrm{kg}\,. \tag{8.115}$$

L 102.4

Unter Berücksichtigung des Faktors 2, der den Staub mit erfassen soll, und des mittleren Halleydurchmessers, $\bar{R} = 5\,\mathrm{km}$, erhält man eine Halleymasse von

$$m_\mathrm{Halley} = \frac{4\,\pi}{3}\,\bar{\rho}\,\bar{R}^3 = 1{,}05 \cdot 10^{14}\,\mathrm{kg}\,. \tag{8.116}$$

Der Massenverlust pro Umlauf errechnet sich schließlich aus

$$\Delta m = 2\,\dot{m} \cdot 100\,\mathrm{d} = 2{,}59 \cdot 10^{11}\,\mathrm{kg}\,. \tag{8.117}$$

Der relative Massenverlust pro Umlauf ist dann $\Delta m / m_\mathrm{Halley} = 2{,}48 \cdot 10^{-3}$. Der Halleysche Komet verliert demnach bei jedem seiner Sonnenumläufe größenordnungsmäßig wenige Promille seiner Masse. Mit der berechneten Zahl ergibt sich eine Lebensdauer von nur noch etwa 400 Sonnenumläufen, ca. 30 400 Jahren entsprechend.

Lösung zu A 103 – Goldiger Komet Halley, Teil 1

✓ L 103.1

Ein triaxiales Ellipsoid mit den großen Halbachsen $a = 8\,\mathrm{km}$, $b = 4\,\mathrm{km}$ und $c = 3{,}75\,\mathrm{km}$ beansprucht das Volumen

$$V = \frac{4\,\pi}{3}\,a\,b\,c = 503\,\mathrm{km}^3\,. \tag{8.118}$$

Mit der mittleren Dichte $\bar{\rho} = 0{,}3\,\mathrm{g\,cm^{-3}}$ erhält man für Halleys Masse

$$M_\mathrm{H} = \bar{\rho}\,V = 1{,}5\cdot 10^{14}\,\mathrm{kg}\,. \tag{8.119}$$

Die Masse des zu betrachtenden Schmutzes ist dann $M_\mathrm{S} = 0{,}2\cdot M_\mathrm{H} = 3\cdot 10^{13}\,\mathrm{kg}$.

✓ L 103.2

Die relativen Massenanteile a_i sind gegeben durch

$$a_i = \frac{m_i\,h_i}{\sum_i m_i\,h_i}\,, \tag{8.120}$$

mit m_i den Atomgewichten und h_i den primordialen Häufigkeiten. Hierbei reicht es aus, die in ❏ Tab. 4.4 aufgelisteten Elemente zu betrachten, da der Beitrag der übrigen auf Grund einer verschwindend geringen Häufigkeit ebenfalls minimal ist. Vernachlässigt man weiterhin, wie in der Aufgabenstellung angegeben, das Element Wasserstoff und alle Edelgase, folgen für die gesuchten Edelmetalle die Werte $a_\mathrm{Ag} = 1{,}03\cdot 10^{-7}$, $a_\mathrm{Pt} = 5{,}30\cdot 10^{-7}$ und $a_\mathrm{Au} = 7{,}15\cdot 10^{-8}$.

✓ L 103.3

Die Massenanteile der drei Edelmetalle am Schmutz des Kometenkerns folgen aus $M_i = a_i\,M_\mathrm{S}$ zu $M_\mathrm{Ag} \approx 3000\,\mathrm{t}$, $M_\mathrm{Pt} \approx 16\,000\,\mathrm{t}$ und $M_\mathrm{Au} \approx 2000\,\mathrm{t}$. Die Goldmenge entspricht demnach etwas mehr als eineinhalb Weltjahresproduktionen von 1979.

✓ L 103.4

Die Berechnung der drei Edelmetallwerte W_i im Schmutz des Halleyschen Kometen für die Notierungen vom 1.12.1986 ergibt mit den Preisen $p_\mathrm{Ag} = 372\,\mathrm{DM/kg}$, $p_\mathrm{Pt} = 32\,563\,\mathrm{DM/kg}$ und $p_\mathrm{Au} = 27\,004\,\mathrm{DM/kg}$: $W_\mathrm{Ag} = 1{,}1\cdot 10^9\,\mathrm{DM}$, $W_\mathrm{Pt} = 520\cdot 10^9\,\mathrm{DM}$ und $W_\mathrm{Au} = 54\cdot 10^9\,\mathrm{DM}$, zusammen also den stattlichen Betrag von etwa 600 Milliarden DM, was etwa zwei bis drei Bruttosozialprodukte der BRD und etwa einem halben der USA entspricht (1980er-Jahre).

Lösung zu A 104 – Goldiger Komet Halley, Teil 2

✓ L 104.1

Die vom Shuttle aufgebrachte Energie ΔE_S summiert sich aus den Differenzen der potenziellen und kinetischen Beträge

$$\Delta E_\mathrm{S} = \Delta E_\mathrm{kin} + \Delta E_\mathrm{pot} = \frac{1}{2}\,m\,\left(v_\mathrm{O}^2 - v_\mathrm{\ddot{A}}^2\right) - G\,m\,M_\mathrm{E}\left(\frac{1}{r_\mathrm{O}} - \frac{1}{r_\mathrm{\ddot{A}}}\right)\,. \tag{8.121}$$

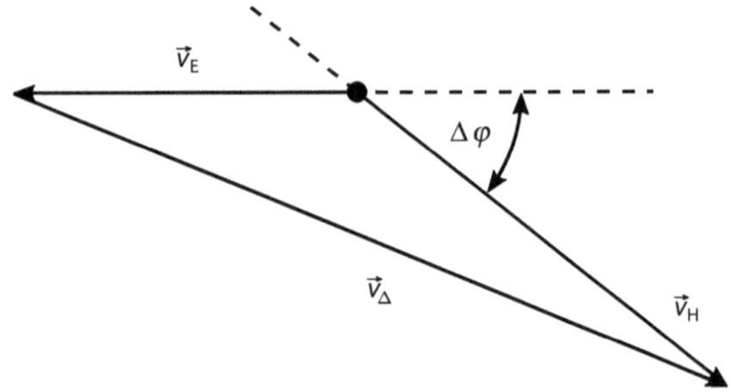

☐ **Abb. 8.19** Geschwindigkeiten der beteiligten Körper.

Mit der Nutzlastmasse $m = 30\,\mathrm{t} = 3 \cdot 10^4\,\mathrm{kg}$, der Orbitalgeschwindigkeit $v_\mathrm{O} = \sqrt{G\,M_\mathrm{E}\,r_\mathrm{O}^{-1}} = 7{,}7814\,\mathrm{km\,s^{-1}}$, der Erdmasse $M_\mathrm{E} = 5{,}97 \cdot 10^{24}\,\mathrm{kg}$, $r_\mathrm{O} = r_{\ddot{\mathrm{A}}} + 200\,\mathrm{km}$, dem Äquatorradius $r_{\ddot{\mathrm{A}}} = 6378\,\mathrm{km}$, der Äquatorgeschwindigkeit $v_{\ddot{\mathrm{A}}} = 2\,\pi\,r_{\ddot{\mathrm{A}}}/P = 465{,}1\,\mathrm{m\,s^{-1}}$ und der Tageslänge $P = 86\,164\,\mathrm{s}$ ergibt sich $\Delta E_\mathrm{S} = 9{,}05 \cdot 10^{11}\,\mathrm{J} + 5{,}70 \cdot 10^{10}\,\mathrm{J} = 9{,}62 \cdot 10^{11}\,\mathrm{J}$.

✅ **L 104.2**

Da die Gesamtenergie im konservativen Kraftfeld eine Erhaltungsgröße ist, gilt

$$\frac{m_\mathrm{H}}{2}\,v_\mathrm{P}^2 - \frac{G\,M_\odot\,m_\mathrm{H}}{r_\mathrm{P}} = \frac{m_\mathrm{H}}{2}\,v^2 - \frac{G\,M_\odot\,m_\mathrm{H}}{r}\,. \tag{8.122}$$

Zusammen mit dem in Aufgabe 104.2 gegebenen Ausdruck für die Perihelgeschwindigkeit und $r_\mathrm{P} = (1 - e)\,a$ folgt nach kurzer Umformung

$$v^2 = G\,M_\odot \left(\frac{2}{r} - \frac{1}{a}\right), \tag{8.123}$$

was für $r = 1\,\mathrm{AE}$ übergeht in

$$v = 29{,}78\,\mathrm{km\,s^{-1}} \sqrt{2 - \frac{1\,\mathrm{AE}}{a}} = 41{,}52\,\mathrm{km\,s^{-1}}\,. \tag{8.124}$$

✅ **L 104.3**

Da die Bahnneigung des Halleyschen Kometen mit $i = 162°$ zwischen $90°$ und $180°$ liegt, ist sein Umlaufsinn retrograd, er bewegt sich also entgegengesetzt zur Erde um die Sonne. Aus den ☐ Abb. 8.19 und ☐ Abb. 8.20 ersieht man

$$v_\Delta^2 = v_\mathrm{E}^2 + v_\mathrm{H}^2 + 2\,v_\mathrm{E}\,v_\mathrm{H}\cos\Delta\varphi\,. \tag{8.125}$$

Zusammen mit der Kreisbahngeschwindigkeit der Erde $v_\mathrm{E} = \frac{2\,\pi\,a_\mathrm{E}}{P_\mathrm{E}} = 29{,}7\,\mathrm{km\,s^{-1}}$ folgt für die Geschwindigkeitsänderung $v_\Delta = 67{,}2\,\mathrm{km\,s^{-1}}$.

✅ **EL 104.4**

Die Polargleichung des Zwei-Körper-Problems lautet $r = p/(1 + e\cos\vartheta)$ mit $p = a\,(1 - e^2)$. Daraus findet man die wahre Anomalie zu

$$\vartheta = \arccos\left\{\frac{1}{e}\left[\frac{a}{r}\,(1 - e^2) - 1\right]\right\}\,. \tag{8.126}$$

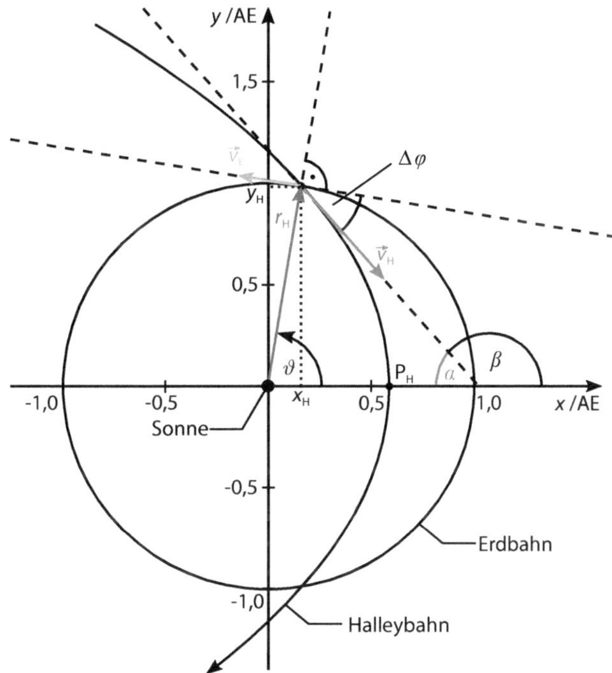

Dies wird mit $a = 17{,}954\,\text{AE}$ und $e = 0{,}9673$ für $r_H = 1\,\text{AE}$ zu $\vartheta = 80{,}78°$. Wie **Abb.** 8.20 zeigt, gilt für den gesuchten Winkel $\Delta\varphi$

$$\Delta\varphi = \alpha - (90° - \vartheta)\,, \tag{8.127}$$

wobei der Winkel α die Steigung der Tangente an die Ellipse charakterisiert. Es gilt allgemein für Ellipsen mit dem Mittelpunkt $M(x_M, 0)$ die Tangentengleichung für den Punkt $P(x_H, y_H)$

$$\frac{(x_H - x_M)\,(x - x_M)}{a^2} + \frac{y_H\, y}{b^2} = 1\,. \tag{8.128}$$

Stellt man diese Gleichung nach y um und setzt $x_M = -a\,e$, $x_H = r\cos\vartheta$ und $y_H = r\sin\vartheta$, dann kann durch Koeffizientenvergleich mit $y = m\,x + n$ der Anstieg m der Tangente zu

$$m = -\left(\frac{\cos\vartheta + e}{\sin\vartheta}\right) \tag{8.129}$$

bestimmt werden. Weiterhin gilt $m = \tan\beta = -\tan\alpha$ und damit für den gesuchten Winkel

$$\alpha = \arctan\left(\frac{\cos\vartheta + e}{\sin\vartheta}\right) = 48{,}80°\,. \tag{8.130}$$

Der Winkel, unter dem sich die beiden Bahnen schneiden, ist dann, wie in der Aufgabe 104.3 angegeben,

$$\Delta\varphi = \alpha + \vartheta - 90° = 39{,}6°\,. \tag{8.131}$$

✓ L 104.5

a) Die benötigte Abbrems- bzw. Beschleunigungsenergie ist

$$\Delta E_{\mathrm{EM}} = \frac{1}{2}\, M_{\mathrm{EM}}\, v_\Delta^2 \approx 5 \cdot 10^{16}\,\mathrm{J}\,, \tag{8.132}$$

mit der Masse der Edelmetalle $M_{\mathrm{EM}} = \sum_i M_i \approx 2{,}1 \cdot 10^7\,\mathrm{kg}$. Die Zahl der Shuttle-Flüge liegt demnach bei rund 52 000.

b) 52 000 Shuttle-Flüge entsprechen einem Kostenaufwand von 5,2 Billionen DM, was den Wert der Edelmetalle, gegen Ende der 1980er-Jahre, um einen satten Faktor 8 überschreitet. Das Projekt hätte sich aus wirtschaftlicher Sicht natürlich überhaupt nicht gelohnt.

Lösung zu A 105 – Machos und Socos, Teil 1

✓ L 105.1

a) Mit den in der Aufgabenstellung angegebenen Werten erhält man für unsere Sonne den Ablenkungswinkel $\hat{\alpha}_\odot = 8{,}47 \cdot 10^{-6} = 1{,}75''$, einen Wert, der Einstein berühmt machte. Schließlich manifestierte sich darin der erste Beweis für eine der Folgerungen aus der Allgemeinen Relativitätstheorie.

b) Die von der für das GL-Ereignis der Macho-Gruppe verantwortliche Masse verursachte maximale Ablenkung am Sternrand ist $\hat{\alpha}_{\mathrm{M}} = 5{,}08 \cdot 10^{-6} = 1{,}05''$, ein mit der Sonne vergleichbarer Wert.

c) Mit der Masse $M_{\mathrm{Soco}} = 4/3\,\pi\,\rho\,R_{\mathrm{Soco}}^3 = 4{,}19 \cdot 10^{15}\,\mathrm{kg}$ ergibt sich für den Soco der Ablenkungswinkel $\hat{\alpha}_{\mathrm{Soco}} = 1{,}24 \cdot 10^{-15} = 2{,}56 \cdot 10^{-10\,\prime\prime}$. Einen solch kleinen Winkel kann man bis auf weiteres nicht messen. Für den Nachweis wichtiger ist jedoch die maximale Verstärkung, die in den Aufgaben 105.3 und 105.6 berechnet wird.

✓ L 105.2

Mit der Dauer des Macho-Ereignisses Δt, dem Einsteinradius R_0 und den gegebenen Entfernungen folgt

$$v_{\mathrm{M}} = \frac{R_0'}{\Delta t} = \frac{R_0\, D_{\mathrm{d}}}{\Delta t} = \frac{\sqrt{\frac{4\,G\,M}{c^2}\,\frac{D_{\mathrm{ds}}\,D_{\mathrm{d}}}{D_{\mathrm{s}}}}}{\Delta t} = 288\,\mathrm{km/s}\,. \tag{8.133}$$

✓ L 105.3

Durch geeignete Umformung ergibt sich aus der Gleichung für die Verstärkung

$$u^2 = -2 \pm \frac{2\,A}{\sqrt{A^2 - 1}}\,. \tag{8.134}$$

Setzt man $A = 1{,}34$ ein, bleibt als einzig sinnvolle Lösung $u = 1$. Daraus ergibt sich $\beta = R_0$, d. h. der Stern tangiert gerade den Einsteinradius.

✓ L 105.4

Wegen $\beta = u\,R_0$ gilt für $\beta \to 0$ auch $u \to 0$. Somit lässt sich schreiben

$$\lim_{u \to 0} A(u) = \lim_{u \to 0} \frac{u^2 + 2}{u\,\sqrt{u^2 + 4}} = \lim_{u \to 0} \frac{1}{u} = \pm\infty\,. \tag{8.135}$$

Die Funktion $A(u)$ hat an der Stelle $\beta = u = 0$ einen Pol mit Vorzeichenwechsel von Minus nach Plus. Die physikalisch unsinnige Verstärkung rührt her aus der Annahme eines punktförmigen Sterns.

✅ L 105.5

a) Das Entfernungsmodul der Großen Magellanschen Wolke ist $\Delta m = 5\,\text{mag} \cdot \lg(D_{\text{GMW}}/10\,\text{pc}) = 18{,}6\,\text{mag}$.

b) Die absolute Helligkeit des Sterns ist $M_{\text{V}} = m_{\text{V}} - \Delta m \approx 1\,\text{mag}$.

c) Die Leuchtkraft des Sterns ergibt sich zu $L/L_{\odot} = \text{dex}\,\frac{M_{\odot,\text{V}} - M_{\text{V}}}{2{,}5\,\text{mag}} \approx 33$.

d) Ein Vergleich der Leuchtkraft des Sterns mit ◼ Tab. 4.5 verrät, dass der gelenste Stern in der GMW etwa von Typ A0 ist, eine Masse von ca. $3{,}2\,M_{\odot}$ besitzt und um die $2{,}6\,R_{\odot}$ misst.

✅ L 105.6

Aus $u = \beta/R_0$ folgt mit (8.141), $\beta = \rho_* = R_*/D_{\text{s}}$ und (4.25) für die maximale Verstärkung

$$A_{\max} = \sqrt{1 + \frac{16\,G\,M\,D_{\text{ds}}\,D_{\text{s}}}{c^2\,D_{\text{d}}\,R_*^2}}.$$ (8.136)

Nach Einsetzen sämtlicher Werte in (8.136) folgt

a) für den Macho die maximale Verstärkung $A_{\max} \approx 2460$, einer Helligkeitssteigerung $\Delta m = 8{,}48\,\text{mag}$ entsprechend, und

b) für den Soco $A_{\max} \approx 1{,}003$, $\Delta m < 3 \cdot 10^{-3}\,\text{mag}$ entsprechend.

c) Aus den Ergebnissen a) und b) kann man folgern, dass ein Macho mit Hilfe des Gravitationslinseneffekts sehr wohl nachzuweisen ist. Ein Soco hingegen wird selbst im günstigsten Fall – alle Körper auf einer Linie – keine nachweisbare Helligkeitssteigerung verursachen.

✅ EL 105.7

a) Berechnet man die Länge des beschriebenen Stücks, folgt

$$D_{\text{s}} \tan\beta = D_{\text{s}} \tan\theta - D_{\text{ds}} \tan\hat{\alpha}$$ (8.137)

bzw.

$$\beta = \theta - \hat{\alpha}\,\frac{D_{\text{ds}}}{D_{\text{s}}}.$$ (8.138)

Durch Einsetzen des Ablenkungswinkels $\hat{\alpha}$, Multiplikation mit $\xi = D_{\text{d}} \tan\theta \approx D_{\text{d}}\,\theta$ und Umstellen ergibt sich

$$\theta^2 - \beta\,\theta - 2\,R_{\text{s}}\,\frac{D_{\text{ds}}}{D_{\text{d}}\,D_{\text{s}}} = 0$$ (8.139)

bzw. die gesuchte Linsengleichung

$$\theta^2 - \beta\,\theta - R_0^2 = 0$$ (8.140)

mit dem Quadrat des so genannten Einsteinradius R_0

$$R_0^2 = 2\,R_{\text{S}}\,D = 2\,R_{\text{S}}\,\frac{D_{\text{ds}}}{D_{\text{d}}\,D_{\text{s}}}.$$ (8.141)

■ **Abb. 8.21** Der gelenste Stern bewegt sich relativ zur Gravitationslinse in der Zeit t um die Strecke $t \cdot v_{\text{trans}}$ weiter.

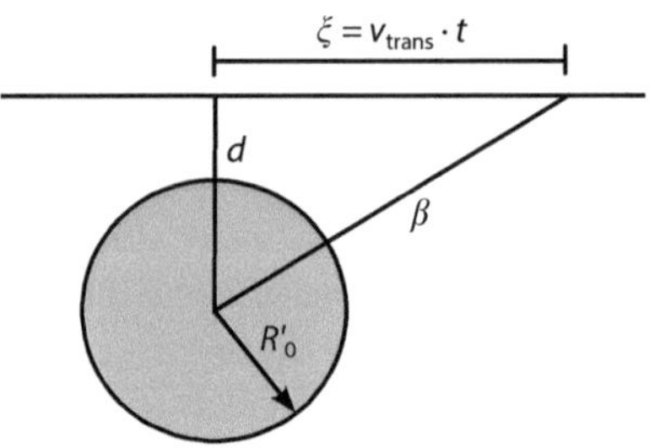

Dieser dient als Maß für den Radius der GL. Ist der Impaktparameter deutlich größer als der Einsteinradius, hat die GL keine Wirkung auf die passierenden Lichtstrahlen. Andererseits beschreibt R_0 den Radius des Rings, der auftritt, wenn Beobachter, GL und Stern perfekt in einer Linie stehen.

b) Winkel u, für die der Fehler kleiner als 1 ‰ bleibt, wenn also $\tan u - u < 0{,}001\, u$ gelten soll, dürfen nicht größer sein als $u = 0{,}54739 \,\hat{=}\, 3{,}1363°$. Dieses Ergebnis erhält man z. B., wenn man die beiden Funktionen $f(u) = \tan u - u$ und $g(u) = 0{,}001\, u$ grafisch darstellt und den Schnittpunkt bestimmt. Der Wert ist letztlich um drei Größenordnungen oberhalb der betrachteten Ablenkungswinkel. Die Näherungen sind demnach tatsächlich ohne nachteilige Bedeutung.

✅ EL 105.8

Aus der Linsengleichung (8.140) folgen für θ die beiden Lösungen

$$\theta_{+/-} = \frac{\beta}{2} \pm \sqrt{\frac{\beta^2}{4} + R_0^2}\,. \tag{8.142}$$

Zusammen mit der Substitution $u = \beta / R_0$ erhält man

$$\theta_{+/-} = \frac{R_0}{2}\,(u \pm w)\,, \tag{8.143}$$

wobei $w = \sqrt{u^2 + 4}$ ist. Mit

$$\frac{\mathrm{d}\theta_{+/-}}{\mathrm{d}\beta} = \frac{\mathrm{d}\theta_{+/-}}{\mathrm{d}u}\,\frac{\mathrm{d}u}{\mathrm{d}\beta} = \frac{1}{R_0}\,\frac{\mathrm{d}\theta_{+/-}}{\mathrm{d}u} \tag{8.144}$$

folgt für die Verstärkung

$$A_{+/-} = \left| \frac{1}{4u}\,(u \pm w)\,(1 \pm u/w) \right|\,. \tag{8.145}$$

Weil $|a \cdot b| = |a| \cdot |b|$ und $u - w < 0$ gilt, folgt nach Addition von A_+ und A_- die Gleichung

$$A = \frac{u^2 + 2}{u\,\sqrt{u^2 + 4}}\,. \tag{8.146}$$

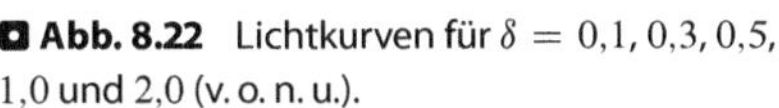

Abb. 8.22 Lichtkurven für $\delta = 0,1, 0,3, 0,5,$
$1,0$ und $2,0$ (v. o. n. u.).

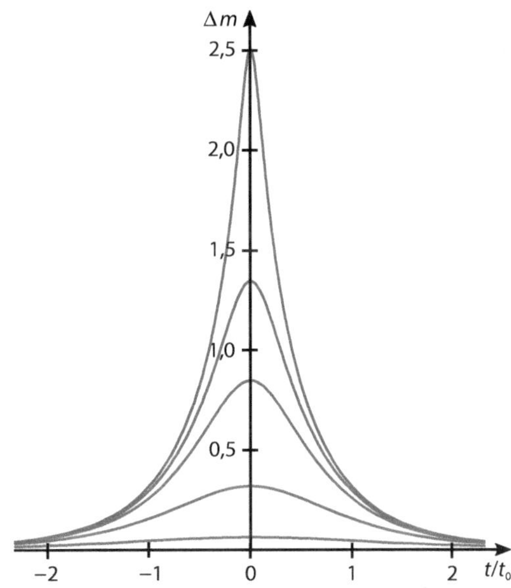

EL 105.9

Aus ◘ Abb. 8.21 liest man die Beziehung $\beta = \sqrt{d^2 + \xi^2}$ ab. Mit $\xi = v_{\text{trans}} \cdot t$, $t_0 = R_0'/v_{\text{trans}}$ und $\delta = d/R_0'$ folgt daraus

$$u = \frac{\beta}{R_0'} = \sqrt{\delta^2 + \left(\frac{t}{t_0}\right)^2}. \tag{8.147}$$

Setzt man dies in (4.24) für die Verstärkung ein und verwendet weiterhin $\Delta m = 2,5\,\text{mag} \cdot \lg A$, folgen in Abhängigkeit von δ die in ◘ Abb. 8.22 gezeigten Lichtkurven.

EL 105.10

Die maximale Verstärkung ergibt sich bei gleicher Flächenhelligkeit von gelenstem Sternscheibchen und entartetem Ringbild. Mit $A_{\max} = F_\odot/F_*$, $F_* = \pi\,\rho_*^2$, $\rho_* = \beta$ und der Ringfläche $F_\odot = \pi\left(\theta_+^2 - \theta_-^2\right)$ (vgl. ◘ Abb. 4.25) folgt nach Einsetzen der Ergebnisse aus (8.143)

$$A_{\max} = \sqrt{1 + 4/u^2}. \tag{8.148}$$

Man erkennt, dass $A_{\max}$ nur noch von u abhängt.

Lösung zu A 106 – Machos und Socos, Teil 2

 **L 106.1**

a) Der Durchmesser δ_* des Sterns ergibt sich zu

$$\delta_* = \arctan\left(\frac{2\,R_*}{D_*}\right) \approx 1{,}76 \cdot 10^{-7\,\prime\prime} = 0{,}176\,\mu^{\prime\prime}. \tag{8.149}$$

b) Der Durchmesser δ_{Soco} des Socos folgt gleichermaßen zu $\delta_{\text{Soco}} \approx 5{,}19 \cdot 10^{-7\,\prime\prime} = 0{,}519\,\mu^{\prime\prime}$.

c) Das gesuchte Verhältnis der scheinbaren Durchmesser von Soco und Stern in der GMW ist dann $\zeta = \delta_{\text{Soco}}/\delta_* = 2{,}95$.

d) Eine geometrische Bedeckung des Sterns durch den Soco ist demnach möglich.

L 106.2

a) Die Umlaufdauer des Socos folgt mit Hilfe des dritten Keplerschen Gesetzes zu $P_{\text{Soco}} = 12{,}2 \cdot 10^6$ a.

b) Die Bahngeschwindigkeit beträgt $v_{\text{Soco}} = 2\,\pi\,D_{\text{Soco}}/P_{\text{Soco}} = 0{,}13$ km/s.

c) Die Bedeckungsdauer Δt, also die Zeit, in der der Soco den Winkel $\delta_{\text{Soco}} + \delta_*$ überstreicht, ist mit den Ergebnissen der Aufgabenteile 106.1 a), b) und c) sowie $\mu = v_{\text{Soco}}/D_{\text{Soco}}$ gleich

$$\Delta t = \frac{2\,R_{\text{Soco}}\left(1 + \zeta^{-1}\right)}{v_{\text{Soco}}} = 206 \text{ s}. \tag{8.150}$$

Die Bedeckungszeit, gemessen vom ersten bis zum vierten Kontakt, ist nur knapp dreieinhalb Minuten lang.

L 106.3

a) Die vor der Großen Magellan'schen Wolke befindliche Zahl N_{GMW} an Socos ist

$$N_{\text{GMW}} = N_{\text{Soco}}\,\frac{\sigma_{\text{GMW}}}{\sigma_{\text{Himmel}}}, \tag{8.151}$$

mit $\sigma_{\text{Himmel}} = 41\,252{,}96\,(°)^2 = (360°)^2/\pi \cong 4\,\pi^2/\pi = 4\,\pi$ folgt $N_{\text{GMW}} = 8{,}73 \cdot 10^9$. Somit befinden sich unter den gemachten Voraussetzungen jederzeit etwa neun Milliarden Socos vor der GMW.

b) Mit den angegebenen Beziehungen und der scheinbaren Geschwindigkeit $\mu = 10{,}6^{\prime\prime}/100$ a des Socos am Himmel wird die mittlere Zeit zwischen zwei Bedeckungen für einen Soco vor der Magellan'schen Wolke $\tau = (\rho\,\sigma\,\mu)^{-1} \approx (\rho\,\delta_{\text{Soco}}\,\mu)^{-1} = 235 \cdot 10^6$ a. Berechnet man jedoch die Zeit $\tau' = \tau/N_{\text{NGW}}$ zwischen zwei beliebigen Bedeckungsereignissen vor der GMW, so folgt als vergleichsweise kleine Zahl $\tau' = 9{,}8$ d.

Beobachtet man demnach alle Sterne der GMW bis zu der Helligkeit, die gerade die Dichte ρ produziert (etwa 21 mag), so könnte man in einem Monat etwa drei Bedeckungen erwarten. Realistischerweise lassen sich mit modernen CCD-Dektoren nur Felder von der Größenordnung $1\,(°)^2$ abbilden. Allein diese Anpassung an realistische Verhältnisse verlängert die charakteristische Zeit τ' auf ein Jahr.

Ob man Socos mit Hilfe von Sternbedeckungen auffinden kann, wird sich allerdings erst am Ende von Aufgabe 107 zeigen.

```
Damit wäre dieses Schatten nicht nachweisbar, denn er ist dann
nur ein Schatten seiner selbst.
```

 **Abb. 8.23** Wertung des Ergebnisses aus den Einsendungen der originalen Lösungen von 1994.

Lösung zu A 107 – Machos und Socos, Teil 3

L 107.1

Setzt man die Angaben aus der Aufgabenstellung in (4.27) ein, ergibt sich der Radius des Schattenscheibchens zu $r'_{\text{Schatten}} = r'_{\text{Airy}} = 242{,}4\,\text{km}$.

Somit wird der 20 km durchmessende geometrische Schatten des Socos durch das Beugungsphänomen auf etwa 485 km Durchmesser verschmiert.

L 107.2

(4.28), die Berechnung der charakteristischen Länge F, vereinfacht sich wegen $D' \ll D$ zu $F \approx \sqrt{\lambda/2 \cdot D'}$. Der Poisson-Fleck hat demnach die Größe $\Delta r' \approx \sqrt{\lambda \cdot D'}/4 = 15{,}8\,\text{km}$.

Daraus folgt der Durchmesser des Poisson-Flecks zu knapp 32 km – er ist demnach selbst größer als der geometrische Schatten.

EL 107.3

Durch die Beugung wird Licht in den geometrischen Schattenbereich gelenkt; dort ist es also nicht völlig dunkel. Im Gegenteil: Da der Schatten auf eine derart große Fläche verschmiert wird, ist die Intensität des Lichtes selbst im Maximum des Schattens, also im Zentrum der Beugungsfigur, fast ebenso hoch wie ohne das Hindernis Soco.

Die Intensität im Zentrum der Beugungsfigur lässt sich folgendermaßen grob abschätzen: Nähert man die Intensitätsverteilung im Airy-Scheibchen, das ja 84 % der Gesamtlichtmenge enthält, durch einen Kegel an, so ergibt sich

$$0{,}84\,\pi\,(r'_0)^2\,I_0 = \frac{1}{3}\,\pi\,(r'_{\text{Airy}})^2\,I_{\text{Schatten}}\,, \tag{8.152}$$

wobei $r'_0 = \tilde{r}_0$ den Radius des geometrischen Schattens bezeichnet (gestrichene Größen liegen in der Empfängerebene), I_0 die Intensität des einfallenden Lichtes ohne jede Abschattung und I_{Schatten} den gesuchten Intensitätswert, um den das Sternenlicht im Schattenmittelpunkt abgeschwächt wird. Man findet $I_{\text{Schatten}} = 0{,}0048\,I_0$.

Die Helligkeit hinter dem Hindernis, dem Soco, kann demnach höchstens um etwa 5 ‰ geringer sein, als ohne Hindernis zu erwarten wäre. Unter Berücksichtigung des Poisson-Flecks und der Non-Monochromasie ergibt sich ein noch geringerer Wert. Ein Soco lässt sich demnach weder mit Hilfe des Gravitationslinseneffekts noch durch seine Eigenschaft als Schattenwerfer ausfindig machen (vgl. auch  Abb. 8.23), zumal die beiden untersuchten Effekte gegeneinander arbeiten und so den Gesamteffekt noch verringern.

Lösung zu A 108 – Socos und die 3-K-Reliktstrahlung

L 108.1

Ein kleiner Körper mit seiner Querschnittsfläche $F_Q = \pi\,R^2$ empfängt in der Entfernung D_1 von der Sonne von der Sphäre $F_S = 4\,\pi\,D_1^2$ den Anteil F_Q/F_S der gesamten

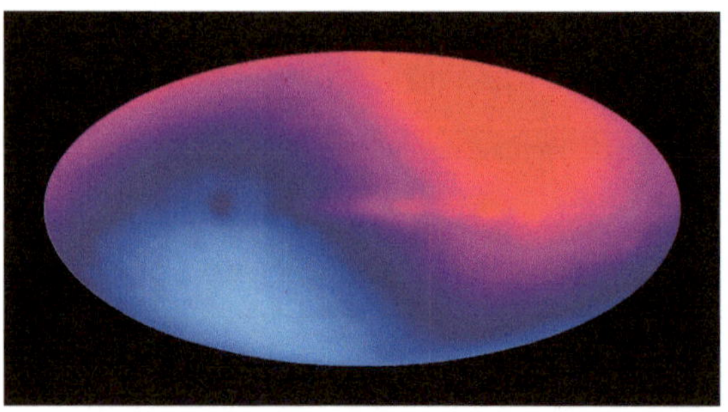

Sonnenstrahlung $L_\odot = 3{,}846 \cdot 10^{26}$ W und emittiert sie wieder über seine gesamte Oberfläche $F_O = 4\pi R^2$. Die absorbierte Leistung P_{abs} ist

$$P_{\text{abs}} = \frac{F_Q}{F_S} L_\odot = \frac{\pi R^2}{4\pi D_1^2} L_\odot \,. \tag{8.153}$$

Der Körper emittiert gemäß dem Stefan-Boltzmannschen Gesetz

$$P_{\text{em}} = 4\pi R^2 \sigma T^4 \,, \tag{8.154}$$

worin $\sigma = 5{,}67 \cdot 10^{-8}$ W m^{-2} K^{-4} die Stefan-Boltzmann-Konstante ist. Im Temperaturgleichgewicht gilt dann $P_{\text{abs}} = P_{\text{em}}$. Daraus folgt sofort

$$D_1 = \sqrt{\frac{L_\odot}{16\pi\sigma T^4}} \,. \tag{8.155}$$

Nach Einsetzen der Sonnenleuchtkraft und der Temperatur $T = 2{,}7$ K folgt $D_1 = 10\,600$ AE.

✅ L 108.2

Eine geschlossene dünne Wand befindet sich, wie schon im vorangegangenen Fall, im Temperaturgleichgewicht. Da sie über ihre gesamte Oberfläche $4\pi R^2$ sowohl nach innen als auch nach außen abstrahlt, gilt für sie jedoch

$$P_{\text{em}} = 2\pi R^2 \sigma T^4 \,. \tag{8.156}$$

Daraus ergibt sich als neue Distanz $D_2 = \sqrt{2}\, D_1 = 15\,000$ AE.

✅ L 108.3

Gegen die Theorie der Socos als Quelle der 3-K-Reliktstrahlung lassen sich neben den Ergebnissen der Aufgabe 108.1 und 108.2 weitere Argumente finden:

- Die kosmische Mikrowellen-Hintergrundstrahlung (MWH) zeigt eine Dipolanisotropie (vgl. ■ Abb. 8.24) von rund 0,1 %, was einer Relativgeschwindigkeit von etwa 600 km s^{-1} entspricht und die Bewegung des Milchstraßensystems relativ zur Hintergrundstrahlung in Richtung Virgo-Galaxienhaufen widerspiegelt. Diese Relativgeschwindigkeit dürfte bei den Socos nicht auftreten, weil sie gravitativ an die Sonne gebunden sind.

- Die MWH regt interstellares Zyan (CN) an, was zu einer Temperatur von 2,729 K führt (Songaila et al. 1994). Dies wäre mit einer Soco-Wolke nicht möglich, da sich das Zyan in größenordnungsmäßig 100 Lj Entfernung befindet.
- Ebenfalls in Songaila et al. 1994 findet man, dass in einer Wolke bei der Rotverschiebung $z = 1{,}776$ der neutrale Kohlenstoff angeregt wird, woraus eine Temperatur der MWH von rund 7,6 K zu jener Epoche gefolgert wird. Diese Beobachtung würde mit einer Soco-Wolke keinen Sinn machen.
- Das Spektrum der MWH ist mit sehr hoher Genauigkeit ein Schwarzkörperspektrum. Demgegenüber wird die Infrarot- und Mikrowellenemission eines Festkörpers Linien und Banden zeigen, also Abweichungen vom Schwarzkörperspektrum.

Lösung zu A 109 – Hyakutake als Strichspur

✅ L 109.1
Der Schnittpunkt der Senkrechten an die vollständig sichtbaren Sternstrichspuren liefert den nördlichen Himmelspol. Der Drehwinkel um den Himmelspol (Länge der Strichspur) von etwa 15° entspricht nach (1.45) einer Stunde Belichtungszeit.

✅ L 109.2
Aus der nun bekannten Position des Himmelspols und den angegebenen Koordinaten des Kometen folgt ein Maßstab von knapp 0,85°/mm. Ausmessen ergibt, dass sich Hyakutake während der Belichtungszeit um ca. $\Delta\delta = 0{,}44°$ in δ und etwa $\Delta\alpha = 0{,}9°$ in α, insgesamt demnach etwa um $\beta = \sqrt{\Delta\delta^2 + (\cos\delta\,\Delta\alpha)^2} = 0{,}47°$ bewegt hat.

✅ L 109.3
Mit Hilfe der ermittelten Werte findet man sofort die gesuchte Strecke zu $s = d \cdot \sin\beta \approx$ 163 000 km.

✅ L 109.4
a) Mit $v_\mathrm{t} = \frac{s}{t_\mathrm{exp}}$ ergibt sich die Raumgeschwindigkeit des Kometen zu $v_\mathrm{r} = \sqrt{\Delta v_\mathrm{t}^2 + \Delta v_\mathrm{rad}^2} \approx$ 57 km/s und ist damit um etwa 25 % zu groß, was aus der gegebenen Messungenauigkeit herrührt.

b) Der in der Belichtungszeit t_exp zurückgelegte Weg ist $s_\mathrm{r} = v_\mathrm{r} \cdot t_\mathrm{exp} = 205\,000$ km.

✅ EL 109.5
Die Aufnahme zeigt den Ort am Himmel, wo sich Cassiopeia, Cepheus und Giraffe treffen (vgl. ◼ Abb. 8.25).

Lösung zu A 110 – Zerreißprobe

✅ L 110.1
a) Aus (4.33) folgt durch einfaches Umformen für den maximalen Radius des Kometen, den Letzterer höchstens besitzen darf, um nicht auseinanderzubrechen,

$$R_{\mathrm{K,max}} = d \sqrt[3]{\frac{m}{2\,M}}, \qquad\qquad (8.157)$$

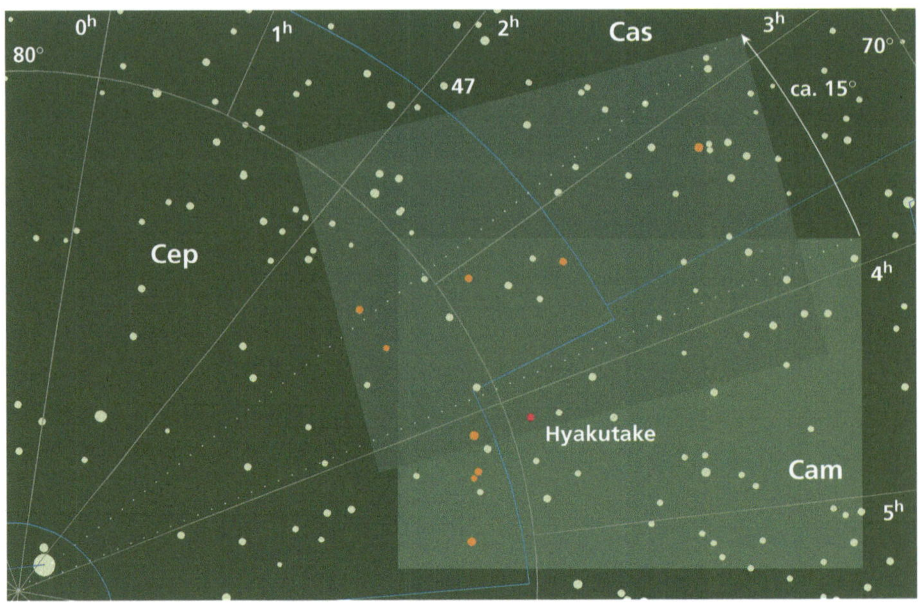

◘ Abb. 8.25 Karte zur Identifikation des in ◘ Abb. 4.29 gezeigten Ausschnittes. Die *orange* gekennzeichneten Sterne sind dort besonders deutlich zu erkennen.

wobei d die Distanz zu Jupiter, m die zunächst noch unbekannte Masse des Kometen und M die Masse von Jupiter beschreiben.

b) Für einige plausible Werte für die mittlere Dichte des Kometen Shoemaker-Levy 9 soll die Betrachtung hier durchgeführt werden. Der „schmutzige Schneeball" habe testweise die Dichten $\rho_a = 0{,}5\,\mathrm{g/cm^3}$, $\rho_b = 0{,}6\,\mathrm{g/cm^3}$, $\rho_c = 0{,}8\,\mathrm{g/cm^3}$ und $\rho_d = 1{,}0\,\mathrm{g/cm^3}$. Dann ergeben sich für die zugehörigen Massen

$$m_\alpha = \frac{4\,\pi}{3}\,\rho_\alpha\,R_\mathrm{K}^3\,, \tag{8.158}$$

wobei $\alpha = a, b, c, d$. Mit den nun bekannten Kometenmassen m_α folgt die zugehörige Obergrenze für das Zerbrechen zu $r_{\mathrm{K,max},a} = 1{,}9\,\mathrm{km}$, $r_{\mathrm{K,max},b} = 2{,}0\,\mathrm{km}$, $r_{\mathrm{K,max},c} = 2{,}2\,\mathrm{km}$, $r_{\mathrm{K,max},d} = 2{,}4\,\mathrm{km}$.

Ab der Dichte $\rho_b = 0{,}6\,\mathrm{g/cm^3}$ muss der Komet zwangsläufig auseinanderbrechen, wobei hier alle anderen Kräfte unterstützender oder hemmender Natur außer Acht gelassen wurden.

✅ EL 110.2

Ausgehend von (4.32) setzt man zunächst die Terme für die Gravitationsbeschleunigung a_K und die Gezeitenbeschleunigung a_G ein. Dabei ist zu berücksichtigen, dass die Richtungen der beiden Beschleunigungen gegeneinander zeigen. Somit folgt

$$-G\,M\left[\frac{1}{d^2} - \frac{1}{(d - R_\mathrm{K})^2}\right] > \frac{G\,m}{R_\mathrm{K}^2}\,. \tag{8.159}$$

Nacheinander werden nun eine Division durch G und das Erzeugen des gemeinsamen Nenners in der eckigen Klammer durchgeführt. Dann lassen sich innerhalb der Klammer überflüssige Teilterme entfernen. Und schließlich folgt nach Division durch R_K die Ungleichung

$$M \left[\frac{2\,d - R_K}{d^2\,(d - R_K)^2} \right] > \frac{m}{R_K^3} \,. \tag{8.160}$$

Weil d mit $d = 116\,000\,\text{km}$ gegenüber R_K mit $R_K = 2\,\text{km}$ sehr groß bleibt, also $d \gg R_K$ ist, gilt deshalb $d - R_K \approx d$ sowie natürlich auch $2\,d - R_K \approx 2\,d$. Nach dieser Vernachlässigung ergibt sich schließlich die (4.33).

Letztlich ist diese Gleichung ein Vergleich zweier Dichten: Wenn die gemittelte Dichte der über das durch den Abstand der zwei Körper aufgespannte Volumen verteilten planetaren Masse deutlich (Faktor 2) größer ist als die mittlere Dichte des Kometen, so muss der Komet auf Grund der zu starken, im inhomogenen Schwerefeld des Planeten resultierenden Gezeitenkräfte zerbrechen.

Lösung zu A 111 – Einschlagblitz auf Jupiter

✅ L 111.1

Mit dem Jupiterradius $R_{\text{♃}}$ und der Jupitermasse $M_{\text{♃}}$ folgt aus

$$E_{\text{ges},\infty} = E_{\text{ges},\text{♃}} = 0 = \frac{1}{2}\,m\,v^2 - \frac{G\,m\,M_{\text{♃}}}{R_{\text{♃}}} \tag{8.161}$$

für die gesuchte Geschwindigkeit $v = 59{,}5\,\text{km/s}$. Die Körper erreichen beim Sturz in den Potenzialtrichter des Jupiters demnach eine Geschwindigkeit von etwa $60\,\text{km/s}$.

✅ L 111.2

Mit den angegebenen Werten erhält man für die als kugelförmig angenommenen Trümmerbrocken der Masse $m_i = \rho\,(\pi/6)\,D_i^3$ folgende aufgesammelte, also kinetische Energie: $E_{\text{kin},1} = \frac{1}{2}\,m_1\,v^2 = 9{,}3 \cdot 10^{23}\,\text{J}$ und $E_{\text{kin},2} = 9{,}3 \cdot 10^{20}\,\text{J}$. Entsprechend den Durchmessern der beiden Brocken unterscheidet sich die aufgesammelte Energie um den Faktor $(D_1/D_2)^3 = 1000$.

✅ L 111.3

Wie ◼ Abb. 8.26 zeigt, folgt aus den gegebenen heliozentrischen Längen und Abständen mit Hilfe des Kosinussatzes der Abstand zwischen Erde und Jupiter zu $d = 5{,}22\,\text{AE}$. Für die 10 Sekunden langen Blitze in der Jupiteratmosphäre ergibt sich eine Helligkeit

$$m_i = m_\odot - m_L - m_r \,, \tag{8.162}$$

wobei $m_L = 2{,}5\,\text{mag} \cdot \lg\left(\frac{L_i}{L_\odot}\right)$ die Helligkeitsdifferenz beschreibt, die die Kometentrümmer gegenüber der Sonne haben, $L_i = \eta\,E_{\text{kin},i}/\Delta t$ die Leuchtkraft des Blitzes und $m_r = 2{,}5\,\text{mag} \cdot \lg\left(r_{\text{♃}}/d\right)^2$ die Distanz zu Jupiter berücksichtigt. Phaseneffekte bleiben dabei unberücksichtigt. Mit den angegebenen Werten folgt $m_1 = -11{,}6\,\text{mag}$ und $m_2 = -4{,}1\,\text{mag}$.

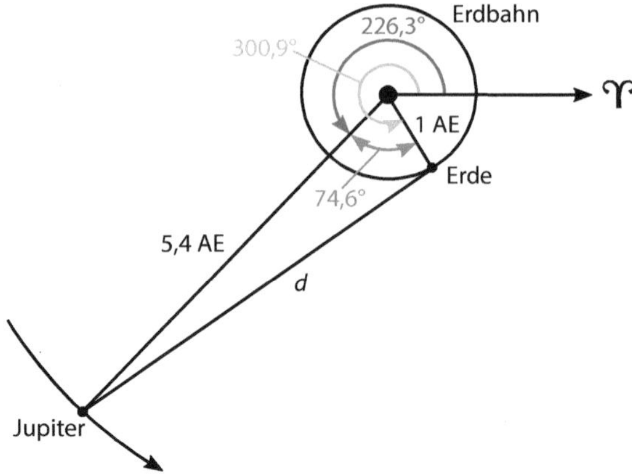

◻ Abb. 8.26 Die Entfernung zwischen Erde und Jupiter kann mit Hilfe des Kosinussatzes berechnet werden.

Die Helligkeit der Blitze hängt stark von der Größe und damit von der Masse der Kometentrümmer ab. Hätte sich das Schauspiel auf der der Erde zugewandten Seite abgespielt, so hätte ein 10-km-Brocken die Lichtstärke einer schmalen Mondsichel entfaltet, bei einem 1-km-Brocken wäre Jupiter für das bloße Auge immerhin noch so hell wie die Venus nahe ihrem größten Glanz erschienen.

✓ EL 111.4

Da die Einschläge der Trümmerkette auf Jupiters Nachtseite stattfanden, konnten die Lichtblitze allenfalls über die Aufhellung eines oder mehrerer seiner Satelliten bemerkt werden. Steht nun beispielsweise Io von der Erde aus gesehen im entfernteren Teil ihrer Bahn um Jupiter, wird von diesem aber gerade noch nicht bedeckt, so beleuchtet der Blitz gerade diejenige Io-Hemisphäre, die auch von der Erde aus zu sehen ist. Der Abstand r zwischen Bolidenblitz und Io beträgt im günstigsten Fall $r = r_{\mathrm{Io}} - R_{\jupiter} = 350\,500\,\mathrm{km}$. Vergleicht man nun die von Io aus dem reflektierten Sonnenlicht resultierende Leuchtkraft L_{Io} mit der aus dem Lichtblitz des 10-km-Brockens folgenden Leuchtkraft $L_{\mathrm{Io,1}}$,

$$L_{\mathrm{Io}} = \frac{\pi\,R_{\mathrm{Io}}\,A_{\mathrm{Io}}}{4\,\pi\,r_{\jupiter}^2}\,L_{\odot}\,, \tag{8.163}$$

$$L_{\mathrm{Io,1}} = \frac{\pi\,R_{\mathrm{Io}}\,A_{\mathrm{Io}}}{4\pi\,r^2}\,L_1\,, \tag{8.164}$$

wobei sowohl der Io-Radius R_{Io} als auch die Io-Albedo A_{Io} unbekannt sind und beide auch nicht benötigt werden, so folgt durch Division

$$L_{\mathrm{Io,1}} = \left(\frac{r_{\jupiter}}{r}\right)^2 \frac{L_1}{L_{\odot}}\,L_{\mathrm{Io}}\,. \tag{8.165}$$

Dies ist die allein durch den Lichtblitz verursachte Leuchtkraft der zur Erde gewandten Io-Hemisphäre. Die Gesamtleuchtkraft ist dann $L_{\mathrm{Io,ges}} = L_{\mathrm{Io,1}} + L_{\mathrm{Io}}$, woraus die Helligkeitsänderung

$$\Delta m = 2{,}5\,\mathrm{mag}\cdot\lg\left[1 + \left(\frac{r_{\jupiter}}{r}\right)^2 \frac{L_1}{L_{\odot}}\right] = 5{,}3\,\mathrm{mag} \tag{8.166}$$

resultiert. Damit erreicht Io während der angenommenen Dauer des Ereignisses die Helligkeit $m_{\text{Io,Blitz}} = m_{\text{Io}} - \Delta m = -0{,}5\,\text{mag}$. Neben dem etwa $-2{,}1\,\text{mag}$ hellen Jupiter dürfte dieser Lichtanstieg auch in kleinen Fernrohren und Feldstechern leicht zu beobachten sein. Kritische Punkte sind die Positionen der Monde zu den verschiedenen Einschlagszeitpunkten der Kometentrümmerkette und die Größe derselben.

Lösung zu A 112 – Minikometenflut

Bei der immensen Einfallrate $\dot{n} = 20$ Minikometen pro Minute ist die Erde einem wahren Bombardement ausgesetzt. Alle drei Sekunden würde unter diesen Umständen irgendwo auf der Erde ein solcher Körper in die Atmosphäre eindringen (vgl. auch ◘ Abb. 8.27).

✓ L 112.1

a) Die Zahl der Minikometen, die die Erde an einem Tag aufsammelt, ist

$$N_{\text{d}} = 1\,\text{d} \cdot \dot{n} = 24 \cdot 60\,\text{min} \cdot \dot{n} = 28\,800\,. \tag{8.167}$$

b) Innerhalb eines Jahres summiert sich die aufgesammelte Menge zu

$$N_{\text{a}} = 1\,\text{a} \cdot \dot{n} = 365{,}25 \cdot N_{\text{d}} = 1{,}052 \cdot 10^7 \text{ Minikometen}\,. \tag{8.168}$$

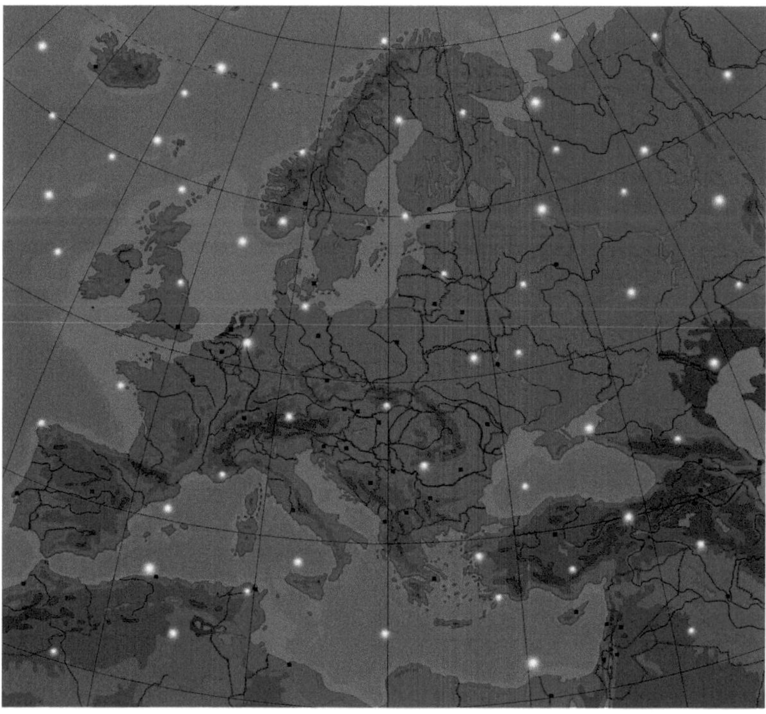

◘ **Abb. 8.27** Die Grafik veranschaulicht die Menge an Minikometen, die auf das gezeigte Areal treffen – innerhalb einer Stunde!

Ich bin zwar erst 15 Jahre alt, versuche mich jedoch trotzdem an Ihrer Oktoberaufgabe „Minikometenflut". Vermutlich wird damit Ihre Fehlerquote zum ersten Mal seit Langem wieder über 0 % steigen, aber ich hoffe trotzdem, alle Aufgaben korrekt gelöst zu haben, wobei ich die gültigen Ziffern, wie wir es in der Schulphysik gelernt haben, zu beachten versuchte.

(Unrealistische Ergebnisse, da Verdampfen in der Frühzeit, Verdunstung und Luftfeuchtigkeit, sowie Schnee und Gletscher, Flüsse und Seen nicht berücksichtigt werden. Des Weiteren würden sich die Ufer der Meere verschieben, und somit eine größere Gesamtfläche entstehen, welche die Meeresspiegelerhöhung minimieren würde. Die mittlere Meerestiefe ist meiner Meinung nach nicht unbedingt von Bedeutung für die Berechnung, sie wäre nur für den Dreisatz von Wichtigkeit)

Letzterer Wert ist natürlich grob falsch, denn erstens stimmt für ihn die Meeresfläche nicht (da praktisch alle festen Landstriche überflutet wären) und zweitens befinde ich mich eben, da ich dies schreibe, nicht unter Wasser. Wenn die Minikometenflut also bestand wie angegeben, muß die Erde massiv Wasser verloren haben.

■ **Abb. 8.28**   Zwei kritische Anmerkungen zur Lösung der Teilaufgabe 112.4. Die ersten beiden Absätze stammen von demselben Löser, der dritte von einem anderen.

✓ L 112.2

Verteilen sich die innerhalb eines Jahres von der Erde (Radius R_E) aufgesammelten Minikometen gleichmäßig auf die gesamte Erdoberfläche, so ist die Größe A des Flächenstückes, das auf einen Minikometen entfällt,

$$A = \frac{4\pi R_E^2}{N_a} = 48{,}6\,\text{km}^2 \,. \tag{8.169}$$

Das entspricht etwa der Fläche einer durchschnittlich großen Gemeinde.

✓ L 112.3

Bei der mittleren Kometenmasse $m = 100\,\text{t}$ sammelt die Erde a) innerhalb eines Jahres insgesamt $m_a = N_a\,m = 1{,}05 \cdot 10^9\,\text{t}$ auf, b) innerhalb von $10\,000$ Jahren die Masse $m_{4a} = 10^4\,m_a = 1{,}05 \cdot 10^{13}\,\text{t}$ und c) seit der Entstehung der Erde insgesamt $m_{9a} = 4{,}5 \cdot 10^9\,m_a = 4{,}73 \cdot 10^{18}\,\text{t}$.

✓ L 112.4

Mit der Dichte von Wasser $\rho_W = 1\,\text{t/m}^3$, der Meeresfläche $f = 3{,}61 \cdot 10^{14}\,\text{m}^2$ und den berechneten Massen m ergeben sich Erhöhungen des Meeresspiegels nach

$$\Delta h_i = \frac{m_i}{\rho_W\,f} \quad \text{mit } i = \text{a}, 4\,\text{a}, 9\,\text{a} \tag{8.170}$$

um a) $\Delta h_a = 2{,}9\,\mu\text{m}$ pro Tag, b) $\Delta h_{4a} = 2{,}9\,\text{cm}$ in $10\,000$ Jahren und c) $\Delta h_{9a} = 13{,}1\,\text{km}$ für die genannten $4{,}5$ Milliarden Jahre.

Der letzte Wert ist groß genug, um bei der mittleren Meerestiefe $h = 3900\,\text{m}$ und der Wasserdichte damit die gesamten Weltmeere $\Delta h_{9a}/h = 3{,}3$-mal zu füllen (vgl. auch ■ Abb. 8.28). Sind alle Voraussetzungen korrekt, insbesondere die Fallrate von einem Minikometen alle drei Sekunden, so ließe sich die Behauptung, das irdische Wasser stamme von Kometen, mit dem letzten Ergebnis offensichtlich erhärten.

✅ L 112.5

Die in einem Jahr aufgesammelte Masse liegt bei einer Milliarde Tonnen. Stammte diese Menge von einem Kometen, so müsste er den beachtlichen Durchmesser

$$D = 2 \left(\frac{3}{4\,\pi} \frac{m_{\mathrm{a}}}{\rho_{\mathrm{W}}} \right)^{1/3} = 1{,}26\,\mathrm{km} \tag{8.171}$$

besitzen!

Lösung zu A 113 – Lovejoy im Fegefeuer, Teil 1

✅ L 113.1

Am Ort seines Perihels befand sich Komet Lovejoy in der Distanz

$$h = q - R_\odot = 1{,}33 \cdot 10^8\,\mathrm{m} = 0{,}19\,R_\odot \tag{8.172}$$

zur Sonnenoberfläche (vgl. ◘ Abb. 8.29) – das ist nur rund ein Drittel der Entfernung Erde – Mond.

✅ L 113.2

Der Oberfläche $O = 4\,\pi\,R_\odot^2$ der Sonne ($R_\odot = 6{,}96 \cdot 10^8$ m) entströmt der Energiefluss

$$F_\odot = L_\odot/O = 6{,}32 \cdot 10^7\,\mathrm{W/m^2}\,. \tag{8.173}$$

Die typische Leistung eines Kraftwerks von einem Gigawatt gibt unsere Sonne durch eine Fläche von nur vier Metern Kantenlänge ab.

✅ L 113.3

Mit sinkendem Abstand zur Sonnenoberfläche trägt nur noch eine sphärische Kappe der Sonne zur Bestrahlung des Kometen bei. Des Weiteren emittiert ein einzelner Ort an

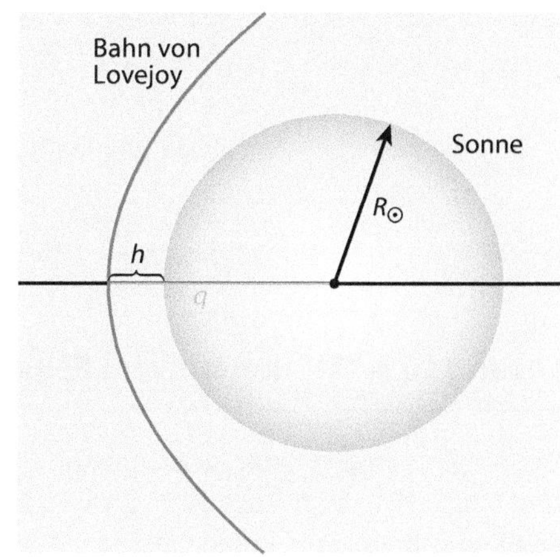

◘ **Abb. 8.29** Die Grafik zeigt die Bahn von Komet Lovejoy in der Nähe seinen Perihels.

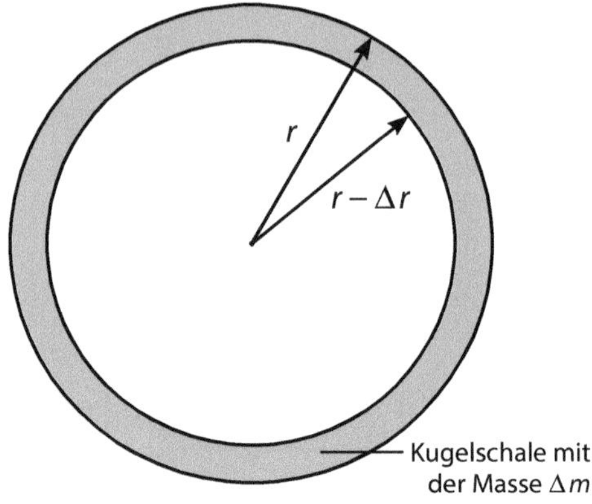

■ **Abb. 8.30** Die äußere Schicht der Masse Δm – eine Kugelschale der Dicke Δr – sublimiert bei der Annäherung an die Sonne innerhalb von $\Delta t = 2$ Tage.

der Sonnenoberfläche bevorzugt in eine senkrecht zur Oberfläche weisende Richtung. Andererseits beleuchtet die weitaus größere Sonne mehr als nur die Hälfte der als kugelförmig gedachten Kometenoberfläche. (4.34) berücksichtigt all dies. Einen Tag vor dem Perihel bei $r = r_1 = 0,1\,\mathrm{AE}$ und bei $r = q = 0,0055538\,\mathrm{AE}$ ergibt sich damit $F(r_1) = 1,4 \cdot 10^5\,\mathrm{W/m^2}$ und $F(q) = 5,7 \cdot 10^7\,\mathrm{W/m^2}$. Dies ist nur als Annäherung zu verstehen.

✔ EL 113.4

Bei der Albedo $A = 0,2$ absorbiert der Komet 80 % des einfallenden Lichts. Im Δt von zwei Tagen um das Perihel absorbiert Lovejoy mit seiner Querschnittsfläche πr^2 die Energie

$$E_2 = \Delta t\, \bar{F}\, (1 - A)\, \pi r^2 = 2,71 \cdot 10^{16}\,\mathrm{J}\,. \tag{8.174}$$

Behandelt man Radius und Fluss als konstant, so folgt für den Eisverlust

$$\Delta m = E_2/q_{\mathrm{sub,Eis}} = 9,66 \cdot 10^9\,\mathrm{kg}\,. \tag{8.175}$$

Die Masse Δm gehört zur äußeren Kugelschale der Dicke Δr des Kometen (vgl. ■ Abb. 8.30), so dass gilt

$$\Delta m = \rho\,(4\,\pi/3)\left[r^3 - (r - \Delta r)^3\right]\,. \tag{8.176}$$

Mit diesen groben Annahmen schrumpfte der Radius von Lovejoy demnach um

$$\Delta r = r - \left(r^3 - \frac{3\,\Delta m}{4\,\pi\,\rho}\right)^{1/3} \approx 22,5\,\mathrm{m}\,. \tag{8.177}$$

Lösung zu A 114 – Lovejoy im Fegefeuer, Teil 2

Bei dieser Aufgabe dreht sich alles um den Vergleich von Kräften, die auf in der Sonnenstrahlung dissoziierte Wassermoleküle im Schweif von Komet Lovejoy wirken: Gezeitenkraft, Strahlungsdruck und Lorentzkraft.

> Für die Aphel-Distanz erhalte ich Q = 2 a - q = 2.35*10^{13} m. Setzt man das ein, so erhält man die Perihel-Geschwindigkeit von 5.65*10^5 m/s bzw. 565 km/s. *Übrigens erhalte ich für die Aphel-Geschwindigkeit 20 m/s. Das ist schon recht langsam ...*

■ **Abb. 8.31** Eine Perihelgeschwindigkeit von $v_q = 565\,\mathrm{km/s}$ ist schon beachtlich. Aber auch Lovejoys Aphelgeschwindigkeit ist – wie ein Löser der ursprünglichen Aufgabe zeigte – außergewöhnlich

✔ L 114.1

Bei einem radialen Abstand von $\Delta r = 1\,\mathrm{m}$ zwischen zwei soeben dissoziierten Sauerstoffatomen O ergibt sich im Perihel der Bahn des Kometen Lovejoy (Periheldistanz $q = 0{,}0055538\,\mathrm{AE}$) die Gezeitenkraft

$$F_G = 2\,G\,m_O\,M_\odot\,\frac{\Delta r}{q^3} = 1{,}2 \cdot 10^{-32}\,\mathrm{N}\,. \tag{8.178}$$

Auf die beiden Sauerstoffatome wirkt eine wirklich winzige Gezeitenkraft.

✔ L 114.2

Die Geschwindigkeit v_q des Kometen im Perihel folgt aus den drei (4.35), (4.36) und (4.37). Mit Hilfe von (4.35) lässt sich in (4.36) und (4.37) die Apheldistanz Q eliminieren. Ersetzt man nun noch die Aphelgeschwindigkeit v_Q in (4.37) durch $v_q\,q/(2a - q)$, so folgt nach einigen Umformungen

$$v_q = \sqrt{G\,M_\odot\left(\frac{2}{q} - \frac{1}{a}\right)}\,. \tag{8.179}$$

Die gesuchte Perihelgeschwindigkeit ergibt sich dann sofort nach Einsetzen der bekannten Werte zu $v_q = 565\,\mathrm{km/s}$ (vgl. auch ■ Abb. 8.31).

✔ L 114.3

a) Im Perihel erreicht den Kometen der Strahlungsstrom

$$S_q = \frac{L_\odot}{4\,\pi\,q^2} = 4{,}4 \cdot 10^7\,\mathrm{W/m^2}\,. \tag{8.180}$$

b) Beim Strahlungsdruck $P_S = S_q/c$ folgt die auf ein Sauerstoffatom ausgeübte Kraft zu

$$F_S = P_S\,\sigma_O = 8{,}1 \cdot 10^{-21}\,\mathrm{N}\,. \tag{8.181}$$

Dies ist um rund drei Größenordnungen mehr als die Gezeitenkraft aus Aufgabe 114.1.

✔ L 114.4

Das fünffach ionisierte Sauerstoffatom erfährt eine Lorentzkraft von

$$F_L = Z\,e\,v_q\,B = 2{,}3 \cdot 10^{-15}\,\mathrm{N}\,. \tag{8.182}$$

Vergleicht man die Gezeitenkraft, die Kraft des Strahlungsdrucks und die Lorentzkraft, welche auf dissoziierte Wassermoleküle im Schweif von Komet Lovejoy wirken, so üben ganz offensichtlich die solaren Magnetfelder den größten Einfluss aus: $F_G = 1{,}2\cdot10^{-32}\,\mathrm{N} \ll F_S = 8{,}1 \cdot 10^{-21}\,\mathrm{N} \ll F_L = 2{,}3 \cdot 10^{-15}\,\mathrm{N}$.

■ **Abb. 8.32** Bahngeometrie der Feuerkugel.

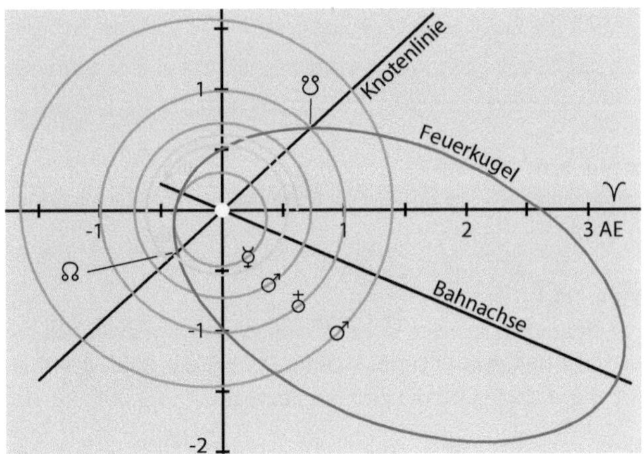

Lösung zu A 115 – Bahnelemente

L 115.1

a) Die große Halbachse folgt mit $a = q/(1 - e)$ zu $a = 1{,}95\,\mathrm{AE}$ und die Apheldistanz Q folgt

$$Q = a\,(1 + e) = q\,\frac{1 + e}{1 - e} = 3{,}52\,\mathrm{AE}\,. \tag{8.183}$$

b) ■ Abb. 8.32 zeigt die Skizze der Bahn der Feuerkugel.

c) Ein Blick auf ■ Abb. 8.32 verrät, dass Meteorit und Erde im vorliegenden Fall im Absteigenden Knoten der Meteoritenbahn zusammengestoßen sind.

L 115.2

a) ■ Abb. 8.33 zeigt die parabelförmige Bahn und dass Erde, Sonne und Komet zum angegebenen Zeitpunkt ein rechtwinkliges und gleichschenkliges Dreieck bilden. Daher misst der gesuchte Winkelabstand Sonne – Komet am irdischen Himmel genau 45°, und die Entfernung zur Erde beträgt $D = \sqrt{2} \cdot 1\,\mathrm{AE} = 1{,}41\,\mathrm{AE}$.

b) Nach den Überlegungen in a) steht der Komet am irdischen Himmel 45° von der Sonne entfernt, in einer Richtung senkrecht auf der Ekliptik. Der Blick auf eine Sternkarte zeigt, dass diese Position im Sternbild Eidechse liegt (rechnerisch: $\alpha = 22^{\mathrm{h}}33^{\mathrm{m}}$, $\delta = 40°27'$).

c) Nun kann man sich anhand einer drehbaren Sternkarte klarmachen, dass der Komet am Periheltag am Morgenhimmel im Nordosten beobachtet werden kann.

L 115.3

a) Für einen Beobachter am Erdäquator verläuft der Himmelsäquator genau senkrecht durch den Zenitpunkt. Da der Beobachter die Raumstation Mir ebenfalls im Zenit gesehen hat, muss sie gerade den Himmelsäquator überquert, also einen Knoten ihrer Bahn durchlaufen haben. Hierbei handelte es sich um den Aufsteigenden Knoten, weil die Flugrichtung nach Nordosten zeigte. Laut ■ Tab. 4.6 hatte der Aufsteigende Knoten eine Länge $\Omega = 323°$. Dieser Winkel wird am Himmelsäquator vom Frühlingspunkt aus gemessen, stellt also die Rektaszension des Aufsteigenden Knotens dar. Der Blick auf eine Sternkarte mit Gradnetz zeigt, dass dieser Punkt im Sternbild Wassermann liegt (etwas westlich des Sterns α Aquarius).

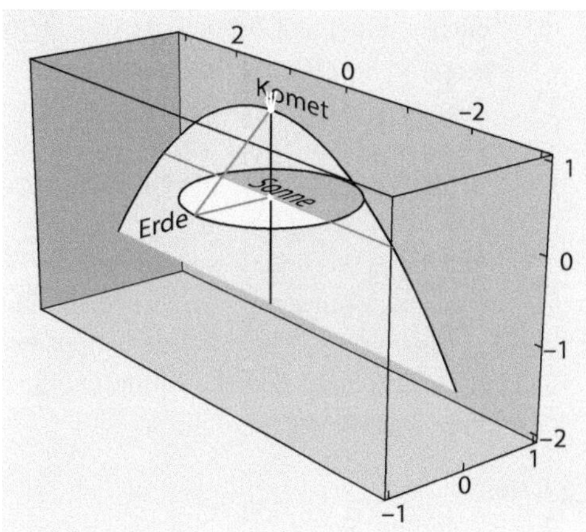

Die Höhe H der Raumstation über dem Beobachter folgt mit dem Erdradius $R_E = 6378\,\mathrm{km}$, Mirs Halbachse $a = q/(1-e) = 6765\,\mathrm{km}$ und $R + H = a$ zu $H = 387\,\mathrm{km}$.

b) Von der Breite Hamburgs aus kann man Mir niemals am Nordhimmel sehen, denn die Bahnneigung der Raumstation beträgt nur $51{,}7°$, so dass sie nur die Gebiete auf der Erde mit geografischen Breiten zwischen $51{,}7°$ S und $51{,}7°$ N überfliegen kann. Da Hamburg nördlich dieser Zone liegt, kann man Mir von dort aus allenfalls über die südliche Himmelshälfte ziehen sehen.

✓ L 115.4

Die angegebene Neigung der Erdbahn bezieht sich wie alle Lageelemente aus ◨ Tab. 4.6 auf das Äquinoktium 2000.0, verwendet also als Bezugsebene die Erdbahnebene in ihrer Lage zu Beginn des Jahres 2000. Durch die Elemente wird die Erdbahn aber für einen anderen Zeitpunkt beschrieben, nämlich die Epoche 1. Juni 1997. Infolge kleiner Störungen durch andere Planeten bleibt die Lage der Erdbahn nicht raumfest, und so weicht ihre Bahnebene zur Epochenzeit geringfügig von der Bezugsebene zum Äquinoktium 2000.0 ab.

8.4 Staub

Lösung zu A 116 – Schnuppen, Staub und Steine

✓ L 116.1

a) Staubteilchen von $1\,\mu\mathrm{m}$ Größe (Durchmesser) haben am Ort der Erde eine Dichte von etwa $\rho_{1\,\mu\mathrm{m}} = 3\,\mathrm{g/cm}^3$. Nimmt man Kugelform an, folgt über $V = 4/3\,\pi\,R^3$ und $m = \rho\,V$ eine Masse von etwa $m_{1\,\mu\mathrm{m}} = 1{,}6 \cdot 10^{-12}\,\mathrm{g}$. Man liest dafür aus ◨ Abb. 4.38 einen Fluss von ca. $\Phi_{1\,\mu\mathrm{m}} = 10^{-4{,}5}$ Staubteilchen pro m^2 und pro s ab. Mit $\Delta t = 10\,\mathrm{a}$ folgt die Teilchenzahl N zu

$$N = q\,F_{\mathrm{HST}}\,\Phi_{1\,\mu\mathrm{m}}\,\Delta t = 45\,, \tag{8.184}$$

wobei $F_{\mathrm{HST}} = \pi\,(D_{\mathrm{HST}}/2)^2$ die Fläche des HST-Spiegels ist.

b) Teilchen mit einem Zehntel des Durchmessers besitzen nur ein Tausendstel der Masse. Für $m_{0,1\,\mu\mathrm{m}} = 1{,}6 \cdot 10^{-15}$ g liest man mit $\Phi_{0,1\,\mu\mathrm{m}} = 10^{-2,5}$ eine etwa um den Faktor 100 größere Flussrate ab. Die Teilchenzahl steigt deshalb auf 4500!

c) Für beide Flüsse $\Phi_{1\,\mu\mathrm{m}}$ und $\Phi_{0,1\,\mu\mathrm{m}}$ ergeben sich für die Solarpaneele des HST die Werte 250 000 bzw. $25 \cdot 10^6$. Die Querschnittsfläche der rechteckigen Solarpaneele ist $F_{\mathrm{solar}} = 2{,}4\,\mathrm{m} \cdot 21{,}1\,\mathrm{m} = 50{,}64\,\mathrm{m}^2$.

Nach dieser Rechnung wäre die Flächendichte der Mikrokrater auf den HST-Solarpaddeln für 0,1-mm-Teilchen in der Größenordnung 50 Teilchen pro Quadratzentimeter.

d) Die Solarzellenfläche der Internationalen Raumstation ISS würden im gleichen Zeitraum bei gleicher mittlerer Expositionsquote von $q = 0{,}5$ mit 2 Millionen bzw. 200 Millionen Einschlägen belastet.

✔ L 116.2

Für die mittlere Zeit τ zwischen zwei Einschlägen gilt

$$\tau = \frac{1}{F_{\oplus}\,\Phi}\,, \tag{8.185}$$

mit der Querschnittsfläche der Erde $F_{\oplus} = \pi\, R_{\oplus}^2$ und dem Erdradius $R_{\oplus} = 6378$ km.

a) Für einen 60-Tonnen-Meteoriten liest man einen Fluss $\Phi_{60\,\mathrm{t}} = 10^{-22}\,\mathrm{m}^{-2}\,\mathrm{s}^{-1}$ ab. Daraus folgt die mittlere Zeit τ zwischen zwei Einschlägen zu $\tau_{60\,\mathrm{t}} = 2{,}5$ a.

b) Aus gegebenem Durchmesser und gegebener Dichte folgt für einen Tunguska-Klasse-Körper zunächst eine Masse von etwa $m = 10^{14}$ g und daraus ein Fluss von etwa $\Phi_{\mathrm{T}} = 10^{-29}\,\mathrm{m}^{-2}\,\mathrm{s}^{-1}$. Letztlich erhält man $\tau_{\mathrm{T}} = 25 \cdot 10^6$ a.

c) Einschläge asteroidengroßer Körper mit einer Masse von etwa 10^{18} g sind im Mittel etwa alle paar Milliarden Jahre zu erwarten. Das war in der Frühphase des Sonnensystems ganz anders!

✔ L 116.3

Aus dem gegebenen Durchmesser des Meteoriten und der Dichte von Eisen folgt zunächst eine Masse $m_{\mathrm{Fe}} \approx 500$ g und damit aus ◨ Abb. 4.39 ein Fluss von ca. $\Phi_{\mathrm{Fe}} = 10^{-17}$ Staubteilchen pro m^2 und pro s. Mit (8.185) erhält man als mittlere Zeit zwischen Einschlägen $\tau_{\mathrm{Fe}} \approx 6 \cdot 10^9$ a.

Im Vergleich zum optimistischen Lebensalter $t_{\mathrm{M}} = 100$ a besteht demnach eine Chance von etwa 1 zu 6 Milliarden, dass ein Mensch während seiner Lebensspanne von einem 5 cm großen Meteoriten getroffen wird. Ein glücklicherweise kleines Risiko! Daraus folgt aber auch, dass während dieser hundert Jahre etwa ein Mensch irgendwo auf der Erde Opfer eines solchen Ereignisses werden könnte.

✔ EL 116.4

Die drei Massenbereiche (vgl. ◨ Abb. 8.34)

$$(1) \qquad\qquad 7 \cdot 10^{-18}\,\mathrm{g} < m < 4 \cdot 10^{-14}\,\mathrm{g}\,, \tag{8.186}$$

$$(2) \qquad\qquad 4 \cdot 10^{-14}\,\mathrm{g} < m < 3 \cdot 10^{-8}\,\mathrm{g}\,, \tag{8.187}$$

$$(3) \qquad\qquad 3 \cdot 10^{-8}\,\mathrm{g} < m \tag{8.188}$$

lassen sich jeweils linear approximieren, und man bestimmt Anstieg a sowie Ordinatenabschnitt b der Ausgleichsfunktionen. Durch die doppeltlogarithmische Darstellung gilt

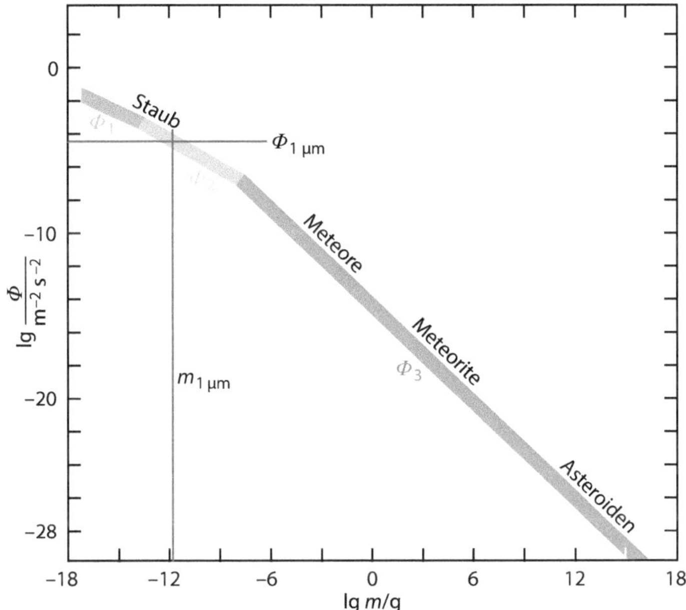

▫ Abb. 8.34 Kumulativer Fluss auf die Erde für planetaren Staub und größere Körper. Die drei linear approximierten Massebereiche sind markiert, ebenso ein Beispiel zur Ablesung.

$y = a \cdot x + b$ mit $y = \lg\left(\Phi/\mathrm{m}^{-2}\,\mathrm{s}^{-1}\right)$ und $x = \lg\left(m/\mathrm{g}\right)$. Mit Hilfe der Potenzgesetze kann die Gleichung

$$\lg\left(\Phi/\mathrm{m}^{-2}\,\mathrm{s}^{-1}\right) = a \cdot \lg\left(m/\mathrm{g}\right) + b \tag{8.189}$$

umgeformt werden in

$$\Phi/\mathrm{m}^{-2}\,\mathrm{s}^{-1} = 10^{b} \cdot (m/\mathrm{g})^{a} \,. \tag{8.190}$$

Dies führt zu den drei Gleichungen

$$\Phi_1/\mathrm{m}^{-2}\,\mathrm{s}^{-1} = 1{,}4 \cdot 10^{-10}\,(m/\mathrm{g})^{-0{,}48} \,, \tag{8.191}$$

$$\Phi_2/\mathrm{m}^{-2}\,\mathrm{s}^{-1} = 4{,}5 \cdot 10^{-12}\,(m/\mathrm{g})^{-0{,}59} \,, \tag{8.192}$$

$$\Phi_3/\mathrm{m}^{-2}\,\mathrm{s}^{-1} = 4{,}8 \cdot 10^{-15}\,(m/\mathrm{g})^{-0{,}98} \,. \tag{8.193}$$

Die kumulativen Flüsse stammen von Staubexperimenten auf praktisch allen interplanetaren Sonden.

Lösung zu A 117 – Gas und Staub im Sonnensystem

 **L 117.1**

Die Dichte ρ_0 des Staubes am Ort der Erde ist

$$\rho_0 = \frac{\dot{m}}{\dot{V}} \,, \tag{8.194}$$

mit $\dot{V} = \pi\,R_E^2\,v_s$, $v_s = \frac{2}{3}\,v_E$ und $v_E = 2\,\pi\,\mathrm{AE}/\left(\pi\,10^7\,\mathrm{s}\right) = 30\,\mathrm{km\,s^{-1}}$ folgt $\rho_0 = 2\cdot 10^{-22}\,\mathrm{g\,cm^{-3}}$, was etwa zehn Kohlenstoffatomen pro cm^3 entspricht.

✅ EL 117.2

a) Die Gesamtmasse M erhält man mit

$$M = \int_{r_0}^{r_{2\!\!+}} \rho(r)\,\mathrm{d}V \tag{8.195}$$

und $\mathrm{d}V = 4\pi\,r^2\,\mathrm{d}r$ (aus dem Kugelvolumen) zu $r_{2\!\!+}$

$$
\begin{aligned}
M &= 4\,\pi\,\rho_0\,\mathrm{AE}^{1,3} \int_{r_0}^{r_{2\!\!+}} r^{0,7}\,\mathrm{d}r \\
&= \frac{4\,\pi\,\rho_0\,\mathrm{AE}^{1,3}}{1,7}\left[r^{1,7}\right]_{0,02\,\mathrm{AE}}^{5,2\,\mathrm{AE}} \\
&= 8,2\cdot 10^{19}\,\mathrm{g}\,.
\end{aligned}
\tag{8.196}
$$

Bei berücksichtigter Abplattung ergibt sich die Masse $M_A = 3,3\cdot 10^{19}\,\mathrm{g}$, fünfeinhalb Nano-Erdmassen entsprechend. Würde man dies zu einem Körper der Dichte $\rho = 3\,\mathrm{g\,cm^{-3}}$ vereinigen, so hätte der mit

$$r = \left(\frac{3\,M_A}{4\,\pi\,\rho}\right)^{1/3} \tag{8.197}$$

einen Durchmesser von nicht einmal 30 km. Das ist eine Größenordnung, wie man sie von den kleinen Jupiter-, Saturn- und Uranusmonden kennt.

b) Die mittlere Dichte folgt zu

$$\bar{\rho} = \frac{M_A}{V_A} = 4,2\cdot 10^{-23}\,\mathrm{g\,cm^{-3}}\,. \tag{8.198}$$

Dies ist etwa ein Fünftel von ρ_0, der Dichte am Ort der Erde.

✅ L 117.3

a) Bei der gegebenen Sammelrate folgt die gesuchte Zeitspanne Δt aus

$$\Delta t = \frac{\rho\,V_S}{\dot{m}} \tag{8.199}$$

mit dem Volumen $V_S = 4\,\pi\,R_E^2\,d$ der Kugelschale um die Erde mit der geforderten Dicke $d = 1\,\mathrm{mm}$. Diese Formel gilt näherungsweise wegen $(R_E + d)^3 - R_E^3 \approx 3\,R_E^2\,d$ für $d \ll R_E$. Man erhält eine Zeitspanne $\Delta t = 80\cdot 10^6\,\mathrm{a}$. In dieser Zeit wächst die Erde unter den angegebenen Bedingungen also um einen Millimeter.

b) Den Übergang zu $T = 4,5\cdot 10^9\,\mathrm{a}$ erhält man aus

$$d_T = \frac{T}{\Delta t}\,d = 5,7\,\mathrm{cm}\,, \tag{8.200}$$

was wegen $d_T \ll R_E$ erlaubt ist. Solange die Erde existiert, hat sich ihr Durchmesser durch das Aufsammeln von Staub nur um den unmerklichen Betrag von etwa 11 cm vergrößert.

✔ L 117.4

a) Die Massenverlustrate unserer Sonne folgt mit

$$\rho_{AE} = m_P\, n \tag{8.201}$$

zu dem sehr kleinen Wert

$$\dot{M}_\odot = 4\,\pi\, r^2\, \rho_{AE}\, v_p \approx 2 \cdot 10^9\ \mathrm{kg\,s^{-1}} \approx 3 \cdot 10^{-14}\ M_\odot\, \mathrm{a^{-1}}\,. \tag{8.202}$$

b) Der Sternwind von Wolf-Rayet-Sternen ist demnach 300 Millionen mal so hoch und zeigt damit ein wildes und ungebändigtes Verhalten verglichen mit dem zahmen unserer Sonne.

c) Die Menge der vom Sonnenwind in der seit dem Aufleuchten vergangenen Zeit $T_5 = 5$ Milliarden Jahre wegtransportierten Masse m_5 ist

$$m_5 = T_5\, \dot{M}_\odot = 1{,}5 \cdot 10^{-4}\ M_\odot \tag{8.203}$$

nur $0{,}015\,\%$ der Sonnenmasse entsprechend. Für die Beantwortung der Fragestellung vergleicht man am besten mit dem Massenverlust durch Materiezerstrahlung in dieser Zeit. Mit $L_\odot = 3{,}8 \cdot 10^{26}$ W ergibt sich

$$m_z = L_\odot\, \frac{T_5}{c^2} = 3{,}3 \cdot 10^{-4}\ M_\odot\,, \tag{8.204}$$

und das ist mehr als doppelt so viel wie m_5. Offensichtlich spielt der Massenverlust durch Sonnenwind eine geringere Rolle als der bei der Energieerzeugung entstehende.

Lösung zu A 118 – Staub im Sonnensystem

✔ L 118.1

Der CDA von Cassini kann Staubladungen Q_S im Bereich $1\ \mathrm{fC} \leq Q_S \leq 100\ \mathrm{fC}$ messen. Mit dem SI-Präfix f für 10^{-15} entspricht dies

$$N = \frac{Q_S}{q_e} = 6241 \text{ bis } 624\,146 \text{ Elektronen}\,. \tag{8.205}$$

✔ L 118.2

◼ Abb. 8.35 zeigt verschiedene Möglichkeiten, die fünf Messwerte nach größeren Sonnenabständen hin zu extrapolieren. Bis etwa Saturndistanz kann man getrost einen linearen Verlauf ansetzen (violett). Dies entspricht einer exponentiellen Zunahme des Teilchenflusses f mit wachsendem Sonnenabstand.

a) In Jupiterdistanz folgen somit etwa $3 \cdot 10^{-4}$ Staubteilchen $\mathrm{m^{-2}\,s^{-1}}$ interstellarer Herkunft,

b) bei Saturn etwa zehnmal so viele.

c) Da der Einfluss der Sonne weiter außen schnell abnimmt, muss vernünftigerweise eine zunehmend quadratische Abhängigkeit von der Sonnendistanz angenommen werden (blau und braun). Damit folgen für Plutodistanz etwa $0{,}01\ \mathrm{m^{-2}\,s^{-1}}$ und

d) bei 1000 AE ca. ein bis zehn Teilchen $\mathrm{m^{-2}\,s^{-1}}$.

◘ **Abb. 8.35** Der Fluss interstellarer Teilchen, aufgetragen
gegen die Sonnendistanz. *Violett*: exponentielle Zunahme zu
größeren Sonnenabständen hin.
Blau und *braun*: quadratisches
Anwachsen des Flusses, gemäß
der durchströmten Gesamtfläche,
die ebenfalls mit dem Quadrat
des Sonnenabstandes anwächst.
Diese beiden Kurven unterscheiden sich in der Berücksichtigung
des Helios-Wertes.

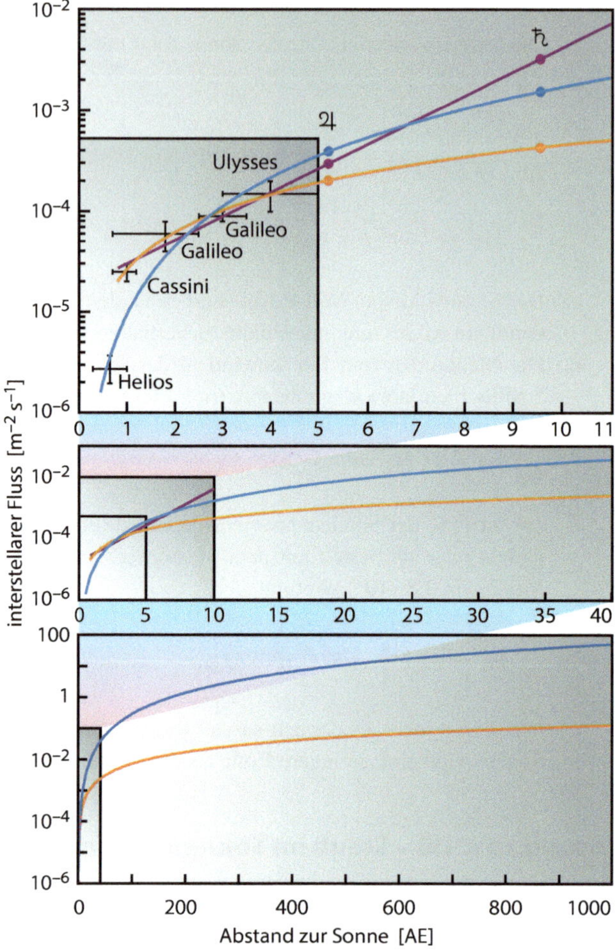

✓ **L 118.3**

a) Der CDA könnte bei den Raten f

$$f = \frac{N}{A\,\Delta t} \tag{8.206}$$

aus Aufgabe 118.2, mit Teilchenzahl N und Querschnittsfläche $A = \pi\,(D/2)^2$, in Jupiterdistanz innerhalb von

$$\Delta t_{\mathrm{J}} = \frac{N}{f_{\mathrm{J}}\,A} = \frac{10}{3 \cdot 10^{-4}\,\mathrm{m}^{-2}\,\mathrm{s}^{-1} \cdot \pi\,(0{,}4\,\mathrm{m}/2)^2} = 265\,258\,\mathrm{s}\,, \tag{8.207}$$

also etwa drei Tagen, die geforderten zehn Teilchen aufsammeln.

b) Einsetzen des für Saturn bestimmten Flusses in (8.207) ergibt, dass man dort lediglich 7,4
Stunden warten müsste.

✅ L 118.4

Eine Fläche $A = \pi R^2$ um die Sonne durchströmen $N_{\mathrm{ges}} = A f$ interstellare Teilchen mit der Gesamtmasse $m_{\mathrm{ges}} = A f m$. Bei a) $R = 40\,\mathrm{AE}$ Radius sind dies etwa 10^{24} Teilchen mit der Gesamtmasse 113 Tonnen, b) 10^{29} Teilchen mit der Gesamtmasse 10 Mio. Tonnen, c) 10^{33} Teilchen mit der Gesamtmasse 100 Mrd. Tonnen, jeweils pro Sekunde.

Lösung zu A 119 – Helios und der Staubring bei Venus

✅ L 119.1

Aus der Kegelschnitt-Gleichung (4.38) lässt sich die zur Sonnendistanz r der Sonde zugehörige wahre Anomalie ϑ bestimmen:

$$\vartheta = \arccos\left[\frac{1}{e}\left(\frac{p}{r} - 1\right)\right].\tag{8.208}$$

Setzt man nun als Sonnenabstand den Bahnradius r_{V} der Venus ein, ergibt sich die wahre Anomalie zu $\vartheta = 134{,}5°$.

Auf dem Weg zum Aphel ihrer Bahn wurde mit den Fotometern an Bord von Helios entlang eines Bahnstücks $\Delta\lambda = 11°$ heliozentrischer Länge eine Aufhellung beobachtet. Diese Aufhellung endet, den äußeren Rand des Staubrings markierend, bei der wahren Anomalie $\vartheta_{\mathrm{R}} = \vartheta + \Delta\lambda = 145{,}5°$ (vgl. ❏ Abb. 8.36). Der zugehörige Sonnenabstand ergibt sich durch Einsetzen der angegebenen Werte $r_{\mathrm{P}} = 0{,}289\,\mathrm{AE}$, $r_{\mathrm{A}} = 0{,}983\,\mathrm{AE}$ und

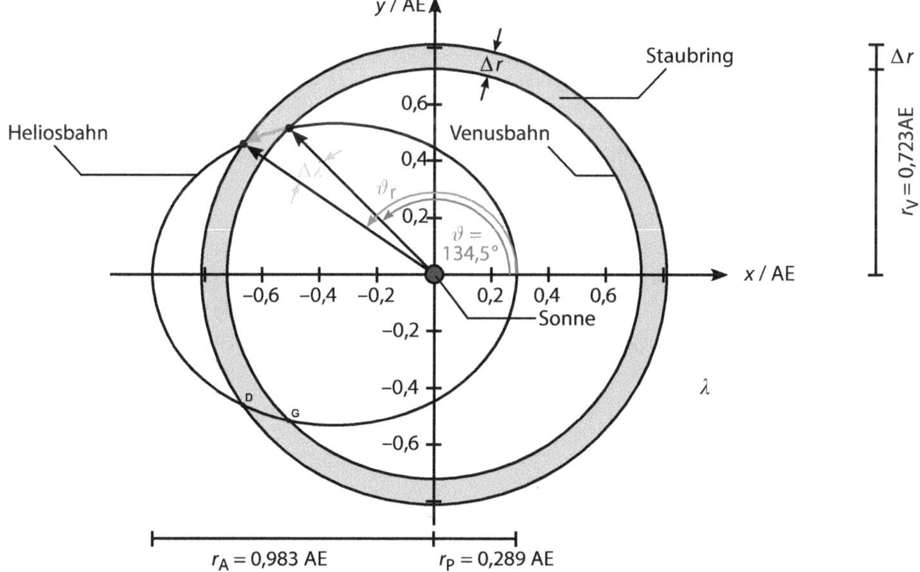

❏ **Abb. 8.36** Auf dem Weg zum Aphel der Bahn passierte Helios den Staubring mit der radialen Ausdehnung Δr. Sie tritt bei $\vartheta = 134{,}5°$ in den Staubring ein und bei $\vartheta_{\mathrm{R}} = \vartheta + \Delta\lambda$ wieder aus.

◻ **Tabelle 8.5** Zeiten τ zur Verringerung des Bahnradius

Teilchenradius R	$r_\mathrm{a} = 3\,\mathrm{AE},\ r_\mathrm{b} = r_\mathrm{V}$	$r_\mathrm{a} = r_\mathrm{V},\ r_\mathrm{b} = R_\odot$
$1\,\mu\mathrm{m}$	$11\,800\,\mathrm{a}$	$726\,\mathrm{a}$
$100\,\mu\mathrm{m}$	$1{,}18 \cdot 10^6\,\mathrm{a}$	$72\,600\,\mathrm{a}$

$e = 0{,}5456$ in die Kegelschnitt-Gleichung

$$r_\mathrm{R} = \frac{p}{1 + e \cos \vartheta_\mathrm{R}} = \frac{(1 - e^2)(r_\mathrm{P} + r_\mathrm{A})/2}{1 + e \cos \vartheta_\mathrm{R}} = 0{,}811\,\mathrm{AE}\,. \tag{8.209}$$

Dann ist die radiale Ausdehnung Δr des Staubrings bei Venus

$$\Delta r = r_\mathrm{R} - r_\mathrm{V} = 0{,}088\,\mathrm{AE}\,. \tag{8.210}$$

Dies entspricht 17 Mondbahndurchmessern. Das Ergebnis liegt dicht bei der Angabe $0{,}06\,\mathrm{AE}$ (FWHM, **f**ull **w**idth at **h**alf **m**aximum = Breite bei halber Maximalintensität) der wissenschaftlichen Arbeit, die das Helligkeitsprofil berücksichtigt.

✔ L 119.2

Folgt man der Anleitung in der Aufgabenstellung, findet sich für die durch den Poynting-Robertson-Effekt verursachte Bahnradiusverringerung zwischen Startradius r_a und Zielradius r_b benötigte Zeit

$$\tau = \frac{r_\mathrm{a}^2 - r_\mathrm{b}^2}{4\,\alpha} \ \text{mit}\ \alpha = \frac{3\,L_\odot\,q}{16\,\pi\,c^2\,R\,\rho}\,. \tag{8.211}$$

Setzt man, wie gefordert, für den Teilchenradius R nacheinander $R_1 = 1\,\mu\mathrm{m}$ und $R_{100} = 100\,\mu\mathrm{m}$ und berechnet die Zeiten zum Überwinden der Distanz vom Asteroidengürtel bei 3 AE und dem Staubring bei Venus bzw. von dort bis zur Sonne, so ergeben sich die in ◻ Tab. 8.5 aufgelisteten Ergebnisse.

Ein Teilchen von einem Mikrometer Größe unterliegt dem Abbremsungseffekt deutlich stärker als ein 100-Mikrometer-Teilchen. Ersteres spiralt innerhalb etwa 11 800 Jahren aus dem Asteroidengürtel zur Venusbahn, Letzteres benötigt dazu mehr als eine Million Jahre. Vom inneren Rand des Staubrings reichen dem 1-Mikrometer-Teilchen 726 Jahre zur Sonne, das große benötigt dazu 72 600 Jahre. All diese Zeitdauern sind recht kurz, verglichen mit dem Alter des Sonnensystems von etwa 4,6 Milliarden Jahren.

Serviceteil

A   Anhang

◻ Tabelle A.1   Physikalische und astronomische Konstanten. Die mit * gekennzeichneten Größen haben laut Definition den angegebenen Wert

Gravitationskonstante	G	$6{,}6743 \cdot 10^{-11}\ \mathrm{m}^3\,\mathrm{kg}^{-1}\,\mathrm{s}^{-2}$
Lichtgeschwindigkeit *	c	$2{,}99792458 \cdot 10^{8}\ \mathrm{m\,s}^{-1}$
Planck'sches Wirkungsquantum	h	$6{,}6261 \cdot 10^{-34}\ \mathrm{J\,s}$
Boltzmann-Konstante	k_B	$1{,}3807 \cdot 10^{-23}\ \mathrm{J\,K}^{-1}$
Stefan-Boltzmann-Konstante	σ	$5{,}6704 \cdot 10^{-8}\ \mathrm{W\,m}^{-2}\,\mathrm{K}^{-4}$
Elementarladung	e	$1{,}6022 \cdot 10^{-19}\ \mathrm{C}$
Masse des Elektrons	m_e	$9{,}1094 \cdot 10^{-31}\ \mathrm{kg}$
Masse des Protons	m_p	$1{,}6726 \cdot 10^{-27}\ \mathrm{kg}$
Elektrische Feldkonstante *	ε_0	$8{,}854187817 \cdot 10^{-12}\ \mathrm{A\,s\,V}^{-1}\,\mathrm{m}^{-1}$
Magnetische Feldkonstante *	μ_0	$4\,\pi \cdot 10^{-7}\ \mathrm{N\,A}^{-1}$
Gaskonstante	R	$8{,}3145\ \mathrm{J\,mol}^{-1}\,\mathrm{K}^{-1}$
Avogadro-Konstante	N_A	$6{,}0221 \cdot 10^{23}\ \mathrm{mol}^{-1}$
Astronomische Einheit *	$1\ \mathrm{AE}$	$1{,}49597870700 \cdot 10^{11}\ \mathrm{m}$
Parsec *	$1\ \mathrm{pc}$	$206\,264{,}8062\ \mathrm{AE} = 3{,}08567758149137 \cdot 10^{16}\ \mathrm{m}$
Lichtjahr *	$1\ \mathrm{Lj}$	$0{,}3066\ \mathrm{pc} = 9{,}460730472580800 \cdot 10^{15}\ \mathrm{m}$
Atomare Masseneinheit	$1\ \mathrm{u}$	$1{,}6605 \cdot 10^{-27}\ \mathrm{kg}$

◻ Tabelle A.2   Einige nützliche Beziehungen zwischen physikalischen Einheiten

$$1\,\mathrm{N} = 1\,\mathrm{kg\,m\,s}^{-2}$$

$$1\,\mathrm{J} = 1\,\mathrm{W\,s}^{-1} = 1\,\mathrm{N\,m} = 1\,\mathrm{kg\,m}^2\,\mathrm{s}^{-2}$$

$$1\,\mathrm{W} = 1\,\mathrm{V\,A}$$

$$1\,\mathrm{T} = 10^4\,\mathrm{Gs}$$

$$1\,\mathrm{bar} = 10^5\,\mathrm{Pa} = 10^5\,\mathrm{N\,m}^{-2}$$

$$1\,\mathrm{m\,s}^{-1} = 3{,}6\,\mathrm{km\,h}^{-1}$$

$$1\,\mathrm{eV} = 1{,}602 \cdot 10^{-19}\,\mathrm{J}$$

$$1\,\mathrm{kWh} = 3{,}6 \cdot 10^6\,\mathrm{J}$$

Literatur

Alcock C., Akerlof C.W., Allsman R.A., et al.: Possible gravitational microlensing of a star in the LMC, Nature **365**, 621 (1993)

Althaus T.: Salzseen auf Jupitermond Europa? Sterne und Weltraum **2**, 40–43 (2012)

Antraesian P.G., Guinn J.R.: Investigations into the unexpected delta-v increasesduring the Earth gravity assists of Galileo and Near. American Institute of Aeronautics and Astronautics 98-4287 (1998)

Bailer-Jones C.A.L.: Bayesian time series analysis of terrestrial impact cratering. The Monthly Notices of the Royal Astronomical Society **416**, 1163–1180 (2011)

Baker J.: The Falcon Has Landed. Science **312**, Special Issue, 1327–1353 (2006)

Binzel, R.P.: The Torino Impact Hazard Scale. Planetary and Space Science **48**, 297–303 (2000)

Binzel R.P., Rivkin A.S., Thomas C.A., et al.: Spectral properties and composition of potentially hazardous Asteroid (99942) Apophis. Icarus **200**, 480–485 (2009)

Bova B.: Mars, Heyne Verlag 06/6332 (engl. Original: 1992) (1999)

Braga-Ribas F., Sicardy B., Ortiz J.L., et al.: A ring system detected around the Centaur (10199) Chariklo. Nature **508**, 72–75 (2014)

Chang H.-K., et al.: Occultation of X-rays from Scorpius X-1 by small trans-neptunian objects, Nature **442**, 660–663 (2006)

Chesley S.R. et al.: Direct Detection of the Yarkovsky Effect by Radar Ranging to Asteroid 6489 Golevka. Science **302**, 1739–1742 (2003)

Delbo M., et al.: First VLTI-MIDI direct determinations of asteroid sizes. Astrophys. J. **694**, 1228–1236 (2009)

Dorschner J., Gürtler J., Lotze K.-H., Meusinger H., Pfau, W., Kuhn W. (Hrsg.): Handbuch der experimentellen Physik: Astronomie – Astrophysik – Kosmologie. Bd. 11, N. Aulis Verlag (2011)

Downs C., et al.: Probing the Solar Magnetic Field with a Sun-Grazing Comet. Science **340**, 1196–1199 (2013)

Elert G. (Hrsg.): Volume of Earth's Polar Ice Caps. In: The Physics Factbook: http://hypertextbook.com/facts/2000/HannaBerenblit.shtml. Physical Science Department, Midwood High School at Brooklyn College, New York (2000)

Fischer D.: Stürzt eine Kometenflut auf die Erdatmosphäre? Sterne und Weltraum **10**, 835–837 (1997)

Folco L., Di Martino M., et al.: The Kamil Crater in Egypt. Science **329**(5993), 804 (2010)

U.S. Geological Survey: Earthquake Hazards Program. Magnitude 9.0 off the West Coast of Northern Sumatra. http://neic.usgs.gov/neis/bulletin/neic_slav.html (2004)

GeoForschungsZentrum Potsdam: Informationen zum Sumatra-Beben vom 26.12.2004. http://www.gfz-potsdam.de/news/recent/archive/20041226/index.html (2004)

Giese R.-H.: Einführung in die Astronomie, Wissenschaftliche Buchgesellschaft Darmstadt (1981)

Glikson A.Y., et al.: Geophysical Anomalies and Quartz Deformation of the Warburton West Structure, Central Australia. Tectonophysics **643**, 55–72 (2015)

Goldstein H.: Klassische Mechanik. Akademische Verlagsgesellschaft, Frankfurt/Main, (1974)

Gritzner C.: Einschlagskatastrophen durch Asteroiden und Kometen, Sterne und Weltraum **7**, 534 (2000)

Haak V., Korte M., Wardinski I.: Das ruhelose Magnetfeld der Erde. Sterne und Weltraum **6**, 22–31 (2006)

Hambaryan V.V., Neuhäuser R.: A Galactic short gamma-ray burst as cause for the 14C peak in AD 774/5. Monthly Notices of the Royal Astronomical Society **430**(1) (2012)

Hartung M., Herbst T.M., Close L.M., et al.: A new VLT surface map of Titan at 1,575 microns, A&A **421**, L17–L20 (2004)

Hofgartner J.D., Lunine J.I.: Does ice float in Titan's lakes and Seas? Icarus **223**, 628–631 (2013)

Pressemitteilung der IAU: https://www.iau.org/news/pressreleases/detail/iau0603/#1 (2006)

Ingersoll A.P.: Subsurface heat transfer on Enceladus: Conditions under which melting occurs. Icarus **206**, 594–607 (2010)

Kayser R., Schramm T., Nieser L. (Hrsg.): Gravitational Lenses, Proceedings, Hamburg, Germany, Lecture Notes in Physics, Vol. 406, Springer-Verlag (1991)

Leighton R.B., Noyes R.W. und Simon G.W.: Velocity Fields in the Solar Atmosphere. I. Preliminary Report ApJ **135**, 474 (1962)

Leinert C., Moster B.: Evidence for dust accumulation just outside the orbit of Venus. Astronomy and Astrophysics **472**, 335–340 (2007)

Lunine J.I., Rizk B.: Thermal evolution of Titan's atmosphere. Icarus **80**, 370–389 (1989)

Mellier Y., Fort B., Soucail G. (Hrsg.): Gravitational Lensing, Proceedings, Toulouse, France, Lecture Notes in Physics, Vol. 360, Springer-Verlag (1989)

Miyake F., et al.: A Signature of Cosmic Ray Increase in AD774-775 from Tree Rings in Japan. Nature **496**, 240–242 (2012)

Moran J.M., Hewitt J.N., Lo K.Y. (Hrsg.): Gravitational Lenses, Proceedings, Cambridge, Massachusetts, USA, Lecture Notes in Physics, Vol. 330, Springer-Verlag (1988)

Morrison D., Cruikshank D.P. und Brown R.H.: Diameters of Triton and Pluto. Nature **300**, 425 (1982)

Müller T.: Ein Kleinplanet unter der Lupe. Sterne und Weltraum **12**, 26–34 (2006)

NASA Solar System Exploration, http://solarsystem.nasa.gov/planets/jupiter/moons, Stand April 2016

Ortiz, J.L. et al.: Albedo and atmospheric constraints of dwarf planet Makemake from a stellar occultation. Nature **491**, 566–569 (2012)

Paczynski B.: Gravitational Microlensing by the Galactic Halo. Astrophys. J. **304**, 1 (1986)

Preuss O., Dittus H., Lämmerzahl C.: Überraschungen vor der Haustür – Ist die Physik innerhalb des Sonnensystems wirklich verstanden? Sterne und Weltraum **4**, 26–34 (2007)

Quetz A.M.: Zum Nachdenken: Lavaozean, Sterne und Weltraum **3**, 296 (2001)

Reanaud S., Jaekel M.-T.: Long range gravity tests and the Pioneer anomaly. arXiv: gr-qc/0610160 (2006)

Rost J.L.: Astronomisches Handbuch. Monath P. C., Nürnberg (1718)

Schmidt B.E.. et al.: Active formation of „chaos terrain" over shallow subsurface water on Europa. Nature **479**, 502–505 (2011)

Schneider P., Ehlers J., Falco E.E.: Gravitational Lenses. Springer-Verlag (1992)

Schulz P.H., Crawford D.A.: Origin and Implications of Non-Radial Imbrium Sculpture on the Moon. Nature **535**, 391–406 (2016)

Shoemaker E.M., Williams J.G., Helin, E.F., Wolfe, R.F.: Earthcrossing asteroids – Orbital classes, collision rates with earth, and origin. Asteroids, University of Arizona Press, pp. 253–282 (1979)

Shoemaker E.M.: Asteroid and Comet Bombardement of the Earth. Ann. Rev. Earth Planet. Sci. **11**, 461–494 (1983)

Smith B.A., Soderblom L.A., Beebe R., Bliss D., et al.: Voyager 2 in the Uranian system – Imaging science results. Science **223**, 43(60), 43–64 (1986)

Songaila A., Cowie L.L., Vogt S., et al.: Measurement of the microwave background temperature at redshift of 1,776, Nature **371**, 43–45 (1994)

Srama R.: Staubmessungen mit CASSINI. Sterne und Weltraum **9**, 20–28 (2004)

Udalski A., Szymanski M., Kaluzny J., et al.: The Optical Lensing Experiment. Discovery of the first Candidate Microlensing Event in the Direction of the Galactic Bulge. Acta Astronomica **43**, 289 (1993)